# DIE
# FABRIKATION DES PAPIERS

IN SONDERHEIT

## DES AUF DER MASCHINE GEFERTIGTEN

NEBST

GRÜNDLICHER AUSEINANDERSETZUNG DER IN IHR VORKOMMENDEN

CHEMISCHEN PROCESSE

UND ANWEISUNG

ZUR PRÜFUNG DER ANGEWANDTEN MATERIALIEN

VON

DR. L. MÜLLER.

MIT IN DEN TEXT GEDRUCKTEN HOLZSCHNITTEN UND LITHOGRAPHIRTEN TAFELN.

VIERTE NEU BEARBEITETE UND VERMEHRTE AUFLAGE.

Springer-Verlag Berlin Heidelberg GmbH

1877

ISBN 978-3-662-33684-7          ISBN 978-3-662-34082-0 (eBook)
DOI 10.1007/978-3-662-34082-0

Buchdruckerei von Gustav Schade (Otto Francke). — Papier von Ferd. Flinsch.
Lithographie von Wilh. Greve.

# Vorwort zur ersten Auflage.

Die Fortschritte, welche anerkannter Maassen die Industrie im Allgemeinen während der Dauer eines langjährigen Friedens gemacht hat, geben sich ganz besonders auch in der Papierfabrikation, in den vielfältigen Vervollkommnungen sowohl des mechanischen wie des chemischen Theiles derselben zu erkennen. — Wenn daher vorliegendes Werk den Leser nur mit allen oder wenigstens vielen der während der letzten Jahre sich bewährt habenden Neuerungen in diesem Industriezweige bekannt macht, so liegt darin schon eine Berechtigung seines Erscheinens und der dadurch verursachten Vermehrung der betreffenden Literatur. Es war dies jedoch nicht der einzige Zweck, welchen der Verfasser zu erreichen beabsichtigte; denn während derselbe mittheilt, was die Schriftsteller vor ihm nicht mittheilen konnten, und somit die vorhandene Literatur gewissermaassen nur fortsetzt, wollte er auch einen wesentlichen Mangel derselben beseitigen. Wie nämlich die meisten technischen Specialwerke nur den rein praktischen, auf Erfahrungen sich stützenden Theil des abgehandelten Industriezweiges zum Gegenstande haben, so findet man auch in den betreffenden Werken die Papierfabrikation rein empirisch dargestellt und die wissenschaftliche Begründung der darin vorkommenden chemischen Processe und mechanischen Combinationen gänzlich vernachlässigt. Und es ist daher die zweite Aufgabe dieses Buches, dem praktisch gebildeten Fabrikanten das Verständniss der von ihm unternommenen Operationen zu eröffnen und ihn dadurch zu befähigen, selbstständig seine Methoden zu vervollkommnen und zur Erreichung eines bestimmten Resultates die richtigen Mittel und Wege zu wählen. — In wie weit der Verfasser beide Aufgaben gelöst, dies zu beurtheilen, überlässt er dem nachsichtigen Leser.

# Vorwort zur dritten Auflage.

Die Aufforderung zu einer neuen Bearbeitung seines Buches ist für den Autor stets die höchste Belohnung für die mancherlei Mühseligkeiten mit denen Bücherschreiben überhaupt verbunden ist, und ich fühle mich mithin dem Publikum ganz besonders zu Dank verpflichtet, dass es durch seine Theilnahme an vorliegender Arbeit die Veranlassung gegeben, dass diese Aufforderung bereits zum dritten Male an mich erging. — Allein wie die Freude an dem Besitz stets begleitet ist von der Furcht vor dem Verluste, so bin ich auch nicht ganz frei von dem beängstigenden Gefühle, es könne diese dritte Auflage mir die Gunst verscherzen, welche die beiden ersten mir erworben haben. Denn wenn ich mir auch wiederum das Zeugniss geben kann, sowohl die eigenen, im Laufe der Jahre nicht unbedeutend erweiterten, als auch die Erfahrungen Anderer gewissenhaft benutzt und mich bemüht zu haben, keinen wesentlichen Punkt unberührt zu lassen, so waren doch die Umstände, unter denen die neue Bearbeitung erfolgte und auf welche Rücksicht zu nehmen dem Leser nicht zugemuthet werden darf, einer gesammelten schriftstellerischen Thätigkeit nicht immer günstig und ich gebe daher vor Allem dem Buche in seiner erweiterten Fassung den Wunsch mit auf den Weg, dass es eine gleich freundliche Aufnahme wie seine Vorgänger finden und dass auch die Kritik, wo sie auf Mängel stossen sollte, stets des Satzes gedenken möge: Ut desint vires, tamen est laudanda voluntas.

# Vorwort zur vierten Auflage.

Die Mittheilung des Verlegers, dass er eine vierte Auflage der „Fabrikation des Papier's" für nothwendig erachte, gab dem Verfasser schon vor Jahr und Tag die freudige Gewissheit, dass sein Buch auch in dritter Bearbeitung eine günstige Aufnahme bei seinen Fachgenossen gefunden und gern würde derselbe der wiederholten Aufforderung schon früher nachgegeben und sich einer neuen Ausarbeitung seines Werkes unterzogen haben, wenn nicht eine Ueberhäufung mit Geschäften anderer Art ihn bisher zu sehr in Anspruch genommen hätte.

„Die Fabrikation des Papier's in Sonderheit des auf der Maschine gefertigten" seit 1849 in Deutschland fast das einzige grössere Werk über diesen Industriezweig, bedurfte für ihr Erscheinen in vierter Auflage bis vor Kurzem keiner besonderen Rechtfertigung, sondern konnte vielmehr einer günstigen Aufnahme und Beurtheilung ziemlich sicher sein. Nach dem Erscheinen jedoch des Werkes „A practical treatise on the manufacture of paper in all its branches. By Carl Hofmann Philadelphia. Henry Carey Baird, 1873" und insonderheit dessen deutscher Uebersetzung „Praktisches Handbuch der Papierfabrikation. Berlin 1874/5, Verlag von Julius Springer," lag die Frage nahe und wurde auch vom Verfasser sehr wohl erwogen, ob neben diesem unleugbar sehr gediegenen, ja in mancher Beziehung ausgezeichneten Werke, noch die Reproduction des vorliegenden als ein Bedürfniss angesehen werden konnte. — Beide Werke, das Hofmann'sche sowohl, als das des Verfassers haben einen und denselben Verleger und ehe letzterer den Verlag der Uebersetzung von Hofmann's Buch übernahm, hatte derselbe mit dem Verfasser bereits Rücksprache genommen, ob dadurch auch nicht dem Wiedererscheinen des vorliegenden Buches ein Hinderniss in den Weg gelegt würde. — Das Resultat unserer beiderseitigen Erwägung war jedoch, dass beide Werke sich keineswegs gegenseitig ausschliessen, sondern im Gegentheil sich in vielen Beziehungen ergänzen und durch den Wegfall des einen wie des anderen eine empfindliche Lücke in der betreffenden Fachliteratur verursacht werden würde.

Ausgerüstet mit einem reichen Schatz von Erfahrungen und Kenntniss der besten Fabrikeinrichtungen in allen Ländern der Erde, ist Hofmann als Director der Public Ledger paper mills durch und durch Amerikaner geworden und an grossartige Verhältnisse gewöhnt, hat er bei Behandlung des Stoffes sein Augenmerk auf umfangreiche Einrichtungen und Massenproduction gerichtet. — Fabrikanten und Maschinenbauer finden in dem Buche von allen in der Papierfabrikation angewandten Apparaten eine grosse Auswahl und die Abbildungen derselben, Holzschnitte und Lithographien sind von einer Genauigkeit und Sauberkeit der Ausführung, dass in ihnen der Werth des Buches wesentlich mit beruht.

Das Buch des Verfassers hat von Anfang an vorzugsweise den deutschen Verhältnissen Rechnung getragen, wo die Massenproduction erst in neuester Zeit Platz gegriffen und noch keinen sonderlich fruchtbaren Boden gefunden hat. Seine Aufgabe bestand und besteht, wie schon sein Titel andeutet und in dem Vorwort zur ersten Auflage deutlich ausgesprochen wurde, darin, „dem praktisch gebildeten Fabrikanten das Verständniss der von ihm unternommenen Operationen zu eröffnen und ihn dadurch zu befähigen, selbstständig seine Methoden zu vervollkommnen und zur Erreichung eines bestimmten Resultates die richtigen Mittel und Wege zu wählen.“

Die gegenwärtig als vollständig erfolgt anzusehende Aufnahme der Holz-, Stroh- und Esparto-Cellulose unter die Zahl der Rohmaterialien hat das Gebiet chemischer Thätigkeit für den Papierfabrikanten wesentlich erweitert und schon diese Erweiterung machte eine neue Bearbeitung zum dringenden Bedürfniss. — Wir haben in derselben die frühere Eintheilung und Reihenfolge möglichst beibehalten, damit das Buch, wenn auch in seinem Inhalte verjüngt und erweitert, den in ihm Belehrung Suchenden dennoch zugleich als alter Bekannter entgegenträte. — Wir sind uns bewusst, bei unserer Arbeit weder Fleiss noch Mühe gespart zu haben, um den gesteigerten Ansprüchen einer fortgeschrittenen Zeit gerecht zu werden und so entlassen wir auch diese vierte Auflage in die Oeffentlichkeit in der Hoffnung und in dem Vertrauen, dass sie gleich ihren Vorgängerinnen von einer nicht geringen Zahl alter Freunde willkommen geheissen werden und neue Freunde sich erwerben werde.

L. Müller.

# Inhalts - Verzeichniss.

# Abkürzungen.

---

C. Bl. = Central-Blatt für die Deutsche Papier - Fabrikation von Carl
    Adolf Alwin Rudel.

J. d. F. = Journal des Fabricants de Papier fondé par L. Piette.

P. J. = Polytechnisches Journal von Dingler.

Ann. Chim. Phys. = Annales de Chimie et de Physique.

V. d. V. z. B. d. G. = Verhandlungen des Vereins zur Beförderung des
    Gewerbfleisses in Preussen.

# Einleitung.

Der französische Krieg und namentlich die Milliarden, mit denen er Deutschland überschüttet und welche den Spekulationsgeist und die Sucht nach Reichthum und Gewinn in einer bisher nicht gekannten Weise entfesselten, den Werth des Geldes herabdrückten, dadurch die Preise aller Lebensmittel und damit naturgemäss auch die Arbeitslöhne steigerten, haben wie auf dem ganzen wirthschaftlichen Gebiete, so auch namentlich auf dem der Papierindustrie eine beklagenswerthe Verwüstung angerichtet. War schon vor dem Jahre 1870 das Verhältniss zwischen dem Preise des Papiers und dem seiner Rohmaterialien ein sehr ungünstiges und die Klagen der Fabrikanten über Ueberproduction vollständig gerechtfertigt, so hat die Gründerperiode mit ihren nur auf Massenproduction berechneten Unternehmungen der Papierfabrikation einen Schlag versetzt, welcher unsere ältesten und ehrwürdigsten Firmen mit dem Untergang bedroht und unter welchem dieselbe noch auf Jahrzehnte hin zu leiden haben wird. — Die Association des Kapitals, die Actiengesellschaften haben unleugbar einen grossen Werth und Nutzen und eine würdige und wohlthätige Aufgabe, wo es gilt, nicht mit existirenden Privatgeschäften zu wetteifern, sondern Neues zu schaffen, das kein Privatunternehmer leisten kann und leisten mag.

Eisenbahnen können nur entweder vom Staat oder von Actiengesellschaften gebaut werden und auch der Staat hat hierzu nicht immer die hinreichenden Mittel, sondern muss sich zur Herbeischaffung des Kapitals der Actie bedienen. — Auch sei hier an die Geschichte des unterseeischen Kabels zwischen Europa und Amerika erinnert, um zu zeigen, wie verdienstlich ein Actien-Unternehmen ist, welches volle zehn Jahre des Ungemachs und der Verluste aushält, um schliesslich doch den Sieg und den Ruhm davonzutragen. — Gasanlagen, Wasserleitungen, Kanalisationen, Pferdebahnen, wie überhaupt Unternehmungen öffentlichen

Characters und gemeinnütziger Natur sind würdige Aufgaben für Actiengesellschaften und verdienen ganz besondere Förderung, wenn sie Neues leisten, wichtige Erfindungen verwirklichen, oder auch nur fremde Anlagen einführen. — Allein jede Industrie, welche die Kraft eines Privat-Unternehmens nicht übersteigt, ist nicht blos gesicherter im Bestande, wenn sie im Privat-Besitz verbleibt, sondern leistet auch dem Publicum Besseres, als wenn sie in die Hände von Actien-Gesellschaften übergeht. Es ist ebenso moralisch wie geschäftlich ein schlechter Ersatz, wenn an Stelle der Berufsliebe eines Privatmannes die nackte Gewinnsucht der Actionäre tritt.

Wir sind der festen Ueberzeugung, dass die Umwandlung so vieler Privatunternehmungen in Actien-Papier-Fabriken unserer Industrie den letzten Todesstoss gegeben hat. — Verfasser dieses ist zugleich einer der grössten, wenn nicht der grösste Papier-Consument in ganz Deutschland, denn die in Berlin erscheinende Vossische Zeitung verdruckt in einer Nacht sehr häufig über 80 Centner Papier; unter diesen Umständen fehlt es natürlich nicht an Anerbietungen und wir müssen leider constatiren, dass dieselben viel öfter aus Entrüstung über den zu niedrig geforderten Preis zurückgewiesen wurden, als weil letzterer zu hoch gewesen war. Es liegt uns nicht ob, die Namen der Fabriken, die zu Schleuderpreisen ihre Waare feil bieten, an dieser Stelle an die Oeffentlichkeit zu ziehen, aber dringend wünschenswerth ist es gewiss, dass der Verein deutscher Papierfabrikanten der von Rudel schon vor Jahr und Tag angestrebten sachgemässeren Calculatur und gleichmässigeren Preisnormirung einer eingehendern Berücksichtigung würdige. — Unter dem Drucke dieser durch Ueberproduction erzeugten, verderblichen Concurrenz, der nicht allein auf der Papierfabrikation, sondern auf allen Zweigen der Industrie lastet, da fast überall das Gründerthum seine verheerenden Spuren zurückgelassen, richten sich aller Blicke auf die alma mater, den Staat und uneingedenk des mächtigen Aufschwunges, welchen die Deutsche Industrie unter den Auspicien der Freihandelspolitik genommen, verlangt man von vielen Seiten die Rückkehr zum Schutzzollsystem. Auch unter den Papierfabrikanten machten sich schutzzöllnerische Bestrebungen geltend: in zahlreichen, an den Deutschen Reichstag gerichteten Petitionen forderte man die Beibehaltung des Ausfuhrzolles auf Lumpen, und nachdem derselbe dennoch in Wegfall gekommen, spricht die am 21. Mai 1875 in Berlin abgehaltene Generalversammlung des Vereins deutscher Papierfabrikanten in der von ihr angenommenen Resolution ihr Bedauern darüber aus und erklärt, dass die Aufhebung dieses Zolles die vaterländische Papierfabrikation im höchsten Grade geschädigt hat und immer schädigen wird. — Wir haben diesem Zoll als Schutz unserer Industrie nie eine hohe Bedeutung beigelegt und haben die Beseitigung desselben mit Freuden begrüsst, nicht nur weil in ihm, dem einzigen bis 1873 noch bestandenen Ausfuhrzoll der inländischen Papier-Industrie ein unverdientes Armuthszeugniss ausgestellt wurde, sondern ganz besonders deshalb, weil mit der Beseitigung dieses Zolles die vereinigten Regierungen zugleich die Verpflichtung übernahmen, bei der demnächst bevorstehenden Erneuerung und Revision der verschiedenen Handels- und Zollverträge darauf zu bestehen, dass auch von den Vertragsmächten derselbe fallen gelassen werde und die freie Lumpeneinfuhr namentlich für die Deutschen Papierfabrikanten von bei Weitem grösserer Wichtigkeit ist, als die erschwerte Ausfuhr. —

Bis zum Jahre 1873 durften nur aus England und Belgien Lumpen frei ausgeführt werden, dagegen zahlten und zahlen mit Ausnahme von Deutschland noch heut an Ausgangszoll

100 Kilogrm. aus Deutschland 12,5 Franks
- - - Frankreich 12,0 -
- - - Oesterreich 10,0 -
- - - Russland 7,0 -
- - - Amerika 5 pCt. des Werthes
(weissleinen 2,25 Franks).

Was den Eingangszoll von Papier betrifft, so kennen England und Belgien auch diesen nicht mehr, dagegen wird bezahlt bei der Einfuhr von

100 Kilogrm. in Deutschland 5 — 7,5 Franks
- - - Frankreich 8,0 -
- - - Oesterreich 5 — 7,5 -
- - - Russland 55 — 82,5 -
- - - Amerika 35 pCt. des Werthes.

Es geht hieraus hervor, dass bis 1873 Deutschland den höchsten Ausfuhrzoll von Lumpen, dagegen nebst Oesterreich den niedrigsten Einfuhrzoll für Papier hatte. Es folgt hieraus von selbst, dass es für uns von viel grösserer Wichtigkeit ist, dass uns der Absatz unserer Producte nach Russland und Amerika freigegeben werde, als dass man dem Abzuge unseres Rohmaterials in den Weg trete, denn bei einem offnen Markte für unsere Papiere würden wir im Inlande sehr wohl für unser Rohmaterial anzulegen im Stande sein, was Ausländer dafür zahlen können. —

Das Erste daher, worauf die deutschen Papierfabrikanten ihr Augenmerk zu richten haben, ist nicht schutzzöllnerischen Tendenzen zu fröhnen, sondern darauf hinzuwirken, dass nach allen Seiten hin die Schranken des Papiermarktes, die Eingangszölle auf Papier in Wegfall kommen. —

Um den Einfluss des Ausgangzolles auf die Lumpenausfuhr richtig beurtheilen zu können, machen wir zunächst auf die Grenzen aufmerksam, zwischen denen sich der Lumpenexport bisher überhaupt bewegte.

Das Rudel'sche Centralblatt giebt hierüber folgende Zahlen:

Aus dem Gebiete des Zollvereins wurden an Hadern ausgeführt:

| von 1842 — 1846 | durchschnittlich jährlich | 2025 | Ctr. |
|---|---|---|---|
| -   1847 — 1850 | - | - | 2485 | - |
| -   1851 — 1854 | - | - | 9305 | - |
| -   1855 — 1859 | - | - | 5192 | - |
| -   1860 — 1864 | - | - | 1530 | - |
| -   1865 | - | - | 4371 | - |
| -   1866 | - | - | 28150 | - |
| -   1867 | - | - | 15400 | - |
| -   1868 | - | - | 11700 | - |

Der Ausfuhrzoll für Lumpen betrug bekanntlich bis zum Jahre 1865 3 Thaler und die bis dahin jährlich ausgeführte Lumpen - Quantität, welche 1851 bis 1854 in 9305 Ctr. ihr Maximum erreichte, muss als eine so geringfügige betrachtet werden, dass sie für die gesammte Deutsche Papierfabrikation nicht in Betracht kommt. Nach der Herabsetzung des Zolles von 3 auf $1\frac{2}{3}$ Thaler steigt die Ausfuhr im Jahre 1866 allerdings auf 28,150 Ctr.; bedenkt man aber welch enorme Preisermässigung $1\frac{1}{3}$ Thaler pro Ctr. ist, so erscheint auch diese Zahl in der That sehr gering und war diese vermehrte Ausfuhr ein Versuch der Speculation, so zeigt das Herabsinken derselben in den darauffolgenden Jahren bis auf 11,000 Ctr., dass dieser Versuch ein missglückter war. Es darf aber nicht übersehen werden, dass gleichzeitig mit jener vermehrten Ausfuhr eine Preiserniedrigung stattfand: weissleinene Lumpen, welche hier allein in Betracht kommen, kosteten 1864 6,7 Thaler, dagegen 1866 nur 6,1 Thaler.

Es wäre thöricht zu behaupten, dass diese Preiserniedrigung eine

Folge der Zollerniedrigung gewesen sei, aber wenn eine vermehrte Ausfuhr zugleich mit einer Preiserniedrigung verbunden war, so hatten beide gewiss einen gemeinsamen Grund, der hier in der allgemeinen Geschäftsstockung während des Oesterreichischen Krieges zu suchen ist, die auf der Papierfabrikation noch härter als auf anderen Industriezweigen lastete, da dieselbe in jener Zeit auch gerade den amerikanischen Markt verloren hatte. — So wie aber die Herabsetzung des Zolles von 3 auf $1\frac{2}{3}$ Thaler auf die Papierfabrikation Deutschlands im Grossen und Ganzen, denn dass in den Grenzdistrikten einzelne Fabrikanten sehr unangenehm davon berührt worden seien, wollen wir keineswegs in Abrede stellen, keinen oder doch nur einen höchst geringen Einfluss ausgeübt hat, so liegt andererseits in der geographischen Lage Deutschlands, in der unmittelbaren Nachbarschaft des Russischen und Oesterreichischen Lumpenmarktes und in dem Umstande, dass bei grossen Entfernungen die Transportkosten den Preis des Rohmaterials über den Werth desselben erhöhen, die Garantie, dass die Papierfabrikation Deutschlands auch den gänzlichen Wegfall des Lumpen-Ausgangs-Zolles leichter zu ertragen im Stande ist, als die mit ihm concurrirenden Staaten Frankreich und England. England, Frankreich und Deutschland sind auf dem Hadernmarkte die Hauptconcurrenten, sie consumiren alle drei in ihrer Papierfabrikation mehr Lumpen, als sie selbst zu produciren im Stande sind und sind in Folge dessen Lumpen-Importeure und Papier-Exporteure. — Nur Russland und Oesterreich haben noch Hadernüberfluss und ist namentlich ersteres schon jetzt Haupt-Lumpen-Lieferant für das östliche Deutschland und England, wohin es allein im Jahre 1872 85000 Ctr. exportirte. Als zweite Aufgabe der Deutschen Papierfabrikanten erachten wir es daher, die verbündeten Regierungen auf's Eindringlichste an ihre Pflicht zu mahnen. Bei Erneuerung der Zoll und Handelsverträge auf Reciprocität Bedacht zu nehmen und mit allen ihnen zu Gebote stehenden Mitteln darauf hinzuwirken, dass auch in den andern Staaten und namentlich in Russland und Oesterreich der Ausfuhrzoll auf Lumpen in Wegfall komme. —

Aber wenn auch die Eröffnung eines möglichst weiten und freien Absatzgebietes für Papier und die vollständige Befreiung der Ausfuhr von Lumpen und anderer Abfälle zur Papierfabrikation aus den Ländern, welche daran Ueberfluss haben, von allen Zollbeschränkungen, wesentlich zur Hebung unseres Industriezweiges beitragen würden, so würde damit allein dem letzteren auf die Dauer noch nicht geholfen sein. —

Mit zunehmender Cultur und steigendem Wohlstande, welche bessere und reinlichere Kleidung und einen häufigeren Wechsel derselben, bis dahin als Luxus betrachtet, zum allgemeinern Bedürfniss machen, muss naturgemäss auch die Menge der abfallenden Lumpen sich vermehren. Ein Vergleich Deutschlands und Oesterreichs in dieser Beziehung ist lehrreich: während die ca. 40 Millionen Einwohner des Deutschen Zollvereins jährlich über 2 Millionen Centner Hadern liefern, produciren die ca. 34 Millionen Einwohner der Oesterreich-Ungarischen Monarchie, von denen allerdings ein sehr grosser Theil noch auf einer sehr tiefen Stufe der Cultur steht, deren kaum 1 Million Centner. Allein Wohlstand und Cultur bedingen gleichzeitig einen in noch viel grösseren Verhältnissen wachsenden Verbrauch an Papier. — In America und England schätzt man den Verbrauch von Papier für Kopf und Jahr auf 5 Pfund, in Deutschland auf 4 Pfund, in Frankreich auf 3 Pfund, in Oesterreich auf 2 Pfund und in Russland nur auf $\frac{1}{2}$ Pfund. — Diese stetige und rapide Zunahme des Papier-Consums musste endlich dahin führen, dass der gesammte Lumpen-Vorrath aller Culturstaaten, selbst wenn man eine gleichmässige Vertheilung desselben als möglich annehmen wollte, nicht mehr ausreichte um den Papierbedarf zu decken. In England, Frankreich und Deutschland ist dieser Zustand ja auch bereits eingetreten, und jahrelangen Bemühungen ist es hier gelungen im Holz, Stroh und Esportagras eine unerschöpfliche Quelle von Papier-Rohmaterial aufzufinden und zugänglich zu machen. — Allein die Herstellung der Cellulose aus den genannten Stoffen erheischt, wie wir bald näher erfahren werden, grosse Quantitäten Chemikalien, die mit hohem Eingangszoll belastet den Process derartig vertheuern, dass das auf diese Weise gewonnene Rohmaterial dem Fabrikanten kaum billiger zu stehen kommt, als die Lumpen selbst.

Nach dem Vereins-Zolltarif vom 1 Juli 1865 zahlten laut Position 5 Anmerkung an Eingangszoll

1. Aetznatron, Bleiweiss, Bleizucker, gelbes blausaures Kali, Grünspan, Orseille und Persio, schwefelsaures Ammoniak, Wasserglas, Zinkoxyd pro Ctr. . . . . . . . . . . . . . . . 1 Thlr. (3 M)
2. Alaun, Soda, calcinirte, doppelsaures Natron pro Ctr. 20 Sgr. (2 M)
3. Baryt, schwefelsaures, gepulvert, Chlorkalk, chromsaures Kali etc. . . . . . . . . . . . . . . . . . . . . . 15 Sgr. (1,5 M)

Durch das Gesetz betreffend die Abänderung des Vereins-Zolltarifs von 1873, welches auch den Ausgangzoll für Lumpen beseitigte, wurde der Eingangzoll für krystallisirte und calcinirte Soda, sowie für doppelkohlensaures Natron auf 7½ Sgr. (0,75 M) herabgesetzt. III, 2. Der Eingangzoll aber auf Chlorkalk und kaustische Soda auf seiner Höhe von resp. 3 und 1,5 M. belassen. — Kaustische Soda und Chlorkalk sind es aber gerade, welche bei Darstellung der Cellulose in Quantitäten bis zu 25 pCt. des angewendeten Rohmaterials verbraucht werden und deren Preis daher wesentlich auch den Preis des fertigen Productes bedingt. — Die leichtere Gewinnung jedoch der Zellensubstanz aus der durch langjährigen Verbrauch von aller incrustirenden Materie befreiten Lumpe macht dieselbe zum besten Rohmaterial für die Papierfabrikation und erst dann, wenn der Fabrikant sich die Cellulose auch aus anderen organischen Stoffen zu billigem Preise herzustellen im Stande ist, wird er unabhängig von lokalen Marktverhältnissen und der Production von Lumpen. — Daher halten wir es schliesslich für die dritte und vielleicht wichtigste Aufgabe der Deutschen Papierfabrikanten darauf hinzuwirken, dass bei der 1877 bevorstehenden Erneuerung der Zoll- und Handelsverträge der gegenwärtige Eingangzoll auf kaustische Soda und Chlorkalk, wenn nicht gänzlich beseitigt, doch wenigstens bedeutend herabgesetzt werde.

Freier Absatz des Papieres (besonders nach Amerika und Russland), freie Zufuhr der Lumpen (namentlich aus Russland und Oesterreich), freie Einfuhr von kaustischer Soda und Chlorkalk (namentlich von England) sind die sichersten Garantien für eine gedeihliche Entwickelung unseres Industriezweiges für die Zukunft.

### Tabellen und technische Notizen.

Das metrische Mass- und Gewichts-System zeichnet sich dadurch aus, dass alle Einheiten desselben in einer einfachen Beziehung auf decimaler Grundlage zu einander stehen. Bei den Massgrössen einer Gattung werden die Einheiten höherer Ordnung durch fortgesetzte Zehntheilung aus der Grundeinheit gebildet. Diese Beziehung wird durch den Namen angezeigt, der aus dem der Grundeinheit einerseits durch Vorsetzung der (dem Griechischen entlehnten) Zahlwörter Deka- (zehnfach), Hekto- (hundertfach), Kilo- (tausendfach), Myria- (zehntausendfach), andererseits durch Vorsetzung der (lateinischen) Zahlwörter Deci- (Zehntel-), Centi- (Hundertstel-), Milli- (Tausendstel-) entsteht. Bei den Abkürzungen werden die ersteren Zahlwörter durch grosse, die letzteren durch kleine Buchstaben angedeutet.

Das Gesetz vom 17. August 1868, auf Grund dessen die Einführung des Metersystems in Deutschland erfolgte, lässt das Myria-, Hekto- und Decimeter, sowie den Quintal unerwähnt, fügt jedoch zum System noch die Meile, den Scheffel, Schoppen und Centner. Ausserdem werden neben den ursprünglichen Benennungen zum Theil Deutsche Bezeichnungen aufgeführt.

Das gesammte System, einschliesslich der Zusätze, ist nun das folgende:

### 1. Längenmasse.

1 Meter (m.) oder Stab (gesetzlich = 443,296 par. Lin.) = 10 Decimeter (dm.) = 100 Centimeter (cm.) oder Neuzoll = 1000 Millimeter (mm.) oder Strich. — 10 Meter = 1 Dekameter (Dm.) oder Kette, 100 Meter = 1 Hektometer (Hm.), 1000 Meter = 1 Kilometer (Km.), 10,000 Meter = 1 Myriameter (Mm.). 7500 Meter = 1 Meile.

### 2. Flächenmasse.

Die Einheiten derselben sind die Quadrate der Längenmasse.

1 □ Dekameter (1 □ Dm. = 100 □ m.) heisst das Ar (a.), 100 Ar = 1 Hektar (Ha.).

### 3. Körpermasse.

Die Einheiten derselben sind die Kuben der Längenmasse.

1 Kubik-Decimeter (= $^1/_{1000}$ des Kubikmeters) heisst das Liter (l.), das halbe Liter ein Schoppen. 100 Liter = 1 Hektoliter (Hl.) oder Fass, 50 Liter = 1 Scheffel.

### 4. Gewichte.

1 Gramm (g.) (das Gewicht eines Kubik-Centimeters Wassers bei 4° C.) = 10 Decigramm (dg.) = 100 Centigramm (cg.) = 1000 Milligramm (mg.); 10 Gramm = 1 Dekagramm (Dg.) oder Neuloth; 1000 Gramm (das Gewicht eines Liters Wassers bei 4° C.) = 1 Kilogramm (Ko. oder auch K.) = 2 Pfund, 100 Kilogramm = 1 Quintal, 50 Kilogramm oder 100 Pfund = 1 Centner, 1000 Kilogramm = 1 Tonne.

Vergleichung des metrischen und alten preussischen Masses und Gewichtes.

### Längenmass.

*a)* 1 Meter oder Stab = 3,19 Fuss.
   10 -  -  - = 31,86

1 Centimeter oder Neuzoll = 0,382 Zoll.
10      -      -      -      = 3,823    -

1 Millimeter oder Strich = 0,459 Linien.
10      -      -      -      = 4,588    -

b)   1 Fuss  = 0,314 Meter.
10    -   = 3,139    -

1 Zoll  = 0,026 Meter.
10    -   = 0,262    -

1 Linie  = 0,002 Meter.
10    -   = 0,021    -

### Flächenmass.

a)   1 Quadratmeter  =   10,2 Quadratfuss.
10      -      -   = 101,5    -      -

1 Quadrat-Centimeter = 0,146 Quadratzoll.
10      -      -   = 1,462    -      -

1 Quadrat-Millimeter = 0,211 Quadratlinie.
10      -      -   = 2,105    -      -

b)   1 Quadratfuss  =  0,099 Quadratmeter.
10      -   -   = 0,985    -      -
1 Quadratzoll  =  6,84 Quadrat-Centimeter.
10      -   -   = 68,41    -      -

1 Quadratlinie  =   4,750 Quadrat-Millimeter.
10      -   -   = 47,503    -      -

### Hohlmasse.

a)   1 Kubikmeter  =   32,3 Kubikfuss.
10      -   -   = 323,5    -   -

1 Kubikdecimeter od. Liter = 55,894 Kubikzoll = 0,8734 preuss. Quart.
1 Kubikcentimeter      =   0,055 Kubikzoll.
1 Kubikmillimeter      =   0,096 Kubiklinien.

b) 1 Kubikfuss  =   0,309 Kubikmeter.
1 Kubikzoll  =   17,891 Kubikcentimeter.
1 Kubiklinie  =   10,353 Kubikmillimeter.

1 Quart = 64 Kubikzoll = 1,15 Liter.

### Gewichte.

100 Kilogramm = 100000 Gramm = 1 Quintal = 2 Centner = 200 Pfund,
  1 Centner = 50 Kilogramm = 100 Pfund,
  1 Pfund = 500 Gramm = 50 Neuloth,
  1 Neuloth = 1 Dekagramm = 10 Gramm.
      1 Cubikfuss Wasser wiegt 61 Pfund 36,5 Loth.

---

In Betreff der Festsetzung einer Pferdekraft bestimmte die Circular-verfügung des Königl. Preussischen Handelsministeriums vom 6. Januar 1859, dass fortan in allen Berechnungen von Maschinen die Pferdekraft zu 480 Pfund des mit dem 1. Juli 1858 eingeführten neuen Landesgewichts, welche in der Sekunde 1 Fuss hoch zu heben, angenommen werden soll. — Eine Vorschrift bestand hierüber früher nicht, meistens wurden jedoch als eine Pferdekraft per Sekunde 500 Fusspfund gerechnet. Da nun 500 alte Pfund = 467,72 neue Pfund, so ist die jetzt vorgeschrie-bene Pferdekraft um 12,28 neue Pfund grösser.

In Frankreich wird die Pferdekraft zu 75 Kilogrammmeter (75 Kilo-gramm 1 Meter hoch) per Secunde angenommen. Das giebt nach unserem neuen Gewicht 477,92 Fusspfund, ist also von dem obigen nur um 2,08 Fusspfund verschieden. Die Zahl $n$ (der preuss. Pferdekräfte) verhält sich daher zu $x$ (der franz. Pferdekräfte) wie 477,92 zu 480 und ist

$$x = \frac{480}{477,92}\, n = 1{,}0043\, n$$

Dagegen hat man

  $n'$ (französ. Pferdekraft) zu $x'$ (preuss. Pferdekraft) = 480 : 477,92

$$x' = \frac{477,92}{480}\, n' = 0{,}9957\, n'$$

Der Druck der Atmosphäre soll nach dem angeführten Ministerial-erlass auf den Quadratzoll zu 14 Pfund des neuen Gewichtes ange-nommen werden. Nach dem alten Gewichte rechnete man 15 Pfund = 14,0313 neue Pfund, wogegen 14 neue Pfund = 14,9665 alte Pfund. Das letztere Gewicht entspricht einer Quecksilbersäule von 28 Zoll 11¼ Linien Länge, welche man in 14 gleiche Theile zu theilen hat, um daran die Dampfspannung abzulesen.

Nach Annahme des metrischen Masses wird auch hier der Druck einer Atmosphäre auf 1 □ Centimeter zu Grunde gelegt werden müssen, derselbe beträgt 1,033 Kg. und entspricht einer Quecksilbersäule von 76 Centimeter = 0,76 Meter.

## Vergleichende Tabelle

der Grade der gebräuchlichsten Thermometerskalen.

| Celsius. | Réaumur. | Fahrenheit. | Celsius. | Réaumur. | Fahrenheit. | Celsius. | Réaumur. | Fahrenheit. |
|---|---|---|---|---|---|---|---|---|
| + 100 | + 80 | + 212 | + 53 | + 42,4 | + 127,4 | + 6 | + 4,8 | + 42,8 |
| 99 | 79,2 | 210,2 | 52 | 41,6 | 125,6 | 5 | 4 | 41 |
| 98 | 78,4 | 208,4 | 51 | 40,8 | 123,8 | 4 | 3,2 | 39,2 |
| 97 | 77,6 | 206,6 | 50 | 40 | 122 | 3 | 2,4 | 37,4 |
| 96 | 76,8 | 204,8 | 49 | 39,2 | 120,2 | 2 | 1,6 | 35,6 |
| 95 | 76 | 203 | 48 | 38,4 | 118,4 | 1 | 0,8 | 33,8 |
| 94 | 75,2 | 201,2 | 47 | 37,6 | 116,6 | 0 | 0 | 32 |
| 93 | 74,4 | 199,4 | 46 | 36,8 | 114,8 | — 1 | — 0,8 | 30,2 |
| 92 | 73,6 | 197,6 | 45 | 36 | 113 | 2 | 1,6 | 28,4 |
| 91 | 72,8 | 195,8 | 44 | 35,2 | 111,2 | 3 | 2,4 | 26,6 |
| 90 | 72 | 194 | 43 | 34,4 | 109,4 | 4 | 3,2 | 24,8 |
| 89 | 71,2 | 192,2 | 42 | 33,6 | 107,6 | 5 | 4 | 23 |
| 88 | 70,4 | 190,4 | 41 | 32,8 | 105,8 | 6 | 4,8 | 21,2 |
| 87 | 69,6 | 188,6 | 40 | 32 | 104 | 7 | 5,6 | 19,4 |
| 86 | 68,8 | 186,8 | 39 | 31,2 | 102,2 | 8 | 6,4 | 17,6 |
| 85 | 68 | 185 | 38 | 30,4 | 100,4 | 9 | 7,2 | 15,8 |
| 84 | 67,2 | 183,2 | 37 | 29,6 | 98,6 | 10 | 8 | 14 |
| 83 | 66,4 | 181,4 | 36 | 28,8 | 96,8 | 11 | 8,8 | 12,2 |
| 82 | 65,6 | 179,6 | 35 | 28 | 95 | 12 | 9,6 | 10,4 |
| 81 | 64,8 | 177,8 | 34 | 27,2 | 93,2 | 13 | 10,4 | 8,6 |
| 80 | 64 | 176 | 33 | 26,4 | 91,4 | 14 | 11,2 | 6,8 |
| 79 | 63,2 | 174,2 | 32 | 25,6 | 89,6 | 15 | 12 | 5 |
| 78 | 62,4 | 172,4 | 31 | 24,8 | 87,8 | 16 | 12,8 | 3,2 |
| 77 | 61,6 | 170,6 | 30 | 24 | 86 | 17 | 13,6 | 1,4 |
| 76 | 60,8 | 168,8 | 29 | 23,2 | 84,2 | 18 | 14,4 | — 0,4 |
| 75 | 60 | 167 | 28 | 22,4 | 82,4 | 19 | 15,2 | 2,2 |
| 74 | 59,2 | 165,2 | 27 | 21,6 | 80,6 | 20 | 16 | 4 |
| 73 | 58,4 | 163,4 | 26 | 20,8 | 78,8 | 21 | 16,8 | 5,8 |
| 72 | 57,6 | 161,6 | 25 | 20 | 77 | 22 | 17,6 | 7,6 |
| 71 | 56,8 | 159,8 | 24 | 19,2 | 75,2 | 23 | 18,4 | 9,4 |
| 70 | 56 | 158 | 23 | 18,4 | 73,4 | 24 | 19,2 | 11,2 |
| 69 | 55,2 | 156,2 | 22 | 17,6 | 71,6 | 25 | 20 | 13 |
| 68 | 54,4 | 154,4 | 21 | 16,8 | 69,8 | 26 | 20,8 | 14,8 |
| 67 | 53,6 | 152,6 | 20 | 16 | 68 | 27 | 21,6 | 16,6 |
| 66 | 52,8 | 150,8 | 19 | 15,2 | 66,2 | 28 | 22,4 | 18,4 |
| 65 | 52 | 149 | 18 | 14,4 | 64,4 | 29 | 23,2 | 20,2 |
| 64 | 51,2 | 147,2 | 17 | 13,6 | 62,6 | 30 | 24 | 22 |
| 63 | 50,4 | 145,4 | 16 | 12,8 | 60,8 | 31 | 24,8 | 23,8 |
| 62 | 49,6 | 143,6 | 15 | 12 | 59 | 32 | 25,6 | 25,6 |
| 61 | 48,8 | 141,8 | 14 | 11,2 | 57,2 | 33 | 26,4 | 27,4 |
| 60 | 48 | 140 | 13 | 10,4 | 55,4 | 34 | 27,2 | 29,2 |
| 59 | 47,2 | 138,2 | 12 | 9,6 | 53,6 | 35 | 28 | 31 |
| 58 | 46,4 | 136,4 | 11 | 8,8 | 51,8 | 36 | 28,8 | 32,8 |
| 57 | 45,6 | 134,6 | 10 | 8 | 50 | 37 | 29,6 | 34,6 |
| 56 | 44,8 | 132,8 | 9 | 7,2 | 48,2 | 38 | 30,4 | 36,4 |
| 55 | 44 | 131 | 8 | 6,4 | 46,4 | 39 | 31,2 | 38,2 |
| 54 | 43,2 | 129,2 | 7 | 5,6 | 44,6 | 40 | 32 | 40 |

Die einzelnen Grade dieser Skalen stehen zu einander in der Beziehung von $4:5:9$ und sind

$$4^{\circ}\,\mathrm{R} = 5^{\circ}\,\mathrm{C} = 9^{\circ}\,\mathrm{F}$$

demnach sind einfache Proportionssätze zur Uebertragung der Grade der einen Skala in die andere ausreichend. Da aber Fahrenheit den Gefrierpunkt des Wassers mit $+\,32^{\circ}$ bezeichnet, so ist bei der Reduction von Graden nach Fahrenheit in Grade von Celsius oder Réaumur zu beachten, dass vor Ansatz der Proportion bei Graden über Null die Zahl 32 abzuziehen, bei Graden unter Null dagegen hinzu zu addiren ist.

$$+\,200^{\circ}\,\mathrm{F} = \frac{5}{9}\,(200 - 32)\,\mathrm{C} = \frac{4}{9}\,(200 - 32)\,\mathrm{R}$$

$$-\,36^{\circ}\,\mathrm{F} = \frac{5}{9}\,(36 + 32)\,\mathrm{C} = \frac{4}{9}\,(36 + 32)\,\mathrm{R}$$

# I. Das Rohmaterial.

Bei der grossen Verschiedenheit des Papiers, je nach den Zwecken, denen es zu dienen bestimmt ist, erscheint es schwierig, eine allgemeine Definition des Wortes aufzustellen, und begnügen wir uns mit „Papier" ein Aggregat von organischen, und zwar vorzugsweise vegetabilischen Fasern zu bezeichnen, in welchem dieselben nicht wie im Gewebe erst zu einzelnen Fäden zusammengedreht und dann in einer ganz bestimmten Anordnung als Kette, Einschlag u. s. w. neben- und miteinander gelagert und verbunden sind, sondern in dem die möglichst fein zertheilten Fäserchen durch geschickte Handtierung verworren untereinander verschlungen und verfilzt sind. Zur Herstellung dieser feinvertheilten Fasermasse d. h. als Rohmaterial der Papierfabrikation bedient man sich vorzugsweise der Gewebe, welche als solche bereits ihren Zweck erfüllt, also der hanfenen, leinenen, baumwollenen und selbst halbwollenen Lumpen oder Abfälle der betreffenden Spinnereien und Webereien. Diese Lumpen oder Hadern (chiffons, rags) bilden nicht nur ihrer Billigkeit wegen, sondern auch weil sie in ihrem abgenutzten Zustande der Entfaserung einen geringeren Widerstand entgegensetzen, das Rohmaterial par excellence, und man ist so gewohnt, das Papier als mittelst Lumpen dargestellt sich zu denken, dass man sogar alle übrigen in vegetabilische Faser auflösbaren Substanzen schon als Surrogate (succédanés) bezeichnet. Insofern aber die vegetabilische Faser bei aller scheinbar noch so grossen Verschiedenheit des Ursprunges (Holz, Stroh, Pflanzenstengel und Blätter) in ihren charakteristischen Eigenschaften sehr wenig differirt, sind jene Surrogate eben sowohl als Rohmaterial zu bezeichnen, als die Lumpen, denn es findet zwischen ihnen nur ein ähnliches Verhältniss statt, wie zwischen einem häufig vorkommenden, leicht aufschliessbaren, reichen und einem seltenen und ärmeren Eisenerz. Wie diese beide Rohmaterial für die Eisenproduktion, so sind auch alle vegetabilische Faser liefernden Substanzen Rohmaterial für die Papierfabrikation, wenn auch von sehr verschiedenem Werth, und wie der Eisenproduzent erst dann zu dem ärmeren Erze greifen wird, wenn das reichere nicht mehr in hinreichender Menge oder zu angemessenem Preise zu haben ist, so zieht auch der Papierfabrikant die Lumpen jedem anderen Rohmaterial vor. Allein die Zeiten, wo das Papier ausschliesslich aus Lumpen und Abfällen dargestellt werden konnte, sind längst vorüber. Das erste Erscheinen dieses Buches 1849 trifft so ziemlich mit dem Ende des goldenen Zeitalters der Papierfabrikation zusammen. Bis dahin standen die Versuche, aus anderen Stoffen Papier zu machen, sehr vereinzelt da und konnten mit Ausnahme derer von L. Piette[1]) meist als technische Spielereien betrachtet werden. Seitdem sind die Preise der Lumpen auf mehr als das Doppelte gestiegen, während die Preise des Papiers, zumal bei gleichzeitiger Berücksichtigung seiner Qualität, in demselben Verhältnisse herabgegangen sind.

Dadurch ist zwischen den Preisen der Hadern und denen des Papiers ein solches Missverhältniss eingetreten, dass wohl keine grössere Fabrik die Surrogate ganz entbehren kann, und wir dieselben unbedingt als Rohmaterialien betrachten und ihnen dieselbe Aufmerksamkeit zuwenden müssen, wie den Lumpen selbst. — Es ist natürlich ausschliesslich das Pflanzenreich, in welchem man erwarten kann, zu vorliegendem Zwecke geeignete Stoffe aufzufinden und es kann nur als Spielerei betrachtet werden, dass man selbst aus Leder Papier dargestellt hat[2]).

---

[1]) Fabrikation des Papiers aus Stroh und vielen anderen Substanzen von L. Piette. Cöln 1838.

[2]) Director Bullinger in Passing hatte bereits 1854 auf der Münchener Industrie-Ausstellung aus Leder gefertigtes Papier, theils ohne, theils mit Hadernzusatz, ausgestellt und 1857 liess sich David Lichtenstadt in England ein Verfahren, Lederabfälle zur Papierfabrikation zu benutzen, patentiren. Er schreibt vor, die Lederabfälle zunächst einige Stunden in eine aus 100 Theilen Wasser 5 Th. Kalk, 5 Th. kryst. Soda und 1¼ Th. Salmiak bereitete Flüssigkeit zu legen. Hierauf werden sie erst mit säurehaltigem, dann mit reinem Wasser gewaschen und für sich oder mit Hadern vermischt in gewöhnlicher Weise zu Papier verarbeitet (C. Bl. 1859 p. 253). — In der Sitzung des Vereins zur Beförderung des Gewerbefleisses in Preussen vom 6. Mai 1867 zeigte Dr. Grothe ein ihm zur Untersuchung aus Mexiko zugesandtes Naturprodukt vor, das Gespinnst eines in der dortigen sogenannten *Terra frigida* vorkommenden Schmetterlings, *Palomella*, das in einer Länge von 5—6 Ellen und in der Breite einer Elle gefunden werden soll. Die vorläufige mikroskopische Untersuchung hat ergeben, dass der Faden des sehr dichten flachen Gespinnstes noch einmal so fein als der Coconfaden ist;

Auch die Verwendung gewisser faseriger Mineralsubstanzen, wie des biegsamen Asbest's oder Amiant's[1]), der durch seine leicht trennbaren, elastisch biegsamen, oft über 0,30 m. langen Fasern ganz besonders zu derartigen Versuchen auffordert, zur Papierfabrikation muss als ausserhalb des Bereiches dieses Buches liegend bezeichnet werden. — Um nun möglichste Kürze mit Uebersichtlichkeit zu verbinden, theilen wir die in Vorschlag gebrachten Stoffe ein in aussereuropäische, einer üppigeren südlichen Vegetation entnommene Gewächse, europäische Pflanzen und Pflanzenreste, und Holz und Stroh, welche beiden letzteren als bereits entschieden zu den Rohmaterialien gehörend betrachtet werden müssen. Das Bestreben, aussereuropäische Pflanzen zur Papierfabrikation heranzuziehen, machte sich ganz besonders in England und Frankreich geltend, wo der Besitz von Kolonien derartige Unternehmungen begünstigte. In beiden Ländern bildeten sich Gesellschaften zur Verfolgung dieses Zieles, welche, zum Theil mit grossartigen Mitteln ausgerüstet, mit Verheissungen in's Leben traten, die sie bisher weit entfernt gewesen sind zu erfüllen. — So entstanden in England die Colonial-Fibre-Company und Fiber-Paper-Company, von welchen beiden jedoch in neuester Zeit nur wenig zu hören ist. In Frankreich bemüht sich die Société des textiles mexicains in Mexico, die Société des papeteries réunies in Algier ein passendes Surrogat zu finden. Mit der letzteren Gesellschaft hat sich in neuester Zeit eine andere, Pentagène betitelte, vereinigt, welche es sich angelegen sein liess, fünf Pflanzen, die Akacie, den Hopfen, die Sonnenblume, die Zaunrübe (Bryonia alba) und vor Allen die Topinambur (Helianthus tuberosus), die reich an Mark ist, welches fast nur aus Cellulose besteht, für die Papierfabrikation auszubeuten[2]). Sehr anregend zu der-

---

die chemische Untersuchung stellte heraus, dass dies Material gegen Säure nicht so widerstandsfähig ist wie Seide, doch würde es als Surrogat dienen können und wenn in genügender Menge vorhanden, auch zur Papierfabrikation.

[1]) C. Bl. 1862. Nr. 13.

[2]) Die Gesellschaft Cellulose in Paris geht von dem Princip aus, dass der Magen der Wiederkäuer die Wirkung der Laugen ersetzt und einen präparirten Rohstoff liefert. Als solchen verwendet sie daher den Mist, wovon ihr die Compagnie der Pariser Fuhrwerke täglich 5000 Kilogr. liefert. Das Kochen geschieht mit Kalk und Soda. Zur Zerkleinerung werden gewöhnliche Holländer benutzt, deren Walze 400 Umgänge in der Minute macht. Zum Bleichen dient Chlorkalk. — Dass der Mist aber eine passendere Verwendung in der Landwirthschaft als in der Papierfabrikation findet, wird jeder Fabrikant zugestehen.

artigen Bestrebungen wirkt ferner die Société industrielle de Mulhouse, deren intelligentem Secretair Amédé Rieder die Papierfabrikation zu grossem Dank verpflichtet ist. — Die Pflanzen, welche theils von diesen Gesellschaften, theils von einzelnen Experimentatoren zur Herstellung von Papierstoff mit mehr oder weniger Erfolg in Vorschlag gebracht wurden, sind der Paradiesfeigenbaum (Pisang, Musa paradisiaca und sapientum), eine Tropenform, welche vorzüglich in Südamerika, am Vorgebirge der guten Hoffnung, auf Madagascar und den Molukken vorkommt. Auf den Ausstellungen von London und Paris waren kräftige Garne, aus den Blättern und Stengeln des Pisang dargestellt, aus Demerary und dem englischen Guyana zu sehen, und man behauptet, dass ein bounier(?) mit Pisang bepflanzt nach Einerndtung der Früchte ungefähr 1000 holländische Pfund verspinnbarer Substanz produciren kann; 100 Pfund hiervon für die Verarbeitung vorbereitet würden in England 9—12 Fr., und der Abfall, der zur Papierfabrikation benutzt werden könnte, etwa die Hälfte kosten. Da indess Pisanggarn noch nicht als Handelsartikel angesehen werden kann, so werden sich gewiss auch die Preise später noch billiger herausstellen. Ueber die Art der Behandlung der Pflanze behufs ihrer Umwandlung in Papierstoff liegen sehr viele Untersuchungen vor: von Burns und Burkee in Jamaika, Bouyton in Guyana, Van der Gou Netscher in Demerary, Boyle und Rocques in Algier, Bleekrode in Holland u. s. w. Die Umwandlung der Pflanzentheile in Papierstoff geschieht einfach dadurch, dass die Blätter oder Blattstiele in kleine Stücke zerschnitten und nass vermahlen werden. Anwendung von Laugen scheint nicht unbedingt nothwendig. Ueber die Ausbeute an brauchbarem Stoff lauten die Angaben sehr verschieden, Gratiot, Director der Papierfabrik zu Esonne, erhält nur 25 pCt., während in der Fabrik zu Echaron 50 bis 60 pCt. erhalten wurden und Péligot und Chevreul sogar behaupten, dass bei Anwendung der Blattstiele der Verlust nicht 11 pCt. übersteige. Wenn man bedenkt, dass die Früchte des Pisang ein Hauptnahrungsmittel in den Tropenländern bilden und durch diese daher die Culturkosten bereits gedeckt werden, so scheint er in der That ganz besonders geeignet, dereinst der Papierfabrikation dienstbar zu werden[1]).

In den Feldern von Bengalen und in den südlichen Provinzen von China wird eine Tiliaceen-Art sehr häufig angebaut, die ebenfalls ein

---

[1]) Piette, J. d. F. 1858. p. 181. P. J. Bd. CXXXIV. p. 220.

sehr brauchbares Rohmaterial für die Papierfabrikation liefert; es ist
dies Corchorus capsularis, von den Einwohnern Pat genannt. Die Pflanze
bildet eine Staude ähnlich dem Hanf von 8—10 Fuss Höhe; ihre Blätter
werden als Gemüse gegessen. Aus dem Bast der Stengel wird der Hanf
von Juta oder Gonis und der Zwirn von Arracan gewonnen, welcher
erstere zur Anfertigung von Säcken dient, in denen zunächst Kaffee
und Zucker verpackt wird, welche aber dann von den Amerikanern
sehr gesucht werden zur Versendung der rohen Baumwolle, auf die der
Papierfabrikant nicht unterlassen sollte, seine Aufmerksamkeit zu richten [1]). — So roh diese Säcke auch aussehen, so geben sie doch mit
Kalk gekocht und darauf erst mit Chlorgas und dann mit Chlorkalk
gebleicht einen feinen, schevefreien Stoff, der zur Anfertigung der feinsten Papiere benutzt werden kann. — Die Jutefaser, die unter dem
Mikroskop (vgl. Fig. 1), sich von der Leinfaser dadurch unterscheidet,

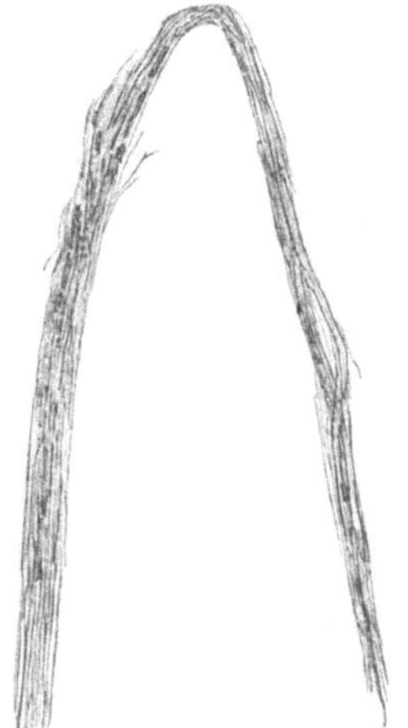

Fig. 1. Jute (280).

dass sie nicht wie diese der Länge nach geadert, sondern kraus und locken-
förmig gewunden erscheint, ist jedoch sehr weich und hält das Wasser
hartnäckig zurück, so dass die Gasbleiche sehr leicht misslingt, wenn nicht
das Halbzeug vorher durch längeres Lagern oder in der Centrifugale getrocknet worden ist. — Auch die Chlorkalkbleiche erheischt eine stärkere Lösung als bei Lein und Baumwolle und wegen der Leichtigkeit
der Jutefaser, welche die ganze Masse an die Oberfläche hebt, ein viel

---

[1]) J. d. F. 1859 p. 617.

sorgfältigeres Umrühren, sodass wir auf eigene Erfahrung gestützt, die Verwendung der Jute zu weissen Papieren nicht empfehlen können. — Der Dundee Advertiser soll auf Papier gedruckt sein, welches ausschliesslich aus Jute besteht. —

In Nepal wird aus der hanfartigen Rinde von Daphne cannabina durch Kochen mit Soda und nachheriges Zerreiben in einem Steinmörser Papier gefertigt, von welchem Proben auf der Londoner Ausstellung waren, die den Beifall der Sachkenner in hohem Masse einerndteten. Papierstoff aus dieser Pflanze wurde übrigens schon 1829 nach England geschickt, allein in zu kleinen Quantitäten, um von irgend welcher Bedeutung zu sein[1]).

Die Urticeen Bochmeria nivea, Urtika tenacissima (Chinagrass), candicans, utilis werden in China, Sumatra und den malayschen Inseln zur Darstellung von Gespinnsten benutzt, jedoch wird ihre Cultur nicht in dem Grade betrieben, dass sie bereits eine Bedeutung für die Papierfabrikation hätten. Der Kitool (cariota ureus) ist eine in Bengalen und auf Malabar heimische Palmenart aus deren 70—80 Ctm. langen Fasern man in England Bürsten und Taue gefertigt hat. — Das ausgepresste Zuckerrohr (Saccharum officinarum), welches gegenwärtig in den Fabriken der Kolonien nur als Brennmaterial verwendet wird, giebt mit Soda oder Pottasche behandelt einen sehr guten Papierzeug. Die Rinde von Morus (Broussonetia papyrifera), in Japan und den Südseeinseln einheimisch, bildet das Rohmaterial für Papier und Zeuge und es könnten morus alba und nigra, die bei uns für die Seidenzucht cultivirt werden, zu gleichem Zwecke angewendet werden. Agave Americana, Aloe, Yucca, Sanseviera, Bromelia, Hibiscus esculentus, Hibiscus Cannabinus, Grewia, Crotalaria juncea, Sesbania Cannabina, Bauhinea Racemosa, Parkinsonia aculeata, Oryza sativa (Reis)[2]), Corchorus olito-

---

[1]) J. d. F. 1858 p. 20.

[2]) Das sogenannte Reispapier, welches ausschliesslich auf der Insel Formosa dargestellt wird, wird nicht aus Reis, wie der Name verleiten könnte zu glauben, sondern aus dem Marke einer bambusähnlichen Staude, Aeschynomene paludosa, (nach v. Ransonnet: Tetrapanax papyrifera) gefertigt, das in seiner Structur viel Aehnlichkeit mit dem Marke unseres Hollunderbaumes hat. Die Staude wird ganz jung in Töpfe verpflanzt und nachdem sie eine bestimmte Stärke erlangt, gekocht und geschält. Das oft 2 bis 3 Zoll im Durchmesser haltende Mark wird dann vermittelst eines unendlich scharfen, feinen und breiten Messers auf einer Maschine in Blätter geschnitten, indem es sich wie eine Walze dreht und mit dem feststehenden Messer der Länge nach abgehoben wird. Das so gewonnene Papier ist

rius (Gemüse-Kolmar), Saccharum munga, sara, officinarum; Bambus
arundinacea, Abelmoschus mutabilis, Pandanus odoratissimus, sativus;
Gnidia eriocephala, Asclepias gigantea, curassavica; Stipa capillata, juncea; Phormium tenax (Neuseeländischer Pflax), Arundo festucoides, co-
lorata; Cyperus longus, Papyrus, Nipa fructicans, Arenga saccharifera,
Cocos nucifera, Corypha umbraculifera, Laportea pustulata, (Ramié-Pflanze)
Chamaerops Palmetto, Calamagrostis nigricans, Eriophorum capitatum,
latifolium, Typha medica, angustifolia, Juncus serratus, Pandanus utilis,
Chorisa speciosa, Tillandsia usneoïdes, Hibiscus esculentus (Gombo) der
Familie der Malvaceen angehörend, in Syrien und Egypten häufig vor-
kommend und von Gebr. Bouju zum Zweck industrieller Verwendung in
Europa eingeführt, werden sämmtlich theils ihrer Früchte und ihres Saftes wegen, theils um Gespinnste daraus darzustellen, in den Tropenländern cultivirt und haben sich mehr oder weniger geeignet erwiesen,
die Papierfabrikation mit Rohmaterial zu unterstützen[1]). — An diese

---

ausserordentlich weiss, zart, spröde und sieht unterm Mikroskop aus, als ob seine
Bestandtheile zerstampfter Reis seien (Fig. 2), woher wohl der Name. Zum Schreiben
ist es untauglich, dagegen eignet es sich vortrefflich zum Malen. (Privatbrief.)

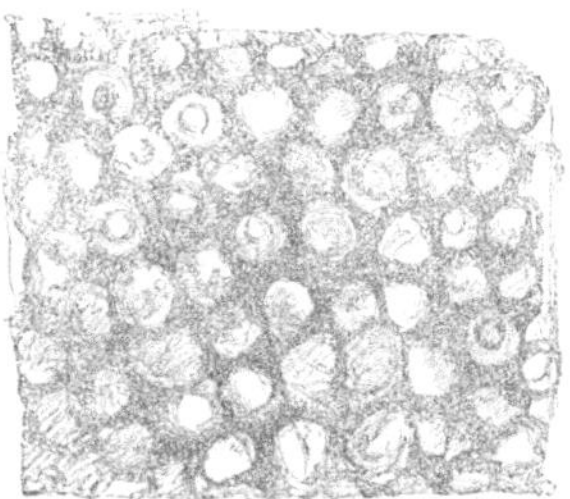

Fig. 2. **Reispapier** (70.)

[1]) Im September 1869 übersandte Peter Daniels dem Verfasser aus Brasilien
57 Proben von für die Papierfabrikation mehr oder weniger geeigneten Pflanzenfasern verschiedenen Ursprunges. Eine darauf gemachte Probebestellung einzelner
Sorten ist jedoch noch unausgeführt geblieben. — In einer Sitzung des Vereins
zur Beförderung des Gewerbefleisses in Preussen zeigte Hr. Braun eine Papier-
probe aus *Abutiloa Avicernae* Gaertn. *(Sida Abutilon L.)* vor, welche ihm Dr. Engel-
mann in St. Louis mit der Bemerkung gesendet, dass diese Pflanze in fast ganz
Nord-Amerika, besonders im Mississippithale, ein gemeines Unkraut und überall
zum billigsten Preise zu bekommen sei. Die ganze trockene Pflanze wird dürr in
die Mühle geworfen und liefert die Hälfte Gewichts eines jetzt in den Vereinigten
Staaten gebräuchlichen Druckpapieres. Der Bast wird auch zu Bindfaden und
Seilen verwendet. *Abutilon Avicennae* soll seine Heimath in Ostindien haben, von
wo es sich muthmasslich durch Wanderung über den Osten und Westen Asiens,

Kulturgewächse schliesst sich das Unkraut tropischer Länder, welches
daselbst in grosser Ueppigkeit wächst und worunter man Species von
Sida, Grewia, Corchorus, Triumfetta, Zizania aquatica oder Hydropyrum

über Südeuropa und Nordafrika, endlich über einen grossen Theil von Amerika
und Australien ausgebreitet hat. Es wurde schon in früher Zeit, namentlich in
China, als Gewebepflanze benutzt, was zu seiner Ausbreitung wesentlich beigetragen haben mag. Derselbe legte ferner zubereiteten Bast von *Hibiscus ma-
cranthus* Hochst. vor, eingesendet von dem seit 38 Jahren in Abyssinien weilenden
Reisenden Wilhelm Schimper. Sowohl die genannte Art, als auch *Hibiscus caly-
cinus W.*, beides gross- und schönblühende Sträucher, welche in Abyssinien bei
5000—6000 Fuss über dem Meere vorkommen, liefern, nachdem der Bast eine
Woche im Wasser erweicht und dann geklopft worden ist, eine starke seiden-
glänzende Faser. Die Familie der Malvaceen, der die genannten Pflanzen angehören, ist unter den Gewächsen, deren Bast zu Stricken, Gespinnsten, oder auch
zu Papier verwendet wird, besonders reich vertreten. *Hibiscus Rosa sinensis* liefert
in China Papier, ebenso *H. syriacus*. *H. cannabinus* wird in Ostindien und am Se-
negal zur Bereitung von Stricken und Geweben benutzt, ebenso *H. clypeatus* und
*Paritium elatum* in Westindien, *Paritium tiliaceum* in Ostindien und auf den Sand-
wichsinseln. Der Bast des einer sehr nahe verwandten Familie *(Bombaceae)* ange-
hörigen Affenbrodbaumes *(Adansonia digitata)* wird nach der Erfindung von Mon-
teira seit mehreren Jahren zu einem theils halbweissen (gelblichen), theils rein
weissen, glatten und sehr festen Papier verarbeitet. Nicht minder ergiebig in
dieser Beziehung ist die nahe stehende Familie der Tiliaceen, welcher *Corchorus*
und *Triumfetta* angehören, aus welchen Gattungen mehrere Arten in China, Ostindien und Afrika als Gewebeflanzen benutzt werden. Nach diesen Familien ist
die der Urticaceen besonders reich an Pflanzen, deren Bast benutzt wird; eine
Familie, welche zwar in der bisher gebräuchlichen Systematik eine von den Malvaceen weit entfernte Stellung einnimmt, in Wirklichkeit aber derselben sehr nahe
verwandt ist, wie namentlich Weddell in seiner Monographie der Urticeen (Paris
1856) gründlich und ausführlich nachgewiesen hat. *Urtica cannabina* und *dioica*
(Nesseltuch), *Boehmeria nivea* (Chinagras), *B. tenacissima* (Rameh oder Reah), *Girar-
dinia heterophylla* (Nilgerisfaser), *Laportea pustulata* (Rözel's mexicanischer Hanf),
*Cannabis sativa* und *Broussonetia papyrifera* (japanesisches Papier) sind durch ihren
Gebrauch bekannt. So ist es also eine Reihe im natürlichen Systeme eng verbundener, einem und demselben Verwandtschaftskreise angehöriger Gewächse,
welche dem Menschen durch die übereinstimmende Beschaffenheit ihres Bastes
vorzugsweise nützlich geworden sind, und wir können diesem Kreise, wenn auch
minder innig, noch die älteste aller Gewebepflanzen, den Lein *(Linum)*, anschliessen.
Ausser den genannten giebt es allerdings noch manche andere, diesem Familien-
kreise nicht angehörige Gewächse, deren Bastfaser in ähnlicher Weise benutzt
wird; so unter den Dicotylen, namentlich *Daphne*, unter den Monocotylen *Phor-
midium* (der neuseeländische Flachs), *Sanseviera, Agave, Musa* (Manilla-Hanf) und
andere. — Hr. Peters zeigte ein Exemplar der Nagergattung *Lophiomys (Im-
housii Edw.)*. Derselbe bemerkte im Anschluss an Hr. Braun's Vortrag, dass ihm

esculentum (J. d. F. 1874. No. 20) und manche andere Gattungen findet, die ebenfalls ein reichliches Material an Faserstoffen geben dürften. —

Andererseits hat man sich in Frankreich sehr eifrig bemüht, die Vegetation Algiers im Interesse der Papierfabrikation auszubeuten und ein kaiserliches Decret von 1858 bewilligt freie Einfuhr allem Papierstoff, welcher in Algier aus der grossen Menge daselbst vorhandener, faserstoffreicher Gewächse und namentlich aus der Sparta oder Alpha, dem Diss (Festuca patula) und den Blättern der Zwergpalme, welche auf ausgedehnten Strecken wild wachsen, gefertigt wurde. Ganz besonders hat das zähe Pfriemengras (Spica tenacissima, lignum spartum), im Französischen Sparte oder Esparte genannt, die Aufmerksamkeit auf sich gezogen und die Bildung einer Gesellschaft zu Courbevoie bei Paris veranlasst, welche sich nach dem arabischen Namen der Pflanze Alfa oder Halfa, Alphasienne nannte, jedoch in neuerer Zeit ihre Wirksamkeit wieder eingestellt hat. — Papierproben, theils aus reinem Alpha-, theils aus gemischtem Stoff dargestellt, waren bereits auf der Pariser Ausstellung 1855 vorhanden. —

Die Zwergpalme (Chamerops humilis) wächst in Algier in solcher Fülle, dass auf ihre Vertilgung sogar Prämien ausgesetzt worden sind. Ihre Blätter haben neuerdings eine sehr ausgedehnte Anwendung gefunden in der Darstellung des sogenannten vegetabilischen Rosshaares (crin vegetale, Crinoline), von welchem in der Fabrik von Everseng und Delorme in Toulouse im Jahre 1856 allein 3600 Ctr. angefertigt wurden. 100 Ctr. Blätter sollen 60 Ctr. Haar geben. Chérot père, Roques, Chauchard und Foucault waren die ersten, die durch Behandlung der zähen und harten Faser mittelst Dämpfe hoher Spannung

---

Hr. General Ramsay, früher Resident der englischen Regierung in Nepal, die Mittheilung gemacht habe, dass in Nepal ein vorzügliches Papier aus der Rinde einer Art Kellerhals (Daphne) bereitet werde. Die frische Rinde wird zwischen Steinen zu einem feinen Brei zerrieben, von dem so viel, wie zu einem Bogen Papier gehört, in einen Kessel mit siedendem Wasser geworfen wird. Der Brei breitet sich sofort in gleichmässiger Schicht über die ganze Oberfläche des Wassers aus und wird in dieser Form abgeschöpft. Dieses Papier besitzt, wie der Vortragende sich selber überzeugen konnte, eine so bedeutende Festigkeit, dass eine grosse Kraftanstrengung nöthig ist, um ein dreimal gefaltetes schmales Blatt zu zerreissen. Die feineren weisseren Sorten werden, ohne vorher geleimt zu sein, als Schreibpapier benutzt; gröbere Sorten dienen als Packpapier, welches vor europäischem Papier den grossen Vorzug besitzt, dass es gut gegen Feuchtigkeit schützt. Dieses Papier bildet schon einen bedeutenden Ausfuhrartikel nach Ostindien.

einen zarteren Stoff (laine végétale, palmier-coton) darstellten, der sich ganz vortrefflich zu Papiermasse verarbeiten lässt. —

Ein noch besser für die Papierfabrikation geeignetes Material liefert der Diss (Festuca patula), welcher nach dem Ausspruch eines alten französischen Fabrikanten sich zur Zwergpalme verhalten soll wie Lein zu Hanf. Er findet sich in Algier gleichfalls in grosser Menge vor, ist noch leichter zu bearbeiten und giebt eine grössere Ausbeute an Papierstoff. Die in Sorel damit angestellten Versuche sind von den besten Resultaten begleitet gewesen. —

Den Bemühungen von J. Barse[1]) verdanken wir es vorzugsweise, dass durch Beobachtung der günstigsten Erndtezeit, durch Anwendung einer die Pflanze selbst schonenden Methode des Einsammelns und durch zweckmässige, möglichst geringen Raum beanspruchende Verpackung, die Sparta-Faser in bester Qualität zu einem Preise auf den Europäischen Markt gebracht werden kann, der sie befähigt ein sehr wesentliches Ersatzmittel für Lumpen zu werden. Nach Barse kosten 100 Kilog. in Havre 14 Frcs. 38 Cent. und sind es besonders die Englischen Fabrikanten, welche sich der Sparta zur Anfertigung von Papier in grossen Massen bedienen. Im Jahre 1864 sollen bereits über 70000 Tons dieser Faser in England eingeführt worden sein und werden wir daher auf ihre Umgestaltung in Papier-Halb- und Ganzzeug bei Darstellung des Strohstoffes, mit welcher dieselbe die grösste Aehnlichkeit hat, näher zurückkommen.

Die Anzahl aussereuropäischer Pflanzen oder wenigstens solcher, die wie die Sparta in Spanien nur in den südlicheren Ländern Europas wachsen, die schliesslich zur Herstellung eines guten Papierstoffes benutzt werden können, ist mithin gewaltig gross, aber nichtsdestoweniger kann nicht geleugnet werden, dass die wirkliche Anwendung sich noch innerhalb sehr enger Grenzen bewegt und mit Ausnahme der Sparta noch keineswegs einen wesentlichen Einfluss auf den Lumpenconsum auszuüben im Stande ist. Die Gründe für diese Erscheinung sind dieselben, die auch dem Misslingen der Bestrebungen zu Grunde liegen, unter den einheimischen Gewächsen ein Ersatzmittel für die immer rarer werdenden Lumpen aufzufinden; wir kommen daher später darauf zurück und wenden uns ohne Weiteres den verschiedenen Pflanzen oder Pflanzenresten zu, die bereits mehr oder weniger erfolgreichen Versuchen unterworfen worden sind. — Es verdienen hier erwähnt zu werden: Aspidium

---

[1]) C. Bl. 1864 No. 5.

Filix mas (Wurmfarrn) und femina (unechte Wurmfarrn)[1], Triticum repens (Queckengras), Stipa pennata (Pfriemengras), Calamagrostis epigejos (Landrohr), Agropyrum caninum (Hundegras), Eriophorum vaginatum (Wollgras), Typha latifolia[2] (Rohrkolben), Asphodelus ramosus (ästiger Asphodel), Humulus Lupulus[3] (Hopfen), Cannabis sativa (Hanf), Carduus nutans[4] (Eselsdistel), Bursa Pastoris (Hirten-Teschelkraut), Gnaphalium arenarium (Immortelle), Medicago sativa[5] (Luzerne), Ge-

---

[1] Das Farrnkraut wird im Sommer oder Herbst gesammelt (solches, welches den Winter durchgemacht, ist nicht geeignet), entblättert, in Stückchen von 2—3 Linien Länge zerschnitten und gemahlen. Das Pulver wird wiederholt mit heissem Wasser ausgezogen, darauf mit Soda gekocht, nach 4—5 Stunden in ein Sauerbad gebracht, mit Wasser ausgewaschen und im Holländer in Papierstoff verwandelt. Das Bleichen geschieht mit Chlorkalk. (J. d. F. 1856 p. 6 und 54; 1857 p. 100.)

[2] Typha latifolia und angustifolia. Die nicht blühenden Individuen dieser an den Ufern der untern Donau, des Dniesters, Bug und Dniepers in grossen Massen vorkommenden Pflanzen wurden von dem Chemiker Schinz in Odessa als ein für die Papierfabrikation sehr brauchbares Material empfohlen. Die weichen, wenig Kieselerde enthaltenden, sehr faserreichen, knotenlosen, reinen Blätter geben durch Behandeln mit kochender Lauge und Bleichen mit Chlorkalk sofort einen schön weissen Papier-Ganzstoff. (P. J. CLXIX p. 312.)

[3] Die Hopfenstengel werden unmittelbar nach dem Einsammeln des Hopfens abgeschnitten und frisch verarbeitet, weil beim Trocknen die harzigen und leimartigen Theile sich inniger mit der Faser verbinden. Man bindet sie zu Bündeln zusammen und legt diese in stehendes oder fliessendes Wasser, bis eine schwache Gährung eintritt und die Faser sich hinreichend von dem markigen und holzigen Theile der Stengel ablösen lässt. Durch gezahnte Walzen wird die Trennung bewirkt und die Faser alsdann durch wiederholtes Kochen mit Lauge und unter hohem Druck in Halbstoff verwandelt und dann weiter verarbeitet. (C. Bl. 1856 p. 77.)

[4] Lord Berriedale liess sich 1854 für England ein Verfahren patentiren, aus der Distel Papier so wie eine spinn- und webbare Faser darzustellen. Die frischen Stengel werden durch ähnliche Vorrichtungen, wie sie bei der Behandlung des Flachses angewendet werden, geschlagen oder gebrochen, so dass die faserige oder holzige Masse zertheilt wird, indem man zugleich durch Wasser, Säure u. s. w. die gummi- oder leimartige Substanz entfernt. (C. Bl. 1856 p. 78.)

[5] Für die Luzernwurzel hat sich nach Chaix (vergl. 3. Aufl.) in neuerer Zeit vorzugsweise Caminade lebendig interessirt. In einer Brochüre: La racine de Luzerne comme succédané, welche auf aus Luzernwurzel gefertigtem Papier gedruckt ist, verheisst er der Landwirthschaft bei einer derartigen Verwerthung dieser Wurzel einen jährlichen Gewinn von 105 Millionen Frcs. (!). Die Behandlung und Verarbeitung der Wurzel bieten keine Schwierigkeiten dar; nachdem dieselbe von Erde möglichst befreit und gewaschen, wird sie zwischen Walzen

nista germanica (deutscher Ginster [1])), Phaseolus vulgaris (Bohne), Ervum Lens (Linse), Pisum sativum (gemeine Erbse), Pisum arvense (Stockerbse), Vicia sativa (Wicke), Glycyrrhiza glabra (Süssholzstrauch), Beta vulgaris [2]) (Runkelrübe), Solanum tuberosum [3]) (Kartoffel), Betula alba

zerquetscht, dann mit kaustischer Soda gekocht, mit Chlorkalk gebleicht und für sich oder mit Lumpenmasse verarbeitet. Caminade glaubt, dass 100 Kilog. der Wurzel nur 7 Frcs. kosten würden und berechnet, bei Annahme von 60 Procent Verlust die Kosten für 100 Kilog. Papierstoff auf 40 Frcs. — Wir hegen keinen Zweifel, dass bei gehöriger Sorgfalt aus der Luzernwurzel ein guter Papierstoff dargestellt werden kann, sind aber ebenso überzeugt, dass die Preise der Lumpen noch eine ganz andere Höhe erreichen müssen, ehe die Wurzel einer 7 Jahre dauernden Pflanze mit ihnen concurriren kann.

[1]) Der Ginster (sowohl *genista tinctoria* als *g. germanica*) ist schon seit längerer Zeit zu Geweben, wie namentlich zu Papier verwendet worden. So erwähnte, n. d. Bayr. Gwblt., vor fast 100 Jahren Dr. Schäffer in Regensburg, dass in Cortona bei Florenz „natürliches Papier“ aus Ginster dargestellt werde und hat selbst sehr gelungene Versuche mit dieser Pflanze angestellt. Schon 1831 fertigten die Bewohner der Cevennen Gewebe aus Ginster oder wenigstens einer sehr verwandten Pflanze. Gegenwärtig bildet der Ginster einen bedeutenden Handelsartikel in Spanien; 1862 wurden aus der Provinz Granada über 50,000 Tonnen zur Bereitung gewisser Papiersorten nach England exportirt. Auf der landwirthschaftl. Ausstellung zu Triest 1663 erhielt Dr. Nicolich die höchste Auszeichnung für Fasern, Garne, Gewebe, Papier und Carton, die aus Ginster dargestellt waren. (C. Bl. 1868. No. 2.)

[2]) Die bei der Zucker- und Spiritusfabrikation als Rückstand gewonnene zellig-faserige Masse des Skelets der Runkelrübe (Runkelrüben-Trester) verdient unbedingt die Beachtung der Papierfabrikanten, denn dieselbe besitzt einmal einen hellen Ton, dann befindet sie sich in einem dem Halbstoff ähnlichen, verkleinerten Zustande und endlich stehen, wo örtliche Verhältnisse ihre Anwendung gestatten, grosse Mengen davon zur Disposition. Rudel rechnet, dass die zollvereinsländische Production 1 Million, die österreichische $\frac{1}{3}$ Million Centner trockenen Rückstand liefern. — Die Präparation der Trestern ist sehr einfach: sie werden zunächst mit Wasser oder Dämpfen von 1—2 Atmosphären Druck behandelt, um die eiweissartigen und schleimigen Substanzen gerinnen zu machen, darauf in Sodalösung gewaschen und dann einige Zeit mit $1\frac{1}{2}$—5 pCt. Schwefelsäure in Berührung gelassen, wodurch das Zellgewebe eine grössere Festigkeit erlangt. (Centralblatt 1858 p. 182; Dinglers Polyt. Journal CXXXIX. p. 391.)

[3]) Das faserige Skelet der Kartoffeln, wie es bei der Spiritus- und Stärkemehlbereitung gewonnen wird, kann in gleicher Weise wie die Runkelrübentrestern zur Papierfabrikation benutzt werden, indess ist seine Anwendung als Viehfutter so allgemein und sein Werth als solches so hoch, dass an eine Verwendung desselben in der Papierfabrikation wohl nicht zu denken ist. — Dasselbe dürfte auch von den Rübenrückständen gelten.

(Birke), Ulmus campestris (gemeine Ulme), Tilia grandifolia[1]) (Sommer-
linde), Nicotiana Tabacum, Brassica campestris[2]) (Kohlsaat, Colza).
Helianthus annuus und tuberosus, die Wurzeln der verschiedenen Klee-
Arten, Fichtennadeln, Moose und Seegras (Zostera marina)[3]).

Es verdient hier noch Erwähnung die Fabrikation von Papierstoff aus
Gerberlohe, welche von Gouturier empfohlen wurde[4]). Die ausgelaugte
Lohe wird durch wiederholtes Mahlen und Sieben möglichst von allen holzigen Theilen befreit, mit Kalk unter 3 Atmosph.-Druck gekocht, in Halbzeug verwandelt, dann mit Chlorkalk gebleicht und der Papiermasse zugesetzt. — Die ausgelaugte Lohe besitzt in hohem Grade die Eigenschaften,
die zu einem Rohmaterial für die Papierfabrikation erforderlich sind: sie
ist an sich ohne Werth, da sie sich bereits in der Gerberei verwerthet hat,
so dass in Berlin ein Fuder nur 15 Sgr. kostet; sie wird in enormen
Massen erhalten, indem in einer allerdings ziemlich bedeutenden Gerberei
allein an 40000 Ctr. jährlich als Brennmaterial verkauft werden und
ihre Verarbeitung erheischt keine besonderen Apparate, noch besondere
Kraft. Diese Umstände veranlassten auch Verfasser dieses, mit derselben
Versuche anzustellen, aus denen die Brauchbarkeit unzweifelhaft hervorgeht, die aber bisher aus Mangel an gehörig vorbereitetem Material noch
zu keinen entscheidenden Resultaten geführt haben. —

Endlich sei noch des Faserstoffs gedacht, der ebenfalls als Hadern-
surrogat bei der Anfertigung von Pappen, und gewiss mit Recht, empfohlen worden ist[5]). Der Torf wird durch Klopfen mit hölzernen
Schlägeln und späteres Waschen möglichst von seinen erdigen Bestandtheilen gereinigt und an der Luft getrocknet, darauf im Holländer entweder mit oder ohne Lumpenzusatz zu Pappenstoff verarbeitet, wo-

---

[1]) Die Lindenrinde wird namentlich in Russland viel zur Anfertigung von
Matten und Geweben benutzt und kann natürlich aus diesen weiter zu Papierstoff verarbeitet werden.

[2]) J. d. F. 1861 p. 98.

[3]) *Breton frères et Cie.* „*Du Pont de Claix*" haben den Rückstand, den sie beim
Auslaugen des *Varec*, einer in allen Meeren der nördlichen Erdkugel in grosser
Menge vorkommenden Fucus-Art, behufs Gewinnung seiner salzigen Bestandtheile
erhielten, zur Verwendung in der Papierfabrikation empfohlen und Muster mit
70 Procent des neuen Faserstoffes vorgelegt, die allerdings die Anwendbarkeit
ausser Frage stellen; jedoch scheinen ihre Bestrebungen zu keinem günstigen
Schlussresultat gelangt zu sein. (J. d. F. 1865. Nr. 24.)

[4]) J. d. F. 1860. p. 38.

[5]) Centralblatt 1860 p. 147.

bei er ein für Bereitung von Dachpappen sehr geeignetes Material giebt. —

Wir leiden mithin auch bei uns nicht Mangel an Vegetabilien, die sich zur Darstellung von Papierstoff verwenden lassen und bereits mehr oder weniger verwendet worden sind; allein das Hauptresultat aller dieser Versuche ist wieder, dass es bisher nicht geglückt ist, im Pflanzenreiche einen Stoff aufzufinden, mit Ausnahme von Esparto, Holz und Stroh, auf welche wir noch ausführlicher zurückkommen, der im Stande wäre, die Lumpen vollständig zu ersetzen oder auch nur den Preis derselben wesentlich herabzudrücken. — Und in der That kann uns dieses Resultat kaum überraschen, da die Gründe ziemlich nahe liegen. 1. Die Lein-, Hanf- und Baumwollenfelder sind die Erzeugungsstätten unseres Rohmaterials und mag auch manche wild wachsende Pflanze hier und da üppig zu wuchern scheinen, so verschwindet doch ihre Menge, wenn verglichen mit der jährlich producirten Quantität jener Culturpflanzen. — 2. Es scheint fast unmöglich, einen Rohstoff aufzufinden, der billiger ist als die Lumpen, denn die Zeuge, von denen sie herrühren, haben bereits alle Kosten der Production und des Transportes getragen und nur die Nachfrage giebt ihnen nochmals einen Werth. — 3. Aber nicht nur Quantität und Billigkeit erschweren jedem anderen Stoffe die Concurrenz mit den Lumpen, sondern auch ganz besonders die Beschaffenheit der letzteren, welche sie vorzugsweise als Rohmaterial für die Papierfabrikation qualificirt. Durch jahrelanges Tragen und Waschen hat die Faser der Lumpe eine Zartheit, Schmiegsamkeit und Weiche erhalten, wie sie dem ursprünglich erzeugten Faden selbst nicht durch Behandlung mit Laugen und mindestens nicht ohne bedeutende Verluste ertheilt werden kann.

Wie schon angedeutet, gestalten sich bei Holz und Stroh die Verhältnisse etwas günstiger und man muss gegenwärtig diese beiden Stoffe bereits als Rohstoffe der Papierfabrikation betrachten. —

In der Fabrikation von Strohpapier hat L. Piette die Bahn gebrochen, welcher in seinem höchst gediegenen Werke: „Die Fabrikation des Papieres aus Stroh und vielen anderen Substanzen. Cöln 1838." bereits sehr gelungene Papierproben aus dem Stroh nicht nur der verschiedenen Getreidearten: Roggen, Weizen, Gerste, Hafer, sondern auch der Hülsenfrüchte, Erbsen, Bohnen, Linsen, so wie aus Maisstroh und Heu, dem Publikum vorzulegen im Stande war. Derselbe hat seine Versuche auf diesem Gebiete mit immer grösseren Erfolgen fortgesetzt und das von ihm herausgegebene Journal des Fabricants de papier enthält in seinen Jahrgängen 1856 — 1860 sehr beachtenswerthe, theils von ihm, theils von anderen herrührende Aufsätze über denselben Gegenstand.

Ehe wir uns aber specieller mit den verschiedenen Verfahrungsarten beschäftigen, durch welche die Umwandlung jener Rohstoffe in Papierzeug bewirkt wird, müssen wir, wenn auch nur einen kurzen Blick auf die physischen und chemischen Eigenschaften derjenigen Substanz werfen, welche einerseits überhaupt alle die genannten Pflanzen und Pflanzentheile befähigt, in Papiermasse umgewandelt zu werden, andererseits aber auch das verschiedene Verfahren beim Kochen, Bleichen, Färben u. s. w., so wie schliesslich die Verschiedenartigkeit des Papiers bedingt. — Es ist das die Pflanzenzelle, die Cellulose[1]). — Die Pflanzenzelle führt während des Wachsthums der Pflanze ihr eigenes abgesondertes Leben und durchläuft von ihrem ersten Auftreten als ein ganz kleines, äusserst zartes, rundliches Bläschen bis zur Zeit, wo sie entweder für sich oder zugleich mit dem ganzen Pflanzentheile, dem sie angehört, abstirbt, eine stetige Reihe von Veränderungen und die zahlreichen Verschiedenheiten des Gewebes beruhen darauf, dass entweder die Zellen bald schneller, bald langsamer ihre Lebensperiode durchmachen, so dass in der Pflanze immer Zellen von ungleichen Bildungsstufen vereinigt sind, oder darauf, dass eine Zelle überhaupt auf einer früheren Bildungsstufe stehen bleibt, oder endlich, dass sie die letzte Stufe, die ihres eignen Todes überhaupt nicht erreicht, sondern dadurch getödtet wird, dass der Pflanzentheil, dem sie angehört, gesetzmässig im Ganzen früher abstirbt und die einzelnen Zellen mit in seinen Untergang verschlingt. Die Pflanzenzelle zeigt daher schon ebensoviel Verschiedenheiten der Form und der Structur wie die grosse Pflanzenreihe selbst von der Ceder bis zur Conferve; in Hinblick jedoch auf ihre Anwendung und Anwendbarkeit für die Papierfabrikation begnügen wir uns, drei besondere Formen zu unterscheiden: 1. Die Blasen- oder Schlauchform (forme utriculaire) bezeichnet den elementaren Zustand der Zelle, in welchem dieselbe kleine Blasen von veränderlichem Umfang und Form bildet, welche zum grossen Theil das Mark und die innere Rinde der Stängel, das Fleisch der Früchte, das Parenchym der Blätter,

---

[1]) Die Physiologie der Pflanzen und Thiere von Dr. M. I. Schleiden. Braunschweig 1850. p 24. — Die Pflanzenstoffe von Dr. Aug. u. Theod. Husemann. Berlin 1871. p. 568. Berthelot Ann. Chim. Phys. (3) LX, 111. — C. Bl. 1871. N. 15, 16, 17. — J. d. F. 1870. N. 8, 9, 10.

Blüthen und anderer Pflanzen-Organe zusammensetzen. Aus der successiven Umgestaltung dieser elementaren Zelle gehen allerdings alle verschiedenen vegetabilischen Gewebe hervor, allein zur Darstellung von Papier, zumal dessen, welches hier stets nur im Auge gehabt wird, und welches, wie schon im Eingange erwähnt, nichts anderes als ein Conglomerat verfilzter Fasern ist, sind die Zellen dieser Art ohne Bedeutung und sie werden durch die Behandlung der rohen Fasern mit Laugen entfernt.

2. Die häutige Zelle (forme membraneuse). In gewissen Organen, wie in den Blättern, Blüthen, Früchten, Zwiebeln, der Rinde u. s. w. plattet sich das blasenartige Gewebe ab und die einzelnen Zellen desselben, durch eine plastische Substanz mit einander innig verbunden, bilden eine mehr oder weniger feste Haut. Auch in dieser Form ist die Cellulose für die Papierfabrikation nicht verwendbar, vielmehr, wenn sie durch Waschen nicht entfernt worden, bildet sie kleine, auf dem Papier auflagernde, verschiedenartig gefärbte Plättchen, welche die Gleichartigkeit und Durchsicht desselben benachtheiligen.

3. Die Gefäss- und Faser-Form (forme vasculaire ou fibreuse, Saftgefässe oder Baströhren). Es findet sich diese Form vorzugsweise im Bast und den Holzschichten der Pflanze vor und sie ist es, welche die Anwendbarkeit derselben zur Anfertigung von Papier bedingt. — Die vegetabilischen Fasern werden aus sehr verlängerten, spindelförmigen Zellen gebildet, deren Wände meistens aus einer grösseren Zahl von Schichten bestehen, die den inneren Raum theils sehr verengen, theils sogar gänzlich ausfüllen. Diese langgedehnten Zellen sind der wesentliche Bestandtheil der grossen Menge der Gespinnst- und Geweb-Fasern und insonderheit derer von Jute, Baumwolle, Flachs, Hanf, Esparto, welche in Fig. 1. 3. 4. 5. und 6. in 230 und 280maliger Vergrösserung dargestellt sind.

Die Cellulose, welches immer ihre Form sei, findet sich nirgends in der Pflanze im reinen Zustande vor, sondern um sie in diesem zu erhalten, ist es nöthig, sie von den inkrustirenden Substanzen zu befreien, welche sie stets begleiten und welche der Pflanzensaft darauf abgesetzt hat. Hierin besteht die Schwierigkeit der chemischen Behandlung der Vegetabilien, wenn es sich um die Darstellung reiner Cellulose handelt. — Der Saft ist eine wässerige Flüssigkeit, welche alle vegetabilischen Gewebe imprägnirt; sein Geschmack ist süsslich und bisweilen schwach alkalisch; seine Zusammensetzung variirt nach den verschiedenen Pflanzen und auch nach der Jahreszeit, in welcher er untersucht wird. Ohne auf diese Zusammensetzung erschöpfend einzugehen, sei nur erwähnt, dass gewisse stickstoffhaltende Verbindungen, Harz, Gummi, Stärkemehl, Zucker, Farbstoffe, Säuren und Alkaloide, jederzeit von Mineralsubstanzen begleitet die regelmässigen Bestandtheile des Saftes sind. Es wird hieraus klar, dass die innerhalb einer so complicirt zusammengesetzten Flüssigkeit sich bildende Cellulose von allen jenen Bestandtheilen eine gewisse Menge in ihre Wandungen aufnehmen muss, wie dies auch die nähere Untersuchung ergiebt. — Die Mineralsubstanzen bleiben beim Verbrennen des vegetabilischen Gewebes in der Asche zurück und können in dieser leicht der Menge nach ermittelt und näher bestimmt werden. — Was die stickstoffhaltigen organischen Substanzen betrifft, von denen die Cellulose jederzeit imprägnirt ist, so sind dieselben leicht an der gelben Farbe erkennbar, welche Jodtinktur der Cellulose mittheilt. — Jene Stickstoffverbindungen sind es beiläufig auch, welche Papierstoff oder selbst feuchte Lumpen bei längerem Lagern in Haufen in Gährung versetzen und erwärmen. — Der im Saft enthaltene Farbstoff endlich findet sich auch innerhalb und oberhalb der Zellenwandungen vor und er ist es, welcher oft verwickelte Operationen nöthig macht, um die Cellulose für die Papierfabrikation vorzubereiten.

Ausser diesen je nach der Pflanzen-Species in verschiedenen Mengenverhältnissen auftretenden, genannten Verbindungen liefert die Analyse der Cellulose stets gewisse Mengen incrustirender Substanz (Schulze's Lignin) von ganz eigenthümlicher Beschaffenheit, die wahrscheinlich aus der Zersetzung der Zellensubstanz selbst herrührt und schliesslich verschiedene als Proteinstoffe[1]) bezeichnete organische Verbindungen, die namentlich das Aneinanderhaften und Kleben der einzelnen Fasern bedingen, und deren Entfernung ohne Benachtheiligung der Festigkeit dieser oft mit grossen Schwierigkeiten verknüpft ist.

Fast rein findet sich die Cellulose im Flughaar der Baumwollenfrüchte, der Früchte des Eriophorum und vieler Synanthereen, im Mark verschiedener Pflanzen u. s. w., am reinsten überhaupt in den jüngeren Zellen, z. B. in den jungen Blatt- und Blüthentheilen und im Fleisch mancher Früchte.

Zur Darstellung von reiner Cellulose behandelt man Hollundermark, Baumwolle, Spiralfasern von Agave americana, oder besser noch gewisse von der Technik schon in vorzüglicher Weise vorbereitete Stoffe, wie

---

[1]) Ueber Pektin vergl. C. B. No. 1. 1875. No. 2.

gebleichtes baumwollenes Zeug, weisse Leinewand, schwedisches Filtrirpapier u. s. w. der Reihe nach mit Wasser, verdünnter Kalilauge, verdünnter Essig- oder Salzsäure, Weingeist, Aether und endlich mit siedendem Wasser und trocknet die Rückstände bei 150°.

Die reine Cellulose ist ein weisser halbdurchsichtiger, seideartig
glänzender, je nach dem Ursprung verschieden geformter, geschmack-
und geruchloser, sehr hygroscopischer Körper vom spec. Gew. 1,52.
Sie ist unlöslich in Wasser, Weingeist, Aether und Oelen, dagegen unter
anfänglichem Aufquellen allmälig löslich in ammoniakalischen Kupfer-
oxydlösungen. Ausser durch Wasser wird die Cellulose aus diesen
Lösungen auch durch Weingeist und Aether, durch Zucker, Dextrin und
Gummi, durch Salze und besonders durch Säuren, selbst durch nicht
zur völligen Sättigung des Ammoniaks hinreichende Mengen derselben,
gefällt. Sie bildet, in solcher Weise abgeschieden, völlig structurlose,
lockere Flocken oder Fäden, die meistens zu einer grauen, hornartigen
Masse austrocknen. Diese desorganisirte Cellulose wird von chemischen
Agentien viel leichter verändert als die gewöhnliche.

Für die Zusammensetzung der Cellulose sind auf Grund zahlreicher
Analysen, welche mit Präparaten verschiedenster Abstammung von zahl-
reichen Forschern ausgeführt wurden, mehrere von einander abweichende
Formeln aufgestellt worden. Gegenwärtig wird allgemein Payen's For-
mel $C^6H^{10}O^5$, oder (auf Vorschlag von Mitscherlich und Gerhardt) deren
Multiplum $C^{12}H^{20}O^{10}$, als richtigster Ausdruck dafür angesehen. Die
Cellulose ist dann isomer mit Tunioin, Stärke, Dextrin, Gummi und
einigen andern verwandten Körpern.

Die Cellulose vermag lose Verbindungen, namentlich mit Metall-
oxyden einzugehen. In concentrirter Kali- oder Natronlauge schwellen
die Fasern der Cellulose an, nach Gladstone in Folge chemischer Verbindung. Bringt man nach letzterem Baumwollengewebe etwa 30 Minuten mit syrupdicker Lauge in Berührung, wäscht dann mit Weingeist
und trocknet, so entspricht der zusammengeschrumpfte Rückstand der
Formel $4\,C^6H^{10}O^5$, $K^2O$, bez. $4\,C^6H^{10}O^5$, $Na^2O$. Durch Waschen mit
Wasser wird übrigens das Alkali wieder vollständig entzogen. Werden
die in der Lauge aufgequollenen Fasern rasch mit Wasser und verdünnter Schwefelsäure gewaschen, so schrumpfen sie nach Länge und
Breite beträchtlich ein und zeigen nun eine erhöhte Festigkeit und Färb-
barkeit. Es gründet sich hierauf das sogenannte Mercerisiren der Faser,
ein von Mercer erfundenes Verfahren, baumwollene und leinene Ge-

spinnste dichter, feiner und besser färbbar zu machen. — Auch die oben
erwähnte Lösung von Cellulose in wässrigem Kupferoxyd-Ammoniak ist
nach Mulder als eine chemische Verbindung derselben mit Kupferoxyd
und Ammoniumoxyd zu betrachten. — Von Berthelot und Schützenberger
endlich sind Verbindungen der Cellulose mit den Anhydriden einiger
organischen Säuren, insbesondere mit Essigsäureanhydrit dargestellt und
beschrieben worden.

Dagegen wird man das Vermögen der Cellulose, und zwar sowohl
der organisirten als der aus ammoniakalischer Kupferlösung abgeschie-
denen structurlosen Salze der Thonerde, sowie des Eisen-, Chrom- und
Zinnoxyds, namentlich wenn sie schwache und flüchtige Säuren enthalten, aus ihren Lösungen auf sich niederzuschlagen, nicht auf chemische Anziehung, sondern auf rein mechanische Flächenattraction
zurückzuführen haben. In der Färberei wird dieses Verhalten zur Fixi-
rung organischer Farbstoffe auf der Faser benutzt. Nur in seltenen
Fällen nämlich werden diese aus ihren Lösungen so fest durch die
Faser allein niedergeschlagen, dass sie derselben durch Wasser und
andere Lösungsmittel nicht mehr entzogen werden. Tränkt man aber
die Faser vor dem Einbringen in die Farbstofflösungen mit einem der
eben genannten Salze (den Beizen oder Mordants der Färber), so entstehen unlösliche, gefärbte Verbindungen der in letzteren enthaltenen
Basen mit den Farbstoffen, die, da sie in den Poren der Faser selbst
zu Stande kommen, daran so fest haften, dass dauerhafte Färbung bewirkt wird.

Dieses Verhalten der Cellulose gegen gewisse Salzbasen kommt
auch selbstverständlich in der Papierfabrikation bei der Färbung und
Leimung in Betracht und entspringt namentlich für letztere daraus die
Regel, dass die Lösungen von schwefelsaurer Thonerde und Harzseife
nicht gleichzeitig dem Papierstoff zugesetzt werden dürfen, sondern dass,
welcher Reihenfolge man auch immer den Vorzug gebe, die eine der
Lösungen erst dann hinzugesetzt werden darf, nachdem der Stoff mit
der anderen sorgfältig gemischt und imprägnirt ist, damit der Niederschlag innerhalb der Faser selbst erfolge.

Ganz reine Cellulose ist an der Luft unveränderlich. Wo sie indessen, wie z. B. im Holz, mit stickstoffhaltigen Substanzen imprägnirt
ist, da erleidet sie an feuchter Luft schon bei gewöhnlicher Temperatur
eine langsame Oxydation, bei welcher sie sich, je nach der Dauer des
Vorganges, in gelb oder braun gefärbte, zerreibliche Massen, Moder ge-

nannt, verwandelt. Beim Erhitzen an der Luft verbrennt sie mit Flamme zu Kohlensäure und Wasser. Wird sie bei Luftabschluss erhitzt, so färbt sie sich, ohne vorher zu erweichen, zu schmelzen oder sich aufzublähen, erst braun, dann schwarz und hinterlässt unter Ausgabe der gewöhnlichen Producte der trocknen Destillation stickstofffreier organischer Substanzen zuletzt reine Kohle. Erfolgt dieses Erhitzen unter starkem Druck, etwa in zugeschmolzenen Glasröhren, so entstehen dagegen unter vorübergehender Schmelzung steinkohlenartige Massen. Beim Erhitzen von reinem schwedischem Filtrirpapier mit Wasser auf 200° beobachtete Mulder die Bildung einer kleinen Menge Zucker (Glucose).

Beim Destilliren von Cellulose mit Braunstein und verdünnter Schwefelsäure wird Ameisensäure gebildet. Unterchlorigsaure Salze und Chlor wirken, was beim Bleichprocess wohl zu beachten ist, bei Gegenwart von Wasser, unter Kohlensäureentwickelung zersetzend auf die Cellulose ein. — Verdünnte Salpetersäure (von einem unter 1,2 liegenden spec. Gew.) ist in der Kälte ohne Einwirkung und greift sie auch beim Kochen nur wenig an. Concentrirtere Säure zerfrisst die Cellulose und löst sie beim Kochen unter Bildung von Korksäure und Oxalsäure. Ganz concentrirte Salpetersäure endlich, oder eine Mischung von dieser (oder von Salpeter) mit concentrirter Schwefelsäure, verwandeln sie in der Kälte, ohne sie zu lösen oder ihre Form zu ändern, in ein höchst explosives Nitrosubstitutionsproduct, in die bekannte Schiessbaumwolle oder das Pyroxylin. Die Auflösung der Schiessbaumwolle in Aetherweingeist bildet das Collodium. — Von kalter concentrirter Schwefelsäure wird die Cellulose zunächst in ihrem Zusammenhang gelockert, dann ohne Färbung gelöst. Die Lösung enthält, wenn alle Erwärmung vermieden war, ausser Holzschwefelsäure, einer nur im syrupförmigen Zustande zu erhaltenden gepaarten Säure, die beim Erkalten in Dextrin und Schwefelsäure zerfällt, noch eine durch Wasser als Gallerte ausfällbare, dem Stärkemehl nahe stehende und wie dieses durch Jod gebläut werdende Substanz, welche sich bei längerem Stehen der Lösung oder beim Erwärmen derselben nach Zusatz von Wasser in Dextrin, später in Traubenzucker verwandelt. Taucht man Fliesspapier wenige Secunden in concentrirte Schwefelsäure und wäscht es darauf zuerst mit Wasser und dann mit sehr verdünnter Ammoniakflüssigkeit, so hat es Eigenschaften erlangt, die es der thierischen Haut ähnlich machen. Derartig verändertes Papier wird unter dem Namen Papyrin oder vege-

tabilisches Pergament technisch dargestellt. — Bei längerer Berührung
mit concentrirter Schwefelsäure schwärzt sich die Cellulose unter Bildung kohlenstoffreicherer, huminartiger Substanzen; beim Erwärmen damit tritt rasch Verkohlung ein. — Verdünnte Schwefelsäure bewirkt bei
langem Kochen allmälig dieselben Veränderungen, d. h. Verwandlung in
Dextrin und Traubenzucker, wie kalte concentrirte Schwefelsäure. Die
letztere Wirkung verdünnter Schwefelsäure macht auch Vorsicht zur
Bedingung, wenn man diese Säure zur Beschleunigung des Bleichprocesses des Papierstoffes mittelst Chlorkalk anwenden will; es wird
alsdann immer rathsam sein, die käufliche Säure mit mindestens
20 Theilen Wasser zu verdünnen. — Wässriges Chlorzink wirkt der
Schwefelsäure durchaus ähnlich, vermag auch im concentrirten Zustande
Papier in vegetabilisches Pergament zu verwandeln. Auch Phosphorsäure und Salzsäure verändern die Cellulose in ähnlicher Weise, jedoch
ist ihre Wirkung ungleich schwächer. Insbesondere vermag Salzsäure
nur bei grosser Concentration und nach längerem Kochen die organische
Structur der Cellulose zu vernichten. — Wird Cellulose mehrere Tage
mit concentrirter Ammoniakflüssigkeit auf $150^{\circ}$ erhitzt, so verwandelt
sie sich in eine braune, gummiartige, zerfliessliche Masse von bitterm
Geschmack, deren Lösung sich durch Kohle entfärben lässt und durch
Gerbsäure gefällt wird. Beim Schmelzen endlich von Cellulose mit
Kalihydrat und wenig Wasser wird Wasserstoff entwickelt und oxalsaures Kali gebildet.

Die Erkennung der Cellulose, insbesondere die Unterscheidung der
pflanzlichen Faser (Baumwolle, Leinwand) von thierischer Faser (Seide,
Wolle) bietet wenig Schwierigkeiten. Thierische Faser löst sich in
kochender Kali- oder Natronlauge von 1,04—1,05 spec. Gew., während
Pflanzenfaser davon kaum angegriffen wird. Baumwolle und Leinwand
verwandeln sich bei $\frac{1}{4}$ stündlichem Liegen in kalter concentrirter
Schwefelsäure in eine kleisterartige Masse, die sich mit Jod bläut, Wolle
und Seide verändern sich nicht. Wolle und Seide färben sich beim
Kochen mit mässig concentrirter Salpetersäure gelb, Baumwolle und
Leinwand nicht. Pflanzenfaser nimmt in Berührung mit einer weingei-
stigen Lösung von Pikrinsäure die Farbe nicht an, Wolle und Seide
färben sich darin bleibend gelb. Seide, Wolle und Baumwolle lassen
sich, wenn sie zugleich in einem Gewebe vorhanden sind, dadurch
nebeneinander erkennen, dass wässriges, mit überschüssigem Ammoniak
versetztes Kupferoxyd-Ammoniak nur Seide und Baumwolle (und zwar

erstere am leichtesten), nicht die Wolle löst, und dass beim Neutralisiren der Lösung mit Salpetersäure die Baumwolle sogleich, die Säure erst nach längerem Stehen wieder ausgeschieden wird. — Persoz behandelt zu dem nämlichen Zwecke das Gewebe mit heisser concentrirter Chlorzink-Lösung, welche nur die Seide löst, und darauf mit kochender Natronlauge, welche die Wolle entfernt und die vegetabilische Faser zurücklässt.

Ungleich schwieriger ist der Ursprung verschiedener Pflanzenfasern zu bestimmen. Hier muss die mikroscopische Vergleichung die Entscheidung geben. Die chemische Untersuchung besitzt bei der gleichen stofflichen Zusammensetzung aller Pflanzenfasern nur in dem grösseren oder geringeren Widerstande, den sie vermöge ihrer verschiedenartigen Structur oder ihres ungleichen Gehalts an fremdartigen Stoffen Lösungsmitteln entgegensetzen, einen schwachen Anhaltspunkt. Zur Erkennung von Baumwollenfäden in Leinwand ist das von Kindt und etwas später auch von Lehnerdt angegebene Verfahren das bewährteste[1]). Man bringt die sorgfältig ausgewaschene und getrocknete Probe 1—2 Minuten in concentrirte Schwefelsäure, wäscht sie dann mit Wasser und Sodalösung und presst sie zwischen Fliesspapier. Die der Schwefelsäure viel weniger Widerstand leistenden Baumwollenfäden sind jetzt gänzlich entfernt, die Leinenfäden aber nur dünner und durchscheinender geworden. — Färbt man nach Elsner eine Probe von einem Baumwolle und Leinen enthaltenden Gewebe in Krapp- oder Cochenillelösung, trocknet sie zwischen Fliesspapier und legt sie dann auf eine filtrirte Chlorkalklösung, so werden die Baumwollenfäden in einigen Stunden ganz entfärbt, während die Leinenfäden farbige, lineare Zeichnungen zeigen. Böttger taucht eine Probe des Gewebes einen Augenblick in eine Auflösung von 1 Th. Fuchsin in 100 Th. Weingeist, wäscht sie mit Wasser ab und legt sie 1—3 Minuten auf wässriges Ammoniak, worauf die Baumwollenfäden farblos, die Leinenfäden aber noch rosenroth erscheinen.

Die Technik verwendet die Pflanzenfaser zur Bereitung von Flechtwerk, von Gespinnsten und Geweben, Papier u. s. w. Sie giebt dabei solchen Fasern den Vorzug, deren Gewinnung und Reinigung möglichst wenig Schwierigkeiten bietet. Dieser Forderung entspricht ganz besonders die Baumwolle, welche das Flughaar der Früchte verschiedener

---

[1]) V. d. V. z. B. d. G. 1847. 19 u. 1848. 24.

Gossypium-Arten ist und fast reine Cellulose darstellt. Ihre Faser besteht aus einer langen, platten, schwach gekräuselten Zelle, die unter dem Mikroskope pfropfenzieherartig gewunden und schief gitterartig gestreift erscheint (Fig. 3). — Die Leinenfaser ist der Bast von Linum usitatissimum. Um sie rein zu erhalten, wird die Leinpflanze kurz vor dem völligen Reifen der Früchte dem sogenannten Röstprocess unterworfen, d. h. längere Zeit hindurch unter stetem Feuchthalten der Einwirkung der Luft ausgesetzt, oder was rascher zum Ziele führt, in stehendes oder fliessendes Wasser eingetaucht. Es tritt dabei eine Art

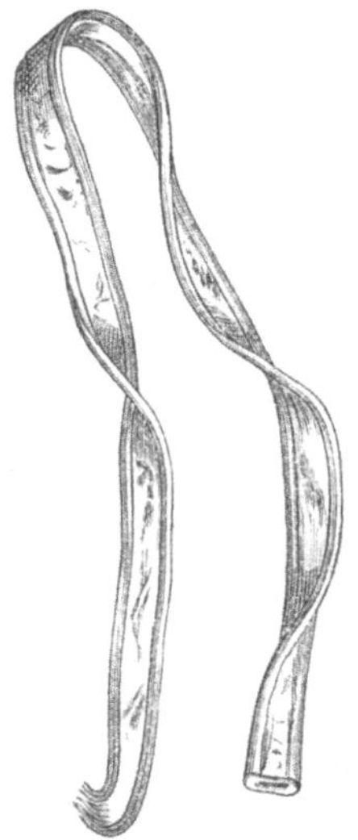

Fig. 3. **Baumwolle** (230).

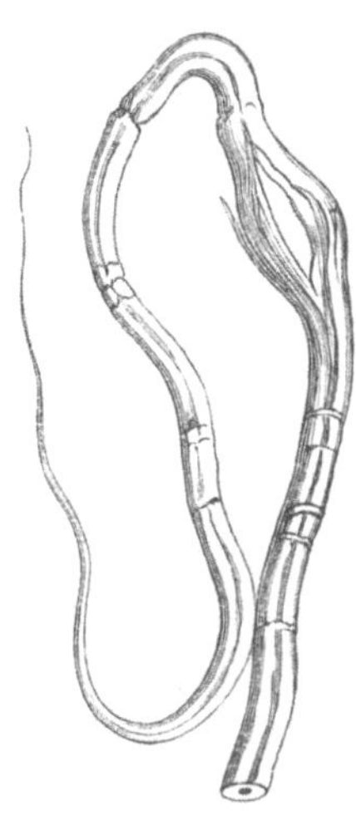

Fig. 4. **Flachs** (230).

Gährung ein, welche die die Fasern verkittenden Stoffe, wie Eiweiss, Schleim, Gummi u. s. w. zerstört, den Holzkörper brüchig macht und den Zusammenhang zwischen diesem und dem Baste aufhebt. Sobald dieser Punkt eingetreten ist (bei längerem Warten würde auch die Bastfaser zerstört werden), wird durch die mechanischen Operationen des Brechens, Schwingens und Hechelns die Faser von den anhängenden Holz- und Rindentheilen befreit und durch die spätere Bleiche die völlige Reinigung herbeigeführt. Die einzelne Leinenfaser ist eine sehr lange, dünne, walzenförmige, mit ausserordentlich feinem Längskanal versehene, niemals gedrehte und nur an den erweiterten Stellen gitterartig gestreifte Zelle von 0,01—0,015 Millimeter Durchmesser (Fig. 4). — Wie die Leinenfaser hat auch die von Cannabis sativa abstammende Hanffaser ihren Ursprung im Bast. Ihre Gewinnung ist von ganz ähnlicher Art. Auch die einzelne Faser gleicht der Leinenfaser, ist aber starrer und dicker, hat einen weiteren Längskanal und zeigt meistens Längsstreifen (Fig. 5).

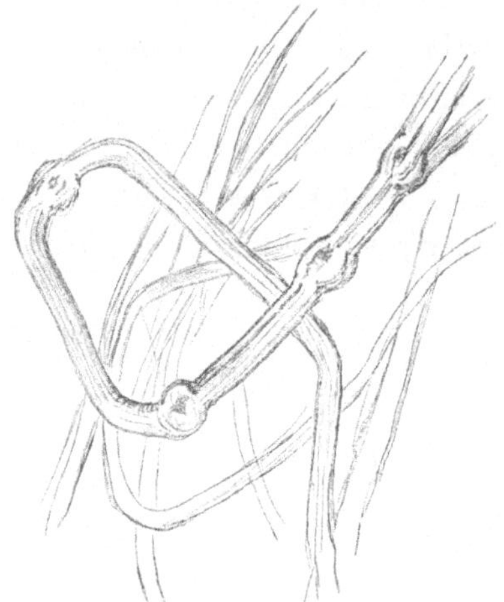

Fig. 5. **Hanf** (250).

Für die Papierfabrikation sind daher die Lumpen unbedingt das beste Rohmaterial, denn in ihnen ist die Cellulose bereits vor Herstellung des Gewebes von allen in der Pflanze sie begleitenden fremden Bestandtheilen befreit und ihre Umwandlung in Papierstoff beruht einfach in dem mechanischen Process der Wiederaufhebung des Gewebes, um statt diesem durch Rütteln und Schütteln eine Verfilzung der einzelnen Zellen herbeizuführen. — Bei Anwendung der Surrogate, Holz, Stroh, Esparto hingegen muss erst durch eine Reihe chemischer Processe, welche die Flachs- und Hanf-Röste vertreten, die Cellulose blossgelegt werden, ehe sie zu Papier verarbeitet werden kann. Nur aus Holz ist es gelungen, auf rein mechanischem Wege einen, wenn auch nicht allen Anforderungen genügenden, doch namentlich als Zusatz zu Lumpenmasse sehr brauchbaren Stoff herzustellen. Man gelangt hierzu nicht auf dem einfachen Wege des Mahlens fein zertheilten Holzes, wie namentlich der Sägespäne, sondern durch Schleifen oder vielmehr gewaltsames Entfasern, Defibriren, der einzelnen Holzstücke.

Das Holzmehl hat allerdings seiner Zeit auch eine nicht ganz unbedeutende Rolle in der Papierfabrikation gespielt, die Fabrik von J. W. A. Sigrist in Buckau bei Magdeburg war eine Hauptbezugsquelle dieses Artikels, von welchem der Centner = 50 Kilo mit 2 bis

3 Thalern bezahlt wurde. — Meissner in Raths-Dammitz bei Stolp lieferte kleine Apparate zur Herstellung von Holzmehl zum Preise von 600 Thalern. — Es gehen diesem Producte jedoch alle die Eigenschaften, Verfilzungsfähigkeit und Geschmeidigkeit ab, welche man von einem Papierstoff verlangt, und kann dasselbe daher nur als Füllungsstoff angesehen werden, dessen Anwendung die Eigenschaften des damit gefertigten Papiers herabdrückt. — Ein Zusatz von 15 pCt. Holzmehl ist bei Mittelpapieren ohne erheblich nachtheilige Folgen zulässig. In grösserer Menge hingegen angewandt, macht es das Papier sehr rauh und erfordert sehr gute Satinirapparate. Bei Druckpapieren endlich macht sich das Holzmehl sehr unangenehm dadurch bemerklich, dass es beim Drucken sehr viel Staub erzeugt und die Maschinen verschmutzt.

## Geschliffener Holzstoff.

Zur gewaltsamen Entfaserung des Holzes sind sehr verschiedene Methoden in Vorschlag gebracht worden, die zwar sämmtlich in neuester Zeit dem Völter'schen Verfahren haben weichen müssen, die aber nichtsdestoweniger theils ihres historischen Interesses, theils ihrer Vervollkommnungsfähigkeit wegen hier eine kurze Erwähnung finden mögen.

1. Der Apparat von Chauchard, welcher in Frankreich eine nicht unbedeutende Verbreitung gefunden hat, beruht auf dem Princip einer wiederholten Auseinanderreissung der Faser der Länge nach und gleichzeitiger Zerstückelung derselben. Der Apparat besteht aus einem Kasten, ähnlich dem gewöhnlichen Holländerkasten, nur von etwas grösseren Dimensionen, nämlich von 12 Fuss Länge und 4,5 Fuss Breite; derselbe enthält unter einer Haube einen mit 133 Schienen besetzten Cylinder, welcher sich über einem Grundwerk bewegt, und drei gusseisernen Walzen, die zu einem doppelten Quetschwerk miteinander verbunden sind. Der continuirlich dem Kasten zugeführte Rohstoff, welcher neben Holzspänen auch aus Stroh, Lohe und anderen Substanzen bestehen kann, passirt zunächst Cylinder und Grundwerk, wird dann von den Walzen zerquetscht und gelangt, sobald er die gehörige Feinheit besitzt, durch ein an der hinteren Wand der Haube angebrachtes Sieb aus dem Apparat. Mit Anwendung einer Kraft von 3 Pferden sollen täglich 3—400 Pfund trockener Holz- oder 800—1000 Pfund

Strohstoff erzeugt werden[1]). — Der Apparat ist gegenwärtig wohl nirgends mehr anzutreffen.

2. Chr. V. Newton, dessen Verfahren in England patentirt ist, zertheilt die Scheite weichen Holzes in Stücke von 2 Zoll Durchmesser und 1—2 Fuss Länge und lässt dieselben zwischen Walzen durchgehen, bis das Holz zu kleinen Fetzen zerquetscht und zerbrochen ist. Diese werden in ein Fass gebracht, welches eine Lösung von Chlorkalk enthält und die Mischung durch einen Rührer anhaltend bewegt. Nach 8—10 Stunden hat die Holzmasse das Ansehen von Halbzeug angenommen und wird eine halbe Stunde lang mit einer Auflösung von Soda, die auf 100 Pfund Masse 15 (!) Pfund Soda enthält, behandelt, hierauf gewaschen und weiter verarbeitet. — Das Verfahren ist unbedingt sehr irrationel, kostspielig und schwerlich geeignet, ein gutes Produkt zu liefern. — Devilaine wendet eine Trommel an, die mit scharfen eisernen Spitzen besetzt ist, welche, indem sie sich an der Oberfläche des in Scheite gehauenen Holzes vorbeibewegen, grössere und kleinere Theile davon losreissen, von denen die letzteren, durch ein Sieb von den ersteren gesondert, der Papiermasse zugesetzt werden[2]). — Diese Manipulation ist so roh, dass nur Pappenfabrikanten davon Nutzen ziehen können.

3. Die Holzzerfaserungs-Halbzeugmaschine des Grafen von Falkenhayn (bayerisches Patent vom 8. Juni 1869) besteht nach dem bayerischen Industrie- und Gewerbeblatt aus einer, an einer horizontalen Welle befestigten und in senkrechter Stellung rotirenden gusseisernen Trommel von 2 Fuss 8 Zoll Durchmesser und 1 Fuss Breite, in welcher schief über den Cylinder-Mantel 24 Spuren eingestossen sind, worin sich eben so viele Stahlfraisen befinden, deren Hervorragen über den Cylinder-Mantel durch die an den beiden Trommelflächen angebrachten Stellschrauben genau regulirt werden kann. Die Stahlfraisen selbst sind sägeartig gefeilt, und zerfasern bei der schnellen rotirenden Bewegung der Trommel die oberhalb derselben im darüber stehenden Hute befindlichen und durch einen gewöhnlichen Mechanismus gegen die Trommel gepressten Holzstücke, was sowohl mit als auch ohne Zuleitung von Wasser geschehen kann.

Die so erzeugten Fasern sind zur Herstellung ordinärer Papiere,

---

[1]) J. d. F. 1860 p. 49. C. Bl. 1856 p. 78. C. Bl. 1857 p. 335.
[2]) J. d. F. 1861 p. 84.

so wie sie aus der Zerfaserungs-Halbzeugmaschine kommen, verwendbar; um dieselben auch als Zusatz zum Ganzzeug feiner Papiersorten verwenden zu können, gelangen sie jedoch durch ein Abfallrohr auf den Verfeinerungs-Apparat, welcher aus einer hölzernen Zutheilungswalze und zwei spiralförmig cannelirten gusseisernen Verfeinerungswalzen besteht. Nach Durchgang durch dieses Walzenpaar gelangt das Holzzeug in eine gewöhnliche Schnecke, durch ein Rohr hindurch, um in beliebige andere Verarbeitungsmaschinen oder Sammelkästen zu dessen Aufbewahrung fortgeschafft zu werden.

Die Holzzerfaserungs-Halbzeugmaschine erfordert bei genannten Dimensionen $3\frac{1}{2}$ Pferdekräfte zu ihrem vollen Betriebe und zerfasert bei Anwendung dieser Kraft binnen 24 Stunden 10 Centner lufttrocknen Fichtenholzes zu Halbzeug.

Zur Verfeinerung des von drei Zerfaserungsmaschinen gelieferten Halbzeuges genügt ein Verfeinerungs-Apparat, welcher seinerseits zwei Pferdekräfte in Anspruch nimmt[1].

4. Um nach R. A. Broomann Papier aus Holz zu fabriziren, wird letzteres mittelst Einwirkung einer mechanischen Kraft nach der Richtung der Fasern in feine Theilchen zerlegt. Der auf das Holz wirkende Mechanismus besteht aus einem Mühlstein oder einer eisernen Walze mit rauher Oberfläche, gegen welche unmittelbar vor der Angriffsstelle ein Wasserstrahl gerichtet wird. Eine Vorrichtung ist angebracht, um den Abgang von nicht vollständig reduzirten Holztheilchen mit dem Wasser zu verhüten[2].

Die Fasern kommen von dem Stein im Zustand eines Breies und werden durch Siebe von verschiedener Feinheit geleitet, um zu verschiedenen Papiersorten verwendet zu werden.

Fig. 1 Taf. I stellt eine zur Verwandlung des Holzes in Papierzeug geeignete Maschine im Vertikaldurchschnitt,

Fig. 2 im Grundrisse dar.

Der Haupttheil dieser Maschine besteht in einem mit rauher Oberfläche versehenen Mühlstein A, welcher in vertikaler Lage auf einer Achse B befestigt ist, die in geeigneten Lagern läuft. Der Mühlstein dreht sich in einer Zarge A', deren unterer Theil mit einer Oeffnung H zur Entfernung des Holzbreies versehen ist; er hat ungefähr 4 Fuss Durch-

---

[1] C. B. 1871. No. 17.
[2] P. J. CXXXIII 1854.

messer und eine Umlaufsgeschwindigkeit von 180 bis 240 Umdrehungen
per Minute. Auch der obere Theil der Zarge A' ist mit einer Oeffnung
versehen, in welcher das Gestell D angeordnet ist. Dieses ist unten
offen und seine vier Enden kommen mit dem Mühlstein beinahe in Berührung. An der einen Seite dieses Gestells befindet sich eine durchlöcherte Abtheilung E zur Aufnahme des Wassers, welches die Bestimmung hat, den Mühlstein anzufeuchten und sich mit der Faser zu einem
Brei zu mengen; an der entgegengesetzten Seite ist innerhalb des Gestells eine Stahlplatte G befestigt, welche den Stein beinahe berührt und
den Zweck hat zu verhüten, dass grössere noch nicht vollständig zerkleinerte Fasern nach H gelangen. Diese Platte lässt sich dem zu be-
arbeitenden Material gemäss höher oder niedriger stellen. Das in Brei
(Zeug) zu verwandelnde Holz wird an den rotirenden Mühlstein gehalten, und zwar so, dass die Holzfaser die Richtung der Rotation hat,
wie Fig. 3 zeigt.

Das Holz wird zuerst in Stücke von geeigneter Länge zerschnitten;
diese kommen in das Gestell D und werden durch einen mit Gewichten
belasteten Hebel in der oben bezeichneten Lage gegen den Mühlstein
gedrückt. Die von dem Holz getrennten Fasern werden durch die
Wasserströmung weggespült und gelangen durch die Mündung H in
einen Behälter I, der mit einer Scheidewand K versehen ist. Aus diesem Raum fliessen sie in ein Sieb L, welches durch eine Daumenwelle
in schüttelnde Bewegung gesetzt wird, um die feineren Theile von den
gröberen zu trennen. Die feineren Theile gelangen wieder in ein fei-
neres Sieb M, wo eine zweite Trennung stattfindet. Von da fliesst die
Masse über das Sieb N', welches nur noch das Wasser durchlässt, und
von diesem Sieb gelangt endlich der feine Brei in den Behälter $N^2$.
Die auf solche Weise gewonnenen Breimassen von verschiedener Qualität werden entweder allein oder mit gewöhnlichem Lumpenzeug so wie
mit den üblichen Ingredienzien gemengt zur Fabrikation verschiedener
Papiersorten verwendet.

5. Ganz ähnlich dem Broomann'schen Verfahren war das ursprüngliche von Gross in Giersdorf in Schlesien, welchem das Verdienst zugeschrieben wurde, der erste gewesen zu sein, dem es gelungen
war, auf rein mechanischem Wege Papierstoff aus Holz nach einer Methode darzustellen, die nach einigen Vervollkommnungen für die gesammte Papierfabrikation von der höchsten Bedeutung geworden ist. —
Indess scheint es, dass Gross sowohl als Broomann aus einer und

derselben Quelle geschöpft haben und dass nicht sie, sondern H. Völter[1]) sich zuerst des oben beschriebenen oder eines demselben sehr
ähnlichen Verfahrens bedient habe. In einem Circular dd. März 1849
behauptet H. Völter ganz bestimmt: „Herr Gross ist ganz im Unrecht,
wenn er sich diese Erfindung vindicirt, da er das Verfahren, aus Holz
Papier zu fabriciren, jedenfalls um mehrere Jahre später in Ausführung
brachte, als wir und wie wir in Erfahrung brachten, es von einem Menschen überkam, der sich auf strafbare Art in theilweisen Besitz unseres
Geheimnisses zu setzen wusste, und nicht nur an Herrn Gross, sondern
auch an andere Fabrikanten in der Schweiz willige Käufer dieser von
uns abgespickten Erfindung fand.“

Der Apparat von H. Völter Fig. 4 Taf. I besteht aus drei Haupt-
theilen: dem Entfaserungsapparate oder Défibreur, dem Verfeinerungs-
apparate oder Raffineur und dem Sortirapparate oder Epurateur. —
Mittelst des Défibreurs werden die Holzstücke entfasert. Er ist der
höchstgestellte Theil der Maschinerie. Ein mit einer Geschwindigkeit
von 150—180 Touren in der Minute, oder im Allgemeinen mit einer
Umfangsgeschwindigkeit von 8,5 Meter in der Sekunde rotirender Stein
von 1—1,25 m. Durchmesser und 0,35—0,40 m. Dicke ist mit seiner
horizontalen Achse auf einem Unterbau von starken Balken oder Quadern angebracht und umspannt mit eisernen, fest unter sich verbundenen
Bögen, welche zur Leitung für die Zuführung der Hölzer an den Stein
dienen. Diese Zuführung, ein sehr wichtiger Act, geschieht vollständig
ruhig, sicher und gleichmässig unter Anwendung von Spindeln mit
Schraubengewinden und ist zum schnellen, leichten und bequemen Reguliren eingerichtet. Auch ist eine Vorrichtung angebracht, welche die
Spindeln bei etwa eintretenden Hindernissen stillstehen macht und dem
unaufmerksamen Arbeiter sofort laut genug anzeigt, dass da oder dort
nachzusehen, resp. das eingelegte Holzstück zerfasert und ein neues
einzulegen sei. — Zum Schleifen eignet sich am besten nicht zu altes
Holz, welches namentlich bei Nadelhölzern zu viel Harz enthält. Von
Fichten und Kiefern wähle man womöglich 30—40 Jahr alte, 0,10 bis
0,15 m. starke, möglichst schlank gewachsene und astfreie Stämme aus
und verarbeite dieselben möglichst frisch. — Die Stämme werden mittelst Schabemesser von der Rinde befreit und durch eine Kreissäge C,
deren Umfangsgeschwindigkeit 40,0 m. pro Sekunde, in Längenstücke

---

[1]) C. Bl. 1870 No. 3.

zerschnitten, welche der Breite des Steines entsprechen. Die so gewonnenen Holzklötze werden darauf mittelst eines auf der Welle der Kreissäge aufsitzenden Bohrers von Knorren und Astknoten gesäubert, dann gespalten und das meist dunkel gefärbte Harz sowie kernfaule Stellen daraus mit einem Beil entfernt. — Die gereinigten Holzstücke werden dann mittelst des Aufzugs A zum Défibreur D in die Höhe gehoben, mit der breiten Fläche gegen den Stein gerichtet, also die Achse des Holzes parallel der Achse des Steines, in 4 oder 5 Kästen, je nach der Grösse des Steines und der zur Verfügung stehenden Kraft, gelegt und unter starkem Wasserzufluss mittelst der Schrauben und Spindeln gegen den rotirenden Stein gepresst. — Ein starker Wasserzufluss giebt durch vollständige Entfernung aller harzigen und schleimigen Bestandtheile dem Stoff eine grössere Weisse und Klarheit. Man rechnet bei einer Tages-Production von 10 Ctr. trocknen Stoffes ca. 180—200 Liter pro Minute oder 6—7,6 Cub.-Fuss. Dass ein möglichst reines Wasser zu empfehlen ist, versteht sich von selbst; namentlich aber muss dasselbe frei von Eisen sein, weil dies den Zeug gelb färbt.

Die Steine, welche bis zu einem Durchmesser von 0,788 m. abgenutzt werden können, dürfen keinen zu grossen Grad von Härte besitzen, weil sie sich dann sehr glatt schleifen und ein häufigeres Schärfen bedingen, während die etwas weicheren Steine sich durch Fallenlassen feiner Theilchen gewissermassen von selbst schärfen. — Die Steine von Zittau haben sich dem Verf. sehr gut bewährt.

Das Andrücken des Holzes gegen den Stein wird in manchen Fabriken mittelst Hebeln und Gewichten bewirkt und man behauptet, dass dieser Druck dem Schraubendruck vorzuziehen sei, weil er stets gleich bleibe, auch wenn der Stein in Folge ungleich harter Stellen sich ungleich abnutze, während in diesem Falle bei dem stetigen Vorrücken des Holzes durch die Schraube der Druck bald stärker, bald schwächer werde. — Ich theile diese Ansicht nicht und betrachte vielmehr die ungleiche Abnutzung des Steines als eine Folge des Hebeldruckes und als einen Fehler, der möglichst zu vermeiden ist. Ich halte eine stets aufmerksame Behandlung des Steines und häufiges Leeren und Schärfen desselben für Hauptbedingung einer guten und ergiebigen Production und habe in einer 8jährigen Praxis nicht einmal Ursache gehabt, mich über das Schraubensystem zu beklagen, denn dass die metallenen Schraubenspindeln in $1\frac{1}{2}$—2 Jahren vielleicht eine Erneuerung bedürfen, kann nicht als ein Mangel des Apparates betrachtet werden. Die unterhalb des Steines in einer Rinne austretenden abgeschliffenen Fasern passiren darauf zunächst ein in schüttelnder Bewegung erhaltenes Sieb, auf welchem die groben Späne zurückbleiben und einen, bisweilen auch zwei Siebcylinder vs, welche allem, wegen seiner Grobheit für die Papierfabrikation unbrauchbaren Stoffe den weiteren Fortgang durch die übrigen Apparate verwehren. Die Zahl der Maschen dieses Siebes beträgt 16 auf den □Zoll. Der durch den Siebcylinder hindurchgegangene Stoff, der also überhaupt nur zur Papierfabrikation brauchbar ist, geht nun, je nachdem man ihn unmittelbar oder nur raffinirt verwenden will, entweder direct nach dem Epurateur oder nach dem Raffineur. Im letzteren Falle gelangt er aus dem Siebcylinder in einen Bottich, in welchem eine, mit einem Taue spiralförmig umwundene Siebtrommel den Stoff ohne Unterlass einem kleinen Schöpfrade zuführt, welches denselben dem Raffineur übergiebt. Der Raffineur R besteht aus Bodenstein und Läufer, welcher gleich dem Défibreur 150—180 Umläufe macht, und hat das äussere Ansehen eines Mahlmühlenganges, allein innere Einrichtung sowohl, als die Art des Zusammenwirkens der Steine sind doch sehr davon verschieden, weil der Raffineur die Fasern nicht zerstören, sie nicht zu Mehl oder Pulver zermalmen darf, sondern im Gegentheil unversehrt belassen und sie nur reiner, feiner und geschmeidiger und damit verfilzungsfähiger machen soll, wie dies in gleichem Grade selbst mit den stumpfesten Messern oder Schienen nicht zu bewirken ist. Der Raffineur dient also ganz besonders zur Verbesserung der Qualität des Holzzeuges und kann mit demselben auch jede, für die Papierfabrikation dienliche gröbere Fasermasse in Ganzzeug verwandelt werden. Hierbei hat der Raffineur das vor dem Holländer voraus, dass in ihm nicht, wie im letzteren, nur bestimmte Mengen raffinirt werden können, bis keine grobe Faser mehr sichtbar, so dass also die bereits verfeinerten immer und immer wieder die Reibung passiren müssen, was zur Folge hat, dass ein beträchtlicher Theil der Fasermasse zu Grunde gerichtet wird, sondern der Raffineur wirkt perpetuirlich und werden die entsprechend fein geriebenen Fasern sofort entfernt, während die zu groben ihm nochmals übergeben werden.

Die raffinirte Masse oder, wenn die Raffinirung nicht nöthig war, der durch den Siebcylinder vs hindurchgegangene Stoff wird schliesslich dem Sortir-Apparat zugeführt, der gewöhnlich aus drei rotirenden Siebcylindern besteht, von denen der erste 400 Maschen auf den Quadratzoll, der zweite 900, der dritte 19600 (Sieb No. 140) hat. Die Fasern, welche durch die Maschen des ersten Cylinders hindurchgehen, gelangen in das Innere desselben und fliessen von hier dem zweiten und in gleicher Weise endlich dem dritten zu, durch welchen das Wasser nur etwas von Pflanzenschleim getrübt abfliesst. Die die Maschen nicht passirenden Fasern werden von den rotirenden Cylindern aufgenommen und mittelst Abnehmewalze in einen Sammelkasten abgestreift. Wer nur No. I zu feineren Papieren verarbeitet, hat nur nöthig, die No. II und III abermals dem Raffineur zu übergeben. — Die hier angegebene Maschenzahl ist indess nicht für alle Fälle passend zu betrachten, sondern es wird sich die zu wählende Feinheit der Siebe nach der beabsichtigten Verwendung der Stoffnummern richten. Je feiner das Sieb No. 3 ist, desto mehr No. III und desto weniger No. II wird man erhalten, aber die letztere wird auch, weil feiner, sich besser zu feineren Papieren eignen. — Die feine Siebtrommel der No. I verstopft sich bei längerem Gebrauch leicht durch die im Wasser suspendirten Harz- und Schleim-Theile, wodurch ein Ueberlaufen des Zeugkastens verursacht wird. Man kann diesen Uebelstand sehr leicht vermeiden, wenn man den Siebcylinder wöchentlich einmal mit einer concentrirten Sodalösung gut rein bürstet. — Diese feinen Siebe werden, trotzdem sie einen festen Siebcylinder zur Unterlage haben, doch sehr stark angegriffen und müssen alle 3—4 Monate durch ein neues ersetzt werden, während die Siebe der No. II und III $1\frac{1}{2}$—2 Jahre brauchbar sind. — Der Zeug, wie er aus dem Apparate kommt, ist fertiger Papierzeug und wird daher dem Lumpenzeug im Holländer nur wenige Minuten vor dem Leeren und vor dem Leimen und Färben zugesetzt, denn es handelt sich dann nur noch um eine sorgfältige Mengung, nicht aber um weitere Verarbeitung.

Ist jedoch die Holzschleiferei nicht in unmittelbarer Nähe der Papierfabrik gelegen oder arbeitet dieselbe überhaupt für den Verkauf, so ist behufs leichteren Transportes eine Entwässerung des Holzzeuges vorzunehmen. Es geschieht dies am einfachsten mittelst einer Schraubenpresse, unter Anwendung eines solchen Druckes, dass der Zeug nur noch 50—60 pCt. Wasser enthält, und giebt man hierbei der Masse entweder die Form von Ziegelsteinen oder, indem man zwischen die einzelnen Lagen von Stoff Tücher von grober Leinwand legt, die von Kuchen. In beiden Formen darf die Entwässerung nicht weiter, als oben angegeben, getrieben werden, weil sonst die Ziegel oder Kuchen im Holländer sich sehr schwer zertheilen lassen, ein Uebelstand, der auch nach längerem Lagern derselben eintritt. — In einer für den Gebrauch noch angenehmeren Form erhält man jedoch den Holzstoff, wenn man ihn unmittelbar von der Maschine in einem Bottich wieder mit Wasser anrührt und auf einer einfachen Pappenmaschine mit hölzernen Walzen in Pappen verwandelt. Man lässt ihn sich auf einer Holzwalze von 0,627 m. aufrollen und sobald die gehörige Stärke erreicht ist, schneidet man mit einem stumpfen Messer die Masse längs einer in der Oberfläche angebrachten Fuge durch. — Auch diese Pappen enthalten noch 50—60 pCt. Wasser, sie werden in Fässer verpackt versandt. — Zur Verminderung der Transport-Kosten und zur Vermeidung der durch den Wassergehalt leicht verursachten Differenzen bei Berechnung des eigentlichen Werthes haben einzelne Fabrikanten geradezu Holzpapier dargestellt und auf geheizten Cylindern getrocknet, jedoch die Vermehrung der Kosten durch Anlage und Heizung der Cylinder dürfte schwerlich durch die Verminderung der Transportspesen ausgeglichen werden. Demselben Bedenken unterliegt auch das Verfahren von W. Seume in Sechnitz bei Döbeln, welcher den in Tafeln gepressten Stoff in geheizte Räume aufzuhängen und bis auf 10 pCt. Wassergehalt zu trocknen räth[1]). — Bei dem Trocknen des Holzstoffes muss überdies berücksichtigt werden, dass derselbe in Folge seiner physischen Beschaffenheit das Wasser hartnäckiger zurückhält als Stoff aus Leinen- oder Kattunlumpen, was selbst auf der Papiermaschine sich bemerkbar macht, wenn ein starker Zusatz von Holzstoff zur Masse stattgefunden hat.

Unter trocknem Stoff wird im Handel lufttrockner Stoff verstanden, der immer noch einige Procente Wasser enthält. Der Gehalt an Trockensubstanz eines feuchten Holzstoffes wird nun am einfachsten bestimmt, wenn man eine abgewogene Menge von etwa 1—1½ Pfd. möglichst fein zerbröckelt und in der Nähe eines geheizten Ofens oder über den Dampfkessel in einer Temperatur von ca. 24° R. so lange liegen lässt, bis nach wiederholtem Abwiegen das Gewicht sich nicht mehr verändert. — Es nimmt diese Trocknung 20—24 Stunden in Anspruch, eine Zeit, die allerdings dem Fabrikanten wohl stets zur Auseinandersetzung mit dem Lieferanten zu Gebote stehen wird, die jedoch vielen zu lang dünkt. Für letztere hat C. Rostosky in Schlema kleine Luftöfen à 7 Thaler angefertigt, die auf jeden Ofen zu setzen sind und in

---

[1]) Deutsche Industrie-Zeitung 1866 No. 47.

denen der Stoff bis $80°$ R. erhitzt wird.  Der Zeug ist in $2\frac{1}{2}$ Stunden so weit trocken,  dass  er  nicht mehr an Gewicht verliert;  da er aber unter diesen Umständen  mehr Wasser  abgegeben hat als  die  Lufttrockenheit erheischt,  müssen dem Verkäufer 8 pCt. zu Gut gerechnet werden[1]. — R u d e l  schlägt als  einfachstes Mittel,  einen gleichmässigen Trockengehalt  der Holzstoffe zu  erzielen,  die  Anwendung der hydraulischen Presse vor.  Man beschwert das Ventil so  stark,  bis es bei 40 pCt. Trockengehalt des Holzstoffes gehoben wird.  Ist diese Belastung einmal gefunden, dann bleibt der Entwässerungsgrad immer derselbe.

Was die zur Herstellung eines Centner trocknen Holzstoffes erforderliche Kraft betrifft,  so  gehen  die  Angaben  etwas  stark  auseinander. V ö l t e r  selbst pflegt bei Ablieferung seiner Maschinen 1 Ctr. trocknen Holzstoff auf 5 Pferdekraft zu garantiren,  rechnet aber,  wie  er  in der sechsten Auflage seiner „Mittheilungen über die Darstellung von Papierstoff aus Holz" näher ausführt, nur 4 effective Pferdekräfte innerhalb 24 Stunden  auf  1 Ctr. Holzstoff No. I trocken gedacht,  während  bei directer Anwendung von No. II und III  noch ein bei weitem grösseres Quantum producirt wird. — In Uebereinstimmung hiermit habe ich unter Zugrundelegung eines mehrjährigen Durchschnitts  bei stets sich gleichbleibender, ununterbrochener Arbeit,  mit  einer Turbine von 25 Pferdekraft, täglich 8 Ctr. Kiefern-Stoff und zwar 57,2 pCt. No. I, 20,1 pCt. No. II, 22,7 pCt. No III producirt.  Bei  gleichzeitigem Defibriren und Raffiniren sank die Production auf 7 Ctr. herab, während sie bei alleiniger Benutzung  des Défibreurs selbst 9 Ctr. überstieg.  Für 1 Ctr. trocknen Stoff ergiebt sich also ein Kraftaufwand von $2\frac{2}{3}$—$3\frac{3}{7}$ Pferdekraft. — Nach sorgfältiger Beobachtung  vertheilt sich  die  vorhandene Kraft auf die einzelnen Theile des Apparates in folgender Weise: für jede Presse 5—6 Pferdekraft, für den Raffineur 10 Pferdekraft, für die Pumpe 1 Pferdekraft und für die Sortircylinder 1 Pferdekraft,  letztere werden durch die Gummidichtung um  die  Ausströmungsöffnungen stark gebremst und ihre Bewegung erheischt daher eine ziemlich bedeutende Kraft.

Von Holz wurden consumirt täglich 35—36 Cub.-Fuss (0,3091 Cub.-Met.) oder 1 Cub.-Fuss = 0,0313 Cub.-Met. Holz lieferte  ca. 21 Pfd. Stoff; es genügen also nicht voll 5 Cub.-Fuss = 0,1565 Cub.-Met. Holz

---

[1] C. Bl. 1870 No. 4.

zu 1 Ctr. Stoff und den Cub.-Fuss Kiefernholz zu 34 Pfd. (1 Cub.-Fuss Erlenholz = 31 Pfd.) gerechnet, geben 170 Pfd. Holz 1 Ctr. trocknen Stoff. — Auch diese Zahlen stimmen mit den Völter'schen sehr nahe überein: derselbe nimmt an, dass zu einem Ctr. Holzzeug 0,14—0,19 Cub.-Met. oder 5—6,6 Cub.-Fuss englisch, oder $1\frac{1}{2}$—2 Ctr. lufttrocknes rohes Holz erforderlich sei.

Diese Zahlen beruhen allerdings auf jahrelanger Erfahrung, aber sie machen trotzdem durchaus keinen Anspruch auf allgemeine Gültigkeit, denn sie hängen wesentlich davon ab, welchen Druck man bei Zuführung des Holzes an den Stein ausübt, ob etwa 300 oder 500 Pfd.; welche Grösse die reibende Fläche hat (bei dem in Rede stehenden Apparat haben die Holzkästen am unteren Boden eine Länge von 1 Fuss = 0,313 m. und eine Breite von 6 Zoll = 0,156 m. nach Entfernung aller Unebenheiten des Holzes, also, d. h. wenn die ganze schleifende Fläche zur Benutzung gekommen ist, beträgt diese $\frac{1}{2}$ ☐ Fuss oder 0,488 ☐ m., bei vier Pressen mithin 2 ☐ Fuss oder 0,976 ☐ m.); ob man nur raffinirten Stoff gewinnen oder auch No. III zu Packpapieren verwenden will, und welche Holzart endlich, ob Kiefer, Fichte, Espe u. s. w., man als Rohmaterial benutzt. — Daher die Verschiedenheiten in den Angaben bezüglich der nöthigen Kraft, welche oft noch vergrössert werden durch eine falsche Beurtheilung der zu Gebote stehenden Kraft, denn nur dadurch erklärt es sich, dass der Besitzer von Altheide (Höllenthal in der Grafschaft Glatz) behauptet, mit 30 Pferdekraft täglich nur 3 Ctr. Stoff herstellen zu können, während die nicht weit davon im Urnitzthale (Welfelsgrund) gelegene Schleiferei mit 14 Pferdekraft 4—5, auch 6 Ctr. produciren will. — In der Fürstlich Bismarck'schen, an Behrend in Cöslin verpachteten Holzschleiferei zu Varzin, welche durch die wasserreiche Wipper mit einer Turbine von 170 Pferdekraft betrieben wird, wovon allerdings wohl nur 150 auf die eigentliche Schleiferei kommen, werden täglich höchstens 28 Ctr. Holzstoff angefertigt, während dem obigen Beispiele gemäss mindestens 42 Ctr. angefertigt werden müssten. — Interessant sind übrigens in dieser Beziehung die Mittheilungen des Dr. Hartig über den Kraftverbrauch und die Lieferungsmenge der Holzstofffabrik in der Rabenauer Mühle bei Dresden. Nach diesen Versuchen berechnete sich die zur Erzeugung von 1 Ctr. Holzstoff innerhalb 24 Stunden nöthige Kraft auf 3,96—4,16 Pferdekraft oder pro Pferdekraft und Stunde 1,042 Pfd. Holzstoff. Die vorhandene Kraft vertheilte sich auf den Défibreur

15 Pferdestärken, auf den Raffineur 8,94—9,04 Pferdest., auf die Kreissäge (0,595 m. Durchm.) 1 Pferdest. [1]).

Es ist bereits eine grosse Anzahl solcher Apparate thätig, den Preis der nicht mehr ausreichenden Hadern herunterzudrücken, nach Völter's eigner Angabe arbeiten in Europa gegenwärtig 212 nach seinem System gebaute Apparate mit nahe 12,720 Pferdekräften, welche täglich ca. 3500 Ctr. oder jährlich, d. h. in 300 Arbeitstagen 1,050,000 Ctr. Stoff erzeugen. Für Amerika hat ausserdem Völter 150 Maschinen von 70 bis 90 Pferdestärken geliefert. Die Preise der Völter'schen Maschinen sind in Folge ihrer complicirteren Construction etwas hoch, sie schwankten 1871 zwischen 1000 und 3000 Thaler, je nachdem sie für 10 oder 70 Pferdekräfte eingerichtet sind, wobei die Kosten für das Holzwerk, welches meist am besten am Orte selbst hergestellt wird und für die drei Mühlsteine nicht mitinbegriffen sind.

Theils nun das Bestreben billigere Apparate herzustellen, theils das etwas Neues zu schaffen hat eine Menge von Modificationen des Völter'schen Systems hervorgerufen, von denen zunächst die Holzzeug-Maschinerie von G. A. Siebrecht in Cassel erwähnt werden möge, zu deren Construction Alwin Rudel den ersten Anstoss gegeben hatte. Siebrecht's Holzschleif-Apparat unterscheidet sich von dem Völter'schen hauptsächlich dadurch, dass er zum Anpressen der Holzklötze gegen den sich drehenden Stein weder Schrauben noch Gewichte, sondern lediglich Wasserdruck benutzt und dabei von den Armstrong'schen Accumulatoren nützliche Anwendung macht. — Für diese Constructionsweise hat sich Siebrecht Patente im früheren Königlich Hannover und anderen Staaten erworben und wird in den Patentbeschreibungen besonders die Völter'sche Steinaufstellung, d. h. die verticale, wobei die Drehachse horizontal liegt, in's Auge gefasst, der horizontalen Aufstellung mit verticaler Drehachse aber nur beiläufig gedacht, während er der letzteren in neuerer Zeit gerade den Vorzug giebt. Ausserdem bezieht sich Siebrecht's Patent auf Maschinen, bei denen der abzuschleifende Holzkörper mit dem Stein zugleich und zwar in entgegengesetzter Richtung rotirt, eine Anordnung, die er selbst hat fallen lassen und die wir daher nicht nöthig haben, einer nachtheiligen Kritik zu unterziehen. Fig. 5 Taf. I stellt den Siebrecht'schen Schleif-Apparat nebst Accumulator und Injections-Pumpwerk im Verticaldurchschnitt dar.

---

[1]) P. J. CCVI p. 87.

Auf einem entsprechend hergerichteten Steinfundamente A liegt eine schwere gusseiserne Platte B, auf welcher man vier vertical stehende Säulen C befestigt hat, die oben mit dem Gebäudebalken D gehörig verbunden sind. Zur Aufnahme des oberen Lagers für die stehende Welle E sind die vier Säulen C durch eine Traverse F mit einander vereinigt, während die Welle E selbst mit dem Steine G durch grosse eiserne Scheiben und durchgehende Schraubenbolzen fest und überhaupt so verbunden ist, wie es die Figur ohne Weiteres erkennen lässt. Symmetrisch vertheilt sind um den Stein herum 8 Kästen c c angebracht, in welche die Holzklötze hineingelegt werden und indem je zwei diametral gegenüberliegende Holzklötze a gleichzeitig angepresst werden, wird jeder nachtheilige Seitendruck auf die Drehachse des Steines vermieden. — Die Kolben b b, welche in eisernen Ringen angebracht sind, drücken die in den Kästen befindlichen Holzklötze gegen den horizontal rotirenden Stein. Erzeugt wird der erforderliche Druck dadurch, dass eine, wie bei hydraulischen Pressen übliche Injectionspumpe L Wasser durch ein Rohr Q in einen Accumulator M treibt, d. h. in eine hydraulische Presse drückt, deren Kopfplatte N mit Gewichten P belastet ist, von welcher aus mittelst eines zweiten Rohres S die Cylinder der acht Arbeitskolben gespeist werden können[1]).

Die Befestigung des Défibreurs auf verticaler Welle hat Völter schon vor Siebrecht versucht. Er überzeugte sich jedoch sehr bald, dass es sehr schwer sei, dem Apparat in dieser Stellung eine hinreichende Solidität zu geben und in der That hört man in dieser Beziehung sehr häufig Klagen der Besitzer solcher Apparate, denn es ist sehr leicht gesagt, die diametral gegenüberstehenden, zugleich gegen den Stein drückenden Kolben vermeiden jeden Seitendruck auf die Achse E, denn die Holzklötze sind nicht so vollständig egal, dass sie stets mit derselben Fläche an dem Steine anliegen und einen gleichen Druck ausüben, abgesehen von der Zeit, wo der eine neu gefüllt werden muss, während der andere noch schleift — Unaufmerksamkeiten des Aufsehers ausser Betracht gelassen. Ferner ruht bei horizontaler Welle das Gewicht des Steines und der Druck zu gleichen Theilen auf zwei Lagern, welche abgenutzt leicht ersetzt werden können, während bei stehender Welle das ganze Gewicht auf dem Fusslager ruht, welches dadurch natürlich sehr stark angegriffen wird und bei dessen Erneuerung der

---

[1]) P. J. Bd. CLXXV p. 102.

ganze Apparat gehoben werden muss. — Endlich aber ist auch das durchaus oft zu wiederholende Schärfen und Leeren des Steins bei horizontaler Lage der Welle ungleich leichter auszuführen als bei verticaler.

Der Druck mittelst der hydraulischen Presse ist zwar höchst elegant und gestattet bis auf's Loth zu bestimmen, bei welchem Druck die Production qualitiv und quantitativ am vortheilhaftesten ist, allein einmal wird durch den Accumulator der Apparat sehr bedeutend vertheuert (3000 Thlr.), dann aber ist bei der Empfindlichkeit der hydraulischen Presse vorauszusetzen, dass die durch das Schleifen erzeugten Erschütterungen eine sehr häufige Erneuerung der Kolbenliederungen und mithin einen eben so often Stillstand der Maschine werden zur Folge haben.

Die Holzzeugfabrikation hat neuerdings im Königreich Sachsen und zwar vorzugsweise im westlichen Theile des Erzgebirges und im Voigtlande, d. h. im Bezirk der Plauenschen Handels- und Gewerbekammer einen sehr bedeutenden Aufschwung genommen und hat man sich daselbst vielfach bemüht, den Völter'schen Apparat zu vereinfachen und durch Beseitigung des Raffineurs billiger herstellbar zu machen. — Wir erwähnen von den verschiedenen Modificationen nur den Défibreur von Jordan und Söhne in Tetschen. — Bei diesem wird der Schleifapparat, anstatt wie beim Völter'schen in nur einem Viertelkreise, in einem halben Kreise ausgeführt, wodurch er nicht nur mehr Widerstandskraft gewinnen, sondern sich auch viel fester mit dem Gestell verbinden und dem Steine mehr und präcisere Angriffspunkte bieten soll. Die Folge hiervon ist, dass bei geringerem Druck feinere Holzmasse geliefert werden kann. Die Aufnahmezellen für das zu schleifende Holz können so nachgestellt werden, dass man die Hölzer bis auf $\frac{1}{4}$ Linie abschleifen kann. — Die Schrauben, durch welche beim Völter'schen Apparat die Andrückvorrichtung in Thätigkeit gesetzt wird, sind beseitigt; das zu schleifende Holz wird nämlich von der Seite in die Zelle eingeschoben, diese durch einen Schieber geschlossen und der Druck durch zwei Zahnstangen mittelst Rad und Hebel bewirkt. Eine fernere Verbesserung soll darin bestehen, dass man den Schleifstein mit $\frac{1}{5}$ seiner Peripherie in einer stellbaren Steinkröpfung laufen lässt, wodurch derselbe die gröberen Fasern zerkleinert, von dem aus harzigem Holze sich bildenden Schleim gereinigt wird, sich durch Anpressen des Kropfsteins mittelst einer Schraube vor dem Schärfen rund schleift und, sobald er rund ist, eine viel wirksamere Schärfe annimmt[1]). — Mit Anfertigung dieser sogenannten kleinen sächsischen Apparate sind sehr viele Maschinenbauanstalten beschäftigt, von denen jede einzelne denselben irgend welche eigenthümliche Einrichtung zu geben sich bemüht. Sie haben nur alle das miteinander gemein, dass man bei ihrer Anwendung mit feinen Steinen und schwachem Gewichtsdruck einen feinen, fast nur aus No. I und No. II bestehenden Stoff erzeugt und daher selbst den Sortir-Apparat entbehren kann, während man mit derselben Triebkraft bei Anwendung schärferer Steine und starkem Druck nach Völter jedenfalls mehr, aber auch einen Stoff erhält, der durchaus sortirt werden muss, um je nach seiner Feinheit zweckmässig verwendet werden zu können. — Das Sortiren des Stoffes aber mittelst Draht-Cylinder ist, abgesehen, dass das Aufbringen eines neuen Draht-Gewebes einen gewissen Aufwand von Zeit und grosse Sorgfalt erfordert, mit zwei nicht unerheblichen Uebelständen verknüpft. Zunächst bewirken die Gummidichtungen zwischen der unteren Hälfte der Ausströmungs-Röhren und den Kastenwänden eine sehr starke Reibung und Bremsung, so dass die Bewegung des Sortir-Apparates eine ziemlich starke, mindestens auf 1 Pferdestärke zu schätzende Kraft erheischt, dann aber wird auch das feine Sieb des Cylinders I durch die Harztheile des Holzes, namentlich bei Anwendung älteren Kiefernholzes sehr leicht verstopft, so dass der Kasten, in welchem sich der Cylinder bewegt, überläuft und ein Stoffverlust eintritt. Die Anwendung einer ziemlich concentrirten, warmen Sodalösung, mit welcher der Cylinder gebürstet wird, reinigt allerdings das Sieb leicht wieder, greift aber auch das Gewebe stark an. — Diese beiden hier hervorgehobenen Uebelstände werden durch die Anwendung gerader Siebe nach Waissnix und Specker[2]) beseitigt und wir sind gern bereit, die von diesen vorgeschlagene Construction als eine wesentliche Verbesserung des Sortir-Apparates anzuerkennen. Der Waissnix-Specker'sche Sortir-Apparat Fig. 6 Taf. I besteht aus drei über einander liegenden, leicht auszuhebenden, geraden Sieben f, h und k, welche der Reihe nach engere Maschen besitzen und durch welche der im Canal e vom Défibreur zufliessende Holzstoff nach und nach passirt. Die Siebe sind in einem soliden gusseisernen Gestelle beweglich aufgehängt und erhalten durch Zugstangen und Kurbeln eine rüttelnde Be-

---

[1]) P. J. CLXIX p. 395.
[2]) P. J. CCXV p. 31.

wegung. Dadurch werden die Fasern horizontal auf dem Siebe geschichtet und gleiten alle gröberen Fasern, deren Länge die Weite der Sieböffnung übertrifft, einfach herab in einen vorgestellten Kasten m,. n resp. o. Nach m gelangen die gröbsten Fasern und Holzsplitter; die durchgehende Masse gelangt auf den unterhalb gelegenen Tisch g und wird von diesem auf das zweite Sieb h abgegeben. Durch dieses gelangen No. I und II auf den Tisch J, während No. III sich in dem Kasten n ansammelt und endlich werden No. I und II durch das Sieb k getrennt, indem durch dieses nur noch No. I nach dem darunter stehenden Kasten L abfliesst, während No. II sich in dem Kasten O ansammelt. — Es erfordert keines besonderen Nachweises, dass die Anwendung dieses Systems es sehr leicht macht, je nach Erforderniss, den Grad der Sortirung auf eine oder zwei Nummern zu beschränken oder auch auf vier und noch mehr auszudehnen und dass in Leichtigkeit der Bedienung und geringem Kraftverbrauch diese Construction die Sortir-Cylinder bei weitem übertrifft.

Abgesehen nun von dieser neuen Einrichtung des Sortir-Apparates kann man nach dem oben Gesagten ˙ von den bisher beschriebenen Schleif-Apparaten weder den einen noch den andern für den unbedingt bessern erklären, sondern da, wo man eine starke Triebkraft zur Disposition hat und den gewonnenen Holzstoff nur zu feineren Papieren verwerthen will, wird man den sächsischen Apparaten den Vorzug geben, während man, wenn es sich darum handelt, die vorhandene Kraft möglichst auszunutzen und man auch für die gewonnene No. III bei Anfertigung von Packpapieren eine vortheilhafte Verwendung hat, mit einem Völter'schen Apparat unwiderlegbar die grösste Production erzielen wird. — Alle die hier erwähnten, auf dem Völter'schen Princip beruhenden Apparate, bei welchen die Defibrirung, die Entfaserung des Holzes ausschliesslich durch die Reibung der Holzstücke gegen den Stein erfolgt, leiden unbedingt an dem gemeinsamen Uebelstand, dass sie mehr Zeit und Kraft erfordern als ihrer Leistung entspricht; man hat daher in neuerer Zeit die Wirksamkeit des Steines dadurch zu erhöhen versucht, dass man denselben mit Messern versah, so dass derselbe gleichzeitig schleifend und schneidend oder vielmehr hobelnd auf das Holz wirkt. Es verdienen in dieser Beziehung die von A. Frantz construirten und von F. A. Münzner in Obergrünau bei Siebenlehn in Sachsen ausgeführten Holzschleifmaschinen, zu denen wohl G. Fischer

in Unverhofft Glück bei Tharand die erste Idee angegeben[1]), erwähnt
zu werden. Die Steine, gewöhnliche Sandsteine, sind wie beim Völter-
schen Apparat auf horizontaler Welle befestigt, vergleiche Fig. 7 Taf. I,
an beiden Bodendenseiten sind zwei Messerkränze eingelassen, in denen
schiefe Schlitze sich befinden, die zur Aufnahme der Messer dienen, die
durch Stellschrauben festgehalten werden. Die Messer, starke Hobel-
eisen sind in Nuthen in den Stein eingelassen, dieselben haben in Entfernungen von je 0,015 m. feine Einschnitte von ca. 0,001 m. Breite
und ragen etwa 0,002 m. über die Steinperipherie hervor, sie greifen
in das vorgelegte und mittelst Hebels gegen den Stein gedrückte Holz
ein und reissen davon feine Splitter los, die von der Steinfläche mitgenommen und in eine Rinne geworfen werden, die sie in einen Sammelkasten führt, aus welchem sie ohne weitere Sortirung dem Raffineur
zum Feinmahlen übergeben werden. Der Verfertiger dieses Défibreurs
behauptet damit in 24 Stunden (das Raffiniren mit eingeschlossen) mit
2 Pferdekräften 1 Centner trocken gedachten besten Holzstoff und unter
Umständen noch mehr herstellen zu können. Wir lassen es dahingestellt, ob diese Angabe in Betreff der Quantität vollständig genau ist,
denn bei derartigen Berechnungen ist ein Irrthum sehr leicht; allein so
viel steht fest, dass der von dem Défibreur gelieferte (Halb-) Stoff weit
hinter dem Stoff No. III. eines Völter'schen Défibreurs zurücksteht.
Er besteht nur aus grösseren Splittern und enthält nichts von feineren
Fasern, so dass er selbst zu ordinären Packpapieren zu grob und un-
anwendbar ist; die Folge davon ist, dass dem Raffineur die Hauptarbeit
zufällt, wodurch die Kraftersparniss beim Defibriren wohl wieder verloren gehen dürfte. Aber auch der raffinirte Stoff, wie er uns in Probe
vorgelegen, war von sehr ungleicher Beschaffenheit, theils sehr lang,
theils grob und splitterig, so dass auch er als Zusatz zu feineren Papieren nicht wohl empfohlen werden kann. Ein Versuch, den Frantz-
schen Halbstoff auf einem Völter'schen Raffineur zu raffiniren, führte
zu keinem günstigen Resultate. Liess man den Stoff schon durch den
ersten Sortircylinder gehen, so wurde dieser durch die Menge grober
Späne sehr bald verstopft, und führte man ihn unmittelbar dem Raffineur
zu, so versetzten die oft fingerlangen, groben Späne die Hauschläge
(Nuthen) der Steine und hinderten die Fortbewegung des nachfolgenden
Stoffes. Der Raffineur von Franz besteht zwar ähnlich dem Völter-

---

[1]) C. Bl. 1869 No. 5.

schen aus zwei Steinen, dieselben sind aber sehr hart und grob und haben andere Hauschläge, worauf ihre grössere Wirksamkeit beruhen mag.

Das Frantz'sche System hat in dem Wochenblatt für Papierfabrikation von H. Günther-Staib in Betreff seiner Leistungsfähigkeit sehr starke und sehr schwer wiegende Angriffe erfahren. Wir sind nicht im Stande, in dieser Beziehung für oder wider das Verfahren Partei zu ergreifen, aber nachdem wir in Obigem rein unsere eigene Erfahrung mitgetheilt, erscheint es uns andrerseits Pflicht, nicht unerwähnt zu lassen, dass wir im Mai 1874 die Frantz'sche Fabrik besucht und unter unseren Augen einen sehr guten, tadellosen Stoff haben entstehen sehen. Auch wird uns versichert, dass die Dresdener Papierfabrik, deren Fabrikate doch zu den bestrenommirten gehören, sich vorzugsweise des Frantz'schen Holzstoffes als Zusatz zu ihren mittleren Papieren bedient.

Es können dem Schleifprocess natürlich alle Holzarten unterworfen werden, indess schliessen sich in der Praxis diejenigen von selbst aus, die in Folge ihrer grossen Härte und hohen Preises ihre Benutzung als Papierrohmaterial nicht mehr als vortheilhaft erscheinen lassen; die am meisten angewandten Hölzer sind die der Fichte, Tanne, Kiefer, Espe, Birke und Buche, von denen namentlich letztere beiden in Belgien vielfältig zu diesem Zweck verwendet werden, jedoch gehören auch Ahorn-, Linden-, Lärchen- und Erlen-Holzstoff nicht zu den Seltenheiten. Je nach der verschiedenen Beschaffenheit der Hölzer, aus denen er dargestellt, zeigt auch der geschliffene Stoff sehr merkliche Unterschiede in Stärke, Länge, Verfilzbarkeit und Färbung der Faser. — Bei gleicher Behandlung gab Kiefer einen längeren Stoff als Birke, Buche, Espe (populus tremula) und Erle. Der Stoff von letzterem Holze ist überhaupt sehr kurz und todt gemahlen.

Der Stoff von Kiefer und Buche zeigt die bekannten kleinen Tüpfchen Fig. 6 und sind daher beide Stoffe, wenn sie zusammen mit Lumpenstoff im Papier sich befinden, auch durch das Mikroscop schwer zu unterscheiden. — Dasselbe gilt von Birke und Espe, welche beide sich durch zahlreiche Querstreifen und kleinere Punkte von jenen unterscheiden. — Der Espenstoff ist der biegsamste und zum Verfilzen am geeignetsten, indem man in demselben bei 280maliger Vergrösserung der Baumwolle ähnlich gewundene Faserbündel unterscheidet.

G. Rostosky in Sohlema bei Schneeberg hat mit vieler Gründlichkeit und Aufopferung von Mühe und Zeit die Holzstoffe verschiedenen Ursprungs nach allen verschiedenen Richtungen hin untersucht und dieselben je nach einer bestimmten Eigenschaft in Tabellen übersichtlich neben einander gestellt[1]), von welchen wir hier nur die nach der Färbung folgen lassen, da der praktische Werth der übrigen uns sehr problematisch erscheint. — Der Weisse und Reinheit des Ansehens nach

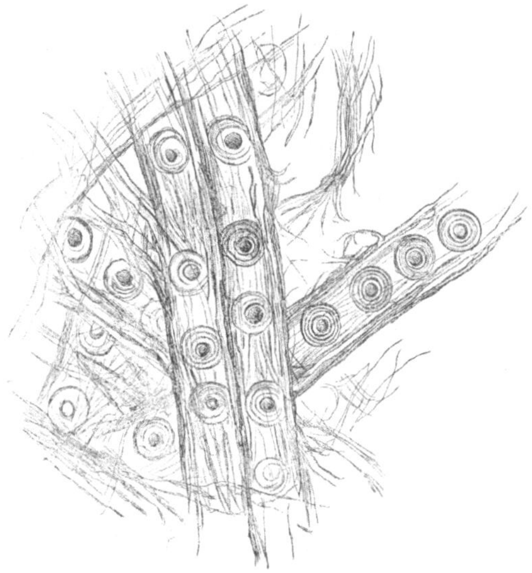

Fig. 6. **Kiefernstoff** (280).

rangirt Rostosky die verschiedenen Hölzer folgendermassen und stimmen wir ihm vollständig bei: Ahorn, Espe, Linde, Birke, Fichte, Tanne, Buche, Kiefer, Lärche, Erle. — Was die übrigen Eigenschaften, Stärke, Länge und Verfilzungsfähigkeit der Faser, Festigkeit und Glätte des daraus gefertigten Papieres u. s. w. betrifft, so hängen dieselben so sehr von dem Verfahren beim Schleifen, von der Härte des Steines, von dem ausgeübten Druck, von der Beschaffenheit des Holzes, ob jung oder alt, ob im Winter oder im Sommer geschlagen u. s. w. ab, dass wir eben derartigen Tabellen kein allzu grosses Gewicht beizulegen im Stande sind. Nach unserer eigenen Erfahrung sind wir geneigt zu behaupten, dass die Nadelhölzer im Allgemeinen einen festeren Stoff geben als Laubhölzer und namentlich die weichen Hölzer der Espe und der Linde. Wir haben Zeitungsdruckpapier mit 50 pCt. Kiefernstoff gearbeitet und

---

[1]) C. Bl. 1870 No. 10. 11.

das Papier hatte an Festigkeit eher gewonnen als verloren, während ein Zusatz von 40 pCt. Espenholzstoff die Arbeit auf der Maschine schwierig machte und ein sehr leicht zerreissbares weiches Fabrikat gab. — Von den vier Hölzern Buche, Birke, Espe und Erle setzt die Buche merkwürdiger Weise dem Schleifstein den geringsten Widerstand entgegen; Birke aber liefert am meisten Stoff I. während Espe am meisten Stoff III. giebt und die Erle in diesen Beziehungen in der Mitte steht. — Dieses Verhalten des Buchenholzes, welches beweist, dass seine Fasern weniger fest aneinander haften, als die der übrigen Hölzer, verdient die Erfahrung Winkler's zur Seite gestellt zu werden, welcher bei seinen Imprägnations-Versuchen fand, dass Buchenholz 100—120 pCt. Wasser in sich aufzunehmen im Stande ist. Die hierdurch bewirkte Erweichung dürfte nicht nur den Schleifprocess wesentlich erleichtern, sondern es auch möglich machen, ohne Anwendung von Laugen aus Buchenholz einen mehr dem chemisch dargestellten Holzstoffe sich näherndes, langfaseriges und filzendes Product zu erhalten. — Der seiner Structur nach für die Fabrikation geeignetste Stoff der Tanne und Kiefer ist mithin nicht gerade der weisseste und lässt sich seiner stark röthlich gelben Färbung wegen ohne Nachtheil für das Ansehen nur für ordinärere Papiere, Zeitungsdruck oder Concepte verwenden. Es lag der Gedanke nahe, ihn durch Bleichen auch für die Darstellung rein weisser Papiere anwendbar zu machen, allein bisher, muss zugestanden werden, ist ein praktisches Bleichverfahren für Holzstoff noch nicht gefunden. Zunächst erschwert schon der Aggregatzustand des geschliffenen Holzes die Vornahme complicirter Processe, denn ebenso wie Papier-Ganzstoff lässt sich auch der Holzbrei nur mit Mühe und nicht ohne Verlust einer Reihe chemischer und mechanischer Operationen unterwerfen, welche die Blosslegung der Cellulose und die nachfolgende Beseitigung, das Auswaschen des Bleichstoffes zum Zweck haben. Diese Schwierigkeit würde indess zu überwinden sein, wenn es gelänge, einen Körper ausfindig zu machen, der im Stande ist, den gelben Farbstoff des Holzes vollständig zu zerstören und die Faser weiss und unversehrt zurückzulassen. Leider haben aber bis jetzt alle dahin abzielenden Versuche ein negatives Resultat ergeben.

Nach dem Journal des Fabricants de papier fondé par L. Piette No. 22 1869 wird allerdings für Orioly das Verdienst vindicirt, ein praktisches Verfahren, den Holzstoff zu bleichen, angegeben zu haben. Auf 100 Theile Holzstoff soll man 0,9 Theile Oxalsäure und 2,0 Theile eisenfreie schwefelsaure Thonerde anwenden, um einen schön gebleichten Stoff zu erhalten. Das Hauptagens dieses neuen Bleichverfahrens, heisst es daselbst, ist die Oxalsäure, deren energische Einwirkung auf die färbende Substanz der Vegetabilien wohl bekannt ist. — Die hinzugefügte schwefelsaure Thonerde bleicht an sich nicht, aber sie bildet mit der färbenden Substanz des Holzes einen farblosen Lack, qui permet d'obtenir la blancheur de la pate. — Dies Verfahren ist so einfach, dass es wohl eines Versuches werth erschien, der jedoch mit der damit verknüpften Enttäuschung nur zur Kritik des französischen Textes aufforderte. Welchem der beiden Agentien ist die bleichende Wirkung zuzuschreiben? — Von der schwefelsauren Thonerde wird ganz bestimmt behauptet, dass sie nicht bleicht, aber doch mit dem Farbstoff einen farblosen (!) Lack bildet, der die Weisse des Stoffes erhalten lässt. Von der Oxalsäure wird auch nicht behauptet, dass sie bleicht, sondern nur ihre energische Einwirkung auf den vegetabilischen Farbstoff als bekannt vorausgesetzt. Dieser ungenügenden Erklärung gemäss war auch der Erfolg des Versuchs: nach 24 stündiger Behandlung und wiederholtem Umrühren war die röthlich gelbe Färbung des Kiefernstoffes nicht gewichen, sie hatte nur mit dem nebenstehenden unpräparirten Stoff verglichen im Aussehen etwas an Reinheit und Klarheit gewonnen, was wir mit Dr. Winkler dem Umstande zuzuschreiben bereit sind, dass durch die Oxalsäure geringe Mengen vorhandenen gerbsauren Eisenoxyduls in Lösung übergeführt wurden. — Hiermit stimmt auch das Verhalten von Erlenstoff (Alnus glutinosa) überein: in Folge des starken Gerbsäuregehaltes des Erlenholzes wird der daraus hergestellte Stoff schon während des Schleifprozesses tief roth gefärbt. Durch Uebergiessen mit Oxalsäure verschwindet die Farbe augenblicklich und der Stoff erscheint in der Flüssigkeit sehr schön weiss, wird aber auch beim Auswaschen und Trocknen wieder dunkler. — Winkler[1]) hat sich wohl mit diesem Gegenstande bisher am sorgsamsten beschäftigt und sämmtliche zur Schleiferei benutzten Hölzer seinen Bleichversuchen unterworfen, ohne ein einigermaassen lohnendes Resultat erzielt zu haben. Winkler macht zunächst auf die Verschiedenartigkeit der Holzzellen unter einander aufmerksam: wenn man den Querschnitt eines Fichtenstammes betrachtet, so erblickt man die bekannten Merkzeichen des Zuwachses, die Jahresringe. Jeder einzelne Jahresring lässt auf den

---

[1]) C. Bl. 1869 No. 3 u. 4, 1870 No. 12.

ersten Blick erkennen, dass er weder in Struktur noch Farbe Gleichartigkeit besitzt; er beginnt mit einer helleren Schicht und endet mit
einer allmälig immer dunkler, dichter und härter werdenden. Die
hellere, aus weiten dünnwandigen Zellen bestehende Schicht bildet sich
im Frühjahr, wo der Saftzufluss ein beschleunigter und in Folge dessen
das Wachsthum ein üppiges ist; mit der allmäligen Abnahme des Wachsthums während des Sommers und Herbstes geht die Bildung der Zellen
langsamer vor sich und sie werden kleiner, dickwandiger und dunkel-
farbiger. — Die Vertheilung des Farbstoffes im Stamm ist also eine
überaus ungleichförmige.

Aber auch die Verbindung des Pigments mit der Holzfaser scheint
eine verschieden feste zu sein. Die kleineren, dichten Zellen des Herbst-
holzes halten den Farbstoff allem Anschein nach weit fester gebunden,
als die grossen, dünnwandigen Gefässe des lockeren Frühjahrsholzes,
und auf jeden Fall erfolgt das Eindringen von Flüssigkeiten in letztere
weit leichter und schneller als in erstere.

Das geschliffene Holz lässt nun diese Unterschiede nicht mehr mit
blossem Auge erkennen und bildet anscheinend eine homogene Masse,
besteht aber in Wirklichkeit aus einem Gewirr feiner Holzfasern von
verschiedener Struktur, von dunklerer oder hellerer Färbung, welche,
je nach ihrer Dichtigkeit, den gelben Farbstoff fester oder minder fest
enthalten und es liegt auf der Hand, dass es schwierig sein wird, ein
chemisches Agens zu finden, welches auf den einen Theil noch bleichend
wirken wird, ohne den anderen zu zerstören.

Die von Winkler angestellten Versuche, um zunächst überhaupt
ein Bleichmittel für Holzstoff zu finden, ergeben folgende Resultate:

Freies Chlor, Chlorwasser und unterchlorigsaure Salze wirken, in
mässiger Verdünnung angewendet, nicht bleichend auf die Holzfaser, im
Gegentheil ertheilen sie ihr eine intensiv gelbe Farbe, die sich auch
nach langem Stehen nicht merklich ändert. In der Chlorgasbleiche wird
Kiefernstoff roth gefärbt, welche Färbung auch nicht im sauren Bade
verschwindet. — Mit saurem, schwefligsaurem Natron und Schwefelsäure
behandelt, verschwindet die rothe Farbe, ohne dass der Stoff gebleicht
wurde. — In gleicher Weise bewirken alle Mineralsäuren eine starke
Gelbfärbung, während Alkalien ein in's Röthliche oder Bräunliche spie-
lendes Gelb hervorrufen. Behandelt man Holzmasse erst mit schwacher
Natronlauge und dann mit verdünnter Salzsäure, um ihr den Gehalt an
Harz und incrustirenden Substanzen zu entziehen, und setzt sie dann

erst der Einwirkung von Chlor aus, so ist der Erfolg derselbe; es tritt keine Bleichung ein, im Gegentheil bleibt die tiefgelbe Farbe unverändert stehen. Wiederholt man diese Behandlungsweise mehrmals, so bemerkt man eine auffallende Abnahme des Holzstoffes, herrührend von theilweiser Zerstörung der Faser. Diese Zerstörung tritt deutlich zu Tage, wenn man das Verbliebene auswäscht und trocknet, es zeigt sich dann mürbe und bröckelig und lässt sich mit Leichtigkeit zwischen den Fingern zerreiben. — Mit Brom an Stelle des Chlors waren die Resultate dieselben. Winkler versuchte hierauf das neue Verfahren von Tessie du Mothay und Maréchal in Metz, welches diese zum Bleichen von Baumwolle, Leinen, Hanf u. s. w. empfehlen, auch auf die Holzfaser anzuwenden. Dasselbe beruht bekanntlich auf die Einwirkung von activem Sauerstoff, welchen man dem zu bleichenden Körper in Form von Uebermangansäure zuführt. Holzmasse wurde in ein Bad von übermangansaurem Kali gebracht und die sich dabei dunkelbraun färbende Masse mit verdünnter schwefliger Säure behandelt, wodurch sie sofort wieder weiss, aber nicht weisser als vorher wurde. Es erfolgte gar keine Einwirkung und diese blieb auch aus, als das Verfahren in verschiedenster Weise abgeändert wurde und als man unter Andern das für Seide und Wolle vorgeschriebene Seifenbad in Anwendung brachte. Nachdem hiermit constatirt, dass Oxydationsmittel nicht zum Ziele führen, setzte Winkler die Holzmasse der Einwirkung reducirender Substanzen aus.

Wasserstoff in statu nascenti blieb ohne Wirkung: Holzstoff mit verdünnter Salzsäure durchfeuchtet und in vielfache Berührung mit Zink gebracht, änderte auch nach tagelangem Stehen sein Ansehen nicht. Ebensowenig trat eine Veränderung ein, als geschliffenes Holz mit einer farblosen Lösung von Kupferoxydul-Ammoniak in ein luftdicht geschlossenes Gefäss gebracht wurde: die Flüssigkeit färbte sich nicht im Mindesten blau, ein Beweis, dass das Holz nicht im Stande war, Sauerstoff abzugeben.

Nur die schweflige Säure übt eine deutliche Wirkung auf die Holzmasse aus und sie würde vielleicht als Bleichmittel dienen können, wenn sie nicht, wenn auch in weit geringerem Grade, mit allen anderen Mineralsäuren die Eigenschaft theilte, dem Holze eine charakteristische, angenehm hellgelbe Farbe zu geben, die von der ursprünglichen vollständig verschieden ist. Entfernt man die durch die schweflige Säure erzeugte gelbe Färbung durch eine schwache Sodaauflösung, so bleibt die Masse weisser zurück, als sie anfänglich war, allein immer nicht so weiss, dass sie als ordentlich gebleicht betrachtet werden könnte. Jedenfalls, meint Winkler, ist hieran der hartnäckige Herbstwuchs, der dunkle Theil der Jahresringe schuld, welcher der schwellenden Einwirkung der schwefligen Säure widerstehe. — Ich habe zu gleichem Zweck das von Dr. Schuchardt in Görlitz dargestellte saure schwefligsaure Natron angewendet: 180 Gramme dieses Salzes wurden in Wasser gelöst und zur Freimachung der schwefligen Säure 90 Gramme englische Schwefelsäure, die vorher mit etwa 6 Theilen Wasser verdünnt war, zugesetzt. In die Auflösung wurde darauf soviel Kiefernstoff No. I gethan, dass ein dünner Brei entstand, derselbe 24 Stunden unter wiederholtem Umrühren stehen gelassen, filtrirt und ausgewaschen, bis die saure Reaction verschwunden war, gab einen ziemlich reinen, weissen Stoff.

Die ablaufende Flüssigkeit roch noch sehr stark nach schwefliger Säure, und da der Zentner dieses Salzes nur 14 Thaler kostet und verhältnissmässig wenig davon verbraucht wird, so dürfte seiner Anwendung im Grossen in dieser Beziehung nichts im Wege stehen, nur hätte man dann, um eine nachtheilige Wirkung der Säure zu vermeiden, darauf zu achten, dass stets das saure schwefligsaure Natron im Ueberschuss vorhanden sei, welches als bestes Antichlor eher vortheilhaft als nachtheilig wirkt.

Ist somit wenig Aussicht vorhanden, dass es gelingen werde, ein leicht ausführbares, mit geringen Kosten verknüpftes Bleichverfahren für den geschliffenen Holzstoff aufzufinden, so werden wir gut thun, ihm auch ein für alle Mal nur die Bedeutung für die Papierfabrikation einzuräumen, auf welche er überdies in Folge seiner Darstellungskosten und seiner physicalischen Beschaffenheit nur Anspruch machen kann. Was die ersteren anbetrifft, so werden dieselben natürlich je nach den Holzpreisen, Arbeitslöhnen und ob man Dampf- oder Wasserkraft anwendet, in ziemlich weiten Grenzen sich bewegen, aber es müsste eine Fabrik schon unter ziemlich ungünstigen Verhältnissen arbeiten, wenn der Centner geschliffener Holzstoff No. I., welche im Handel mit 12 bis 13,5 Mark angeboten wird, dem Selbsterzeuger 6 Mark kostete. Wenn ein so billiger Stoff, welcher dem Holländer nur die Arbeit einer sorgfältigen Mischung zumuthet, bis zu 50 pCt. Papieren zugesetzt werden kann, von welchen der Centner 30 bis 36 Mark kostet, so überlassen wir es dem Fabrikanten selbst, sich die Vortheile zu berechnen, die ihm aus der Anwendung des geschliffenen Holzstoffes erwachsen.

Die zulässige Quantität des Holzstoff-Zusatzes zur Lumpenmasse ist sehr verschieden je nach der Beschaffenheit des darzustellenden Papieres. Die stets gelbliche Färbung des Stoffes schliesst eine ausgedehntere Anwendung desselben zu vollkommen weissen Papieren von selbst aus; aber auch da, wo diese Färbung von keinem Nachtheil ist, wie bei Druck- und Conceptpapieren, bei welch letzteren gegenwärtig eine gelbe Färbung allgemein beliebt ist, ist doch der Zusatz von Holzstoff an gewisse Grenzen gebunden, wenn nicht Glätte und Haltbarkeit der Papiere empfindlich leiden sollen.

Die pag. 55 gegebene mikroscopische Abbildung des Kiefern-Holzstoffes trägt die Spuren des rohen Verfahrens an sich, mittelst dessen derselbe dargestellt wurde. Während in der Lumpe durch jahrelangen Gebrauch und wiederholtes Waschen mit Seifenlaugen nach und nach die Intercellular-Substanz vollständig zerstört und die Cellulose blossgelegt ist, wird beim Schleifen des Holzes Faser von Faser gewaltsam getrennt, wobei die Zellenwände durchbrochen und die feineren Spitzen abgerissen, kurz in Wahrheit nur mehr oder weniger feine Splitter, bestehend aus Theilen verschiedener Zellen durch incrustirende Substanz verbunden, erhalten werden, die bei Weitem nicht die Filzungsfähigkeit besitzen wie die reine Cellulose der leinen oder baumwollnen Lumpe und in grosser Masse zugesetzt, das Papier rauh und brüchig machen. Reiner Holzstoff kann daher nur zu starken Pappen, Bücherdeckeln, Eisenbahnbillets u. s. w. benutzt werden, im Uebrigen kann als Regel hingestellt werden, dass mit zunehmender Feinheit und Glätte des Papieres der Zusatz von geschliffenem Holzstoff abzunehmen habe. Der aufmerksame Fabrikant wird sehr bald die Grenze finden, bis zu welcher er in jedem einzelnen Falle mit dem Zusatz von Holzstoff gehen kann, nur sei noch bemerkt, dass eine möglichst vollkommene Mischung die Anwendung grösserer Mengen Holzstoff wesentlich erleichtert. Ein gut gemischter Stoff verarbeitet sich auf der Maschine sehr gut, er ist eher mager als fett und lässt das Wasser leicht entweichen. In der Wirkung der Pressen und des Trockenapparates ist kein Unterschied wahrzunehmen und nur das Schneiden greift die Messer etwas stärker an als bei reinem Hadernstoff.

Die Anwendung des Holzes zur Papierfabrikation fand beim Publikum keine sehr freundliche Aufnahme: während man in der guten, alten Zeit nicht daran dachte, darnach zu fragen, ob und wieviel baumwollene Faser ein Papier enthielt, wenn es nur alle seinem Zweck ent-

sprechenden Eigenschaften besass, war man gegen das Holz von vornherein misstrauisch, dass es die Festigkeit des Papiers beeinträchtige
und suchte sofort nach Mittel, eine Beimischung desselben mit Leichtigkeit zu erkennen. — Das sicherste Mittel ist natürlich hier wie in allen
ähnlichen Fällen das Mikroscop, mittelst welchem man sogar die Holzart zu erkennen vermag, aus welcher der beigemischte Holzstoff dargestellt wurde. Man befeuchtet das Papier mit einem Tropfen Glycerin,
um es durchsichtig zu machen, legt ein Deckblättchen darauf und betrachtet es bei ca. 300 maliger Vergrösserung. Man thut wohl, eine
nicht zu scharfe Beleuchtung anzuwenden, weil bei etwas geblendetem
Lichte namentlich die Tüpfel des Fichten- und Kiefernholzes besser
wahrgenommen werden.

Die Anwendung des Mikroscopes ist jedoch nicht Jedermanns Sache
und mikroscopische Bilder selbst so einfacher Art, wie die in Rede
stehenden, erheischen immer einigermaassen geschulte Hände und
Augen, um gesehen zu werden, es wird daher meistens vorgezogen
werden, durch chemische Reactionen die Gegenwart des Holzstoffes zu
erkennen. Es stehen hierzu zwei Mittel zu Gebote, schwefelsaures Anilin
(erhalten durch Zusatz einiger Tropfen Anilin zu verdünnter Schwefelsäure) und gewöhnliche Salpetersäure von ca. $36^0$ R. — Befeuchtet man
mit Holzstoff dargestelltes Papier mit diesen beiden Flüssigkeiten, so
wird es durch schwefelsaures Anilin gelb, durch Salpetersäure braun
gefärbt, beides heller oder dunkler, je nach der Quantität des angewandten Holzes. — Die Reaction ist in beiden Fällen eine ausserordentlich empfindliche und wir lassen es gern dahingestellt, welche
von beiden die empfindlichste ist; der Verfasser hat stets das schwefelsaure Anilin hierfür gehalten, während M. Behrend der Salpetersäure
den Vorzug giebt[1]).

Schwefelsaures Anilin sowohl als Salpetersäure wirken aber nicht
direct auf die Cellulose, sondern die Färbung ist in beiden Fällen die
Folge der Einwirkung der genannten Reagentien auf die stickstoffhaltigen und inkrustirenden Substanzen, welche durch den Schleifprocess
auch unter Anwendung von noch so viel Wasser nicht von der Cellulose getrennt werden können. Auf Holz, welches auf chemischem Wege
in Papierzeug umgewandelt ist, sind schwefelsaures Anilin und Salpetersäure wirkungslos, sie sind also nur Reagentien für geschliffenen

---

[1]) C. Bl. 1865 No. 9, 1871 No. 21.

Holzstoff und, da jene Substanzen ja überhaupt im Pflanzenreich sehr verbreitet sind, dies auch nur, so weit alle anderen pflanzlichen Beimischungen zur Papiermasse ausser Frage stehen. Da das aber fast stets der Fall ist, so mögen jene Reactionen immerhin als entscheidend bezeichnet werden[1]).

## Holz - Cellulose.

Wiederholentlich ist bereits hervorgehoben, dass durch das Schleifen des Holzes die Cellulose nicht rein gewonnen wird: die inkrustirenden und die die Zelle erfüllenden stickstoffhaltigen und harzigen Substanzen und Kieselsäure-Verbindungen werden durch noch so viel Wasser nicht entfernt, die Zellenwände werden zerrissen und wie schon die Vergleichung des mikroscopischen Bildes darthut, ein Fabrikat gewonnen, welches wohl bis zu einem gewissen Grade den Lumpenstoff ersetzen kann, diesem jedoch, was Geschmeidigkeit und Filzbarkeit anbetrifft, nie gleichkommt. — Die Lein- und Hanffaser wird, schon ehe sie zur Anfertigung von Geweben benutzt wird, durch langwierige mechanische und chemische Processe (p. 35) von allen fremden Stoffen möglichst befreit und wenn sie als Lumpe dem Papierfabrikanten übergeben wird, hat dieser nach dieser Richtung hin wenig oder nichts mehr zu thun. Anders aber liegt der Fall, wenn aus einem Rohmaterial, dessen Zellen-Structur es als dazu geeignet erscheinen lässt, unmittelbar Papierstoff hergestellt werden soll; hier muss die Stärke des Angriffs ersetzen, was bei der Hader innerhalb langer Zeit sich vollendet. Concentrirte Laugen verbunden mit hoher Dampfspannung und nachheriges Bleichen mittelst kräftiger Auflösungen von Chlorkalk sind hier die Mittel, die zum Ziele führen. Die Anwendung dieser Mittel ist natürlich mit nicht geringen Kosten verknüpft und empfiehlt sich mithin nur da, wo das Rohmaterial billig und die Cellulose nicht etwa, wie bei Hanf und Lein, nachdem sie in der Textil-Industrie bereits verwerthet worden, der Papierfabrikation als mehr oder weniger werthloser Abfall zugeführt wird. — Holz, Stroh und Esparto-Gras sind vorzugsweise die Rohmaterialien, die auf diesem sogenannten chemischem Wege in Papierstoff umgewandelt werden. Das in der Praxis übliche Verfahren ist allerdings bei

---

[2]) Auch das salzsaure Naphtylamin erzeugt mit Holzstoff eine orangegelbe Färbung und kann als Reagenz benutzt werden. Es ist dieses so wie das schwefelsaure Anilin jederzeit von dem Herausgeber des Central-Blattes für die deutsche Papier-Fabrikation zu beziehen.

allen den genannten Stoffen wesentlich dasselbe, unterscheidet sich indess bezüglich der Apparate und der angewandten Quantitäten von Chemikalien hinreichend, um ein Auseinanderhalten derselben zu rechtfertigen und nachdem wir soeben die Methoden besprochen, um auf mechanischem Wege aus Holz einen, wenn auch nicht ganz dem Lumpenzeug ebenbürtigen, doch immerhin verfilzbaren und zur Papierfabrikation geeigneten Stoff zu bereiten, so erheischt es schon das Interesse der Continuität, dass wir mit der chemischen Behandlung des Holzes beginnen, wenn auch der Zeit nach Stroh und Esparto die älteren auf gleiche Weise behandelten Lumpensurrogate sind.

Wir glauben die Bedeutung dieses Industriezweiges nicht besser illustriren, so wie die einzelnen Processe und deren spätere Vervollkommnungen nicht besser anschaulich machen zu können, als wenn wir den Leser zu einem Besuch der grössten gegenwärtig existirenden Fabrik für sogenannten chemischen Holzstoff auffordern. Es ist dies das Gewerk der American Wood paper Company zu Manayunk bei Philadelphia, welches 1865 nach dem in England und den Vereinigten Staaten patentirten Verfahren von Charles Watt und Hugh Burgess eingerichtet und erbaut worden ist und worin täglich an 300 Centner gebleichter Holzstoff dargestellt werden[1]).

Das Holz, zumeist Pappelholz, wird der Fabrik als Klobenholz von 5 Fuss (englisch) Länge zugeführt. Nachdem dasselbe mit der Hand von der Rinde befreit ist, wird es mittelst einer nach Art eines grossen Häckselschneiders construirten Schneidemaschine quer durch in $\frac{1}{2}$ Zoll dicke Scheiben geschnitten. Diese Schneidemaschine (cutter, chopper) besteht aus vier Stahlmessern von 8—10 Zoll Breite und 12—15 Zoll Länge, welche in etwas nach vorn geneigter Stellung an einer mit grosser Geschwindigkeit rotirenden, gusseisernen Scheibe befestigt sind. Die einzelnen Holzscheite werden der Scheibe auf einer geneigten Ebene mittelst Zahnstange und Kolben so lange zugeführt, bis sie vollständig zerschnitten sind.

Eine derartige Schneidemaschine soll täglich 40 Klaftern Holz zu Scheiben zerschneiden und besitzt das Werk zu Manayunk deren zwei, welche so aufgestellt sind, dass die Scheiben sofort in Kasten fallen,

---

[1]) Wir entlehnen nachfolgende Beschreibung dem „A practical treatise on manufacture of paper in all its branches by Carl Hofmann. Philadelphia: Henry Carey Baird. 1873." — Derselben Fabrik wird auch ausführlich Erwähnung gethan in C. Bl. 1866 No. 13 und J. d. F. 1866 No. 12.

die auf Rollwagen stehen und, wenn gefüllt, zu einer Hebemaschine fortgefahren werden, um auf den Boden gehoben zu werden, von welchem aus die Füllung der Kocher erfolgt.

Die Kocher sind aufrecht stehende Cylinder von 5 Fuss Durchmesser und 16 Fuss Höhe, an beiden Enden kugelförmig abgerundet und im Innern mit durchbrochenen Zwischenwänden versehen, zwischen denen jedes Mal die Scheiben einer Klafter Holz aufgespeichert werden. Der Kessel wird alsdann mit kaustischer Soda-Lösung von 12° Baumé gefüllt, geschlossen und von unten erhitzt[1]).

Nach sechsstündigem Kochen unter einem Dampfdruck von 65 Pfd. wird der Kessel entleert, ohne den Druck zu vermindern. Die Entleerung geschieht demnach sehr stürmisch durch ein Schieber-Ventil, welches am unteren Ende des Kochers dicht über der ebenfalls durchlöcherten Bodenplatte angebracht ist. Zeug, Flüssigkeit und Dampf wird mit grosser Gewalt durch dieses hindurch nach einem aus Eisenblech gefertigten geräumigen Cylinder von 12 Fuss Durchmesser und 10 Fuss Höhe getrieben, aus welchem, nachdem die Heftigkeit des Stosses gebrochen, der Dampf durch ein an der Decke angebrachtes Rohr in ein Wasserreservoir geleitet wird, während der breiige Stoff durch eine Seitenöffnung nach beweglichen Kasten abfliesst. — Diese Kasten sind flache eiserne Ablaufkasten, weit genug, um den Inhalt eines Kochers aufzunehmen, sie stehen auf Rädern, so dass sie auf einer Eisenbahn leicht nach den Waschmaschinen bewegt werden können. — Unter den Eisenbahnschienen laufen Rinnen zum Auffangen der abfliessenden Lauge und nachdem die Lauge aufgehört hat zu fliessen, wird der Zeug, noch während er auf den Schienen steht, von Neuem mit durch den entweichenden Dampf vorgewärmtem Wasser angefeuchtet, um die darin zurückgehaltene Soda möglichst wieder zu gewinnen. — Der Stoff wird alsdann nach den Waschmaschinen befördert, von denen jede 10 Ctr. aufzunehmen im Stande ist. Es sind dies einfach rotirende Drathcylinder, in welchem der Zeug so lange unter stetem Zufluss von frischem Wasser gewaschen wird, bis das abfliessende Wasser rein erscheint. Das letztere findet keine weitere Verwendung.

Der gewaschene Zeug wird in Stoffbütten gesammelt, aus welchen er mittelst Pumpen einer leicht construirten Nassmaschine zugeführt

---

[1]) In dem derselben Gesellschaft gehörenden Werke zu Roger's Ford sind die Kocher mit einem eisernen Mantel umgeben und erfolgt die Erhitzung durch Dampf.

wird, deren Knotenfänger alle Unreinigkeiten zurückhält. Der so erhaltene Halbzeug ist hellgrau gefärbt und wird binnen 30—40 Stunden mittelst Chlorkalkauflösung gebleicht.

Behufs Wiedergewinnung der Soda wird die von dem Stoff abfliessende und abtropfende Flüssigkeit unter dem Schienenstrange aufgefangen und durch eine Röhrenleitung nach einem besonderen Abdampfhause übergeführt. Es ist dies ein rundes Gebäude, in dessen Centrum sich ein weiter Rauchfang befindet, gegen welchen hin sämmtliche Oefen convergiren, während die Feuerherde selbst an der Peripherie angebracht sind.

Die Flüssigkeit wird in weite, eiserne Vorwärm-Bütten gepumpt, welche in der Nähe des Schornsteins derart angebracht sind, dass die Verbrennungsgase sie umspielen müssen, ehe sie entweichen können. — Von da fliesst die Lauge nach und nach durch eine Reihe von flachen eisernen Pfannen herab bis in den Calcinirofen, welcher unmittelbar mit dem Feuerherd in Verbindung steht und in welchem sie von der über sie hinwegstreichenden Flamme erhitzt wird. Die dickflüssige Masse wird hier von den Seitenthüren aus mit eisernen Krücken ohne Unterlass durchgerührt, bis sie vollständig ausgetrocknet und calcinirt, das heisst alles Organische zerstört und dieselbe zu einem schwarzen Rückstand verbrannt und verkohlt ist.

Diese schwarze Asche enthält fast alles Natron in Verbindung mit Kohlensäure, nur ein geringer Theil ist als kieselsaures Salz unlöslich geworden. Die Ulminsäure, welche vorzugsweise die dunkle Färbung der von dem gekochten Holze abfliessenden Lauge bedingte, dieselbe Säure, welche sich bei dem Verwesungsprocess aller Pflanzen erzeugt, ist vollständig zerstört.

Diese Wiedergewinnung der Soda, die, mag die Anordnung und Construction der Apparate auch da und dort eine verschiedene sein, doch im Princip überall dieselbe ist, indem es sich stets nur darum handelt, mit einer gegebenen Quantität Brennmaterial die grösste Menge Flüssigkeit zu verdampfen, ist selbstverständlich mit bedeutenden Kosten verknüpft, die nicht nur in dem Verbrauch von Kohlen und Arbeitskräften ihren Grund haben, sondern ganz besonders auch durch die häufigen Reparaturen und die Erneuerung der Abdampfpfannen verursacht werden, so dass bei der Verdampfung einer schwachen Sodaauflösung die Kosten leicht den Werth der wiedergewonnenen Soda übersteigen. In Manayunk glaubt man noch eine Sodalösung von 5° B.

mit Vortheil abdampfen zu können. — Die Quantität der daselbst
wiedergewonnenen Soda beträgt 75 bis 80 pCt.

Die Pappel wird leicht zerkocht und liefert einen sehr weissen
Faserstoff, sie wird daher allgemein anderen Hölzern bei der Bereitung
von Papierzeug vorgezogen; ihre Faser ist indess kurz und ist es bisweilen zweckdienlich, sie mit anderen längeren von Tanne oder Fichte
zu mischen, wiewohl letztere in Folge ihres Harzgehaltes der Einwirkung der Auflösungsmittel einen grösseren Widerstand leisten.

Was die Quantität des gewonnenen Stoffes anbetrifft, so giebt
Dr. Charles Cresser, auf umfangreiche Versuche gestützt, folgende
Zahlen an:

Frisches Ahornholz (Acer saccharinum) . . . . . . 21,2 pCt.
Trocknes Kirschbaumholz (Prunus Cerasus) . . . 32,0 -
    - Pinienholz (Pinus Pinea) . . . . . . . 36,5 -
    - Hamlock-Tannenholz (Abies Canadensis) . 45,0 -
    - Ebenholz (Cytisus Laburnum) . . . . . 14,5 -
Frisches Eschenholz (Fraxinus excelsior) . . . . 20,6 -
    - Pappelholz (Populus nigra u. alba) . . . 30,0 -
Trocknes Pappelholz . . . . . . . . . . . . 37,0 -
    - Fichtenholz (Pinus Abies) . . . . . . 32,0 -
    - Hartriegelholz (Cornus sanguinea) . . . 35,7 -
    - Weymouthkieferholz (Pinus strobus) . . . 33,25 -
    - Wallnussholz (Juglans regia) . . . . . 42,0 -
    - Hirkoryholz (Juglans alba) . . . . . . 22,6 -
Frisches Eichenholz (Quercus Robur) . . . . . . 20,6 -
    - Kastanienholz (Castania vesca) . . . . 25,17 -
Trocknes Birkenholz (Betula alba) . . . . . . 40,0 -
    - Buchsbaumholz (Buxus sempervirens) . . 33,64 -
    - Lebensbaumholz (Thuja occidentalis) . . 15,8 -
    - Mahagoniholz (Swieteria Mahagoni) . . . 29,0 -
    - Rosenholz (Convolvulus scoparius) . . . 30,25 -

Es ist indessen anzunehmen, dass diesen Zahlen nur im kleinen
Maassstabe angestellte Versuche zu Grunde liegen, denn beim fabrikmässigen Betriebe bleiben die Resultate sehr gegen dieselben zurück.

Wie hier sind starke alkalische Laugen und Dämpfe von hoher
Spannung die Agentien, welche gegenwärtig allgemein zur fabrikmässigen Darstellung der Holz-Cellulose benutzt werden. So lange man
jedoch noch Anstand nahm, mit Dampfspannungen von 4 Atmosphären

und darüber zu operiren, war man mehr bemüht, die Intercellular-Substanzen durch die kräftiger wirkenden Säuren zu zerstören und zu entfernen. — Im Jahre 1862 empfahlen C. H. Barne und C. M. J. Blondel in Nantes die Anwendung der Salpetersäure[1]).

Wenn man Holz mit Salpetersäure übergiesst, so färbt es sich gelb, es tritt eine Erhitzung ein und es entwickeln sich gelbrothe Dämpfe von salpetriger Säure. — Die Erscheinungen rühren davon her, dass die inkrustirende Substanz des Holzes durch die Salpetersäure oxydirt wird. Um die Einwirkung zu mässigen und unnützen Säureverlust zu verhüten, lässt man die Salpetersäure am besten auf das vorher mit Wasser befeuchtete Holz wirken. Indem die Salpetersäure die inkrustirende Substanz nach und nach zerstört, werden die Fasern des Holzes weich und biegsamer. Da die Säure der Holzmasse durch Waschen mit Wasser nicht vollständig entzogen werden kann und ausserdem auch möglichst wieder gewonnen werden muss, so behandelt man das Holz mit Sodaauflösung, wobei das Natron sich mit der Salpetersäure verbindet und die Flüssigkeit eine braune Farbe annimmt. Man trennt diese Flüssigkeit durch Auspressen aus dem Holze, dampft sie ab und gewinnt aus dem Rückstande durch Destillation mit Schwefelsäure die Salpetersäure wieder.

Der Faserstoff des Holzes wird durch diese Behandlung von incrustirenden Materien und überhaupt von allen fremdartigen Stoffen befreit. Man wäscht ihn mit Wasser, bleicht ihn mit Chlorkalk und unterwirft ihn in gewöhnlicher Weise den Processen der Papierfabrikation. Die Reinigung der Holzfaser durch Salpetersäure erfolgt nur langsam, geht aber schneller von statten, wenn man Wärme dabei anwendet.

Es wurde das Verfahren im Laboratorium der königlichen Centralstelle für Gewerbe und Handel zu Stuttgart geprüft und darüber folgendes Gutachten abgegeben:[2])

„Es ist richtig, dass das Holz sich in Papierstoff verwandeln lässt, wenn man es in feiner Vertheilung, in Form von Hobelspänen, längere Zeit in der Salpetersäure liegen lässt. Wenn dasselbe aber auch nur eine Linie stark ist, wird kein gleichmässiges Produkt erhalten. Dann muss ferner die Salpetersäure sehr stark sein, zum mindesten ein

---

[1]) Le Technologiste, Févr. 1862 pag. 247.
[2]) C. Bl. 1864 No. 24.

specifisches Gewicht von 1,40 haben; eine schwächere Säure wirkt nicht genügend, selbst nicht beim Kochen. Ein Pfund dieser starken Säure wird aber jedenfalls nicht unter 20 Kr. herzustellen sein.

Beim Herausnehmen der Späne bleibt ein grosser Theil der Säure in denselben zurück und wird durch Eintragen in Sodalösung in salpetersaures Natron verwandelt, das man auscrystallisiren könnte, Operationen, die jedoch mit so viel Aufwand von Brennmaterial, Soda und Schwefelsäure verbunden sind, dass eine neue Portion Säure jedenfalls nicht theurer zu stehen kommt.

Beim Eintauchen der mit Säure durchtränkten Späne in die Sodalösung werden durch die jetzt erfolgende Gasentwickelung die einzelnen Fasern so von einander gerissen, dass man sie von der Flüssigkeit durch Abfiltriren trennen muss, was wegen der schlammigen Beschaffenheit äusserst langsam vor sich geht und für einen grossen Betrieb kaum ausführbar sein wird.

Der Papierstoff, wie er aus der Sodalösung kommt, zeigt eine bestimmte Färbung und bedarf zum Bleichen eine grössere Menge Chlorkalk, als die sonst gewöhnlichen Rohmaterialien.

Auch ist noch in Anschlag zu bringen, dass die ganze Operation eine sehr ungesunde ist, weil man nur sehr concentrirte Säure in Anwendung bringen kann, und weil aus dieser fortwährend stark saure Dämpfe in grosser Menge fortgehen, die für die Athmungsorgane sehr gefährlich sind. Die Behandlung des Holzes mit der Säure könnte aber nur in weiten offenen Gefässen vorgenommen werden."

Im Jahre 1865 liessen sich Orioli Fredet und Matussière ein Patent auf die Behandlung des Holzes mit Königswasser ertheilen. Noch zerstörender nämlich als Salpetersäure wirkt ein Gemisch von 5 bis 40 Gewichtstheilen Salpetersäure mit 95 resp. 60 Gewichtstheilen Chlorwasserstoffsäure auf die holzige oder Intercellularsubstanz, ohne bei gehöriger Vorsicht die Faser oder Cellulose selbst anzugreifen.

Nachdem sich das Holz mit dem Säuregemisch vollgesogen, lässt man das Ueberflüssige abtropfen und mahlt das imprägnirte Holz unter verticalen Mühlsteinen zu einem braunen Brei, welcher dann gewaschen und wie gewöhnlich gebleicht wird.

Alles was zum Nachtheil der Anwendung von Salpetersäure angeführt wurde, findet selbstverständlich in noch viel höherem Masse auf die Anwendung von Königswasser Geltung. — Ein derartiges Säuregemisch ist ja sehr wohl zur Extraction der Cellulose aus Holz, Stroh

und anderen vegetabilischen Faserstoffen geeignet, allein die Schwierigkeiten, welche sich der Anwendung desselben im Grossen entgegenstellen, sind fast unübersteiglich und haben es bisher keine practische
Bedeutung für die Papierfabrikation gewinnen lassen. — Nur sehr
wenig Substanzen sind fähig, der zerstörenden Einwirkung dieser Säuren
zu widerstehen und die Wände der Digestionsgefässe müssten daher mit
einem guten Firniss, Paraffin oder mit wohl zusammengefügten Glas-
platten bedeckt, die zur Entfernung von Gasen und Flüssigkeiten zur
Anwendung kommenden Röhren müssten aus Glass construirt sein und
jede Entweichung von Dämpfen auf's sorgfältigste vermieden werden,
da diese der Gesundheit der Arbeiter höchst nachtheilig sein würden.
Concentrirte Salpetersäure bildet überdies mit Cellulose das leicht ent-
zündliche Xyloidin, eine der Schiessbaumwolle ähnliche Verbindung
und die hieraus entspringende Gefahr genügt allein, um das Verfahren
als unpractisch erscheinen zu lassen.

Auch die Anwendung von Schwefelsäure ist versucht worden. Schon
1854 schlug Arnouli vor, durch Behandlung von Holz mit Schwefelsäure dieses in Traubenzucker überzuführen und aus der zuckerhaltigen
Flüssigkeit, nachdem die Schwefelsäure durch Sättigung mit Kalk als
Gyps entfernt worden, Spiritus zu gewinnen. Die Versuche im Grossen
haben jedoch gezeigt, dass zu viel Schwefelsäure gebraucht wird und
der Process zu unvollständig gelingt, als dass hierauf sich eine lucra-
tive Alkoholfabrikation gründen liesse. Im Jahre 1865 versuchte aber
eine Gesellschaft in Genf[1]) diese Wirkung der Schwefelsäure auf Holz
zur Gewinnung von Cellulose auszubeuten, indem sie Sägespäne oder
noch besser Hobelspäne zum Theil in Zucker und Spiritus mittelst
Schwefelsäure verwandelte und als Rückstand eine sich leicht in einzelne Fasern trennende Holzmasse gewann, die zur Verwerthung in der
Papierfabrikation sehr geeignet war. — Auch hier hat sich jedoch die
Anwendung der heftig wirkenden Schwefelsäure mit soviel Uebelständen
verbunden erwiesen, dass das Verfahren sehr bald wieder aufgegeben
wurde.

Aehnlich der Schwefelsäure wirkt auch die Chlorwasserstoffsäure,
welche von Bachet und Machard in Bex 1861 zur Darstellung der
Cellulose empfohlen wurde. Nach einer sorgfältigen Prüfung des Verfahrens durch Payen erwies sich jedoch auch dieses sowohl, was

---

[1]) P. J. **XXXI**. p. 232.

Sicherheit des Erfolges anbetrifft, als auch namentlich bezüglich des Kostenpunktes als durchaus nicht practisch brauchbar[1]).

Nachdem so die starken Säuren für die Darstellung der Cellulose im Grossen sich als nicht anwendbar erwiesen, wandte man sich ausschliesslich den alkalischen Basen zu und die verschiedenen, üblichen Verfahrungsweisen sind sämmtlich mehr oder weniger nur Modificationen des an erster Stelle beschriebenen Verfahrens von Watt und Burgess[2]).

Das Central-Blatt für die deutsche Papierfabrikation von Rudel enthält in seinem Jahrgange von 1872 in No. 8—14 eine sehr interessante und gediegene Zusammenstellung der verschiedenen, theils nur in Vorschlag gebrachten, theils wirklich angewandten Verfahrungsweisen, welche wir in Folgendem mehrfach benutzt haben.

R. Fletscher in Dambridgport lösst 5 Pf. Aetzkalk in 36,000 Pfd. Wasser auf und kocht mit dieser Lösung 2000 Pfd. Holz so lange, bis es zersetzt ist. Durch Auswaschen und Mahlen wird ein zur Darstellung von braunen Papieren sich sehr wohl eignender Stoff erhalten.

Houghton hat wesentlich zur Verbreitung des in Manayunk angewandten Verfahrens beigetragen. In Gemeinschaft mit ihm construirte Lee eine Zerkleinerungsmaschine für Holz, die aus einer 80 Centner schweren gusseisernen Scheibe mit Messern besteht und 250 Umdrehungen in der Minute macht. Die Späne sind $\frac{1}{2}$ Zoll 12,5 Mm. dick und kommen sofort zwischen gefurchte, horizontal liegende Walzen, durch welche sie zerdrückt werden. Die in Drathkörbe gelegten Holzsplitter werden in einem 32 Fuss (9,75 m.) langen und $3\frac{3}{4}$ Fuss (1,19 m.) im Durchmesser haltenden Kessel geschoben, der mit Röhren versehen ist, welche eine hohe Spannung auszuhalten vermögen. Die Kochung geschieht mit Aetznatronlauge unter hohem Druck, welchen Houghton successive bis auf 11 Atmosphären, entsprechend einer Temperatur von 187,5° C. gesteigert hat, 5 bis 6 Stunden lang. Dann wird gewaschen, gebleicht und in der Stoffmühle gemahlen. Von der Lauge werden 80 pCt. durch Verdampfung wieder gewonnen.

---

[1]) C. Bl. 1867 No. 20. 21.

[2]) Vorschläge wie der von Eaten, statt der Soda und des Natrons Natriumsulphurat anzuwenden, der von Adamson, das feinvertheilte Holz behufs Auflösung des Harzes und Trennung der einzelnen Fasern von einander in Benzin zu kochen oder von Peligot und Schweizer, die Cellulose in Kupferoxyd-Ammoniak aufzulösen und durch Säuren niederzuschlagen, sind nur als technische Spielereien zu betrachten.

James A. Lee, welcher ursprünglich mit Houghton zusammen arbeitete und auch den von letzterem angefertigten Holzschneider construirte, hat das Houghton'sche Verfahren in einigen Punkten modificirt und sucht das modificirte als ein selbstständiges Verfahren durch den Ingenieur Rosenhein (in Berlin) auf dem Continent zu verbreiten.

Das zerkleinerte Holz wird in von gelochten Blechen hergestellten Cylindern (nicht in Drathkörben) gefüllt und in einen horizontalen Kochkessel eingetragen. — Der Kessel alsdann mit einer Lösung von kaustischer Soda gefüllt, geschlossen und von zwei Seiten direct befeuert.

Das Kochen geschieht unter einem Druck von 10 Atmosphären, 4 Stunden hindurch.

Den zum Kochprocess nothwendigen Sodagehalt berechnet Lee auf 15 Centner für 20 Ctr. trocknen Holzstoff.

Von dem angewendeten Holze, welches $2\frac{1}{2}$ Monate im Walde gelegen hat, werden 35 pCt. Holzstoff gewonnen.

Von der angewandten Soda will Lee 75—85 pCt. wiedergewinnen und endlich sollen auf 20 Ctr. trocknen Holzstoff 5 Ctr. Chlorkalk zum Bleichen verwendet werden.

Gleichzeitig mit den beiden Genannten trat Sinclair in Glasgow mit einem Verfahren auf, dessen Verbreitung sein Agent John M. Nicol betrieb. Es besteht dieses Verfahren gleichfalls darin, Holz in Späne zu zertheilen und 100 Pfd. Holz mit 25 Pfd. Aetznatron bei einer Temperatur von 190° C. (12 Atmosphären) zu kochen. Der Kessel, worin dies geschieht, ist ein aufrechtstehender, der in seinem Innern einen zweiten mit durchlöcherten Wänden birgt und der in spiralförmig ihn umgebenden Zügen durch directes Feuer geheizt wird[1]). — Sinclair verwendet auf 2250 Kilo Holz 562 Kilo kaustische Soda von 60 pCt. und will 70 pCt. des angewandten Natrons wiedergewinnen, zum Bleichen schreibt er auf 100 Pfd. Rohholz 10 Pfd. Chlorkalk vor.

Der ungebleichte Stoff, welcher 50 pCt. Wasser enthält, wird trocken gedacht mit $9\frac{1}{2}$ Thlr. pr. Ctr. angeboten.

Es verdient ferner die Holzcellulose-Fabrik der Herren Hering, Hahn und Francke in Königstein eine rühmende Erwähnung, welche nicht nur wegen der Neuheit und Zweckmässigkeit ihrer Anlage, son-

---

[1]) D. P. J. Bd. CCVI. p. 235 enthält eine genaue Abbildung des Sinclair'schen Apparates mit Angabe seiner Dimensionen.

dern auch wegen der ausgezeichneten Construction ihrer Apparate und Maschinen und des von dem amerikanischen und englischen wesentlich abweichenden Kochverfahrens zu den sehenswerthesten und interessantesten Etablissements dieser Art gehört. — Das Holz, meist Abfälle einer mit der Fabrik verbundenen grossartigen Schneidemühle, wird nach Lee'scher Methode zerkleinert und zerquetscht und dann in sphärischen rotirenden Kochern unter 12 Atmosphären Druck mit kaustischer Natronlauge 6 bis 7 Stunden hindurch gekocht. Die Kocher machen etwa eine Umdrehung in zwei Minuten und die Lauge enthält ca. 15 pCt. Natron. Ein Lespermont'scher Waschapparat und Porion'scher Ofen, auf welche beiden wir später noch zurückkommen, dienen zur Wiedergewinnung und Calcinirung der Lauge, welche durch Kalk abermals causticirt zu neuen Kochungen benutzt wird. — Der Centner ungebleichter Stoff kostet ab Fabrik 8 Thlr. und sollen 25 Pfd. Chlorkalk zum Bleichen von 100 Pfd. Stoff nöthig sein.

Endlich sei noch auf die Bereitung der Holzcellulose von Albert Ungerer aufmerksam gemacht, welche im Rudel'schen Centralblatt 1875 No. 22 folgendermaassen beschrieben wird.

Wir haben es bisher unterlassen, über dieses Verfahren mehr zu bringen, als Herr Ungerer selbst darüber zu veröffentlichen in seinem Interesse fand, um dieses nicht zu schädigen. Da derselbe nun in Folge mancher mangelhafter Veröffentlichungen in technischen und anderen Blättern, und der daraus hervorgegangenen unrichtigen Ansichten, über sein Verfahren im Württemb. Gewerbeblatt einiges Nähere mittheilt, so nehmen wir diesen Bericht auch in unser Blatt auf.

Das Verfahren beginnt damit, dass das klein geschnittene Holz in einer Reihe von stehenden cylindrischen Kochern mit Aetznatronlösung, welche in einem besondern Kessel erhitzt wird, in der Weise behandelt wird, dass die Lauge durch das Holz von einem Kocher der Reihe nach zum andern fliesst, und zwar unter den nöthigen Druck- und Temperaturverhältnissen, welche aber den Druck von 6 Atmosphären nicht überschreiten; schliesslich wird sie abgeleitet, um in einem besonders construirten Apparat, der sich durch vorzügliche Leistung bei billigen Anlagekosten und wenig Raumerforderniss auszeichnet, eingedampft, und wieder auf Aetznatron weiter verarbeitet zu werden. Dieses Kochen, richtiger Extraction des Holzes unter erhöhtem Druck und bei steigender Temperatur, sowie auch das darauf folgende Auswaschen geschieht der Reihe der Kocher nach im Kreislaufe und stellt eine ganz gleichförmige, sichere und continuirliche Fabrikation dar, wobei in regelmässigen Zwischenräumen je ein Kocher voll fertigen und ausgewaschenen Holzstoffes aus dem Apparat genommen und eine Partie rohes Holz an dessen Stelle eingefüllt wird.

Die Incrustationen und Intercellularsubstanzen des Holzes sind verschieden löslich und zeigen ein ungleiches Verhalten gegen die Lauge. Während einzelne Bestandtheile schon in reinem Wasser oder einer sehr schwachen Lauge bei 100° und darunter löslich sind, werden andere erst bei 120 bis 130° und in stärkerer Lauge in Lösnng gebracht, und wieder andere erst bei noch höheren Temperaturen. Ebenso sind diese Stoffe zum Theil auch in sauren, andere in neutralen und in mehr oder weniger alkalischen Laugen löslich, beziehungsweise werden solche durch die chemische Einwirkung in lösliche Verbindungen verwandelt. Bei diesem Verfahren wird nur das frischeste Holz, das noch die am leichtesten löslichen Verbindungen und Bestandtheile enthält, mit der an freiem Natron ärmsten und an schon gelöstem Extract reichsten Lauge behandelt, wodurch das Natron vollends vollständig gesättigt und ausgenutzt wird, und in dem Maasse, als das Holz von Incrustationen freier wird, und nur noch schwerer lösliche Substanzen enthält, wirkt auch eine an freiem Natron stets zu- und an Extractgehalt stets abnehmende Lauge auf dasselbe ein, so dass der mehr extrahirte Holzstoff, je mehr er sich der reinen Cellulose nähert, auch mit um so concentrirterer und reinerer Lauge zusammen kommt.

Der vollständig von Incrustationen befreite Holzstoff wird, ohne denselben aus den Kochern zu nehmen, nach Entfernung der Lauge nach demselben Princip mit Wasser behandelt, um auch von der noch anhängenden Lauge vollständig befreit zu werden. Durch eine eigenthümliche Construction des Apparats und vermöge besonderer Einrichtung wird auch dieser Rest von Lauge in wenig verdünntem Zustande vollständig wiedergewonnen und sofort zur Extraction des Holzes weiter verwendet, so dass gar keine verdünnten Waschwässer und damit verbundener Sodaverlust entstehen, wie solches bei anderen Verfahren unvermeidlich ist, und es wird der Stoff auch weit sorgfältiger und intensiver ausgewaschen, als dies im Holländer oder sonst einem complicirten Apparat der Fall ist, zudem ist bei dieser Waschmethode ein Stoffverlust absolut nicht möglich. Dieser Behandlung zu Folge gewinnt man aus einem bestimmten Quantum Holz auch mehr Cellulose, als sonst möglich ist. Bei einer Production von täglich mindestens 80 bis 100 Ctr. trocken gedachten Stoffes und nicht zu hohen Auslagen für Arbeitslöhne und Kohlen lässt sich nach dieser Methode der schönste, leicht bleichbare Holzstoff aus Fichtenholz zu nur 11 bis 12 M. pro 50 K. herstellen, und braucht dieser nur ungefähr 6 pCt. guten Chlorkalk, um gebleicht zu werden, wie er für gewöhnliches Druckpapier nöthig ist.

Es wird bei diesen Verfahrungsarten, bei dem Kochen des Holzes in starker Lauge unbedingt viel mehr Aetznatron verbraucht, als zur Auflösung und Umwandlung der incrustirenden Substanz unbedingt nothwendig ist, und unter diesem Gesichtspunkt verdient die von Vincent Elgah Keegan in Boston vorgeschlagene Methode besondere Beachtung. Das in Stücke von $\frac{1}{2}$ Zoll Dicke und 6 bis 12 Zoll Länge gesägte Holz wird in einen langsam um seine horizontale Achse rotirenden eisernen Cylinder gefüllt und Aetznatronlösung von 20° B. zugelassen. Darauf wird mittelst einer hydraulischen Presse ein halbstündiger Druck von 50 Pfd. auf den Quadratzoll auf den Inhalt des Kessels ausgeübt und dadurch die Flüssigkeit in die Poren des Holzes gepresst. Die nicht eingedrungene Flüssigkeit wird darauf abgelassen, um bei einer neuen Operation wieder benutzt zu werden und der Kessel mit Inhalt durch überhitzte Dämpfe zwei Stunden hindurch bis zu 150° C. erwärmt. Nach Verlauf dieser Zeit ist die Intercellular-Substanz vollständig zerstört und das Holz zerfällt durch Waschen unter fortwährendem Umrühren zu einzelnen Fasern, die dann in Holländer vermahlen, gebleicht und zu Papier verarbeitet werden können[1]).

Es kann nicht in Abrede gestellt werden, dass alle angeführten Methoden noch sehr viel zu wünschen übrig lassen, theils wegen der Gefahren, mit welchen ein Arbeiten mit Dämpfen von einer Spannung über 4 Atmosphären stets umgeben ist, theils aber ganz besonders der hohen Darstellungskosten wegen, welche das Surrogat fast so theuer machen, als die Lumpe selbst. Wir können daher nur wünschen, dass es Herrn Aussedat, wie Bourdillat versichert, in der That gelungen sei, das Problem zu lösen: die einzelnen Holzfasern auf eine leichte mit geringen Kosten verknüpfte Weise von einander zu trennen und in einen guten Papierstoff zu verwandeln. — Das Verfahren Aussedat ist sehr discret im Journal des Fabricants de Papier vom 1. April 1870 beschrieben, es geht jedoch soviel daraus hervor, dass Aussedat den zur Anfertigung von Holzstoff bestimmten Baum nicht sofort nach dem Fällen,

---

[1]) P. J. CCVIII. p. 316.

wie dies bei Anwendung des Völter'schen Verfahrens gerade für wünschenswerth erachtet wird, seiner Aeste und Rinde beraubt, sondern
vielmehr die noch eine Zeit lang fortdauernde Bewegung des Saftes,
welcher einen grossen Theil der incrustirenden Materie aufgelöst enthält,
benutzt, um die Intercellulargänge sich von selbst entleeren zu lassen.
Nachdem dieser Process sich vollzogen und der Saft theils aus dem
Stammende ausgetreten, theils in den Aesten und Zweigen sich ange-
sammelt hat, wird der Stamm in Kloben von 2,0 m. Länge und 0,3 m.
Durchmesser zertheilt, diese in einen nach dem Princip des Papinischen Topfes (Autoclave) construirten Kessel eingelegt und unter einem
Druck von 4 Atmosphären in die entleerten Poren Luft oder trockner
Dampf eingetrieben, dieselben dadurch erweitert und das Zellgewebe
gelockert. Nachdem das so vorbereitete Holz 14 Tage hindurch, gegen
Regen geschützt, der Austrocknung überlassen, wird dasselbe auf einem
Schleifapparat weiter verarbeitet. Défibreur und Raffineur bedürfen für
dieses Holz selbstverständlich einer weit geringeren Triebkraft als bei
dem Völter'schen Verfahren; Aussedat meint, dass eine Pferdekraft
genügt, um innerhalb 24 Stunden 166 Pfd. trocknen Stoff herzustellen. —
Der Stoff selbst enthält die fast unverletzte Zellensubstanz und ist daher
viel länger, filzbarer und dem Lumpenstoff ähnlicher als der nach
Völter hergestellte. Die Farbe desselben ist bräunlich-gelb, daher er
bisher vorzugsweise zu Cartons, Pappen und Packpapieren benutzt wurde,
indess soll auch das Bleichen desselben bereits gelungen sein, wenigstens schliesst Bourdillat seinen Aufsatz mit der Bemerkung „nous
dirons que le blanchiment de la pate Aussedat est certain." In Hinblick auf die resultatlosen Versuche Winkler's erlauben wir uns, hieran
so lange zu zweifeln, bis man uns gebleichten Stoff gezeigt hat.

Ganz identisch oder höchstens nur in Nebendingen von dem
Aussedat'schen Verfahren[1]) abweichend, scheint dasjenige zu sein,
welches Völter in der sechsten Auflage seiner Mittheilungen über die
Darstellung von Papierstoff aus Holz, Stuttgart 1873, empfiehlt. Er sagt
darin: „Ausserdem habe ich einen anderweitigen, zwar weniger auf das
Maschinelle bezüglichen Fortschritt zu verzeichnen, nämlich den, zunächst

---

[1]) Das Verfahren Aussedat ist auch patentirt, ebenso wie alle die früher
angeführten Verfahren von Houghton, Sinclair, Lee u. s. w. und bei den geringen und unwesentlichen Unterschieden zwischen den einzelnen Methoden geben
dieselben eine sehr gute Illustration des Unwesens, welches mit Patenten getrieben wird.

das zu Pappen, zu Einschlag-, ordinaire Tapeten- und dergleichen Papiersorten bestimmte Holz vor dem Zerfasern (Schleifen) auf eine sehr einfache und wenig kostspielige Weise so zu präpariren, dass es einen zwar bräunlichen, aber viel faserreicheren Stoff giebt, als der aus nicht präparirtem Holze ist, so dass man daraus, ohne allen Zusatz von Stoff aus Hadern, ein Papier von bemerkenswerther Zähigkeit erzielt.

Es stammt dieses schon in vielen Staaten patentirte neue Verfahren im Princip von Herrn Oswald Meyh in Zwickau, der sich jedoch zum Zwecke weiterer Ausbildung und Verbreitung desselben mit mir associirt hat, und kann dasselbe in jeder Holzschleiferei mit verhältnissmässig wenig Kosten eingeführt, resp. eingerichtet werden."

Als wesentlich nothwendig zur Vorbereitung und weiteren Bearbeitung des Holzes in dieser Weise bezeichnet Völter wie Aussedat einen Dampfkessel von ca. 8 ☐ Metern Heizfläche nebst Zubehör und einen Dampfapparat eigner Construction (Autoclave?). Die gesammten Anlagekosten würden sich nach ihm auf etwa 3000 Thaler belaufen, wozu noch für eine tägliche Production von 15—20 Centner eine Patentprämie von 2500 Thalern kommen würde.

Bei den mehr und mehr in die Höhe getriebenen Arbeitslöhnen und Lumpenpreisen, während durch die Gründung grossartiger Actien-Papierfabriken eine Ueberproduction erzeugt und die Preise der Papiere einen solchen Druck erlitten haben, dass es für die Privatindustrie kaum noch möglich ist, mit Vortheil zu arbeiten, ist die Aufmerksamkeit sämmtlicher Papierfabrikanten mit grösster Spannung auf die Fortschritte in der Herstellung der Holzcellulose gerichtet, die ihrer vorzüglichen Eigenschaften zufolge bestimmt zu sein scheint, für den gesammten Industriezweig von der grössten Bedeutung zu werden und die nur wegen der Höhe ihrer Darstellungskosten nicht die ausgedehnte Anwendung finden konnte, die sie verdient. — Je mehr wir aber unter diesen Umständen bereit sein würden, Jedem, dem es gelänge, die noch vorhandenen Hindernisse einer allgemeineren Verbreitung der Cellulose zu beseitigen, unseren Dank und unsere Anerkennung zu zollen, um so mehr müssen wir es missbilligen, wenn in dieser ernsten Zeit Vorschläge gemacht werden, die nur in eitler Patenthascherei, Obscurantismus oder Frivolität ihre Begründung haben können. Zu solchen zählen wir Lymann's Faser-Kanone für Papierstoff[1]). Es soll hierbei die

---

[1]) C. Bl. 1873 No. 11.

Expansionskraft des Dampfes und dessen zerstörende Wirkung, wenn er hoch gespannt, plötzlich jeden Gegendruckes entbehrt, verwendet werden. Man füllt, so lautet die Lymann'sche Vorschrift, die zu behandelnden Stoffe in eine starke Retorte, deren eines Ende rasch geöffnet werden kann und lässt Dampf von 160 bis 200 Pfd. Druck ein, der alle Poren der Stoffe ausfüllt. Die Klappe, welche die Retorte verschliesst, wird dann plötzlich geöffnet und die ganze Masse gegen eine starke Wand geschossen, an der sie in die kleinsten Theilchen zersplittert. — Wer aber je einer Dampfkessel-Explosion beigewohnt oder auch nur die entsetzlich zerstörenden Wirkungen hochgespannten Dampfes mit eignen Augen gesehen, wird zugeben, dass der Vorschlag, diese Explosion als eine täglich vorzunehmende Operation in der Technik einzuführen, nur ein unpassender Witz oder die Idee eines hirnverbrannten Kopfes sein kann.

Der ungebleichte Holzstoff bildet eine bräunliche, flockenartige Masse, bestehend aus einem Aggregat sehr feiner Cellulosefäden. Er ist vollständig bleichungsfähig, wird durch Behandlung mit Chlorkalk, von welchem er jedoch bedeutend grössere Mengen als Lumpenstoff erfordert, schneeweiss, ist dann seideglänzend und kann sowohl für sich als in Verbindung mit Haderzeug zur Herstellung feiner Papiere benutzt werden, die eine ausgezeichnete Satinirung annehmen. Da aber das lediglich aus Holzcellulose dargestellte Papier etwas durchscheinend ist, so ist eine Beimischung von Lumpenstoff in den meisten Fällen unbedingt nothwendig.


## Stroh-Cellulose.

Was die Anwendung des Stroh's in der Papierfabrikation anbetrifft, so datirt dieselbe nachweislich bereits aus der Mitte des vorigen Jahrhunderts, und die Anfertigung des gelben Packpapiers aus Stroh war wohl damals wesentlich dieselbe wie noch jetzt. — Das Stroh wird in seiner natürlichen Länge in Wasser eingeweicht, mit Kalkmilch mehrere Stunden hindurch gekocht, gewaschen, im Holländer zermahlen und auf einer Cylindermaschine, auf welche wir später noch zurückkommen, in Papier verwandelt. Auf diese Weise wird das bekannte vorzugsweise zur Verpackung von Streichhölzern und Eisenwaaren benutzte, bräunlich gelbe Packpapier gewonnen, ein hartes, brüchiges Fabrikat, welches als Papier nur eine beiläufige Erwähnung verdient.

L. Piette muss aber als derjenige genannt werden, der zuerst die Möglichkeit nachgewiesen, das Stroh auch zu den besseren Papiersorten zu benutzen. In seinem höchst gediegenen Werke: „Die Fabrikation des Papieres aus Stroh und vielen anderen Substanzen, Cöln 1838" hat derselbe bereits sehr gelungene Papierproben aus dem Stroh nicht nur der verschiedenen Getreidearten: Roggen, Weizen, Gerste, Hafer, sondern auch der Hülsenfrüchte Erbsen, Bohnen, Linsen, so wie aus Maisstroh und Heu den Sachverständigen zur Beurtheilung vorgelegt. — Piette hatte mit diesem Buche seine Versuche auf diesem Gebiete keineswegs abgeschlossen, sondern das von ihm herausgegebene „Journal des Fabricants de papier" enthält besonders in den Jahrgängen von 1861 und 62 zahlreiche, von ihm selbst herrührende, sehr schätzenswerthe Beiträge zur Verbesserung der Methoden. Nachdem aber einmal die Bahn gebrochen, bemächtigten sich auch viele andere dieses Gebietes, welche neben dem Vortheil der Allgemeinheit auch ihren eignen besser zu wahren verstanden und so wie in Betreff der Behandlung des Holzes, wuchsen auch bezüglich der Umwandlung von Stroh in Papierstoff die Patente aus der Erde. 1854 und 55 liess M. A. C. Mellier sich in Frankreich und England ein Verfahren patentiren, Stroh und andere vegetabilische Faserstoffe für die Papierfabrikation vorzubereiten und zu verwenden, dessen wir hier etwas ausführlicher erwähnen, weil alle übrigen patentirten und nicht patentirten Verfahrungsweisen mehr oder weniger mit demselben übereinstimmen.

Mellier beschreibt sein Verfahren selbst in folgender Weise: Das Stroh oder die eine gleiche Behandlung erheischenden Stoffe, wird zunächst mittelst einer Häcksel-Maschine zu feinem Häcksel zerschnitten, von Knoten, Schmutz und Staub befreit und einige Stunden hindurch in warmem Wasser eingeweicht. Das eingeweichte Stroh wird darauf in einem Kocher mit einer Auflösung von kaustischem Alkali durch Dampf bis zu 154,5° C. (entsprechend einem Druck von 70 Pfd. auf den Quadratzoll) erhitzt. — Die Construction des Koch-Apparats so wie die Art seiner Erhitzung durch Dampf unterliegen selbstverständlich mannigfachen Variationen, allein einmal verlangt Mellier einen rotirenden Kocher, gleichviel ob die Rotation um die längere oder kürzere Achse stattfinde, und zweitens zieht er es vor, den Dampf nicht direct in die Flüssigkeit eintreten zu lassen, sondern den Kessel entweder mit einem Mantel zu umgeben und von Aussen oder mittelst eines Schlangenrohres von Innen zu heizen, so dass der Dampf nicht mit der alkalischen

Lösung in Berührung kommen und dieselbe durch Condensation verdünnen kann.

Bei Anwendung eines Druckes von 70 bis 84 Pfund auf den Quadratzoll ist schon eine sehr schwache alkalische Lösung von 2 oder
3 Grad Baumé oder von einem spec. Gew. 1,015 bis 1,022, mithin etwa
nur 3 pCt. kaustisches Natron haltend, zur Auflösung der Kieselsäure
hinreichend und sind von dieser Flüssigkeit 370,6 Liter (280 Quart) auf
100 Pfd. Stroh zu verwenden, also ungefähr 16 Pfd. kaustisches Natron
auf 100 Pfd. Stroh. — Der Kochkessel macht nur eine, höchstens zwei
Umdrehungen in der Minute und nachdem obiger Druck erreicht, wird
das Kochen drei Stunden hindurch unterhalten. Hierauf wird die ab-
gekühlte Masse erst mit warmem, dann mit kaltem Wasser so lange
gewaschen, bis dasselbe vollständig klar abfliesst, dann eine Stunde
hindurch in ein angewärmtes saures Bad, 2 pCt. des angewandten Stroh's
englische Schwefelsäure enthaltend, gebracht, abermals gewaschen und
endlich mit Chorkalk gebleicht.

Wie bei Holz, so sind also auch bei Stroh hohe Dampfspannung
und alkalische Laugen, deren Stärke sich nach der Höhe der ersteren
richtet, die Agentien, deren man sich ausschliesslich bedient, um die
Kieselsäure des Halms und die intercellularen Substanzen in Auflösung
überzuführen und die Cellulose bloss zu legen, und die Verschiedenheiten
der zahlreichen Verfahrungsarten in der Darstellung des Stroh-Papier-
stoffes sind nur dem Streben entsprungen bei möglichster Ersparniss
von Geld und Zeit ein möglichst vollkommenes Product herzustellen.
Hierbei kommt es aber nicht bloss auf die Vollkommenheit der Apparate
und geschickte Ausführung der einzelnen Processe, sondern auch auf
die Beschaffenheit des verwandten Stroh's, seine Aufbewahrung und
vorbereitende Behandlung an. Je freier von Unreinigkeiten, von Unkraut, Gras, Körnern, Kaff, welche nur wenig Faserstoff enthalten, das
Stroh ist, ein desto gleichmässigeres Product und eine desto ergiebigere
Ausbeute wird erzielt. So weit daher dem Fabrikanten in dieser Beziehung eine Wahl freisteht, wird er stets das auf gut cultivirtem, von
Unkraut freiem Boden gewonnene Stroh dem auf rohen und schlecht
gepflegten Feldern gewachsenen den Vorzug geben. Auch auf die Aufbewahrung des Stroh's ist Gewicht zu legen: wo dasselbe wegen man-
gelnden Scheunenraums schon auf dem Felde ausgedroschen und in
Haufen oder Miethen dem Wetter ausgesetzt stehen gelassen wird, erleidet es eine Veränderung, die sich schon äusserlich durch eine immer

dunkler werdende Färbung zu erkennen giebt. Eine gute Wäsche vor
der Behandlung mit Laugen ist allerdings im Stande, diese Färbung
ganz oder zum grössten Theil zu beseitigen, allein bei einer schon sehr
weit vorgeschrittenen Zersetzung des Stroh's erschwert dieselbe doch
sehr den Bleichprocess und übt leicht einen nachtheiligen Einfluss auf
die Weisse des gewonnenen Stoffes aus. Der Fabrikant wird daher
stets dem aus der Scheune abgeholten Stroh vor dem vom Felde weg-
gefahrenen den Vorzug geben. — Endlich hängt aber die Ausbeute auch
wesentlich von der Getreideart ab, von welcher das Stroh herrührt.
C. Schmidt hat über die Zusammensetzung der verschiedenen Stroharten folgende Tabelle aufgestellt:

Es enthalten in 100 Gew.-Theilen:

| Name. | In Wasser löslich | In alkalischer Lauge löslich | Harz, Wachs, Chlorophyll | Vegetabilische Faser |
|---|---|---|---|---|
| Bohnenstroh . . . . | 10,67 | 37,42 | 6,91 | 51,00 |
| Erbsstroh . . . . . | 46,60 | 23,24 | 1,54 | 28,62 |
| Gerstenstroh . . . . | 11,33 | 38,24 | 0,78 | 49,65 |
| Haferstroh . . . . . | 20,67 | 31,62 | 0,77 | 46,94 |
| Linsenstroh . . . . | 27,47 | 34,16 | 1,27 | 37,10 |
| Maisstroh . . . . . | 17,00 | 57,03 | 1,74 | 24,23 |
| Rapsstroh . . . . . | 14,80 | 29,80 | 0,50 | 54,90 |
| Roggenstroh . . . . | 2,80 | 49,08 | 0,52 | 47,60 |
| Weizenstroh . . . . | 7,60 | 40,43 | 0,47 | 51,50 |

Es geht hieraus hervor, dass die verschiedenen Strohsorten innerhalb ziemlich weiter Grenzen im Gehalt an Faserstoff variiren und mithin keineswegs gleichen Werth für den Fabrikanten besitzen; allein auch
in dieser Beziehung wird ihm in den meisten Fällen nur eine sehr beschränkte Auswahl bleiben. Raps, Weizen und Bohnen werden theils
in so geringem Umfange, theils nur auf den besten Bodenklassen gebaut, dass ihr Stroh nur einem sehr kleinen Theil von Fabrikanten zu
gute kommen kann. Bei Weizen findet überdiess der Uebelstand statt,
dass unter ihn meist Klee oder andere Futterkräuter gesäet werden oder,
wo dies nicht der Fall ist, der fruchtbare Boden sehr viel Unkraut
treibt, so dass, was Reinheit anbetrifft, Winterroggenstroh stets den
Vorzug vor Weizenstroh besitzt und muss daher im Allgemeinen ein
reines, hellgelbes, gut trocknes Winterroggenstroh als das beste Rohmaterial für den Strohpapierfabrikanten bezeichnet werden. — Auf die

Reinheit des Stroh's kann nicht genug Sorgfalt verwendet werden: der Halm oder Stengel ist der an Faserstoff reichste Theil, während Blätter, Fruchthülsen und Spreu nur geringe Ausbeute geben und mithin das Gesammtresultat nur herabdrücken. Auch die beim Dreschen im Stroh zurückgebliebenen Körner müssen sorgfältig entfernt werden. Es ist eine bekannte Thatsache, dass Stärke (Amylon) der Hauptbestandtheil der Körner, durch längeres Kochen in Wasser in Gummi oder Dextrin übergeführt wird. Dieser selbe Process muss natürlich auch beim Kochen des mit Körnern vermischten Stroh's stattfinden und die häufig in weissen Strohpapieren beobachteten, durchscheinenden, den Oelflecken ähnlichen Stellen, finden in der Dextrinbildung ihre leichte Erklärung. Hofmann[1]) behauptet, eine Fabrik besucht zu haben, welche durch Anwendung der Kornreinigungs-Maschinen hinreichend Korn gewann, um damit sechs Pferde zu füttern. Mag nun auch eine so lohnende Ausbeute zu den allerseltensten Ausnahmen gehören, so erfordert doch schon die Rücksicht auf die Güte des darzustellenden Stoffes bei diesen mechanischen Vorbereitungen des Strohes keine Mühe zu scheuen.

Das Schneiden des Stroh's in Häcksel von 2—3 cm. Länge geschieht in den meisten Fabriken mit gewöhnlichen Häckselmaschinen, jedoch empfiehlt neuerdings Al. Rudel ganz besonders die von Richmond und Chandler construirte und in England patentirte Stroh-Schneidemaschine, welche durch leichte und bequeme Handhabung, Leistungsfähigkeit und geringeren Kraftverbrauch alle übrigen Maschinen weit übertreffen soll und deren Verkauf für Deutschland, Oesterreich und Russland daher das Centralbüreau der deutschen Papierfabrikation übernommen hat[2]).

Das geschnittene Stroh wird von Knoten, Körnern und Kaff befreit, indem man es entweder durch eine Kornreinigungsmaschine oder über ein Schüttelsieb leitet, durch dessen Oeffnungen jene Verunreinigungen hindurchfallen, während das Häcksel darüber weggleitet, welches, ehe es in den Kochapparat eingetragen wird, oft noch zwischen zwei eisernen Walzen zerquetscht wird, um es durch die Lauge leichter aufschliessbar zu machen. — Um die Elasticität des Strohes zu vernichten und eine möglichst starke Betragung des Kochers zu ermöglichen, wird vielfältig empfohlen, das Stroh, wie es auch Mellier vorschreibt, vor dem Kochen einige Stunden hindurch in warmem Wasser einzuweichen,

---

[1]) A practial treatise of the manufacture of paper p. 260.
[2]) C. B. 1874 No. 6.

ja da Wasser allein nur eine geringe auflösende Wirkung auf die Kieselsäure des Stroh's ausübt, zu diesem Einweichen (Breaking down the straw) die abgelassene Lauge einer früheren Kochung zu benutzen. Dass ein solches Einweichen den darauf folgenden Kochprocess wesentlich erleichtern muss, ist selbstverständlich, allein dasselbe erfordert so grosse Räumlichkeiten und vermehrt und verlangsamt die Arbeit so, dass die meisten Fabrikanten davon absehen und das von Knoten befreite Stroh unmittelbar in den Kochapparat füllen. — Das Einweichen endlich in der aus dem Kocher abgelassenen Lauge muss, wenn es sich um Erzielung eines möglichst fehlerfreien und weissen Stoffes handelt, als geradezu schädlich bezeichnet werden, denn diese schmutzige Flüssigkeit lässt nur das, was sie aus dem Stroh gelöst, auf das frische Stroh sich wiederum absetzen und beeinträchtigt dadurch in hohem Grade die spätere Wirksamkeit der Alkalien und des Chlorkalkes. Etwas anderes ist es mit Stroh, welches bereits als Streu gedient hat und daher viel Unreinigkeiten enthält; für dieses empfiehlt Pavy[1] zunächst eine Wäsche in fliessendem Wasser, darauf wird dasselbe in einem mit Waschtrommel versehenen Halbzeugholländer so lange bearbeitet, bis das Wasser vollständig klar abfliesst, alsdann setzt man ungefähr 3 Liter Salzsäure in 300 Liter Wasser zu, lässt den Holländer noch etwa zehn Minuten gehen und entleert die Masse in einem Abtropfkasten.

Die Kochapparate für Stroh hat man ebenso wie die für Holz sehr verschiedenartig construirt und auf ihrer Verschiedenheit beruht wesentlich die grosse Zahl von Patenten, denen wir auch hier wieder begegnen. — In Papierfabriken, die sich den Strohstoff selbst darstellen, benutzt man häufig zu diesem Zweck dieselben rotirenden Kocher, deren man sich zum Kochen der Lumpen bedient, allein bei den Lumpen handelt es sich beim Kochen hauptsächlich um eine gründliche Wäsche und bei sehr groben Hadern höchstens um eine Schwächung der Fasern, nicht aber wie bei Stroh um eine vollständige Lösung der im Stengel enthaltenen Kieselsäure, die einen viel energischeren Process erheischt. Daher hat es auch beim Kochen der Lumpen nichts auf sich, dass man, wie es gewöhnlich geschieht, den Dampf direct in den Kocher eintreten lässt, wohingegen beim Kochen von Stroh hieraus der Uebelstand entspringt, dass die alkalische Flüssigkeit durch den sich condensirenden Dampf fortwährend in ihrem Gehalt geschwächt wird, während hier im

---

[1] J. d. F. 1865 No. 19.

Gegentheil gegen das Ende der Operation eine grössere Concentration wünschenswerth ist, um schliesslich noch alle diejenigen, die Cellulose incrustirenden Substanzen aufzulösen, die bis dahin der Einwirkung der Lauge widerstanden haben. Die Anwendung dieser Kocher erfordert daher mehr Soda, Brennmaterial und Zeit, als wenn man sich eines ausschliesslich zum Kochen von Stroh construirten Apparates bedient. — Diese Stroh-Kochapparate sind theils rotirende, theils feststehende Cylinder, die entweder durch directes Feuer[1]) oder durch überhitzten Dampf erwärmt werden, in welch' letzterem Falle sie entweder ausserhalb mit einem Mantel oder innerhalb mit einem Röhrensystem versehen sind. Die Anwendung directen Feuers ist unbedingt nicht zu empfehlen, denn es werden stets einzelne Strohtheilchen sich an die Wandung des Kessels anlegen, die alsdann, fortwährend einer strengen Hitze ausgesetzt, verkohlen und den Stoff verunreinigen. — Den rotirenden Kochern wird der Vorwurf gemacht, dass sie durch die Reibung der in Folge der Auflösung der Kieselsäure immer weicher werdenden Strohtheile unter sich und an der Kesselwand eine geringere Ausbeute an Stoff bedingen, da die sich loslösenden feinsten Faserchen beim nachfolgenden Waschen verloren gehen.

Es liegt nicht im Plane dieses Buches, eine Detail-Beschreibung der verschiedenen in Anwendung gebrachten Stroh-Kochapparate zu geben, wer in dieser Beziehung nähere Information wünscht, den verweisen wir auf das gediegene Werk Hofmann's A practical treatise of the manufacture of paper, in welchem wie der maschinelle Theil der Papierfabrikation überhaupt, so auch namentlich die in Amerika und England gebräuchlichen Stroh-Kocher sehr ausführlich beschrieben sind.

In Deutschland hat sich vorzugsweise Hector J. Lahousse in Prag um die Vervollkommnung und Verbreitung der Strohstoffbereitung verdient gemacht. Nach ihm wird das von Unkraut befreite und zu Häckerling geschnittene Stroh in einem kugelförmigen, rotirenden, dem Lumpenkocher ähnlichen Apparate mit starker Natronlauge imprägnirt. Nachdem die überschüssige Lauge zur Verwendung bei der nächsten Operation abgelassen, wird das Stroh in einen cylindrischen um seine kleine Achse rotirenden Kessel übergefüllt und mittelst Dampf von ca. 4 Atmosphären Spannung, welcher durch die Achse in ein innerhalb des Kessels be-

---

[1]) Apparat Palser Journal des fabricants 1863 No. 16. — Apparat Brown C. Bl. 1875 No. 4, 7, 18.

findliches verzweigtes Rohrsystem mit feinen Oeffnungen eintritt und das
mit Lauge imprägnirte Stroh durchdringt, gekocht. Die Rotation um
die kleine Achse erheischt zwar eine grössere Kraft, als wenn der
Kessel sich um seine grössere Achse drehte, allein, da der eine Boden-
deckel abgeschraubt werden kann, so erleichtert diese Construction ungemein die Füllung und Entleerung des Kessels, wodurch jener Uebelstand wieder aufgewogen wird. — Nach einem 4 bis 6 Stunden hindurch
fortgesetzten Kochen wird die Lauge abgelassen und die Masse im
Kochapparate selbst wiederholt mit heissem Wasser gewaschen, darauf
im Holländer zu Halbzeug gemahlen, warm gebleicht und auf einem dem
Völter'schen ähnlichen, jedoch bei weitem grösseren 1,6 Meter im
Durchmesser haltenden Raffineur in Ganzzeug verwandelt[1]).

Nach Thode wird das gereinigte Stroh in einem sphärischen Kessel
unter starkem Dampfdruck mit kaustischer Natronlauge gekocht, die
dadurch erhaltene unreine Strohmasse durch mechanische Waschapparate
von der Kocherlauge befreit und darauf in eigenthümlich construirten
Raffineurs durch einen einmaligen Mahlprocess in Stroh-Ganzstoff übergeführt. — Die Wirkung dieser Raffineurs ist in neuerer Zeit durch
eine patentirte Vervollkommnung, betreffend den gleichmässigen Zufluss
der zu mahlenden Masse, bedeutend erhöht worden und wird durch letztere jede besondere Bedienung oder Beaufsichtigung desselben vollständig
beseitigt.

Der Strohganzstoff wird in grossen Holländern ohne Zuhilfenahme
von Säure mit Chlorkalk gebleicht und kann direct mit Lumpen-Ganz-
stoff vermischt auf der Papiermaschine verarbeitet oder durch eine Stoff-
presse in entwässerten, verkäuflichen Zustand gebracht werden. —
Durch Anlage des mechänischen Waschapparates von Lespermont
und des Eindampfofens von Porion können 75 bis 80 pCt. der in den
Kochern verwendeten Soda wiedergewonnen werden.

Neben dem Verfahren der Strohstoffbereitung von Lahousse und
Thode führt Twerdy in dem officiellen Berichte über die Wiener Ausstellung auch das von August Deininger an, welcher, wie er hervor-
hebt, in anerkennungswerther Weise und wissenschaftlicher

---

[1]) Amtlicher Bericht über die Wiener Weltausstellung im Jahre 1873 Heft 7,
Gruppe XI. p. 767. — Sehr ähnlich, wenn nicht identisch mit dem hier beschrie-
benen ist das Verfahren von Breton u. Comp. in Thur bei Granville Journ. d.
Fabr. 1873 No. 4 u. 5.

Form genaue Elementaranalysen mit den bekannten Stroharten vorgenommen, um zu constatiren, welches Quantum möglichst reinen Papierstoffes daraus gewonnen werden könne. Auf der Ausstellung war Deininger mit Mustern von Strohstoff und daraus gefertigten Papieren vertreten. — Das Verfahren des Herrn A. Deininger ist in verschiedener Herren Länder patentirt und die Kaiserliche Gesellschaft der Freunde der Naturwissenschaft, Anthropologie und Ethnographie an der Moskauer Universität hat demselben sogar, auf vorgelegte Papierproben hin 1872 die grosse goldene Medaille verliehen. Allein trotz dieser Auszeichnung sehen wir uns ausser Stande, das Deininger'sche Verfahren als ein bereits erprobtes anzuerkennen und ihm einen Platz im Texte dieses Buches zu gewähren und beschränken uns darauf, in einer Anmerkung näher auf dasselbe einzugehen[1]).

[1]) A. Deininger wendet einen feststehenden Kessel A. Fig. 1, Taf. II. an, welchen er Sprengkessel nennt; derselbe besteht aus halbzölligen Eisenblechen und ist an seiner inneren Wandung verzinnt. Am unteren Theile desselben befindet sich ein ebenfalls aus verzinntem Eisenblech bestehender durchlöcherter Boden a. Der Sprengkessel steht mit dem Dampfkessel durch das Dampfrohr b in Verbindung, welches ausserhalb des Kessels A mit dem Absperrventil B, innerhalb dagegen am unteren Ende mit dem hängenden Ventil d versehen ist, welches letztere sich schliesst, wenn ein Ueberdruck im Sprengkessel stattfindet, wodurch jede Gefahr eines Zurücksteigens der Lauge nach dem Dampfkessel ausgeschlossen ist. Das Dampfrohr b ist bis auf den Boden des Sprengkessels geführt, umgebogen und mit einem unter dem doppelten Boden liegenden durchlöcherten Schlangenrohr e versehen.

An dem oberen Deckel des Sprengkessels befindet sich ein Manometer f und ein Thermometer g, um Druck und Temperatur im Kessel beobachten zu können. Ferner ist derselbe mit folgenden Hähnen versehen: der Hahn H ist der Ablasshahn am Boden des Kessels, um die Lauge abzulassen; der zweite Hahn ist der Zulasshahn i um die Lauge aus dem Vorwärmer D in den Sprengkessel zu befördern. Die Hähne l und k sind Regulirhähne und stehen durch ein Rohr mit dem Laugenbottich C in Verbindung. Beide Hähne dienen dazu, dass Temperatur und Druck nach Anzeige des Thermometers und Manometers stets regulirt werden können und wenn der Druck ein zu grosser geworden, derselbe durch Ablassen von Lauge sofort gemindert werden kann. Die Deckel m und n dienen zur Füllung und Entleerung, der erstere am oberen Theile des Kessels trägt den Probirhahn p, der dazu dient, bei der Füllung des Kessels die letzten Antheile Luft entweichen zu lassen. Ein Kessel von 12 Fuss Höhe und 5 Fuss 6 Zoll Durchmesser genügt, um 36 Centner Stroh aufzunehmen. Die innere Verzinnung hält Patentträger für nothwendig, damit das Rohmaterial nicht mit dem Eisen der Kesselwand in Berührung komme und schwarz und unbrauchbar werde.

Um nun mittelst dieses Sprengkessels einen für die Papierfabrikation brauchbaren Strohstoff zu erhalten, wird in folgender Weise verfahren: Der mit dem Sprengkessel in Verbindung stehende Vorwärmer D, der einen gleichen Cubik-Inhalt mit dem Kessel hat, wird mit Wasser gefüllt, welches so viel Soda als Zusatz erhält, dass eine Lauge von $2^0$ Beaumé an Aetznatron gebildet wird. (Dieser Satz ist etwas unklar: $2^0$ B. entsprechen einem spec. Gewicht von 1,015 und dieses einem Natrongehalt von 1,67 pCt. oder ca. 3 pCt. kohlensaurem Natron. Wird nun der Vorwärmer mit kaustischer Soda von $2^0$ Beaumé gefüllt, oder wendet Herr Deininger eine diesem Concentrationsgrade entsprechende Menge Soda (kohlensaures Natron) an? Die Wirkung wird jedenfalls in beiden Fällen sehr verschieden sein.) Da übrigens der cubische Inhalt des Kessels und Vorwärmers bei obigen Dimensionen 284,955 Cubikfuss oder rund 285 Cubikfuss beträgt und der Cubikfuss Wasser 66 Pfd. wiegt, so repräsentiren beiläufig die 2 pCt. Natron 376,2 Pfd. Natron oder 643 Pfd. kohlensaures Natron oder 714 Pfd. 90 procentige calcinirte Soda, so dass bei 3600 Pfd. Stroh auf 100 Pfd. ca. 20 Pfd. calcinirte Soda kommen. — Die in dem Vorwärmer befindliche Lauge wird auf $80^0$ C. erwärmt; das zu $\frac{1}{4} - \frac{1}{2}$ Zoll langem Häcksel zerschnittene Stroh wird nun durch die obere Oeffnung in den Kessel gefüllt und die erwärmte Lauge darauf gegossen. Die zunächst voluminöse Masse saugt einen Theil der Lauge auf und setzt sich zusammen, hierauf wird die nicht aufgesogene Lauge abgelassen, der Kessel abermals mit Stroh vollgefüllt, wiederum Lauge darauf gegeben und so fort, bis der Kessel bis an den oberen Rand gefüllt ist. — Zu dieser Füllung sollen ungefähr 36 Centner Stroh und ca. die Hälfte der angestellten Lauge erforderlich sein, so dass auf 100 Pfd. zu verarbeitenden Stroh's nur 10 Pfd. calcinirte Soda zu rechnen sind. — Es wird nun der obere Deckel aufgeschraubt und durch den Hahn i noch so lange Lauge in den Kessel gelassen, bis dieselbe durch den geöffneten Hahn p wieder abfliesst, so dass alle Luft aus dem Kessel entfernt ist. Hierauf werden die Hähne i und p geschlossen und durch den offenen Hahn B Dampf von vier Atmosphären Spannung in den Kessel gelassen. Die Temperatur im Kessel steigt hierbei nach Deininger auf $100^0$ C. und nach 4 bis 10 stündigem, bei Roggenstroh nach 6 stündigem Stehen, sind Kieselsäure und die fremden Substanzen aufgelöst und das Stroh in seine einzelnen feinsten Fasern auseinander gesprengt.

Bis hierher enthält das Deininger'sche Verfahren nichts, was dasselbe von vornherein als unbrauchbar charakterisirte. Das Zusammenballen des Stroh's, welches seine vollständige Durchdringung von Dampf sehr erschwert, lässt einen rotirenden Kessel vortheilhafter erscheinen, allein stehende Kessel sind schon vor Deininger von Dixon[*] und anderen mit Erfolg angewendet worden und wenn nur der Dampf eine hinreichende Spannung hat, um stets die Poren des Schlangenrohres geöffnet zu erhalten und eine lebhafte Circulation im Kocher zu bewirken, so wird sich auch mit diesem Kocher ein brauchbarer Stoff herstellen lassen. — Die innere Verzinnung ferner ist gewiss überflüssig und unnütze Kosten verursachend, sie kann aber auf keinen Fall schädlich sein und endlich die vollständige Entfernung der Luft aus dem Apparat können wir nur billigen, denn bei den verschiedenen Expansions-Coefficienten von atmosphärischer Luft und Dampf kann

[*] Hofmann p. 275.

das Vorhandensein einer Mischung beider nur eine Veranlassung zu Explosionen geben und wir können daher nur rathen, die Kocher, von welcher Construction dieselben immer sein mögen, vor ihrer Ingangsetzung möglichst von atmosphärischer Luft zu befreien. — Wenn aber dennoch weder Altmann*) in Hirschberg in Schlesien noch Mahla und Graeser in Remse in Sachsen mit dem Deiningerschen Verfahren irgend einen genügenden Erfolg erzielen konnten, so lag die Schuld hiervon einfach daran, dass weder der Patentträger noch diejenigen, die dasselbe gekauft hatten, ein Verständniss von den vorzunehmenden Processen besassen und namentlich der erstere den letzteren Versprechungen gemacht hatte, welche zu erfüllen rein unmöglich war. — Die Richtigkeit des Gesagten ergiebt sich aus Deininger's eigner ferneren Darstellung des Verfahrens. — Während dieser Zeit, fährt derselbe fort, ist darauf zu achten, dass sich kein Dampf im Sprengkessel bildet, gleichzeitig aber auch die Temperatur in demselben weder steigt noch fällt, was mittelst einer sorgfältigen Beobachtung des Thermometers und Manometers, so wie durch Handhabung der verschiedenen Hähne keinerlei Schwierigkeiten bildet. Bei dieser Verarbeitung wird die in dem Kessel befindliche Lauge auf $1°$ Beaumé reducirt, so dass mit einer eingradigen Lauge gearbeitet wird.

Hiermit habe ich den Kernpunkt meines Verfahrens gegeben und besteht derselbe also: in der Herstellung einer schwachen Lauge $1°$ Beaumé an Aetznatron stark, in welcher der zerschnittene Rohstoff einer constanten Siedehitze ($100°$ Celsius) und gleichzeitig einer constanten hydrostatischen Pressung von 4 Atmosphären während 4 bis 10 Stunden ausgesetzt bleibt, ohne dass ein Kochen, d. h. Dampfbildung im Apparat stattfindet.

Es geht hieraus hervor, dass der Patentträger keinen Begriff davon hat, was in seinem Sprengkessel vorgeht und das, was er als Kernpunkt seines Verfahrens hinstellt, unter den obwaltenden Umständen unerreichbar ist, oder wenn es nahezu erreicht wird, dadurch das Stroh nimmermehr in Papierstoff umgewandelt werden kann. Die in den Kessel eintretenden Dämpfe von 4 Atmosphären Spannung haben eine Temperatur von $144°$ C, und es ist klar, dass sie nicht bloss drückend, sondern auch erwärmend auf die Flüssigkeitsmasse innerhalb des Kessels wirken müssen. Der Vorgang ist ganz derselbe wie in einem Gefäss mit Wasser, welches von unten erhitzt wird: Die $144°$ heissen Wasserdämpfe steigen in der $100°$ warmen Flüssigkeit in die Höhe, werden von dieser abgekühlt und condensirt, wobei selbstverständlich die Flüssigkeit selbst sich mehr und mehr erwärmt, bis endlich bei einer Temperatur von $144°$ die Dampfblasen ungehindert bis an die Oberfläche steigen und unter einem Druck von 4 Atmosphären das Kochen beginnt. — Hätte Deininger nach sorgfältiger Vorbereitung des Stroh's und unter Anwendung hinreichend starker Lauge vorgeschrieben, darauf zu achten, dass der Manometer 4 Atmosphärendruck und der Thermometer $144°$ Wärme anzeige, dann würde wohl auch in seinem Apparat ein brauchbarer Stoff haben dargestellt werden können. Dann konnte er aber auch die Hähne l und k ganz wegfallen lassen, denn die vorgeschriebene Handhabung dieser musste den Process

*) C. Bl. 1872 No. 2.

Die Grösse der Kocher richtet sich natürlich nach der auf einmal zu verarbeitenden Quantität Stroh und bezeichnet Hofmann einen Kessel von 16 Fuss Länge und 6 Fuss Durchmesser als zur Aufnahme von 2500—3000 Pfd. Stroh geeignet. Die für etwa 20 Ctr. Stroh bestimmten Lahousse'schen Kessel haben bei 3 m. Länge einen Durchmesser von 1 m. Die Höhe des beim Kochen angewendeten Dampfdruckes, oder was gleichbedeutend ist, die Höhe der Temperatur richtet sich wesentlich nach der Quantität der zugesetzten kaustischen Soda, da sie nur die Wirksamkeit der letzteren zu verstärken bezweckt. Eine kaustische Soda-Lösung wirkt schon bei gewöhnlicher Temperatur auf die Kieselsäure und die incrustirenden Substanzen des Stroh's ein und auch ohne erhöhten Druck kann man bei nur hinreichend lange fortgesetztem Kochen einen guten Papier-Strohstoff darstellen. Allein zur Abkürzung der Zeit ist die Anwendung überhitzter Dämpfe oder eine höhere Spannung durchaus nothwendig. Die Cellulose des Stroh's trennt sich leichter von den sie incrustirenden Substanzen, Kieselsäure, Pektin, Harz und Farbstoffen, als die Cellulose des Holzes und ist daher eine Dampfspannung von 4 Atmosphären, wie Lahousse vorschreibt, bei einem 4 bis 6 stündigen Kochen vollkommen ausreichend. Auch Mellier

---

verderben, und macht es allein einigermassen erklärlich, wenn das specifische Gewicht seiner Lauge während ihrer Einwirkung auf das Stroh wirklich von $2^0$ B. auf $1^0$ B. zurückgegangen ist. Es ist ganz selbstverständlich, dass die $2^0$ B. starke Lauge durch Aufnahme der im Stroh enthaltenen Kieselsäure und der harzigen und Intercellular-Substanzen an Dichte zunehmen muss und gelangt Deininger zu dem entgegengesetzten Resultat, so kann das nicht anders erklärt werden, als dass er behufs Regulirung des Druckes und der Temperatur durch die Hähne k und l beständig Lauge abliess, und condensirter Dampf an deren Stelle trat und die im Kessel verbleibende Lauge verdünnt. Man sieht, das Deininger'sche Verfahren, durch welches er 90 pCt. ungebleichten und 75 bis 80 pCt. gebleichten Stoff herzustellen verspricht, ist von Anfang bis zu Ende so wenig rationell, dass es fast unbegreiflich ist, dass sich Fabrikanten fanden, die dasselbe acquirirten. Sie haben die Lehre, dass unser Patentwesen noch seine grossen Schattenseiten hat, theuer bezahlen müssen.

Wir haben uns mit dem Deininger'schen Verfahren vielleicht länger beschäftigt, als dasselbe verdiente, allein nicht nur die goldene Medaille aus Moskau, sondern auch die vortheilhaften Zeugnisse, die sich derselbe auf vorgelegte Papierproben sowohl vom Verf. dieses im Jahre 1870 als auch von Dr. L. Schäfer, Chemiker und technischer Dirigent der chemischen Fabrik, Actien-Gesellschaft vormals Schering 1872 zu verschaffen wusste, nöthigten uns, unser Urtheil ausführlicher zu motiviren.

wendet keinen höheren Druck an, denn wenn er 70 Pfd. Druck auf den
Quadratzoll verlangt, so ist zu berücksichtigen, dass die Franzosen an
ihren Manometern den gesammten auf die Flüssigkeit lastenden Druck
angeben, während die unsrigen nur den Ueberdruck über eine Atmosphäre
anzeigen. Die französischen Manometer stehen daher auf 15, wenn an
vollständig abgekühltem Kessel nur die atmosphärische Luft auf das
Wasser drückt. Bei einem solchen Zustande des Kessels stehen aber
unsere Manometer auf Null und wir haben daher von den französischen
Angaben immer nur die Zahl 15 abzuziehen, um die deutschen und auch
englischen Manometergrade zu erhalten. Die 70 Pfd. von Mellier entsprechen demgemäss auch nur 55 Pfd. oder ungefähr $3\frac{2}{3}$ Atmosphären
Ueberdruck.

Dass die Kochapparate für Stroh ebenso wie die für Holz mit
Sicherheits-Ventil versehen sein sollten, versteht sich von selbst und
wenn man bei Stroh unter einem niedrigeren Druck operirt, als für
welchen der Kessel geprüft ist, so wird das sicherste Mittel, den gewünschten Druck nicht zu überschreiten, immer darin bestehen, dass
man sorgfältig darauf achtet, dass das Sicherheitsventil sich leicht hebt
und dass die Belastung desselben dem Drucke entspricht, den man anwenden will. — Zieht man es aber vor, sich vor einer zu hohen Spannung durch Anwendung eines Manometers zu schützen, so ist zu bemerken, dass hier wie beim Kochen von Holz und anderen Vegetabilien
die Quecksilber-Manometer den Feder-Manometern vorzuziehen sind, denn
die schmutzige alkalische Lauge kann dadurch, dass sie das Metall des
Manometers angreift und den treibenden Kolben durch ihre harzigen
Bestandtheile verklebt, die Empfindlichkeit desselben leicht beeinträchtigen. — Die Stärke der zum Kochen des Stroh's angewandten Laugen
wird von den einzelnen Patentträgern und Fabrikanten sehr verschieden
angegeben und ist es auch denkbar, dass Verbesserungen in der Construction der Kochapparate eine Ersparniss nach dieser Richtung möglich machen, allein im Allgemeinen wird man auf 100 Pfd. Stroh nicht
unter 20 Pfd. calcinirte Soda von 85—90 pCt. kohlensauren oder 50
bis 53 pCt. kaustischen Natron rechnen dürfen. — Hofmann, indem
er sich auf eine langjährige Praxis beruft, versichert, dass er nicht im
Stande gewesen sei, mit weniger als 25 Pfd. calcinirter Soda von
48 pCt. Natron auf 100 Pfd. Stroh ein gutes Fabrikat herzustellen und
auch Lahousse verlangt auf 100 Pfd. Stroh 26—28 Pfd. Soda.

Nach Beendigung des Kochprocesses wird nach dem Lahousseschen Verfahren die Lauge abgelassen und die defibrirte Strohmasse im Kochapparate selbst wiederholt mit heissem Wasser gewaschen. Das Waschen mit heissem Wasser ist jedenfalls dem mit kaltem Wasser vorzuziehen, denn die harzigen Substanzen, welche die alkalische Lauge aus dem Stroh extrahirt hat, sind in letzterem nur schwer löslich, schlagen sich daher theilweis wieder nieder und beeinträchtigen durch ihre Anwesenheit die Wirkung des bleichenden Chlors. Wo man jedoch nicht über so grosse Massen heiss Wasser verfügen kann, als das Waschen erfordert, ist man natürlich auf die Anwendung von kaltem Wasser angewiesen. Man lässt alsdann die Masse aus dem Kocher in einen grossen Bottig mit durchlöchertem Boden, der mit Sackleinewand oder Cocus-Matten bedeckt ist, durch welche die Lauge entweicht, während der Strohstoff zurückbleibt, darauf wird wiederholt von unten Wasser in den Bottig geleitet und der Stoff mit Rührhölzern gut umgerührt und das Zu- und Ablassen des Wassers so oft wiederholt, bis alle Lauge entfernt ist[1]).

Schliesslich sei noch des chemischen Schnell-Verfahrens zur Strohstoff-Fabrikation von Eugen Dieterich in Helfenberg Erwähnung gethan[2]). Derselbe hat gefunden, dass reine Natronlauge, sei sie noch so concentrirt, nicht im Stande ist, alle löslichen Theile, beziehungsweise Farbstoffe der vegetabilischen Faser, Flachs, Hanf oder Stroh zu entziehen, dass vielmehr eine solche bis zur Erschöpfung mit Natronlauge behandelte Faser bei nachherigem Kochen in Seifenwasser noch eine sehr grosse Menge Farbstoff an dieses abgiebt. Der so mit Seifenzusatz gereinigte Stoff erforderte bei dem darauf folgenden Bleichprocess bedeutend weniger Chlorkalk oder Chlorgas und der Seifenaufwand betrug nicht den vierten Theil des Kostenaufwandes für Chlor, wie im entgegengesetzten Falle. — Dieterich berücksichtigte ferner die von Struckmann, Liebig, Pribam u. A. gemachte Erfahrung, dass Ammoniak nicht nur die Kieselsäure leichter auflöse als Natron, sondern dass die von Ammoniak gelöste Kieselsäure selbst nach Verjagung des

---

[1]) Für die gekochte Strohmasse haben Märky, Bromowsky und Schulz in Prag noch einen Sortirapparat construirt und sich patentiren lassen, durch welchen die schlecht gekochte Masse von dem guten Stoff getrennt werden soll. Das Centralblatt von 1874 enthält in No. 18 eine nicht ganz verständliche Beschreibung dieser Maschine, welche, unserer Ansicht nach, wohl überhaupt nur eine sehr beschränkte Anwendung in der Strohstoff-Fabrikation finden dürfte.

[2]) C. Bl. 1875 No. 11.

Ammoniaks durch Kochen, in Lösung bleibt und behandelte behufs vollständigerer Entfernung der Kieselsäure Stroh mit einer Mischung von kaustischer Soda und Ammoniak. Wird das so behandelte Stroh in eine Chlorkalklösung gebracht, so belegen sich die einzelnen Halme sofort mit einer Flaumhülle von feinen, weissen Stoff-Fasern, die sich vom Halme loslösen. Diese Stoffpartikelchen vermehren sich zusehends auf Kosten der Halme, so dass schliesslich sämmtliches Stroh ohne jede mechanische Einwirkung in eine homogene, hochweisse Stoffmasse verwandelt wird.

Es konnte somit keinem Zweifel mehr unterliegen, dass sowohl ein Seifenzusatz zur Lauge die Menge des Chlorkalks und die Zeit des Bleichens reducirt, als ein weiterer Zusatz von Ammoniakflüssigkeit die Kieselsäure vollständiger entfernt und die raschere Gewinnung eines schöneren Stoffes herbeiführt.

Dem entsprechend schreibt Dieterich folgendes Verfahren zur Herstellung eines guten Strohstoffes vor: 500 Ko. Stroh-Häcksel werden in einem sphärischen, rotirenden Kocher (Hadernkocher) mit einer Lauge übergossen, welche auf 1000 bis 1500 Liter Wasser, 75 Ko. kaustische Soda, 7,5 Ko. grüne Seife und 15 Ko. Salmiakgeist von 0,970 spec. Gew. enthält, und vier Stunden hindurch unter einem Druck von 4 Atmosphären gekocht. Nach dieser Zeit wird der Zutritt des Dampfes abgesperrt und der Kessel noch eine Stunde lang in Rotation erhalten. Die gekochte Masse wird alsdann entweder im Kocher selbst oder besser im Waschholländer mit zwei Trommeln sorgfältig ausgewaschen, darauf im Halbzeugholländer fein gemahlen und durch einen Raffineur, durch welchen die etwa noch vorhandenen Theile von Knoten und Rispen des Stroh's völlig zerrieben werden, in Ganzzeug verwandelt. Der fertige Ganzzeug wird endlich in der klaren Lösung von 50 bis 60 Ko. (10 bis 12 pCt.) Chlorkalk gebleicht. Der Bleichprocess erheischt ca. 3 Stunden und setzt Dieterich gegen das Ende desselben noch 10 Ko. Kammerschwefelsäure zu, wodurch unter Chlorentwickelung sofort die letzte Spur eines gelblichen Tones verschwindet. Man soll auf diese Weise von 500 Ko. Stroh 325 Ko. (65 pCt.) Strohstoff, trocken gedacht, erhalten, welcher an Weisse, Weichheit und Zähigkeit die höchsten Anforderungen befriedigt.

Wir haben noch nicht Gelegenheit gehabt, Dieterich'schen Strohstoff zu verarbeiten, das Verfahren scheint aber durchaus rationell und verdient wohl von grösseren Strohstoff-Fabrikanten beachtet und namentlich auf seinen Kostenpunkt geprüft zu werden.

Einen höchst sinnreichen Apparat zur Erzielung einer möglichst
vollkommenen Wäsche und Wiedergewinnung der angewandten Soda
hat neuerdings L. Lespermont in seinem continuirlichen metho-
dischen Waschapparat construirt[1]), welcher in Fig. 7 dargestellt
ist, während Fig. 2 Taf. II. dazu dienen möge, seine Arbeit zu erläu-
tern. Der Apparat bezweckt, das Waschwasser möglichst concentrirt
abfliessen zu lassen, indem er Wasser und zu waschenden Stoff im entgegengesetzten Sinne circuliren lässt, so dass zunächst das reine Wasser
Stoff begegnet, dessen Waschung fast beendet ist und in seinem Laufe

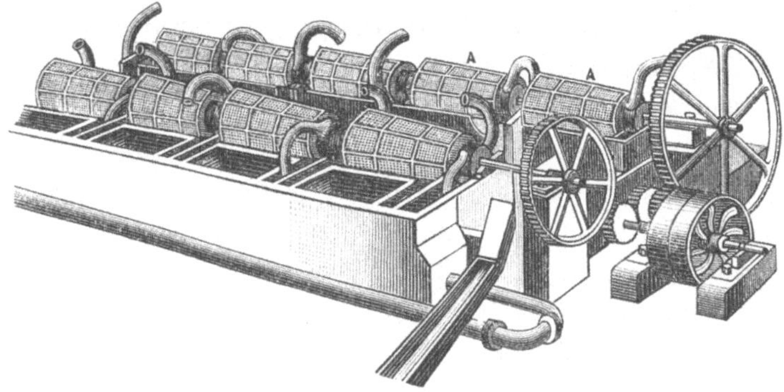

Fig. 7.

mehr und mehr Soda aufnehmend, endlich mit Stoff zusammenkommt,
der noch in demselben Zustande sich befindet, wie er aus dem Kessel
entleert wurde. Der Apparat besteht aus einem System von mit Sieb
überzogenen Waschtrommeln A, A′, A″, deren Zahl nach Bedürfniss vermehrt oder vermindert werden kann und von denen Fig. 7. 9, Fig. 2. Taf. II.
aber grösserer Anschaulichkeit wegen nur 5 enthält. — Stoff (gleichviel
ob von Stroh, Holz oder Esparto herrührend) und Lauge werden zunächst aus dem Kessel in ein mit einer Rührvorrichtung versehenes
Reservoir abgelassen, aus welchem sie je nach der Stellung desselben
zum Wascher entweder durch einen Hahn oder mittelst Pumpe oder
Schöpfrades dem letzteren zugeführt werden. Die durchgerührte Masse
gelangt durch das Rohr a (Taf. II.) in das Hauptbassin H des Waschers.
Dieses Bassin umschliesst eine Reihe schraubenförmig auf einer Achse
befestigter Schaufeln C, C, C, welche ein Niederschlagen von Stoff verhindern. Von hier ergiesst sich die Masse in den Trog F, aus welchem

---

[1]) J. d. F. No. 9 u. 12. 1869, C. Bl. No. 5 1873.

sie durch die Schöpf-Röhren E der ersten Siebtrommel A zugeführt wird. In dieser Trommel findet die erste Trennung des Stoffes von der Lauge statt. Die letztere fliesst durch die Maschen des Siebes und sammelt sich unverdünnt in dem Bottiche J an, von welchem sie nach den Calciniröfen geleitet wird. Der entwässerte Stoff dagegen fällt durch die Oeffnung d der Trommel A in die Rinne L, in welcher er mit dem Wasser zusammentrifft, welches aus der Trommel A″ durch den Canal K gleichfalls dieser Rinne zugeführt wurde und von welchem er nach dem Kasten H′ mitgeführt, hier durch die Schaufeln C′ C′ gut gemischt und in den Trog F′ abgegeben wird. Von hier schöpfen ihn die Schöpfröhren E′ in die Siebtrommel A′. In dieser findet abermals eine Trennung von Stoff und Wasser statt. Das letztere sammelt sich in dem Kasten J′ und kann aus diesem entweder ebenfalls zu den Calciniröfen fortgeführt, oder als concentrirte Sodalösung anderweitig benutzt werden. Der nun einmal gewaschene Stoff setzt seine Reise fort, er fällt aus A′ in die Rinne L′; trifft hier mit dem Wasser aus Trommel A‴ zusammen, gelangt nach dem Kasten H″ mit Schaufeln C″ und gut durchgerührt in den Trog F″, von wo er von den Schöpfröhren in die Trommel A″ geschöpft wird. Abermalige Trennung von Stoff und Wasser. Den Lauf des letzteren kennen wir bereits; es begegnet in der Rinne L dem ungewaschenen Stoff, von welchem es in A′ getrennt wird. Der Stoff wird von A″ in die Rinne L″ fallen gelassen, trifft hier das Wasser aus A$^{IV}$, wird nach Kasten H‴ geführt, durch die Schaufeln C‴ geschlagen und aus dem Troge F‴ in die Trommel A‴ geschöpft. Das in dem Kasten J‴ abfliessende Wasser gelangt durch den Canal K$^{I}$ in die Rinne L′ und kommt dort mit dem einmal gewaschenen Stoff zusammen. Der nun zweimal gewaschene Stoff wird von der Trommel A‴ in die Rinne L‴ geschüttet, wird von hier durch das, durch das Rohr T eintretende reine Wasser nach Kasten H$^{IV}$ mit Schaufeln C$^{IV}$ und den Trog F$^{IV}$ fortgeführt und durch die Schöpfröhren E$^{IV}$ in die Trommel A$^{IV}$ geschöpft. Das in den Kasten J$^{IV}$ abfliessende Wasser wird, wie wir bereits gesehen haben, durch den Canal K‴ nach der Rinne L″ geleitet, um den aus Trommel A″ herausfallenden Stoff weiter zu waschen und fortzuführen. Der aus Trommel A$^{IV}$ in die Rinne L$^{IV}$ ausgeworfene Stoff dagegen wird durch reines Wasser, welches durch das Rohr Y zufliesst nach dem Kasten H$^{V}$ mit Schaufeln C$^{V}$ und über die stufenförmig geordneten Sandfänge G. G. — dem Reservoir zugeführt, aus welchem derselbe der weiteren Verarbeitung übergeben wird.

Dass die punktirten Pfeile in der Figur den Lauf des Wassers, die Pfeile in vollen Linien dagegen den Weg, welchen der Stoff nimmt, anzeigen, bedarf kaum der Erwähnung.

Es ist leicht einzusehen, dass bei Anwendung einer grösseren Zahl von Trommeln[1]) mittelst dieses Apparates der Stoff in fast absolut reinem Zustande und das Waschwasser in möglichst grösster Concentration erhalten werden muss, so dass derselbe den Fabrikanten von Stroh-, Esparto- und Holzcellulose mit Recht auf's Wärmste empfohlen werden kann und auch namentlich zum Auswaschen des Bleichzeuges und zu anderen Zwecken eine vortheilhafte Verwendung finden dürfte.

Dieser Waschapparat braucht nur sehr wenig Triebkraft und unbedeutende Unterhaltungskosten. Er arbeitet selbstständig fort ohne besondere Hilfe oder Aufsicht in Anspruch zu nehmen. Es wird derselbe auch von Allen, die ihn bisher angewendet, als ein sehr grosser Fortschritt auf dem maschinellen Gebiete der Papierfabrikation gerühmt, da er die Herstellungskosten des Stroh-, Esparto-, Holz- und selbst Hadern-Fasernstoffes durch die vollständige Wiedergewinnung der Lauge sehr bedeutend vermindert. Der Preis eines Apparates mit gusseisernem Bassin beträgt 6000 Franken[2]).

Bei Anwendung des Lespermont'schen Waschapparates ist ein Zurückbleiben von Soda im Strohstoff kaum zu befürchten, bei einer unvollkommeneren Wäsche hingegen ist dies sehr leicht der Fall und da ein solcher Rückstand an kaustischem Natron bei der folgenden Operation des Bleichens durch Bildung von Chlornatrium einen Verlust an Chlor bedingen würde, so setzt Mellier gegen Ende des Waschprocesses der Flüssigkeit 2 pCt. vom Gewicht des Stroh's Schwefelsäure zu, indess dürfte es sich mehr empfehlen, die Säure erst im Bleichraum selbst zuzusetzen, um zugleich die Zersetzung des Chlorkalks zu beschleunigen. — Das Bleichen des Strohstoffes geschieht am besten im Bleichholländer, da aber ein gut gekochter Stoff, dessen Fasern von allen incrustirenden und Intercellular-Substanzen befreit sind, schon an

----

[1]) In der durchaus musterhaft eingerichteten Cellulose-Fabrik der Herren Hering, Hahn und Franke zu Königstein beträgt die Zahl der Trommeln 15.

[2]) Man wird jedoch gut thun, auch bei Anwendung dieses Apparates die Erwartungen nicht allzuhoch zu spannen und bei Anstellung einer Calculatur von den meist angegebenen 75—80 pCt. wiedergewonnener Soda noch ca. 20 pCt. in Abzug zu bringen, denn in den besteingerichteten Fabriken dürften kaum mehr als 60 pCt. der angewendeten Soda wiedergewonnen werden.

und für sich sehr kurz und fein ist und keine weitere mechanische Zerkleinerung erheischt, so müssen scharfe Messer in Grundwerk und Walze vermieden werden. Der Strohstoff bleicht sich etwas schwerer als Lumpenstoff und werden auf 100 Pfd. Strohmasse 20 bis 24 Pfd. Chlorkalk angewendet, deren Wirksamkeit Lahousse noch dadurch erhöht, dass er die Flüssigkeit bis 40° erwärmt[1]).

Der gebleichte Stoff passirt endlich nach Lahousse einen dem von Völter construirten ähnlichen Raffineur, um die noch cohärenten Faserpartien von einander zu trennen und wird dann dem Papierstoff im Ganzzeugholländer zugetheilt.

Die Form, in welcher der Strohstoff in den Handel gebracht wird, ist dieselbe wie bei Holzstoff, er wird entweder in Kuchen gepresst oder auf einer Cylindermaschine zu Pappen verarbeitet und getrocknet. Auch hier darf die Trocknung nicht bis zur völligen Entfernung des Wassers getrieben werden, weil dann der Stoff sich nur schwer und unvollständig in Wasser suspendirt. Gleich dem Holzstoff enthält der käufliche Strohstoff 50—60 pCt. Wasser.

In Betreff der aus einem bestimmten Gewicht Stroh erhaltenen Quantität guten Papierstoffes weichen die Angaben der verschiedenen Patentträger sehr von einander ab, da dieselben meistens in einer möglichst hohen Procentzahl die beste Empfehlung ihres Verfahrens erblicken, allein die pag. 81 von Schmidt aufgestellte Tabelle zeigt, dass Roggen- und Weizenstroh überhaupt nur 47,6 und 51,5 pCt. Faser enthalten, also für diese beiden Stroharten dies auch die Grenze des möglichen Ertrages ist. Erwägt man aber, dass dieselben Agentien, welche zur Auflösung und Beseitigung der incrustirenden und Intercellular-Substanzen angewendet werden, gleichzeitig auch zerstörend auf die Faser selbst einwirken, so ist natürlich, dass jene äusserste Grenze in der Praxis nicht erreicht werden kann und man wird gut thun, bei Darstellung eines dem Lumpenstoffe ebenbürtigen Strohstoffes auf keine grössere Ausbeute als ca. 33 pCt. zu rechnen. Lahousse calculirt auf 100 Pfd. gebleichte, lufttrockene Strohmasse 200 Pfd. Stroh, nimmt also einen Durchschnitts-Ertrag von 50 pCt. an, welches Ergebniss sich nur dann mit der Theorie des Processes vereinbaren lässt, wenn man voraussetzt, dass selbst der fertigen Masse noch ein gewisser Theil fremder Substanz unverändert anhängt.

---

[1]) Nach Zuber und Rieder kann der Strohstoff auch mit Chlorgas gebleicht werden, J. d. F. 1866 No. 2.

Diese fremden Substanzen geben der Faser eine Starrheit und Brüchigkeit, die sich selbstverständlich auch dem daraus gefertigten Papier mittheilt, demzufolge dasselbe schon bei einem verhältnissmässig geringen Zusatz von Strohstoff zu manchen Zwecken ganz unbrauchbar wird. Die der Strohcellulose sehr fest anhaftenden Harztheile bewirken, dass mit Strohstoff versetztes Papier weniger Leim oder vielmehr weniger Harz erheischt, als reines Lumpenpapier, auch ist wohl die Härte der Faser die Ursache, dass mit Strohstoff dargestelltes Papier sich, was Satinirung und Appretur betrifft, sehr vortheilhaft vor anderen Papieren auszeichnet. Es kann daher nicht befremden, wenn einzelne Fabrikanten behaupten, der Zusatz ihres Strohstoffes verbessere nur das Papier und derselbe sei dem besten Leinenstoff gleichzustellen. Das ist indess keineswegs der Fall, denn wo es sich um Biegsamkeit und absolute Festigkeit des Papiers handelt, da ist selbst ein geringer Zusatz von Strohstoff leicht von den nachtheiligsten Folgen. Druckpapier für eine Rollendruckmaschine, wie solche von G. Sigl in Wien ausgestellt war, mit nur 25 pCt. Strohstoff neben festen und gut gemahlenen Lumpenstoff, erwies sich fast vollständig unbrauchbar und selbst 10 pCt. machten sich schon nachtheilig bemerkbar. Es mag sein, dass der zu genanntem Zweck verwendete Strohstoff nicht reine Cellulose, sondern noch mit Kieselsäure und incrustirender Substanz behaftet war, allein so viel Strohpapier aus den verschiedensten Fabriken Verf. dieses schon unter Händen gehabt, so war doch stets an ihm eine grössere Brüchigkeit als an reinem Lumpenpapier wahrzunehmen und wir sind nicht im Stande, die Ansicht des Dr. Julius Wiesner zu theilen, welcher meint, dass man bei gut geleitetem Fabrikationsverfahren aus der Strohfaser ein festeres und dauerhafteres Papier als das aus Hadern bereitete zu erwarten habe[1]).

Die Verarbeitung des mit Strohstoff versetzten Ganzzeuges auf der Papiermaschine erheischt mehr Aufmerksamkeit als der mit Holz-Cellulose gemischte oder reine Lumpenstoff, denn bei aller Härte und Steifheit des daraus gefertigten Papiers ist der Strohstoff doch im aufgelösten Zustand sehr weich und haftet bei nicht vollständig entfernten harzigen Bestandtheilen leicht an den Walzen, so dass ein häufiges Einreissen an den Seiten stattfindet. Verfasser dieses hat Druckpapieren nie mehr als 25 pCt. Strohstoff zugesetzt und dabei wohl die bezeichneten Unan-

---

[1]) C. Bl. 1865 No. 13.

nehmlichkeiten wahrgenommen, jedoch gefunden, dass sich dieselben dadurch, dass man vor dem Schaber der ersten Nasspresse, bei welcher das Anhaften besonders leicht geschieht, einen mit Terpentinöl getränkten Flanell-Lappen fest auf die Walze auflegt, fast vollständig unschädlich machen lässt, indess müssen diese doch unter Umständen oder bei einem grösseren Zusatz von Strohstoff sehr erheblich wachsen, da Hofmann ihnen in seinem oft genannten Buche[1]) eine sehr eingehende Besprechung widmet. Nachdem Walzen von jedem erdenklichen Material versucht worden, haben sich, wie Hofmann meint, solche von hartem und dichtem Holze am besten bewährt. Ahorn und Akazie liefern die besten Walzen, jedoch finden sich von diesen Bäumen nur selten Stämme, aus denen vollkommen gesunde Walzen ohne Risse und Astknoten von hinreichendem Durchmesser geschnitten werden können und fand es der Verfasser am vortheilhaftesten, statt einer zwei Walzen aus Akazienholz von je 25 Zoll Durchmesser, aus einem und demselben Stamm gefertigt, anzuwenden. Der Umkleidung dieser Walzen mit Alpacca-Tuch, dessen Poren sich leicht verstopfen, redet Hofmann nicht das Wort, sondern er zieht die nackten Walzen vor. Allein auch diese müssen stets sehr rein gehalten und an ihrer Oberfläche durch Abdrehen oft erneuert werden. — Wir sind der Ansicht, dass ein Zeug, der schon beim Passiren der ersten Nasspresse solche Schwierigkeiten macht, auch einen sehr häufigem Wechsel und Verbrauch der Nassfilze erfordern wird und überhaupt zur Verarbeitung auf der Papiermaschine sich nicht eignet.

Zur Berechnung des Selbstkostenpreises von 1 Ctr. Strohstoff nach Lahousse'schem System sind folgende von ihm selbst herrührende Zahlen massgebend: Eine Einrichtung für täglich

20 Zoll-Ctr. kostet ab Maschinenfabrik inclusive Honorar   5000 Thaler,
40    -     -    -       -          -        -      9400    -
60    -     -    -       -                  -      14,300    -
80    -     -    -       -                  -      19,200    -

wobei die Gewichte weisse, also gebleichte, trocken gedachte Masse bezeichnen. Für die tägliche Production von 20 Centnern sind 12 Pferdekraft genügend.

Auf diese Zahlen und auf die oben angegebenen für 1 Ctr. Strohstoff nothwendigen Mengen von Soda und Chlorkalk gestützt, werden die Selbstkosten eines Centner gebleichten Strohstoffes gewöhnlich auf

---

[1]) A treatise of the manufacture of paper p. 293.

6 bis 7 Thaler angegeben, indess bei einer mehr oder weniger vollkommenen Wiedergewinnung der zum Kochen des Stroh's verwendeten
Soda wird dieser Preis selbstverständlich eine mehr oder minder erhebliche Herabsetzung erfahren.

Im Jahre 1867 liess sich C. C. Amos in Verbindung mit W. An-
derson einen Apparat zum raschen und billigen Abdampfen der in den
Papierfabriken abfallenden Laugen patentiren, welcher im Wesentlichen
aus einem, ähnlich einem Gebläseofen eingerichteten, oben entweder
offenen oder geschlossenen Ofen besteht. Dieser Ofen wird mit Coaks
geheizt; nachdem er angefeuert worden, lässt man die Flüssigkeit über
das glühende Brennmaterial laufen, indem durch ein Gebläse, so lange
als der Zufluss der Lauge anhält, Luft zugeführt wird. Das Wasser
der Flüssigkeit verdampft rasch und das Alkali sammelt sich nach und
nach auf der Ofensohle, von welcher es von Zeit zu Zeit entfernt wird.
Die in dem Alkali enthaltenen vegetabilischen und schädlichen Substanzen verbrennen gleichzeitig. Ist der Ofen oben offen, so ziehen die
heissen Wasserdämpfe und die Verbrennungsgase ab und verlieren sich
in der Atmosphäre; wird aber seine obere Mündung mit einem Deckel
verschlossen, der zum Behuf des Aufgebens von Brennmaterial theilweise beweglich, an seinem festliegenden Theile aber mit einem Ablei-
tungsrohre verbunden sein muss, so können die heissen Wasserdämpfe
und Gase als motorische Kraft oder zum Trocknen oder zu Heizzwecken
verwendet werden[1]).

Es hat dieser Apparat eine so geringe Verbreitung gefunden, dass
es kaum nöthig erscheint, auf seine beschränkte Anwendbarkeit, da ein
starkes Gebläse und Coaks die Vorbedingungen sind, und auf seine
sonstigen sehr erheblichen Mängel besonders aufmerksam zu machen,
dagegen dürfte der neuerdings von E. Porion in Brüssel construirte
Abdampfofen für die Strohstoffe- und namentlich Holz-Cellulose-Fabri-
kation bald von grosser Bedeutung werden. Die Einrichtung desselben
ist nach der allerdings sehr unklaren Patentbeschreibung folgende: Der
Verdampfungsapparat hat, incl. Schornstein, eine Länge von 28 m. (90')
und eine Breite von 5 m. (16'). Der Abdampfungsofen ist in zwei Theile
getheilt und hat daher zwei Feuerthüren, welche Oeffnungen für den
Lufteintritt haben. Jeder Theil enthält vier Calciniröfen, deren Thüren
zum Eintragen von Kohlen an der Seitenfront des Ofens liegen. Auf

---

[1]) C. Bl. 1867 No. 14.

diese folgt ein Raum von 16 m. Länge zur Führung der Luft und Heiz-
gase und zur Aufnahme der abzudampfenden Lauge. Nahe an der Esse
sind zwei Wellen mit kurzen Schaufeln, welche in die Lauge eintauchen
und sie in Bewegung erhalten. Die flüssige Masse wird durch eine
Röhre hineingeleitet. Die Wellen mit den Schaufeln machen 200 bis
400 Umgänge in der Minute und werfen die Lauge in einem feinen
Sprühregen an die Wölbung, wodurch die nach der Esse ziehenden
Gase die Verdampfung sehr beschleunigen. Die in diesem Raume schon
bedeutend concentrirte Lauge wird durch zwei zu beiden Seiten ausserhalb des Ofens liegende gusseiserne Röhren nach den Calciniröfen geleitet, hier zum Trocknen eingedampft und durch Ausglühen von aller
organischen Substanz befreit. Man kann in diesem Ofen 1600 Hl.
(3,200,000 Pfd.) Flüssigkeit verdampfen. Die Esse hat einen Durchmesser von 3,25 m. im Lichten und ist 20 m. hoch. Die Gase entweichen
mit 60 bis 86° Wärme, 1 Pfd. Steinkohle verdampft 20 Pfd. Wasser.

Die Anlagekosten des Ofens werden zu 9400 Francs berechnet und
sind 8 Mann zu seiner Bedienung erforderlich.

Schliesslich sei noch, wenn auch nur kurz, da bei der grossen
Verbreitung und Vervollkommnung, welche die Herstellung von Papierstoff aus Getreidestroh successive erreicht hat, dieselbe nur noch ein
sehr beschränktes locales Interesse bietet, der Benutzung des Maisstroh's
zur Stoffbereitung Erwähnung gethan.

Die kaiserliche Papierfabrik Schlögelmühle bei Gloggnitz war 1856
ermächtigt, unter Diamant's Leitung eine Partie Maisstroh zu Papier
zu verarbeiten. Die erzeugten Papiere entsprachen aber keineswegs den
an ein gutes Papier zu stellenden Anforderungen, während die Herstellungskosten die eines guten Hadernpapieres weit übertrafen.

Bei einem zweiten Versuche, zu welchem es Diamant gelang, die
Regierung zu bewegen, wurde, um die Transportkosten des Rohmaterials
zu vermindern, eine Mais-Halbzeugfabrik zu Román-Szt-Mihály bei Te-
mesvár angelegt und unter Diamant's Leitung gestellt. Auch hier
war er nicht im Stande, ein preiswürdiges und gutes Product herzustellen und nachdem 30,000 Gulden resultatlos verausgabt waren, wurden die ferneren Versuche eingestellt. — Dr. Alois Ritter Auer von
Welsbach, Director der Staatsdruckerei in Wien und Oberleiter der
Papierfabrik in Schlögelmühle, setzte die Versuche fort und indem er
nicht das ganze Maisstroh, sondern nur die zarter construirten Lischen
(die Blätter, welche den Kolben umgeben) zur Papierbereitung verwen-

dete und darauf bedacht war, die stärkeren Längsfasernbündel von den feineren Querfasern zu trennen und für sich als neues in der Weberei verwendbares Material zu gewinnen, ja selbst das in den Blättern enthaltene Stärkemehl zu isoliren, hatte er allerdings die Genugthuung, bereits 1862, in welchem Jahre die Hadern-Surrogatfrage noch sehr im Argen lag, ein Papier ohne jeglichen Zusatz von Lumpen, nur aus Maislischenstroh hergestellt, den Fachgenossen vorlegen zu können, welches allen mit an reines Hadernpapier zu stellenden Anforderungen entsprach. Der österreichische Catalog der Londoner Ausstellung von 1862 war theils auf reines, theils auf mit Hadernstoff gemischtes Maisstrohpapier gedruckt. — 1863 endlich veranstaltete Auer von Welsbach in der Wiener Staatsdruckerei eine höchst interessante Ausstellung sämmtlicher aus der Maispflanze gewonnener Producte: Mais-Spinnstoff, Maiswerg, Maisfaser-Zöpfe, Stränge und Schnüre, Maisfaser-Garn und Leinwand, Tornister, Parquette-Bodenstoff und Feuereimer aus letzterer, Mais-Mehlteig und Brod aus Lischen dargestellt, verschiedene Maisfaser-Papiere: Seiden-, Brief-, Concept-, Zeichen-, Photographen-, Pergament-Papier u. s. w., Mais-Schiesswolle und Collodium. — Hiermit hatte Auer seinen höchsten Triumph gefeiert, denn von da an trat die Maisstrohstoff-Fabrikation immer mehr und mehr vom Schauplatz zurück und in den Berichten über die Wiener Weltausstellung von 1873 findet dieselbe nicht einmal mehr eine Erwähnung.

Die Tabelle über den Gehalt der verschiedenen Strohsorten von Faserstoff (p. 81), worin das Maisstroh mit 24,23 pCt. Faser figurirt, erklärt am einfachsten, warum die unter den günstigsten Auspicien unternommenen Versuche, dieses Stroh zur Papierfabrikation zu verwenden, schliesslich scheitern mussten[1]).

---

[1]) Soweit uns bekannt, hat auch die Fabrik Schlögelmühle die Verwendung des Maisstroh's zur Papierfabrikation ganz aufgegeben und der 1863 zwischen v. Auer und Dr. Kühnert (Pol. Journ. CLXX. p. 71) geführte Streit, ob die Production der österreichischen Monarchie in Mais-Lischen hinreichend sei, um darauf eine Industrie zu begründen, ist gegenstandslos geworden. Die Wissenschaft aber verdankt diesen technischen Bestrebungen einen sehr werthvollen Beitrag zur Kenntniss der vegetabilischen Gewebe in der höchst sorgfältigen mikroscopischen Untersuchung der Maislische und der Maisfaserproducte von Dr. J. Wiesner Pol. Journ. LXXV. p. 225.

## Esparto-Cellulose.

Die Einführung des Esparto-Grases endlich als Rohmaterial der Papierfabrikation verdanken wir hauptsächlich dem Engländer Thomas Boutledge, welcher, so viel uns bekannt, zuerst auf der Londoner internationalen Ausstellung von 1862 Proben von Papieren und Halbstoff aus dieser Pflanze ausgestellt hatte, welche die Aufmerksamkeit der Fabrikanten in hohem Grade in Anspruch nahmen. — Seit dieser Zeit hat das Esparto-Gras sich vorzugsweise in England eingebürgert, wo der Hadernmangel noch früher als auf dem Continent sich fühlbar machte und Holz und Stroh einen viel zu hohen Werth haben, um als Lumpensurrogate verwendet werden zu können, dagegen der ausgedehnte Schiffsverkehr die Einführung und Verwerthung eines am Orte seines Wachsthums fast werthlosen Rohmaterials erleichterte. — Das Binsengras Esparto oder Spanisch-Gras (stipa tenacissima, Macrochloa tenacissima) in Afrika Alfa genannt, gehört zur Familie der Gramineen, hat eine Länge von 0,5—1,0 m. und wächst in den unfruchtbaren Gegenden des südlichen Spaniens und nördlichen Afrika's in ungeheurer Fülle wild. In ersterem Lande sind es das Littoral zwischen Malaga und Alicante und ganz besonders die Districte Almeria und Aguilar, wo man darauf bedacht ist, durch die Cultur des Grases dafür zu sorgen, dass der Vorrath nicht in wenigen Jahren erschöpft werde, denn welche Bedeutung dasselbe für die Papierfabrikation gewonnen hat, geht daraus hervor, dass Grossbritannien allein 1871 140,000 Tons oder 2,800,000 Ctr. dieses Grases einführte.

In Spanien werden verschiedene Gegenstände, Matten, Stricke, Tauwerk — Sparteries — und Schuhwerk — Espartena — aus der Sparta gefertigt.

Nach Macadam[1]) enthält das Espartogras in 100 Theilen

     9,62 Wasser.
     1,23 Oel.
     5,46 Eiweissstoffe.
   22,37 Stärke, Gummi und Zucker.
     5,04 Mineralsubstanzen.
   56,28 Cellulose.
  100,00.

----

[1]) C. Bl. 1866 No. 1.

Die Behandlung des Espartograses behufs seiner Umwandlung in Papierstoff ist ganz dieselbe, wie die des Getreide-Stroh's und alles bei diesem Gesagte findet auch auf die Sparta Anwendung: Die sorgfältig mit der Hand von fremden Pflanzen und Wurzeln, welche bei nachlässiger Einsammlung des Grases die Hauptverunreinigung bilden, gereinigten Grashalme werden zwischen Walzen zerquetscht[1]) und unter einem Druck von 4 Atmosphären mit kaustischer Soda gekocht. — Hierzu bedient man sich in England vorzugsweise cylindrischer Kocher, die gleich den von Lahousse angewandten, um zwei in der Mitte ihrer Höhe angebrachte Zapfen, also um ihre kurze Achse, sehr langsam, etwa einmal in zwei Minuten rotiren. Da man aber von der Ansicht ausgeht, dass es für eine gute Kochung wesentlich sei, dass das Sparta-Stroh abwechselnd mit Lauge und Dampf in Berührung komme, so ist der Cylinder im Innern durch eine starke durchlöcherte Eisenplatte in zwei gleiche Hälften getheilt, welche beide mit gleich viel Rohmaterial betragen werden. Es hat diese Anordnung des Kochapparates allerdings den Uebelstand, dass bei seiner Füllung sowohl der obere als auch der untere Boden abgenommen werden muss, wodurch etwas mehr Arbeit verursacht wird, auch wüssten wir uns keinen Grund anzugeben, warum die alternirende directe Einwirkung des Dampfes auf das Rohmaterial ein besseres Resultat geben sollte, während gerade die entgegengesetzte Ansicht, die zu kochende Masse müsse stets von einer Flüssigkeitsschicht umgeben sein, damit sie nicht verbrenne und sich schwärze, entschieden leichter zu vertheidigen ist. Allein nichtsdestoweniger glauben wir wohl, dass die Anbringung einer solchen Zwischenwand sich für die Praxis sehr empfiehlt, denn werden in einem solchen Kocher 20 Ctr. Espartogras auf einmal behandelt, so leuchtet ein, dass eine solche Masse beim Herabfallen in den unteren Theil sich sehr compact aufeinander legen und der Einwirkung der Lauge einen sehr grossen Widerstand entgegensetzen wird, und dass, wenn man statt dessen in demselben Raum zweimal je 10 Ctr. bearbeitet, der Process wesentlich erleichtert und beschleunigt werden muss. Ein zweiter sehr wesentlicher Vortheil dieser Construction aber scheint uns in dem gleichmässigeren Kraftverbrauch zur Bewegung des Apparates zu liegen.

---

[1]) Bertin (C. Bl. 1864 No. 8) hat hierzu einen Walzen-Apparat construirt, durch welchen die Quetschung nicht nur der Länge, sondern auch der Quere nach erfolgt und die Masse besonders gut für den Kochprocess vorbereitet wird.

Denken wir nämlich den Cylinder ohne Scheidewand oben gefüllt und aufrecht stehend, so hat die Maschine zunächst die ganze Last der im unteren Theile lagernden Masse und Flüssigkeit um 90° zu heben, hiernach tritt bei horizontaler Lage des Cylinders ein Gleichgewichts-zustand im Innern desselben ein, sobald aber dieser überschritten ist, wälzt sich die ganze Masse nach dem andern Ende und drückt dieses mit derselben Kraft herab, mit welcher sie sich dem Aufsteigen des ersteren widersetzte. So wird der Gang der Maschine bald verlangsamt, bald beschleunigt, die Zähne der Triebräder einseitig angegriffen und

Fig. 8. **Esparto** (280).

abgenutzt und der gegenseitige Eingriff gelockert, wodurch, zumal bei einer Arbeit unter hohem Druck, eine Menge von Uebelständen sich sehr bald ergeben müssen. Wenn auch nicht ganz, doch sehr erheblich wird diesem Uebelstande abgeholfen, wenn die Hälfte des Rohmaterials sich im Ruhezustande oberhalb des mittleren Schwerpunktes des Kessels befindet, denn so wie dieser Zustand gestört wird, wirkt die obere Masse der unteren entgegen, entweder das Aufsteigen beschleunigend oder das Absteigen verlangsamend, wodurch ein ruhigerer Gang der Dampf-maschine und ein gleichmässigerer Eingriff der Radzähne bedingt wird.

Das Esparto-Gras enthält viel weniger Kieselsäure und kieselsaure Verbindungen als Stroh und es ist daher selbstverständlich, dass bei Anwendung desselben Dampfdruckes auch eine viel geringere Quantität calcinirter Soda genügt, um die Cellulose blos zu legen. Bei Anwendung des hier beschriebenen Kochers rechnet man gewöhnlich 16 Pfd. calcinirte Soda von 85 pCt. auf 100 Pfd. Gras. Das Bleichen jedoch soll dieselbe Quantität Chlorkalk erfordern wie Stroh. Auch der Ertrag an gutem gebleichten Papierstoff wird in der Regel, gleich wie bei Stroh, auf 50 pCt. angegeben. Bei einem Preise von 2 Thaler 5 Silbergroschen = 6,5 Mark ab Havre wird man hiernach im Stande sein, die Darstellungskosten von 1 Ctr. gebleichten Espartostoff zu berechnen. Die Handlung Johannes Carl Hildebrand in Stettin offerirt Esparto-Stoff No. 1 mit 24,6 Mark, No. II. mit 23,55 Mark pro Centner ab Stettin. Es ergiebt sich hieraus allerdings, dass der Espartostoff höher zu stehen kommt, als der Strohstoff, aber es unterliegt auch keinem Zweifel, dass der erstere den letzteren an Qualität bei weitem übertrifft. Die Sparta giebt einen schönen, langen knotenfreien Stoff (vergl. Fig. 8), welcher auf der Maschine sich vollständig verfilzt, sich mit Lumpenstoff gut vermischt, die Arbeit in keiner Weise erschwert und zu den besten Papieren verwendet werden kann.

## Hadern oder Lumpen (rags, chiffon).

Mit Holz, Stroh und Esparto ist die Reihe der Surrogate, welche bereits eine hervorragende Bedeutung für die Papierfabrikation gewonnen haben, erschöpft, denn Substanzen wie Papierstücke und das Kehricht der Spinnereien (cotton and linen waste) können nicht als von den Hadern wesentlich verschiedene Stoffe bezeichnet werden und giebt ihre Anwendung zur Darstellung von Papier auch nur zu wenigen Bemerkungen Veranlassung.

Das Kehricht der Leinen- und Baumwollenspinnereien wird immer nur in der Nähe der Fabriken angewendet werden können, aus denen es hervorgeht, da der enorme Gehalt an Schmutz und fremden Bestandtheilen, so wie der dadurch verursachte Verlust von 60, ja von 90 pCt. einen weiten Transport verbieten. Einmal gereinigt indess giebt es gutes Material, dessen Verarbeitung der der Lumpen vollständig gleich ist.

Was aber die Anwendung von Makulatur, Papier-Spänen und Abfällen (shavings, imperfections) anbetrifft, so ist die erste Behandlung derselben eine verschiedene, je nachdem das Papier ungeleimt oder geleimt, beschrieben oder bedruckt war. Die ungeleimten Papierstücke können unmittelbar in den Ganzzeugholländer gegeben und zu Stoff vermahlen werden, sind sie hingegen geleimt, so ist es nöthig, vor ihrer

Verarbeitung den Leim durch kochendes Wasser aufzulösen, wobei man dafür Sorge zu tragen hat, dass das Papier vollständig vom Wasser durchdrungen wird, weil einzelne nicht vom Leim befreite Stückchen sich leicht in dem daraus gefertigten Papier durch undurchsichtige Stellen bemerkbar machen. — Behufs Vermeidung solcher Flecke (lentilles) und zu einer gründlichen Durcharbeitung der geleimten Stücke hat man in einzelnen Fabriken mit gutem Erfolg Stampfen mit schräg zugeschärften und mit Messingblech beschlagenen Füssen angewendet, welche die Abfälle ohne vorheriges Brühen in einen gleichmässigen Brei verwandeln, der alsdann im Holländer weiter verarbeitet wird. — Werden bedruckte Papiere, alte Bücher, Actendeckel und dergleichen verarbeitet, so kann der Kohlengehalt der Druckerschwärze, welcher allen chemischen Agentien widersteht, nur durch Waschen entfernt werden, nachdem die übrigen Bestandtheile der Schwärze zerstört worden sind. Es geschieht dies am einfachsten, indem man das bedruckte Papier in ganzen Blättern in eine Auflösung von kaustischem Natron einträgt, die ca. 8—10 pCt. Natron enthält. Das Gefäss ist mit einem falschen Boden versehen, unter welchen man Dampf in dasselbe leiten kann, um durch Erwärmen die Wirksamkeit der Lauge zu erhöhen. Nach einem mehrstündigen Stehen und wiederholten Umrühren ist der Firniss der Schwärze vollständig gelöst und der Kohlenstoff kann durch sorgfältiges Waschen entfernt werden. Hierzu ist jedoch nöthig, dass der Holländer mit einer Waschtrommel versehen sei, da durch das Schlagen gegen die Waschscheiben ein zu bedeutender Verlust stattfinden würde.

Noch leichter als die Druckerschwärze wird die Dinte des beschriebenen Papiers zerstört. Das beste Lösungsmittel ist die Schwefelsäure, welcher weder die aus Galläpfeln dargestellte, also Eisenoxyd haltende, noch die aus Campecheholz verfertigte, Chromoxyd enthaltende Dinte zu widerstehen vermag. Das Papier wird wiederum in einzelnen Blättern möglichst lose in einen Bottich mit doppeltem Boden eingetragen, der mit dem Dampferzeuger in Verbindung steht, darauf mit Wasser, welchem man 2 pCt. englische Schwefelsäure zugesetzt, übergossen, gut durchgerührt und durch Dampfzuleitung etwas erwärmt. Nachdem die Dinte zerstört, wird die Flüssigkeit abgelassen und noch einmal heisser Dampf durch die Masse geleitet, wodurch der Leim gelöst wird, worauf man im Holländer weiter verarbeitet. Statt Schwefelsäure kann auch Salzsäure angewendet werden, deren Einwirkung nur langsamer erfolgt

und noch mehr als jene die Unterstützung durch Erwärmen erheischt.

Zum Kochen der Papierspäne, der geleimten sowohl als der be-
druckten und beschriebenen genügt, da es sich um keine höhere Dampfspannung handelt, jeder hölzerne Bottich mit doppeltem Boden, jedoch
eignen sich hierzu ganz besonders die pag. 132 beschriebenen Lumpenkocher, die, bevor die rotirenden Kocher ihre gegenwärtig allgemeine
Verbreitung gefunden hatten, in sehr vielen Papierfabriken anzutreffen
waren und wo man in der glücklichen Lage ist, altes Papier in grossen
Massen verarbeiten zu können, verdient gewiss die von Hofmann[1])
beschriebene Einrichtung dieser Kocher alle Beachtung. Um nämlich
das beschwerliche und Zeit raubende Entleeren der Bottiche zu vermeiden, ist der gusseiserne, durchlöcherte Boden an einem starken
Rahmen aus Eisenstangen befestigt, der mittelst eines Krahns an drei
Eisenstäben, die an ihren oberen Enden mit Oesen oder Haken versehen
sind, in die Höhe gehoben werden kann. Es wird so die ganze gekochte Papiermasse auf ein Mal aus dem Bottich in Gestalt eines grossen
Käses herausgehoben, um nach Bedürfniss weiter verarbeitet zu werden.

Wenden wir uns nun endlich dem Hauptrohmaterial, den Hadern
zu, so erfolgt deren Umwandlung in Papier in folgenden, bestimmt von
einander verschiedenen Operationen: 1. Sortiren der Lumpen, 2. Zerschneiden, 3. Kochen, 4. Zermahlen zu Halbzeug, 5. Bleichen, 6. Zermahlen zu Ganzzeug, 7. Anfertigen des Papiers, 8. Leimen, 9. Färben,
10. Appretiren desselben. — Alle diese Operationen werden in von
einander getrennten Räumen vorgenommen und erheischen Apparate,
deren Einrichtungen wir in Folgendem kennen lernen werden, und dem
Gange der Fabrikation folgend, beginnen wir mit dem Lumpen-Boden
und Sortirsaal.

Die Hadern werden dem Fabrikanten entweder gänzlich unsortirt
als Landhadern, oder bereits in drei Sorten getheilt, als weisse, graue
und bunte, oder von den Händlern noch weiter nicht bloss nach der
Farbe, sondern auch nach der Beschaffenheit der Faser sortirt, überliefert.

Der Einkauf der Hadern ist viel unangenehmer, als der der meisten
anderen Rohmaterialien, nicht nur wegen der Unreinheit der unsortirten
Hadern, sondern weil man dabei auch sehr leicht Täuschungen ausgesetzt ist und der Lumpenhandel sich nicht immer in den reellsten Händen

---

[1]) A treatise of the manufacture of paper p. 250.

befindet. — Die auf dem Lande gesammelten Lumpen sind im Allgemeinen den in grossen Städten gesammelten vorzuziehen; die letzteren, zum grossen Theil aus Rinnsteinen und Müllgruben herausgezogen, sind viel schmutziger und kürzer als jene, dadurch schwerer zu beurtheilen und weniger ergiebig. — Aber nicht nur auf den Schmutz, sondern auch auf den Feuchtigkeitszustand der Lumpen hat der Fabrikant seine Aufmerksamkeit beim Einkauf derselben zu richten. Die Hadern sind sehr hygroskopisch und ziehen Feuchtigkeit begierig an, so dass sich schon ein Unterschied im Feuchtigkeitszustande bemerkbar macht, je nachdem der Einkauf bei trockner oder feuchter Witterung geschieht und grössere Fabriken, die stets auf längere Zeit mit Lumpen verproviantirt sein müssen, gut thun, ihre Haupteinkäufe im Sommer und nicht im Winter zu machen, in welchem sehr leicht 1,5 bis 2 pCt. Feuchtigkeit dem Verkäufer zu gut mit abgewogen werden. Der Wassergehalt einer lufttrockenen Lumpe wird gewöhnlich auf 4 oder 5 pCt. bei feineren, auf 6 bis 8 pCt. bei gröberen angenommen, während ein betrügerischer Händler durch directes Begiessen mit Wasser den Gehalt wohl auf 15 pCt. und darüber vermehrt und durch Hinzufügung von Asche die Lumpen staubig und sie trocken erscheinen macht. In den meisten Fällen wird eine directe Prüfung mit der Hand genügen, um diese Betrügerei zu entdecken. Piette jedoch erachtet es für nöthig, dem Fabrikanten anzuempfehlen, jedesmal bei Abnahme von Lumpen einige Pfunde zu wiegen, zu trocknen und nochmals zu wiegen und den Feuchtigkeitsgrad zu ermitteln. Der Einkauf feuchter Lumpen ist schliesslich nicht nur mit einem pecuniären Verlust für den Fabrikanten verbunden, sondern bei der steten Gegenwart fettiger Substanzen und leicht oxydirender Eisentheile, wie Knöpfe, Nägel u. s. w. tritt beim Lagern derartiger Lumpen eine Erhitzung ein, die selbst bis zur Entzündung sich steigern kann, immer aber mit einer förmlichen Verkohlung der Lumpen verbunden ist.

Was nun die schon durch den Händler vorzunehmende Sortirung der Hadern anbetrifft, so dürften Fabriken, die auf die Anfertigung der verschiedenartigsten Papiere angewiesen sind, vielleicht am Besten thun, Landhadern einzukaufen, wenn nur die Persönlichkeit des Verkäufers hinreichende Garantie bietet, dass derselbe nicht die besseren Sorten herauszieht und anderweitig absetzt. — Im Allgemeinen aber ist das Verlangen der Fabrikanten vollständig gerechtfertigt, dass ihnen die Lumpen nicht nur nach der Farbe, sondern auch nach dem Faden,

leinen, baumwollen u. s. w. sortirt vom Händler geliefert werden, damit
Verkäufer und Käufer wissen, um welches Kaufobject es sich handelt
und der letztere auch ohne jedesmalige Probesortirung den Preis der
Lumpen mit Sicherheit anzugeben vermag, die er zur Darstellung einer
bestimmten Papiersorte verwendet hat. Die Händler haben bisher nur
wenig Bereitwilligkeit gezeigt, diesem Verlangen nachzukommen. Nur
auf dem Hamburger Hadernmarkt hat das System bestimmt gesonderter
Marken eine ausgedehntere Anwendung und Vervollkommnung gefunden.
Man unterscheidet daselbst folgende Sorten:

S P F F F sup. f. w. lein,

S P F F feine do.

S P F 2. Sorte do.

F F halbweisse do.

C S P F F F sup. w. bw.

C S P F F feine do.

L F B blau leinene

C F B blau baumw.

L F X grau leinene

C F X do. baumwollene

F R rothe do.

S F X Segeltuch

F W W S weiss gestreifte

F W W do. Flanell

F W S bunt gestrickte

F W weich wollene

H W hart do.

N C W C neue Tuch

C W C geschnitt. do.

C W Tuch- und unges.

B B Bombassin (Halbwolle)

B W Beyderwand (grobe Wolle)

Theertau, altes

Wergtau, altes

Altes Papier

Esparto

- Heede, gelb

Esparto Heede, grün

Jute, ostind.

Den grösseren Lumpenhändlern Deutschlands sind die Hamburger Marken allerdings bekannt und sie wissen sich bei Effectuirung von Aufträgen denselben anzupassen, allein nichtsdestoweniger behielt bisher jeder einzelne seine eigene Bezeichnung und Unterscheidung bei und scheute Kosten und Mühe, das Hamburger System auf seinem Lager durchzuführen. Der Verein der deutschen Papierfabrikanten beschloss daher in seiner General-Versammlung vom 29. Mai 1874 in Dresden nicht bloss für den Hadern-Einkauf, sondern auch für die Sortirung innerhalb der Fabriken eine Norm festzusetzen, bei deren Innehaltung von Seiten sämmtlicher Fabrikanten nicht nur die Händler genöthigt würden, sich dem bisher vergeblich an sie gestellten Verlangen zu fügen, sondern auch die Festsetzung der Papierpreise unbedingt eine grössere Sicherheit und Uebereinstimmung gewinnen würde. Nach Beschluss der Versammlung soll fortan der Einkauf der Hadern nach folgenden Marken der Vorsortirung erfolgen:

### Die Marken für vorsortirte Hadern.

| Marke. | Vorsortiment. | | No. der Fabrik-Sortirung. | | |
|---|---|---|---|---|---|
| WL. | Weisses Leinen. . . . . . . | enthält | 1, | 2 und | 3. |
| HWL. | Halbweisses Leinen . . . . . | - | | | 4. |
| HL. | Hosenlumpen . . . . . . . . | - | 5, | 6 - | 7. |
| GL. | Graue Leinen . . . . . . . . | - | | 8 - | 9. |
| R. | Rapper (Wrapper, Grobe Umschlag-leinewand) . . . . . . . . | - | | | 10. |
| BS. | Baststricke . . . . . . . . . | - | | | 11. |
| J. | Jute . . . . . . . . . . . | - | | | 12. |
| T. | Gute Stricke und ungetheerte Taue | - | | | 13. |
| T & N. | Schlechte Stricke, getheertes Tauwerk und Netze . . . . . . | - | | | 14. |
| BL. | Blaue Leinen . . . . . . . . | - | 15, 16, 17 - | | 18. |
| WB. | Weisse Baumwolle . . . . . . | - | | 19 - | 20. |
| HWB. | Halbweisse Baumwolle . . . . | - | | | 21. |
| BB. | Bunte Baumwolle . . . . . . | - | 22, 23 - | | 25. |
| Bl. B. | Blaue Baumwolle . . . . . . | - | | | 24. |
| SP. | Spelt, Warp und Beyderwand . . | - | | | 26. |
| SCH I. | Schrenz . . . . . . . . . . | - | | | 28. |
| SCH II. | Schlechter Schrenz . . . . . | - | | 29 - | 30. |

Im Anschluss an diese Markenliste wurde ferner beschlossen:

Die Preisbestimmung der einzelnen Nummern mit ihren Unterabtheilungen ist je nach der Lage der Fabrik verschieden, jedoch sollte doch den Lieferanten der Preis für jede Qualität festgestellt und auch nur dieser bezahlt werden.

Jede einzelne vorsortirte Parthie muss genau auf das Qualitäts-Ergebniss sortirt werden, und weitere Lieferungen von gleichen Lieferanten müssen so fallen, dass das Gesammt-Ergebniss dasselbe bleibt.

Hierbei mag bei der Gesammt-Calculation eine Schwankung von 1 bis 2 pCt. plus oder minus zu gestatten sein, während eine Calculationsschwankung über 2 pCt. hinaus zu vergüten resp. in Abzug zu bringen sein würde.

Von Händlern, welche diese Vorsortirung nicht einführen wollen oder können, sollte nur nach der Sortirung der betr. Fabrik gekauft, und die Calculationspreise um so viel niedriger gestellt werden, als die Kosten der Vorsortirung betragen, also 1 Reichsmark pr. Ctr.

Das von der Generalversammlung acceptirte Markentableau ist, wie man sieht, bedeutend einfacher als das Hamburger und lassen wir es dahingestellt, ob es nicht zweckmässiger gewesen wäre, das letztere zur allgemeinen Norm zu erheben, da man wohl voraussetzen muss, dass bei dem colossalen überseeischen Verkehr Hamburgs die einzelnen Marken direct aus einem Bedürfniss hervorgegangen sind, allein jedenfalls ist sehr zu wünschen, dass sämmtliche Papierfabrikanten den Beschlüssen der General-Versammlung beitreten und die Händler ihres Bezirkes zur Annahme obiger Vorsortirung nöthigen möchten, denn der Lumpenhandel, wie er bisher betrieben worden, ist die grösste Schattenseite der Papierfabrikation und hat gewiss den Ruin so mancher Fabrik herbeigeführt. Für jeden Fabrikanten ist es gewiss von der grössten Wichtigkeit, in Qualität und Quantität nur kaufen zu können, was er wirklich braucht und nicht genöthigt zu sein, beim Einkauf von Rohmaterial jedesmal einen grossen Procentsatz eines Materials mitzukaufen, für welches er zur Zeit oder überhaupt keine Verwendung hat, und welches daher nur sein Betriebscapital erhöht und seine Arbeit vermehrt.

Aber auch wenn es den Fabrikanten gelingt, die oben aufgestellte Vorsortirung von Seiten der Händler durchzusetzen, können die nach derselben eingekauften Lumpen nicht unmittelbar zu Papier verarbeitet werden. Sie sind darin nur nach Stoff und Färbung oberflächlich gesondert, im Uebrigen aber von sehr verschiedener Feinheit, mit allem

Schmutz, wie sie aus dem Gebrauch hervorgegangen und mit fremdartigen Gegenständen: Näthen, Knöpfen, Schnallen, Häkchen u. s. w.
vermischt. Es ist indess zum Schutz der verschiedenen Maschinen, des
Haderschneiders, der Holländerwalzen und der Papiermaschine, so wie
zur Erzielung eines knoten-, fleckenreinen und gleichförmigen Papiers
durchaus erforderlich, dass jene fremdartigen, meist metallenen Gegenstände entfernt, die Näthe aufgetrennt, der oberflächlich anhaftende
Schmutz abgeschabt und dafür gesorgt werde, dass die zur Erzeugung
einer bestimmten Papiersorte gewählte Lumpenmischung möglichst dieselbe sei. Letzteres geschieht durch sorgfältig fortgesetzte Sortirung der
aus dem Handel erhaltenen Lumpen nicht nur nach ihrer Färbung, sondern ganz besonders nach ihrem Stoff, ob sie aus Leinen, Hanf, Baumwolle, Wolle, Seide, Halbwolle bestehen, so wie nach der Stärke oder
Abgenutztheit ihres Fadens, so dass in den meisten Fabriken über
zwanzig Nummern entstehen, die theils nach ihrer Bestimmung, theils
nach ihrem Stoff benannt werden.

Es giebt Fabriken, in denen an 60 Nummern sortirt werden, indessen dürfte eine so feine Nüancirung doch eine etwas übertriebene
Sorgfalt sein und hat sich die in der dritten Auflage dieses Buches
pag. 36 gegebene Classification als vollkommen ausreichend erwiesen;
da es aber behufs gleichmässigerer Calculation und Werthbestimmung
der Papiere im höchsten Grade wünschenswerth ist, dass wenigstens
alle deutschen Papierfabrikanten die Lumpen nicht nur nach demselben
Schema kaufen, sondern auch nach gleichen Regeln weiter sortiren und
verwenden, so können wir auch hier nur wieder die allgemeine Annahme der von der General-Versammlung in Dresden vorgeschlagenen,
von unserer früheren nicht sehr abweichende Sortirung empfehlen.

### Sortirung der Hadern in der Fabrik und deren Beschreibung.

| Nach süddeutscher Benennung. | Nach norddeutscher Benennung. |
|---|---|
| No. 1.<br>- 2. } Kräftiges, reines weisses Lei-<br>nen, fein und mittelfein. | Kräftiges, reines weisses Hemde-<br>Leinen. |
| - 3. Schmutziges weisses Leinen,<br>mittelfein und gröber. | Schmutzige, weisse leinene Hemden. |
| - 4. Schmutziges, grobes Leinen,<br>grauer und feiner Zwillich. | Mürbes, schmutziges weisses und halb-<br>gebleichtes Leinen — feine Wasch-<br>lappen u. s. w. |
| - 5.<br>- 6. } Feiner und mittelfeiner Zwil-<br>lich, hellgrau, grau mit neuen<br>Stücken. Kräftige Waare. | Feine, starke halbgebleichte Hosen-<br>lumpen und Unterfutter. |

| Nach süddeutscher Benennung. | Nach norddeutscher Benennung. |
|---|---|
| No. 7. Grober und starker Zwillich. | Starke, grobe Hosen und feiner Sack ohne Schewe. |
| - 8. Graue leinene Emballage und Sackzwillich. | Feiner Rapper und Sack, mit sehr wenig Schewe. |
| - 9. Leinene Webtrümmer. | Hebel und Garn. |
| - 10. Emballage und Sackzwillich, mit Agen und Schrupp. | Gewöhnlicher Rapper mit Schewe, auch Schauerlumpen. |
| - 11. Bastsäcke und ganz grobes Pack. | Bastsäcke und ganz grober Rapper. |
| - 12. Jute. | Wie nebenan. |
| - 13. Gute Stricke und ungetheertes Tauwerk. | Wie nebenan. |
| - 14. Getheerte Taue[1]), Netze und ordinaire Stricke. | Wie nebenan. |
| - 15. Leinen Schecken, hellbodig. | Hellblaues Leinen. |
| - 16. Grobblaues, starkes Leinen. | Reines, starkes blaues Leinen. |
| - 17. Dunkelbodiges Leinen, Ränder-Näthe und leinen Strümpfe. | Buntes Leinen, Ränder, an denen noch etwas Cattun sitzt, leinen Strümpfe. |
| - 18. Dunkles indigogefärbtes blaues Leinen. | Wie nebenan. |
| - 19. Weisse feine Baumwolle und neue Flecke. | Feiner weisser Battist. |
| - 20. Weisse mittelfeine Baumwolle. (Watte?) | Schmutziger weisser Battist. (Watte?) |
| - 21. Halbweisser, mittelfeiner und grauer Cattun. | Grauer Cattun und schmutziger Parchend. |
| - 22. Hellbodige baumwollene Schecken. | Hellfarbiger Cattun. |
| - 23. Dunkelbodige baumwollene Schecken. | Dunkelfarbiger Cattun. |
| - 24. Dunkelblauer Cattun. | Blaue Baumwolle. |

---

[1]) Die Frage über die Verwendbarkeit eines Rohmaterials zur Darstellung eines guten, weissen Papieres findet natürlich je nach der Intelligenz des Fabrikanten eine andere Beantwortung, allein im Allgemeinen wird behauptet werden können, dass Lumpen, die mehr Vorbereitungskosten verursachen, als die früher angeführten Surrogate, gegen diese bei der Anfertigung weisser Papiere zurückzustehen haben. Dies ist der Fall mit getheerten Tauen, die aus gutem Grunde in dem Vorsortiment eine besondere Marke bilden. Sie sind für ganz ordinäre und getheerte Papiere ein ganz gutes Rohmaterial, aber sie nach der im Journ. d. F. 1864 No. 1 u. 2 gegebenen Vorschrift zu feinem, weissem Papier zu verwenden, ist gewiss nicht rationell.

| Nach süddeutscher Benennung. | Nach norddeutscher Benennung. |
|---|---|
| No. 25. Türkischrother Cattun[1]). | Wie nebenan. |
| - 26. Gute Wifling, Warp. | Spelt, Beiderwand, Warp, Wolle mit Leinen im Ueberschuss. |
| - 27. Mit Kautschuck durchzogene Gewebe. | Wie nebenan. |
| - 28. Guter Schrenz. | Guter Schrenz, Wolle mit Baumwolle im Ueberschuss. |
| - 29. Schlechter Schrenz. | Wie nebenan. |
| - 30. Oellappen[2]), Papier etc. | Wie nebenan. |

Mit dieser Sortirung stimmt sehr nahe auch die in Frankreich übliche, von Piette[3]) vorgeschlagene überein. Derselbe unterscheidet 5 Hauptgruppen:

1) Gebleichte hanfene und leinene Hadern, die in 6 Nummern zerfallen.

2) Weisse Baumwolle, alle baumwollenen Gewebe verschiedener Form und Benennung, auch die Watte in sich begreifend und in 4 Nummern zerfallend.

3) Gefärbter Cattun; 6 Nummern.

4) Graue und gefärbte hanfene und leinene Hadern, mit Säcken, Stricken, Netzen und Abfällen; 13 Nummern.

5) Ganz oder theilweis aus Wolle und Seide bestehende Hadern.

---

[1]) Der rothe Cattun lässt sich allerdings leicht bleichen, wenn man ihn zu Halbzeug gemahlen sogleich in die Gasbleiche bringt, allein er giebt, vorzugsweise von Schnupf- und Halstüchern herrührend, die durch wiederholtes Waschen sehr angegriffen sind, einen überaus weichen Stoff, der das Papier verdirbt und bei dessen Auswaschen grosser Verlust stattfindet, daher es jedenfalls besser ist, die Lumpen zur Darstellung rother Papiere zu benutzen.

[2]) Der Schmutz der Putzlappen, welche von Eisenbahnen und Fabrikanlagen in sehr bedeutender Masse consumirt werden, hat dieselben bisher sogar für die Papierfabrikation ganz unbrauchbar gemacht; allein auch diese lassen sich in einen brauchbaren Zustand zurückführen, indem man sie in Mineralöl (essence blanche), einem Product der Destillation von Stein- und Braunkohlen, von 0,75 bis 0,80 spec. Gewicht, einweicht und auspresst. Es wird dieser Process dreimal wiederholt und darauf Dampf durch die Lumpen geleitet, wodurch das darangebliebene flüchtige Oel entfernt wird. Dass man aus den ausgepressten Flüssigkeiten durch Filtration durch Kohle und darauf folgende Destillation das Oel wiedergewinnen kann, versteht sich von selbst. — Wir möchten aber dieses von M. Wagemann vorgeschlagene Verfahren mehr den Consumenten von Putzlappen zur Wiederherstellung derselben, als den Papierfabrikanten zur Gewinnung von Rohmaterial empfehlen. (J. d. F. 1859 p. 148).

[3]) J. d. F. 1856 No. 1.

Wir zweifeln nicht, dass hier und da sich ein Bedürfniss herausstellen wird, den einzelnen Nummern noch neue hinzuzufügen oder wenigstens Unterabtheilungen zu geben, denn wir vermissen selbst in dem von der General-Versammlung vorgeschlagenen Schema eine Rubrik für rein wollene Lumpen. Es werden diese allerdings so gut wie gar nicht zur Papierfabrikation verwendet, da schon ein sehr geringer Zusatz ein sehr weiches Fabrikat liefert, auch sorgen bei dem verhältnissmässig hohen Preise, welchen die wollenen Lumpen als Rohmaterial für die Shoddy-Garn-Fabrikation besitzen, je nachdem sie weiss oder gefärbt sind oder von gestrickten oder gewirkten Stoffen herrühren, die Lumpenhändler dafür, dass dieselben sogleich an ihre richtige Adresse und nicht erst in die Hände des Papierfabrikanten gelangen, aber geringe Quantitäten werden sich stets in den eingekauften Hadern vorfinden und besonders hingelegt werden müssen. — Gewiss aber verwenden viele belgische und französische Fabrikanten eine übertriebene und nutzlose Sorgfalt auf die Sortirung und Planche geht zu weit, wenn er theoretisch 100 Nummern aufstellt, die er in der Praxis auf 60 reducirt. Allein abgesehen von Uebertreibungen, ist eine gewissenhafte, auf die hier auseinandergesetzten Principien basirte Sortirung ein Haupterforderniss zur Darstellung eines sich stets gleichbleibenden, fehlerfreien Fabrikats. Denn wenn es auch nicht möglich ist, jede bestimmte Papiersorte nur aus einer oder auch nur aus zwei Hadernsorten darzustellen, sondern man in den meisten Fällen, zumal wo die Fabrikation eines Papiers die der andern bei weitem überwiegt und daher entweder sehr viele Nummern keine Anwendung finden würden oder dieselben zur Erlangung desselben Products verwendet werden müssen, genöthigt sein wird, die sortirten Hadern wieder zu mischen, so ist doch einmal Gleichartigkeit der Mischung nur bei Gleichartigkeit der Bestandtheile möglich, dann aber erfolgt die Mischung auch erst nach der Umwandlung der Hadern in Halbzeug und bis zu diesem Stadium der Fabrikation muss die Behandlung der verschiedenen Sorten je nach ihrer Färbung, Stoff und Feinheit eine sehr verschiedene sein, wenn nicht die Processe des Kochens und Bleichens bei den einen sehr unvollkommen wirken oder bei den andern grosse Verluste verursachen sollen[1].

---

[1] In dem Centralblatt 1857 p. 330 hat Rudel die besten Mischungen für die einzelnen Papiersorten sorgfältig zusammengestellt, deren Beachtung wir den Fabrikanten dringend anempfehlen. Man vergl. auch C. Bl. 1875 No. 16 u. 17.

Gleichzeitig mit dem Sortiren findet die oberflächliche Reinigung der Lumpen, das Auftrennen (délissage) oder Ausschneiden der Näthe, das Herauswerfen von Knöpfen, Häkchen u. s. w. statt, und es wird daher bei der gleichzeitigen Verfolgung so verschiedener Zwecke im Sortirsaal wohl nie die Handarbeit durch mechanische Vorrichtungen verdrängt werden. Das Sortiren geschieht nämlich vorzugsweise durch Mädchen, welche die Sortirung der Lumpen nach dem feineren und gröberen Faden, das Auftrennen der Näthe, Reinigen u. s. w. weit besser lernen und hauptsächlich billiger sind, als männliche Arbeiter.

Jede Arbeiterin hat, wie dies in England der Fall ist, einen viereckigen Tisch von 4 bis 6 Quadratfuss Oberfläche vor sich, der mit einem Drahtgitter überzogen ist, unter welchem sich eine Schublade, zur Aufnahme des abfallenden Schmutzes, befindet; in der Mitte des Tisches ist ein Messer oder eine Sense von etwa 1 Fuss Länge befestigt. Zur rechten Hand steht ein 3 Fuss hoher hölzerner Kasten mit so viel Abtheilungen, als Sorten aus den vorliegenden Lumpen gezogen werden. Bisweilen findet man auch diese Tische etwas grösser und für zwei Mädchen eingerichtet, die sich dann gegenüberstehen. — In den französischen und deutschen Fabriken stehen die Arbeiterinnen meistens neben einander an einem langen, mit Drahtgitter überzogenen Tische und haben hinter sich die zur Aufnahme der sortirten Hadern bestimmten Kasten. Sobald die Kasten voll sind, werden sie in Kiepen entleert, die Lumpen gewogen und nach den für jede Sorte bestimmten Raum gebracht. Um die Arbeit des ersten Entleerens zu ersparen, wendet Planche[1]) gesonderte Kasten an, die auf Rädern stehen und, sobald sie voll sind, mit Leichtigkeit zur Wage gefahren werden können. Diese Einrichtung, so praktisch sie scheint, möchte sich doch eher nachtheilig als vortheilhaft erweisen, denn einmal erfordert sie bedeutend mehr Raum, und zweitens wird leicht die Ordnung der Kasten verändert und dadurch Irrungen von Seiten der Sortirer herbeigeführt werden. — Der beim Sortiren veranlasste Gewichtsverlust ist im Mittel auf 2 pCt. zu veranschlagen.

Das Sortiren der Lumpen ist eine sehr unsaubere und, da dieselben die willigsten Verschlepper ansteckender Krankheiten sind, bis zu einem gewissen Grade die Gesundheit der Arbeiter gefährdende Arbeit. Es ist daher Pflicht eines jeden Fabrikanten, durch Herstellung weiter und

---

[1]) De l'industrie de la papeterie par G. Planche. Paris 1853.

gut ventilirter Räumlichkeiten dafür zu sorgen, dass die Arbeiter mit den Hadern nicht weiter in Berührung kommen, als durchaus nothwendig ist und namentlich die eingeathmete Luft nicht durch Lumpenstaub verunreinigt werde. In Amerika werden zu diesem Zweck die Hadern gleich beim Oeffnen der Ballen in einem, dem auch in Deutschland häufig angewendeten Wolfe ähnlich construirtem Staubapparate, dem Drescher[1] (thrasher) von dem grössten Theile des ihnen anhängenden Staubes befreit. — Es ist selbstverständlich, dass die Anwendung des Drescher's nicht nur die Arbeit des Sortirens der Lumpen sehr erleichtert und angenehmer macht, sondern auch einen sehr vortheilhaften Einfluss auf die Reinheit des daraus gefertigten Papieres ausüben muss, allein einmal werden durch die langen, ungetrennten Hadern, die man beim Einkauf je länger je lieber hat, die eisernen Zinken oder Zähne, durch welche sie sich hindurchwinden müssen, wenn sie nicht sehr stark construirt sind, sehr bald durchgebogen und zerbrochen und dadurch beständige Reparaturen veranlasst werden, dann aber muss auch unserer Ansicht nach eben wegen der grösseren Schwierigkeit, mit welcher die ungeschnittenen Lumpen den Apparat passiren, der Faserstoff-Verlust bedeutend grösser sein, als wenn sie geschnitten in ähnlichen Apparaten behandelt werden.

In französischen Fabriken, in welchen häufig Lumpen aus Afrika verarbeitet werden, hat man sogar die Hadern vor ihrer Sortirung einer vollständigen Wäsche unterzogen[2], allein so anerkennenswerth auch eine solche Rücksicht auf die Gesundheit der Arbeiter ist, so kann doch bei dem colossalen täglichen Hadernconsum einer nur einigermaassen bedeutenden Fabrik von einer allgemeinen Einführung eines solchen Verfahrens keine Rede sein.

Ein einigermaassen geübtes Mädchen kann täglich $1\frac{1}{2}$ Ctr. Lumpen sortiren und sind daher in einer Fabrik mit einer Maschine, welche (nur des Beispiels halber, denn eine so kleine Fabrik dürfte heut schwer zu finden sein) täglich zwischen 30 und 40 Ctr. sortirt, mindestens 25 Mädchen erforderlich. Diese Zahl ist jedoch nicht genügend und muss jedenfalls um den dritten Theil vermehrt werden, wenn gleichzeitig mit dem Sortiren die Lumpen in gleich grosse Stücke geschnitten werden sollen. So wie man nämlich darauf zu sehen hat, dass die dem Kochen, Zer-

---

[1] Hofmann a treatise u. s. w. p. 14.
[2] C. Bl. 1872 No. 16.

mahlen und Bleichen gleichzeitig unterworfenen Lumpen in Stoff und Faden möglichst gleichartig sind, indem eine leicht zu verarbeitende, sich leicht bleichende Lumpe, mit einer schwierigeren gleichzeitig behandelt, übermässig angegriffen wird und bedeutende Verluste erleidet, so ist es auch zur Verarbeitung der Lumpen im Holländer wesentlich nothwendig, einmal dass dieselben überhaupt nicht zu lang sind, in welchem Falle sie sich leicht unter einander verwickeln, Stränge bilden und ein Aufsetzen des Holländers veranlassen oder sich um die Walzenstange legen und sogenannte Katzen bewirken, dann aber auch, dass sie möglichst gleich gross sind, da durch die verschiedene Grösse und die mit ihr verknüpfte ungleichzeitige Zermalmung wiederum nicht unbeträchtliche Verluste herbeigeführt werden. — Es werden daher die sortirten Lumpen in Stücke von 3 bis 4 Zoll im Quadrat, und zwar die gröberen kleiner als die feineren, zerschnitten. In Fabriken, welche vorzugsweise feine Papiere anfertigen, unterliegt es keinem Zweifel, dass es vortheilhaft ist, dieses Zerschneiden von dem mit der Sortirung beauftragten Arbeiter vornehmen zu lassen, denn je länger und öfter eine Lumpe durch die Hand des Arbeiters geht, desto besser wird er Fehler in der Sortirung entdecken, desto reiner wird die Lumpe den Sortirsaal verlassen und desto egaler wird sie zerschnitten werden. Durch die Vermehrung jedoch des Arbeiterpersonals, welche das Zerschneiden der Lumpe mit der Hand bedingt, werden die geschnittenen Lumpen dem Fabrikanten unbedingt viel theurer, als wenn er diese Operation durch eine besondere mechanische Vorrichtung, den Lumpenschneider, bewirkt, daher man derartige Maschinen noch sehr häufig selbst in wohl renommirten Fabriken, namentlich in denen des nördlichen Deutschlands, findet und in neuester Zeit selbst Manches zu deren Vervollkommnung gethan worden ist[1]).

---

[1]) Piette stellt im Journal des Fabricants de papier 1858 p. 97 eine Berechnung der Kosten und Verluste an, die durch Schneiden mit der Hand oder mittelst der Maschine herbeigeführt werden und kommt zu dem überraschenden Resultat, dass bei 1000 Ko. Hadern das Schneiden mittelst der Maschine 12 Francs 82 Cent. (!) mehr kostet, als mit der Hand. — Wäre diese Rechnung richtig, so hätten die Papierfabrikanten nichts Eiligeres zu thun, als sämmtliche Hadernschneider zu entfernen. Allein ein so wichtiger Gewährsmann Piette auch im Allgemeinen ist, so müssen wir ihm doch in diesem Falle widersprechen: nach genauen Beobachtungen beträgt der Gesammtverlust beim Schneiden und Sieben, im Mittel aus 8 Versuchen mit verschiedenen Lumpensorten, 4$\frac{1}{8}$ pCt., und nicht,

wie Piette angiebt, 7 pCt., wobei jedoch zu bemerken ist, dass bei stumpfen
Messern der Verlust allerdings grösser ausfällt. Das von Sand möglichst befreite
Siebsel wog 1⅞ pCt., so dass sich jene 4⅛ pCt. theilen in 2¾ pCt. Sand und 1⅜ pCt.
Faserstoff, von welchen die ersteren nicht als Verlust anzusehen sind, da die Ent-
fernung von Sand und Schmutz ja der Zweck aller vorbereitenden Manipulationen
ist, die letzteren aber, namentlich von den besseren Lumpensorten, wieder zur
Verwendung kommen. Da nun Piette 4 pCt. Verlust beim Schneiden mit der
Hand zugiebt, so würde der Unterschied überhaupt nur ⅛ pCt. betragen. — Wir
lassen hier die Berechnung Piette's für das Schneiden mit der Hand folgen und
stellen derselben die unsrige für das Schneiden mit der Maschine entgegen.

1000 Ko. (leinene) Lumpen kosten:

Für Sortirung und Schneiden . . . . . 30,00 Fr.

Abnutzung der Messer . . . . . . . 0,20 -

Verlust beim Schneiden und Sieben 4 pCt. 18,40 -

48,60 Fr.

Dasselbe Quantum mit der Maschine geschnitten kostet:

Sortirung und Herauswerfen von Knöpfen u. s. w. 20,00 Fr.

Schneiden und Durchsicht . . . . . . . . . 3,00 -

Interessen und Abnutzung der Maschine . . . 1,00 -

Verlust beim Schneiden und Sieben 4⅛ pCt. . . 18,90 -

42,90 Fr.

Differenz zu Gunsten des letzteren Verfahrens 5,70 Fr. oder nach unserem
Gelde und Gewicht auf 20 Ctr. circa 45 sgr., mithin für 1 Ctr. 2¼ sgr., die ganz
gewiss beim Schneiden mit der Maschine erspart werden.

# II. Der Haderschneider.

(Coupe-chiffons — Rag-cutter.)

Die Maschinen zum Schneiden von Häcksel, Taback u. s. w. sind die Vorgänger und Vorbilder des Haderschneiders gewesen, welcher eine deutsche Erfindung aus der Mitte des vorigen Jahrhunderts, in der Gestalt seines ersten Auftretens nur als eine gross und stark ausgeführte Häcksellade erscheint. Der vorzüglichste Theil desselben besteht nämlich aus einer Messerklinge, welche an einem in senkrechter Ebene um seine Achse auf- und niedergehenden Hebel befestigt, bei jedem Herabgehen an der Schneide eines horizontalen unbeweglichen Messers vorbeistreift, so dass die beiden Messer, wie die Blätter einer Scheere, die durch eine mechanische Vorrichtung zwischen sie eingeschobenen Lumpen durchschneiden.

Dieser Haderschneider leidet an vielen Mängeln, welche bei denen neuerer Construction mehr oder weniger vollkommen beseitigt sind. Bei dem Auseinanderliegen seiner Theile erfordert er viel Raum und häufige Reparaturen; durch die Fortleitung der Kraft von der rotirenden Welle, von welcher die Bewegung ausgeht, zum Messer, so wie durch die Umkehrung der Bewegung wird viel Kraft verloren und die Leistungsfähigkeit ist gering, indem das bewegliche Messer nur so oft bei dem unbeweglichen vorbeistreift, als die Welle Umdrehungen macht, höchstens 150 Mal in der Minute. Diese Uebelstände lassen sich sämmtlich gleichzeitig dadurch beseitigen, dass man nicht ein, sondern mehrere Messer unmittelbar auf der sich bewegenden Welle befestigt. — In Fig. 3 Taf. II. besteht der bewegliche Theil des Haderschneiders aus einem Cylinder, welcher aus zwei auf der Welle $h$ befestigten Reifen oder Rädern $g$ gebildet wird, die mittelst Schrauben mit mehreren, hier 4, Messern $i$ versehen sind. Die Messer haben gegen die Achse des Cylinders eine etwas schräge Stellung, damit ihre Schneide nicht mit allen Punkten

im nämlichen Augenblicke, sondern nach und nach gegen das unbewegliche Messer $d$ zum Angriffe kommt. Macht hier die Welle $h$ nur 60
Umdrehungen in der Minute, so werden bereits 240 Schnitte erfolgen.
Die Anführung dieses Lumpenschneiders geschah indess mehr, um die
Vereinfachung ein und desselben Principes möglichst deutlich hervortreten zu lassen, als um die Aufstellung desselben zu empfehlen, was
bedenklich erscheint, einmal wegen seiner geringen Verbreitung, dann,
weil bei der Befestigung der Messer an der Peripherie die Reifen oder
Räder schwerlich stark genug angefertigt werden können, um nicht den
heftigen Stössen, welche die Maschine während ihrer Wirksamkeit auszuhalten hat, häufig zu unterliegen. — Ohnstreitig ist es daher vorzuziehen, die Messer an einer massiven Scheibe oder einem massiven Cylinder zu befestigen, welche Construction auch am häufigsten angetroffen
wird. Bei Anwendung von massiven Scheiben, welche in der Regel
einen Durchmesser von 3 bis 3,5 Fuss und eine Dicke von 4 bis 5 Zoll
besitzen, ist die Stellung der Messer wieder zweierlei Art, indem dieselben entweder an die Scheibenfläche in der Richtung des Durchmessers
angeschraubt werden, oder sie werden an der Peripherie in etwas
schräger Stellung gegen die Achse befestigt. — Den Scheiben verdienen
jedenfalls massive Cylinder vorgezogen zu werden, welche in der Regel
einen Durchmesser von ca. 18 Zoll und eine gleiche Länge besitzen und
an denen zwei Messer von fast gleicher Länge an zwei entgegengesetzten
Enden der Peripherie angebracht werden, deren Befestigung mit geringen
Schwierigkeiten verknüpft ist. Man giebt einem solchen Haderschneider
eine Geschwindigkeit von 100 Umdrehungen in der Minute. — Wenn
man die Länge der Messer verkürzt, verringert man die bei einem jedesmaligen Schnitt auszuübende Kraft, und man ist alsdann im Stande,
eine grössere Anzahl von Messern um die Peripherie des Cylinders
herum anzubringen, wodurch zugleich der Gang der Maschine ein gleich-
förmigerer wird. So hat Planche an einem Cylinder von fast denselben Dimensionen wie hier angegeben, sechs Messer von nur 6 Zoll
Länge angebracht, die offenbar dasselbe leisten müssen, wie zwei Messer
von 18 Zoll Länge, während die jedesmaligen Stösse bei diesen dreimal
stärker sein werden, als bei jenen. Allein zu einer so grossen Zahl
Messer möchten wir nicht rathen, weil 1. die Stösse sich allzuoft auf
einander folgen und dadurch gar keine Ruhe in die Maschine kommt,
2. die Anfertigung so vieler Messer mit weit grösseren Kosten verknüpft
ist, 3. die jedesmalige neue Befestigung grossen Zeitaufwand erheischt.

Drei, höchstens vier Messer scheint uns das Praktischste[1]). Hat der gusseiserne Cylinder nur circa 18 Zoll Durchmesser, so muss ein solcher Haderschneider, wie alle bisher erwähnten, mit einem Schwungrade versehen sein, denn die Reifen, Scheiben und ein solcher Cylinder sind zu leicht, als dass nicht ihre Bewegung durch die stossweise Wirkung irritirt werden sollte. Es besteht daher die letzte Vereinfachung darin, dass man durch Vergrösserung des Cylinders in einen elliptischen gusseisernen Klotz von circa 3 Fuss grösstem und 2 Fuss kleinstem Durchmesser, dem Haderschneider ein solches Bewegungsmoment giebt, dass er der Regulirung mittelst eines Schwungrades nicht weiter bedarf[2]). — Dass bei den Erschütterungen, welchen die Wellen der Scheiben oder Cylinder in rascher Folge ausgesetzt sind, es vorzuziehen ist, dieselben aus Schmiedeeisen zu fertigen, bedarf kaum der Erwähnung.

Es haben sich diese Haderschneider in Deutschland sehr eingebürgert und sie empfehlen sich auch in der That durch ihre sichere Arbeit und leichte Führung, allein nichtsdestoweniger sind sie in neuster Zeit vielfach durch den englischen von H. Simon in Manchester empfohlenen Haderschneider verdrängt worden. Dieser Fig. 4 Tafel II. abgebildete Haderschneider besteht ans einem starken Gussringe A von 4 Fuss (engl.) im Durchmesser, an welchem 3 Messer aus Stahl, jedes 12 Zoll breit, befestigt sind.

Dieses Messerrad sitzt auf einer starken, schmiedeeisernen Welle, welche an dem einen Ende die feste und lose Triebscheiben 2′ 6″ Durchm. und 6″ breit, und an dem anderen eine Riemscheibe, welche die Speisewalze in Gang setzt, trägt; das Ganze ist sorgfältig balancirt und dreht sich in Lagersitzen mit messingenen Zapfenlagern 4″ Durchmesser und 7½″ lang, die auf dem massiven gusseisernen Gestelle ruhen und durch Bolzen befestigt sind. Das Gestell ist ferner mit einem Brustmesser aus Stahl, einem schmiedeeisernen Sieb und einem gusseisernen Mundstück versehen. In diesem letzteren befindet sich die Speisewalze 7″ Durchmesser, welche auf gusseisernen Stützen ruht und durch Hand und Fusshebel auf und nieder gestellt werden kann. Das Messerrad wird durch eine starke eiserne Haube bedeckt, welche in der Zeichnung nicht gezeigt ist. Gewicht circa 2½ Tons. Geschwindigkeit circa 120 Touren pr. Minute.

---

[1]) Der von Hofmann pag. 18 beschriebene, in Amerika gebräuchliche mit 3 Messern gehört zu dieser Gattung Haderschneider.

[2]) Solche Haderschneider sind in der Maschinenbauanstalt von Ruffer in Breslau angefertigt und haben sich in mehreren Fabriken sehr gut bewährt. Auch Piette empfiehlt dieselben: Journ. des Fabr. 1860 p. 106.

Ein derartiger Haderschneider kostet in der Maschinenfabrik der Gebrüder Sachsenberg in Rosslau a. d. E. 480 Thlr. oder 1440 Mark. Wir wollen diesen Haderschneider, der in Einfachheit der Construction nichts zu wünschen übrig lässt, nicht zu nahe treten, nachdem uns jedoch ein Fall bekannt geworden, in welchem der Gussring während des Ganges auseinander gesprungen und leicht ein grosses Unglück hätte veranlassen können, fühlen wir uns auch nicht veranlasst, ihm einen Vorzug vor dem deutschen Haderschneider zuzuerkennen.

So einfach aber alle diese Haderschneider auch sind, und so Bedeutendes sie leisten, so leiden sie doch sämmtlich an dem Fehler, dass sie stossweise wirken, wodurch nicht blos ein bedeutender Kraftverlust herbeigeführt wird, sondern auch die Gebäude sehr leiden. Die Beseitigung dieses Mangels wird durch den von Uffenheimer construirten, in Oesterreich patentirten, in Fig. 5, 6 und 7, Taf. II. abgebildeten, erstrebt. Es werden hier die Lumpen auf einem Gurt ohne Ende $b\,b'$, der 12 bis 15 Zoll breit ist und von den Walzen $a\,a'$ fortgeleitet wird, ausgebreitet und fallen von $a'$ auf die aus gekerbten Scheiben gebildete Walze $c$; diese ist so zusammengesetzt, dass die eisernen Scheiben, aus welchen sie besteht, und welche einen halben Zoll Dicke haben, auch einen halben Zoll Raum zwischen sich lassen, zu welchem Ende sie abwechselnd mit kleinen Zwischenscheiben $o$ (Fig. 6) auf die Achse aufgeschoben sind. Ueber jeder der Scheiben $c$ ist eine ebenfalls auf dem Umkreise gekerbte Scheibe $c'$ so angebracht, dass sie sich von $c$, der ungleichen Dicke durchgehender Lumpenmassen nachgebend, mehr oder weniger entfernen kann. Die Scheiben $c'$ liegen nämlich paarweise mit ihren Zapfen in Zapfenlagern $e$, welche sich in einarmigen, um $e'$ auf und nieder beweglichen Hebeln $d$ befinden. Federn oder Gewichte drücken diese Hebel nieder, um so mit erforderlicher Kraft die Lumpen zwischen den oberen und unteren Scheiben einzuklemmen und ihre regelmässige Fortführung von dem Gurte $b$ nach dem Schneideapparate zu sichern. Dieser Schneideapparat besteht aus eben so vielen cirkelförmigen, an der Peripherie scharfschneidigen Scheiben $g$ (Fig. 8) aus Stahlblech, welche ebenfalls in halbzölliger Entfernung von einander auf einer der Walze $c$ parallelen Achse $f$ so befestigt sind, dass sie in die Zwischenräume hineingreifen, ohne die Scheiben $c$ und $c'$ zu berühren. Die Welle $f$ wird so gestellt, dass die Peripherie der Schneidescheiben bis an die Berührungslinie von $c$ und $c'$ reicht, und das bewegliche Räderwerk so geordnet, dass die Peripheriegeschwindigkeit der Schneidescheiben bei weitem grösser ist, als die Geschwindigkeit des die Lumpen zuführenden Gurtes *b*. Es werden hier nun offenbar die Lumpen in der Richtung, in welcher sie den Messern entgegengeführt werden, zu Streifen von 1 Zoll Breite zerschnitten, und wirft man diese Streifen abermals quer auf den Gurt, so liefert der zweite Schnitt Stücke von 1 Quadratzoll Grösse[1]).

Es hat dieser Haderschneider gegen die früheren den Vorzug, dass er wegen der ununterbrochenen Wirkung der scheibenförmigen Messer, eben so schnell, ja noch schneller arbeitet, dass während der Arbeit der zu überwindende Widerstand stets derselbe ist, diese daher ohne Stösse erfolgt, wodurch der Kraftverlust geringer und es möglich wird, den Theilen des Gestelles eine geringere Stärke zu geben; auch wird die Art des Schneidens durch ziehende Bewegung eine geringere Kraft erfordern, als bei jenen, wo durch Vorbeischlagen der Messer die Lumpen abgequetscht werden. — Endlich ist dieser Haderschneider noch mancher Vervollkommnung fähig: die Schneidscheiben brauchen nicht aus einem Stück gefertigt zu sein, sondern können aus Sectoren zusammengesetzt werden; man kann eine Vorrichtung von aufrecht stehenden Stäben anbringen, um die Zwischenräume der Zuführungsscheiben beständig rein zu erhalten; an die Schneidscheiben kann sich, um sie stets wieder zu schärfen, ein Schleifzeug anlegen, aus Scheiben von Metallcomposition, welche durch Federn an jene angedrückt werden, damit sie den etwaigen Krümmungen nachgeben. — Bedenkt man aber die grosse Anzahl der Messer, deren 12 bis 15 vorhanden sind, den Uebelstand, dass, um das schadhaft gewordene zu entfernen und durch ein neues zu ersetzen, alle vorhergehenden herausgenommen werden müssen, die Leichtigkeit der Abnutzung so schwacher Klingen an schwer zu zerschneidenden, oft sandigen Hadern, und die dadurch nöthig werdende Veränderung in der Stellung der Welle *f*, die Zersplitterung der Zuführungswalzen in 12 bis 15 Paare, die grosse Menge von Federn, Zapfen und Lagern, bei denen eine gleichförmige Abnutzung nicht vorauszusetzen ist, so wird man zwar das Princip billigen, aber zugestehen müssen, dass die Construction dieses Haderschneiders zu complicirt ist, die dem Angriff ausgesetzten Theile zu schwach sind, als dass er nicht häufige Reparaturen nöthig machen und dadurch Unterbrechungen der Arbeit entstehen sollten.

--------

[1]) Einen dem Uffenheimer'schen ganz ähnlichen Apparat beschreibt Piette: Journ. des Fabr. 1858 p. 65 u. 81.

James Cox hat diese beregten Uebelstände zum grössten Theil zu beseitigen verstanden, indem er den ganzen Apparat auf zwei, mit verschiedener Geschwindigkeit rotirende Messer-Walzen reducirte[1]). Indess wird die Schwierigkeit der Instandhaltung und Erneuerung der grossen Anzahl von Messern der Verbreitung dieser Art Haderschneider stets hinderlich sein.

Schliesslich sei noch der von Curtis construirten Hadern- und Seil-Schneidemaschine Erwähnung gethan, welche Br. Donkin u. Co. in London 1867 in Paris und 1872 in London ausgestellt hatte[2]).

Die Construction dieses Haderschneiders unterscheidet sich dadurch von allen bisher gebräuchlichen, dass die Hadern nicht durch quer auf einer starkgebauten Trommel befestigte Messer in Stücke gehackt, sondern durch den Guillotinen-Schnitt eines 9 Zoll englisch Maass breiten und sehr starken Messers in der Quere und durch 3 Messer gleich darauf der Länge nach geschnitten werden, so dass die Hadern mit einem Male als höchstens 2 Zoll breite und 3 Zoll lange Stücke von der Maschine geliefert werden.

Die Maschine ist sehr stark gebaut. Die Zuführung der Hadern oder Seile erfolgt in einer breiten Rinne a (Fig. 8 Taf. II.) von welcher sie von einem Gurt aus Leder aufgenommen und ruckweise weitergeführt werden. Dieser Ledergurt hat Querstreifen aus Leder, welche den Gurt verstärken und von einander regelmässig so abstehen, dass sie sich in die Fugen der hölzernen Leitwalzen einlegen und den Gurt zur Schneidevorrichtung führen. Der Gurt wird von einer Anzahl eiserner kleiner Walzen getragen.

Die Schnitte erfolgen dadurch, dass die Messerrahmen durch die Zugstangen d von der Kurbelwelle e auf und ab bewegt werden. Die Kurbelwelle wird durch ein Paar Zahnräder von der Haupttriebwelle aus getrieben. Eine der Zugstangen d bewegt zugleich die Sperreinrichtung c, um den Zuführungsgurt b in ruckweise Bewegung zu setzen.

Die Leistungsfähigkeit der Maschine ist 8 bis 10 Ctr. geschnittene Hadern oder Seile pro Stunde. Für den Continent besorgt die Anschaffung der Maschine das Centralbureau der deutschen Papierfabrikation in Dresden.

---

[1]) C. Bl. 1860 pag. 157.
[2]) C. Bl. 1873 No. 8.

# III. Siebmaschine und Wolf.

(Blutoir. Loup. Rag - Duster, Willow).

Nachdem die geschnittenen Lumpen nochmals sorgfältig durchgesehen, werden sie der Siebmaschine oder dem Wolf übergeben, welche in demselben Raume mit dem Haderschneider oder in einem darangrenzenden, oft auch, und zwar sehr vortheilhaft, als Fortleiter der Lumpen zu den unteren Räumen des Gebäudes, angebracht sind. Es werden derartige Maschinen gegenwärtig in keiner einigermaassen bedeutenden Fabrik vermisst, da man wohl allgemein von dem Vortheil einer möglichst vollkommenen mechanischen Reinigung der Lumpen überzeugt ist. Je nach der Räumlichkeit, den Mitteln und der Intelligenz des Fabrikanten findet man jedoch auch sie von verschiedener Vollkommenheit.

Die einfachste Art der Sieb- oder Reinigungsmaschinen besteht in einer Trommel von der Gestalt eines grossen 6- oder 8seitigen, um seine horizontale Achse sich drehenden Prismas, dessen Seitenflächen aus Drahtgittern bestehen. Die Lumpen werden durch eine Thür, welche in einer der Seitenflächen angebracht ist, eingefüllt und durch Umdrehung der Trommel darin herumgeworfen und geschüttelt, wobei der Staub, begleitet von einer Menge loser Fasern, durch die Maschen der Siebe herasfällut.

Empfehlenswerther jedoch ist folgende Einrichtung, von welcher Fig. 1 Taf. III. einen Querdurchschnitt darstellt. Die 6seitige Siebtrommel von etwa 3 Fuss Durchmesser und 6 Fuss Länge liegt unbeweglich und ist aus zwei hölzernen Scheiben $AB$ und sechs parallelen Latten zusammengesetzt, zwischen denen Drahtsiebe ausgespannt sind, welche die Seitenflächen der Trommel bilden und deren Maschen $\frac{1}{4}$ Zoll im Quadrat gross sind. Die eine Seite des Prismas ist in Charnieren $o$ beweglich und bildet zugleich die Thür zum Eintragen der Lumpen, welche während der Arbeit durch die Haken $n$ verschlossen wird. Mitten durch die Trommel geht die viereckige hölzerne Welle $g$, deren eiserne Zapfen durch Löcher in den Böden $AB$ hervorragen, und welche mittelst der Riemscheibe $i$ bewegt, 25 bis 36 Umdrehungen in der Minute macht. Die Welle ist in ihrer ganzen Länge und auf allen vier Seiten mit hölzernen Stäben dergestalt besetzt, dass dieselben in fortlaufender Reihe eine Schraubenlinie um die Welle bilden. Sobald die Maschine in Bewegung gesetzt ist, werden die Lumpen durch die Stäbe geschlagen und herumgeworfen, wodurch eine noch viel vollständigere Reinigung als in nur einfacher Trommel bewirkt wird.

Eine vortheilhafte Abänderung dieses Apparates zum ununterbrochenen Gebrauche desselben ist aus Fig. 2 und 3 Taf. III. ersichtlich. Die unbeweglich liegende Siebtrommel ist hier ein abgestumpfter Kegel, der durch die Vereinigung von zwei kreisrunden Reifen und acht in gleichen Abständen dazwischen befestigten Leisten entsteht, worauf man die konische Oberfläche rundum mit Drahtsieb umspannt hat. Die Welle $d$ Fig. 3 bildet die Achse des Kegels und wird mittelst der Scheibe $f$ und des endlosen Riemens $g$ in Umlauf gesetzt. An ihr sind, concentrisch mit den Reifen der Siebtrommel, zwei etwas kleinere Reifen, jeder mittelst vier Speichen befestigt; von einem dieser Reifen zum anderen erstrecken sich vier Latten $b$, welche mit Eisendrahtstiften $c$ besetzt sind. Diese letzten fassen die Lumpen und schütteln sie durch Herumwerfen gehörig aus. Die Zuführung der Lumpen geschieht an dem kleineren Durchmesser des abgestumpften Kegels mittelst eines Tuches ohne Ende $ll$, welches dieselben in den Raum zwischen der Siebtrommel und der inneren beweglichen Vorrichtung fallen lässt. Dieses Tuch ist über zwei horizontale Walzen gespannt, welche ihre Bewegung durch den gekreuzten Riemen $i$ von der Scheibe $e$ der Welle $d$ erhalten. Durch den Gang der Maschine werden die Lumpen ohne Zuthun nach dem weiteren Ende der Siebtrommel hingeführt, wo sie herausfallen[1]). Damit die Räume nicht vollgestäubt werden, sind die Siebmaschinen mit einem hölzernen Gehäuse umgeben, aus welchem ein Ventilator den feineren Staub in's Freie führt. — Die gröberen, durch die Maschen des Siebes hindurchgegangenen unter demselben sich ansammelnden Theile enthalten noch viel Faserstoff und werden entweder unmittelbar oder nach einer nochmaligen Reinigung mittelst eines feinen Siebes zur Anfertigung von Pappen und ordinairen Papieren benutzt. — Ein zweimaliges Sieben,

---

[1]) Handbuch der Papierfabrikation von Dr. C. Hartmann. Berlin, 1842.

zunächst in einem sehr feinen Siebe zur ausschliesslichen Entfernung des Sandes und dann in einem gröberen, ist überhaupt sehr zu empfehlen. Die zuletzt beschriebene Vorrichtung ist sehr ähnlich dem zu gleichem Zwecke angewandten Wolfe, dessen Construction aus Fig. 4 Taf. III. ersichtlich ist. Auf der durch konische Räder mit dem Getriebe in Verbindung zu setzenden Welle $bb$ ist der hölzerne abgestumpfte Kegel $C$ befestigt, der mit eisernen Spitzen $dd$ versehen ist, die spiralförmig von oben nach unten geordnet sind. Der Kegelstumpf $C$ bewegt sich in einem nur wenige Zolle abstehenden Mantel $E$, welcher an der innern Wandung mit gleichen Spitzen $ff$ versehen ist, die mit den Spitzen $d$ die durch die obere Oeffnung der Umhüllung eingeworfenen und bei $g$ die Maschine wieder verlassenden Hadern während ihres Durchganges schlagen und ausstäuben. Der Wolf erheischt allerdings mehr Kraft als ein Sieb, wirkt aber auch kräftiger. — Wo viel Abfälle von Flachs und Hanf und sehr viel schewehaltende Lumpen verarbeitet werden, ist entschieden ein Wolf, gleich dem bei Anfertigung von Lumpenwolle gebrauchten construirt, das wirksamste Reinigungsmittel. Derselbe besteht im Wesentlichen aus einer mit eisernen Zinken besetzten Walze $A$ (Fig. 5a und b), welche in einem Kasten auf Lagern hängt, von einer Haube bedeckt ist und circa 400 Umdrehungen in der Minute macht. Die zu reinigenden Lumpen und Abfälle werden ihr durch ein endloses Tuch zugeführt und an der hinteren Seite längs eines Metallsiebes $B$, welches den vierten Theil der Peripherie umgiebt und den Unreinigkeiten Durchgang gestattet, in die Höhe gehoben und aus dem Apparat herausgeworfen.

Der einfache Zweck aller dieser Apparate gestattet eine grosse Mannigfaltigkeit ihrer Formen und haben namentlich die Amerikaner von dieser Freiheit einen sehr grossen Gebrauch gemacht (Hofmann, Treatise p. 21) und dadurch diese Apparate oft nur unnütz vertheuert.

Der Verlust, den bis hierher die Lumpen erfahren, beträgt 6 bis 10 pCt., ist mithin ziemlich beträchtlich; allein nichtsdestoweniger würde jeder Versuch des Fabrikanten, durch Verwendung einer geringeren Sorgfalt auf alle bisher beschriebenen Operationen diesen Verlust zu vermindern, nur zu seinem eigenen Nachtheil ausschlagen, denn die Reinheit des Papiers hängt wesentlich von der Aufmerksamkeit ab, die man dieser mechanischen Reinigung der Lumpen widmet, so wie überhaupt Reinlichkeit in sämmtlichen Fabrikräumen nicht genug empfohlen werden kann.

# IV. Das Kochen der Lumpen.

Bis hierher war die Behandlung der Lumpen ganz dieselbe, sie mochten aus Leinen, Baumwolle oder Wolle bestehen, grob oder fein, gefärbt oder ungefärbt sein; denn was für Papier man auch darstellen will, starkes oder schwaches, farbiges oder farbloses, so werden doch, zur Vermeidung von Verlusten, zur Erleichterung der Arbeit, zur Erlangung eines klaren und reinen Ansehens des Papiers, Sortirung, Zerkleinerung und Reinigung der Lumpen mit gleicher Sorgfalt vorgenommen werden müssen. Anders hingegen verhält es sich mit sämmtlichen nun folgenden Operationen, bei denen eine Rücksichtnahme auf Stoff und Färbung der Lumpen, auf Stärke der Faser und demgemässe Abänderung des Verfahrens unerlässlich sind. Dies gilt ganz besonders bei dem der trockenen Behandlung der Lumpen zunächst folgenden Processe, dem Kochen.

Bei der weiteren Verarbeitung nämlich der aus dem Siebe fallenden Lumpen handelt es sich darum: 1. den durch mechanische Mittel nicht zu trennenden Schmutz daraus zu entfernen und ihnen dadurch ihre ursprüngliche Reinheit und Weisse wiederzugeben, oder sie zur Annahme einer solchen in der Bleiche geeigneter zu machen; 2. die Farbstoffe zu zerstören oder wenigstens durch die angewandten Bleichmittel leichter zerstörbar zu machen; 3. endlich die zu groben und zähen Lumpen, welche der Umwandlung in Halbzeug einen zu bedeutenden Widerstand entgegensetzen würden, bis auf einen gewissen Grad anzugreifen und mürber zu machen. Bei den feinen, weissen Lumpen reducirt sich mithin die zunächst zu lösende Aufgabe wieder nur auf Reinigung, und da diese während der ersten Periode des Zermahlens sehr wohl bewirkt werden kann, so werden diese Lumpen in der Regel unmittelbar den Holländern zur Umbildung in Halbzeug übergeben. Jedoch wird unbedingt eine grössere Reinheit des Papiers erhalten und ganz besonders die Arbeitzeit des Halbzeugholländers bedeutend abgekürzt, wenn auch diese Lumpen durch Waschen vorher gereinigt werden. Man hat hierzu eigene Waschvorrichtungen eingeführt, welche ähnlich den Siebmaschinen construirt sind, ja der in Fig. 1 Taf. III. dargestellte Apparat kann unmittelbar als Waschmaschine benutzt werden, indem man die Siebtrommel bis zur Achse in Wasser legt. Beschleunigt wird der Process sehr, wenn nicht blos die Welle, sondern auch die Trommel sich bewegt, und zwar in einerlei Richtung, aber mit geringerer Geschwindigkeit, so dass etwa auf 75 Umdrehungen der Welle in der Minute, die Trommel deren nur 37 macht.

Einen eignen Apparat für diesen Hadern-Waschprocess hat F. W. Ralph construirt, der selbst die Anwendung erhöhter Temperatur und alkalischer Laugen gestattet und dessen Construction aus Fig. 6 $a$ und $b$ Taf. III. leicht ersichtlich ist. Derselbe besteht aus einem äusseren cylindrischen Kessel $K$, in welchem eine aus starkem Drath oder Siebblech hergestellte Waschtrommel $T$ steht. An der verticalen Achse $A$ sind mehrere Flügel $F$ befestigt, deren Form aus Fig. 6 $a$ zu entnehmen ist. Seitlich am inneren Trommelumfang sind schmälere gerade Flügel $f$ angebracht. Wenn die Flügel $F$ in rasche Rotation versetzt werden, rotiren Hadern und Wasser in derselben Richtung.

Zur Erwärmung des Waschwassers wird Dampf durch den Hahn $d$ zugelassen. Das Schmutzwasser und allenfallsige Absonderungen, welche die kleinen Oeffnungen der Siebtrommel passiren, werden unterhalb durch den verschliessbaren Abzug $Z$ fortgeschafft.

Die Dimensionen der Siebtrommel eines Waschapparates für 500 Pfd. Hadern sind 1,9 m. Durchmesser bei 1,1 m. Höhe.

Der Waschprocess wird nun in folgender Weise ausgeführt: Die mit Hadern gefüllte Waschtrommel $T$ wird in den mit Wasser zum Theil angefüllten Kessel $K$ gesenkt und darauf die Flügel in Bewegung gesetzt. Nach entsprechender Zeit wird die Waschtrommel wieder herausgezogen, so dass das Schmutzwasser abläuft. Der Kessel wird mit frischem Wasser gefüllt, dieses mittelst Dampf erhitzt und je 5 Pfd. Soda auf 100 Pfd. Hadern zugesetzt. Nach dem Einsetzen der Trommel beginnen die Flügel von Neuem ihre Drehung und waschen die Hadern in kürzester Zeit rein.

Um den Betrieb zu beschleunigen, können mehrere Waschkessel in einem Kreise aufgestellt werden, in dessen Mittelpunkt ein kleiner Krahn zum Ausheben der Waschtrommeln aufgestellt wird. Im ersten Kessel wird dann mit kaltem Wasser gewaschen, im zweiten inzwischen das Wasser vorgewärmt und in diesen dann die Waschtrommel vom ersten Kessel eingesetzt. Im dritten Apparat endlich werden die Hadern gespült u. s. w.[1]).

Es ist dieser Ralph'sche Apparat gewiss ganz sinnreich combinirt und eine Fabrik, welche nur weiss leinene und weiss cattunene Lumpen verarbeitet, könnte unbedingt die gerade bei den feineren Hadern grosse Verluste herbeiführende Siebvorrichtung gänzlich entbehren und sich lediglich darauf beschränken, die geschnittenen Lumpen in diesem Waschapparat für den Holländer vorzubereiten. Allein eine solche Fabrik existirt nicht, immer wird man genöthigt sein, neben feinen Hadern auch stärkere zu verarbeiten und hierzu Apparate anzuwenden, welche ebenso geeignet sind, die leichtere Arbeit des Waschens, wie die schwerere des Entfaserns und Entfärbens zu vollziehen.

Man hat Gewicht darauf gelegt, dass durch das Waschen der rohen Lumpen der durch das Schneiden und Stäuben bewirkte Faser-Verlust fast gänzlich vermieden wird und daher eine derartige nasse Reinigung sehr zu empfehlen sei. Auch Hofmann erzählt, dass einige Fabrikanten diese Reinigung in einer Weise vervollkommnet haben, welche ihnen nicht nur gestattet, die Stäuber zu entbehren, sondern auch die Arbeit des Hadernsortirens bedeutend zu vermindern. Die Sortirung, sagt er (Deutsche Uebersetzung pag. 30), erfolgt in ziemlich roher Weise, es werden keine Näthe abgeschnitten oder geöffnet, und weder Knöpfe noch Haften und dergleichen abgetrennt, so dass nur wenig Leute auf dem Lumpenboden nöthig sind. Die auf solche Weise sortirten Hadern werden auf dem Lumpenschneider zerkleinert, dann im Holländer gewaschen, ziemlich kurz gemahlen und in eine Stoffbütte abgelassen. Dort werden sie mit so vielem Wasser verdünnt, dass sie sich von einer Kolbenpumpe mit Kugelventilen auf einen grossen Sandfang pumpen lassen, über den sie langsam wegfliessen und sich direct in die Holländer ergiessen, wo sie durch Waschtrommeln von dem Wasserüberschuss befreit werden. Die Verdünnung des Halbzeugs ist so gross, dass die Hadernfetzen über den Sandfang hinschwimmen und schweben, wodurch das Niederfallen aller schweren Theile, wie Metalle, Sand und dergleichen wesentlich erleichtert wird. Wie Hofmann meint, würden nach dieser Methode sehr schöne Kanzleipapiere aus mittleren Lumpensorten herge-

---

[1]) C. Bl. 1870 No. 21.

stellt und dürfte sich die Neuerung in vielen Fällen als eine bedeutende Verbesserung erweisen.

Wir können diese Ansicht durchaus nicht theilen, ja wenn uns die Thatsache nicht von einem solchen Gewährsmann mitgetheilt wäre, würden wir es für unmöglich halten, dass es noch Fabrikanten giebt, welche, statt die Nichtentfernung von metallnen und harten Körpern mit Strafe zu bedrohen, selbst anordnen könnten, die Hadern mit Knöpfen, Haften und dergl. dem Haderschneider und Holländer zu übergeben, wodurch ein sehr baldiger Ruin dieser Apparate herbeigeführt werden müsste. Wir resümiren schliesslich unsere Ansicht dahin, dass wir ein Waschen der Hadern nur aus dem Grunde, um den durch das Schneiden und Sieben verursachten Fasern-Verlust zu vermeiden, für durchaus unpractisch halten, weil der dadurch erzielte Gewinn in keinem Verhältniss steht zu dem dadurch vermehrten Aufwand von Arbeit und Zeit. — Aber eben deshalb und weil dieselben Apparate, deren man sich bedient, um mittelst erhöhter Temperatur und alkalischer Laugen die Farben zu zerstören oder gröbere Lumpen mürber zu machen, ebensogut auch zur blossen Reinigung der feineren Hadernsorten benutzt werden können, halten wir die Aufstellung besonderer Waschapparate überhaupt nicht für erforderlich.

Die Construction nun der für die beiden letzten Zwecke angewandten Kochapparate ist sehr verschieden und es sind dieselben in neuerer Zeit zu grosser Vollkommenheit gediehen.

Da man in Maschinenpapierfabriken schon zur Erwärmung der Trockencylinder einen Dampfentwickler braucht, so werden die Kochapparate in der Regel mit diesem in Verbindung gesetzt und die Lumpen durch Dämpfe bis zum Kochen erhitzt.

Die einfachsten Apparate sind hölzerne oder eiserne Kasten von $5\frac{1}{2}$—6 Fuss Durchmesser und $3\frac{1}{2}$—4 Fuss Höhe. Sie haben ungefähr 6 Zoll über dem Boden einen falschen Boden mit vielen Löchern, auf welchem die Lumpen ruhen und unter welchem der Dampf in den Kasten eintritt. Sehr vortheilhaft ist es, in der Mitte des Kastens über dem falschen Boden ein oben und unten offenes Kupferrohr von 5 Zoll Durchmesser anzubringen. Der in den Kasten eintretende Dampf treibt alsdann die zum Kochen angewandte Flüssigkeit in diesem Rohr in die Höhe, dieselbe wird gegen einen hohlen Deckel geschleudert und von diesem über den Inhalt des Kessels verbreitet, durch welchen sie wieder nach unten durchfiltrirt, um abermals nach oben getrieben zu werden, so dass eine ununterbrochene Circulation der heissen Flüssigkeit stattfindet.

Es sind derartige Lumpenkocher aus Eisen construirt, in England und namentlich in Schottland sehr verbreitet, und wo vorzugsweise feine Papiere aus guten Hadern fabricirt werden, dürften sie auch ihrem Zweck vollständig entsprechen.

Hölzerne Kasten werden meistens mit einem nur lose aufliegenden Deckel verschlossen, wobei jedoch die Temperatur nicht über die des kochenden Wassers steigen kann, und da die Wirksamkeit des Wassers und der Laugen mit der Temperatur zunimmt, so verdienen die Kasten mit dampfdichtem Verschluss des Deckels, welcher bei eisernen durch Schrauben leicht herzustellen ist, unbedingt den Vorzug, denn sie erlauben die Anwendung einer höheren Spannung der Dämpfe und mit ihr eine Steigerung der Temperatur[1]).

Die Zunahme der Temperatur der Dämpfe bei erhöhtem Drucke ist aus folgender Tabelle ersichtlich:

**Temperatur des Dampfes bei 1 bis 12 Atmosphären.**

| | | |
|---|---|---|
| 1 Atmosphäre | 100° C. | |
| 2 | - | 120° C. |
| 3 | - | 134° C. |
| 4 | - | 144° C. |
| 5 | - | 152° C. |
| 6 | · | 159° C. |
| 7 | - | 165° C. |
| 8 | - | 171° C. |
| 9 | - | 176° C. |
| 10 | - | 180° C. |
| 11 | - | 184° C. |
| 12 | - | 188° C. |

Ganz besonders wichtig ist die Anwendung hochgespannter Dämpfe in den Fällen, wo rohe Pflanzenstoffe für die Papierfabrikation vorbereitet werden sollen, und man hat daher das Princip des Papinischen Topfes in der Construction der Kochapparate zur Anwendung gebracht.

---

[1]) Fehlerhaft ist es, die Lumpen während des Kochens mit Steinen zu belasten, indem dadurch die Circulation der Laugen verhindert wird.

Der von W. Clark construirte in Fig. 7 Taf. III. abgebildete Kocher ist sowohl für Lumpen als auch für deren Surrogate anwendbar und so eingerichtet, dass die zu kochenden Substanzen vollständig von der Flüssigkeit bedeckt werden. Im Deckel des verticalen Kessels befindet sich ein Mannloch $a$ mit einem Mannhut $b$, der in der gewöhnlichen Weise befestigt ist. $B$ ist ein an den Seitenwänden des Kessels befestigtes, horizontales Sieb, in der Mitte mit einem Mannloch $c$ versehen, das wieder mit einem Mannhut $d$ überdeckt ist. $g$ ist ein vielfach durchlochtes, cylindrisches Rohr, das von dem Sieb $B$ bis zum Deckel des Kessels reicht und die beiden Mannlöcher mit einander verbindet. $C$ ist ein Manometer, $D$ ein Sicherheitsventil, $E$ ein Rohr am Boden des Kessels zum Ablassen des Inhalts, $F$ ein Ventil im Rohre $E$. Unter Umständen kann man im Innern des Kessels noch einen Rührapparat anbringen, der durch eine äussere Kraft Bewegung erhält.

Der Gebrauch des Kessels ist folgender: Nachdem die Mannhüte abgenommen worden sind, wird der Kessel bis höchstens an das Mannloch $c$ mit den zu kochenden Substanzen gefüllt und darauf der untere Mannlochdeckel $d$ aufgelegt und befestigt. Nun lässt man die Flüssigkeit ein, und zwar bis zu einer solchen Höhe, dass sie den Mannlochdeckel $d$ vollständig überdeckt, dass also die feste Substanz völlig in die Flüssigkeit eingetaucht ist. Nachdem man dann noch den oberen Mannlochdeckel $b$ befestigt hat, kann das Heizen beginnen. Dies geschieht entweder durch Dampf, der in eine Schlangenleitung im Innern des Kessels eingelassen wird, oder durch directes Feuern. Wird das Ventil $F$ geöffnet, so drückt der Dampf den Inhalt aus dem Kessel heraus.

Sollen nur Hadern im Kessel gekocht werden, so kann man sich des in Fig. 8 Taf. III. dargestellten Apparates bedienen. $A$ ist ein elliptischer, aus 2 Theilen zusammengeschraubter, gusseiserner Kessel, dessen Höhe 7 bis 8 Fuss, und dessen grösster Durchmesser $4\frac{1}{2}$ bis 5 Fuss beträgt; die Wandstärke ist $\frac{7}{8}$ Zoll. Er ist oben und unten durch gut aufschliessende gusseiserne Platten geschlossen, von denen erstere mit einem Sicherheitsventil $a$ versehen, mittelst Schnur und Rolle in die Höhe gehoben, und nach dem Betragen durch die Haken $b$, die in an den oberen Kesselrand angeschraubte Oesen eingreifen, befestigt werden kann. Die untere Platte ist durch das Charnier $c$ in fester Verbindung mit dem Kessel und durch dieses beweglich; mittelst Haspel und Schnur, zu deren Befestigung der angeschraubte Haken $d$ dient, ist ein Heraufziehen oder Herablassen der Platte leicht zu bewerkstelligen. Die Schliessung dieses Bodens vor dem Betragen wird durch gleiche Haken wie an der oberen Platte bewirkt. Es befindet sich endlich in der Mitte der Platte eine Oeffnung, die durch das mit einem Hahn versehene Rohr $e$ verlängert ist. — Es ist dieser Apparat innerhalb des Röhrensystems angebracht, welches den Dampf vom Dampfentwickler nach den Trockencylindern der Maschine führt, im Uebrigen aber wird dessen Locirung, ob derselbe hoch oder niedrig, im Freien oder im Innern der Gebäude aufzustellen ist, sich nach den vorhandenen Localitäten richten. So wird offenbar die Füllung mit grosser Leichtigkeit ausgeführt werden, wenn er unmittelbar unter oder neben dem Bodenraume steht, in welchem sich die geschnittenen und zum Kochen bestimmten Lumpen befinden, und man in diesem zugleich einen Wasserkasten zum Auflösen des Kalkes und der Soda oder Pottasche aufgestellt hat. — $f$ ist das Hauptleitungsrohr, welches die Dämpfe unmittelbar zur Maschine führt und höher liegen muss, als der höchste Wasserstand im Innern des Kochapparates, damit nicht aus diesem die zum Kochen bestimmte Flüssigkeit in dasselbe und von da in den Dampfkessel zurücktrete. Sobald der Apparat mit Lumpen und der geeigneten Flüssigkeit gefüllt, der obere Deckel befestigt ist, nöthigt man durch Schliessung des Hahnes $g$ die Dämpfe, ihren Weg durch das Rohr $h$ zu nehmen, welches sie dicht über den unteren Boden des Kessels in das Innere desselben eintreten lässt, wo sie sich zunächst in dem durchlöcherten Kupferrohr $i$ ausbreiten, welches längs der Wandung um den unteren Theil des Kessels herumläuft, und, aus dessen Oeffnungen ausströmend, sie die Lumpen durchdringen und die darüber gegossene Flüssigkeit in's Kochen versetzen. Die über der Flüssigkeit sich ansammelnden Dämpfe gelangen durch eine dicht unter dem oberen Deckel angebrachte Oeffnung in das auf- und absteigende Rohr $k$, in welchem bei $l$ eine Siebscheibe angebracht ist zur Aufhaltung der etwa mechanisch mit fortgeführten Lumpen. Das Rohr $k$ führt endlich die Dämpfe wiederum in das Hauptrohr $f$ und von da zu den Trockencylindern der Maschine. Ein solcher Apparat von den angegebenen Dimensionen ist zur Aufnahme von 9 bis 10 Ctr. Lumpen geeignet, und da die Dämpfe erst eine Spannung von ungefähr $1\frac{1}{2}$ Atmosphären annehmen müssen, um den Druck der Lumpen und Flüssigkeit zu überwinden, wird man genöthigt sein, den Hahn $g$ zum Theil geöffnet zu lassen, damit die Trockencylinder der Maschine nicht erkalten. — Die gewöhnlichen Hähne lassen nur eine unvollkommene Regulirung des durchströmenden Dampfes zu, daher bei diesen Dampfleitungen Schieberhähne den Vorzug verdienen. Die Construction eines solches Schieberhahnes geht deutlich aus Fig. 9 a. b. c. Taf. III. hervor: $a$ ist der Schieber, welcher sich innerhalb der gusseisernen Hülle in zwei Fugen luftdicht auf und ab bewegen kann; mit diesem Schieber ist ein eisernes Stangenstück $b$ verbunden, dessen oberer Theil in eine Schraube endet; diese Schraube geht in der mittelst des Handgriffes $c$ drehbaren Mutter $d$, welche beweglich an das Eisenstück $e$ befestigt ist, das ziemlich genau in den Hals des Hahnes passt und mit ihm durch die Schrauben $f$ verbunden ist. Der Raum $g$ ist zur dichteren Schliessung von Schraube und Mutter so wie Eisenstück und Hals mit Werg angefüllt.

Was nun die Entleerung des Apparates nach vollendetem Kochen anbetrifft, so geht sie aus der Construction desselben von selbst hervor; durch den Hahn $e$ wird zunächst die Flüssigkeit abgelassen und darauf der untere Deckel geöffnet, worauf die gekochten Hadern in einen darunter geschobenen Wagen fallen.

Gegen Form und innere Einrichtung dieses Apparates lässt sich nichts Erhebliches sagen, allein fehlerhaft ist unbedingt seine Einschaltung in das, den Trockencylindern den Dampf zuführende Röhrensystem. Die aus dem Kochapparat entweichenden Dämpfe sind stets mit Schmutztheilen überladen und verunreinigen nicht nur die Dampfrohre und Trockencylinder, sondern verursachen auch im Maschinenraum einen unerträglichen und der Gesundheit höchst nachtheiligen Gestank.

Bei allen diesen feststehenden Apparaten ist jedoch das dichte, unbewegliche Aufeinanderliegen der eingetragenen Hadern einer allseitigen und gleichmässigen Durchdringung derselben mit Dampf und Lauge sehr hinderlich und in sofern eine gute Kochung einen wesentlichen Einfluss auf die Güte des Papiers ausübt, muss die Einführung von rotirenden Kochapparaten (revolving boilers) als ein entschiedener Fortschritt in der Papierfabrikation betrachtet werden.

Man kann zwei Arten dieser Apparate unterscheiden, die einfachen und die doppelten rotirenden. Von den ersteren ist der von Planche und Rieder construirte der verbreitetste und wo man ihn antrifft, ist man mit seinen Leistungen sehr zufrieden. — Derselbe besteht aus einem Cylinder von Eisenblech $A$ (Fig. 10 Taf. III.), der sich um die beiden hohlen Achsen $D$ und $B$ dreimal in der Minute umdreht; durch die erstere werden mittelst zweier Hähne Dampf und Kochflüssigkeit eingeführt, welche durch die zweite *B* ihren Ausweg finden. Damit hier nicht Lumpen mit fortgerissen werden und Stopfungen veranlassen, so wie zur Absonderung des Sandes und Schmutzes, ist vor dem Abzugsrohr die durchlöcherte Scheidewand *H* befestigt. Ein an der Seite des Cylinders angebrachter Hahn dient zur Erkennung des Wasserstandes, der $^3/_4$ des Durchmessers nicht übersteigen sollte. Durch das Mannsloch *G* erfolgt Betragung und Entleerung und durch die im Innern des Cylinders angebrachten Eisenstifte *J* werden die Lumpen während der Drehung fortwährend in die Höhe geführt und wieder fallen gelassen.

Der Apparat von Fourdrinier ist nur eine Modification des eben beschriebenen und unterscheidet sich von diesem nur dadurch, dass er an beiden Enden durchlöcherte Scheidewände hat, und dass die Hadern durch eine Anzahl Kugeln während des Kochens behandelt werden, die mittelst dreier, 8—9 Zoll breiter, an der inneren Peripherie angebrachter Gesimse in die Höhe gehoben und fallen gelassen werden.

Eine wesentlich neue Construction haben dagegen Bryan-Donkin et Comp. in London diesen Apparaten ertheilt, indem sie die mit Recht so genannten sphärischen Kocher einführten. Dieselben bestehen aus einer hohlen Kugel, welche in der innern Mitte zwei durchlöcherte Scheidewände besitzt, von denen aus der Dampf sich in die beiden Hemisphären vertheilt. Die beiden durchlöcherten Scheidewände stehen etwa 6 Zoll von einander entfernt; der Dampf tritt durch ein Rohr, welches durch die Achse der Bewegungswelle geht, auf der einen Seite ein und die verunreinigte Lauge wird durch ein Rohr auf der entgegengesetzten Seite abgeblasen. Die Füllung und Entleerung erfolgt durch ein Mannloch in jeder Hemisphäre, welches an der vom Mittelpunkte entferntesten Stelle der Peripherie, mithin in der grössten Höhe und Tiefe der Halbkugel angebracht ist, so dass beide Operationen rasch von statten gehen. — Der Fassungsraum reicht für 20—24 Ctr. hin. — Da die Kugel in zwei Hälften getheilt ist, so gestattet der Apparat, dass zwei verschiedene, wenn auch verwandte Hadernsorten zu gleicher Zeit gekocht werden können. — Ein solcher Kocher wiegt 65 bis 70 Ctr. und kostet circa 1200 Thlr.

Man tadelt an den einfachen rotirenden Kochapparaten, dass Sand und Schmutztheile sich während des Kochens nicht von den Lumpen absondern können, sondern in Folge der Rotation immer wieder mit denselben vermischt werden und daher die mit erhöhter Reinheit der Hadern sich steigernde Einwirkung der Lauge auf dieselben verhindern.

Die zu diesem Zweck an den Seiten oder in der Mitte angebrachten durchlöcherten Scheidewände, wiewohl letztere mehr als erstere, erfüllen denselben offenbar sehr unvollständig, daher bei einer neuen Einrichtung der Robertson'sche Apparat wohl Beachtung verdient, der in dieser Beziehung allen bisher genannten vorzuziehen ist.

Dieser Apparat besteht nämlich aus zwei, concentrisch in einander steckenden cylindrischen Trommeln von Eisenblech, von denen die innere durchlöchert ist und deren ringförmige Hülle den Raum bildet, in welchen der Dampf eingeleitet und aus welchem er möglichst vollständig vertheilt zu dem innern Raum, welcher die Lumpen und Lauge enthält, geführt wird. Diese cylindrische Trommel ist an beiden Enden mit nach aussen vorstehenden Flantschen von gleichem Durchmesser versehen und ruht mit denselben in horizontaler Lage auf zwei Paar Antifrictionsrollen, welche, durch Wellen und Zahnräder verbunden, von einer Triebwelle rotirende Bewegung empfangen. Die eine verticale Stirnwand dieser Trommel ist durch einen gewölbten Boden fest geschlossen, die gegenüberliegende dagegen durch einen ebenfalls gewölbten, beweglichen Deckel zu verschliessen und zu öffnen. — Boden und Deckel sind von Eisenblech und durch den ersteren mündet in der Richtung der Mittelachse der Trommel mittelst einer Stopfbüchse ein Rohr ein, welches den Wasserdampf oder die Lauge in die Trommel einleiten soll. Zu diesem Zwecke schliessen sich ausserhalb an dieses Rohr zwei Röhren an, ein Dampf- und ein Laugezuführungsrohr, welche durch zwei besondere Hähne oder einen Zweiweghahn abwechselnd in Communication mit dem ersteren Rohre und durch dasselbe mit der Trommel gebracht oder ganz abgesperrt werden können. Der bewegliche Deckel kann behufs Entleerung und Füllung mittelst einer Laufkatze entfernt werden, sobald er daran aufgehängt und seine Verbindungsschrauben mit dem Flantsch gelöst worden sind[1]).

Es ist ersichtlich, dass während des Rotirens, welches innerhalb 3 Minuten ein Mal herum stattfindet, Sand und Schmutztheile durch die Löcher der innern Trommel hindurchfallen und sich in dem Zwischenraum ansammeln, aus welchem sie von Zeit zu Zeit entfernt werden.

Es ist nicht zu leugnen, dass dieser Apparat, der bei einer Länge von 9 Fuss, 6 Fuss Durchmesser hat, sinnreich construirt ist, denn auch das Füllen und Leeren muss bei vollständig freiem Zutritt zum innern

---

[1]) Dinglers Polyt. Journal Bd. CXLIX. p. 28; Centralblatt 1858 p. 138.

Raum mit keinen Schwierigkeiten verknüpft sein; allein er leidet an den Fehlern der doppelten rotirenden Kocher, nämlich dem grossen Gewicht und dem hohen Preise. Diese beiden Uebelstände würden uns entschieden veranlassen, den einfachen Kochern den Vorzug zu geben, zumal wir oft Gelegenheit gehabt haben, uns zu überzeugen, dass die Planche'schen und Donkin'schen einfachen Apparate in ihrer Wirkung den doppelten in Nichts nachstehen, so dass man jener Absonderung von Sand- und Schmutztheilen während des Kochens doch wohl von vielen Seiten ein allzugrosses Gewicht beilegt.

Uebergehend zu den doppelten rotirenden Kochapparaten, ist es wiederum Donkin, dessen Verdienste um die Papierfabrikation durch Erfindung und musterhafte Darstellung von Apparaten nicht hoch genug angeschlagen werden können, welcher die erste Idee hierzu fasste und verwirklichte. Derselbe besteht aus zwei Cylindern aus Eisenblech (Fig. 11 Taf. III.), von denen der eine $A$ den andern $B$ als Mantel umgiebt. Der letztere ist durchlöchert, um Sand und Schmutztheilen einen Durchgang zu gestatten, und kann mittelst einer Kurbel $D$ und Zahnstange $C$ in den Mantel hinein- oder herausgeschoben werden. Der Zwischenraum zwischen beiden Cylindern beträgt circa 2 Zoll und steht der äussere fest, während der innere auf Lagern ruht und mittelst Zahnrädern oder Riemscheiben in Rotation versetzt wird. Sobald der Cylinder $B$ betragen und an seinen Platz innerhalb $A$ gebracht ist, wird letzterer mittelst eines gut schliessenden Deckels geschlossen. Durch das Mannloch $H$ wird dann Lauge und Dampf zugeführt und der innere Cylinder in Bewegung gesetzt. Er dreht sich gewöhnlich in der Minute ein Mal um und erfordert eine halbe Pferdekraft.

Dieser Apparat kocht und wäscht ausgezeichnet, jedoch ist das Hinein- und Herausschieben des inneren Kessels eine nicht unbedeutende Unbequemlichkeit, welche in den Apparaten von Märky und Prosper Piette[1] so wie von Macarthur[2] versucht wurde, zu beseitigen. Beide Apparate bestehen gleich dem Donkin'schen aus einem inneren rotirenden und einem äusseren ruhenden Cylinder aus Eisenblech, von welchen der erstere jedoch stets in seiner Lage verbleibt, indem die Füllung und Entleerung durch an der einen Seitenwand beider Cylinder angebrachte und gut zu verschliessende Oeffnungen erfolgen. In dem

---

[1] Journ. des Fabr. 1859 p. 157.
[2] Centralblatt 1858 p. 57. Polyt. Journ. von Dingler CXLVII. p. 260.

Apparat von Macarthur ist überdies der innere Cylinder in vier Fächer
getheilt, so dass er gleichzeitig wie ein Waschrad wirkt. — Das Füllen
und Leeren von der Seite durch verhältnissmässig schmale Oeffnungen
ist auch mit manchen Unbequemlichkeiten verknüpft und dürften beide
Apparate nur da den Vorzug vor dem Donkin'schen verdienen, wo
Pflanzenstoffe unter einem sehr hohen Druck für die Papierfabrikation
vorbereitet werden sollen.

Die einfache Form der letztgenannten Kocher macht sie geeignet,
in eine Feuerung eingemauert und direct vom Feuer erhitzt zu werden,
womit in einzelnen Fällen grosse Vortheile verknüpft sein können.
Gottlieb Haase Söhne in Prag haben diese Idee verwirklicht und ihren
Apparaten die entsprechenden Einrichtungen gegeben. Es ist klar, dass
hierbei eine grosse Ersparniss an Brennmaterial stattfinden muss, da die
Abkühlung in den Röhrenleitungen wegfällt. Dann aber ist es von besonderer Wichtigkeit, dass man in der Spannung der Dämpfe von den
verschiedenen Röhrenleitungen und Apparaten, die sonst noch mit dem
Dampferzeuger verbunden sind und die, wenn man unter hohem Druck
arbeiten wollte, sämmtlich hierfür construirt sein müssten, unabhängig
ist und jede beliebige Spannung, so weit sie nur der Apparat selbst
aushalten kann, anzuwenden im Stande ist. Der Apparat ist natürlich
ganz wie ein Dampfkessel eingerichtet, besitzt Wasserstandzeiger, Manometer, Heizthüren, Roste u. s. w. und kostet 1550 bis 1600 Thlr. preuss.
Cour. — Indess trotz der genannten Vorzüge begegnet man diesen Einrichtungen nur selten und möchten wir auch Anstand nehmen, sie zu
empfehlen, da die aus der kalkhaltigen Flüssigkeit im hohen Grade
stattfindende Kesselsteinbildung wohl durch kein mechanisches Mittel
verhindert werden kann und in einem engen Raume erfolgt, dessen
Reinigung mit grossen Schwierigkeiten verknüpft ist.

Endlich müssen wir noch den ununterbrochen wirkenden Dampf-
Kochapparat von Cransboun, Joung und Lowell erwähnen, der
vorzugsweise auf Ersparung von Brennmaterial berechnet ist. — Er besteht aus einer beliebigen Anzahl stehender Kessel, die durch Röhren
so mit einander und mit dem Dampferzeuger verbunden sind, dass sie
sowohl einzeln als alle gleichzeitig in Betrieb gesetzt und in gegenseitige Verbindung gebracht oder von einander abgesperrt werden können[1]).
Hierdurch kann der Dampf, nachdem er im ersten Kessel gewirkt, in

---

[1]) Dinglers Polyt. Journ. CXLVI. p. 86; Centralblatt 1858 p. 24.

den zweiten, aus diesem in den dritten u. s. f. geleitet und schliesslich zum Vorwärmen des Speisewassers für den Dampferzeuger benutzt werden, so dass also nirgend ein Dampfverlust stattfindet. — Diese Idee gegenseitiger Verbindung der Kessel und vollständiger Benutzung der Dämpfe ist sehr gut, wenn auch nicht neu; der Apparat aber, der natürlich alle Mängel stehender Kochkasten theilt, ist enorm theuer und wird nur in Fabriken von sehr grossem Umfange Anwendung finden können.

In neuster Zeit hat ein von E. Debié höchst sinnreich construirter von Hofmann[1]) beschriebener Kocher durch Neuheit und Zweckmässigkeit die Aufmerksamkeit der Fabrikanten auf sich gezogen. Der Kessel $A$ Fig. 12 Taf. III. fasst bei einem Durchmesser von 220 cm. und einer Länge von 450 cm. etwa 3000 Ko. Hadern und ist mit zwei Mannlöchern versehen. Seine Zapfen werden von gusseisernen Gestellen getragen und auf einem dieser Gestelle $B$ ist auch die, aus zwei Paar Zahnrädern so wie fester und loser Riemscheibe bestehende Triebvorrichtung befestigt. Sechs Heizröhren $C$ von 24,6 cm. Durchmesser sind an einem Ende mittelst gusseiserner Köpfe $c$ an dem Kessel $A$ so befestigt, dass sie sich nach dem anderen Ende hin von einer Mittelachse entfernen, also geneigt liegen. Sie werden von den an die Schaale genieteten Halsbändern $f$ in dieser Lage gehalten, ohne mit ihnen verbunden zu sein, können sich daher beliebig strecken und verkürzen. Zwischen jedem Heizrohr $C$ und dem Kessel ist ein radial stehendes Blech $J$ angebracht, welches die Hadern verhindert, sich um die Röhren zu wickeln. In dem Zapfen $D$ sind drei schraubenförmig gewundene, streng von einander getrennte Durchgänge ausgespart, deren jeder, durch äussere Röhren $t$ und entsprechende Fortsetzungen in den Gussköpfen $c$ mit zwei Siederöhren $C$ in Verbindung steht. Eine Verlängerung des Zapfens $D$ dreht sich in der Stopfbüchse des hohlen Gusskörpers $F$, welcher von oben durch das Rohr $a$ frischen Dampf empfängt und das Condensationswasser durch das untere Rohr $b$ womöglich direct dem Dampfkessel zuführt.

Sobald Hadern und Lauge eingefüllt und die Mannlöcher geschlossen sind, öffnet man die Hähne des Dampfrohrs $a$ so weit als möglich. Der Dampf strömt in die Heizröhren $C$ und condensirt sich, indem er seine Wärme an den Inhalt des Kessels abgiebt. Sobald eine der

---

[1]) Deutsche Uebersetzung pag. 51.

Heizröhren sich im Verlauf der Drehung des Kessels oberhalb seiner Achse befindet, steht dem Condensationswasser durch die Röhren $t$ und die Hohlwege von $D$ ein fortwährend abfallender Weg offen, durch den es in das Rohr $b$ und direct oder indirect zurück in den Dampfkessel gelangt. Die Abtheilung und Gestaltung der drei Durchgangscanäle in $D$ verhindert, dass das Condensationswasser aus den oberen Siedröhren in die untern fliessen kann. Als ein Vortheil dieser Einrichtung gilt auch noch der Umstand, dass der Eintritt des Dampfes in die Siedröhren nicht durch abfliessendes Wasser behindert ist, während diese sich im unteren Theile, also in der Lauge befinden.

Als besonderer Vorzug dieser Construction muss hervorgehoben werden, dass die Condensation der zugeführten Dämpfe nicht innerhalb der Kochflüssigkeit erfolgt und daher bei fortschreitendem Process keine Verdünnung derselben bewirkt. Es ist dies bei Hadern, bei denen es mehr auf Waschung, als auf starken Angriff abgesehen ist, von keiner grossen Bedeutung, muss aber immerhin mit einer nicht unwesentlichen Ersparniss an Brennmaterial verbunden sein. Diesen letzteren Zweck hat Debié noch ganz besonders dadurch erreicht, dass er seinen Kessel mit einem Holzmantel umgeben hat und dürfte die Umkleidung der Kochapparate mit einem schlechten Wärmeleiter in der That allgemeine Nachahmung verdienen.

In Deutschland schliesslich haben in neuster Zeit die sphärischen Kocher, wie solche von Gebr. Sachsenberg in Rosslau, Gebr. Decker in Cannstadt u. a. angefertigt werden, eine sehr grosse Verbreitung gefunden.

Der Sachsenberg'sche Lumpenkocher Fig. 1 Taf. IV. besteht aus einer Kugel aus Kesselblech von 228—260 cm. Durchmesser, die sich auf zwei gusseisernen Zapfen $AA'$ dreht, welche gleichzeitig zum Ein- und Auslassen von Dampf und Wasser dienen. Am äusseren Umfange der Kugel sind diametral gegenüberstehend zwei gusseiserne Kränze $BB$ zum Entleeren und Füllen, die durch Deckel $CC$ verschlossen werden. Im Innern befindet sich ein aus einzelnen Blechen bestehendes gürtelförmiges Sieb $D$ in etwa 8 cm. Abstand vom Mantel. Der zwischen Sieb und äusserem Mantel entstehende ringförmige Raum steht mit jedem der beiden Zapfen durch ein an der inneren Fläche des Mantels anliegendes, schmiedeeisernes Rohr $E$ in Verbindung. Die einzelnen Bleche des Gürtelsiebes sind zum Abschrauben eingerichtet, um den ringförmigen Raum von Zeit zu Zeit reinigen zu können. Zwei Hähne dienen zum Ablassen des Wassers aus diesem Raum. Zum besseren Umwenden der Lumpen sind an dem Siebmantel noch 6 $T$ Schienen $dd$ angebracht.

In die Zapfen $AA'$ führen, durch Stopfbüchsen gedichtet, zwei feste Röhren $aa'$, von denen das Einlassrohr $a$ mit einem Sperrventil $G$ für Wasser und $H$ für Dampf, das Auslassrohr $a'$ mit einem Ablassventil $K$ für Dampf und Wasser versehen ist.

Der Kocher ist für eine Dampfspannung von 4 Atmosphären Ueberdruck construirt und macht in der Minute 0,9 Umdrehungen.

Nach Verschluss der unteren Oeffnung wird der Kessel vollständig mit Lumpen gefüllt, dann werden durch die obere Oeffnung die erforderlichen Chemikalien zugesetzt und darauf der Kessel dampfdicht verschlossen. Nun wird durch das Sperrventil $G$ die Kugel etwa bis zu $^1/_3$ der Höhe mit Wasser gefüllt, zu welchem Zwecke man dieselbe soweit umdreht, dass einer der Hähne zum Ablassen der Lauge in eine solche schiefe Lage kommt, dass er bei Erreichung dieser Füllung Wasser giebt. Darauf wird der Wasserzufluss durch $G$ abgesperrt und der Hahn F geschlossen, dagegen das Sperrventil $H$ für Dampf aus dem Kessel, so wie das Ablass-Sperrventil $K$ am entgegengesetzten Zapfen geöffnet und der Kocher in Bewegung gesetzt.

Ist die Flüssigkeit zum Kochen gekommen, was deutlich hörbar ist, so wird das Ablassventil $K$ geschlossen und es findet alsbald im Innern des Kochers eine gleiche Spannung mit der im Dampfrohre statt. Diese Spannung wird je nach der Höhe derselben und nach den verwendeten Lumpen 4—6 Stunden (bei Stroh $1^1/_2$ bis 3 Stunden) erhalten, worauf man das Ventil $H$ schliesst, dagegen $K$ öffnet, durch welches der Dampf und in Folge der höheren Spannung im Kessel auch ein grosser Theil der Flüssigkeit abgeblasen wird. Durch Oeffnen der Hähne $F$ bei fortgesetzter Umdrehung wird endlich die Lauge vollständig entfernt. Je nach der Qualität der Lumpen und der Feinheit des zu fertigenden Papieres wird nun noch längere oder kürzere Zeit dadurch gewaschen, dass durch das Wasser-Einlass-Ventil $G$ reines Wasser zugelassen wird, welches durch die Hähne F abläuft.

Nach Beendigung des Waschprocesses endlich werden die beiden Deckel $CC$ abgenommen und der Kocher nochmals in Bewegung gesetzt, um sich durch die beiden Oeffnungen $B$ selbstthätig zu entleeren.

Wir können diese Kocher aus eigner Erfahrung als sehr zweckentsprechend empfehlen und bemerken nur, dass es jedenfalls rathsam ist, das Ablassventil so lange geöffnet zu halten, bis die Flüssigkeit im

Innern des Kessels in's Kochen gerathen und alle atmosphärische Luft aus demselben ausgetrieben ist, weil bei der Verschiedenheit der Wärme-capacitäten und Ausdehnungs-Coefficienten von Luft und Wasserdampf, das Vorhandensein eines Gemisches beider, zumal bei Anwendung eines hohen Druckes, die Gefahr einer Explosion nur erheblich steigern muss. Bei dieser Vorsicht halten wir es durchaus nicht für nöthig, ja sogar für nachtheilig, ein bei jeder Umdrehung des Kessels sich von selbst öffnendes Ablassventil an demselben anzubringen, wie Debié vorgeschlagen hat[1]). — Die Spannung der Dämpfe im Dampfkessel ist naturgemäss fortwährenden Schwankungen unterworfen, denn jede frische Speisung bedingt Abkühlung und Verminderung des Drucks und bewirkt dadurch ein Zurückströmen der Dämpfe aus dem Kocher in den Dampf-kessel. Wo aber, wie das in den meisten Fabriken der Fall, die Dämpfe nicht bloss zum Kocher, sondern auch zum Betriebe der Dampfmaschine, zum Heizen der Trockencylinder u. s. w. aus einem gemeinschaftlichen Dampferzeuger entnommen werden, ist ein solches Zurückströmen, in Folge des üblen Geruches und Schmutzes, mit welchen diese Lauge-Dämpfe überladen sind, mit grossen Unzuträglichkeiten verknüpft, und ist es durchaus nothwendig, den Kocher mit einer Vorrichtung zu versehen, welche die Verbindung zwischen ihm und dem Dampfkessel sofort abschliesst, sobald eine Verminderung der Spannung in letzterem stattfindet.

Der Obturateur automatique[2]) von L. Lespermont dürfte diesen Zweck am sichersten und vollständigsten erreichen. Derselbe besteht aus einem cylindrischen Gefäss $A$ Fig. 2 Taf. IV, aus Gusseisen oder Metall hinreichend stark gearbeitet, um dem im Dampfkessel stattfin-denden Drucke zu widerstehen, welches in das Dampf-Zuleitungsrohr kurz vor dessen Eintritt in den Kocher eingefügt wird. An dem oberen mit dem Rohre $C$ versehenen Deckel $B$ ist ein Ansatz $H$ angebracht, welcher an seiner unteren Fläche sauber abgehobelt ist. Der Dampf tritt in der Richtung der Pfeile durch $C$ ein, durch $D$ aus, passirt aber noch ehe er in den Kocher gelangt, einen Hahn, durch welchen sein Zutritt regulirt wird. — Der steinerne Schwimmer $E$ ist mittelst Schrau-ben fest mit der Führungsstange $F$ verbunden, welche in den von drei Armen gehaltenen Naben $G$ frei auf- und abgleitet.

---

[1]) Hofmann, Deutsche Uebersetzung p. 46.
[2]) J. d. F. 1869 No. 16.

Bei regelmässigem Gange ist das Gefäss $A$ mit Dampf gefüllt, wenn aber der Fall eintritt, dass der Dampfdruck im Kocher stärker wird, als im Dampfkessel, so wird die durch die Pfeile bezeichnete Strömung eine umgekehrte und Dampf und Lauge zurückgetrieben. Die Flüssigkeit gelangt in das Gefäss $A$, hebt aber dort den durch die Feder $N$ im Gleichgewicht gehaltenem Schwimmer E, presst dessen oberes, mit einer Kautschukplatte $K$ versehenes Ende gegen den Ansatz $H$ und verhindert dadurch allen weiteren Rückfluss, bis der Druck im Dampfkessel wieder zunimmt, die Platte K und den Schwimmer in seine ursprüngliche Stellung zurückversetzt und auch die übergegangene Lauge vor sich her in den Hadernkessel jagt. — Die Kautschukplatte $K$ wird von einer auf dem oberen Ende der Führungsstange $F$ befestigten Metallplatte $J$ getragen und ist mittelst einer Mutter $M$ und Scheibe $L$ auf ihr befestigt.

Diese Vorrichtung hat den grossen Vortheil, dass sie nur arbeitet, wenn es nöthig ist, aber sonst in absoluter Ruhe bleibt, während Ventile sich durch die immerwährende Bewegung rasch abnützen und dann nicht mehr schliessen. Auch können sich nicht mitgerissene Fasern zwischen die verschliessenden Theile legen, da die Lauge gar nicht zu ihnen gelangt.

Bedeutend einfacher, weniger kostspielig und dabei auch weniger Raum einnehmend, ist die Einrichtung Fig. 3 a u. b Taf. IV, deren Construction aus der Zeichnung selbst leicht ersichtlich ist. $A$ ist ein viereckiger eiserner Kasten, welcher an irgend einer Stelle des Dampf-Zuleitungsrohres eingeschoben ist und durch welchen mithin der Dampf hindurchgehen muss, ehe er in den Kocher gelangt. Das Zuleitungsrohr $a$ endet im Innern dieses Kastens in einer schrägen gut abgeschliffenen Fläche, an welche sich die metallene um die Zapfen $c$ bewegliche Klappe $b$ genau anlegt. So lange nun die Spannung im Kessel grösser ist, als im Kocher, hebt der zuströmende Dampf die Klappe, welche sich sofort schliesst, sobald eine rückläufige Bewegung des Dampfes eintritt und die höhere Spannung im Kocher den Dampf durch das Rohr $d$ in den Kasten eintreten lässt. — Es hat sich diese Vorrichtung im Jahre langen Gebrauch sehr gut bewährt.

Es wurde im Anfange dieses Abschnittes hervorgehoben, dass das Kochen der Lumpen einen doppelten Zweck habe, nämlich sorgfältigere Reinigung und Angreifen der Faser bis zu einem gewissen Grade, daher werden dem Wasser alkalische Substanzen zugesetzt, die wegen ihrer Fähigkeit, organische Substanzen aufzulösen und zu zerstören, zur Erreichung jener beiden Zwecke gleich geeignet sind. Die Chemie bietet unter der Bezeichnung der Alkalien (Kali, Natron, Lithion und Ammoniak) und alkalischen Erden (Baryterde, Strontianerde, Kalkerde, Magnesia) der Technik acht solcher Substanzen zur Auswahl dar, von denen Kali, Natron und Kalkerde, ihres ausgebreiteten Vorkommens wegen, vorzugsweise eine Anwendung im Grossen gestatten und daher theils als kohlensaure Salze, theils in reiner Form (kaustisch) benutzt werden. — Das Kali und Natron, die Oxyde (Sauerstoffverbindungen) der Metalle Kalium und Natrium sind in Verbindung mit Kohlensäure die wesentlichen Bestandtheile der Pottasche und Soda. Wir sagen die wesentlichen, nicht die einzigen, wie dies aus der Darstellung ihres Vorkommens und ihrer Bildung sogleich näher einleuchtet.

Die Pottasche, von welcher man theils nach der Gegend ihres Ursprunges, theils nach dem Wege ihrer Versendung, Amerikanische, Russische, Deutsche, Mosel-, Illyrische, Sächsische, Böhmische, Danziger, Heidelberger unterscheidet, wird aus der Asche von Pflanzen oder von ihnen herrührenden Substanzen — Weinhefe[1]), Weintrestern, Runkelrübenmelasse[2]) — gewonnen. Die Verbindungen, welche die Asche enthält, sind nicht durchgehends dieselben, welche in den Pflanzen vor-

---

[1]) Die Hefe, welche man in einem gemeinschaftlichen Gefässe sammelt, nachdem der Wein gegohren hat und abgezogen ist, lässt man vollends absetzen, um sie von dem Rest des Weines zu trennen. Es bleibt ein zäher Schlamm, welcher zu etwa $\frac{1}{3}$ Ctr. in Säcke gebracht und abgepresst, darauf an der Sonne getrocknet und verbrannt eine vorzügliche Asche liefert, die unter dem Namen cendres gravelées, Weinhefenasche, Drusenasche, im Handel bekannt ist.

[2]) Die Fabrikation von Pottasche und Soda aus der Runkelrübenmelasse ist von Payen in dessen Précis de Chémie industrielle beschrieben. Die Melasse wird mit Wasser auf 11 Grad Beaumé verdünnt und mit Schwefelsäure bis zur schwachen Säuerung versetzt, bei 16 Grad in grossen Kufen in Gährung gesetzt, indem auf 100 Theile Melasse $2\frac{1}{2}$ Theile Hefe angewendet werden. Die gegohrene Flüssigkeit wird behufs Gewinnung des Alkohols destillirt, die Schlempe darauf bis zur Syrup-Consistenz eingedampft und ruhig hingestellt, wodurch sich der Gyps (schwefelsaure Kalkerde) ausscheidet. Die klar gewordene braune Flüssigkeit wird in Flammenöfen geglüht und der Rückstand ausgelaugt. Die Lauge in flachen Pfannen eingedampft, setzt Chlorkalium ab und aus der Mutterlauge krystallisirt ein Doppelsalz von kohlensaurem Natron; die Mutterlauge wird zur Trockniss eingedampft und der Rückstand geglüht, er liefert gereinigte Pottasche. Das Doppelsalz wird durch Umkrystallisiren und Zerfliessenlassen in seine Bestandtheile zerlegt und liefert natronhaltende Pottasche und kalihaltende Soda.

kommen; die hohe Temperatur hat bestehende zerstört und neue erzeugt. Die Basen (Kali und alle sich chemisch diesem ähnlich verhaltende Körper), welche in den Pflanzen mit organischen Säuren verbunden waren, finden sich in der Asche an Kohlensäure gebunden; so entsteht z. B. aus dem weinsauren und oxalsauren Kali beim Verbrennen der Pflanzen kohlensaures Kali. Die Zusammensetzung der Asche ist verschieden nach der Pflanzenspecies, aus welcher sie gewonnen, und nach der Zusammensetzung des Bodens, auf welchem die Pflanzen wuchsen: Strandgewächse enthalten vorzugsweise Natron, während die Pflanzen der Binnenländer an dessen Stelle Kali enthalten. Ebenso ist die Menge der Asche sehr verschieden, je nach dem Saftreichthum der verbrannten Pflanzensubstanz; Kräuter z. B. geben mehr Asche als Sträucher, Sträucher mehr als Bäume, die Blätter mehr als der Stamm; Kartoffelstroh giebt 15 pCt. Asche, Nesseln 10,6 pCt., Farrenkraut 5 pCt., Platanenblätter 9,22 pCt., Hollunder 1,64 pCt., Heidelbeere 2,6 pCt., Eichenholz 0,2, Aeste 0,4, Rinde 6,0, Blätter 5,5 pCt. Tannenholz 0,2, Rinde 1,78, Nadeln 2,31 pCt.; Erscheinungen, die darin ihren Grund haben, dass die kohlensauren Verbindungen der Asche vorzugsweise aus den im Pflanzensafte aufgelösten Salzen herrühren.

In der Asche fast aller Pflanzen werden angetroffen: Chlorkalium und Chlornatrium, kohlensaures, schwefelsaures und kieselsaures Kali und Natron, oft auch mangansaures Kali (im Wasser lösliche Verbindungen), ferner kohlensaure und phosphorsaure Kalkerde und Talkerde, Manganoxyd, Eisenoxyd, Kieselsäure (in Wasser unlösliche Verbindungen). — Aus der Asche nun wird durch Auslaugen und Abdampfen zur Trockne eine von organischer Substanz braun gefärbte Salzmasse, rohe Pottasche (Ochras) gewonnen, welche zur Zerstörung der färbenden Substanz in Flammenöfen so lange calcinirt wird, bis sie vollkommen weiss oder bläulichweiss geworden ist. Dieses Glühen wurde ehedem in eisernen Töpfen (Potten) ausgeführt, woher der Name Pottasche. Es geht aus dieser Darstellung der Pottasche hervor, dass sie vorzugsweise aus den in Wasser löslichen Bestandtheilen der Asche besteht.

Die Quantität dieser löslichen Bestandtheile und somit auch die der daraus erhaltenen Pottasche ist aber sehr verschieden, je nach der Beschaffenheit der Hölzer, von welchen die Asche gewonnen wurde; so liefern 1000 Gewichtstheile der folgenden Pflanzen an Pottasche:

| Ulmenholz | 39 | G.-Th. | Wicken | 270 | G.-Th. |
|---|---|---|---|---|---|
| Eichenholz | 15 | - | Brennnesseln | 250 | - |
| Eichenrinde | 150 | - | Wermuth | 730 | - |
| Buchenholz | 15 | - | Erdrauch | 790 | - |
| Hagebuchenholz | 12,5 | - | Farrenkraut | 68 | - |
| Pappelholz | 7 | - | Disteln | 50 | - |
| Lindenholz | 50 | - | Mohn | 360 | - |
| Weidenholz | 30 | - | Angelikakraut | 960 | - |
| Fichtenholz | 4,5 | - | Beifuss | 325 | - |
| Birkenholz | 16 | - | Attich | 280 | - |
| Buchsbaumholz | 22,6 | - | Erdäpfel | 244 | - |
| Nussbaumholz | 23 | - | Sonnenblume | 147 | - |
| Weinreben | 55 | - | Klee | 8 | - |
| Maisstengel | 180 | - | Weizenstroh | 83 | - |
| Bohnenstengel | 200 | - | | | |

Unter den hier genannten Materialien sind es jedoch nur die Hölzer, und zwar vorzugsweise die schwereren, deren Asche im Grossen auf Pottasche verarbeitet wird.

Aber nicht nur die Menge des löslichen Theiles und der daraus erhaltenen Pottasche, sondern auch die Zusammensetzung derselben ist wiederum nach den verschiedenen Pflanzen höchst verschieden, so enthält in Procenten der

| lösliche Aschentheil von | Kohlensäure | Schwefelsäure | Salzsäure | Kieselsäure | Kali und Natron |
|---|---|---|---|---|---|
| Lindenholz . . . . . . . . . | 27,95 | 7,60 | 1,4 | 1,2 | 61,85 |
| Birkenholz . . . . . . . . . | 17,40 | 2,31 | 0,18 | 1,11 | 79,00 |
| Tannenholz . . . . . . . . | 30,29 | 3,12 | 0,31 | 1,01 | 65,27 |
| Fichtenholz . . . . . . . . | 22,25 | 14,45 | 0,59 | 1,32 | 61,40 |
| Maulbeerholz . . . . . . . | 23,28 | 8,36 | 4,04 | — | 64,42 |
| Nussbaumholz . . . . . . . | 20,30 | 5,09 | 0,52 | 0,52 | 73,57 |
| Hollunderholz . . . . . . . | 24,34 | 6,50 | 0,41 | 0,18 | 68,77 |
| Kartoffelstroh . . . . . . . | 6,19 | 23,90 | 11,90 | — | 58,82 |

Es darf uns nun auch nicht wundern, dass in den verschiedenen käuflichen Pottaschen ein sehr verschiedener Gehalt an ihrem wesentlichen Bestandtheile, dem kohlensauren Kali, angetroffen wird. Es enthält nämlich an trocknem kohlensaurem Kali die Böhmische Pottasche 94,6 pCt., die Illyrische I. 95,9 pCt., die Illyrische II. 93,8 pCt., die Sächsische 61,2 pCt., die Heidelberger 68,0 pCt., die Toscanische 77,1 pCt., die Russische 72,7 pCt., die röthlich amerikanische 73,89 pCt., die amerikanische Perlasche 73,69 pCt., die Pottasche aus den Vogesen 42,8 pCt., die gereinigte Pottasche aus Runkelrübenmelasse 91,77 pCt.[1])

Diese Unterschiede im Gehalt an kohlensaurem Kali sind so bedeutend, dass sie bei der Anwendung der Pottasche nothwendigerweise berücksichtigt werden müssen, denn das Festhalten einer bestimmten Menge würde entweder eine nutzlose Verschwendung der besseren Pottasche, wenn diese auf eine schlechtere Sorte folgt, oder im umgekehrten Falle eine unvollständige Erreichung des Zweckes zur Folge haben. Es ist daher unbedingt wichtig, dass auch der Papierfabrikant, welcher zum Kochen der Lumpen sich der Pottasche bedient, im Stande sei, die Güte derselben genau zu bestimmen. Gute Pottasche muss eine weisse oder bläulichweisse (von mangansaurem Kali herrührend) Salzmasse darstellen, welche nur wenige Kohlenstücke enthält; es ist jedoch die Färbung kein sicheres Kennzeichen ihrer Güte, denn diese ist theils von der Oertlichkeit, dem Klima, dem Boden, auf welchem die Hölzer wuchsen, theils davon abhängig, ob stärker oder schwächer calcinirt wurde, theils kann sie auch leicht zur Täuschung unerfahrener Käufer künstlich bewirkt werden. — Beim Auflösen im kochenden Wasser darf eine gute Pottasche nur einen geringen Rückstand von unlöslichen

---

[1]) Wir fügen hier einige vollständige von Pésier angeführte Pottaschen-Analysen bei:

| Es enthalten in 100 Gewichtstheilen | Pottasche von Toscana | Russische Pottasche | Röthlich amerikan. Pottasche | Amerikanische Perlasche | Pottasche aus den Vogesen | gereinigte Pottasche aus Runkelrüben-melasse |
|---|---|---|---|---|---|---|
| Schwefelsaures Kali . . . . | 13,47 | 14,11 | 15,32 | 14,38 | 38,84 | 1,197 |
| Chlorkalium . . . . . . . | 0,95 | 2,09 | 8,15 | 3,64 | 9,16 | 4,160 |
| Kohlensaures { Natron . . | 74,10 | 69,61 | 68,04 | 71,38 | 38,63 | 76,440 |
| Kohlensaures { Kali . . . . | 3,00 | 3,09 | 5,85 | 2,31 | 4,17 | 16,330 |
| Hygroscopisches Wasser . | 7,28 | 8,82 | — | 4,56 | 5,34 | 0,600 |
| Unauflösliche Substanz und Verlust . . . . . . . | 1,20 | 2,28 | 2,64 | 2,37 | 3,80 | 1,149 |

Zur Ausführung so umfassender Pottaschen-Analysen kann die von Grüneberg vorgeschlagene Methode empfohlen werden. P. J. CLXXI. p. 139.

Stoffen lassen; betrügerische Beimengungen von Sand und anderen derartigen Substanzen lassen sich hierbei leicht entdecken. Wie viel aber die Auflösung kohlensaures Kali enthält, kann nur auf chemischem Wege ermittelt werden, und es ist hier den Männern der Wissenschaft gelungen, die Methode dergestalt zu vereinfachen, dass auch der mit chemischen Arbeiten nicht vertraute Fabrikant sich derselben bedienen und ziemlich genaue Resultate erlangen kann. — Es wird nämlich der Gehalt an kohlensaurem Kali leicht gefunden aus der Menge einer Säure von bestimmter Sättigungscapacität, die zur Neutralisation einer bestimmten Menge Pottasche erforderlich ist. — Es ist diese Methode mit geringfügigen Abänderungen auch anwendbar zur Bestimmung des Gehaltes an kohlensaurem Kali in der Holzasche, des Kalis in der Kalilauge, des kohlensauren Natrons in der Soda und des Ammoniaks in der Ammoniakflüssigkeit und wird in chemischen Lehrbüchern unter der Rubrik Alkalimetrie gelehrt[1]).

---

[1]) Man unterscheidet in Hinsicht ihrer chemischen Wirksamkeit 3 Klassen von Körpern: 1. indifferente Körper, 2. Säuren und Basen, 3. Salze. Die Säuren und Basen sind ausgezeichnet durch den Gegensatz, welcher zwischen ihnen stattfindet, in Folge dessen die Wirkung der einen durch die der andern mehr oder weniger vollständig aufgehoben wird. Die Säuren, deren Bezeichnung von dem sauren Geschmack herrührt, den die meisten von ihnen besitzen, färben blaue Pflanzenfarben roth; die Basen, im auflöslichen Zustande von laugenhaftem Geschmack, stellen die blaue Farbe wieder her; umgekehrt werden die gelben Pflanzenfarben durch die Basen gebräunt, durch Säuren wieder hergestellt. Als Prototypen der Säuren können die Schwefelsäure, Chlorwasserstoffsäure (Salzsäure), Salpetersäure, Phosphorsäure, Oxalsäure genannt werden, während die Eigenschaften der Basen am ausgeprägtesten im Kali, Natron, Ammoniak auftreten. Diese drei nebst dem nur selten vorkommenden Lithion bilden die Klasse der Alkalien, daher Alkalimetrie, eine Bezeichnung, die wir noch den Arabern verdanken und die sich auf die Gewinnung der Pottasche und Soda bezieht, denn das arabische Wort Kaljun bedeutet die Asche verschiedener Pflanzen, namentlich der Salicornien (al arabischer Artikel). Im reinen Zustande lösen die Alkalien vegetabilische und thierische Substanzen auf, und haben daher, auf die Zunge gebracht, einen ätzenden, brennenden Geschmack, daher die Bezeichnung kaustisch vom griechischen $\varkappa\alpha\upsilon\sigma\tau\iota\varkappa\varrho\varsigma$, brennend, fressend. Mit Kohlensäure verbunden, haben sie diese Eigenschaft zum grössten Theil eingebüsst, daher man sie auch wohl in diesem Zustande als milde Alkalien bezeichnet. — Aus der Verbindung einer Säure und einer Basis entsteht ein Salz; eine Bezeichnung, welche von der fast immer vorhandenen Aehnlichkeit dieser Verbindungen mit dem gewöhnlichen Kochsalz hergenommen ist, welche aber, wie man sieht, sich auf eine sehr grosse Körperklasse bezieht. Man unterscheidet unter den Salzen neutral, sauer und

Die Säure, deren man sich zur Zersetzung des kohlensauren Kalis bedient, ist ausschliesslich Schwefelsäure, welche mit einer kräftigen Wirkung grosse Wohlfeilheit verbindet, allenthalben leicht zu haben ist und durch Nichtflüchtigkeit bei gewöhnlicher Temperatur hinreichende Sicherheit beim Abwägen oder Messen gewährt. — Zum richtigen Verständniss des Verfahrens bei Prüfung der Pottasche ist vorauszuschicken:

1. Das kohlensaure Kali ($KO + CO^2$), wesentlicher Bestandtheil der Pottasche, besteht aus:

   100 Theilen Kohlensäure und 214,13 Kali oder 100 Kali und 46,7 Kohlensäure;

2. das kohlensaure Natron ($NaO + CO^2$) aus:

   100 Theilen Kohlensäure und 140,9 Natron, oder 100 Natron und 70,92 Kohlensäure;

3. die concentrirteste englische Schwefelsäure enthält:

   81,63 pCt. wasserfreie Säure und 18,37 pCt. Wasser;

4. schwefelsaures Kali ($KO + SO^3$) besteht aus:

   100 Theilen Schwefelsäure und 117,77 Theilen Kali;

5. das schwefelsaure Natron ($NaO + SO^3$) aus:

   100 Theilen Schwefelsäure und 77,48 Theilen Natron.

6. Endlich wird die Kohlensäure aus ihren Verbindungen durch Schwefelsäure vollständig ausgetrieben.

Aus 3. und 4. folgt nun, dass von der concentrirtesten englischen Schwefelsäure 100 Theile nur 96,136 Kali zur Neutralisation erfordern; fügt man dieser Säure bestimmte Quantitäten Wasser zu, so erhält man verdünnte Säuren, deren Sättigungscapacität jederzeit bekannt ist, und aus der verbrauchten Menge derselben wird man leicht die in einer abgewogenen Menge kalihaltiger Substanz befindliche Quantität reinen Kalis berechnen können. Mischten wir z. B. 100 dg. englischer Schwefelsäure mit so viel Wasser als nöthig ist, um ein in 100 Theile getheiltes

---

basisch reagirende, je nachdem die Reaction auf Pflanzenfarben gänzlich verschwunden ist, wie im salpetersauren Kali (Salpeter) oder die Reaction der Säure (schwefelsaures Eisenoxydul, Eisenvitriol) oder der Basis (kohlensaures Kali) vorherrscht. Mit dieser Bezeichnung in einzelnen Fällen aber durchaus nicht nothwendig übereinstimmend, sind die Ausdrücke: neutrales, saures und basisches Salz, welche sich zunächst nicht auf die Reaction beziehen, sondern ein bestimmtes Quantitätsverhältniss zwischen der Säure und Basis voraussetzen. So sind die eben genannten drei Salze, trotz ihrer verschiedenen Reaction, sämmtlich neutrale Salze.

Glasrohr (Alkalimeter) zu füllen, und wiegen 96,14 dg. der zu untersuchenden Substanz ab, so würde diese aus reinem Kali bestehen, wenn
zu ihrer Neutralisation alle 100 Theile des Alkalimeters erforderlich
wären, während jeder einzelne Grad 0,961 dg. Kali in der untersuchten
Substanz oder 1 pCt. angiebt. Hat man aber ein kohlensaures Kali,
also eine Pottasche, Asche u. s. w. zu untersuchen, so würde man nach
1. nicht 96,14 dg., sondern 141,04 dg. abwiegen müssen, denn sind
diese reines kohlensaures Kali, so würden, da ja darin 96,14 dg. Kali
enthalten sind, wiederum jene 100 Theile Schwefelsäure zur Bildung von
neutralem schwefelsaurem Kali hinreichen, und mithin wird jeder verbrauchte Grad wiederum 1 pCt. kohlensaures Kali anzeigen. — Wollte
man dieselbe Probesäure zur Untersuchung von Natron und Soda anwenden, so würde man nach 3., 4. und 5. von der natronhaltenden
Substanz 63,3 dg. und von der sodahaltenden nach 2. 108,2 dg. zu
nehmen haben. Es ist dies im Wesentlichen die von Decroizilles
und Gay-Lussac angewendete Methode. Das Decroizilles'sche
Alkalimeter besteht aus einem circa 8 Linien weiten und 9 Zoll hohen
Glasrohr, welches am oberen Rande mit einem Ausguss und unten mit
einem Fuss versehen ist. Das Rohr ist von oben nach unten in 100
gleiche Theile getheilt, von welchen jeder gleich 0,5 Kubikcentimeter
oder gleich dem Raume von 0,5 Grammes Wasser ist. Die Probesäure
besteht ferner aus 1 Theil der concentrirtesten englischen Schwefelsäure
und 9 Theilen Wasser, so dass sie in 50 Kubikcentimeter ziemlich genau
5 Grammes Säure enthält. Hiermit wird vor der Untersuchung das Alkalimeter bis zur Zahl 0 angefüllt. Von der zu prüfenden Pottasche werden ebenfalls genau 5 Grammes abgewogen, in heissem destillirtem
Wasser aufgelöst, falls ein ungelöster Rückstand verbleiben sollte, filtrirt,
Filtrum und Rückstand gut ausgesüsst, die Lösung durch etwas Lackmus blau gefärbt und durch allmäliges Zusetzen der Säure neutralisirt.
Ist die Neutralisation erfolgt, so beobachtet man den Stand der übrig
gebliebenen Probesäure in dem Alkalimeter, und die dabei stehende
Zahl giebt den Gehalt der Pottasche in alkalimetrischen Graden,
welche anzeigen, wie viel Kilogramm Schwefelsäurehydrat nöthig sind,
um 100 Ko. oder einen metrischen Centner Alkali zu neutralisiren.

Da besonders französische und englische Fabrikanten den Gehalt
ihrer Pottasche noch sehr häufig in Decroizilles'schen Graden angeben, so mag beifolgende Tabelle dazu dienen, die Grade des Alkalimeters auf Procente an kohlensaurem und reinem Kali zu reduciren.

# Tabelle

zur Vergleichung der Decroizilles'schen Alkalimeter-Grade mit den Procenten von kohlensaurem und reinem Kali.

| Grade des Alkalimeters. | Procente an kohlensaurem Kali. | Procente an reinem Kali. | Grade des Alkalimeters. | Procente an kohlensaurem Kali. | Procente an reinem Kali. | Grade des Alkalimeters. | Procente an kohlensaurem Kali. | Procente an reinem Kali. |
|---|---|---|---|---|---|---|---|---|
| 1 | 1,41 | 0,96 | 25 | 35,35 | 24,02 | 49 | 69,09 | 47,08 |
| 2 | 2,82 | 1,92 | 26 | 36,66 | 25,00 | 50 | 70,50 | 48,04 |
| 3 | 4,23 | 2,88 | 27 | 38,07 | 25,96 | 51 | 71,91 | 49,00 |
| 4 | 5,64 | 3,85 | 28 | 39,58 | 26,92 | 52 | 73,32 | 49,96 |
| 5 | 7,05 | 4,81 | 29 | 40,99 | 27,88 | 53 | 74,73 | 50,92 |
| 6 | 8,46 | 5,77 | 30 | 42,30 | 28,84 | 54 | 76,14 | 51,88 |
| 7 | 9,87 | 6,73 | 31 | 43,71 | 29,80 | 55 | 77,55 | 52,84 |
| 8 | 11,28 | 7,69 | 32 | 45,12 | 30,76 | 56 | 78,96 | 53,80 |
| 9 | 12,69 | 8,65 | 33 | 46,53 | 31,72 | 57 | 80,37 | 54,76 |
| 10 | 14,10 | 9,61 | 34 | 47,94 | 32,68 | 58 | 81,78 | 55,72 |
| 11 | 15,51 | 10,57 | 35 | 49,35 | 33,64 | 59 | 83,19 | 56,68 |
| 12 | 16,92 | 11,54 | 36 | 50,76 | 34,60 | 60 | 84,60 | 57,64 |
| 13 | 18,33 | 12,50 | 37 | 52,17 | 35,56 | 61 | 86,01 | 58,60 |
| 14 | 19,74 | 13,46 | 38 | 53,58 | 36,52 | 62 | 87,42 | 59,56 |
| 15 | 21,15 | 14,42 | 39 | 54,99 | 37,48 | 63 | 88,83 | 60,52 |
| 16 | 22,56 | 15,38 | 40 | 56,40 | 38,44 | 64 | 90,24 | 61,48 |
| 17 | 23,97 | 16,34 | 41 | 57,81 | 39,40 | 65 | 91,65 | 62,44 |
| 18 | 25,38 | 17,30 | 42 | 59,22 | 40,36 | 66 | 93,06 | 63,40 |
| 19 | 26,79 | 18,26 | 43 | 60,63 | 41,32 | 67 | 94,47 | 64,36 |
| 20 | 28,20 | 19,22 | 44 | 62,04 | 42,28 | 68 | 95,88 | 65,32 |
| 21 | 29,61 | 20,18 | 45 | 63,45 | 43,24 | 69 | 97,29 | 66,28 |
| 22 | 31,02 | 21,14 | 46 | 64,86 | 44,20 | 70 | 98,70 | 67,24 |
| 23 | 32,43 | 22,10 | 47 | 66,27 | 45,16 | 71 | 100,11 | 68,20 |
| 24 | 33,94 | 23,06 | 48 | 67,68 | 46,12 | 72 | 101,52 | 69,16 |

Gay-Lussac vervollkommnete die Decroizilles'sche Methode sehr wesentlich dadurch, dass er 1. genauere Zahlenwerthe für Säure und Alkali zu Grunde legte, 2. durch Einführung leicht zu handhabender Apparate die sorgfältigste Darstellung der Probesäure ungemein erleichterte, 3. durch eine einfache Vergrösserung oder Verminderung

des Gewichtes der zu prüfenden Substanz die alkalimetrischen Grade
in Procente verwandelte. Er stellt die Probesäure durch sorgfältiges
Abwägen von 100 g. reiner Schwefelsäure von 1,842 7 spec. Gew.
(bei 15°) und 962,09 g. Wasser dar, welche nach geschehener Mischung
und Abkühlung (auf 15°) genau den Raum von 1000 Kubikcentimetern
oder 1 Liter einnehmen. Zur Ausführung einer Probe füllt man das
Alkalimeter, welches wie das von Decroizilles in 100 halbe Kubikcentimeter getheilt ist, bis zum obersten Theilstrich, also dem Nullpunkt,
mit Probesäure an. Da diese in 1000 Kubikcentimetern 100 Gramm
Schwefelsäure enthält, so enthalten $\frac{100}{2} = 50$ Kubikcentimeter genau
5 g., welche im Stande sind, 4,807[1]) g. reines, wasserfreies Kali
zu neutralisiren. 4,807 g. werden denn auch von der auf Kali zu
untersuchenden Substanz abgewogen, und es ist nun klar, dass, wenn
diese reines, wasserfreies Kali wäre, auch alle 100 Theile Probesäure
zur Neutralisation verbraucht werden würden, und überhaupt jeder
Theil verbrauchter Säure 1 pCt. reines Kali in der untersuchten Substanz
anzeigt[2]).

Beide Methoden, sowohl die von Decroizilles als Gay-Lussac,
haben den Uebelstand, dass sie reine Schwefelsäure erfordern, welche
nicht Jedermann zur Hand ist und von Jedermann dargestellt werden
kann, so dass es als eine sehr vortheilhafte Erweiterung des Princips
zu betrachten ist, dass, nach Otto, jede beliebige Schwefelsäure zur
Darstellung einer Probesäure benutzt werden kann. Das von ihm be-
folgte Verfahren ist einfach folgendes: Ohngefähr 30 dg. zerriebenes,
zweifach kohlensaures Natron, das von fremden Salzen vollkommen frei
sein muss (aus der Apotheke zu beziehen), werden in einer Porcellan-
schale unter fortwährendem Umrühren so stark und so lange erhitzt,
bis sie in einfach kohlensaures Salz verwandelt sind. Wenn eine
über die Schale gelegte Glasplatte nicht mehr mit einem Thau von
Wasser beschlägt, so ist die Verwandlung vollständig erfolgt. Von
diesem trocknen kohlensauren Natron wiegt man 11,25 g. oder 112,5 dg.
ab, welche eben so viel Schwefelsäure zur Neutralisation erfordern,

---

[1]) Nach den in neuerer Zeit genauer bestimmten Mischungsgewichten 4,82.

[2]) Um mittelst der Gay-Lussac'schen Methode genaue Resultate zu erhalten, sind mehrere eigens dafür construirte Apparate erforderlich, deren Beschreibung wir indess hier unterlassen, da wir der Ansicht sind, dass der Fabrikant jedenfalls wohl thut, sich lieber der Graham'schen Methode bei Untersuchung von Pottasche und Soda zu bedienen.

wie 100 dg. reines Kali. — Man könnte statt 112,5 dg. kohlensaures Natron auch 147 dg. kohlensaures Kali nehmen, welche ebenfalls 100 dg. Kali enthalten, allein letzteres ist selten rein zu haben und wegen der Begierde, mit welcher es Wasser anzieht, schwer aufzubewahren und zu wiegen, daher jenes den Vorzug verdient. Diese 112,5 dg. kohlensaures Natron werden in etwa 90 g. heissem Wasser aufgelöst und die Auflösung durch Zusatz von etwas Lackmustinktur blau gefärbt. Man füllt hierauf das Alkalimeter, d. h. die in 100 gleiche Theile getheilte, von oben nach unten von 0 bis 100 graduirte, etwa 14 Zoll lange und $^5/_8$ Zoll weite Glasröhre, bis 0 mit der verdünnten Schwefelsäure, welche aus 1 Theil der gewöhnlichen käuflichen englischen Schwefelsäure und etwa 12 Theilen Wasser gemischt worden ist[1]), und setzt von derselben in kleinen Portionen zu der heissen Auflösung des kohlensauren Natrons unter Umrühren mit einem Glasstabe genau nur so viel hinzu, dass die Farbe derselben eben hellroth wird und ein mit dem Glasstabe herausgenommener Tropfen das Lackmuspapier schwach roth färbt. In der verbrauchten Anzahl von Säuregraden ist natürlich so viel Schwefelsäure enthalten, als zur Sättigung von 100 dg. Kali erfordert wird (84,9 dg. Schwefelsäure). Um nun aus dieser Säure die Probesäure zu erhalten, von welcher gerade 100 Grade des Alkalimeters 100 dg. Kali, jeder Grad also 1 dg. sättigen soll, und welche daher bei Benutzung von 100 dg. einer Kali oder kohlensaures Kali enthaltenden Substanz zur Prüfung, Procente an Kali anzeigt, muss man die verbrauchten Grade dieser Säure mit so viel reinem Wasser verdünnen, dass sie 100 Grade ausmachen. Hat man z. B. von der Säure 90 Grade zum Neutralisiren der 112,5 dg. kohlensauren Natrons nöthig gehabt, so müssen 90 Vol. derselben mit 10 Vol. Wasser vermischt werden, um die Probesäure zu erhalten: man bekommt so 100 Vol. Probesäure, welche genau die zur Neutralisation von 100 dg. Kali erforderliche Menge Schwefelsäure enthalten.

Die Prüfung einer Pottasche findet nun in ähnlicher Weise wie die Darstellung der Probesäure statt. Man füllt nämlich das Alkalimeter bis 0 mit der Probesäure, wiegt darauf 100 dg. der Pottasche ab, giebt dieselbe in einen Mörser und zerreibt sie mit einigen Loth kochenden

---

[1]) Man wird gut thun, sich gleich von vornherein eine etwas grössere Quantität dieser Säure anzufertigen, um desto länger mit einer und derselben Säure operiren zu können.

Wassers; löst sie sich vollständig auf, so giesst man den Inhalt des Mörsers in ein 8 bis 9 Zoll hohes Becherglas oder einen Glascylinder, spült den Mörser mit heissem Wasser nach und giesst, wenn es nöthig, noch so viel heisses Wasser in das Glas, dass die Menge desselben ohngefähr 4 bis 6 (100 Gr.) Loth beträgt. Löst sich die Pottasche nicht vollständig auf, so muss man filtriren und das Filter mit heissem Wasser aussüssen. Man färbt dann die heisse Lösung durch Zugeben von etwas Lackmustinktur[1]) blau und setzt von der Probesäure aus dem Alkalimeter nach und nach und unter öfterem, starkem Umrühren mit einem Glasstabe so viel hinzu, bis an die Stelle der blauen und violetten Färbung eine hellrothe tritt und ein Tropfen der Flüssigkeit, auf Lackmuspapier gestrichen, einen, wenn auch schwach rothen Fleck hervorbringt. Die Anzahl Grade verbrauchter Säure entsprechen Procenten an Kali in der Pottasche.

Handelt es sich darum, den Gehalt von kohlensaurem Kali in Procenten auszudrücken, so könnte man, da 100 dg. Kali 147 dg. kohlensaures Kali geben, ursprünglich 147 dg. Pottasche abwiegen, wo dann die verbrauchten Grade Probesäure Procente an kohlensaurem Kali anzeigen, oder man findet aus den Procenten an Kali leicht die an kohlensaurem Kali durch die Proportion:

$$n \text{ (Grade verbr. Probesäure)} : x \text{ (pCt. an kohlens. Kali)} = 100 : 147$$
$$x = \frac{147}{100} \cdot n = 1{,}47\,n,$$

man hat also nur die Procente an Kali mit 1,47 zu multipliciren, um die Procente an kohlensaurem Kali zu erhalten. Folgende Tabelle enthält die Resultate der für alle Fälle ausgeführten Multiplicationen:

---

[1]) Zur Darstellung der Lackmustinktur übergiesst man 1 Loth gepulvertes Lackmus mit 8 Loth warmen Wassers, lässt unter bisweiligem Umrühren 12 Stunden stehen und giesst dann die klare blaue Flüssigkeit von dem Bodensatze ab. Zur Bereitung von Lackmuspapier wird feines, nicht sehr geblautes Briefpapier mehrere Mal mit dieser Tinktur bestrichen.

# Tabelle,

welche die dem Kali entsprechenden Mengen von kohlensaurem Kali angiebt. Von Gay-Lussac.

| Kali. | Kohlensaures Kali. | Kali. | Kohlensaures Kali. | Kali. | Kohlensaures Kali. |
|---|---|---|---|---|---|
| 1. | 1,47 | 24. | 35,20 | 47. | 68,94 |
| 2. | 2,93 | 25. | 36,67 | 48. | 70,40 |
| 3. | 4,40 | 26. | 38,13 | 49. | 71,87 |
| 4. | 5,87 | 27. | 39,60 | 50. | 73,34 |
| 5. | 7,33 | 28. | 41,07 | 51. | 74,80 |
| 6. | 8,80 | 29. | 42,53 | 52. | 76,27 |
| 7. | 10,27 | 30. | 44,09 | 53. | 77,74 |
| 8. | 11,73 | 31. | 45,47 | 54. | 79,20 |
| 9. | 13,20 | 32. | 46,97 | 55. | 80,67 |
| 10. | 14,67 | 33. | 48,40 | 56. | 82,14 |
| 11. | 16,13 | 34. | 49,87 | 57. | 83,60 |
| 12. | 17,60 | 35. | 51,34 | 58. | 85,07 |
| 13. | 19,07 | 36. | 52,80 | 59. | 86,54 |
| 14. | 20,53 | 37. | 54,27 | 60. | 88,00 |
| 15. | 22,00 | 38. | 55,74 | 61. | 89,47 |
| 16. | 23,47 | 39. | 57,20 | 62. | 90,94 |
| 17. | 24,93 | 40. | 58,67 | 63. | 92,40 |
| 18. | 26,40 | 41. | 60,14 | 64. | 93,87 |
| 19. | 27,87 | 42. | 61,60 | 65. | 95,34 |
| 20. | 29,33 | 43. | 63,07 | 66. | 96,80 |
| 21. | 30,80 | 44. | 64,54 | 67. | 98,27 |
| 22. | 32,27 | 45. | 66,00 | 68. | 99,74 |
| 23. | 33,73 | 46. | 67,47 | | |

Die Anfertigung der Probesäure aus Schwefelsäure ist, wie nicht geläugnet werden kann, auch nach der Graham'schen Methode etwas umständlich, daher haben Buchner und Wittstein neuerdings die Anwendung der Weinsteinsäure zu derartigen alkalimetrischen Untersuchungen vorgeschlagen. Die Weinsteinsäure hat nämlich vor der Schwefelsäure den Vorzug, dass sie fest ist, hinreichend rein im Handel vorkommt und also die nöthige Menge Säure jedes Mal leicht abgewogen werden kann. 100 g. Weinsteinsäure neutralisiren aber 62,77 g. Kali oder 92,11 g. kohlensaures Kali oder 41,55 g. Natron oder 70,88 g.

kohlensaures Natron. Wendet man daher 10 g. Weinsteinsäure an, so würde, je nachdem man auf Kali, Pottasche, Natron oder Soda untersucht, von der zu prüfenden Substanz 6,27, 9,21, 4,15 oder 7,08 g. abzuwiegen haben. Löst man die 10 g. Weinsteinsäure in so viel Wasser auf, dass ein in 100 Theile getheiltes Alkalimeter gefüllt wird, so wird jeder verbrauchte Theil der Säure 1 pCt. der respectiven Substanzen anzeigen.

Die Anwendung der Weinsteinsäure hat jedoch nicht nur Vortheile, sondern auch Nachtheile, die ganz besonders darin bestehen, dass die Auflösung derselben zum Schimmeln geneigt ist; man muss daher bei jedem einzelnen Versuche die Säure in fester Form abwiegen und hat jedesmal eine Wägung mehr zu machen, als bei Anwendung von Schwefelsäure, was, abgesehen von dem dadurch verursachten Aufenthalt, aller der dabei möglichen Fehler wegen kein geringer Uebelstand ist. Bei weitem mehr empfiehlt sich die von Mohr vorgeschlagene Anwendung von Kleesäure, wovon später die Rede sein wird.

Will und Fresenius haben eine einfache, und da die Wage den Ausspruch giebt, in mancher Hinsicht noch genauere Methode angegeben, den Gehalt einer Pottasche oder Soda an kohlensaurem Kali oder Natron durch das Gewicht der entweichenden Kohlensäure zu bestimmen; von 147 G.-Th. abgewogenem, reinen kohlensaurem Kali werden nämlich 47 G.-Th. Kohlensäure entweichen und mithin bei der Untersuchung einer kohlensaures Kali enthaltenden Substanz je 47 G.-Th. entwichener Kohlensäure auf 100 G.-Th. Kali oder 147 G.-Th. kohlensaures Kali schliessen lassen. Der Einfachheit halber geschieht die Bestimmung dieser Kohlensäure aus dem Gewichtsverlust, welchen die mit Säure und allem Zubehör abgewogene Vorrichtung durch das Entweichen derselben erleidet. Die aus der wässerigen Lösung sich entwickelnde Kohlensäure führt jedoch Wasserdämpfe mit fort, welche nicht wieder aufgefangen, nothwendiger Weise die Richtigkeit der Probe beeinträchtigen, da ja der Gewichtsverlust nicht allein von Kohlensäure, sondern auch von Wasser herrühren würde. Wie dieser Uebelstand in dem Apparate von Will und Fresenius auf eine sinnreiche Art vermieden und noch obendrein die nothwendige Erwärmung der Flüssigkeit durch denselben nebenbei und ohne Feuer besorgt wird, geht aus seiner Einrichtung von selbst hervor. $A$ (Fig. 4 Taf. IV) ist ein grösserer Kolben von 6—7 g. Gehalt, worin die Zersetzung vor sich geht, $B$ ein etwas kleinerer für concentrirte englische Schwefelsäure. Beide sind zur Auf-

nahme der drei Röhren $a$, $c$ und $d$ mit doppelt durchbohrten Korken
versehen. Die Röhre $a$ gehört dem Kolben $A$ allein an und taucht
darin unter den Spiegel der Flüssigkeit; eben so gehört $d$ dem Kolben
$B$ an und reicht eben nur durch den Kork. Das Rohr $c$ endlich mündet
auf der einen Seite in dem leeren Halse von $A$, um nach einer zwei-
maligen Biegung mit dem andern Ende in die Schwefelsäure in $B$ ein-
zutauchen. Die Mündung von $a$ ist während des Versuchs mit einem
Wachspfropf verschlossen, so dass dem ganzen Apparat überhaupt keine
andere Oeffnung als die Mündung von $d$ bleibt. Man übergiesst nun
in dem Kolben $A$ die abgewogene Probe mit so viel Wasser, dass derselbe etwa zum dritten Theil angefüllt ist, und bringt den Apparat,
nachdem man die Oeffnung $b$ mit einem Wachspfropf geschlossen hat,
auf der Wage in's Gleichgewicht. Die Zersetzung kann nunmehr vor
sich gehen und wird dadurch in Gang gebracht, dass man mit dem
Munde an dem Rohr $d$ etwas Luft aussaugt. Diese tritt nicht allein
aus $B$, sondern auch aus $A$ aus, weil beide Kolben durch $c$ in Verbindung stehen; man sieht daher Luftblasen von $A$ her durch die Schwefelsäure streichen. So wie man den Mund von $d$ entfernt, wird die äussere
Luft sich mit der innern, verdünnten ins Gleichgewicht setzen, was in
Bezug auf $A$ nur dadurch geschehen kann, dass ein Theil der Schwefelsäure in $B$ durch $c$ hinübergedrückt wird. Die Kohlensäure, welche
nun unter Aufbrausen und Erwärmung der Flüssigkeit in $A$ entweicht,
hat keinen andern Ausweg als durch das Rohr $c$ in den Kolben $B$ und
durch die Schwefelsäure in's Freie. Eben diese Schwefelsäure verdichtet
nun mit grosser Kraft allen Wasserdampf und hält ausserdem noch
Alles zurück, was der Gasstrom durch Verspritzen aus $A$ etwa zu ent-
führen droht. Nach mehrmaliger Wiederholung dieses Vorganges ist
die Zersetzung beendigt. Es bleibt nun ein Antheil Kohlensäure in dem
Raume des Apparates, der vorher mit Luft erfüllt war, ein anderer Antheil bleibt in der mittlerweile kalt gewordenen Salzlösung zurück.
Beide müssen vor dem Nachwiegen entfernt werden. Zu dem Ende
bewirkt man durch Saugen an dem Rohr $d$ wie anfangs das Ueber-
treten von so viel Schwefelsäure auf einmal, als nöthig ist, um eine
starke Erwärmung in $A$ hervorzubringen, wodurch die aufgelöste Kohlensäure entweicht und mit derjenigen, welche sonst noch im Apparat
zurückgeblieben, entfernt werden kann. Es genügt nämlich, durch Hin-
wegnahme des Wachspfropfens $b$ die Mündung von $a$ zu öffnen und
alsdann bei $d$ eine Zeit lang Luft durch die Kolben zu saugen, bis diese

alle Kohlensäure vor sich her ausgetrieben hat. Ist darauf die ganze Vorrichtung erkaltet und auf die Wage zurückgebracht worden, so ergiebt sich die Menge der entwichenen Kohlensäure aus der Grösse des Gewichtes, welches man zur Herstellung des Gleichgewichtes dem Apparate zulegen muss. — 100 Kohlensäure entsprechen nach 1. 213,38 Kali oder 313,38 kohlensaurem Kali; nimmt man daher 313,4 Gewichtstheile Pottasche zur Untersuchung, so wird jeder verschwundene Gewichtstheil Kohlensäure 1 pCt. kohlensaures Kali anzeigen. Bei Anwendung des Grammengewichtes ist es leicht, die Quantitäten nach dem jedesmaligen Bedürfniss zu wählen, denn 3134 Milligrammen = 3,134 Grammen ist noch eine hinreichend kleine Quantität, welche sogar in diesem Falle mit Vortheil verdoppelt werden kann, um den beim Abwiegen etwa begangenen Fehler verhältnissmässig kleiner zu machen; man wiege also 627 cg. = 6,27 g. ab, wo dann je 2 cg. 1 pCt. kohlensaures Kali anzeigen. Für jede andere zur Untersuchung angewandte Menge würden folgende Formeln zur Bestimmung des Procentgehaltes dienen: ist $a$ das Gewicht der Substanz, $c$ das Gewicht der entschwundenen Kohlensäure, so giebt

$$31,9 : 100 = c : x^{1)}$$
$$x = 3,13\,c$$

die absolute Menge kohlensauren Kalis in der zur Untersuchung angewandten Substanz und die Proportion

$$a : x = 100 : y$$
$$y = \frac{100}{a} \cdot x = \frac{313}{a} \cdot c$$

den Procentgehalt von kohlensaurem Kali.

Wie gegenwärtig im Allgemeinen, so findet namentlich in der Papierfabrikation die Soda eine bei Weitem ausgedehntere Anwendung, als die Pottasche, wir werden daher bei dieser Gelegenheit nehmen, über die weiteren Vervollkommnungen der alkalimetrischen Methoden zu berichten und unser Urtheil über deren relativen Werth auszusprechen. Wir heben hier nur hervor, dass beide hier auseinandergesetzten alkalimetrischen Proben nicht als strenge Analysen, sondern nur als Messungen zu betrachten sind, welche die Grösse der Wirkung einer Pottasche

---

[1]) Es enthalten nämlich nach (1) 100 Gew.-Th. kohlensaures Kali 31,9 Kohlensäure.

auf Säuren mit Genauigkeit zu erkennen geben. Sind aber, wie dies den angeführten Analysen zufolge fast immer der Fall ist, beide Alkalien, Kali und Natron, gleichzeitig vorhanden, so wird durch beide Methoden dies weder angezeigt, noch die relative Menge derselben bestimmt[1]). — Bei Anwendung der Methode von Will und Fresenius aber kann ein nicht unbedeutender Fehler daraus entspringen, dass die in der Pottasche befindlichen kaustischen Alkalien, welche ja zur Güte derselben wesentlich beitragen, durch die entweichende Kohlensäure nicht angegeben werden. Um diesen zu vermeiden, reicht es hin, die Probe feucht mit $^1/_4$—$^1/_3$ ihres Gewichtes kohlensaurem Ammoniak zu mengen und bei starker Hitze einzutrocknen, wodurch alles Aetzkali kohlensauer wird.

Das kohlensaure Kali zieht sehr begierig Feuchtigkeit aus der Luft an und zerfliesst, daher auch die Pottasche in gut verschlossenen Fässern aufzubewahren ist. Es ist jedoch unvermeidlich, dass aus einem angebrochenen Fasse die zur Hervorbringung einer bestimmten Wirkung berechnete Menge täglich mehr Wasser und verhältnissmässig weniger kohlensaures Kali enthält. Dieser Umstand, verbunden mit der ausgebreiteteren Darstellung der künstlichen Soda und der dadurch veranlassten grösseren Billigkeit derselben, haben auch in der Papierfabrikation die Anwendung der Pottasche sehr vermindert und bewirkt, dass viel mehr das kohlensaure Natron in Gestalt der Soda zu gleichem Zwecke verwendet wird.

---

[1]) Für den Papierfabrikanten ist es von keinem grossen Belang, ob seine Pottasche etwas Natron oder seine Soda Kali enthält, allein bei anderen Industriezweigen kann dies allerdings von Wichtigkeit sein. Für diese hat Pesier eine sehr sinnreiche Methode angegeben, den Natrongehalt einer Pottasche in Procenten zu bestimmen. Er benutzt die Eigenschaft einer gesättigten Auflösung von schwefelsaurem Kali, durch den Zusatz von schwefelsaurem Natron eine Zunahme an Dichtigkeit zu erfahren, und nachdem er die kohlensauren Salze in schwefelsaure verwandelt, liest er an einem eigens zu diesem Zweck construirten Aräometer die Natronprocente ab. (Dingler's polytechn. Journal Bd. CXXIII. p. 135). — Handelt es sich nicht um quantitative Bestimmung, sondern nur um den Nachweis, ob Natron in der Pottasche vorhanden ist oder nicht, so ist hierfür das metaantimonsaure Kali ein sehr empfindliches Reagens. (Annales de chimie et de physique XXIII. p. 385).

## Die Soda.

Sämmtliche in der Technik angewandte Pottasche hat ein und denselben Ursprung, nämlich die Asche der Pflanzen; anders verhält es sich mit der Soda, welche theils fertig gebildet in der Natur vorkommt, theils aus der Asche von Strandgewächsen gewonnen, theils aus Kochsalz auf verschiedene Weise erzeugt wird. Fanden sich daher schon bei der Pottasche im Gehalte an kohlensaurem Kali solche Differenzen vor, dass sie die Berücksichtigung des Technikers verdienten, so ist dies in einem noch weit höherem Grade bei den verschiedenen Sodasorten mit dem Gehalt an kohlensaurem Natron der Fall. — Fertig gebildet findet sich die Soda als eine mineralische Masse, die bei dem Eintrocknen der sogenannten Natronseen im Sommer zurückbleibt. So in Aegypten im Westen des Delta und in der Nähe von Fezzan; es besteht dieselbe vorzugsweise aus anderthalbkohlensaurem Natron und hat von den Mineralogen den Namen Trona erhalten. Das bei Mexiko vorkommende Salz führt den Namen Urao. In Ungarn findet sich die natürliche Soda im Bicharer Comitat, bei Maria-Theresiazel, ferner in Klein-Kumanien bei Shegedin u. a. O. Das Salz, daselbst Széksó genannt, wittert als schneeweisse Kruste aus dem Boden, welche man in der Frühe vor Sonnenaufgang als eine, durch mitgefegte Erde unreine graue Masse zusammenkehrt. Durch Auslaugen, Eindampfen und Glühen wird sie so viel als möglich von fremden Bestandtheilen befreit. Die Gewinnung und der Verbrauch dieser Soda sind verhältnissmässig sehr unbedeutend; schon weniger ist dies der Fall bei der aus Pflanzenasche gewonnenen. Wie schon erwähnt, enthalten die Strandgewächse in ihrem Safte pflanzensaure Salze, in denen das Natron die Stelle des Kalis eingenommen hat, und es ist leicht, aus dem Chlornatrium- (Kochsalz-) Gehalt des Seewassers die Quelle dieses Natrongehalts zu finden. So wie bei der Darstellung der Pottasche, werden nun durch Verbrennen der getrockneten Kräuter die pflanzensauren Salze in kohlensaure umgewandelt. Das Verbrennen geschieht in etwa 3 Fuss tiefen Gräben und wird mehrere Tage hindurch fortgesetzt, so dass sich eine solche Gluth erzeugt, dass die Asche zu einer halbverschlackten Masse zusammenbackt, die ausgebrochen als natürlich rohe Soda versendet wird. Man unterscheidet hiervon mehrere Arten: Die Barilla, die Asche der Salsola soda, welche in Spanien durch jährliches Aussäen förmlich angebaut wird. Sie ist die werthvollste und war früher im Handel sehr geschätzt; sie bildet feste, derbe, schlackige, dunkelaschgraue Stücke von 25 bis 30 pCt. reinem kohlensauren Natron. — Salicornia enthält 14 bis 15 pCt. kohlensaures Natron und wird an den französischen Küsten des Mittelmeeres (bei Narbonne) aus der ebenfalls zu diesem Zwecke angebauten Salicornia annua gewonnen. — Den Namen Blanquette führt eine Soda von 3 bis 8 pCt., welche zwischen Frotignan und Aiguemorte aus allen daselbst wachsenden Strandpflanzen, wie Salicornia europaea, Salsola tragus und kali, Atriplex portulacoïdes, Statice limonium, erzeugt wird. — Varec und Kelp sind Aschen von Seetang an den Nordseeküsten, die erstere in der Normandie, letztere in Schottland, Irland und den Orkneys gewonnen. Sie treten eigentlich aus der Reihe der Sodaarten bereits heraus, da sie nur an 2 pCt. kohlensaures Natron enthalten; ihr Gehalt an Chlornatrium lässt sie in der Seifensiederei, wie der an Jodkalium zur Joddarstellung Anwendung finden[1]). Dass in neuerer Zeit aus der Runkelrübenmelasse Soda dargestellt werde, haben wir bereits pag. 146 erwähnt[2]). — Die Hauptquelle aber endlich

---

[1]) Eine sehr sorgfältige Analyse des schottischen und irländischen Kelp hat W. Braun neuerdings geliefert, welche wir hier mittheilen, nur um zu zeigen, wie complicirt diese natürlichen Sodaarten zusammengesetzt sind. Es enthält der Kelp

| an löslichen Bestandtheilen: | | an unlöslichen Bestandtheilen: | |
|---|---|---|---|
| Schwefelsaures Kali | 4,527 | Kohlensaurer Kalk | 9,145 |
| Schwefelsaures Natron | 3,600 | Phosphorsaurer Kalk | 10,556 |
| Schwefelsaure Talkerde | 1,203 | Schwefelcalcium | 1,093 |
| Schwefligsaures Natron | 0,784 | Kieselsaurer Kalk | 3,824 |
| Unterschwefligsaures Natron | 0,220 | Sand | 1,575 |
| Schwefelnatrium | 1,651 | Thonerde | 0,142 |
| Phosphorsaures Natron | 0,540 | Kohle | 0,920 |
| Kohlensaures Natron | 5,306 | Wasserstoff | 0,144 |
| Chlorkalium | 26,491 | Stickstoff | 1,152 |
| Chlornatrium | 19,334 | Sauerstoff | 0,658 |
| Chlorcalcium | 0,229 | Summa | 29,209 |
| Jodmagnesium | 0,316 | | |
| Brommagnesium | Spur | | |
| Wasser | 6,800 | | |
| Summa | 71,000 | | |

[2]) Die Soda aus Runkelrübenmelasse besteht nach Pesier in Procenten aus:

| | | |
|---|---|---|
| Schwefelsaures Kali | | 0,896 |
| Chlorkalium | | 10,400 |
| Kohlensaures | Kali | 7,410 |
| | Natron | 59,000 |
| Hygroscopisches Wasser | | 21,400 |
| Unauflösliche Substanz und Verlust | | 0,894 |
| | | 100,000 |

der in der Technik eine so ausgedehnte Anwendung findenden Soda
ist uns von Leblanc zur Zeit der französischen Revolution in der
künstlichen Bereitung derselben eröffnet worden. Es wird hierzu das
schwefelsaure Natron (Glaubersalz) benutzt, welches theils als Nebenproduct bei der Salzsäurefabrikation gewonnen, theils besonders hierzu
dargestellt wird. Durch Glühen dieses Salzes mit Kohle wird es nämlich zuerst in Schwefelnatrium verwandelt, indem der Sauerstoff sowohl
der Säure als des Natrons mit dem Kohlenstoff zu Kohlensäure sich
verbindet und entweicht; das Schwefelnatrium darauf mit kohlensaurer
Kalkerde (kohlensaurem Calciumoxyd, Kalkstein, Kreide) erhitzt, giebt
Schwefelcalcium und kohlensaures Natron. Beide Processe werden in
einem und demselben Ofen ohne Unterbrechung ausgeführt, und da die
Trennung des kohlensauren Natrons von dem allerdings schwer auflöslichen Schwefelcalcium dadurch erschwert wird, dass beim Behandeln
der zusammengeschmolzenen Masse mit Wasser der letztere Process
rückgängig wird, indem sich wiederum Schwefelnatrium und kohlensaure
Kalkerde bilden, wendet man von Hause aus doppelt so viel Kalk an,
als zur Bildung des kohlensauren Natrons nöthig ist, wodurch neben
diesem eine in Wasser unauflösliche Verbindung von Calciumoxyd mit
Schwefelcalcium erzeugt wird. — Die aus dem Ofen gezogene sogenannte rohe Soda, welche das Ansehen von zusammengeballter, halb-
verschlackter Asche hat und eine graue, mit Kohlenstücken untermengte,
mehr oder weniger feste Masse bildet, besteht also vorzugsweise aus
kohlensaurem Natron und Calciumoxyd — Schwefelcalcium; jedoch einmal ist es wegen der Beschaffenheit des (Flammen-) Ofens, in welchem
die Schmelzung vorgenommen wird, unvermeidlich, dass geringe Antheile
der Schwefelmetalle oxydirt werden, so dass aus dem Schwefelnatrium
schwefelsaures, schwefligsaures und unterschwefligsaures Natron, aus
dem Schwefelcalcium schwefelsaure Kalkerde entsteht, welche später zur
Wiedererzeugung von schwefelsaurem Natron Veranlassung giebt, indem
sie, mit kohlensaurem Natron in Berührung, in kohlensaure Kalkerde
übergeht. — Ferner enthält das zur Sodafabrikation angewandte schwefelsaure Natron meist noch etwas unzersetztes Kochsalz (Chlornatrium),
und endlich wird theils durch geringe Abweichungen von dem richtigen
Verhältniss der Mischung schwefelsaures Natron oder kohlensaure Kalkerde im Ueberschuss vorhanden sein, theils durch zu hohe Temperatur
beim Schmelzen, freies Natron und freie Kalkerde gebildet werden, so
dass also diese rohe Soda ein Gemisch von kohlensaurem, schwefel-

saurem, schwefligsaurem, unterschwefligsaurem Natron, Aetznatron, Schwefelnatrium, Chlornatrium, Schwefelcalciumkalk, kohlensaurer Kalkerde und Kalkerde ist. Der Gehalt an kohlensaurem Natron beträgt 32 bis 33 pCt., allein die Anzahl fremder Salze lassen nur eine sehr beschränkte unmittelbare Anwendung dieser rohen Soda zu, und es wird daher aus dem grössten Theile derselben schon an Ort und Stelle ein reineres kohlensaures Natron, die krystallisirte und calcinirte Soda (Sodasalz) bereitet. Es wird nämlich zunächst durch Behandeln mit Wasser eine Trennung der löslichen Salze von den unlöslichen Bestandtheilen (kohlensaure Kalkerde, Kalkerde-Schwefelcalcium) bewirkt, darauf die Auflösung durch Abdampfen concentrirt, bis sich kleine Krystalle von kohlensaurem Natron auszuscheiden beginnen, bei welchem Concentrationszustande man sie dann durch fortgesetztes Erwärmen und Nachfüllen neuer Lauge erhält. Die Krystalle werden fortwährend mit Schaumlöffeln herausgeschöpft, zum Abtropfen hingestellt und nochmals durch Umkrystallisiren gereinigt, wodurch man die krystallisirte Soda, ein nur durch ein wenig schwefelsaures Natron verunreinigtes kohlensaures Natron erhält, welches aber mit 62,8 pCt. Wasser verbunden ist. Die grosse Gleichheit in der Zusammensetzung dieser Soda macht sie besonders allen den Fabrikanten empfehlenswerth, die nicht die Fähigkeit oder den Willen haben, die Soda eines neu angebrochenen Fasses zu prüfen, wie dies bei der wasserfreien immer geschehen sollte, da diese bedeutende Differenzen im Gehalte an kohlensaurem Natron zeigt[1]). Es wird nämlich die calcinirte Soda oder das Sodasalz aus der Mutterlauge gewonnen, aus welcher die kleinen Krystalle von kohlensaurem Natron entfernt wurden. Diese Lauge enthält, wie aus den angegebenen Bestandtheilen der rohen Soda einleuchtet, vorzugsweise Aetznatron, Schwefelnatrium, schwefligsaures und unterschwefligsaures Natron; wird nun dieselbe eingedampft mit Sägespänen oder Steinkohlengruss gemengt, so entweicht der Schwefel des Schwefelnatriums, und kohlensaures Natron, dessen Kohlensäure aus den Gasen der Flamme herrührt, wird gebildet; das Aetznatron nimmt ebenfalls direct Kohlensäure auf, und das schwefelsaure, schwefligsaure und unterschwefligsaure Natron

---

[1]) Die krystallisirte Soda verändert sich ebenfalls bei längerer Aufbewahrung in offenen Gefässen, indem sie verwittert, wobei sie Wasser verliert; da aber diese Veränderung sehr gering ist und dadurch keine Verminderung, sondern vielmehr eine Vergrösserung des Sodagehaltes bewirkt wird, so kann man von ihr ohne Nachtheil für die Fabrikation abstrahiren.

werden endlich durch die zugesetzte Kohle oder verkohlten Sägespäne zu Schwefelnatrium reducirt, welches die zuerst angegebene Umformung erleidet, so dass man hier also wiederum eine Salzmasse erhält, die vorzugsweise kohlensaures Natron enthält. Dass man übrigens diese calcinirte Soda auch unmittelbar aus der Auflösung der rohen Soda erhalten kann, versteht sich von selbst, denn das kohlensaure Natron derselben erleidet hierbei keine Veränderung. Wird dagegen jene Auflösung nur einfach abgedampft und ohne vorhergehende Behandlung mit Sägespänen oder Kohle im Flammenofen als calcinirte Soda verkauft, wie dies häufig der Fall ist, so wird dieses Produkt allerdings sehr schlecht ausfallen, da ja die angegebene Veränderung der fremden Salze unterlassen wurde[1]). Je nach der ursprünglichen Beschaffenheit der Laugen und der geschickten Ausführung des Calcinationsprocesses, wird auch der Gehalt der calcinirten Soda an kohlensaurem Natron sehr verschieden ausfallen, wie dies auch aus folgenden Analysen, die vorzugsweise die Ermittelung dieses Gehaltes zum Zweck hatten, hervorgeht:

| Sodaarten. | Procent kohlensaures Natron. | Procent Wasser. | Aetznatron. | Schwefel-natrium. | Natron. | |
|---|---|---|---|---|---|---|
| | | | | | Schweflig-saures | Unterschwef-ligsaures |
| Gelbe calcinirte niederl. . . . . | 83,5 | unbest. | wenig | keins | viel | viel |
| Weisse desgl. . . . . . . . . . . . | 42,8 | 4 | keins | desgl. | desgl. | desgl. |
| Dieusé-Soda schön weiss . . . . | 78,9 | 4 | 2,14 | desgl. | desgl. | desgl. |
| Casseler, weiss . . . . . . . . . | 84,5 | | 3,0—5,2 | desgl. | etwas | etwas |
| Englische . . . . . . . . . . . . | 76,8 | unbe- | 2,7—4,7 | wenig | desgl. | viel |
| Weisse calcinirte von Büchner und Willsius in Darmstadt | 91,6 | stimmt | desgl. | desgl. | wenig | desgl. |
| Soda von Debreczin . . . . . | 89,2 | unbest. | desgl. | desgl. | desgl. | desgl. |
| Weisse calcin. von Wesenfeld und Comp. in Barmen . . . . | 99,9 | unbest. | desgl. | desgl. | desgl. | desgl. |

[1]) Es wird in neuerer Zeit den Papierfabrikanten häufig eine calcinirte Roh-Soda zum Kochen der Hadern empfohlen, welche bis 35 pCt. kohlensaures Natron enthält und schon durch ihr Ansehn sich als mit einer grossen Menge fremder Körper verunreinigt zu erkennen giebt. Wir können vor der Anwendung dieser Soda nur warnen, denn einmal enthält sie fast 3 Mal weniger kohlensaures Natron, als eine gute calcinirte Soda, und wird daher, wenn der Centner auch nur 1 Thlr. 18 sgr. kostet, mit Fracht eben so theuer als die letztere à 5 Thlr. 15 sgr. gerechnet, dann aber ist es entschieden verwerflich, ein Waschmittel anzuwenden, welches selbst schon mit Unreinigkeiten vermischt ist.

Es ist klar, dass gleiche Gewichte dieser verschiedenen Sodaarten sehr ungleiche Wirkungen hervorbringen werden und dass also zur Erhaltung gleicher Wirkungen verschiedene Gewichte angewendet werden müssen; da aber das äussere Ansehen wie bei der Pottasche so auch bei der calcinirten Soda ein sehr trügliches Kennzeichen ihrer Güte ist, so muss es auch hier dem Fabrikanten von Wichtigkeit sein, sich auf chemischem Wege von dem wahren Gehalt seiner Soda an Natron oder kohlensaurem Natron überzeugen zu können[1].

Das Verfahren der Sodaprüfung ist genau dasselbe und wird in denselben Apparaten vorgenommen, wie die Prüfung Kali oder kohlensaures Kali haltender Substanzen; ja man kann sich sogar derselben

---

[1] Bei der enormen Wichtigkeit der Soda für die Industrie im Allgemeinen, wie für die Papierfabrikation insbesondere, darf hier nicht unerwähnt gelassen werden, dass zur Zeit ein bedeutender Umschwung in ihrer Darstellungsweise sich vollzieht, dessen Rückwirkung auf den Preis der Salzsäure, des Chlorkalks, der Schwefelsäure und die gesammte Grossindustrie sich noch nicht überblicken lässt. — Das neue Verfahren, der sogenannte Ammoniakprocess, ist, was seine chemisch-wissenschaftliche Seite betrifft, längst bekannt und gehört zu jener Klasse von Methoden, die fast seit einem Jahrhundert die directe Ueberführung des Kochsalzes in Soda anstrebten, ohne beachtenswerthe Erfolge zu erzielen. Erst auf der Wiener Weltausstellung wurde offenbar, welche Vervollkommnungen dasselbe durch Rolland, Solvay, Honigmann und Gerstenhöfer erfahren und in welch' bedeutendem Umfange es bereits in Anwendung genommen ist. — Es kann hier nicht unsere Aufgabe sein, auf das Verfahren selbst näher einzugehen: es beruht dasselbe einfach darauf, dass saures kohlensaures Ammoniak auf eine concentrirte Kochsalzlösung in der Art zersetzend einwirkt, dass saures kohlensaures Natron entsteht, welches als schwer löslich sich ausscheidet, während Chlorammoniak oder Salmiak in der Auflösung bleibt.

$$Na\, Cl + NH^4\, O,\; 2\, CO^2 = NH^4\, Cl + Na\, O,\; 2\, CO^2$$

Durch Behandeln der Salmiaklösung mit Aetzkalk wird das zum Zersetzen neuer Kochsalzmengen dienende Ammoniak wieder gewonnen, während die zum continuirlichen Betriebe nöthige Kohlensäure durch Erhitzen und Ueberführen des Natron-Bicarbonat in das neutrale Salz erhalten wird.

Die Vortheile der neuen Methode bestehen darin, dass aus der gesättigten Lösung nur das Natron und nicht auch die Oxyde der übrigen Mutterlaugensalze gefällt werden, in dem absoluten Freisein des Productes von allen Schwefelverbindungen, in der Hochgrädigkeit der erzielten Soda, in der Einfachheit der Apparate und Utensilien, in der grossen Ersparniss an Brennstoff und an Arbeit, und in dem in hygienischer Hinsicht und für die Adjacenten der Fabrik gewiss nicht zu unterschätzendem Umstande, dass keine belästigenden Nebenproducte und Abfälle auftreten. — (Pol. J. CCXII. p. 507).

Probesäure bedienen, nur muss man dann die zur Untersuchung zu nehmende Menge nach 5. und 6. abändern. Aus diesen ergab sich, dass während 100 Theile Schwefelsäure 117,77 Theile Kali zur Bildung von neutralem schwefelsauren Kali erfordern, von Natron nur 77,48 Theile zur Bildung des neutralen schwefelsauren Salzes hinreichen; es wird daher die von kalihaltiger Substanz genommene Quantität (100 dg.) sich zu der von der natronhaltenden zu nehmenden ($x$) verhalten müssen wie 117,77 : 77,48, also

$$117{,}77 : 77{,}48 = 100 : x$$
$$x = 66{,}7.$$

Wiegt man also 66,7 dg. Soda zur Prüfung ab, so giebt wiederum jedes zur Neutralisation verbrauchte Volumen Schwefelsäure 1 pCt. Natron an, und da (2) 100 Theile Natron 170,9 Gewichtstheile kohlensaures Natron geben, so hat man

$$100 : 171 = n \text{ (pCt. von Natron)} : x \text{ (pCt. von kohlensaurem Natron)}$$
$$x = 1{,}71\, n,$$

man hat also die gefundenen Procente an Natron mit 1,71 zu multipliciren, um die Procente an kohlensaurem Natron zu erhalten. Die folgende Tabelle macht diese Multiplication entbehrlich.

## Tabelle,

welche die dem Natron entsprechenden Mengen von kohlensaurem Natron angiebt.

| Natron. | Kohlensaures Natron. | Natron. | Kohlensaures Natron. | Natron. | Kohlensaures Natron. | Natron. | Kohlensaures Natron. |
|---|---|---|---|---|---|---|---|
| 1,00 | 1,71 | 6,00 | 10,26 | 11,00 | 18,80 | 16,00 | 27,35 |
| 1,50 | 2,56 | 6,50 | 11,11 | 11,50 | 19,65 | 16,50 | 28,20 |
| 2,00 | 3,42 | 7,00 | 11,97 | 12,00 | 20,51 | 17,00 | 29,06 |
| 2,50 | 4,27 | 7,50 | 12,82 | 12,50 | 21,36 | 17,50 | 29,91 |
| 3,00 | 5,13 | 8,00 | 13,68 | 13,00 | 22,22 | 18,00 | 30,77 |
| 3,50 | 5,98 | 8,50 | 14,53 | 13,50 | 23,07 | 18,50 | 31,62 |
| 4,00 | 6,84 | 9,00 | 15,39 | 14,00 | 23,93 | 19,00 | 32,48 |
| 4,50 | 7,69 | 9,50 | 16,24 | 14,50 | 24,78 | 19,50 | 33,33 |
| 5,00 | 8,55 | 10,00 | 17,09 | 15,00 | 25,64 | 20,00 | 34,18 |
| 5,50 | 9,40 | 10,50 | 17,94 | 15,50 | 26,49 | 20,50 | 35,04 |

| Natron. | Kohlensaures Natron. | Natron. | Kohlensaures Natron. | Natron. | Kohlensaures Natron. | Natron. | Kohlensaures Natron. |
|---|---|---|---|---|---|---|---|
| 21,0 | 35,89 | 30,5 | 52,13 | 40,0 | 68,36 | 49,5 | 84,50 |
| 21,5 | 36,74 | 31,0 | 52,98 | 40,5 | 69,22 | 50,0 | 85,45 |
| 22,0 | 37,60 | 31,5 | 53,83 | 41,0 | 70,07 | 50,5 | 86,31 |
| 22,5 | 38,45 | 32,0 | 54,69 | 41,5 | 70,82 | 51,0 | 87,16 |
| 23,0 | 39,31 | 32,5 | 55,54 | 42,0 | 71,68 | 51,5 | 88,02 |
| 23,5 | 40,16 | 33,0 | 56,40 | 42,5 | 72,53 | 52,0 | 88,87 |
| 24,0 | 41,02 | 33,5 | 57,25 | 43,0 | 73,39 | 52,5 | 89,73 |
| 24,5 | 41,87 | 34,0 | 58,11 | 43,5 | 74,24 | 53,0 | 90,58 |
| 25,0 | 42,73 | 34,5 | 58,96 | 44,0 | 75,10 | 53,5 | 91,44 |
| 25,5 | 43,58 | 35,0 | 59,82 | 44,5 | 75,95 | 54,0 | 92,29 |
| 26,0 | 44,44 | 35,5 | 60,67 | 45,0 | 76,81 | 54,5 | 93,15 |
| 26,5 | 45,29 | 36,0 | 61,53 | 45,5 | 77,66 | 55,0 | 94,00 |
| 27,0 | 46,15 | 36,5 | 62,38 | 46,0 | 78,52 | 55,5 | 94,86 |
| 27,5 | 47,00 | 37,0 | 63,24 | 46,5 | 79,37 | 56,0 | 95,71 |
| 28,0 | 47,86 | 37,5 | 64,09 | 47,0 | 80,23 | 56,5 | 96,57 |
| 28,5 | 48,71 | 38,0 | 64,95 | 47,5 | 81,08 | 57,0 | 97,42 |
| 29,0 | 49,57 | 38,5 | 65,80 | 48,0 | 81,94 | 57,5 | 98,28 |
| 29,5 | 50,42 | 39,0 | 66,66 | 48,5 | 82,79 | 58,0 | 99,13 |
| 30,0 | 51,27 | 39,5 | 67,51 | 49,0 | 83,65 | 58,5 | 99,99 |

In England wird die Gradigkeit der Soda allgemein nach den Procenten von Natron bestimmt, welche sie enthält, während in Deutschland meistens der Gehalt an kohlensaurem Natron zu Grunde gelegt wird und dient daher obige Tabelle zugleich zur Vergleichung englischer mit deutscher Waare.

Wird in einer Fabrik ausschliesslich Soda angewendet, so wird man gut thun, sich eine besondere Natron-Probesäure anzufertigen, wobei die Zusammensetzung des kohlensauren Natrons den Ausgangspunkt bildet. 100 Theile Natron geben 171 Gewichtstheile kohlensaures Natron. Man wiegt daher 171 dg. von dem auf die p. 154 angegebene Weise dargestellten reinen kohlensauren Natron ab, und untersucht, wie viel Alkalimetergrade von der mit etwa dem Achtfachen Wasser verdünnten Schwefelsäure zur Neutralisation erforderlich sind; die verbrauchten Alkalimetergrade $n$ enthalten dann genau so viel Schwefelsäure, um mit 100 dg. Natron schwefelsaures Natron zu bilden, und setzt man daher zu je $n$ Graden Säure noch $100-n$ Grade Wasser, so wird jeder Grad dieser verdünnten Säure 1 dg. Natron anzeigen. Man wiegt daher bei einer vorzunehmenden Prüfung einer Natron oder kohlensaures Natron haltenden Substanz wiederum 100 dg. ab, füllt das Alkalimeter mit der gehörig verdünnten Säure bis 0 und neutralisirt unter den früher angegebenen Vorsichtsmassregeln: jeder verbrauchte Alkalimetergrad wird dann unmittelbar 1 pCt. Natron in der untersuchten Substanz anzeigen, dessen entsprechender Procentgehalt an kohlensaurem Natron auf der eben angeführten Tabelle ersichtlich ist. Die Schwefelsäure des Handels ist nicht immer frei von Stickstoffoxyden (Salpeter- und Untersalpetersäure, deren Vorhandensein man beiläufig daran bemerkt, dass ein Stückchen Eisenvitriol hineingeworfen, eine Röthung veranlasst), welche die Genauigkeit der Resultate beeinträchtigen. Daher hat Humbert vorgeschlagen, an Stelle der Schwefelsäure saures schwefelsaures Kali zur Darstellung der Probeflüssigkeit anzuwenden[1]). Dieses Salz kann man ansehen als bestehend aus schwefelsaurem Kali $(KO + SO^3)$ und schwefelsaurem Wasser $(HO + SO^3)$, welches letztere in Gegenwart von kohlensaurem oder kaustischem Kali oder Natron sich zersetzt, indem die Schwefelsäure sich mit dem Alkali zu einem neutralen Salze verbindet und zwar sind in je 136 Theilen Salz 40 Theile an Wasser gebundene Schwefelsäure. Wendet man daher 100 dg. Natron haltender Substanz zur Untersuchung an, so hat man sich eine Auflösung von saurem schwefelsauren Kali anzufertigen, welche auf je 100 Alkalimetergrade 439,1 dg. = 43,91 g. Salz enthält, alsdann wird wieder jeder einzelne Grad 1 pCt. Natron in der untersuchten Substanz anzeigen[2]). Das saure, schwefelsaure Kali ist an der Luft unveränderlich und hat eine sehr constante Zusammensetzung; es kann bis 200 Grad ohne Zersetzung erhitzt und daher sehr wohl bei 120 Grad getrocknet werden; es wiegt sich überdies ein fester Körper leichter genau ab, als die flüssige Schwefelsäure, so dass die Anwendung dieses Salzes wohl manche Vorzüge darbietet. Allein man darf nicht unbeachtet lassen, dass das saure Salz des Handels sehr häufig neutrales Salz enthält, welches man daran erkennt, dass es sich in einem gleichen Gewichte

---

[1]) Polyt. Journal CXLII. p. 48.

[2]) Statt eines in 100 beliebige Theile getheilten Alkalimeterrohres thut man gut, sich eines in Kubikcentimeter getheilten Rohres zu bedienen, welches gleichzeitig zu allen übrigen maass-analytischen Untersuchungen benutzt werden kann.

Wasser nicht vollständig auflöst, von welchem es natürlich vor der Anwendung sorgfältig zu reinigen ist.

Bereits p. 158 wurde erwähnt, dass Mohr[1]) die Anwendung von Oxalsäure zu den alkalimetrischen Versuchen empfohlen hat, und er konnte das in der That mit vollem Rechte. Die Oxalsäure ist nicht flüchtig und ihre Lösung hält sich, ohne zu schimmeln, unbestimmt lange; sie ist stark sauer und ihre Wirkung auf das Lackmuspapier fast so intensiv, wie die der Schwefelsäure selbst. Die krystallisirte Oxalsäure enthält auf ein Mischungsgewicht wasserfreier Säure ($C^2 O^3$) 3 Mischungsgewichte Wasser, ihr Mischungsgewicht ist mithin 36 ($C^2 O^3$) + 27 (3 HO) = 63,0. Sie ist an der Luft unveränderlich, verwittert nicht, zerfliesst nicht; die feuchte Oxalsäure trocknet an der Luft zu dieser Verbindung aus, die in der Wärme getrocknete zieht bis dahin Wasser an. Diese constante Zusammensetzung macht es ungemein leicht, sich eine Probesäure darzustellen: 63,0 Gewichtstheile Oxalsäure neutralisiren 31,0 Gewichtstheile Natron oder 203,2 Gewichtstheile Oxalsäure 100 Gewichtstheile Natron. Will man daher wie oben 100 dg. Soda zur Untersuchung anwenden, so muss die Auflösung so concentrirt sein, dass in 100 Theilen 203,2 dg. Oxalsäure enthalten sind. Jeder verbrauchte Theil zeigt alsdann 1 pCt. Natron an. Das Verfahren ist im Uebrigen ganz dasselbe, wie bei Anwendung von Schwefelsäure.

Wir nehmen keinen Anstand, die Anwendung der Oxalsäure zur Herstellung von Probesäure zur Prüfung der Natron-Verbindungen den Fabrikanten noch heut zu empfehlen, wiewohl aus den Untersuchungen Reischauer's (P. J. CLXVII. pag. 47) hervorgeht, dass sie das unbedingte Vertrauen, welches man nach der Empfehlung Mohr's ursprünglich in sie setzte, nicht vollständig verdient. Der genannte Chemiker hat nachgewiesen, dass einmal, wenn die Oxalsäure nicht direct im Laboratorium aus Salpetersäure und Stärke dargestellt worden, sie stets oxalsaures Kali als (KO, $C^2 O^3$ + 3 (HO, $C^2 O^3$) + 4 aq.) vierfachoxalsaures Kali enthält, welches sich auch durch wiederholtes Umkrystallisiren nicht vollständig entfernen lässt. Eine durch Umkrystallisiren erhaltene Säure enthielt 2,61 pCt. des genannten Salzes, welche in ihrer Wirkung auf die Lösung des kohlensauren Natrons äquivalent sind 1,94 pCt. Oxalsäure ($C^2 O^3$ + 3 HO). Für die der Säure abgehenden 2,61 pCt. des eingemengten Kalisalzes bekommen wir folglich einen

---

[1]) Annalen der Chemie und Pharmacie Bd. LXXXVI. p. 129.

Wirkungswerth von 1,94 pCt. Ersatz hinzu und der sich herausstellende
Fehler ist mithin gleich einer Einbusse an Oxalsäurehydrat von 2,61 —
1,94 = 0,67 pCt. Wenn man daher für die Darstellung eines Liters
Normalsäure 63 g. der unreinen Säure abwiegt, so begeht man einen
Fehler von:

$$\frac{63 \cdot 0{,}67}{100} = 0{,}422\ g.$$

welche man zu wenig in Lösung bringt, und wollte man genau eine
63 g. reiner Oxalsäure entsprechende Menge davon abwägen, so würden
dafür, da je 100 g. derselben 99,33 reines Oxalsäurehydrat ersetzen,
erforderlich sein:

$$\frac{63 \cdot 100}{99{,}33} = 63{,}425\ g.$$

Ferner sind auch die Angaben Mohr's über die Beständigkeit des
Wassergehaltes der Oxalsäure nur innerhalb gewisser Grenzen richtig.
Im vollkommen trocknen Raume z. B. über Schwefelsäure oder bis
50° C. erwärmt, giebt das Terhydrat $C^2O^3 + 3\,HO$, 2 Aequivalente
Wasser ab und geht in das Monohydrat $C^2O^3 + HO$ über. Unter gewöhnlichen Feuchtigkeitszuständen der atmosphärischen Luft und für die
mittleren Temperaturen bis 38° C. wird die Stabilität des Wassergehaltes
der Oxalsäure auch durch die Reischauer'schen Versuche bestätigt.
Man sieht hieraus, dass die aus beiden Quellen, der Verunreinigung
der Säure durch oxalsaures Kali und der Veränderlichkeit des Wassergehaltes, entspringenden Fehler nicht derart sind, dass sie vom Fabrikanten berücksichtigt werden müssten; allein wo es sich um möglichst
genaue Prüfungen handelt, wird man immer gut thun, das reine
kohlensaure Natron der Anfertigung der Probesäure zu Grunde zu
legen.

Das oxalsaure Kali ist übrigens schwerer löslich als die reine
Säure; wenn man daher die käufliche Oxalsäure mit Wasser behandelt,
so wird die reine Säure zuerst und später erst das Salz in Lösung
übergehen und hierauf gestützt empfiehlt Mohr die Reinigung der Oxalsäure in folgender Art auszuführen: Die käufliche Säure wird gepulvert
und mit lauwarmem destillirtem Wasser in einem Kolben übergossen, so
dass noch ein grosser Theil der Säure ungelöst zurückbleibt. Darauf
wird filtrirt und die Flüssigkeit zur Krystallisation hingestellt. Die
Krystalle lässt man auf einem Trichter abtropfen und dann auf Filtrir-

papier an freier Luft abtrocknen, bis nicht mehr das geringste Haften von Krystallen an einander und am Papier stattfindet. — Wer auf diese Weise verfährt, kann die Oxalsäure ohne Skrupel als Grundlage der Alkalimetrie benutzen. — Eine vollständig reine Oxalsäure endlich erhält man nach Stolba, wenn man die Säure in einer genügenden Menge einer 10—15 procentigen siedenden Salzsäure löst, filtrirt und erkalten lässt; die sich absetzenden Krystalle werden auf einem Filtrum gesammelt, mit kleinen Quantitäten destillirtem Wasser gewaschen, bis die Salzsäure fast gänzlich entfernt, darauf abermals in heissem Wasser gelöst und zum Krystallisiren hingestellt. Die so erhaltenen Krystalle von Oxalsäure lassen sich im Platintiegel ohne den geringsten Rückstand verflüchtigen.

Die Bestimmung der Alkalien und kohlensauren Alkalien mittelst einer eigens zu diesem Zweck angefertigten Probesäure ist den Technikern vor allen anderen Methoden zu empfehlen; allein auch sie erheischt Aufmerksamkeit und Uebung in der Erkennung des Momentes, wenn die Neutralisation erfolgt ist. Die durch die stärkere Schwefel- oder Oxalsäure verdrängte Kohlensäure entweicht nämlich nicht sogleich vollständig, sondern bildet theils saures kohlensaures Alkali, theils löst sie sich in der Flüssigkeit auf und färbt die Lackmus-Auflösung violett, so dass der Neutralisationspunkt nur daran erkannt werden kann, dass auf Zusatz von Säure an der Zusatzstelle keine hellere weinrothe Färbung erzeugt wird. Diese Unsicherheit in der Wahrnehmung des Endes des Processes umgeht man, wenn man einen Ueberschuss der Probesäure anwendet, durch Aufkochen die freie Kohlensäure entfernt und darauf mittelst einer Probe-Natron-Auflösung die Flüssigkeit wieder blau titrirt, also untersucht, wie viel Probesäure an Ueberschuss zugesetzt wurde, wobei die Farbenumwandlung sehr deutlich ist und einen sehr sichern Anhalt gewährt. — Bei der Darstellung der Natron-Probelösung hat man zu beachten, dass 63,0 krystallisirte Oxalsäure oder 49,0 Schwefelsäurehydrat 31,0 Natron oder 40,0 Natronhydrat zur Neutralisation erfordern und dass die Oxalsäure wegen ihrer beständigen Zusammensetzung zur Darstellung einer Normal-Probesäure vorzugsweise geeignet ist.

Unter Zugrundelegung von französischem Maass und Gewicht, welche in Folge ihrer Zehntheilung so grosse Bequemlichkeit beim Rechnen darbieten, geben wir schliesslich eine bestimmte Vorschrift zur Bereitung der Probeflüssigkeiten, es Jedem überlassend, sich in dem Vorhergehenden Rath zu holen, wo er es für gut findet oder genöthigt ist, davon abzuweichen. — Zur Darstellung der Normalsäure werden 63 g. krystallisirte Oxalsäure in 1 l. Wasser gelöst, während man die Normal-Natron-Probelösung erhält durch Auflösung von 40 g. Natronhydrat in 1 l., oder, da von dieser Auflösung immer nur wenig verbraucht wird, von 20 g. Natronhydrat in $\frac{1}{2}$ l. Wasser. Es sollte dann jeder Kubikcentimeter Natron-Flüssigkeit genau 1 Kubikcentimeter der Probesäure neutralisiren; ist jedoch das Natronhydrat aus einer Apotheke bezogen und nicht ganz speciell und mit der grössten Sorgfalt für diesen Zweck dargestellt, so wird es stets einen etwas grösseren Wassergehalt oder auch Spuren von Kohlensäure enthalten und es wird mithin der Natrongehalt sich als etwas zu gering herausstellen. Von dieser Ungenauigkeit kann aber der Fabrikant in so weit ganz absehen, als es sich für ihn nur darum handelt, dass Natron- und Säurelösung genau mit einander verglichen sind. Es geschieht dies, indem man 10 Kubikcentimeter Probesäure mittelst einer Bürette[1]) in ein Becherglas überfüllt, mit einigen Tropfen Lackmustinktur roth färbt und ebenfalls aus einer Bürette so lange Natronlösung hinzufliessen lässt, bis die Flüssigkeit blau gefärbt ist; die Anzahl der hierzu nöthigen Kubikcentimeter ist genau zu vermerken. Will man nun eine Soda untersuchen, so wiegt man 3,1 g. derselben ab, löst sie in einer Kochflasche auf, färbt mit Lackmus blau und lässt, während die Flüssigkeit nach und nach bis zum Kochen erhitzt wird, so lange Probesäure aus der Bürette zufliessen, bis alle Kohlensäure ausgetrieben und eine entschiedene rothe Färbung eingetreten ist; hierauf titrirt man mit der Natronlösung wieder blau, zieht die der verbrauchten Anzahl Kubikcentimeter entsprechende Anzahl der Probesäure von den ursprünglich zugefügten ab und erhält in der übrigbleibenden Anzahl Kubikcentimeter Probesäure unmittelbar den Procentgehalt der untersuchten Soda an Natron[2]).

---

[1]) Die zu derartigen Untersuchungen gebrauchte Bürette (Fig. 9) besteht einfach aus einem Glasrohr, welches je nach seinen Dimensionen in 100 oder weniger Kubikcentimeter getheilt ist. Es ist nach unten zu einer Spitze ausgezogen, über welche ein Kautschukrohr geschoben wird, welches mittelst eines Quetschhahns verschlossen wird und an seinem unteren Ende eine gläserne Ausflussspitze trägt. In jedem Magazin chemischer oder physikalischer Apparate sind derartige Büretten in beliebiger Grösse zu haben.

[2]) Bis in die neuste Zeit wurde in den betreffenden Fabriken fast nur kohlensaures Natron in Gestalt von krystallisirter oder calcinirter Soda erzeugt, und

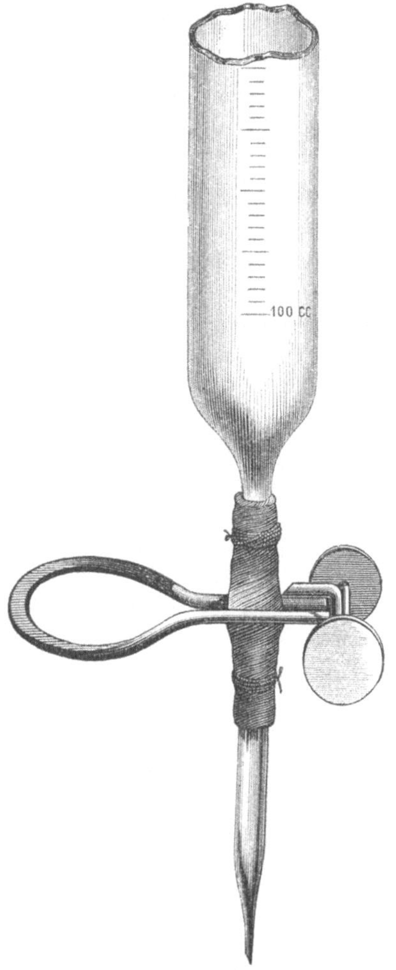



Fig. 9.

war es den Fabrikanten überlassen, soweit sie eine Lösung von reinem Natronhydrat bedurften, sich die Sodalösung durch Behandlung mit gebranntem Kalk
selbst zu kausticiren. — Der kolossale Aufschwung indess, welchen gegenwärtig
die Anwendung der Holz-, Stroh- und Esparto-Cellulose genommen, und die bedeutenden Massen kaustischer Soda, welche zur Darstellung dieses Surrogats
verwendet werden, haben auch die letztere zu einen wichtigen Handelsartikel
gemacht. — In Betreff nun der Prüfung dieser kaustischen Soda haben Glen-
dinning und Edger in Newcastle darauf aufmerksam gemacht, dass, wenn
kaustische Soda, welche ausser dem Hydratwasser noch überschüssiges Wasser

Die kaustischen Alkalien ziehen mit grosser Begierde Kohlensäure aus der Luft an, daher, wenn die Untersuchungen in langen Zwischenräumen erfolgen, eine erneuerte gegenseitige Vergleichung der Probeflüssigkeiten anzurathen ist. Sind die Zwischenräume nicht zu gross, so kann man sich gegen den nachtheiligen Einfluss der Kohlensäure der Luft dadurch schützen, dass man die Natronlösung nicht luftdicht

enthält, aus dem geschmolzenen in den festen Zustand übergeht, dieselbe in Theile von ungleichem Alkaligehalt zerfällt.

Bei der Fabrikation aber dieses Artikels pflegt man die Masse, wenn sie hinreichend abgedampft ist, im heissen Zustande in Fässer zu giessen, in denen sie beim Erkalten erstarrt. Man bringt dabei eine Probe der Masse auf ein Silber- oder reines Eisenblech, und nach dem Alkaligehalt dieser Probe bestimmt man den Preis der Waare. Wenn man nun später, nachdem die kaustische Soda in dem Fasse erkaltet ist, eine Probe derselben nimmt und alkalimetrisch untersucht, so kann es wegen des oben erwähnten Zerfallens der Masse in Theile von verschiedenem Alkaligehalt vorkommen, dass dieselbe in ihrem Alkaligehalt um mehrere Procent von der beim Eingiessen der Masse in das Fass genommenen Probe abweicht. Da dieser Umstand oft Streitigkeiten zwischen Fabrikanten und Käufern veranlasst hat, so haben die oben Genannten zu bestimmen gesucht, wie die alkaliärmeren und die alkalireicheren Theile in dem Fasse vertheilt sind, und aus welchem Theile des Fasses man eine Probe bekommen kann, welche den durchschnittlichen Alkaligehalt der Waare repräsentirt. Ein Fass mit kaustischer Soda, welche nach der beim Eingiessen in das Fass genommenen Probe 66,8 pCt. Natron (NaO) und ausser dem Hydratwasser noch ungefähr 6 pCt. Wasser enthielt, wurde in der Mitte quer gegen die Achse durchgeschnitten, und von der Masse wurden folgende Proben genommen: $A$ von der Aussenseite, nicht mehr als 1 Zoll nach der Mitte hin; $B$ von einer Stelle, welche dem Mittelpunkt um etwa 5 Zoll näher war; $C$ aus der Mitte. Der Halbmesser des Fasses betrug 11 Zoll. Die Untersuchung der Proben ergab, dass $A$ 66,9, $B$ 69,7, $C$ 61,6 pCt. Natron enthielt. Die Probe von der Aussenseite stimmte hiernach im Alkaligehalt mit der beim Eingiessen in das Fass genommenen Probe nahezu überein.

Die Verschiedenheit des Alkaligehaltes in der Masse aus verschiedenen Theilen des Fasses rührt, wie eine weitere Untersuchung ergab, hauptsächlich von einem verschiedenen Wassergehalt, in gewissem Maasse aber auch von Chlornatrium und schwefelsaurem Natron her, welche in der Probe $C$ in grösster Menge gefunden wurden. Ob diese Verschiedenheit grösser oder geringer ist, hängt von dem Wassergehalt der Masse, von der Temperatur derselben beim Eingiessen in das Fass und von der Grösse des Fasses ab. Kaustische Soda von sehr niedrigem Alkaligehalt hat, sofern derselbe durch Wasser bedingt wird, wahrscheinlich wenig oder gar keine Neigung, sich in Theile von verschiedenem Gehalt zu sondern, da ihre Temperatur beim Eingiessen in das Fass verhältnissmässig niedrig sein, und deshalb ein rascheres Erstarren der ganzen Masse eintreten wird.

C. Bl. 1873 No. 19.

verschliesst, sondern in den gut passenden Kork der Flasche ein Rohr befestigt, welches mit einem scharf getrockneten Gemenge von Glaubersalz und Aetzkalk gefüllt ist.

Der Vorschlag von Astley Price, statt Natron Ammoniak zur Anfertigung der Probelösung zu wählen, erscheint durchaus verwerflich, da neben seiner Verwandtschaft zur Kohlensäure auch noch seine Flüchtigkeit eine fortwährende Veränderung des Gehalts der Lösung bedingt[1]).

Dass man endlich auch die Prüfung einer Soda mittelst der von Fresenius und Will angegebenen Methode vornehmen kann, versteht sich von selbst. Aus (2) ersieht man, dass 100 Gewichtstheile Kohlensäure 240,9 Gewichtstheilen kohlensaurem Natron entsprechen; wiegt man daher 24,1 dg. zur Prüfung ab, so zeigt jedes verschwundene 0,1 dg. Kohlensäure 1 pCt. kohlensaures Natron an; man kann hier füglich die Quantität verdreifachen und 72,3 dg. wählen, wo dann jede 0,3 dg. Kohlensäure 1 pCt. reines kohlensaures Natron anzeigen. Wird diese Methode zur Prüfung von calcinirter Soda angewendet, so muss wiederum daran erinnert werden, dass diese auch kaustisches Natron enthalten kann und daher die Probe vor der Untersuchung mit $\frac{1}{3}$—$\frac{1}{2}$ ihres Gewichtes kohlensaurem Ammoniak zu erhitzen ist.

Bei der Prüfung von calcinirter und namentlich roher Soda ist überdies auf einen Umstand aufmerksam zu machen, der bei jeder zur Prüfung angewandten Methode in Betracht zu ziehen ist, nämlich, dass diese Soda sehr häufig Schwefelnatrium (NaS) und schwefligsaures Natron (NaO + SO$^2$) enthält. Bisweilen, jedoch nur in sehr nachlässig dargestellter Soda, findet sich selbst auch unterschwefligsaures Natron (NaO + S$^2$O$^2$). Diese Verbindungen, deren Vorhandensein sich durch den Geruch nach Schwefelwasssserstoff oder schwefliger Säure auf Zusatz von Salzsäure zu erkennen giebt, werden durch Schwefelsäure ebenfalls

---

[1]) Mohr hat die Beobachtung gemacht, dass Natron Glas bei weitem stärker angreift, als Kali und dass beim längeren Stehen der Natronlösung in den Büretten diese oft von einer Menge Sprünge durchsetzt werden, daher er räth, das Kali an die Stelle des Natrons bei Anfertigung der Probeflüssigkeit zu setzen. Nach des Verfassers Erfahrung gehört zum Eintreten dieser Erscheinung ein längeres Stehen der Flüssigkeiten in den Büretten, als es bei den nur in langen Zeiträumen sich wiederholenden Untersuchungen eines Fabrikanten vorkommt; wenn man jedoch zur sicheren Vermeidung eines solchen Vorkommnisses der Anwendung des Kalis den Vorzug geben will, so hat man zu beachten, dass die Quantitäten des Kalis sich zu denen des Natrons stets zu verhalten haben = 47 : 31.

zerlegt, so dass bei Anwendung von Probesäure nicht alle verbrauchte
Säure auf Zersetzung des kohlensauren Natrons gerechnet werden kann,
andererseits aber bei Anwendung der Methode von Will und Fresenius nicht nur Kohlensäure, sondern auch schweflige Säure und
Schwefelwasserstoff entweicht und dadurch das Resultat fehlerhaft wird.
Die Menge dieser Verunreinigung kann bis 6 pCt. betragen und da der
rasch verschwindende Geruch sich leicht der Wahrnehmung entzieht, so
wird man bei Anwendung von calcinirter oder roher Soda gut thun,
sich stets durch einen vorläufigen Versuch von der An- oder Abwesenheit von schwefliger, unterschwefliger und Schwefel-Wasserstoff-Säure zu
überzeugen.  Es geschieht dies einfach dadurch, dass man zu der Lösung der zu prüfenden Soda eine geringe Menge einer Lösung von
chromsauren Kali giesst, welche durch einen kleinen Zusatz verdünnter
Schwefelsäure sauer gemacht worden ist.  Wird darauf durch ferneren
Zusatz von Schwefelsäure die Sodalösung neutralisirt, so geht bei Anwesenheit der oben genannten Säuren die klare röthlichgelbe Farbe der
Lösung in ein mehr oder weniger helles Grün über.

Es ist nämlich

$$2\,CrO^3 + 3\,SO^2 = Cr^2O^3 + 3\,SO^3$$
$$8\,CrO^3 + 3\,S^2O^2 = 4\,Cr^2O^3 + 6\,SO^3$$
$$8\,Cr\,O^3 + 3\,HS = 4\,Cr^2O^3 + 3\,SO^3 + 3\,HO.$$

Woraus hervorgeht, dass die Chromsäure sowohl durch schweflige und
unterschweflige Säure, als auch durch Schwefelwasserstoff oder Schwefel-
kalium zu Chromoxyd reducirt wird, welches die grüne Färbung der
Flüssigkeit bedingt.  Hat sich auf diese Weise die Anwesenheit solcher
die Prüfung der Soda beeinträchtigender Beimischungen ergeben, so ist
es nothwendig, die zur Untersuchung angewendete Probe mit etwas
chlorsaurem Kali zu mischen und in einem Platintiegel bis zur Dunkel-
rothgluth zu erhitzen.  Das chlorsaure Kali geht alsdann in Chlorkalium
über, indem es seinen Sauerstoff an jene genannten Verbindungen abtritt und sie in schwefelsaure Salze verwandelt, ohne Kohlensäure auszutreiben. — Payen hat zu gleichem Zweck das chromsaure Kali
vorgeschlagen.

Das reine krystallisirte kohlensaure Natron enthält, wie oben bemerkt, 62,76 pCt. Wasser, und es entsprechen daher bei Prüfung einer
krystallisirten Soda 37,24 pCt. kohlensaures Natron 100 pCt. krystallisirtem kohlensauren Natron. Um daher dem Fabrikanten, der sich

vorzugsweise der krystallisirten Soda bedient, bei deren Prüfung sogleich die Quantität fremder Beimischungen in die Augen fallen zu lassen und es ihm zu erleichtern, die entsprechenden Mengen von calcinirter und krystallisirter Soda, deren Gehalt an kohlensaurem Natron ermittelt worden ist, zu bestimmen, fügen wir hier noch folgende von Otto berechnete Tabelle bei.

# Tabelle,

welche die dem wasserfreien kohlensauren Natron entsprechenden Mengen von krystallisirtem kohlensauren Natron anzeigt.

| Wasserfreies kohlensaures Natron. | Krystall. kohlensaures Natron. | Wasserfreies kohlensaures Natron. | Krystall. kohlensaures Natron. | Wasserfreies kohlensaures Natron. | Krystall. kohlensaures Natron. | Wasserfreies kohlensaures Natron. | Krystall. kohlensaures Natron. |
|---|---|---|---|---|---|---|---|
| 1 | 2,68 | 26 | 69,83 | 51 | 136,97 | 76 | 204,12 |
| 2 | 5,37 | 27 | 72,52 | 52 | 139,66 | 77 | 206,81 |
| 3 | 8,05 | 28 | 75,20 | 53 | 142,34 | 78 | 209,50 |
| 4 | 10,74 | 29 | 77,89 | 54 | 145,03 | 79 | 212,18 |
| 5 | 13,43 | 30 | 80,58 | 55 | 147,72 | 80 | 214,87 |
| 6 | 16,11 | 31 | 83,25 | 56 | 150,40 | 81 | 217,55 |
| 7 | 18,80 | 32 | 85,94 | 57 | 153,09 | 82 | 220,24 |
| 8 | 21,48 | 33 | 88,62 | 58 | 155,77 | 83 | 222,93 |
| 9 | 24,17 | 34 | 91,31 | 59 | 158,46 | 84 | 225,61 |
| 10 | 26,86 | 35 | 94,00 | 60 | 161,15 | 85 | 228,30 |
| 11 | 29,54 | 36 | 96,68 | 61 | 163,83 | 86 | 230,98 |
| 12 | 32,22 | 37 | 99,37 | 62 | 166,52 | 87 | 233,67 |
| 13 | 34,90 | 38 | 102,05 | 63 | 169,20 | 88 | 236,36 |
| 14 | 37,59 | 39 | 104,74 | 64 | 171,89 | 89 | 239,64 |
| 15 | 40,28 | 40 | 107,43 | 65 | 174,58 | 90 | 241,73 |
| 16 | 42,96 | 41 | 110,11 | 66 | 177,26 | 91 | 244,11 |
| 17 | 45,65 | 42 | 112,80 | 67 | 179,95 | 92 | 247,10 |
| 18 | 48,33 | 43 | 115,48 | 68 | 182,63 | 93 | 249,79 |
| 19 | 51,02 | 44 | 118,17 | 69 | 185,32 | 94 | 252,47 |
| 20 | 53,72 | 45 | 120,86 | 70 | 188,01 | 95 | 255,16 |
| 21 | 56,40 | 46 | 123,54 | 71 | 190,69 | 96 | 257,84 |
| 22 | 59,09 | 47 | 126,23 | 72 | 193,38 | 97 | 260,53 |
| 23 | 61,77 | 48 | 128,91 | 73 | 196,07 | 98 | 263,22 |
| 24 | 64,46 | 49 | 131,60 | 74 | 198,75 | 99 | 265,90 |
| 25 | 67,15 | 50 | 134,29 | 75 | 201,44 | 100 | 268,59 |

Schliesslich sei bemerkt, dass der Fabrikant, möge er sich bei seinen Processen der kaustischen, calcinirten oder krystallisirten Soda bedienen, stets gut thut, ein möglichst von fremden Beimischungen reines Fabrikat zu kaufen und zu verwenden, denn er darf nicht annehmen, dass z. B. 2 Theile einer Soda, welche 45 pCt. wasserfreies kohlensaures Natron enthält, eine gleiche Wirkung ausübe, wie eine Soda von 90 pCt. des letzteren Salzes und dass es sich nur darum handele, ob ein Theil der letzteren Soda billiger sei, als zwei Theile der ersteren. Sondern die fremden Beimischungen üben oft einen sehr nachtheiligen Einfluss auf das Kochen der Hadern und die Herstellung des Leim's aus, so dass die Wirkung einer solchen Soda auch bei Anwendung entsprechender Mengen, weit hinter der einer reineren zurückbleibt. Zu solchen direct nachtheilig wirkenden Beimischungen gehört ganz besonders das schwefelsaure Natron (Glaubersalz), welches oft zur Verfälschung der Soda benutzt wird. — Man erkennt die Gegenwart der Schwefelsäure sehr leicht, wenn man zu der warmen Auflösung einer Probe bis zur gänzlichen Vertreibung der Kohlensäure Essigsäure oder Salzsäure hinzufügt und zu der klaren Lösung einen Tropfen Chlorbaryum setzt. Entsteht hierbei nur ein schwaches Milchigwerden, so ist der Gehalt an Schwefelsäure so gering, dass er nicht braucht beachtet zu werden; bildet sich aber ein weisser Niederschlag von schwefelsaurer Baryterde, so ist von der Anwendung einer solchen Soda abzurathen.

Ebenso wie bei der Pottasche wird auch häufig bei der Soda die Güte derselben im Handel in Decroizilles'schen Alkalimetergraden angegeben, daher wir hier ebenfalls schliesslich eine Reductionstabelle folgen lassen:

## Tabelle

zur Vergleichung der Decroizilles'schen Alkalimetergrade mit den Procenten von kohlensaurem und reinem Natron.

| Grade des Alkalimeters. | Procente an kohlensaurem Natron. | Procente an reinem Natron. | Grade des Alkalimeters. | Procente an kohlensaurem Natron. | Procente an reinem Natron. | Grade des Alkalimeters. | Procente an kohlensaurem Natron. | Procente an reinem Natron. |
|---|---|---|---|---|---|---|---|---|
| 1 | 1,09 | 0,63 | 6 | 6,52 | 3,82 | 11 | 11,94 | 6,99 |
| 2 | 2,17 | 1,27 | 7 | 7,60 | 4,45 | 12 | 13,04 | 7,63 |
| 3 | 3,26 | 1,91 | 8 | 8,69 | 5,09 | 13 | 14,12 | 8,27 |
| 4 | 4,34 | 2,54 | 9 | 9,77 | 5,73 | 14 | 15,20 | 8,91 |
| 5 | 5,43 | 3,18 | 10 | 10,86 | 6,36 | 15 | 16,29 | 9,45 |

| Grade des Alkali-meters. | Procente an kohlen-saurem Natron. | Procente an reinem Natron. | Grade des Alkali-meters. | Procente an kohlen-saurem Natron. | Procente an reinem Natron. | Grade des Alkali-meters. | Procente an kohlen-saurem Natron. | Procente an reinem Natron. |
|---|---|---|---|---|---|---|---|---|
| 16 | 17,37 | 10,18 | 42 | 45,60 | 26,76 | 68 | 73,84 | 43,25 |
| 17 | 18,46 | 10,82 | 43 | 46,69 | 27,39 | 69 | 74,77 | 43,89 |
| 18 | 19,55 | 11,45 | 44 | 47,78 | 28,03 | 70 | 76,02 | 44,53 |
| 19 | 20,63 | 12,09 | 45 | 48,87 | 28,65 | 71 | 77,11 | 45,17 |
| 20 | 21,72 | 12,72 | 46 | 49,96 | 29,27 | 72 | 78,20 | 45,70 |
| 21 | 22,80 | 13,36 | 47 | 51,04 | 29,91 | 73 | 79,28 | 46,34 |
| 22 | 23,89 | 13,99 | 48 | 52,12 | 30,54 | 74 | 80,36 | 46,97 |
| 23 | 24,98 | 14,63 | 49 | 53,05 | 31,18 | 75 | 81,45 | 47,91 |
| 24 | 26,06 | 15,27 | 50 | 54,30 | 31,81 | 76 | 82,52 | 48,24 |
| 25 | 27,15 | 15,91 | 51 | 55,39 | 32,45 | 77 | 83,62 | 48,88 |
| 26 | 28,24 | 16,54 | 52 | 56,48 | 33,08 | 78 | 84,71 | 49,51 |
| 27 | 29,32 | 17,18 | 53 | 57,56 | 33,72 | 79 | 85,80 | 50,35 |
| 28 | 30,40 | 17,82 | 54 | 58,64 | 34,35 | 80 | 86,88 | 50,90 |
| 29 | 31,49 | 18,46 | 55 | 59,73 | 34,99 | 81 | 87,97 | 51,54 |
| 30 | 32,58 | 19,09 | 56 | 60,80 | 35,63 | 82 | 89,06 | 52,17 |
| 31 | 33,66 | 19,73 | 57 | 61,90 | 36,27 | 83 | 90,14 | 52,81 |
| 32 | 34,75 | 20,36 | 58 | 62,70 | 36,90 | 84 | 91,22 | 53,45 |
| 33 | 35,84 | 21,00 | 59 | 63,91 | 37,54 | 85 | 92,31 | 54,08 |
| 34 | 36,92 | 21,63 | 60 | 65,16 | 38,17 | 86 | 93,39 | 54,72 |
| 35 | 38,01 | 22,27 | 61 | 66,24 | 38,81 | 87 | 94,48 | 55,35 |
| 36 | 39,10 | 22,90 | 62 | 67,32 | 39,44 | 88 | 95,77 | 55,99 |
| 37 | 40,18 | 23,54 | 63 | 68,42 | 40,08 | 89 | 96,66 | 56,62 |
| 38 | 41,26 | 24,17 | 64 | 69,50 | 40,71 | 90 | 97,74 | 57,26 |
| 39 | 42,35 | 24,82 | 65 | 70,59 | 41,35 | 91 | 98,83 | 57,80 |
| 40 | 43,44 | 25,49 | 66 | 71,68 | 41,98 | 92 | 99,92 | 58,43 |
| 41 | 44,53 | 26,13 | 67 | 72,76 | 42,62 | | | |

## Der Kalk.

Die dritte beim Kochen der Lumpen in Anwendung kommende Substanz ist der Kalk; es ist dieser das Oxyd des Metalles Calcium, die Basis eines Salzes, welches ausserordentlich verbreitet in der Natur vorkommt und im Unorganischen wie Organischen eine sehr wichtige Rolle spielt, nämlich des kohlensauren Calciumoxydes, des wesentlichen Bestandtheiles des Kalkspathes, des Arragonits, des Marmors, der Kreide, des Kalksteins, des Kalkmergels, der Auster- und Muschelschalen, Eierschalen, Korallen u. s. w. Durch starkes Erhitzen (Brennen des Kalkes) wird eine Trennung der Kohlensäure von der Basis veranlasst und mehr oder weniger reine Kalkerde gewonnen. Kalkspath und Arragonit, zwei verschiedene Krystallgestalten des kohlensauren Calciumoxydes, geben beim Erhitzen fast chemisch reine Kalkerde, während die krystallinische Verbindung im Marmor und die erdige in der Kreide schon merkliche Beimengungen von Eisenoxyd und Thon enthalten, die im Kalkstein theils noch bedeutender werden, theils einen Zuwachs von kohlensaurer Talkerde (Magnesia, Magnesiumoxyd) erhalten; während der Mergel, neben sehr bedeutenden Mengen der genannten Stoffe, auch noch Sand als Hauptbestandtheil enthält. Die reine Kalkerde ist weiss, leicht zerreiblich, schmeckt laugenhaft, ätzend, zerstört organische Gebilde. Mit Wasser befeuchtet, zerfällt sie unter starker Erwärmung zu einem weissen Pulver von Kalkerdehydrat, gelöschtem Kalke, welcher mit mehr als zum Löschen nöthigem Wasser vermischt die Kalkmilch, und mit noch mehr Wasser bis zu gänzlicher Auflösung das Kalkwasser giebt. In allen diesen Formen zieht die Kalkerde begierig Kohlensäure an und nimmt dieselbe sowohl aus der Luft auf, als auch besonders, wenn sie mit Auflösungen kohlensaurer Salze, z. B. kohlensauren Kalis oder Natrons, in Berührung kommt. Diese beiden Eigenschaften, die grosse Verwandtschaft zur Kohlensäure, so wie die ätzende Wirkung auf organische Gebilde, sind es, worauf die Anwendung der Kalkerde in der Papierfabrikation sich gründet, und da sie um so kräftiger auftreten, je reiner sie ist, so kann, wo eine Wahl frei steht, dieselbe nicht zweifelhaft sein, sondern es wird die aus Marmor erhaltene Kalkerde (Kalkspath und Arragonit haben ein zu beschränktes Vorkommen, um bei technischen Fragen Berücksichtigung zu verdienen) den Vorzug vor der aus Kreide, diese den Vorzug vor der aus Kalkstein und diese endlich den Vorzug vor der aus Kalkmergel verdienen. In der Regel ist jedoch dem Fabrikanten diese Wahl nicht freigegeben, sondern er ist genöthigt, den Kalk anzuwenden, wie ihn die geognostischen Verhältnisse seiner Gegend darbieten und durch grössere Quantitäten zu ersetzen, was ihm an Güte abgeht. Um die Güte eines Kalkes, d. h. seinen Gehalt an Calciumoxyd, genau zu ermitteln, könnte man eine abgewogene Menge in Salpetersäure von bestimmtem Gehalt auflösen und dann mit Natron-Probelösung blau titriren. Allein für den speciellen Zweck, den wir hier vor Augen haben, das Kochen der Lumpen, ist eine solche genaue Prüfung des Kalkes überhaupt nicht erforderlich. Es genügt, dass der

Kalk möglichst frisch gebrannt angewendet werde, indem er beim längeren Aufbewahren Kohlensäure und Wasser aus der Luft anzieht, wodurch seine Wirksamkeit ausserordentlich geschwächt wird, daher auch dieser Vorgang als „Absterben des Kalkes" bezeichnet wird. Man erkennt die Frische eines Kalkes dadurch, dass beim Uebergiessen desselben mit irgend einer Säure gar kein oder nur ein schwaches Aufbrausen von entweichender Kohlensäure stattfindet.

Gehen wir nun, nachdem wir die dabei in Anwendung kommenden Substanzen näher kennen gelernt haben, zu dem Process des Kochens selbst über, so ist das Verfahren dabei sehr verschieden, je nach der Beschaffenheit der Hadern und der zum Kochen dienenden Apparate. — In vielen Fabriken werden nur die gefärbten und sehr groben Lumpen gekocht, während man in Frankreich und England auch die feineren diesem Processe unterwirft und Fabriken, welche sich die Anfertigung sehr feiner und weisser Papiere zur Aufgabe gestellt haben, werden sich stets für Letzteres zu entscheiden haben, da unbedingt ein Kochen, selbst mit schwachen Laugen, eine gründlichere Reinigung bewirkt, als noch so sorgfältiges Auswaschen im Holländer. — Bei den folgenden Quantitätsangaben ist angenommen, dass das Kochen unter dem Druck einer Atmosphäre stattfindet[1]), sie werden sich daher vermindern, wo mit höherer, vermehren, wo mit geringerer Dampfspannung gekocht wird. Bei den feinsten leinenen Lumpen (No. 1, 2, 3 und bei Anfertigung von Mittelpapieren auch No. 4) genügt ein dreistündiges Kochen mit einer Auflösung von Pottasche oder Soda, in welcher auf den Centner Hadern 2 Pfund krystallisirte Soda gerechnet worden sind. Beim Kochen dieser Lumpen wird die krystallisirte Soda wegen ihrer Reinheit stets der calcinirten vorzuziehen sein, da letztere durch ihre erdigen oder sandigen Beimengungen, so wie durch ihren häufigen Gehalt an Eisen und Manganoxyd zu Unreinlichkeiten und Färbungen Veranlassung giebt. Bei den stärkeren und mehr Schmutz und Fett enthaltenden Hadern und solchen, bei denen Farben zerstört oder einzelne Wollenfäden aufgelöst werden sollen, ist auch eine stärker wirkende Lauge erforderlich, welche man nicht bloss durch Vermehrung der angewendeten Quantitäten Soda oder Pottasche erhält, sondern ganz besonders dadurch, dass man das kohlensaure Natron oder Kali der Soda und Pottasche kaustisch

---

[1]) Einen höheren Druck bei Lumpen anzuwenden, scheint wegen des damit verbundenen Fasernverlustes durchaus nicht rathsam.

macht, d. h. von der Kohlensäure befreit. Es geschieht dies einfach dadurch, dass man die Auflösungen jener Verbindungen mit frisch bereiteter Kalkmilch vermischt; es bildet sich alsdann im Wasser unauflösliche kohlensaure Kalkerde, welche sich nach einiger Zeit ruhigen Stehens zu Boden setzt, und kaustisches Natron oder Kali bleiben in Auflösung.  Es bestehen aber

    100 kohlensaures Natron aus 41,51 Kohlensäure + 58,49 Natron,

    100 kohlensaure Kalkerde - 44,00    -    -    + 56,00 Kalkerde,

daher man in Folge der Proportion

$$44,00 : 56,00 = 41,51 : x$$
$$x = \frac{56,00 \cdot 41,51}{44,00} = 52,83$$

100 G.-Th. kohlensaures Natron auf 52,83 G.-Th. Kalkerde zu verwenden hat, oder da die krystallisirte Soda nur 37,24 pCt. kohlensaures Natron enthält, auf 100 G.-Th. von dieser 19,71 G.-Th. Kalkerde.  Da jedoch der Kalk, wie schon erwähnt, nie chemisch rein ist, auch wenn er nicht ganz frisch gebrannt angewendet wird, wiederum zum Theil kohlensauer geworden ist, und überdies ein Ueberschuss von Kalkerde wegen ihrer gleichfalls ätzenden Wirkung nicht schädlich ist, so wird man wohl thun, eine etwas grössere Quantität Kalkerde, als nach der Rechnung erforderlich ist, zum Kausticiren der Laugen anzuwenden. So werden z. B. bei mittelfeinen Hadern, etwa bei No. 3, 4, 5 und 6, 6—8 Pfund krystallisirte Soda mit 3—4 Pfund Kalk versetzt, auf 3 Centner Lumpen, nach dreistündigem Kochen dieselben hinlänglich rein und zur weiteren Verarbreitung geeignet machen. — Der Process des Kausticirens wird in einem hölzernen Kasten vorgenommen, der oberhalb der Kochgefässe aufgestellt und 2—3 Zoll über dem Boden mit einer durch einen Holzstöpsel zu schliessenden Oeffnung versehen ist.  Es wird der abgewogene und darauf gelöschte Kalk in diesem Kasten mit Wasser zu einer Kalkmilch angerührt, alsdann die Sodaauflüsung zugesetzt, umgerührt und nach einigen Minuten ruhigen Stehenlassens, während dessen sich die kohlensaure Kalkerde zu Boden schlägt, die Flüssigkeit auf die Lumpen gelassen[1]). — Die reine Kalkerde ist ebenfalls fast unauflöslich im Wasser, indem ein Gewichtstheil derselben 800 G.-Th.

---

[1]) Wo es leicht thunlich, ist es vortheilhaft, die Zersetzung der Soda durch den Kalk bei höherer Temperatur vorzunehmen, also die Flüssigkeiten bis 80° zu erwärmen, weil alsdann der kohlensaure Kalk leichter zu Boden fällt.

Wasser zur Lösung erfordert, daher man es in seiner Gewalt hat, durch längeres Stehenlassen der Flüssigkeit einen zu grossen Ueberschuss an Kalkerde zu vermeiden.

Man kann sich auch des Verfahrens bedienen, welches gewöhnlich bei der Darstellung der Seifensiederlaugen Anwendung findet, dass man nämlich die Soda- oder Pottaschen-Auflösung so lange durch einen Kalkäscher (ein mit gelöschtem Kalk gefülltes Fass) gehen lässt, bis Säuren darin kein Aufbrausen mehr erzeugen[1]). — Bei der Einwirkung kaustischer Alkalien auf Fette und fette Oele werden die letzteren zersetzt, es bilden sich Stearinsäure, Margarinsäure, Oelsäure und Oelsüss oder Glycerin, von denen die ersteren drei sich mit dem Alkali zu Salzen verbinden, die als Seife allgemein bekannt sind. Alle gewöhnlichen fetten Pflanzenöle und aus dem Thierreich alles Talg und Schmalz, werden durch den Seifenbildungsprocess in die fetten Säuren und Glycerin umgewandelt und hierauf beruht, zumal bei nur schmutzigen Lumpen, wesentlich die grössere Wirksamkeit der kaustischen Alkalien gegenüber den kohlensauren, während, wo es sich um Beseitigung von Farbe, Schewe und Wollfasern handelt, natürlich auch die grössere zerstörende und lösende Wirkung in Betracht kommt. — Die kaustischen Laugen ziehen aber sehr begierig Kohlensäure aus der Luft an und vertragen kein längeres Aufbewahren, sie sollten daher stets vor jedesmaligem Gebrauch frisch angefertigt, und um sie von gleicher Stärke zu erhalten, immer aus denselben Mengen kohlensauren Salzes hergestellt oder chemisch auf ihren Gehalt untersucht werden, denn die hin und wieder wohl noch gebräuchlichen empirischen Proben, die Geschmacksprobe (nur bei schwächeren Laugen anwendbar), die Fingerprobe, ob sich die Lauge mehr oder minder fettig anfühlt, die Eiprobe, ob ein Ei auf der Lauge schwimmt oder sinkt und wie tief es beim Schwimmen eintaucht, können selbst dem Geübtesten nur sehr unsichere Resultate gewähren. Ebenso ist der Gebrauch der Senkspindeln, sowohl der eigens dazu gefertigten, der sogenannten Akalimeter (Laugenmesser), als des Baumé'schen und jedes andern Aräometers zu verwerfen oder nur bei comparativen Versuchen zu gestatten, denn bei der Anfertigung der Procenten-

---

[1]) Die hin und wieder aufgestellte Behauptung, die Lösung von kohlensaurem Natron könne durch anhaltendes Kochen kaustisch gemacht werden, müssen wir als eine durchaus irrige bezeichnen. Die Lösungen von kohlensaurem Natron und Kali werden durch Kochen nicht zersetzt.

scala jener Alkalimeter bedient man sich, wie nicht anders möglich, eines reinen Kalihydrats und destillirten Wassers, während in den zu technischen Zwecken bereiteten rohen Laugen noch, wie oben ausführlich auseinander gesetzt, verschiedene fremde Salze enthalten sind, die ebenfalls auf die Dichtigkeit derselben einen Einfluss ausüben, so dass eine Lauge, in welcher das Instrument 20 pCt. Alkali andeutet, keineswegs 20 pCt. Kali oder Natron enthält, sondern nur einschliesslich der fremden Materien, es aber ungewiss bleibt, wieviel auf letztere kommt. Mit demselben Mangel sind auch die Aräometer (Dichtigkeitsmesser) behaftet, sowohl diejenigen, welche das specifische Gewicht der Flüssigkeit unmittelbar angeben, als das von Baumé, bei welchem dies nicht der Fall ist.

Dieses letztere Aräometer hat zwei durch den Versuch bestimmte Punkte, den Null-Punkt, bis zu welchem es in Wasser einsinkt, und einen zweiten, bis zu welchem es in einer Kochsalzauflösung eintaucht, die 15 pCt. Kochsalz enthält. Die Entfernung dieser beiden Punkte von einander ist in 15 Theile getheilt und dann durch Hinzufügen gleich grosser Theile die Scala gewöhnlich bis 78 fortgesetzt. Die Baumé'schen Grade sind mithin ganz willkürlich gewählt und geben keineswegs unmittelbar das specifische Gewicht an, welches jedoch aus ihnen berechnet werden kann. — Das Baumé'sche Aräometer wird so vielfältig, auch namentlich bei Prüfung der Säuren angewendet, dass es für Viele wünschenswerth sein dürfte, aus folgender Tabelle die den Baumé'schen Aräometergraden entsprechenden specifischen Gewichte mit Leichtigkeit ersehen zu können:

## Tabelle

zur Reduction der Baumé'schen Aräometergrade auf spec. Gewicht, nach Maroseau.

| Grad. | Specifisches Gewicht. | Grad. | Specifisches Gewicht. | Grad. | Specifisches Gewicht. | Grad. | Specifisches Gewicht. | Grad. | Specifisches Gewicht. |
|---|---|---|---|---|---|---|---|---|---|
| 1 | 1,008 | 7 | 1,051 | 13 | 1,099 | 19 | 1,152 | 25 | 1,210 |
| 2 | 1,015 | 8 | 1,059 | 14 | 1,107 | 20 | 1,161 | 26 | 1,220 |
| 3 | 1,022 | 9 | 1,067 | 15 | 1,116 | 21 | 1,170 | 27 | 1,230 |
| 4 | 1,029 | 10 | 1,075 | 16 | 1,125 | 22 | 1,180 | 28 | 1,241 |
| 5 | 1,036 | 11 | 1,083 | 17 | 1,134 | 23 | 1,190 | 29 | 1,252 |
| 6 | 1,043 | 12 | 1,091 | 18 | 1,143 | 24 | 1,200 | 30 | 1,263 |

| Grad. | Specifisches Gewicht. | Grad. | Specifisches Gewicht. | Grad. | Specifisches Gewicht. | Grad. | Specifisches Gewicht. | Grad. | Specifisches Gewicht. |
|---|---|---|---|---|---|---|---|---|---|
| 31 | 1,274 | 40 | 1,384 | 49 | 1,514 | 58 | 1,672 | 67 | 1,866 |
| 32 | 1,285 | 41 | 1,397 | 50 | 1,530 | 59 | 1,691 | 68 | 1,891 |
| 33 | 1,296 | 42 | 1,410 | 51 | 1,546 | 60 | 1,711 | 69 | 1,916 |
| 34 | 1,308 | 43 | 1,424 | 52 | 1,563 | 61 | 1,732 | 70 | 1,942 |
| 35 | 1,320 | 44 | 1,438 | 53 | 1,580 | 62 | 1,753 | 71 | 1,968 |
| 36 | 1,332 | 45 | 1,453 | 54 | 1,598 | 63 | 1,775 | 72 | 1,995 |
| 37 | 1,345 | 46 | 1,468 | 55 | 1,616 | 64 | 1,797 | 73 | 2,023 |
| 38 | 1,358 | 47 | 1,483 | 56 | 1,634 | 65 | 1,819 | 74 | 2,052 |
| 39 | 1,371 | 48 | 1,498 | 57 | 1,653 | 66 | 1,842 | 75 | 2,081 |

Die Verhältnisszahlen zwischen den Baumé'schen Aräometergraden und den specifischen Gewichten sind in neuster Zeit von Kolb einer Correction unterworfen worden und theilen wir pag. 233 die corrigirte Tabelle mit.

Mittelst dieser Tabelle und den späteren über den dem specifischen Gewicht entsprechenden Gehalt einer Flüssigkeit an Alkali oder Säure, wird man in sehr vielen Fällen durch die Angaben des Baume'schen Aräometers einer sorgfältigen chemischen Analyse überhoben. So lässt bei reinen Auflösungen das specifische Gewicht, mithin auch der Baumé'sche Aräometergrad allerdings einen Schluss auf den Procentgehalt an Kali oder Natron zu, da jede Auflösung von bestimmtem Gehalt auch ihr bestimmtes specifisches Gewicht besitzt, welches um so grösser ist, je reicher die Auflösung an Alkali ist. Dalton verdanken wir in dieser Beziehung folgende beiden Tabellen, welche dem Fabrikanten, der sich noch immer der Senkspindel bedient, bei Anwendung reiner Pottasche oder Soda-Sorten von Nutzen sein können.

## Tabelle

über den Gehalt der Kalilauge an Kali bei verschiedenem spec. Gewichte.

| Spec. Gewicht. | Kali p. C. | Spec. Gewicht. | Kali p. C. | Spec. Gewicht. | Kali p. C. |
|---|---|---|---|---|---|
| 1,68 | 51,2 | 1,42 | 34,4 | 1,23 | 19,5 |
| 1,60 | 46,7 | 1,39 | 32,4 | 1,19 | 16,2 |
| 1,52 | 42,9 | 1,36 | 29,4 | 1,15 | 13,0 |
| 1,47 | 39,6 | 1,32 | 26,3 | 1,11 | 9,5 |
| 1,44 | 36,8 | 1,28 | 23,4 | 1,06 | 4,7 |

# Tabelle

über den Gehalt der Natronlauge an Natron bei verschiedenem specifischen Gewichte.

| Spec. Gewicht. | Natron p. C. | Spec. Gewicht. | Natron p. C. |
|---|---|---|---|
| 2,00 | 77,8 | 1,40 | 29,0 |
| 1,85 | 63,6 | 1,36 | 26,0 |
| 1,72 | 53,8 | 1,32 | 23,0 |
| 1,63 | 46,6 | 1,29 | 19,0 |
| 1,56 | 41,2 | 1,23 | 16,0 |
| 1,50 | 36,8 | 1,18 | 13,0 |
| 1,47 | 34,0 | 1,12 | 9,0 |
| 1,44 | 31,0 | 1,06 | 4,7 |

Es wurde erwähnt, dass reine Kalkerde gleich den kaustischen Alkalien auflösend und zerstörend auf organische Substanzen einwirke; auch sie giebt mit Fetten und fetten Oelen Seifen und kann daher jene beim Kochen der Lumpen vollständig ersetzen. Der Kalk unterscheidet sich jedoch von den Alkalien sehr wesentlich erstens durch seine eigne Schwerlöslichkeit in Wasser und durch die vollständige Unauflöslichkeit seiner Verbindungen mit den fetten Säuren, d. h. seiner Seifen. Von der letzteren kann man sich leicht überzeugen, wenn man zu einer Lösung von Natronseife Kalkwasser zugiesst: es entsteht sofort ein gelatinöser, sich schwer absetzender in Wasser und Alkali unlöslicher weisser Niederschlag. Dieser unlösliche Niederschlag wird sich natürlich auch beim Kochen der Hadern erzeugen und zum Theil sich auf deren Oberfläche absetzen, von wo er durch Waschen schwer zu entfernen ist und daher die Wirkung der Bleiche beeinträchtigen muss. Wo es sich daher darum handelt, ein in jeder Beziehung vollkommenes Papier darzustellen, da dürfe unbedingt die Anwendung der Soda der des Kalkes vorzuziehen sein, während bei etwas geringeren Anforderungen an das Fabrikat unter Umständen, schon ihrer grossen Billigkeit wegen, die Kalkerde jedenfalls den Vorzug verdient. Die Schwerlöslichkeit der Kalkerde macht es aber unmöglich, sich beim Kochen der Lumpen der reinen Auflösung, also des Kalkwassers zu bedienen, denn man würde selbst bei einer sehr grossen Quantität Flüssigkeit doch immer nur einen sehr kleinen Effect erzielen. Wendet man dagegen Kalkmilch an, so wird, nachdem die gelöste Kalkerde ihre Wirkung ausgeübt und niedergeschlagen worden, sich immer wieder eine neue Quantität lösen und die Wirkung fortsetzen, und der Schlusseffect wird nur von der Zeit abhängen, während welcher man das Kochen unterhält. Es ergiebt sich hieraus ein zweiter wesentlicher Unterschied zwischen dem Kochen mit Kalk und dem mit Soda. Bei Anwendung von Kalk arbeitet man stets nur mit schwacher Lauge und die Zeit muss ersetzen, was der letzteren an Stärke fehlt; bei der Soda kommt sofort die ganze für eine bestimmte Lumpenmenge berechnete Quantität zur Wirksamkeit, die Lauge wird nach und nach schwächer und die Totalwirkung hängt wesentlich von der ursprünglichen Concentration der Lauge ab. Während aber die Löslichkeit der Natronseife zu Gunsten dieses Alkali's sprach, lässt die Schwerlöslichkeit des Kalkes und das dadurch bedingte Arbeiten mit schwacher Lauge die Anwendung der Kalkerde vortheilhafter erscheinen, als die des Natrons, denn jedenfalls wird bei ersterer ein geringerer Faserverlust stattfinden, als bei letzterem. — Ein dritter Umstand ist noch in Betracht zu ziehen. Kocht man nämlich in stehenden oder überhaupt ruhenden Kesseln, so sinkt der suspendirte Kalk sehr bald zu Boden und entzieht sich jeder Wirksamkeit, so dass unser Endurtheil dahin lautet, dass für derartige Kessel Soda den Vorzug verdient, dass aber für rotirende Kocher die Anwendung des Kalkes als das billigste und unschädlichste Verfahren empfohlen werden kann.

Endlich sei bemerkt, dass die gleichzeitige Anwendung verschiedener Alkalien durchaus verwerflich ist. Bringt man die Lösungen von kohlensaurem Natron und Kalkerde im Kocher zusammen, so findet einfach in diesem der Process des Kausticirens statt und man erhält einen starken Niederschlag von kohlensaurer Kalkerde, welche sich auf die Oberfläche der Hadern absetzt und die spätere Wäsche und Bleiche stört. Ebenso geht man von irrigen Ansichten aus, wenn man meint, durch einen geringen Zusatz von kaustischem Natron zur Kalkmilch könne man die Uebelstände der beiden Methoden vermeiden und ihre beiderseitigen Vorzüge vereinigen, indem alsdann das Natron, als die stärkere Base die Wirksamkeit auf die Lumpen unter Bildung einer löslichen Natronseife beginne, worauf die gelöste Kalkerde diese Seife wieder zersetze, unlösliche Kalkseife sich niederschlage und das Natron wieder frei werde, um seine Wirksamkeit von Neuem zu beginnen, so

dass man mit einer sehr geringen Quantität Natron einen grossen Effect
erzielen könne. — Diese Theorie ist durchaus falsch, wie man sich
leicht überzeugen kann, wenn man zu einer klaren Kalkmilch Natronlösung giesst, es bildet sich sofort ein weisser Niederschlag von Kalkerdehydrat, weil die Kalkerde in alkalischer Flüssigkeit noch viel unauflöslicher ist als in reinem Wasser. Bei gleichzeitiger Anwendung
von Kalk- und Natronlösungen scheidet daher der erstere sofort aus dem
Wirkungskreise aus und man behält nur eine schwache Natronlösung
übrig[1]).

Ein drei- bis vierstündiges Kochen mit 15 bis 25 Pfd. Kalk auf
12 Centner Lumpen wird bei mittelstarken und schwach gefärbten Hadern, z. B. bei No. 5, 6, 7, 8, 9 und 10 genügen, die Faser anzugreifen
oder die Farbe und Fette zu zerstören, wo hingegen bei den stärksten
Hadern und dunkleren Färbungen (No. 11, 13, 14, 15) eine zwei- auch
dreimalige Wiederholung desselben Processes erforderlich ist. Ueberhaupt empfehlenswerth ist es, lieber 2 mal 3 Stunden mit der halben, als
1 mal 6 Stunden mit der ganzen Zuthat zu kochen.

Zur Anfertigung der Kalkmilch bedient man sich zweier Bottiche
aus Eisenblech, von denen der eine kleinere in dem anderen grösseren

---

[1]) Fistié (C. Bl. 1869 No. 9) bezeichnet es als etwas Charakteristisches für
das Kochen mit Kalk, dass die filtrirte Lauge eisenhaltig sei. Er glaubt, dass
die Lauge dieses Eisen aus den Lumpen aufgenommen habe und gelangt schliesslich zu der Frage: „Muss man nicht dieser Lösung des Eisens in den Hadern
durch die Kalklauge eine vollkommenere Wirkung des Bleichens der mit Kalk
gekochten Hadern im Vergleich zu der mit Soda gekochten zuschreiben?" — Herr
Fistié wird inzwischen hoffentlich Gelegenheit gefunden haben, auch einmal eine
mit kaustischer Natron angestellte Kochlauge zu untersuchen und die Erfahrung
gemacht haben, dass die von den Hadern abfliessende Natronlauge stets sehr stark
auf Eisen reagirt, während wir hingegen eine mit gutem Rüdersdorfer Kalk angestellte Lauge vollkommen eisenfrei gefunden haben. Es ist daher total falsch,
behaupten zu wollen, die Kalklauge sei eisenhaltig, die Natronlauge nicht;
im Gegentheil das Umgekehrte ist viel eher der Fall. Auch ist es nicht richtig,
den Eisengehalt der abgelassenen Kochlaugen nur als von den Lumpen herrührend zu betrachten, wiewohl wir auch diese Quelle keineswegs in Abrede stellen;
sondern wir rathen Herrn Fistié seine Untersuchungen auch auf die käufliche
calcinirte und kaustische Soda auszudehnen und er wird die Lösungen derselben
fast stets eisenhaltig finden. — Es rührt dies Eisen einfach von den eisernen
Kochgefässen her, in welchen sich beim Leerstehen sehr leicht Eisenoxydhydrat
(Rost) bildet, welches in Berührung mit der stark alkalischen Lauge als Eisen-
oxyd-Natron und wohl selbst zum Theil als eisensaures Natron in die Lösung
übergeht.

steht; in dem ersteren, dessen Wände durchlöchert sind, wird der Kalk mit Wasser angerührt und die Kalkmilch tritt in den grösseren über, während Steine und gröbere Theile im innern Kasten zurückgehalten werden.

Man trifft nicht zwei Fabriken, die unter ganz gleichen Verhältnissen arbeiten; nicht bloss die Verschiedenheit der Apparate, sondern auch verschiedene Bezugsquellen der Soda und Pottasche, verschiedenes Vorkommen des Kalkes, ja selbst verschiedene Beschaffenheit des Wassers können Abweichungen von den hier angegebenen Quantitäts-Verhältnissen nothwendig machen, daher wir dieselben auch keineswegs als Gesetze hingestellt haben wollen, sondern nur als Anhaltspunkte, von denen ausgehend, mit Berücksichtigung des über die Theorie der beim Kochen vorzunehmenden Processe Gesagten, Jeder die für ihn passenden Verhältnisse leicht ermitteln wird[1]).

Durch hinreichend starke alkalische Laugen werden fast alle zum Färben von Leinen und Baumwolle angewandten mineralischen und vegetabilischen Farbstoffe mehr oder weniger vollkommen zerstört, nur die mit Krapp gefärbten Zeuge widerstehen dieser Wirkung und erhalten im Gegentheil durch die Behandlung mit Alkalien, namentlich mit

---

[1]) Piette schreibt unter Annahme eines Druckes von 3 Atmosphären folgende wohl etwas sehr hoch gegriffenen Quantitäten Soda oder Kalk für je 100 Kilogrammes der verschiedenen Hadernsorten vor:

No. 1. wenn überhaupt gekocht werden soll, 350 g. calcinirte Soda oder 800 g. Kali, nur kurze Zeit.
- 2. Behandlung wie No. 1. 1½ Stunde.
- 3. 600 g. calc. Soda oder 2 Ko. Kalk. 2½ Stunden.
- 4. 1 Ko. calc. Soda oder 4 Ko. Kalk. 4 Stunden.
- 5. 1800 g. calc. Soda oder 6 Ko. Kalk. 5 Stunden.
- 6. 2 Ko. 500 g. calc. Soda oder 8 Ko. Kalk. 7 Stunden.
- 7. 500 g. calc. Soda oder 2 Ko. Kalk. Kurze Zeit.
- 8. 2 Ko. calc. Soda oder 6 Ko. Kalk. 3 Stunden.
- 9. wie No. 8.
- 10. wie No. 8.
- 11. 4 Ko. calc. Soda oder 6 Ko. Kalk. 6—7 Stunden.
- 12. wie No. 11.
- 13. und 14. zu gefärbten Papieren ungekocht benutzt.
- 15. und 16. wie No. 11.
- 17. und 18. 5 Ko. calc. Soda oder 8 Ko. Kalk. 6 Stunden.
- 19. und 20. 6 Ko. calc. Soda oder 10 Ko. Kalk. 6 Stunden,
mit 2 Ko. calc. Soda oder 4 Ko. Kalk. 3—4 Stunden wiederholt. — (Jour. des Fabr. 1859, 1860 und 1861.)

Natron, einen erhöhten Farbenglanz (Aviviren); daher thut man wohl, die vorzugsweise roth gefärbten, meist baumwollenen Lumpen von den übrigen zu sondern und entweder unmittelbar zur Darstellung rother Papiere zu verwenden oder sie ohne vorangegangenes Kochen als Halbzeug durch Chlor zu bleichen.

Nachdem das Kochen eine hinreichende Zeit gedauert, wobei darauf zu achten, dass die Hadern vollständig von Lauge bedeckt sind, wird der Dampfzufluss abgesperrt und nach Ausblasen des Dampfes die Lauge noch heiss aus dem Apparat entfernt. Die letztere auf den Lumpen bis erfolgter Abkühlung stehen zu lassen, hätte keinen vernünftigen Zweck und würde unbedingt der Reinheit der gekochten Hadern grossen Eintrag thun, denn wenn auch in den meisten Fällen die Farbstoffe durch die Lauge nicht bloss aufgelöst, sondern wirklich zerstört und die Fette verseift werden, mithin die Ansicht nicht stichhaltig ist, dass Farben und Fett beim Erkalten wieder aufgenommen werden, so ist doch klar, dass die die Lauge schmutzig färbenden Verbindungen, so wie die nur in der heissen Flüssigkeit löslichen Körper bei längerer Berührung mit den Lumpen diese immer mehr und mehr imprägniren und incrustiren werden, mithin die Verarbeitung im Holländer in ihrer Dauer wesentlich abgekürzt werden muss, wenn nach erfolgtem Kochen ein schleuniges Ablassen der Lauge oder gar ein Auswaschen der gekochten Lumpen erfolgt. Bei Anwendung rotirender Kochapparate ist dieses Auswaschen mit grosser Leichtigkeit zu bewerkstelligen, indem man nur nöthig hat, nach dem Ablassen der Kochflüssigkeit nochmals Wasser und Dämpfe zu den Lumpen treten zu lassen. Wo aber derartige Apparate nicht vorhanden sind, ist man meistens darauf angewiesen, diese Waschung im Halbzeugholländer vorzunehmen, wodurch viel Kraft und Arbeitszeit verloren geht, daher man hin und wieder besondere Waschvorrichtungen eingeführt hat, von denen nur zwei besonders erwähnt werden mögen. — Die Einrichtung A. Silbermann's besteht in nichts anderem als einem gewöhnlichen Waschholländer mit hölzernen Schienen, wie solche schon lange in vielen Fabriken, namentlich zum Entfernen der Bleichflüssigkeit, gebraucht werden, dessen Boden mit einem starken Messinggewebe von $\frac{1}{18}-\frac{1}{16}$ Zoll lichter Maschen bekleidet ist, unter welchem sich der Schmutz ansammelt und von Zeit zu Zeit entfernt wird[1].

---

[1] Polyt. Journal von Dingler CXXXIX. p. 353; Centralblatt 1856 p. 55.

Der Waschapparat dagegen von Petrie und Wrigley ist in seiner Construction neu. Er besteht im Wesentlichen aus einem System von beweglichen Rechen und Rosten, mittelst welcher und über welche die Hadern durch einen Trog mit doppeltem Boden hindurchgeführt werden, in welchem das ablaufende Wasser stets durch neu zuströmendes ersetzt wird[1]). — Die Wirkung dieses Apparates muss eine sehr kräftige sein, allein seine Construction ist so complicirt, dass häufige Reparaturen unvermeidlich erscheinen und wir Anstand nehmen, ihn den Papierfabrikanten zu empfehlen. —

Wir halten überhaupt das Waschen der gekochten Hadern in besonderen Apparaten für überflüssig. Die Arbeit der Holländer wird dadurch allerdings vermindert, allein diese Verminderung steht in keinem Verhältniss zu der Vermehrung der Arbeit in den Waschapparaten selbst.

Wir müssen an dieser Stelle noch eines Vorschlages von Hartmann Erwähnung thun, von welchem wir uns jedoch keinen grossen Vortheil für den Fabrikanten versprechen, nämlich aus den mit Krapp und Indigo gefärbten und zum Bleichen bestimmten Hadern den Farbstoff auszuziehen und nochmals zur Verwerthung zu bringen. — Zu diesem Zweck werden die in Krapp gefärbten Lumpen, nachdem sie sorgfältig gewaschen worden, mit schwacher Salzsäure behandelt, um Thonerde und Eisenoxyd aufzulösen, womit sie gebeizt wurden; man wäscht darauf abermals und zieht das Alizarin mittelst einer Lösung von Alaun oder irgend eines Alkalis aus. Aus seiner Auflösung wird alsdann das Alizarin durch Uebersättigen mit einer Säure gefällt und auf Filtern gesammelt.

Die mit Indigo gefärbten Lumpen behandelt man schon längst mit reducirenden Flüssigkeiten, welche den Indigo desoxydiren und löslich machen. Hierzu kann man entweder Zinnoxydul-Natron oder ein Gemisch von Stärkezucker und Aetznatron anwenden. Den aufgelösten Indigo lässt man an der Luft sich oxydiren, um ihn sodann als unauflösliches Indigblau zu sammeln; die Oxydation erfolgt viel schneller, wenn man die Flüssigkeiten vorher neutralisirt[2]). —

---

[1]) Polyt. Journal von Dingler CLV. p. 172. Centralblatt 1860 p. 53.
[2]) P. J. Bd. CLXI. p. 79.

---

# V. Das Bleichen des Halbzeuges.

Die durch das Kochen in alkalischen Laugen möglichst von Schmutz und Farbe befreiten oder in ihrer Festigkeit geschwächten Lumpen werden je nach ihrer Stärke und Reinheit durch anderthalb- bis drittehalbstündiges Behandeln im Halbzeugholländer gleichzeitig unter stetem Ab- und Zufluss von Wasser gewaschen und zerrissen. Bei der Umwandlung des Halbzeuges in Ganzzeug werden wir genöthigt sein, ausführlich über die Construction der Holländer und deren neuere Verbesserungen zu sprechen, daher wir uns hier sogleich zu dem Bleichprocess wenden, indem wir nur erwähnen, dass der Halbzeugholländer den Zusammenhang der einzelnen Fasern der Lumpen aufheben, diese aber nicht zerschneiden soll; die Schienen der Walze und des Grundwerkes sollen wie Finger, welche zerreissen, nicht wie Scheeren, welche schneiden, wirken und die Hadern gewissermaassen in Charpie, nicht in kleine Stückchen verwandeln. Es leuchtet von selbst ein, dass die vegetabilische Faser in diesem gewissermaassen aufbereiteten Zustande leichter und vollständiger gebleicht wird, als wenn man die Lumpen unmittelbar dem Bleichprocess unterwerfen wollte, welches letztere Verfahren daher auch in neuerer Zeit nirgend mehr angetroffen wird und gänzliche Verwerfung verdient.

Das Bleichen geschieht ausschliesslich mit Chlor, jedoch unter Befolgung sehr verschiedener Verfahrungsarten.

Das Chlor ist in reinster Form ein gelblichgrünes Gas von eigenthümlichem, erstickendem Geruch und Geschmack; es bewirkt eingeathmet einen sehr grossen Reiz in der Luftröhre, erregt Husten, Schnupfen, Brustbeklemmung, und kann in grösserer Menge augenblicklich tödten (durch Einathmen von Alkohol- oder Aetherdampf und von Ammoniakgas werden diese Zufälle bedeutend gemildert). Sein specifisches Gewicht ist 2,4, es ist also über noch einmal so schwer, als atmosphärische Luft. Es zeichnet sich durch seine kräftige chemische Thätigkeit vor den meisten andern Körpern aus und tritt mit sämmtlichen sogenannten einfachen Körpern in chemische Verbindung. Mit dem Sauerstoff sind drei verschiedene Verbindungen bisher mit Bestimmtheit bekannt, die Ueberchlorsäure, Chlorsäure und unterchlorige Säure, die sich sämmtlich durch die Leichtigkeit auszeichnen, mit der sie sowohl im freien Zustande wie in ihren Salzen den Sauerstoff an andere Körper abgeben. Mit Wasserstoff bildet es eine sehr starke Säure, die unter dem Namen Salzsäure allgemein bekannt ist; die Verwandtschaft des Chlors zum Wasserstoff ist sehr bedeutend, so dass es den meisten Wasserstoff haltenden Verbindungen denselben entzieht. Das Wasser ist bekanntlich eine Verbindung von Wasserstoff und Sauerstoff, welche nur schwer zersetzt wird; leitet man aber Chlorgas in dasselbe, so wird Chlorwasserstoffsäure gebildet, indem der aus dem zersetzten Wasser frei werdende Sauerstoff sich mit einem andern Antheil Chlor zu unterchloriger Säure verbindet, so dass das sogenannte Chlorwasser keine einfache Auflösung von Chlor in Wasser ist, sondern ausser freiem Chlor noch Salzsäure und unterchlorige Säure enthält. Mit den meisten Metallen verbindet es sich begierig zu salzartigen Körpern, unter welchen Verbindungen namentlich die mit den Metallen der Alkalien und Erden (Kalium, Natrium, Calcium u. s. w.) durch ihre vollkommene Neutralität sich auszeichnen.

Diese kurze Charakteristik des Chlors setzt uns in den Stand, die Anwendbarkeit desselben als Bleichmittel zu erklären und für jeden bestimmten Fall die beste Verfahrungsart zu wählen. Das Bleichen oder Entfärben eines Körpers wird nämlich bewirkt werden können, entweder durch Umhüllung des gefärbten Körpers mit einer farblosen oder weissen Substanz (Wirksamkeit der Bleichererden), oder durch Entziehung und gänzliche Fortführung des farbigen Stoffs (Wirkungsart der thierischen Kohle), oder durch Zerstörung des Farbstoffs, oder endlich indem man diesem Gelegenheit giebt, eine farblose Verbindung einzugehen. Die letzten beiden Wirkungsarten sind dem Chlor eigen und treten gleichzeitig bei der Anwendung des Chlorwassers auf, denn dieses enthält, wie erwähnt, freies Chlor, welches, in Folge seiner Verwandtschaft zum Wasserstoff, solchen allen damit in Berührung kommenden organischen Stoffen zu denen ja auch die meisten Farbstoffe, Indigo, Krapp, so wie die verschiedenen gelben und grünen Saftfarben gehören, entzieht, ihre Zusammensetzung also wesentlich verändert und die Farbe zerstört. Andererseits tritt die unterchlorige Säure des Chlorwassers Sauerstoff an eben jene Stoffe ab und veranlasst die Bildung farbloser Verbindungen. Das durch die Zersetzung der unterchlorigen Säure aber frei werdende Chlor bewirkt die Zersetzung einer neuen Quantität Wasser unter abermaliger Bildung von Chlorwasserstoffsäure und unterchloriger Säure, woraus man sieht, dass in dem Grade, als das Chlorwasser bleichend wirkt, es auch immer reichhaltiger an Chlorwasserstoffsäure wird, welche durch ihre allgemein auflösende Kraft gegen organische Substanz die Festigkeit derselben in hohem Grade beeinträchtigt.

Das Chlorwasser ist die Form, in welcher das Chlor zuerst von Berthollet zum Bleichen baumwollener und leinener Gewebe angewendet wurde und welche durch die nachtheilige Wirkung der dabei gebildeten Salzsäure die Chlorbleiche in Misscredit brachte. Beim Bleichen von Papierstoff, wo eine Schwächung der vegetabilischen Faser oft sogar erwünscht ist, würde hierin kein Grund liegen, die Anwendung des Chlorwassers zu verwerfen, allein gleichwohl wird es auch hier am unvortheilhaftesten sein, sich des Chlorwassers zum Bleichen des Halbzeuges zu bedienen, wegen des Verlustes an Chlor, welcher bei Befolgung einer der andern Methoden leicht wenigstens zum grössten Theil vermieden wird. Denn das Chlorwasser, welches unbedingt von dem dasselbe anwendenden Fabrikanten selbst angefertigt werden müsste, da es durch den Transport ausserordentlich verlieren und unverhältnissmässsig vertheuert werden würde, lässt in Berührnng mit der atmosphärischen Luft unausgesetzt Chlorgas entweichen, wodurch sowohl die Arbeiter sehr belästigt werden, als auch beim Aufbewahren und Bleichen ein bedeutender Verlust an freiem Chlor bedingt wird und es entschieden vortheilhaft ist, das Chlor bei der Entwickelung nicht erst in Wasser, sondern unmittelbar zu dem Halbzeuge zu leiten. Dieses letztere Verfahren, dass man das Chlorgas unmittelbar auf den Halbzeug wirken lässt, wird nun in der That sehr häufig, stellenweis sogar ausschliesslich angewendet und verdient daher hier etwas genauer auseinandergesetzt zu werden.

Zur Darstellung des Chlors bietet die Wissenschaft zwei im Grossen anwendbare Methoden, zwischen denen dem Fabrikanten die Wahl bleibt, je nachdem grössere Billigkeit der dabei angewandten Substanzen oder leichtere Beschaffung der einen oder der andern den Vorzug giebt. — Man bereitet nämlich das Chlor entweder aus Braunstein und Salzsäure oder aus Schwefelsäure, Braunstein und Kochsalz. Der Process ist bei Anwendung der erstgenannten beiden Körper am einfachsten; der wesentliche Bestandtheil des Braunsteins, von den Mineralogen Pyrolusit, Grau-braunsteinerz und Weichmanganerz genannt, welcher in beträchtlicher Menge bei Ilefeld, Ilmenau und Giessen[1]) gefunden wird, ist Mangan-überoxyd (Super- oder Hyperoxyd), d. h. ein Oxyd, welches Sauerstoff abgeben muss, ehe es sich mit einer Säure zum Salz verbinden kann. Und zwar besteht das Mangansuperoxyd aus 27,6 Gewichtstheilen Man-gan und 16 Gewichtstheilen Sauerstoff, wovon es unter dem Einflusse einer stärkeren Säure 8 Gewichtstheile abgiebt und in das basische Manganoxydul übergeht. Wird dieses Mangansuperoxyd mit Salzsäure in Berührung gebracht, so bildet der Wasserstoff der letzteren mit dem Sauerstoff des ersteren Wasser, und das frei werdende Mangan ist nur im Stande, die Hälfte des frei werdenden Chlors aufzunehmen, so dass die andere Hälfte desselben sich in Gasform entwickelt. Es lässt sich dieser Process auf folgende Weise darstellen:

Vor        Nach<br>dem Process.

$$
\begin{array}{ll}
\left.\begin{array}{l}\text{43,6 Mangan-}\\ \text{superoxyd}\end{array}\right\} = \left\{\begin{array}{l}\text{16 Sauerstoff}\\ \text{27,6 Mangan}\end{array}\right.
& \left.\begin{array}{l}\text{16 Sauerstoff}\\ \text{2 Wasserstoff}\end{array}\right\} = \text{18 Wasser}\\[2em]
\left.\begin{array}{l}\text{73 Chlorwasser-}\\ \text{stoffsäure}\end{array}\right\} = \left\{\begin{array}{l}\text{2 Wasserstoff}\\ \text{35,5 Chlor}\\ \text{35,5 Chlor}\end{array}\right.
& \left.\begin{array}{l}\text{27,6 Mangan}\\ \text{35,5 Chlor}\\ \textbf{35,5 Chlor}\end{array}\right\} = \begin{array}{l}\text{63,1 Man-}\\ \text{ganchlorür}\end{array}
\end{array}
$$

Das heisst, lässt man 73 Gewichtstheile Chlorwasserstoffsäure auf 43,6 Gewichtstheile Mangansuperoxyd wirken, so erhält man 18 Gewichts-theile Wasser, 63,1 Manganchlorür und 35,5 Gewichtstheile Chlor. Hier-mit ist zugleich das Quantitätsverhältniss angegeben, welches zwischen den beiden aufeinander wirkenden Körpern stattfinden muss, damit jeder von ihnen eine vollständige Zersetzung erleide; allein dies ist nicht dasselbe Verhältniss zwischen den zur Chlorbereitung anzuwendenden Quantitäten Braunstein und Salzsäure. Um dies zu beweisen, ist zu erwähnen, dass die reine Chlorwasserstoffsäure ein gasförmiger Körper ist, der erst durch einen Druck von 40 Atmosphären in den flüssigen Zustand übergeht. Die Salzsäure aber ist eine Auflösung dieses Gases in Wasser, deren Gehalt an freier Chlorwasserstoffsäure zwischen 40,777 und 0,408 pCt. variiren kann, woraus sich schon von selbst ergiebt, dass einmal die Quantität Salzsäure viel grösser sein muss, als die in obigem Schema angegebene Quantität Chlorwasserstoffsäure, um mit der-

---

[1]) Zeitschrift für das Berg-, Hütten- und Salinenwesen in dem Preussischen Staate Bd. X. pag. 1.

selben Quantität Mangansuperoxyd gleiche Wirkung hervorzubringen, dann aber auch, dass diese Quantität sich mit dem Gehalt der Salzsäure an wasserfreier Chlorwasserstoffsäure ändern muss, und es daher wiederum von Wichtigkeit für den Fabrikanten sei, diesen Gehalt möglichst genau bestimmen zu können.

Die Acidimetrie, d. h. das Ausmessen der Stärke einer Säure, ist der umgekehrte Process der Alkalimetrie. Während man den Gehalt einer alkalischen Verbindung an Alkali durch die sauere Probe- (Oxalsäure) Lösung ermittelte, wird die Stärke der Säure mittelst der alkalischen Probe- (Natron-) Lösung bestimmt. — Unsere Natronprobelösung enthielt im Liter 40 Grammes Natronhydrad oder 31 Natron, daher 100 Kubikcentimeter (3,1 NaO) genau 3,65 Grammes Chlorwasserstoffsäure neutralisiren; wiegt man also von der zu untersuchenden Säure diese Menge ab und titrirt, nachdem man einige Tropfen Lackmustinktur hinzugefügt hat, blau, so giebt jeder verbrauchte Kubikcentimeter Probelösung 1 Procent Säure in der untersuchten Salzsäure an.

Es lässt diese Untersuchungsmethode in Genauigkeit und Einfachheit nichts zu wünschen übrig, aber da das Natron nicht nur die saueren Eigenschaften der Chlorwasserstoffsäure, sondern auch der Schwefelsäure und vieler anderen aufzuheben vermag, so ist das durch sie erhaltene Resultat nur dann richtig, wenn man es mit einer von allen anderen Säuren freien Salzsäure zu thun hat. Die in der Technik verwendete Salzsäure ist jedoch nie rein von Schwefelsäure, wovon man sich sehr leicht überzeugt, indem man ihr etwas Chlorbarium - Auflösung zusetzt, wodurch ein weisser in Wasser und freier Säure unauflöslicher Niederschlag von schwefelsaurer Baryterde gebildet wird. Diese freie Schwefelsäure muss ebenfalls erst durch das Natron neutralisirt sein, ehe die blaue Farbe erscheinen kann und die Prüfung wird daher einen grösseren Gehalt an Chlorwasserstoffsäure ergeben, als wirklich vorhanden ist. Da aber die Schwefelsäure zur Chlorentwickelung nichts beiträgt und es dem Fabrikanten in diesem Falle ganz speciell darum zu thun ist, den Gehalt an Chlorwasserstoffsäure zu erfahren, so ist er genöthigt, die Prüfungsmethode abzuändern und allerdings ihr etwas von ihrer Einfachheit zu rauben. — Wir haben das Verfahren bereits an einem anderen Orte beschrieben[1]). Unter der Voraussetzung, dass man sich zur Prüfung der Soda einer Probesäure bediene, von welcher 100 Alka-

---

[1]) Dingler's Polytechnisches Journal Bd. CXXXVIII. p. 114.

limetergrade 100 dg. Natron neutralisiren, so hat man behufs Prüfung der Salzsäure nur nöthig, 100 dg. einer vorher untersuchten, möglichst reinen Soda oder an der Luft getrockneten reinen kohlensauren Natrons in Wasser aufzulösen, der Lösung 100 dg. der zu untersuchenden Salzsäure unter der Vorsicht, dass die Entwickelung der Kohlensäure nicht zu heftig erfolge und Spritzen verursache, zuzusetzen und darauf die Flüssigkeit unter den bei Prüfung der Soda angegebenen Vorsichtsmaassregeln zu analysiren. Enthält die Soda $a$ Procent Natron und waren mithin $a$ Alkalimetergrade zur Neutralisirung der 100 dg. Soda durch Probeflüssigkeit allein erforderlich, so würden, wenn nach dem Zusatz von Salzsäure noch $n$ Alkalimetergrade zur Neutralisirung gebraucht wurden, $a-n$ dg. Natron durch die Salzsäure neutralisirt worden sein und die Proportion:

$$31 \text{ (M. G. des NO)} : 36{,}5 \text{ (M. G. der H Cl)} = a-n : x$$

$$x = \frac{36{,}5}{31} (a-n) = 1{,}177 (a-n)$$

giebt unmittelbar den Gehalt der untersuchten Salzsäure an Chlorwasserstoffsäure in Procenten.

Enthält nun die Salzsäure Schwefelsäure, so ist es leicht, diese zur genauen Bestimmung der Chlorwasserstoffsäure unschädlich zu machen oder auch sie in Procenten zu bestimmen. Man hat nämlich nur nöthig, der mit Wasser verdünnten Salzsäure vor dem Neutralisiren etwas kohlensaure Baryterde hinzuzufügen, wodurch die Schwefelsäure ausgefällt wird. Hierauf wird die Sodaauflösung zugesetzt, die Flüssigkeit bis zum Kochen erhitzt, filtrirt und darauf mit der Probesäure untersucht; das hierbei erhaltene Resultat kann sich dann nur auf die Chlorwasserstoffsäure beziehen.

Will man aber auch die Schwefelsäure bestimmen, so operirt man erst ohne und dann noch einmal mit Zusatz von kohlensaurer Baryterde. Das Plus der Alkalimetergrade, die im letzteren Falle verbraucht wurden, giebt die Quantität Natron an, die im ersten Falle durch Schwefelsäure neutralisirt wurde, und wird dasselbe mit $d$ bezeichnet, so giebt die Proportion:

$$31 : 40 \text{ (M. G. der Schwefelsäure)} = d : x$$

$$x = \frac{40}{31} d = 1{,}29 d$$

den Procentgehalt der Salzsäure an Schwefelsäure.

Wir haben pag. 173 erwähnt, dass die Gegenwart von Kohlensäure
die Beobachtung des Momentes, in welchem eine Röthung der Flüssigkeit durch die Probesäure eintritt, sehr erschwert und haben angerathen, die Säure im Ueberschuss anzuwenden und durch nochmaliges
Blautitriren mittelst einer Probe-Natronlösung diesen Ueberschuss zu ermitteln; ist man daher im Besitz einer Probe-Natronlösung und Probe-
Oxalsäure von der pag. 171 angegebenen Zusammensetzung, so kann das
Verfahren vortheilhaft in folgender Weise abgeändert werden. — Man
stelle sich von reinem kohlensauren Natron oder von einer sorfältig ge-
prüften und möglichst reinen Soda eine Probelösung dar, welche im
Liter 15,5 g. Natron enthält, so sind in 200 Kubikcentimeter 3,1 g.
Natron enthalten, welche genau 3,65 g. Chlorwasserstoffsäure oder 6,3 g.
Oxalsäure neutralisiren und wird die genannte Menge Salzsäure zur Untersuchung genommen, so entsprechen je zwei zur Neutralisation verwandte Kubikcentimeter der neuen Probeflüssigkeit 1 Procent Chlorwasserstoffsäure
oder auch 1 Kubikcentimeter Probe-Oxalsäure. Das Verfahren ist nun
folgendes: man wiegt 3,65 g. Salzsäure ab[1]), verdünnt mit Wasser,
giesst dieselbe in eine Kochflasche, setzt zunächst etwas kohlensaure
Baryterde und darauf aus einer Bürette so viel kohlensaures Natron
zu, dass die Flüssigkeit entschieden alkalisch reagirt, was durch einige
Tropfen Lackmustinktur bemerkbar gemacht wird, erhitzt bis zum
Kochen zur Vertreibung der Kohlensäure, filtrirt und setzt von der Probe-
Oxalsäure bis zu saurer Reaction hinzu, worauf mittelst der Natron-
Probelösung schliesslich blau titrirt wird. — Hätte man z. B. zum Ab-
stumpfen der Säure 64 Kubikcentimeter der Probe-Sodalösung verbraucht,
durch Zusatz von 5 Kubikcentimeter Probe-Oxalsäure die Flüssigkeit
wieder sauer gemacht und fände man beim Blautitriren, dass man 3
Kubikcentimeter Probesäure zu viel hinzugesetzt hat, so würden 2 Kubikcentimeter der letztern ebenfalls durch Probe-Sodalösung neutralisirt
worden sein und da hierzu 4 Kubikcentimeter derselben erforderlich
sind, so sind zur Neutralisation der untersuchten Säure 64 — 4 = 60

---

[1]) Beim Abwiegen der Salzsäure thut man gut, dieselbe in eine Gay-Lussac'sche Bürette (Fig. 5 Taf. IV.) überzufüllen und aus dieser in das tarirte
Gläschen zu giessen. Einmal kann man dann sehr bequem einzelne Tropfen zu-
giessen und leicht das richtige Gewicht treffen, dann aber erhält man dadurch
auch die unterste Schicht der Säure, die durch Verflüchtigung des salzsauren
Gases nicht geschwächt ist. Die Flüchtigkeit macht aber schnelles Arbeiten
überhaupt wünschenswerth.

Kubikcentimeter Sodalösung verbraucht worden, welche 30 Procent Chlorwasserstoffsäure entsprechen. —

Eine andere noch hin und wieder empfohlene Methode ist die von Will und Fresenius, welche die Stärke einer Säure durch das Gewicht Kohlensäure angiebt, die eine abgewogene Menge derselben auszutreiben vermag. — Man wendet hierzu am besten an der Luft getrocknetes saures kohlensaures Natron an, weil dieses Salz unter allen ähnlichen am meisten Kohlensäure enthält. Nachdem man die zu prüfende Säure in dem Kolben $A$ Fig. 4 Taf. IV abgewogen und mit Wasser verdünnt hat, füllt man ein kurzes, unten zugeblasenes, fingerhutförmiges Glasröhrchen mit saurem kohlensauren Natron (im Ueberschuss) und hängt dieses an einem Seidenfaden, den man zwischen Kork und Kolbenhals klemmt, so in dem Kolben auf, dass Säure und Salz vorläufig nicht mit einander in Berührung kommen. In $B$ ist wie gewöhnlich concentrirte Schwefelsäure. In diesem Zustande wird der Apparat mit der Tara in's Gleichgewicht gebracht, worauf man durch rasches Lösen und Wiedereinsetzen des Korkes die besagte Röhre in die Säure fallen lässt. Durch Umschütteln kann die Zersetzung beschleunigt werden. Ist diese vorüber, so taucht man den Kolben $A$ in heisses Wasser und saugt wie gewöhnlich so lange Luft durch den Apparat, bis alle Kohlensäure ausgetrieben ist, worauf man denselben trocknet und abermals wiegt. Aus dem Gewichtsverlust und der bekannten Zusammensetzung des sauren kohlensauren Natrons und des neu entstandenen Salzes lässt sich dann leicht die Quantität reiner Säure in der abgewogenen Menge berechnen.

Es enthält nämlich das saure kohlensaure Natron auf 22 Gewichtstheile Kohlensäure, 31 Natron, worin 23 Natrium; 23 Gewichtstheile Natrium erfordern aber 35,5 Gewichtstheile Chlor zur Bildung von Chlornatrium, welche ihrerseits 36,5 Chlorwasserstoffsäure entsprechen, also jede verschwundene 22 g. oder 2,2 g. oder 0,22 g. zeigen 36,5 g. oder 3,65 g. oder 0,365 g. Chlorwasserstoffsäure in der zur Prüfung angewandten Menge Salzsäure an.

Es hat diese Methode wiederum den Uebelstand, dass, wenn die Säure mit Schwefelsäure verunreinigt ist, es unentschieden bleibt, welchen Theil der Wirkung man auf die Chlorwasserstoffsäure, welchen auf die Schwefelsäure zu setzen habe; sie hat aber ausserdem noch den Mangel, dass das Gewicht des Apparates im Verhältniss zu dem Gewichte der entweichenden Kohlensäure sehr gross ist und die Oberfläche desselben eine

solche Ausdehnung hat, dass deren hygroscopischer Zustand einen wesentlichen Einfluss auf das Resultat auszuüben im Stande ist. Wir
können daher diese Methode weder zur Untersuchung der Säuren und
kohlensauren Alkalien, noch zu der des Braunsteins ferner empfehlen.

Am häufigsten bedient man sich bei Gehaltbestimmungen der Säuren
der Senkspindeln oder Aräometer, durch welche zunächst das specifische
Gewicht gefunden wird, welches in einem bestimmmten Zusammenhange
mit dem Gehalt derselben an Säure steht. Da aber diese Apparate ursprünglich stets für reine Säuren construirt werden müssen, so verlieren
ihre Angaben bedeutend an Genauigkeit, wo Säuren mit einander vermischt oder durch Extractivstoffe und Salze verunreinigt sind; sie werden
in letzterem Falle stets zu hoch ausfallen und nach des Verfassers Erfahrungen kann der Fehler unter Umständen bis zu 2 Procent steigen.
— Die Leichtigkeit der Ausführung wird aber die Untersuchung der
Säuren mittelst Senkspindeln schwer verdrängen lassen und wir geben
daher die

# Tabelle

über den Gehalt an Säure und Chlor in der flüssigen Salzsäure bei
verschiedenen specifischen Gewichten, von Ure.

## Temperatur 15° C.

| Spec. Gewicht. | Chlorgehalt. | Salzsaures Gas. | Spec. Gewicht. | Chlorgehalt. | Salzsaures Gas. |
|---|---|---|---|---|---|
| 1,2000 | 39,675 | 40,777 | 1,1762 | 34,517 | 35,476 |
| 1,1982 | 39,278 | 40,369 | 1,1741 | 34,121 | 35,068 |
| 1,1964 | 38,882 | 39,961 | 1,1721 | 33,724 | 34,660 |
| 1,1946 | 38,485 | 39,554 | 1,1701 | 33,328 | 34,252 |
| 1,1928 | 38,089 | 39,146 | 1,1681 | 32,931 | 33,845 |
| 1,1910 | 37,692 | 38,738 | 1,1661 | 32,535 | 33,437 |
| 1,1893 | 37,296 | 38,330 | 1,1641 | 32,136 | 33,029 |
| 1,1875 | 36,900 | 37,923 | 1,1620 | 31,746 | 32,621 |
| 1,1857 | 36,503 | 37,516 | 1,1599 | 31,343 | 32,213 |
| 1,1846 | 36,107 | 37,108 | 1,1578 | 30,946 | 31,805 |
| 1,1822 | 35,707 | 36,700 | 1,1557 | 30,550 | 31,398 |
| 1,1802 | 35,310 | 36,292 | 1,1537 | 30,153 | 30,990 |
| 1,1782 | 34,913 | 35,884 | 1,1515 | 29,757 | 30,582 |

| Spec. Gewicht. | Chlorgehalt. | Salzsaures Gas. | Spec. Gewicht. | Chlorgehalt. | Salzsaures Gas. |
|---|---|---|---|---|---|
| 1,1494 | 29,361 | 30,174 | 1,0738 | 14,680 | 15,087 |
| 1,1473 | 28,964 | 29,767 | 1,0718 | 14,284 | 14,679 |
| 1,1452 | 28,576 | 29,359 | 1,0697 | 13,887 | 14,271 |
| 1,1431 | 28,171 | 28,951 | 1,0677 | 13,490 | 13,863 |
| 1,1410 | 27,772 | 28,544 | 1,0657 | 13,094 | 13,456 |
| 1,1389 | 27,376 | 28,136 | 1,0637 | 12,697 | 13,049 |
| 1,1369 | 26,979 | 27,728 | 1,0617 | 12,300 | 12,641 |
| 1,1349 | 26,583 | 27,321 | 1,0597 | 11,903 | 12,233 |
| 1,1328 | 26,186 | 26,913 | 1,0577 | 11,506 | 11,825 |
| 1,1308 | 25,789 | 26,505 | 1,0557 | 11,109 | 11,418 |
| 1,1287 | 25,392 | 26,098 | 1,0537 | 10,712 | 11,010 |
| 1,1267 | 24,996 | 25,690 | 1,0517 | 10,316 | 10,602 |
| 1,1247 | 24,599 | 25,282 | 1,0497 | 9,919 | 10,194 |
| 1,1226 | 24,202 | 24,874 | 1,0477 | 9,522 | 9,786 |
| 1,1206 | 23,805 | 24,466 | 1,0457 | 9,126 | 9,379 |
| 1,1185 | 23,408 | 24,058 | 1,0437 | 8,729 | 8,971 |
| 1,1164 | 23,012 | 23,650 | 1,0417 | 8,332 | 8,563 |
| 1,1143 | 22,615 | 23,242 | 1,0397 | 7,935 | 8,155 |
| 1,1123 | 22,218 | 22,834 | 1,0377 | 7,538 | 7,747 |
| 1,1102 | 21,822 | 22,426 | 1,0357 | 7,141 | 7,340 |
| 1,1082 | 21,425 | 22,019 | 1,0337 | 6,745 | 6,932 |
| 1,1061 | 21,028 | 21,611 | 1,0318 | 6,348 | 6,524 |
| 1,1041 | 20,632 | 21,203 | 1,0298 | 5,951 | 6,116 |
| 1,1020 | 20,235 | 20,796 | 1,0279 | 5,554 | 5,709 |
| 1,1000 | 19,837 | 20,388 | 1,0259 | 5,158 | 5,301 |
| 1,0980 | 19,440 | 19,980 | 1,0239 | 4,762 | 4,893 |
| 1,0960 | 19,044 | 19,572 | 1,0220 | 4,365 | 4,486 |
| 1,0939 | 18,647 | 19,165 | 1,0200 | 3,968 | 4,078 |
| 1,0919 | 18,250 | 18,757 | 1,0180 | 3,571 | 3,670 |
| 1,0899 | 17,854 | 18,349 | 1,0160 | 3,174 | 3,262 |
| 1,0879 | 17,457 | 17,941 | 1,0140 | 2,778 | 2,854 |
| 1,0859 | 17,060 | 17,534 | 1,0120 | 2,381 | 2,447 |
| 1,0838 | 16,664 | 17,126 | 1,0108 | 2,143 | 1,631 |
| 1,0818 | 16,267 | 16,718 | 1,0100 | 1,984 | 1,039 |
| 1,0798 | 15,870 | 16,310 | 1,0060 | 1,191 | 1,124 |
| 1,0778 | 15,474 | 15,902 | 1,0040 | 0,795 | 0,816 |
| 1,0758 | 15,077 | 15,494 | 1,0020 | 0,397 | 0,408 |

Hat man nur ein Baumé'sches Aräometer zur Hand, so wird man natürlich aus dessen Angaben mittelst der p. 186 mitgetheilten Tabelle das specifische Gewicht zu bestimmen haben, ehe man von vorstehender Tabelle Gebrauch macht.

Nachdem man die jedesmalige Stärke der Säure bestimmt hat, lässt sich leicht die Quantität Säure berechnen, die auf 43,6 Gewichtstheile Mangansuperoxyd anzuwenden ist. Gesetzt, das specifische Gewicht einer Salzsäure sei 1,170, so enthält dieselbe in 100 Gew.-Th. 34,252 salzsaures Gas, und aus der Proportion

$$34{,}252 : 100 = 73 : x$$
$$x = 213{,}1$$

findet man diejenige Quantität Salzsäure, worin 73 Chlorwasserstoffsäure enthalten sind, so dass also für diesen Fall ziemlich genau auf 1 Theil Braunstein 5 Theile Salzsäure anzuwenden wären. Gewöhnlich werden 3 Theile mittelstarker Salzsäure auf 1 Theil Braunstein vorgeschrieben[1], und wo man sich darauf beschränkt, nur die Säure auf ihren Gehalt zu prüfen, nicht aber den Braunstein, mag man immerhin dieses Verhältniss festhalten, denn der Braunstein ist auch nicht reines Mangansuperoxyd, sondern theils durch Eisenoxyd, Kieselsäure und kohlensaure Kalkerde verunreinigt, theils absichtlich oder in Folge seines Vorkommens mit andern minder sauerstoffreichen Manganerzen vermischt, wie z. B. mit Schwarzmanganerz oder Manganit (Manganoxydhydrat), welches an dem braunen Strich auf unglasirtes Porzellan, so wie daran erkannt wird, dass beim Erhitzen in einer an dem einen Ende zugeschmolzenen Glasröhre sich Wassertropfen in dem kälteren Theile der Röhre condensiren, oder mit Wad, ein kupfer-, blei- und eisenoxydhaltiger Manganit[2]. Die besten Braunsteinsorten enthalten nur 89 bis 96 pCt. reines Mangansuperoxyd, so dass auch hier wieder das Gewicht des angewandten Braunsteins je nach seiner Beschaffenheit mehr oder minder

---

[1] Planche in dem mehrfach citirten Werke schreibt 1 Gewichtstheil Braunstein von 70—75 pCt. und 2 Gewichtstheile Salzsäure von 22° B. vor.

[2] Dr. Elsner (Polytechnisches Journal von Dingler, Bd. CXII. p. 461) hat sogar Chlorcalcium, von einer Beimischung von verdorbenem Chlorkalk herrührend, im Braunstein gefunden, worauf allerdings um so mehr aufmerksam zu machen ist, als oft Chlorkalkfabrikanten auch im Besitz von Braunsteingruben sind. Man wird auf eine solche Beimischung immer schliessen können, wenn der Braunstein, mit an Salzsäure freier Schwefelsäure behandelt, Chlor entwickelt.

vermehrt werden muss, um 43,6 Gewichtstheile wirksames Mangansuperoxyd zu erhalten.

Bei Anwendung der hier in Rede stehenden Methode der Chlorbereitung würde man unterlassen können, die Quantität Braunstein genau zu bestimmen, sondern sich durch einen bedeutenden Ueberschuss von diesem vor Verlust an Salzsäure durch unvollständige Zersetzung derselben sicher stellen, indem das nach Beendigung der Operation unzersetzt gebliebene Mangansuperoxyd leicht durch Decantiren von dem leicht löslichen Manganchlorür getrennt und bei der nächsten Chlordarstellung benutzt werden kann. Allein einmal ist die Wiederbenutzung des im Ueberschuss angewandten Braunsteins bei der zweiten, bald näher zu beschreibenden Methode der Chlorbereitung mit grösseren Umständlichkeiten verknüpft, dann aber ist es ganz besonders beim Ankauf dieses Materials von Wichtigkeit, seine zwischen sehr weiten Gränzen schwankende Güte genau zu bestimmen.

Wir haben in der zweiten Auflage dieses Buches die sämmtlichen in Vorschlag gebrachten Prüfungsmethoden des Braunsteins zusammengestellt, daher wir uns hier darauf beschränken, nur diejenigen anzuführen, die entweder eine ausgedehnte Anwendung gefunden haben oder neu hinzugekommen sind. Zu den ersteren gehört die von Berthier und Thomson vorgeschlagene und von Will und Fresenius verbesserte Methode. Dieselbe beruht darauf, dass Mangansuperoxyd und Oxalsäure sich in der Art gegenseitig zersetzen, dass ein Mischungsgewicht Sauerstoff des Superoxydes an ein Mischungsgewicht Oxalsäure tritt und damit 2 Mischungsgewichte Kohlensäure bildet, während das Mangansuperoxyd in Oxydul übergeht, welches sich mit einem andern Antheil Säure zu einem neutralen Salz vereinigt. Um· die Bildung von oxalsaurem Manganoxydul zu verhindern, welche nur die Anwendung einer grösseren Menge Oxalsäure erheischen würde, wird eine gewisse Quantität Schwefelsäure hinzugefügt, welche zugleich bewirkt, dass die Zersetzung lebhafter vor sich gehe und sich rascher vollende. Das Schema des Processes ist mithin:

$$
\begin{array}{llcll}
 & \text{Vor} & & \text{Nach} & \\
 & & \text{der Zersetzung.} & & \\
\text{Oxalsäure} = & C^2 O^3 & & \left.\begin{array}{l} C^2 O^3 \\ O \end{array}\right\} = 2\,C\,O^2 & \\
\text{Mangansuperoxyd} = & \left\{\begin{array}{l} O \\ Mn\,O \end{array}\right. & & \left.\begin{array}{l} Mn\,O \\ S\,O^3 \end{array}\right\} = Mn\,O + S\,O^3 & \\
\text{Schwefelsäure} = & S\,O^3 & & &
\end{array}
$$

Zwei Mischungsgewichte Kohlensäure entsprechen also einem

Mischungsgewichte Mangansuperoxyd oder je ein Gewichtsverlust von 44 zeigt 43,6 Gewichtstheile Mangansuperoxyd im untersuchten Braunstein an[1]).

Da mit der Kohlensäure zugleich Wasserdämpfe entweichen, so hat man Sorge zu tragen, dass diese zurückgehalten werden, damit nicht durch den so bedingten Gewichtsverlust der Braunstein besser erscheine, als er wirklich ist. Man nimmt daher die Zersetzung in einem Stehkolben $a$ (Fig. 6 Taf. IV) vor, der durch einen Kork $c$ verschlossen ist, der ein mit Chlorcalcium gefülltes Rohr $b$ trägt. Durch dieses Chlorcalciumrohr geht ein Glasrohr $d$, welches fast bis auf den Boden des Gefässes $a$ reicht und oben offen ist. Dasselbe wird während der Operation mit einem Wachs- oder Holzpfropf verschlossen; ausserdem münden noch oben und unten in das Chlorcalciumrohr die kurzen Röhrenstücke $e$ und $f$. Die sich mit der Kohlensäure gleichzeitig entwickelnden Wasserdämpfe werden nun von dem geschmolzenen Chlorcalcium in der Röhre $b$ zurückgehalten und nur die Kohlensäure entweicht durch das Rohr $f$. Nach Beendigung des Processes öffnet man das Rohr $d$ und zieht mit dem Munde an dem Rohre $f$ die Luft aus dem Apparate, so lange dieselbe noch einen entschieden sauren Geschmack hat. Hierbei wird die in dem Kolben zurückbleibende Kohlensäure ausgesogen und durch das Rohr $d$ durch atmosphärische Luft ersetzt. Der vor Beginn des Zersetzungsprocesses gewogene Apparat wird nach Beendigung desselben abermals gewogen und der Verlust kann nur durch Kohlensäure bedingt sein.

Das Mangansuperoxyd im Braunstein ist fast stets von einer grösseren oder geringeren Menge kohlensaurer Salze begleitet, welche bei An-

---

[1]) Statt der reinen Oxalsäure ist es übrigens erlaubt, auch irgend ein neutrales oxalsaures Salz zu wählen und ist von diesen Salzen das oxalsaure Kali dasjenige, welches man sich am leichtesten verschaffen kann. Man hat nämlich zu dessen Darstellung nur nöthig, das im Handel billig zu habende saure oxalsaure Kali, bekannt unter dem Namen Kleesalz, in Wasser zu lösen, mit kohlensaurem Kali zu neutralisiren und zur Krystallisation abzudampfen. Das hierbei erhaltene neutrale oxalsaure Kali enthält ein Mischungsgewicht Wasser und ist die Formel desselben $KO + C^2 O^3 + HO$, mithin sein Mischungsgewicht 92; das ist denn auch die Gewichtsmenge, die für 63 Gewichtstheile Oxalsäure anzuwenden ist. Durch die Anwendung des Salzes wird aber, wie man sieht, das Gewicht der Masse nicht unbedeutend vermehrt und da man bei dieser Prüfungsmethode vielmehr auf eine Verminderung dieses Gewichtes bedacht sein muss, so kann auch die Anwendung des Salzes statt der Säure nicht empfohlen werden.

wendung dieser Methode unbedingt vorher entfernt werden müssen, da ihre Kohlensäure ebenfalls ausgetrieben, den Gewichtsverlust vermehren und mithin veranlassen würde, dass der Braunstein besser erscheint, als er ist. Die Entfernung der Kohlensäure aus den kohlensauren Salzen geschieht gewöhnlich mittelst Salpetersäure; dies ist jedoch mit vielem Zeitaufwand verknüpft, denn der mit Salpetersäure behandelte Braunstein muss darauf filtrirt, ausgewaschen und getrocknet werden, bevor man eine Probe zur Bestimmung des Magansuperoxydes abwiegen kann. Kürzer kommt man entschieden zum Ziele, wenn man sich eines der beiden in Fig. 7 und 8 Taf. IV beschriebenen Apparate bedient, bei welchem ein Hinzufügen von Säure sowohl in das Gefäss $A$ als $B$ mit grosser Leichtigkeit möglich ist. Man schüttet also zunächst in das Gefäss $A$ nur die abgewogene Braunsteinprobe, welche man mit etwas Wasser übergiesst, und bringt in das Gefäss $B$ Schwefelsäure. Nachdem der Apparat gewogen, lässt man aus $B$ etwas Säure nach $A$ überströmen; die Kohlensäure wird dadurch ausgetrieben und entweicht. Nachdem auf wiederholtes Hinzulassen von Säure zum Braunstein keine Kohlensäure-Entwickelung mehr stattfindet, öffnet man das Rohr $a$, saugt bei $d$ Luft, so lange sie noch sauer schmeckt, und wiegt abermals. Der Gewichtsverlust rührt von der entwichenen Kohlensäure aus den kohlensauren Salzen her. Nun erst bringt man die gehörigen Quantitäten Oxalsäure und Schwefelsäure in das Gefäss $A$, wiegt das Ganze nochmals und leitet alsdann durch successive Erwärmung die Zersetzung des Braunsteins ein. Handelt es sich, wie in den meisten Fällen, nicht um eine quantitative Bestimmung der Kohlensäure in den kohlensauren Salzen, so bleibt das Verfahren ungeändert, nur dass man alsdann der ersten und zweiten Abwiegung überhoben ist.

Diese allerdings sehr leichten, aus einem Stücke geblasenen Apparate haben jedoch das Unbequeme, dass man zwischen zwei Versuchen die entwässernde Schwefelsäure ausgiessen muss, um das untere Gefäss zu entleeren und das Reinigen derselben überhaupt sehr umständlich ist; daher hat Mohr seine Zuflucht wieder zu einem kleinen Stehkolben genommen, welcher durch einen doppelt durchbohrten Kork verschlossen ist. In der einen Bohröffnung ist ein mit Bimssteinstücken angefülltes Rohr befestigt, welches dicht unter dem Korke endet, während durch die zweite Oeffnung ein Rohr bis nahe an den Boden des Kolbens reicht und an der oberen Mündung mittelst eines Holzpflöckchens verschlossen werden kann. Es wird die Braunsteinprobe in den

Kolben geworfen und etwas Wasser hinzugegossen, darauf lässt man durch das Bimsteinrohr etwas concentrirte Schwefelsäure zufliessen, welche die kohlensauren Erden zersetzt. Nachdem die Kohlensäure durch Aufsaugen entfernt, wird der Apparat zugleich mit der nöthigen Menge der in einem besondern Gefäss befindlichen crystallisirten Oxalsäure auf die Wage gebracht, darauf geöffnet, die Oxalsäure hineingeschüttet, die Zersetzung vorgenommen und wiederum gewogen.

Will man das Schema des bei dieser Methode stattfindenden Processes in die Zahlen übersetzen, welche das Verhältniss der anzuwendenden Quantitäten der einzelnen Substanzen ausdrücken, so hat man bei der Schwefelsäure und Oxalsäure auf ihren steten Wassergehalt Rücksicht zu nehmen. — Das Mischungsgewicht der Oxalsäure $C^2O^3$ ist 36, das des Mangansuperoxyds $MnO^2$ ist 43,6, das der Schwefelsäure $SO^3$ ist 40. Die krystallisirte Oxalsäure enthält auf ein Aequivalent Oxalsäure ($= 36$) 3 Aquivalente Wasser ($= 27$), man hat daher auf 43,6 Braunstein 69 Oxalsäure anzuwenden. Ebenso enthält eine Schwefelsäure von 66 Grad Baumé, wie sie im Handel gewöhnlich vorkommt, mindestens 22 pCt. Wasser, daher statt 40 Gewichtstheile, deren 51,3 anzuwenden sind. Das Schema wird mithin, in Zahlen ausgedrückt, folgendes:

Vor            Nach<br>der Zersetzung.

| | | | |
|---|---|---|---|
| 63,0 Oxalsäure = | { 27,0 Wasser<br>{ 36,0 Oxalsäure | 36,0 Oxalsäure<br>8,0 Sauerstoff | } = 44,0 Kohlensäure |
| 43,6 Mangan-<br>superoxyd = | { 8 Sauerstoff<br>{ 35,6 Manganoxydul | 35,6 Manganoxydul<br>40,0 Schwefelsäure | } = 75,6 Schwefelsaures<br>Manganoxydul |
| 51,3 Schwefel-<br>säure = | { 40 Schwefelsäure<br>{ 11,3 Wasser | 27,0 Wasser<br>11,3 Wasser | } = 38,3 Wasser. |

Es würde nun entschieden ausserordentlich unbequem und mit der Unbequemlichkeit auch eine Quelle zahlreicher Fehler verknüpft sein, wenn man zur Probe nicht eine bestimmte, sondern eine beliebige Quantität Braunstein abwiegen wollte, denn man hätte alsdann für irgend eine beliebige Quantität Braunstein $= n$, folgende Rechnungen auszuführen:

$43,6 : 63,0 = n : x$ (Menge der Oxalsäure),

$43,6 : 51,3 = n : y$ (Menge der Schwefelsäure),

$43,6 : 44,0 = n : z$ (Menge der Kohlensäure, die entwickelt werden soll),

$z : 100 = a$ (die erhaltene Menge der Kohlensäure) $: m$ (dem Procentgehalt des Braunsteins an Mangansuperoxyd).

Wird $n$ constant genommen, d. h. wiegt man stets dieselbe Quantität Braunstein zur Probe ab, so lassen sich $x$, $y$, $z$ ein für alle Mal berechnen und es bleibt dann für den jedesmaligen Fall nur die letzte Proportion aufzulösen, welches einfach dadurch geschieht, dass man $a$ mit $\frac{100}{z}$ multiplicirt. — Auch diese Rechnung lässt sich endlich vermeiden, wenn man stets eine solche Quantität Braunstein zur Probe abwiegt, dass, wenn derselbe reines Mangansuperoxyd wäre, sich gerade 100 Gewichtstheile Kohlensäure entwickeln müssten; alsdann würde nämlich jeder Gewichtstheil erhaltener Kohlensäure unmittelbar 1 pCt. Mangansuperoxyd im angewandten Braunstein anzeigen. Die hierzu erforderlichen Mengenverhältnisse sind aber:

142,58 Oxalsäure, 98,86 Braunstein, 116,49 Schwefelsäure.
Es sind mithin, abgesehen von der Bestimmung der kohlensauren Salze, jedesmal 3 Abwiegungen der Substanzen nöthig, wozu dann noch die Abwiegung des gefüllten Apparates vor und nach der Zersetzung kommt, wodurch diese Methode entschieden etwas umständlich wird, wenn auch die Abwiegungen der Oxalsäure und Schwefelsäure keine grosse Genauigkeit erheischen, da es bei diesen nur darauf ankommt, dass eine hinreichende Quantität dieser Säuren vorhanden ist.

Gegen die Wahl einer bestimmten Gewichtsmenge ist geltend gemacht worden, dass der pulverisirte Braunstein selbst während des Wägens Feuchtigkeit aus der Luft anziehe und daher diese Operation möglichst zu beschleunigen sei, wenn das Resultat nicht an Genauigkeit verlieren solle. Diese Aufnahme von Wasser ist jedoch nur bei einem Braunstein zu befürchten, der seiner hygroscopischen Feuchtigkeit vollständig beraubt worden ist, wozu, wie sich aus den Untersuchungen von Fresenius[1]) und Mohr ergiebt, eine Temperatur von 120 Grad C. erforderlich ist; indess auch bei einem solchen Braunstein hat Mohr gefunden, dass während der Zeit, die das Abwiegen einer bestimmten Quantität mittelst einer mit guter Arretirung versehénen Waage erheischt, keine Gewichtszunahme stattfindet. — Der Braunstein kaufende Papierfabrikant hat aber unserer Ansicht nach auf den hygroscopischen Wassergehalt desselben überhaupt keine besondere Rücksicht zu nehmen, denn für ihn handelt es sich zunächst darum, zu wissen, wie viel Chlor er mit einer gelieferten Waare entwickeln kann und wie viel Säure zu

---

[1]) P. J. CXXXV. p. 277.

dieser Entwickelung nöthig ist, und wir rathen sehr, bei der Chlordarstellung die Anwendung des pulverisirten Braunsteins, bei welchem neben anderen Verunreinigungen auch der hygroscopische Wassergehalt vorzugsweise in's Gewicht fällt, möglichst zu vermeiden und stets die besten Sorten Stufenbraunstein zu kaufen.

Was die Wahl der Gewichtseinheit anbetrifft, die man obigen Zahlen zu Grunde zu legen hat, so würde man am besten thun, das allerdings nicht mehr gebräuchliche Grangewicht[1]) hierzu zu nehmen, und mithin 99 Gran Braunstein, 142 Gran Oxalsäure und 116 Gran Schwefelsäure abzuwiegen haben. Man erhält hierdurch allerdings ein ziemlich bedeutendes Gewicht der auf einander wirkenden Substanzen, allein es ist wesentlich, dass die Masse dieser nicht allzu gering sei im Verhältniss zum Gewichte des Apparates, da sonst zu genaue Waagen dazu gehören, um geringe Unterschiede im Procentgehalt des zu untersuchenden Braunsteins mit Sicherheit zu erkennen. — Es ist dies überhaupt der grösste Fehler dieser Methode, dass man so grosse Gewichte auf die Waage zu bringen hat; selbst bei Anwendung der äusserst fein gearbeiteten Apparate Fig. 7 und 8 erhält man ein Gewicht von über 120 g. Ein solches Gewicht muthet man einer fein gearbeiteten Waage nicht gern zu, und doch gehört schon ein nicht unbedeutender Grad von Genauigkeit der Waage dazu, bei einer Belastung von 240 g. noch bei 0,1 g. einen deutlichen Ausschlag zu geben.

Mohr schreibt vor, 2,97 g. Braunstein abzuwiegen, welche, wenn derselbe reines Superoxyd wäre, 3,00 g. Kohlensäure entwickeln würden. 300 cg. würden also 100 pCt. vorstellen und es ist demnach die Zahl der Centigramme Kohlensäure, durch 3 dividirt, gleich den Procenten an reinem Superoxyd. Erwägt man aber, dass 1 cg. = 0,16 Gran, also 3 cg. = 0,48 Gran sind, so sieht man ein, dass eine ausserordentlich feine Waage und grosse Geschicklichkeit in chemischen Arbeiten erforderlich sind, um Irrthümer von 1—3 pCt. zu vermeiden.

Sobald man Oxalsäure und Schwefelsäure zu dem Braunstein geschüttet und gegossen, ist es nöthig, die Abwägung so schnell als möglich vorzunehmen, denn da die Zersetzung schon bei gewöhnlicher Temperatur anhebt, so kann durch ein säumiges Abwiegen ein nicht unerheblicher Verlust an Kohlensäure veranlasst und der Procentgehalt bedeutend geringer gefunden werden, als er wirklich ist.

---

[1]) 1 Gran = 6 Centigramm.

Andererseits kann aber auch bei Anwendung dieser Methode der Gehalt des Braunsteins an Mangansuperoxyd leicht zu hoch gefunden werden. Es ist nämlich nicht möglich, ohne Temperaturerhöhung die letzten Antheile des Braunsteins, auf dessen feine Zertheilung sehr grosses Gewicht zu legen ist, zu zersetzen, man muss aber hierbei sehr vorsichtig sein, dass die Temperatur nicht zu hoch steige und dass überhaupt der ganze Process nicht zu schnell verlaufe. In beiden Fällen wird die als Sperrflüssigkeit gebrauchte Schwefelsäure ebenfalls sehr warm und lässt Wasserdämpfe unabsorbirt entweichen, wodurch dann ein zu günstiges Resultat erhalten wird.

Wir haben schon früher darauf hingewiesen, wie misslich die Anwendung solcher, grosse Oberflächen darbietender Apparate bei Gewichtsanalysen ist, und können hier nur den Wunsch wiederholen, dass Verkäufer und Käufer die Will und Fresenius'sche Methode in Zukunft fallen lassen und an deren Stelle eine der im Folgenden beschriebenen Maassanalysen treten lassen möchten[1]).

Die maassanalytische Werthbestimmung des Braunsteins geschieht:

1. durch Eisenoxydulsalze und Chamäleon;
2. durch Oxalsäure und Chamäleon;
3. durch arsenige Säure und Jodlösung;
4. durch Destillation mit starker Salzsäure und Messung des entwickelten Chlors.

Ad. 1. Die grosse Veränderlichkeit resp. leichte Oxydirbarkeit der Eisenoxydulsalze hat eben so oft die Aufmerksamkeit der Chemiker auf dieselben gelenkt, wenn es sich um Auffindung eines kräftigen Desoxydationsmittels handelte, als sie durch die Schwierigkeit ihrer Auf-

---

[1]) H. Kolbe hat diese Methode dahin abgeändert, dass er die Kohlensäure nicht aus dem Gewichtsverlust bestimmt, sondern sie unter allen bei der Elementaranalyse organischer Körper angewandten Vorsichtsmaassregeln im Kali-Apparate auffängt und aus der Gewichtszunahme desselben sie direct erhält. Es erscheint diese Abänderung in der That als eine Verbesserung, in sofern der Kaliapparat während der Dauer der Entwickelung nicht erwärmt und überhaupt nicht berührt wird, daher auch in seinem hygroscopischen Zustande sich nicht ändert, was so leicht beim Entwickelungsapparate der Fall ist; allein der ganze Apparat ist zu complicirt und die Leitung des Processes mit zu grossen Rücksichtsnahmen verknüpft, als dass das Verfahren Technikern empfohlen werden könnte. — Annalen der Chemie und Pharmacie 1861 Bd. CXIX. p. 130. — Dingler's Polyt. Journal Bd. CLXI. p. 373.

bewahrung und die Unsicherheit der damit erhaltenen Resultate von deren Anwendung abgeschreckt hat. Erst in neuester Zeit ist es Mohr geglückt, in dem Doppelsalz von schwefelsaurem Ammoniak und schwefelsaurem Eisenoxydul ein Präparat in die Maassanalyse einzuführen, welches mit leichter Darstellung und constanter Zusammensetzung, Unveränderlichkeit und grosse desoxydirende Kraft verbindet. — Es wird dieses schwefelsaure Eisenoxydul-Ammoniak erhalten, indem man krystallisirten Eisenvitriol ($FeO + SO^3 + 7HO = 139$) und schwefelsaures Ammoniak ($NH^4O + SO^3 = 66$) in dem Verhältniss ihrer Mischungsgewichte, unter Erwärmung in Wasser, auflöst, filtrirt und zusammen krystallisiren lässt. Das Doppelsalz schiesst hierbei in lichtgrünen, durchsichtigen und sehr harten Krystallen an, welche an der Luft unveränderlich sind, weder verwittern noch Wasser anziehen, sich bei hohen Temperaturen trocknen und ohne Verlust abwägen lassen.

Das Doppelsalz besteht aus $(NH^4O + SO^3) + (FeO + SO^3) + 6HO$, woraus hervorgeht, dass sein M. G. $= 196$ ist und dass es genau $\frac{1}{7} = 14,286$ pCt. Eisen enthalte.

Die Anwendung dieses Salzes, so wie überhaupt der Eisenoxydulsalze, zu denen auch das Eisenchlorür zu rechnen ist, zu vorliegendem Zwecke, beruht einmal auf ihrem Verhalten zu Chlor und zweitens zu Sauerstoff leicht abgebenden Verbindungen, wie die Uebermangansäure.

Lässt man auf die Eisenoxydulverbindung Chlor wirken, so verbindet sich dasselbe mit einem Theil des Eisens im Eisenoxydul zu Eisenchlorid, während der Rest des Eisens mit dem ganzen Sauerstoff Eisenoxyd erzeugt, nach dem Schema

$$\text{I.} \quad \left. \begin{array}{l} 6\,FeO \\ 3\,Cl \end{array} \right\} = \left\{ \begin{array}{l} 2\,Fe^2O^3 \\ Fe^2Cl^3 \end{array} \right.$$

woraus hervorgeht, dass je 6 M. G. verschwundenes Eisenoxydul das Vorhandensein von 3 M. G. Chlor anzeigen.

War dagegen statt Eisenoxydul Eisenchlorür vorhanden, so wird dasselbe durch Chlor einfach in Chlorid verwandelt, nach der Formel

$$\text{II.} \quad \left. \begin{array}{l} 6\,Fe\,Cl \\ 3\,Cl \end{array} \right\} = 3\,Fe^2Cl^3$$

wo also wiederum $6\,FeCl$, $3\,Cl$ entsprechen.

Wirkt ferner Uebermangansäure auf Eisenoxydul ein, so verwandelt sie dasselbe durch Sauerstoffabgabe in Eisenoxyd, während sie selbst in Manganoxydul übergeht, welches sich mit der nebenbei vorhandenen Säure zu einem Salz vereinigt, nach dem Schema

$$\text{III.} \quad \left.\begin{array}{l} 10\,FeO \\ Mn^2O^7 \end{array}\right\} = \left\{\begin{array}{l} 5\,Fe^2O^3 \\ 2\,MnO \end{array}\right.$$

War dagegen statt Eisenoxydul Eisenchlorür vorhanden, so wird unter gleichzeitiger Zersetzung von Wasser, Eisenchlorid, Eisenoxyd, Chlorwasserstoffsäure und Manganchlorür gebildet, nach der Formel

$$\text{IV.} \quad \left.\begin{array}{l} 10\,Fe\,Cl = \left\{\begin{array}{l} 2\,Fe^2Cl^3 \\ 6\,Fe \\ 2\,Cl \\ 2\,Cl \end{array}\right. \\[1em] Mn^2O^7 = \left\{\begin{array}{l} 2\,Mn \\ 7\,O \end{array}\right. \\[1em] 2\,HO = \left\{\begin{array}{l} 2\,O \\ 2\,H \end{array}\right. \end{array}\right\} \begin{array}{l} \Big\} = 2\,MnCl \\[2em] \Big\} = 9\,O \end{array} \left.\begin{array}{l}\\\\\\\\\\\\\\\\\end{array}\right\} = \left\{\begin{array}{l} 2\,FeCl^3 \\ 2\,MnCl \\ 6\,Fe \\ 9\,O \\ 2\,Cl \\ 2\,H \end{array}\right. \begin{array}{l} \Big\} = 3\,Fe^2O^3 \\[1.5em] \Big\} = 2\,HCl \end{array}$$

woraus hervorgeht, dass 10 M. G. Eisenoxydul oder Eisenchlorür 1 M. G. Uebermangansäure entsprechen.

Die Uebermangansäure wird in der Form des übermangansauren Kalis angewendet, welches nach Gregory's Vorschrift aus 8 Th. gut gepulvertem und möglichst reinem Braunstein (Pyrolusit), 10 Th. Kalihydrat und 7 Th. chlorsaurem Kali bereitet wird. Es wird zunächst das Kalihydrat mit dem chlorsauren Kali zusammengeschmolzen und darauf der Braunstein nach und nach hinzugefügt. Durch Bildung von mangansaurem Kali wird das Hydratwasser des Kali ausgetrieben, und es findet ein lebhaftes Kochen statt. Man rührt die Masse mit einem eisernen Spatel um. In dem Maasse, als die schmelzbaren Salze, chlorsaures Kali und Kalihydrat zerstört werden, wird die Masse bröcklich, und das Geräusch von dem entweichenden Wasser hört immer mehr auf. Man giebt nun etwas stärkeres Feuer, dass die Wände des Tiegels dunkelroth glühen, und rührt beständig um, damit nicht einzelne Theile am spitzen Ende des Tiegels überhitzt werden. Nachdem die ganze Masse schwach glüht und ein bröckliches Gemenge bildet, hebt man den Tiegel aus dem Feuer und schüttet die heisse lockere Masse in eine kupferne Pfanne. Nach dem Erkalten würde sie fest werden und nur schwer von den Wänden des Tiegels losgetrennt werden können. Die Salzmasse wird zu grobem Pulver gestossen und in eine grosse Menge kochenden Wassers eingetragen. Sie löst sich anfänglich mit grüner Farbe zu mangansaurem Kali, welches sich jedoch durch Kochen in übermangansaures Kali und Mangansuperoxydhydrat umsetzt: $3\,MnO^3 = Mn^2O^7 + MnO^2$.

Die rothgekochte Flüssigkeit lässt man erkalten und absetzen und giesst sie dann in Flaschen rein von dem Bodensatz ab. Eine Filtration durch Papier ist unmöglich, da auch alle organischen Substanzen zersetzend auf die Uebermangansäure einwirken.

Da aber die Flüssigkeit nothwendig stark verdünnt werden muss, so kann man den Bodensatz wiederholt mit Wasser übergiessen und nach dem Absetzen die Flüssigkeiten mit einander vermischen[1]).

Die Chamäleonflüssigkeit ist nicht absolut haltbar, wenngleich sie sich längere Zeit ohne bedeutende Veränderung hält. Sie setzt immer mit der Zeit braunes Manganoxyd ab, wodurch sie in ihrem Gehalte schwächer wird. Aus diesem Grunde giebt man ihr keine bestimmte oder normale Stärke, sondern man nimmt sie, wie sie ist und bestimmt ihren Werth durch eine Titrestellung. Hierzu dient das oben erwähnte Doppelsalz: man wiegt 1 oder 2 g. desselben in Pulverform ab, löst im warmen, luftfreien Wasser, dem etwas Schwefelsäure zugesetzt ist, verdünnt mit kaltem Wasser und setzt nun aus einer Gay-Lussac'schen Bürette[2]) von der Chamäleonlösung zu, bis ein Tropfen die Flüssigkeit schön rosaroth färbt. Die sauren Oxydulsalze des Eisens und das entsprechende Chlorür entfärben das Chamäleon, welches denselben zugesetzt wird, augenblicklich. Der rothe Strahl der Lösung verschwindet wie ein abgebrochener Stab in der Eisenlösung. Die rothen Stellen werden bei fortdauerndem Zusatze immer grösser, ehe sie verschwinden, bis plötzlich ein Tropfen zu viel eine lichtrothe Färbung in der Flüssigkeit hervorruft.

Hat man nun ermittelt, wie viel Kubikcentimeter Chamäleonlösung zur Oxydation von 1 g. Eisenoxydulsalz erforderlich sind, so geht man zur Braunstein-Analyse über.

Aus

$$\left.\begin{array}{l} MnO^2 \\ 2\,HCl. \end{array}\right\} = \begin{array}{l} Mn\,Cl \\ 2\,HO \\ Cl \end{array} \qquad oder \qquad \left.\begin{array}{l} 3\,Mn\,O^2 \\ 6\,HCl \end{array}\right\} = \begin{array}{l} 3\,Mn\,Cl \\ 6\,HO \\ 3\,Cl \end{array}$$

geht hervor, dass bei der Behandlung von Mangansuperoxyd mit Chlor-

---

[1]) Vergl. P. J. CLXX. p. 286, CLXXXIX. p. 84.

[2]) Die Anwendung von Quetschhahnbüretten ist hier unstatthaft, da jede Berührung des Chamäleons mit organischen Substanzen vermieden werden muss.

wasserstoffsäure je 1 M. G. Superoxyd 1 M. G. Chlor in Freiheit setzt, während sich aus Schema I. pag. 212 ergiebt, dass 3 M. G. Chlor 6 M. G. Eisenoxydul in Oxyd und Chlorid verwandeln. Wäre also der Braunstein reines Superoxyd, so würden 3 M. G. so viel Chlor entwickeln, als nöthig ist, um in 6 M. G. Eisenoxydul oder, was dasselbe ist, 6 M. G. Eisendoppelsalz obige Veränderung zu bewirken; man hat also auf 3 M. G. Braunstein 6 oder auf 1 M. G. Braunstein 2 M. G. Eisendoppelsalz anzuwenden, was 10 g. des letzteren auf 1,111 g. Braunstein ausmacht. Es werden also 1,111 g. Braunstein mit 10 g. Eisendoppelsalz durch starke Salzsäure zersetzt, und nachdem der Braunstein vollständig aufgelöst, durch Chamäleonlösung untersucht, wie viel Eisenoxydul unverändert übrig geblieben ist.

Die Zersetzung geschieht am Besten in einem dem in Fig. 4 Taf. IV. abgebildeten ähnlichen Apparate, in welchem jedoch die Röhren $a$ und $d$ wegfallen und der die Verbindungsröhre $c$ tragende Kork in dem Halse der Zersetzungsflasche $A$ luftdicht schliesst, während der Kork in $B$ den Zutritt der Luft von Aussen gestattet. Die Flasche $B$ wird mit ausgekochtem, luftfreien Wasser gefüllt, welches den Zweck hat, durch Uebersteigen in die Zersetzungsflasche $A$ nach erfolgter Zersetzung die heisse Flüssigkeit in dieser zu verdünnen und abzukühlen und den Zutritt der Luft abzuhalten.

Die abgewogenen 1,111 g. Braunstein werden gleichzeitig mit den 10 g. Eisensalz in die Zersetzungsflasche gebracht und mit roher rauchender Salzsäure im Ueberschuss übergossen. Um die atmosphärische Luft auszutreiben, setzt man einige Stückchen saures kohlensaures Natron hinzu und stellt alsdann mittelst festen Eindrückens des Korks die Verbindung mit der zweiten Flasche her. Es findet eine stürmische, jedoch nur kurze Zeit andauernde Kohlensäure-Entwickelung statt, welche allen Sauerstoff aus der Zersetzungsflasche austreibt.

Die anzuwendende Salzsäure muss vorher geprüft sein, dass sie weder oxydirende, noch reducirende Wirkung ausübe, d. h. weder Chlor noch schweflige Säure enthalte. Das erste findet man, wenn man sie im verdünnten Zustande mit Stärkelösung und Jodkalium mischt, welche sie nicht blau färben darf; reducirende Wirkung erkennt man daran, dass die verdünnte Säure eine Chamäleonlösung entfärbt.

Nachdem die Kohlensäure-Entwickelung nachgelassen, wird die Zersetzungsflasche nach und nach bis zum Kochen erhitzt und so lange darin erhalten, bis der Braunstein vollständig aufgeschlossen ist, was man an der weissen Farbe des Bodensatzes erkennt. Das vorgeschlagene Wasser wird nun bald durch den Luftdruck in die Zersetzungsflasche übergetrieben, wodurch eine Abkühlung verursacht wird, ohne dass Oxydation zu befürchten wäre. Es wird hierauf der Inhalt beider Flaschen in eine grosse Mischflasche gespült und der Rest des Eisenoxyduls durch Chamäleonlösung bestimmt. 10 g. Eisenoxydulsalz entsprechen 100 pCt. Mangansuperoxyd, mithin jeder durch die Chamäleonlösung weniger zurücktitrirte 0,1 g. 1 pCt. — Weiss man ungefähr den Procentgehalt eines Braunsteins, so wird man gut thun, statt 10 g. 9, 8 oder auch 7 g. Eisensalz anzuwenden, je nachdem der Braunstein unter 90, 80 oder 70 pCt. besitzt, um beim Zurücktitriren nicht eine zu grosse Quantität Chamäleonflüssigkeit verwenden zu müssen.

Die Methode giebt sehr übereinstimmende und schnell gewonnene Resultate und verdient in dieser Beziehung den Vorzug vor allen übrigen, allein dem Techniker kann sie trotzdem nicht empfohlen werden, da sie von Anfang bis zu Ende, von der Darstellung der Probesubstanzen bis zum Titriren mit der Chamäleonlösung, die Geschicklichkeit und Umsicht eines Chemikers von Fach erheischt, denn wir müssen in Bezug auf das Titriren noch erwähnen, dass auch die Chlorwasserstoffsäure, wenn sie nicht sehr verdünnt und die Temperatur sehr gemässigt ist, zersetzend auf die Uebermangansäure einwirkt, wobei Chlor frei wird, daher man einmal auf sehr verdünnte Flüssigkeiten zu halten und gut abzukühlen hat, dann aber auch nicht unterlassen darf, darauf zu achten, ob ein Chlorgeruch sich entwickelt, denn wo das der Fall, muss die Prüfung als misslungen betrachtet werden. Dieser Chlorgeruch kann sich übrigens auch schon bei der Zersetzung des Braunsteins zeigen, wenn dieselbe etwas übereilt wird, denn die Eisenoxydulsalze absorbiren das Chlor bei weitem nicht so energisch, wie die arsenige Säure in ihren Verbindungen mit Alkalien. Die richtige Leitung der Zersetzung wird aber sehr erschwert durch die Bildung von Eisenoxydsalz, welches durch seine tiefbraune Färbung das Braunsteinpulver der Beobachtung entzieht.

Ad 2. An Stelle des Eisenoxyduls kann auch die Oxalsäure angewendet werden, welche ebenfalls desoxydirend auf die Uebermangansäure einwirkt, indem sie durch Aufnahme von Sauerstoff in Kohlensäure übergeht.

Es wird also zunächst wie bei der Will und Fresenius'schen Methode der Braunstein mit einer bestimmten Menge Oxalsäure und

Schwefelsäure aufgeschlossen, und indem man die gebildete Kohlensäure entweichen lässt, mittelst Chamäleonlösung untersucht, wie viel Oxalsäure unzersetzt geblieben ist.

Man bedient sich hierzu der bereits pag. 171 erwähnten Probeoxalsäure, welche 63 g. krystallisirte Oxalsäure im Liter enthielt und welche man zunächst mit Chamäleonlösung titrirt. Es werden daher aus einer Quetschhahnbürette genau 10 Kubikcentimeter Oxalsäure in einen grossen Kolben abgelassen, ohne Hals oder Wände zu benetzen; man verdünnt dieselben mit 200 bis 300 Kubikcentimeter destillirten Wassers und setzt 6—8 Kubikcentimeter concentrirte Schwefelsäure zu. Diese bewirkt ausser der nöthigen sauren Beschaffenheit der Flüssigkeit zugleich eine schwache Erwärmung, welche die Reaction befördert. Fügt man nun aus einer Gay-Lussac'schen Bürette Chamäleonlösung hinzu, so bemerkt man in der ersten Minute keine Veränderung der Farbe, allmälig aber beginnt die Reaction und die rothe Farbe verschwindet. Ist dies das erste Mal eingetreten, so geht es nachher immer geschwinder; die durch das Chamäleon bewirkte rothe Färbung geht in Braunroth, dann in lichtes Braun, dann durch Gelb ins Farblose über. Gegen Ende der Operation geht dieser Uebergang immer rascher vor sich und die Flüssigkeit wird zwischen jedem Zusatz, wenn sie nur stark verdünnt und genügend sauer war, wieder vollkommen farblos bis endlich die rosenrothe Färbung stehen bleibt und der Versuch beendet ist. Die Wirkung der Kleesäure wird durch eine geringe Temperaturerhöhung bedeutend beschleunigt und enthielte das Chamäleon kein Chlorkalium, welches wieder zur Entwickelung von Chlor Veranlassung geben kann und daher Vorsicht nöthig macht, so könnte man unbedenklich die Erwärmung so weit treiben, dass die Reaction eben so rasch, wie bei den Eisenoxydulsalzen in der Kälte vor sich ginge.

Was nun das Mengenverhältniss zwischen Oxalsäure und Braunstein anbetrifft, so ergiebt sich dasselbe leicht aus dem Umstande, dass 1 M. G. Oxalsäure sich mit 1 M. G. Mangansuperoxyd zu 2 M. G. Kohlensäure und 1 M. G. Manganoxydul umsetzt, nach der Formel

$$\left.\begin{array}{l} C^2 O^3 \\ Mn\, O^2 \end{array}\right\} = \begin{array}{l} 2C\, O^2 \\ Mn\, O \end{array}$$

63 g. krystallisirte Oxalsäure erfordern also 43,6 g. Mangansuperoxyd und da die Auflösung der Oxalsäure 63 g. im Liter (1000 Kubikcentimeter) enthält, so würde man, wenn die verbrauchten Kubikcentimeter

Oxalsäure direct Procente des Braunsteins vorstellen sollen, 4,367 g. des letzteren abzuwiegen haben. Da dies immer noch mehr ist, als zu einer genauen Analyse nöthig ist, so genügt es, die Hälfte, also 2,18 g., abzuwiegen, für welchen Fall man die verbrauchten Kubikcentimeter Oxalsäure mit 2 zu multipliciren hat, um die Procente zu erhalten.

Man bringt also 2,18 g. des möglichst feingepulverten Braunsteins in eine kleine Kochflasche, lässt ungefähr 30 Kubikcentimeter Oxalsäure hinzufliessen und setzt noch 4—5 Kubikcentimeter concentrirte Schwefelsäure zu. Die Flasche bedeckt man lose mit einem Urglase oder Trichter und lässt das kohlensaure Gas feucht entweichen. Wenn die freiwillige Gasentwickelung bei öfterem Umschütteln nachlässt, bringt man sie durch Erwärmung wieder hervor und sieht, ob noch unzersetzter Braunstein am Boden liegt. In diesem Falle lässt man noch fernere 8 oder 10 Kubikcentimeter Oxalsäure aus derselben Bürette hinzufliessen. Nimmt man von vornherein sogleich 50 Kubikcentimeter Oxalsäure, so hat man, da diese 100 pCt. vorstellen, in jedem Falle genug, nur muss man dann bei schwachen Braunsteinsorten unnöthig viel Oxalsäure durch Chamäleon zurücktitriren. Wenn die Gasentwickelung in der Wärme nachgelassen hat, giesst man mit befettetem Rande die trübe Flüssigkeit in eine 300 Kubikcentimeter haltende Mischflasche, giebt auf den Rest noch 2 bis 3 Kubikcentimeter Oxalsäure und etwas Schwefelsäure und erwärmt wieder, wobei sich dann bei reinen Flüssigkeiten und grösserem Schwefelsäuregehalt noch einmal Gasentwickelung einstellt, welche in der ganzen Masse nicht mehr zu erregen war. Ist auf diese Art der Braunstein vollständig aufgeschlossen, so spült man die Lösung in die 300 Kubikcentimeter Flasche, füllt bis zur Marke nach und schüttelt tüchtig um. Es hängt nun davon ab, ob die Flüssigkeit braunroth oder nur weiss getrübt ist, ob man sogleich die unzersetzte Oxalsäure zurücktitriren kann oder erst filtriren muss. Schlechte Braunsteinsorten scheiden eine grosse Menge Eisenocker ab, welcher sich schwer absetzt und eine Filtration nöthig macht. Von der filtrirten oder, wenn sie nur weisslich getrübt war, unfiltrirten Flüssigkeit giebt man 100 Kubikcentimeter in eine weite Flasche, verdünnt mit ungefähr doppelt so viel Wasser, setzt noch 4 bis 5 Kubikcentimeter concentrirte Schwefelsäure hinzu und titrirt mit der Chamäleonlösung.

Wenn eine manganoxydulhaltige Flüssigkeit, wie die vorliegende mit Chamäleon, welches stets alkalisch ist, versetzt wird, so entsteht bald ein brauner Niederschlag oder eine Trübung, welche alles genaue Beobachten der Farbe verhindert. Das kann nur durch eine bedeutende Verdünnung und einen starken Säuregehalt verhindert werden. Die Verdünnung und Ansäuerung ist erst dann genügend, wenn die ersten Tropfen Chamäleonflüssigkeit die Flüssigkeit rein rosenroth färben. Zu grosse Concentration und zu hohe Temperatur können auch hier durch Chlorentwickelung ein Misslingen der Probe herbeiführen. — Die Anzahl Kubikcentimeter, welche zum Rothtitriren von 100 Kubikcentimeter der Probeflüssigkeit verbraucht wurden, hat man zunächst mit 3 zu multipliciren, um zu erfahren, wie viel auf die ganze Flüssigkeit verbraucht worden wären, das Doppelte hiervon giebt dann die Procente von Mangansuperoxyd.

Auch gegen diese Methode lässt sich in theoretischer Beziehung nichts sagen: sie giebt sehr übereinstimmende Resultate und hat selbst gegen die vorhergehende voraus, dass bei ihr die Oxalsäure an die Stelle des Eisenoxyduls tritt, welche gegen den atmosphärischen Sauerstoff ganz unempfindlich ist und weder durch fortgesetztes Erwärmen noch durch längeres Stehenlassen verändert wird, so dass man die Operation in jedem Augenblicke unterbrechen kann, ohne dass das Resultat dadurch berührt wird. Allein auch sie kann Technikern nicht unbedingt empfohlen werden, denn einmal ist das Titriren der Oxalsäure, zumal wenn grössere Mengen davon vorhanden sind und der Gehalt des Braunsteins an Mangansuperoxyd gänzlich unbekannt ist, eine höchst langweilige Arbeit, dann aber hat sie den grossen Uebelstand, dass das erhaltene Resultat mit 6 multiplicirt werden muss, wodurch ein an sich kleiner Fehler doch eine ziemlich bedeutende Differenz hervorbringen kann.

Ad 3. Wenn Chlor oder Jod auf arsenige Säure einwirken, so verwandeln sie dieselbe unter gleichzeitiger Zersetzung von Wasser und Bildung von Chlorwasserstoffsäure in Arseniksäure.

$$\left.\begin{array}{l} AsO^3 \\ 2\,Cl \\ 2\,HO \end{array}\right\} = \begin{array}{l} AsO^5 \\ 2\,HCl \end{array} \qquad \left.\begin{array}{l} AsO^3 \\ 2\,J \\ 2\,HO \end{array}\right\} = \begin{array}{l} AsO^5 \\ 2\,HJ \end{array}$$

Indem man daher das aus einer bestimmten Quantität Braunstein entwickelte Chlor auf eine bestimmte Quantität arsenige Säure einwirken lässt und alsdann mittelst Jod untersucht, wie viel der letzteren unverändert geblieben ist, bietet dies Verhalten ein leichtes Mittel der Braunsteinanalyse dar.

Wir wissen bereits, dass 1 M. G. Mangansuperoxyd ($NnO^2$) mit Salzsäure behandelt 1 M. G. Chlor (Cl) in Freiheit setzt, da aber zur Umwandlung von 1 M. G. arseniger Säure in Arseniksäure 2 M. G. Chlor erforderlich sind, so werden sich die Mengen von Braunstein und arseniger Säure zu einander zu verhalten haben wie 2 M. G. Mangansuperoxyd zu 1 M. G. der letzteren oder wie 87,2 : 99,0.

Man bereitet sich zunächst eine Normalflüssigkeit von arseniger Säure, indem man 11,36 g. derselben (von deren Reinheit man sich vorher durch Verflüchtigung überzeugt hat) in einem Kolben mit der klaren Auflösung von circa 40 g. saurem kohlensaurem Natron übergiesst und unter Erwärmen auflöst.

Statt des sauren kohlensauren Natrons kann man sich auch des neutralen Salzes bedienen, wenn dasselbe von schwefligsaurem und unterschwefligsaurem Natron frei ist, was man an dem sofortigen Erscheinen eines blauen Niederschlages von Jodstärke erkennt, wenn man zu einer aufgelösten Probe des Salzes etwas Stärke und dann einige Tropfen Jodlösung hinzusetzt.

Die Auflösung der arsenigen Säure in kohlensaurer Natronlösung wird darauf mit Wasser bis zu einem Liter versetzt und bildet nun die Normalflüssigkeit, von welcher 2 Kubikcentimeter 0,0227 g. arsenige Säure enthalten und mithin 0,02 g. Mangansuperoxyd oder 0,01628 Chlor entsprechen.

Man fertigt sich ferner eine Jod-Auflösung, indem man 11,642 g. Jod in einer Auflösung von circa 38 g. Jodkalium unter gelindem Erwärmen löst und bis zu 1 Liter auffüllt. Wäre das Jod vollständig wasserfrei und fände nicht eine geringe Verflüchtigung während der Auflösung statt, so würden genau 5 Kubikcentimeter dieser Auflösung hinreichen um die arsenige Säure von 2 Kubikcentimetern in Arseniksäure zu verwandeln. Der genannten Umstände wegen muss aber die Jodlösung vor ihrer Anwendung mit der Lösung der arsenigen Säure verglichen werden, indem man zu 5 Kubikcentimeter der letzteren etwas Stärkeauflösung setzt und von der Jodauflösung so lange zutropft, bis die blaue Färbung eintritt. Diese Abmessung der Jodauflösung muss auch von Zeit zu Zeit wiederholt werden[1]).

---

[1]) Die Zersetzung der Jodstärke durch arsenige Säure findet nur in neutraler Flüssigkeit statt, daher die Auflösung der arsenigen Säure so viel Natron enthalten muss, als hinreichend ist, um nicht nur die arsenige Säure, welche zweibasisch ist, sondern auch die durch die Einwirkung des Jods auf dieselbe ent-

Will man nun einen Braunstein untersuchen, so löse man in einem kleinen Kolben mit weitem Halse (damit das Pulver der arsenigen Säure und des Braunsteins ohne Verlust bequem hineingeworfen werden könne) 2,27 g. arsenige Säure in etwa 15 Kubikcentimeter Salzsäure von 1,16 spec. Gewicht, die vorher auf die Abwesenheit von Chlor und schwefliger Säure geprüft worden ist, unter Erwärmen auf. Da sich hierbei leicht flüchtiges Arseniksuperchlorür erzeugt, so wird mit dem Kolben ein U - förmiges Rohr verbunden, welches eine Lösung von saurem kohlensauren Natron enthält, die im Stande ist, das Arseniksuperchlorür wieder in arsenige Säure zurückzuführen[1]). (Vgl. Fig. 9 Taf. IV).

Jene Lösung von arseniger Säure entspricht nun genau 2 g. Mangansuperoxyd; es werden daher 2 g. Braunstein abgewogen, in die erkaltete Lösung geschüttet, das U-Rohr wieder befestigt und der Kolben so lange mässig erwärmt, bis der Braunstein vollständig zersetzt ist. — Man lässt hierauf erkalten und giesst den Inhalt des Kolbens und Rohres in ein geräumiges Becherglas, spült beide gut aus und neutralisirt mit kohlensaurem oder saurem kohlensauren Natron. Zu der alkalisch reagirenden Flüssigkeit wird Stärkeauflösung[2]) gesetzt und

---

standene Jodwasserstoffsäure zu neutralisiren. Enthält die Lösung der arsenigen Säure, wie oben angegeben, 40 g. saures kohlensaures Natron, so hat man ein Sauerwerden derselben beim Blautitriren nicht zu fürchten, allein man wird immer gut thun, bei dem Eintritt der blauen Färbung sowohl in der Normallösung, als in der durch die Zersetzung des Braunsteins erhaltenen Flüssigkeit, durch abermaligen Zusatz von saurem kohlensauren Natron in Lösung sich zu überzeugen, ob dieselbe fortbesteht oder wieder verschwindet, in welchem letzteren Falle ein grösserer Zusatz von Bikarbonat erforderlich ist.

[1]) Die Natronlösung darf in den beiden Schenkeln nur so hoch stehen, dass beim Kochen weder ein Herausspritzen noch beim Erkalten ein Zurücktreten in die Zersetzungsflasche möglich ist.

[2]) Das Stärkemehl enthält nach Bechamp eiweissartige Substanzen, welche den Einfluss des Jod's maskiren können. Um sich ein sehr empfindliches Stärkemehl zu verschaffen, schreibt er folgendes Verfahren vor: Reinstes Satzmehl wird mit Wasser zu einem Kleister gekocht, darauf $^{1}/_{10}$ des Mehlgewichtes concentrirte Aetzkalilösung zugesetzt und abermals so lange gekocht, bis der Kleister vollständig flüssig geworden ist. Die mit Wasser verdünnte Flüssigkeit wird dann mit Essigsäure übersättigt und das Stärkemehl durch Alkohol als eine voluminöse Masse gefällt, welche man mit Alkohol von 60 pCt., der anfänglich mit etwas Schwefelsäure angesäuert, schliesslich aber rein angewendet wird, auf einem Filtrum wäscht. Nach dem Trocknen und Pulvern erhält man ein Mehl, welches in Wasser gelöst noch $^{1}/_{300000}$ Jod anzeigen soll. P. J. CLVI. pag. 67.

dieselbe dann mit der Jodauflösung blau titrirt. — Da 200 Kubikcentimeter arsenigsaure Normallösung ebenfalls 2,27 g. arsenige Säure enthalten, so kann man bei der Berechnung verfahren, als hätte man 200 Kubikcentimeter arsenigsaure Probelösung mit 2 g. Mangansuperoxyd vermischt, 2 verschwundene Kubikcentimeter arsenige Säure würden dann 1 pCt. Mangansuperoxyd anzeigen. Durch die Titrirung mittelst der Jodlösung erfährt man die Anzahl der übrig gebliebenen Kubikcentimeter arseniger Säure und diese von 200 abgezogen und den Rest durch 2 dividirt, giebt die Procente Mangansuperoxyd an Braunstein.

Da käuflicher Braunstein selten über 70 pCt. Mangansuperoxyd enthält, so kann man auch von Hause aus nur eine 70 Kubikcentimetern arsenigsaurer Lösung entsprechende Menge von arseniger Säure, also 0,0227 . 70 = 1,589 g. in Salzsäure auflösen, wodurch an Jodlösung gespart wird. — Sollte man einen Braunstein zu gering angesprochen haben, so macht sich das durch einen Chlorgeruch während der Zersetzung und noch früher durch die röthliche Färbung, welche die alkalische Lösung in dem U-Rohr annimmt, so wie dadurch bemerkbar, dass der erste Tropfen der Jodlösung die blaue Farbe hervorruft. Unter solchen Umständen muss natürlich eine zweite Analyse mit Anwendung einer grösseren Menge arseniger Säure vorgenommen werden[1]).

Dieselbe pfirsichrothe Färbung, welche hier durch freies Chlor bewirkt wird, ist auch häufig beim Erwärmen von Chlorkalklösungen beobachtet worden und noch nicht genügend erklärt. Es lag zunächst bei der Darstellung des Chlors aus Braunstein und Salzsäure die Annahme nahe, dass mit dem Chlor Spuren von Manganchlorür mit übergingen und die rothe Färbung bedingten, allein auch wenn das Chlor ohne Braunstein, wie z. B. nach der Deacon'schen Methode, dargestellt worden, färbt sich die Flüssigkeit roth. — Man hat diese Färbung unter Umständen auch beim Erhitzen von Chlorkalklösungen beobachtet und sie durch Bildung eines Calcium-Superchlorids erklären wollen, wofür der Umstand spricht, dass Chlorkalklösung beim Erhitzen bis zu 70° C. Sauerstoff entweichen lässt und mit der Sauerstoff-Entwickelung auch sofort die Röthung erfolgt. Nach Crace Calvert (C. Bl. 1874. Nr. 10) soll diese Farbenwandlung jedoch nur bei einer nicht filtrirten Chlorkalk-

---

[1]) Da das Jod die Kautschukrohre der Quetschhähne stark angreift und sehr bald steif und undicht macht, so muss die Jodbürette mit einem Glashahn oder Glaspfropfen versehen sein.

lösung eintreten, während eine filtrirte Lösung auch nach dem Erwärmen farblos bleibe. — Die Behauptung endlich, dass die warme Auflösung von Chlor in Wasser roth sei, müssen wir als eine entschieden irrige bezeichnen, denn Chlor in warmes oder kaltes Wasser geleitet, giebt stets farblose Lösungen. Aber auch die Angaben Calvert's sind nicht ganz correct, denn einerseits färbt sich nicht jede nicht filtrirte Chlorkalklösung beim Erwärmen roth und andrerseits haben wir sehr häufig diese Erscheinung bei filtrirten Auflösungen ebenfalls eintreten sehen, wenn die Auflösung nur concentrirt ist. Die geröthetete Lösung wird beim Filtriren wieder farblos. —

Man hat der arsenigsauren Natronlösung sehr häufig den Vorwurf geringer Haltbarkeit gemacht, indem man beobachtet hatte, dass die arsenige Säure nach längerer oder kürzerer Zeit in Arseniksäure übergehe. Mohr (Titrirmethode p. 290) hat jedoch nachgewiesen und wir können nach langjähriger Erfahrung nur bestätigen, dass wenn sowohl die arsenige Säure, als auch das kohlensaure Natron vollkommen frei von oxydablen Stoffen, wie Schwefelarsenik, Schwefelnatrium, schwefligsaures Natron sind, eine derartige Veränderung nicht eintritt. Bei dem kohlensauren Natron ist eine derartige Verunreinigung leicht zu entdecken, indem man der Lösung desselben etwas Stärke zusetzt und einen Tropfen Jodlösung hineinfallen lässt; bringt dieser sogleich eine dauernde blaue Färbung hervor, so ist das Salz rein. — Die arsenige Säure prüft man durch eine starke Erhitzung bis zur anfangenden Sublimation. Man nimmt dieselbe in zwei auf einander passenden Porzellanschalen vor und erhitzt die untere bis ein Theil der arsenigen Säure sublimirt. Nach dem Abkühlen betrachtet man, ob die obere Schale einen rein weissen oder röthlichen Anflug zeigt. Das Schwefelarsenik ist flüchtiger als die arsenige Säure und sublimirt daher zuerst. Was zuletzt übergeht ist reine arsenige Säure. Es liesse sich wohl ein Verfahren angeben, das Schwefelarsen zu zersetzen, etwa durch eine Sublimation mit etwas Eisenoxyd, allein da im Handel wirklich reine arsenige Säure vorkommt, so umgeht man gern diesen Process mit einem so giftigen Körper.

Ob übrigens in einer Lösung der arsenigen Säure eine Oxydation zu Arseniksäure stattgefunden hat, erkennt man leicht dadurch, dass man die Auflösung durch Zusatz von Ammoniak alkalisch macht und dann eine Auflösung von schwefelsaurer Ammoniak-Magnesia (Magnesia-Mixtur) zusetzt: ein Niederschlag oder auch nur eine Trübung zeigt die Gegenwart von Arseniksäure an. — Ein noch empfindlicheres Reagenz auf Arseniksäure ist die Auflösung von salpetersaurem Silberoxyd: giebt dieselbe zur Lösung der arsenigen Säure zugesetzt statt eines schönen canariengelben, einen braunrothen Niederschlag, so ist damit die Anwesenheit von Arseniksäure erwiesen.

Es wird ferner die arsenige Säure gleich dem Eisenoxydul durch übermangansaures Kali ·in die höhere Oxydationsstufe übergeführt und man kann daher direct in der sauren Lösung die übriggebliebene arsenige Säure mittelst Chamäleonlösung zurücktitriren, nachdem man den Titre derselben mit arseniger Säure genommen hat, welches Verfahren auch von Astley Price in der That in Vorschlag gebracht worden ist[1]. Es kann daher die Uebersättigung mit kohlensaurem Kali und nachherige Titrirung mit Jod als ein nutzloser Umweg in unserer Methode erscheinen; dem ist jedoch nicht so, denn abgesehen von der Möglichkeit der Chlorentwickelung bei dem Vorhandensein einer grossen Menge Chlorwasserstoffsäure, ist auch die Titrirung der arsenigen Säure mittelst Chamäleon bei weitem nicht so scharf, als die der Eisenoxydulsalze und der Oxalsäure und steht jedenfalls der Titrirung mittelst Jodlösung nach, die unserer Ansicht nach für den Techniker überhaupt die angenehmste und zuverlässigste ist.

Es empfiehlt sich daher diese Methode durch Einfachheit des Apparates, durch grosse Genauigkeit und Abwesenheit aller, auf das Endresultat störend einwirkenden Verhältnisse, selbst wenn man in irgend einem Momente die Operation zu unterbrechen genöthigt sein sollte.

Es wurden von einem und demselben Braunstein je 3 Analysen nach der eben beschriebenen Methode, nach der von Mohr mittelst Oxalsäure und Chamäleon und nach der von Astley Price mittelst arseniger Säure und Chamäleon gemacht und im Mittel erhalten 87,6, 87,66, 87,2, woraus man einerseits sieht, wie die neue Methode sich den besten vorhandenen an die Seite stellt, andererseits, wie in der arsenigen Säure die durch das Chamäleon erzeugte rothe Färbung schon stehen bleibt, noch ehe alle arsenige Säure in Arseniksäure übergeführt ist.

Ad 4. Lässt man in einem Destillationsapparat concentrirte Salzsäure auf Braunstein einwirken, so wird Chlor in Freiheit gesetzt, aus dessenMenge wiederum auf die Güte des Braunsteins geschlossen werden

---

[1] Zweite Auflage pag. 111.

kann. Das Chlor wird am besten durch arsenigsaures Natron oder Jodkalium absorbirt; bei Anwendung des ersteren dient wiederum die Jodlösung, um den Rest des arsenigsauren Natrons zu bestimmen, während bei Anwendung von Jodkalium die Menge des freigemachten Jods durch unterschwefligsaures Natron oder durch schweflige Säure (Bunsen) bestimmt wird. Es sind diese Destillationsanalysen sehr umständlich und sie erheischen eine Fertigkeit in chemischen Arbeiten, so dass sie Technikern nicht empfohlen werden können; ihre Erwähnung geschah nur der Vollständigkeit wegen und findet der Leser sie ausführlich beschrieben in dem Lehrbuch der chemisch-analytischen Titrirmethode von Dr. Fr. Mohr. 2. Aufl. p. 242.

Eisenoxydul- und Zinchlorürlösungen absorbiren das Chlor zu langsam, und haben sich die auf deren Anwendung basirten Methoden nicht bewährt.

Von den Gewichtsanalysen hat Nolte in Clausthal versucht, der von Fikentscher verbesserten Fuchs'schen Methode neue Geltung zu verschaffen, dadurch, dass er durch Hinzufügung von Eisenchlorür die Entweichung von freiem Chlor vermeidet[1]). Diese Methode beruht darauf, dass man das mittelst einer bestimmten Quantität Braunstein und Salzsäure entwickelte Chlor mit Kupfer zu Kupferchlorür verbindet und aus dem Verlust an Kupfer den Gehalt des Braunsteins an Mangansuperoxyd berechnet:

$$\left.\begin{array}{l} MnO^2 \\ 2\,HCl \\ 2\,Cu \end{array}\right\} = \left\{\begin{array}{l} MnCl \\ 2\,HO \\ Cu^2Cl \end{array}\right.$$

Auf je 1 M. G. Mangansuperoxyd verschwinden also 2 M. G. Kupfer. Das Kupfer wird in der Form von blanken Blechstreifen angewendet; seine Berührung mit der in Zersetzung begriffenen Flüssigkeit ist mithin eine beschränkte und es ist schwer, den Process so zu leiten, dass kein Chlor aus dem Apparate entweiche. Zur Beseitigung dieses Uebelstandes schlägt Nolte vor, noch eine hinreichende Quantität Eisenchlorür in den Zersetzungsapparat zu geben, um zunächst Eisenchlorid zu erzeugen, welches dann das Chlor weiter an das Kupfer abtritt.

$$\left.\begin{array}{l} MnO^2 \\ 2\,FeCl \\ 2\,HCl \end{array}\right\} = \left\{\begin{array}{l} MnCl \\ Fe^2Cl^3 \\ 2\,HO \end{array}\right. \qquad \text{und} \qquad \left.\begin{array}{l} Fe^2Cl^3 \\ 2\,Cu \end{array}\right\} = \left\{\begin{array}{l} 2\,FeCl \\ Cu^2Cl \end{array}\right.$$

Hierdurch muss die Absorption des Chlors wesentlich befördert

---

[1]) P. J. Bd. CLII. p. 136.

werden, allein durch die Einführung des veränderlichen Eisenchlorürs welches vollständig chloridfrei sein muss, weil dieses auch Kupfer angreifen würde, geht die Einfachheit der Methode gänzlich verloren und werden eine Menge von Fehlerquellen neu eröffnet.

Sämmtliche hier beschriebene Prüfungsmethoden des Braunsteins haben die Beantwortung der Frage zum Zweck, wie viel Chlor kann durch eine bestimmte Quantität Braunstein entwickelt werden? Es ist die richtige Beantwortung dieser Frage auch in der That für den Fabrikanten von der grössten Wichtigkeit, da sich durch sie überhaupt erst bestimmen lässt, wie viel Braunstein zur Hervorbringung einer bestimmten Wirkung (z. B. das Bleichen von 10 Ctr. Halbzeug) anzuwenden ist. Jedoch ist nicht hierauf allein zu achten, sondern auch darauf, dass der Braunstein nicht allzuviel fremde Beimengungen enthält, die ebenfalls Salzsäure binden, ohne zur Chlorentwickelung beizutragen. — Wie früher erwähnt, enthält der Braunstein neben dem Mangansuperoxyd stets grössere oder geringere Mengen von anderen Manganoxyden, Eisenoxyd kohlensauren Erden, Schwerspath und Kieselerde; diese werden ausser den letzten beiden durch Chlorwasserstoffsäure ebenfalls aufgelöst und zersetzt, ohne Chlorgas zu entwickeln, und wollte man daher zur Chlorentwickelung nur so viel Salzsäure anwenden, als die Prüfung des Braunsteins als nothwendig ergab, so ist klar, dass diese Quantität nicht hinreichen würde, das Mangansuperoxyd vollständig zu zersetzen, da dieselbe ja gleichzeitig auf Bildung von Eisenchlorid, Chlorkalcium u. s. w. consumirt werden würde. Hat man es nun mit einem guten Braunstein zu thun, welcher überhaupt nur wenig fremde Bestandtheile enthält, so wird ein geringer Säureüberschuss, bei der Chlorentwickelung angewendet, hinreichende Garantie bieten, dass das Mangansuperoxyd vollständig zersetzt werde. Allein bei geringeren Braunsteinsorten kann der nothwendige Ueberschuss von Chlorwasserstoffsäure so bedeutend werden, dass die Minderkosten des Braunsteins durch die Mehrkosten an Säure mehr als ausgeglichen werden. Andererseits aber ist es doch möglich, dass die geringe Braunsteinsorte vorzugsweise nur Schwerspath, Quarz und derartige auf die Chlorwasserstoffsäure nicht einwirkende Substanzen als Beimengungen enthalte und die berechnete Quantität Säure zur Zersetzung des Mangansuperoxydes ausreiche. Es ist mithin zur genauen Kenntniss eines Braunsteins noch die Untersuchung nöthig, wie viel Salzsäure zur vollständigen Zersetzung einer bestimmten Quantität Braunstein erforderlich ist.

Diese Untersuchung wird auf folgende, für vorliegenden Zweck wenigstens mit hinreichender Genauigkeit verknüpfte Weise geführt: Die genau abgewogene Braunsteinprobe wird in einem passenden Kolben mit einem bestimmten und jedenfalls ausreichenden Maasse Salzsäure von bestimmtem Säuregehalt, der 18 pCt. nicht übersteigen darf, damit beim Erwärmen nicht freie Säure entweicht, übergossen und unter Erwärmen zersetzt. Sobald die Chlorentwickelnng aufgehört, wird das entstandene Eisenchlorid, welches bei der nachfolgenden Behandlung durch kohlensaure Kalkerde gefällt werden würde, durch blankes Kupferblech zu Eisenchlorür reducirt[1]), hierauf mittelst kohlensaurer Kalkerde die noch vorhandene freie Säure bestimmt. Zu diesem Zwecke wird ein gewogenes Stückchen Kalkspath oder kararischer Marmor in die Flüssigkeit geworfen, so lange darin gelassen, als noch Kohlensäure entweicht, darauf herausgenommen, mit destillirtem Wasser abgespült, getrocknet und wieder gewogen. Aus dem Gewichtsverlust lässt sich die in der Flüssigkeit noch vorhandene Chlorwasserstoffsäure leicht berechnen, denn 50 Gewichstheile kohlensaure Kalkerde brauchen 36,5 Gewichtstheile Chlorwasserstoffsäure zur Auflösung. — Die hierdurch ermittelte Chlorwasserstoffsäure von der ursprünglich angewendeten abgezogen, giebt die zur Zersetzung des Braunsteins erforderliche Menge, und vergleicht man endlich das Verhältniss zwischen der im Braunstein enthaltenen Quantität Mangansuperoxyd und der zur Zersetzung nöthigen Menge Salzsäure mit dem Verhältniss 43,6 zu 73,0, den resp. Gewichtsmengen von reinem Mangansuperoxyd und Chlorwasserstoffsäure, so ergiebt sich die Menge von Salzsäure, die zur Auflösung fremder Substanzen vergeudet wird. — Es ist, wie gesagt, bisweilen möglich, das der Braunstein vorzugsweise solche fremde Bestandtheile enthalte, auf welche Salzsäure keine Wirkung äussert, im Allgemeinen jedoch wird man, um dieselbe Menge Chlor zu entwickeln, bei geringen Braunsteinsorten bei Weitem mehr Salzsäure nöthig haben, als bei guten, woraus erhellt, dass auch die Anwendung der letzteren den Vorzug vor der der ersteren verdient, zumal in Erwägung gezogen werden muss, dass bei einem Braunstein, der 50 pCt. Mangansuperoxyd enthält, die Hälfte der Transportkosten für fremde nachtheilige Substanzen bezahlt wird.

Bereitet man das Chlor aus Braunstein und Salzsäure, so wird Manganchlorür als Nebenproduct gewonnen, welches eine sehr ausge-

---

[1]) Siehe Braunsteinprobe von Fuchs und Fikentscher.

15*

dehnte Anwendung in der Kattundruckerei zur Erzeugung brauner und schwarzer Fonds findet, was bei einer dem Absatz günstigen Lage von dem Papierfabrikanten nicht unbeachtet gelassen zu werden verdient[1]).

Die zweite Methode der Chlorbereitung, bei welcher man Schwefelsäure, Kochsalz und Braunstein auf einander wirken lässt, unterscheidet sich von der bisher beschriebenen im Wesentlichen dadurch, dass man mit der Entwickelung des Chlors aus Braunstein und Salzsäure die Darstellung der Salzsäure selbst verbindet. Diese letztere wird auch fabrikmässig, namentlich aus wasserhaltender Schwefelsäure und Kochsalz (Chlornatrium) dargestellt. Wirkt nämlich Schwefelsäure in Gegenwart von Wasser auf Chlornatrium, so wird jenes zersetzt, indem der Sauerstoff desselben an das Natrium tritt, Natron erzeugend, welches sich mit der Schwefelsäure zu schwefelsaurem Natron (Glaubersalz) verbindet, während das Chlor des Chlornatriums mit dem Wasserstoff des Wassers Chlorwasserstoffsäure erzeugt, welche, wenn anders ihr nicht

---

[1]) Dunlop, ein Mitbesitzer der grossartigen chemischen Fabrik von Tennant bei Glasgow, hat eine neue Methode entdeckt, aus dem Manganchlorür wiederum Mangansuperoxyd herzustellen. Es wird zunächst das Manganchlorür sorgfältig vom Eisenchlorid geschieden, indem man der Auflösung gelöschten Kalk und kohlensaure Kalkerde (Kreide) zusetzt, wodurch die überschüssige Säure neutralisirt und Eisenoxyd niedergeschlagen wird. Die Auflösung, welche nun noch Manganchlorür und Chlorcalcium enthält, wird in einen liegenden Cylinder von Gusseisen oder Eisenblech, welcher mit einer Rührvorrichtung versehen ist, gebracht und nochmals eine passende Menge kohlensaure Kalkerde in der Form eines feinen Pulvers zugegeben. Man leitet darauf so lange Dampf in den Cylinder, bis eine Spannung von 4 Atmosphären erreicht ist. Nach Verlauf von ungefähr drei Stunden hat sich unter diesem hohen Druck und während fleissigen Umrührens Chlorcalcium und kohlensaures Manganoxydul gebildet, welches letztere zu Boden fällt. Dasselbe wird gut ausgewaschen und so weit getrocknet, dass es einen Teig bildet und endlich in einem Calcinirofen erhitzt, indem man es beständig umrührt und von Zeit zu Zeit befeuchtet, da die Gegenwart einer geringen Menge Wasser gleichzeitig die Entwickelung der Kohlensäure und die Aufnahme von Sauerstoff erleichtert und beschleunigt. P. J. Bd. CXLVII. p. 440).

Es ist dieser Regenerations-Process später von Weldon und anderen (P. J. CLXIX. p. 231, CLXXXI. p. 364, CLXXXVI. p. 129) vielfach modificirt und vereinfacht, so dass die Chorkalk-Fabrikanten, diese Hauptconsumenten von Braunstein, gewiss Unrecht thun würden, die Regeneration nicht selbst vorzunehmen. Für die Papierfabrikanten ist der Process aber immer noch zu zeitraubend und kostspielig, als dass es ihnen empfohlen werden könnte, zumal die Gasbleiche immer weniger Anwendung findet.

Gelegenheit geboten wird, im Entstehungsmoment ihre Wirksamkeit zu äussern, in Gasform entweicht. Den Verlauf des Processes und das dabei nothwendige Mengenverhältniss ersieht man aus folgendem Schema:

$$\left.\begin{array}{c} 2(SO^3 + HO) \\ 2\,NaCl \end{array}\right\} = \left\{\begin{array}{l} 2(NaO + SO^3) \\ 2HCl \end{array}\right.$$

oder 98 Schwefelsäurehydrat und 117 Chlornatrium geben 142 schwefelsaures Natron und 73 Chlorwasserstoffsäure.

Das Kochsalz und die Schwefelsäure des Handels bedingen aber, wegen ihres unreinen oder nicht hinreichend concentrirten Zustandes, wiederum eine Abänderung der hier angegebenen Verhältnisse, und namentlich zeigt die Schwefelsäure aus verschiedenen Fabriken einen sehr verschiedenen Gehalt an wasserfreier Säure, und nie den hier vorausgesetzten. Es ist daher wiederum von Wichtigkeit, den Gehalt einer käuflichen Schwefelsäure an wasserfreier Säure bestimmen zu können.

Es geschieht dies, da hier Beimischungen fremder Säuren in dem Grade, dass die chemische Wirksamkeit dadurch beeinträchtigt werden könnte, kaum zu fürchten sind, einfach durch Blautitrirung mittelst Natronprobelösung. Dieselbe enthält im Liter 40 g. Natronhydrat oder 31,0 g. Natron, also in 100 Kubikcentimeter 3,1 g. des letzteren, welche 4 g. wasserfreier oder 4,9 g. Schwefelsäurehydrat entsprechen.

Je nachdem man daher den Gehalt einer käuflichen Schwefelsäure an wasserfreier Säure oder Säurehydrat bestimmen will, wäge man 4 oder 4,9 g. davon ab, verdünne mit Wasser, färbe durch Lackmustinktur roth und titrire mit der Probenatronlösung blau. Jeder Kubikcentimeter der letzteren zeigt alsdann ein Procent Säure resp. Säurehydrat an.

Noch allgemeiner indess und zu technischen Zwecken vollkommen ausreichend ist die Untersuchung der Säure mittelst der Senkspindel oder durch Beobachtung ihres specifischen Gewichtes.

Ist aber das specifische Gewicht einer Säure bekannt, so ist es leicht, aus einer der folgenden Tabellen den Gehalt derselben an wasserfreier Säure oder dem eben erwähnten Hydrat zu ersehen.

# Tabelle

über den Gehalt an wasserfreier Säure und Schwefelsäurehydrat bei verschiedenen spec. Gewichten von Ure.   Temperatur + 15°, 5 C.

| Spec. Gewicht. | Wasserfreie Säure. | Schwefel-säure-hydrat. | Spec. Gewicht. | Wasserfreie Säure. | Schwefel-säure-hydrat. |
|---|---|---|---|---|---|
| 1,8485 | 81,54 | 100 | 1,5760 | 55,45 | 68 |
| 1,8475 | 80,72 | 99 | 1,5648 | 54,63 | 67 |
| 1,8460 | 79,90 | 98 | 1,5503 | 53,82 | 66 |
| 1,8439 | 79,09 | 97 | 1,5390 | 53,00 | 65 |
| 1,8410 | 78,28 | 96 | 1,5280 | 52,18 | 64 |
| 1,8376 | 77,40 | 95 | 1,5170 | 51,37 | 63 |
| 1,8336 | 76,65 | 94 | 1,5066 | 50,55 | 62 |
| 1,8290 | 75,83 | 93 | 1,4960 | 49,74 | 61 |
| 1,8233 | 75,02 | 92 | 1,4860 | 48,92 | 60 |
| 1,8179 | 74,20 | 91 | 1,4770 | 48,11 | 59 |
| 1,8115 | 73,39 | 90 | 1,4660 | 47,29 | 58 |
| 1,8043 | 72,57 | 89 | 1,4560 | 46,58 | 57 |
| 1,7962 | 71,75 | 88 | 1,4460 | 45,68 | 56 |
| 1,7870 | 70,94 | 87 | 1,4360 | 44,85 | 55 |
| 1,7774 | 70,12 | 86 | 1,4265 | 44,03 | 54 |
| 1,7673 | 69,31 | 85 | 1,4170 | 43,22 | 53 |
| 1,7570 | 68,49 | 84 | 1,4073 | 42,40 | 52 |
| 1,7465 | 67,68 | 83 | 1,3977 | 41,58 | 51 |
| 1,7360 | 66,86 | 82 | 1,3884 | 40,77 | 50 |
| 1,7245 | 66,05 | 81 | 1,3788 | 39,95 | 49 |
| 1,7120 | 65,23 | 80 | 1,3697 | 39,14 | 48 |
| 1,6993 | 65,42 | 79 | 1,3612 | 38,32 | 47 |
| 1,6870 | 63,60 | 78 | 1,3530 | 37,51 | 46 |
| 1,6750 | 62,78 | 77 | 1,3440 | 36,69 | 45 |
| 1,6630 | 61,97 | 76 | 1,3345 | 35,88 | 44 |
| 1,6520 | 61,15 | 75 | 1,3255 | 35,06 | 43 |
| 1,6415 | 60,34 | 74 | 1,3165 | 34,25 | 42 |
| 1,6321 | 59,55 | 73 | 1,3080 | 33,43 | 41 |
| 1,6204 | 58,71 | 72 | 1,2999 | 32,61 | 40 |
| 1,6090 | 57,89 | 71 | 1,2913 | 31,88 | 39 |
| 1,5975 | 57,08 | 70 | 1,2826 | 30,98 | 38 |
| 1,5868 | 56,26 | 69 | 1,2740 | 30,17 | 37 |

| Spec. Gewicht. | Wasserfreie Säure. | Schwefel- säure- hydrat. | Spec. Gewicht. | Wasserfreie Säure. | Schwefel- säure- hydrat. |
|---|---|---|---|---|---|
| 1,2654 | 29,35 | 36 | 1,1246 | 14,68 | 18 |
| 1,2572 | 28,54 | 35 | 1,1165 | 13,86 | 17 |
| 1,2490 | 27,72 | 34 | 1,1090 | 13,05 | 16 |
| 1,2409 | 26,91 | 33 | 1,1019 | 12,23 | 15 |
| 1,2334 | 26,09 | 32 | 1,0953 | 11,41 | 14 |
| 1,2260 | 25,28 | 31 | 1,0887 | 10,60 | 13 |
| 1,2184 | 24,46 | 30 | 1,0809 | 9,78 | 12 |
| 1,2108 | 23,65 | 29 | 1,0743 | 8,97 | 11 |
| 1,2032 | 22,38 | 28 | 1,0682 | 8,15 | 10 |
| 1,1956 | 22,83 | 27 | 1,0614 | 7,34 | 9 |
| 1,1876 | 21,20 | 26 | 1,0544 | 6,52 | 8 |
| 1,1792 | 20,38 | 25 | 1,0477 | 5,71 | 7 |
| 1,1706 | 19,57 | 24 | 1,0405 | 4,89 | 6 |
| 1,1626 | 18,75 | 23 | 1,0336 | 4,08 | 5 |
| 1,1549 | 17,94 | 22 | 1,0268 | 3,26 | 4 |
| 1,1480 | 17,12 | 21 | 1,0206 | 2,446 | 3 |
| 1,1410 | 16,31 | 20 | 1,0140 | 1,63 | 2 |
| 1,1330 | 15,49 | 19 | 1,0074 | 0,8154 | 1 |

Wir haben vorstehende von Ure berechnete Tabelle hier nochmals aufgenommen, weil besonders in Deutschland die Stärke der Schwefelsäure meistens nach ihr bestimmt wird; allein als die richtigere verdient folgende den Vorzug:

## Tabelle

über das specifische Gewicht der Schwefelsäure bei verschiedenem Gehalte an Säurehydrat, von Bineau; berechnet von Otto für die Temperatur von 15° C.

| Specifisches Gewicht. | Säure- hydrat. | Wasser- freie Säure. | Specifisches Gewicht. | Säure- hydrat. | Wasser- freie Säure. | Specifisches Gewicht. | Säure- hydrat. | Wasser- freie Säure. |
|---|---|---|---|---|---|---|---|---|
| 1,8426 | 100 | 81,63 | 1,8376 | 95 | 77,55 | 1,822 | 90 | 73,47 |
| 1,842 | 99 | 80,81 | 1,8356 | 94 | 76,73 | 1,816 | 89 | 72,65 |
| 1,8406 | 98 | 80,00 | 1,834 | 93 | 75,91 | 1,809 | 88 | 71,83 |
| 1,840 | 97 | 79,18 | 1,831 | 92 | 75,10 | 1,802 | 87 | 71,02 |
| 1,8384 | 96 | 78,36 | 1,827 | 91 | 74,28 | 1,794 | 86 | 70,10 |

| Specifisches Gewicht. | Säurehydrat. | Wasserfreie Säure. | Specifisches Gewicht. | Säurehydrat. | Wasserfreie Säure. | Specifisches Gewicht. | Säurehydrat. | Wasserfreie Säure. |
|---|---|---|---|---|---|---|---|---|
| 1,786 | 85 | 69,38 | 1,4586 | 56 | 45,71 | 1,198 | 27 | 22,03 |
| 1,777 | 84 | 68,57 | 1,448 | 55 | 44,89 | 1,190 | 26 | 21,22 |
| 1,767 | 83 | 67,75 | 1,438 | 54 | 44,07 | 1,182 | 25 | 20,40 |
| 1,756 | 82 | 66,94 | 1,428 | 53 | 43,26 | 1,174 | 24 | 19,58 |
| 1,745 | 81 | 66,12 | 1,418 | 52 | 42,45 | 1,167 | 23 | 18,77 |
| 1,734 | 80 | 65,30 | 1,408 | 51 | 41,63 | 1,159 | 22 | 17,95 |
| 1,722 | 79 | 64,48 | 1,398 | 50 | 40,81 | 1,1516 | 21 | 17,14 |
| 1,710 | 78 | 63,67 | 1,3886 | 49 | 40,00 | 1,144 | 20 | 16,32 |
| 1,698 | 77 | 62,85 | 1,396 | 48 | 39,18 | 1,136 | 19 | 15,51 |
| 1,686 | 76 | 62,04 | 1,370 | 47 | 38,36 | 1,129 | 18 | 14,69 |
| 1,675 | 75 | 61,22 | 1,361 | 46 | 37,55 | 1,121 | 17 | 13,87 |
| 1,663 | 74 | 60,40 | 1,351 | 45 | 36,73 | 1,1136 | 16 | 13,06 |
| 1,651 | 73 | 59,59 | 1,342 | 44 | 35,82 | 1,106 | 15 | 12,24 |
| 1,639 | 72 | 58,77 | 1,333 | 43 | 35,10 | 1,098 | 14 | 11,42 |
| 1,637 | 71 | 57,95 | 1,324 | 42 | 34,28 | 1,091 | 13 | 10,61 |
| 1,615 | 70 | 57,14 | 1,315 | 41 | 33,47 | 1,083 | 12 | 9,79 |
| 1,604 | 69 | 56,32 | 1,306 | 40 | 32,65 | 1,0756 | 11 | 8,98 |
| 1,592 | 68 | 55,59 | 1,2976 | 39 | 31,83 | 1,068 | 10 | 8,16 |
| 1,580 | 67 | 54,69 | 1,289 | 38 | 31,02 | 1,061 | 9 | 7,34 |
| 1,578 | 66 | 53,87 | 1,281 | 37 | 30,20 | 1,0536 | 8 | 6,53 |
| 1,557 | 65 | 53,05 | 1,272 | 36 | 29,38 | 1,0464 | 7 | 5,71 |
| 1,545 | 64 | 52,24 | 1,264 | 35 | 28,57 | 1,039 | 6 | 4,89 |
| 1,534 | 63 | 51,42 | 1,256 | 34 | 27,75 | 1,032 | 5 | 4,08 |
| 1,523 | 62 | 50,61 | 1,2476 | 33 | 26,94 | 1,0256 | 4 | 3,26 |
| 1,512 | 61 | 49,79 | 1,239 | 32 | 26,12 | 1,019 | 3 | 2,445 |
| 1,501 | 60 | 48,98 | 1,231 | 31 | 25,30 | 1,013 | 2 | 1,63 |
| 1,490 | 59 | 48,16 | 1,223 | 30 | 24,49 | 1,0064 | 1 | 0,816 |
| 1,480 | 58 | 47,34 | 1,215 | 29 | 23,67 | | | |
| 1,469 | 57 | 46,53 | 1,2066 | 28 | 22,85 | | | |

Zeigt demnach eine käufliche Schwefelsäure bei 15 Grad C. 65 Grad Baumé, oder giebt das Aräometer unmittelbar das specifische Gewicht 1,816, so enthält dieselbe nicht, wie jene, zur Erklärung des Processes angenommene 81,6, sondern nur 72,7 pCt. wasserfreier Säure, und statt 98 Gewichtstheile von jener, müssen daher 107,2 Gewichtstheile von dieser zur Erlangung gleicher Wirkung angewendet werden.

Die Tabelle von Bineau, Professor der Chemie in Lyon, beruht anerkanntermaassen auf sehr sorgfältigen Versuchen; sie rührt aber bereits aus dem Jahre 1848 her, und die seit dieser Zeit bedeutend vervollkommneten analytischen und densymetrischen Methoden liessen eine Revision resp. Correction der Tabelle als dringendes Bedürfniss erscheinen. Auf Anregung der industriellen Gesellschaft in Mülhausen (Elsass) hat J. Kolb sich dieser Arbeit unterzogen und durch seine im Bulletin de la Société industrielle de Mulhouse, Juli und August 1872 pag. 209 u. f. veröffentlichten Untersuchungen über die Säuregehalte der wässrigen Schwefelsäure von verschiedenem specifischen Gewicht den dafür ausgesetzten ersten Preis erworben. Wir geben nachstehend die von Kolb für eine Temperatur von 15° C. berechnete Tabelle, in welcher nicht nur die Beziehung zwischen der Dichtigkeit der Schwefelsäure und dem Säuregehalt derselben, sondern auch das genaue Verhältniss der Dichtigkeiten zu den Graden des Baumé'schen Aräometers angegeben ist, und erscheint es sehr wünschenswerth, dass hinfort diese Tabelle allen Werthbestimmungen der Schwefelsäure zu Grunde gelegt werde:

## Tabelle

über das specifische Gewicht der Schwefelsäure bei verschiedenem Gehalt an wasserfreier Säure und Säurehydrat bei 15° C. von J. Kolb.

| Grade nach Baumé. | Dichtigkeit. | 100 Gewichtstheile enthalten | | 1 Liter enthält in Kilogrammen | |
|---|---|---|---|---|---|
| | | wasserfreie Säure. | $HO,SO^3$. | wasserfreie Säure. | $HO,SO^3$. |
| 0 | 1,000 | 0,7 | 0,9 | 0,007 | 0,009 |
| 1 | 1,007 | 1,5 | 1,9 | 0,015 | 0,019 |
| 2 | 1,014 | 2,3 | 2,8 | 0,023 | 0,028 |
| 3 | 1,022 | 3,1 | 3,8 | 0,032 | 0,039 |
| 4 | 1,029 | 3,9 | 4,8 | 0,040 | 0,049 |
| 5 | 1,037 | 4,7 | 5,8 | 0,049 | 0,060 |
| 6 | 1,045 | 5,6 | 6,8 | 0,059 | 0,071 |
| 7 | 1,052 | 6,4 | 7,8 | 0,067 | 0,082 |
| 8 | 1,060 | 7,2 | 8,8 | 0,076 | 0,093 |
| 9 | 1,067 | 8,0 | 9,8 | 0,085 | 0,105 |
| 10 | 1,075 | 8,8 | 10,8 | 0,095 | 0,116 |
| 11 | 1,083 | 9,7 | 11,9 | 0,105 | 0,129 |
| 12 | 1,091 | 10,6 | 13,0 | 0,116 | 0,142 |
| 13 | 1,100 | 11,5 | 14,1 | 0,126 | 0,155 |

| Grade nach Baumé. | Dichtigkeit. | 100 Gewichtstheile enthalten | | 1 Liter enthält in Kilogrammen | |
|---|---|---|---|---|---|
| | | wasserfreie Säure. | $HO,SO^3$. | wasserfreie Säure. | $HO,SO^3$. |
| 14 | 1,108 | 12,4 | 15,2 | 0,137 | 0,168 |
| 15 | 1,116 | 13,2 | 16,2 | 0,147 | 0,181 |
| 16 | 1,125 | 14,1 | 17,3 | 0,159 | 0,195 |
| 17 | 1,134 | 15,1 | 18,5 | 0,172 | 0,210 |
| 18 | 1,142 | 16,0 | 19,6 | 0,183 | 0,224 |
| 19 | 1,152 | 17,0 | 20,8 | 0,196 | 0,239 |
| 20 | 1,162 | 18,0 | 22,2 | 0,209 | 0,258 |
| 21 | 1,171 | 19,0 | 23,3 | 0,222 | 0,273 |
| 22 | 1,180 | 20,0 | 24,5 | 0,236 | 0,289 |
| 23 | 1,190 | 21,1 | 25,8 | 0,251 | 0,307 |
| 24 | 1,200 | 22,1 | 27,1 | 0,265 | 0,325 |
| 25 | 1,210 | 23,2 | 28,4 | 0,281 | 0,344 |
| 26 | 1,220 | 24,2 | 29,6 | 0,295 | 0,361 |
| 27 | 1,231 | 25,3 | 31,0 | 0,311 | 0,382 |
| 28 | 1,241 | 26,3 | 32,2 | 0,326 | 0,400 |
| 29 | 1,252 | 27,3 | 33,4 | 0,342 | 0,418 |
| 30 | 1,263 | 28,3 | 34,7 | 0,357 | 0,438 |
| 31 | 1,274 | 29,4 | 36,0 | 0,374 | 0,459 |
| 32 | 1,285 | 30,5 | 37,4 | 0,392 | 0,481 |
| 33 | 1,297 | 31,7 | 38,8 | 0,411 | 0,503 |
| 34 | 1,308 | 32,8 | 40,2 | 0,429 | 0,526 |
| 35 | 1,320 | 33,9 | 41,6 | 0,447 | 0,549 |
| 36 | 1,332 | 35,1 | 43,0 | 0,468 | 0,573 |
| 37 | 1,345 | 36,2 | 44,4 | 0,487 | 0,597 |
| 38 | 1,357 | 37,2 | 45,5 | 0,505 | 0,617 |
| 39 | 1,370 | 38,3 | 46,9 | 0,525 | 0,642 |
| 40 | 1,383 | 39,5 | 48,3 | 0,546 | 0,668 |
| 41 | 1,397 | 40,7 | 49,8 | 0,569 | 0,696 |
| 42 | 1,410 | 41,8 | 51,2 | 0,589 | 0,722 |
| 43 | 1,424 | 42,9 | 52,8 | 0,611 | 0,749 |
| 44 | 1,438 | 44,1 | 54,0 | 0,634 | 0,777 |
| 45 | 1,453 | 45,2 | 55,4 | 0,657 | 0,805 |
| 46 | 1,468 | 46,4 | 56,9 | 0,681 | 0,835 |
| 47 | 1,483 | 47,6 | 58,3 | 0,706 | 0,864 |
| 48 | 1,498 | 48,7 | 59,6 | 0,730 | 0,893 |
| 49 | 1,514 | 49,8 | 61,0 | 0,754 | 0,923 |

| Grade nach Baumé. | Dichtigkeit. | 100 Gewichtstheile enthalten | | 1 Liter enthält in Kilogrammen | |
|---|---|---|---|---|---|
| | | wasserfreie Säure. | $HO, SO^3$. | wasserfreie Säure. | $HO, SO^3$. |
| 50 | 1,530 | 51,0 | 62,5 | 0,780 | 0,956 |
| 51 | 1,540 | 52,2 | 64,0 | 0,807 | 0,990 |
| 52 | 1,563 | 53,5 | 65,5 | 0,836 | 1,024 |
| 53 | 1,580 | 54,9 | 67,0 | 0,867 | 1,059 |
| 54 | 1,597 | 56,0 | 68,6 | 0,894 | 1,095 |
| 55 | 1,615 | 57,1 | 70,0 | 0,922 | 1,131 |
| 56 | 1,634 | 58,4 | 71,6 | 0,954 | 1,170 |
| 57 | 1,652 | 59,7 | 73,2 | 0,986 | 1,210 |
| 58 | 1,671 | 61,0 | 74,7 | 1,019 | 1,248 |
| 59 | 1,691 | 62,4 | 76,4 | 1,055 | 1,292 |
| 60 | 1,711 | 63,8 | 78,1 | 1,092 | 1,336 |
| 61 | 1,732 | 65,2 | 79,9 | 1,129 | 1,384 |
| 62 | 1,753 | 66,7 | 81,7 | 1,169 | 1,432 |
| 63 | 1,774 | 68,7 | 84,1 | 1,219 | 1,492 |
| 64 | 1,796 | 70,6 | 86,5 | 1,268 | 1,554 |
| 65 | 1,819 | 73,2 | 89,7 | 1,332 | 1,632 |
| 66 | 1,842 | 81,6 | 100,0 | 1,503 | 1,842 |

Giebt man in dem Apparat, in welchem man die Darstellung der Salzsäure vornimmt, bei den angeführten Mengenverhältnissen, noch so viel Braunstein, dass 43,6 Mangansuperoxyd vorhanden sind, so wird dieses auf die entstehende Chlorwasserstoffsäure augenblicklich wieder zersetzend einwirken, und statt 73 Chlorwasserstoffsäure werden 35,5 Chlor frei werden (p. 229). Bei einem Braunstein also, welcher 75 pCt. Mangansuperoxyd enthält, bei einer Schwefelsäure von 73,0 pCt. wasserfreier Säure und einem nicht zu unreinen Kochsalze würden zur Chlorentwickelung 7 Theile des ersteren, 13 Theile der zweiten und 15 Theile des letzteren anzuwenden sein, und man würde daraus neben 18 Theilen schwefelsaurem Natron und 8 Theilen Manganchlorür 4 Theile Chlor erhalten.

Gegen Manganchlorür verhält sich Schwefelsäure wie gegen Chlornatrium; es wird nämlich unter Wasserzersetzung Manganoxydul gebildet, welches sich mit der Schwefelsäure verbindet, während der Wasserstoff des zersetzten Wassers mit dem Chlor des Manganchlorürs Chlorwasserstoffsäure erzeugt. Man kann also durch Zusatz von Schwefelsäure aus dem eben erhaltenen Rückstand der Chlorentwickelung wiederum Salzsäure bereiten und durch Zusatz von Mangansuperoxyd abermals Chlor in Freiheit setzen. Dieser letztere Process wird natürlich als unmittelbare Fortsetzung des ersteren stattfinden, wenn man von Hause aus die Quantitäten von Schwefelsäure und Braunstein grösser wählte, und da 63,1 Manganchlorür wiederum 43,6 Mangansuperoxyd und 98 Schwefelsäure erfordern, um die darin enthaltenen 35,5 Chlor unter Bildung von schwefelsaurem Manganoxydul in Freiheit zu setzen, so sieht man, dass, um alles Chlor des angewandten Kochsalzes zu gewinnen, man die Quantitäten von Schwefelsäure und Braunstein zu verdoppeln hat. Also bei dem eben angenommenen Procentgehalt werden auf 15 Theile Kochsalz 14 Theile Braunstein und 26 Theile Schwefelsäure anzuwenden sein. — Das hier vorgeschriebene Quantitätsverhältniss gilt, wie schon erwähnt, nur für den hier angenommenen speciellen Fall, da aber dieser sich kaum in ein und derselben Fabrik zweimal wiederholt, geschweige denn in verschiedenen Ländern gleichzeitig als Norm angesehen werden kann, so ist es leicht erklärlich, wie so viel verschiedene Vorschriften der Chlorbereitung, als man in den technischen Schriften vorfindet, entstehen konnten. Hartmann schreibt vor: 4 Th. Kochsalz, 3 Th. feingepulverten Braunstein, 6 bis $6\frac{2}{3}$ Th. concentrirte Schwefelsäure; Robiquet: $1\frac{1}{2}$ Th. Kochsalz, $1\frac{1}{3}$ Th. Braunstein, $2\frac{1}{3}$ bis 3 Th. concentrirte Schwefelsäure; Ure: 1 Th. Kochsalz, 1 Th. Braunstein, $1\frac{4}{5}$ Th. concentrirte Schwefelsäure; Piette: 64 Th. Salz, 20 Th. Braunstein, 44 Th. Schwefelsäure; oder 2 Th. Kochsalz, 1 Th. Braunstein, 2 Th. Schwefelsäure, auch 10 Th. Salz, 6 Th. Braunstein, 7 Th. Schwefelsäure; als in England gebräuchlich: 80 Th. Salz, 30 Th. Braunstein, 60 Th. Schwefelsäure; als in Irland gebräuchlich: 60 Th. Salz, 60 Th. Braunstein, 50 Th. Schwefelsäure; Rüst, als in Deutschland gebräuchlich: 64 Th. Salz, 20 Th. Braunstein, 44 Th. Schwefelsäure; als in Frankreich gebräuchlich: 10 Th. Salz, 67 Th. Braunstein, 7 Th. Schwefelsäure, Otto: 8 Th. Kochsalz, 6 Th. Braunstein, 14 Th. Schwefelsäure; Duflos: 8 Th. Kochsalz, 8 Th. Braunstein, 20 Th. Schwefelsäure; Planche: $1\frac{1}{2}$ Th. Kochsalz, 1 Th. Braunstein, 2 Th. Schwefelsäure. Diese Verschiedenheit der Vorschriften hat nicht, wie man nach Rüst[1]) zu glauben geneigt sein könnte, darin ihren Grund, dass die Wissenschaft noch

---

[1]) Die Papierfabrikation und die technischen Anwendungen des Papiers von Dr. W. A. Rüst. Berlin, 1838.

nicht das zweckmässigste Mengenverhältniss ermittelt habe, das ist, wie schon erwähnt, durchaus nicht der Fall; die Wissenschaft schreibt, um alles Chlor des Kochsalzes zu gewinnen, als einzig richtiges Verhältniss vor, und die Erfahrung bestätigt es als solches: 117 Theile Chlornatrium, 87,2 Theile Mangansuperoxyd, 196 Theile Schwefelsäurehydrat (160 Theile wasserfreie Schwefelsäure), sondern in der Unreinheit der Materialien, und es ist daher Pflicht eines jeden Fabrikanten, erst nach Prüfung dieser sich für ein bestimmtes Verhältniss zu entscheiden.

Es ist übrigens einleuchtend, dass ein Zusatz von 98 Theilen Schwefelsäurehydrat und 43,6 Theilen Mangansuperoxyd auch bei Anwendung der ersten Methode das ganze Chlor der angewandten Chlorwasserstoffsäure in Freiheit setzen wird, allein sollte hiermit ein Vortheil verbunden sein, so müssten 98 Theile Schwefelsäurehydrat weniger kosten, als 73 Theile Chlorwasserstoffsäure. Das nothwendige Mengenverhältniss der Materialien in reinster Form ist alsdann: 73 Theile Chlorwasserstoffsäure, 98 Theile Schwefelsäurehydrat und 87,2 Theile Mangansuperoxyd.

Da die Salzsäure im Grossen ebenfalls aus Kochsalz und Schwefelsäure gewonnen wird, so scheint auf den ersten Blick die zweite Methode, bei welcher man sich gleichzeitig des Kochsalzes, des Braunsteins und der Schwefelsäure bedient, unbedingt den Vorzug vor den übrigen zu verdienen, da man bei ihr die Salzsäure sich selbst bereitet und dem Fabrikanten keinen Tribut zu entrichten hat. Dies ist nun wohl auch im Allgemeinen richtig, allein bei der gesteigerten Nachfrage nach künstlicher Soda geschieht die Darstellung der Salzsäure oft nur des dabei als Nebenproduct fallenden schwefelsauren Natrons wegen, so dass der Fabrikant sich mit einem sehr mässigen Preise für dieselbe begnügt, so lange das dafür höher gerechnete schwefelsaure Natron bei der Darstellung der Soda genügend verwerthet wird. Daher kommt es, dass stellenweis, in der Nähe von Sodafabriken, die Darstellung des Chlors mittelst Salzsäure überhaupt billiger ist, als mittelst Schwefelsäure, dann aber auch, dass der Preis der Salzsäure im Allgemeinen sehr heruntergegangen ist und daher bei einem Steigen der Preise für Schwefelsäure sehr leicht die Kosten der zweiten Methode die der ersten und dritten überragen können. — Um möglichst zu Vergleichungen anzuregen, stellen wir noch einmal die bei den verschiedenen Methoden zu befolgenden Mengenverhältnisse der reinen Substanzen neben einander.

Es werden erhalten 71 Chlor aus

| Chlorwasserstoff-säure. | Schwefelsäure-hydrat. | Mangansuper-oxyd. | Chlornatrium. |
|---|---|---|---|
| 1.   146 | | 87,2 | |
| 2. | 196 | 87,2 | 117 |
| 3.   73 | 98 | 87,2 | |

Nehmen wir nun an, die gekauften Materialien enthalten:

die Salzsäure      33,3  pCt.  Chlorwasserstoffsäure,

die Schwefelsäure 75,27  -    wasserfreie Säure,

der Braunstein   53    -    Mangansuperoxyd,

das Kochsalz     90    -    Chlornatrium,

so würden ziemlich genau folgende Verhältnisse zu wählen sein:

1.  48 Salzsäure,  18 Braunstein,

2.            18    -        24 Schwefelsäure,  14 Kochsalz,

3.  24    -    18    -    12    -

Es kommt jedoch hier noch ein Umstand in Betracht, der von dem Fabrikanten nicht übersehen werden darf: wie Mitscherlich zuerst beobachtet, bildet sich nämlich bei der Darstellung der Salzsäure aus Kochsalz und Schwefelsäure zunächst saures schwefelsaures Natron, welches erst bei höherer Temperatur zerlegt wird. Will oder kann man daher den Zersetzungsapparat keiner höheren Temperatur als der des kochenden Wassers aussetzen, so muss man, um alles Chlor des Kochsalzes zu gewinnen, die Quantität Schwefelsäure abermals verdoppeln, so dass diese Methode der Chlorbereitung, was den Kostenpunkt anbetrifft, ganz entschieden der unter 1 angeführten nachsteht[1]).

---

[1]) Für die Papierfabrikanten dürften die beiden hier näher besprochenen Darstellungsarten des Chlors aus Salzsäure und Braunstein oder Schwefelsäure, Kochsalz und Braunstein noch lange die allein anwendbaren bleiben, allein in der Herstellung der grossen Mengen Chlor's, welche in der Fabrikation von Chlorkalk consumirt werden, verspricht das von Gaskell Deacon zuerst in die Praxis eingeführte Verfahren der Chlor-Darstellung ebenso epochemachend aufzutreten, als das Ammoniak-Verfahren in der Sodafabrikation. Dieses Verfahren beruht darauf, dass Chlorwasserstoffgas und Sauerstoff hinreichend erhitzt in der Art in Wechselwirkung treten, dass ein Theil Wasserstoff der Salzsäure sich mit dem Sauerstoff zu Wasser verbindet und ein entsprechender Theil Chlor frei wird. Diese Zersetzung des Chlorwasserstoffes erfolgt stets nur sehr langsam und unvollständig, sie wird aber bedeutend beschleunigt, wenn man das Gasgemisch über heisse poröse Substanzen streichen lässt und vor Allen haben die Kupfersalze die Eigenschaft bei 370º bis 400º C. die Zersetzung rasch und vollkommen zu veran-

Die Apparate, in denen die Entwickelung des Chlors vorgenommen wird, sind für alle drei Methoden dieselben, irdene, bleierne; steinerne oder irdene Ballons, die von aussen oder von innen durch Wasserdämpfe erhitzt werden. Fig. 10 Taf. IV ist die Abbildung eines aus Sandstein gefertigten Apparates, dessen innere Einrichtung bei der Wahl eines andern Materials leicht diesem angemessen modificirt werden wird. Der Theil, welcher mit der Säure in Berührung kommt, ist ganz aus Sandstein angefertigt und wird daher nicht von derselben angegriffen. Bei der Auswahl der Steine muss man indess mit Sorgfalt zu Werke gehen und sich vorher überzeugen, ob auch durch Säuren nichts aus ihnen ausgezogen werde, da manche Sandsteine Kalk enthalten und leicht aufschliessbare Silicate, die den raschen Ruin des Apparats herbeiführen würden. — Derselbe besteht aus einem steinernen Cylinder von 3—4 Fuss Höhe und $2\frac{1}{2}$—3 Fuss Durchmesser, welcher sich 6 Zoll über dem Boden um 2 Zoll erweitert, wodurch ein Vorsprung entsteht, welcher der durchlöcherten Steinplatte $C$ als Stützpunkt dient. Der Braunstein wird auf diese Platte geworfen, und zwar in ganzen Stücken, damit die Löcher derselben nicht verstopft werden. Die Erwärmung geschieht durch die Röhre $D$, die durch die Röhre $E$ mit einem Dampfkessel in Verbindung steht. $D$ ist ebenfalls von Stein gearbeitet, geht durch den falschen Boden hindurch und lässt den Dampf erst unter diesem entweichen. Er muss sich daher durch die Löcher von $C$ einen Weg bahnen, vertheilt sich gleichmässig in der Flüssigkeit und erwärmt dieselbe sehr bald. Der Apparat wird oben durch einen bleiernen Deckel

---

lassen, ohne selbst eine Aenderung zu erfahren. Es wird vorzugsweise das schwefelsaure Kupferoxyd zu diesem Zweck angewendet. Gebrannte Thonkugeln werden mit Kupfervitriol-Lösung getränkt und getrocknet und bei einer Temperatur von 400° ein Gemisch von Salzsäuregas und atmosphärischer Luft darüber geleitet, wodurch ein Gemenge von Chlor, Stickstoff und Wasserdampf gewonnen wird, welches zunächst getrocknet und dann in die Kalkkammer geleitet wird. — Die Anwendung des theuren und fast nur in Deutschland und Spanien bergmännisch gewonnenen Braunsteins ist hier mithin gänzlich ausgeschlossen und mit einer und derselben Menge von schwefelsaurem Kupferoxyd kann eine unendliche Menge Chlor erzeugt und zur Darstellung des Chlorkalks benutzt werden. J. d. F. 1872 No. 21. — P. J. CC. p. 398, CCIX. p. 443. — Wegen der gänzlichen Beseitigung des Braunsteins verdient offenbar das Verfahren von Deacon, welches in Deutschland bereits in drei Fabriken Eingang gefunden hat, auch den Vorzug vor der Chlorfabrikation mittelst fortwährend regenerirter Calcium- oder Magnesiamanganite nach Weldon P. J. CXCVIII. 227. CXCIX. 272. CCIX. 279.

verschlossen, der in Kitt gelegt und durch eiserne Klammern am Steine festgehalten wird. Der Deckel hat mehrere Oeffnungen, eine durch die das Dampfrohr geht, eine andere $F$ zum Entweichen des Gases, $G$ ist eine durch Wasserventil zu verschliessende Oeffnung, durch die der Braunstein in den Apparat gebracht wird, $H$ eine gebogene Trichterröhre zum Eingiessen der Salzsäure, $J$ ist eine Oeffnung unter dem falschen Boden, die während der Entwickelung durch einen hölzernen Zapfen geschlossen ist und die dazu dient, die Manganchlorürlösung, nachdem die Säure erschöpft ist, abzulassen.

Es ist nun selbstverständlich, dass mit Ausnahme der Oeffnungen zum Einbringen des Braunsteins, der Salzsäure und des Dampfes, sowie zum Entweichen des Chlorgases, Form und Dimensionen des Apparates jede beliebige Abänderung erfahren können. An Stelle des bleiernen Deckels kann natürlich ein steinerner treten und der ganze Apparat kann auch aus Quadern von Sandstein oder Granit zusammengefügt werden.

Die steinernen Apparate haben den grossen Vorzug der fast unverwüstlichen Haltbarkeit, allein sie sind, namentlich wo Steinbrüche nicht in der Nähe liegen, sehr theuer und können selbst bei vorzunehmenden Veränderungen im Innern der Fabrik durch ihre Schwerfälligkeit incommodiren, daher sie die bleiernen und irdenen Apparate noch keineswegs ganz verdrängt haben. — Die wesentliche Einrichtung dieser letzteren unterscheidet sich in nichts von der der ersteren, nur da Blei als Metall ein guter Leiter der Wärme ist, ist es nicht nothwendig, den Dampf in's Innere des Apparates zu leiten, sondern man umgiebt denselben an seinem unteren Theile mit einem eisernen Mantel und führt den Dampf in den Zwischenraum zwischen diesem und der Wandung des Gefässes. Es hat diese Art der Erhitzung den Vortheil, dass die Säure während des Processes nicht durch sich condensirenden Wasserdampf verdünnt und geschwächt wird. — Die Anwendung bleierner Gefässe ist aber geradezu verwerflich, wo das Chlor mittelst Salzsäure und Braunstein dargestellt wird, denn das Blei wird von dieser Säure sehr bedeutend aufgelöst und der Apparat sehr bald zerstört. Bei Anwendung von Schwefelsäure ist dies viel weniger der Fall, allein auch hier, wo zur Entwickelung der letzten Quantitäten Chlor eine höhere Temperatur erforderlich ist, führt die Weichheit und leichte Schmelzbarkeit des Metalls, bei der geringsten Unvorsichtigkeit leicht Arbeitsstörungen und Verluste herbei, daher wir die Anwendung von Bleiapparaten überhaupt nicht empfehlen können. — Dagegen verbinden irdene Retorten Leichtigkeit der Handhabung und Translocation mit Billigkeit und hinreichender Haltbarkeit. Man hat bei ihnen nur zur beachten, dass das Material als schlechter Wärmeleiter sich schwer durchwärmt und bei einer Erhitzung von Aussen sehr viel Dampf consumirt wird, dass aber bei dem Einleiten des Dampfes in das Innere leicht ein Zerplatzen des Apparates erfolgt. Um sich hiergegen zu sichern, ist es gut, den Ballon in einen Holzkasten zu stellen und den Zwischenraum mit Asphalt auszugiessen. Verfasser dieses hat mit einem so hergestellten Apparat bereits seit Jahr und Tag ohne die geringste Störung gearbeitet und kann ihn daher aus eigener Erfahrung auf's Beste empfehlen. Das Einleiten des Dampfes in's Innere des Entwickelungsapparates ist mit grosser Dampfersparniss verknüpft, allein es ist mit dem Uebelstande verbunden, dass theils eine gewisse Menge Dampf sich in dem Entwickelungsgerässe condensirt, bis die Temperatur innerhalb desselben bis zu der des kochenden Wassers sich gesteigert hat, theils auch innerhalb der Röhrenleitung condensirtes Wasser gleichzeitig mit dem Dampf eintritt, wodurch die Säure bedeutend verdünnt und in ihrer Wirksamkeit geschwächt wird. Zur Beseitigung des letzteren Uebelstandes ist es gut, der Dampfzuleitung kurz vor dem Einmünden in den Apparat ein Knie zu geben und an demselben eine Kugel aus Kupferblech anzubringen, in welcher sich das den Dampf begleitende Wasser ansammeln und aus welcher es ohne Unterbrechung des Processes mittelst eines Hahnes von Zeit zu Zeit abgelassen werden kann[1]).

Was die Concentration der Säuren anbetrifft, so findet in allen Fällen eine um so energischere Wirkung statt, je concentrirter dieselben sind, jedoch hat man bei der ersteren Methode die Salzsäure mit so

---

[1]) Zur Entfernung des Condensationswassers sind übrigens besondere Apparate construirt worden, von denen der von Kirchweyer sich durch seine Einfachheit und Leichtigkeit der Einschiebung in die Röhrenleitung empfiehlt. Es besteht derselbe aus einem Zwischengefäss, in welchem sich eine kupferne Kugel befindet, die, auf dem Boden aufliegend, zugleich ein Kegelventil verschliesst, wird sie aber durch sich ansammelndes Condensationswasser gehoben, so öffnet sie das Ventil und lässt das Wasser austreten. — Auch vor den Trockencylindern ist die Anbringung eines derartigen Apparates sehr zu empfehlen.

An dieser Stelle sei auch der von Schäffer und Budenberg in Buckau-Magdeburg empfohlene, von Kusenberg construirte „Automatische Condensationswasser-Ableiter" als sehr praktisch und wenig Raum erheischend, erwähnt.

viel Wasser zu verdünnen, dass sie nicht mehr an der Luft raucht, damit nicht unzersetzte Chlorwasserstoffsäure mit den Chlordämpfen fortgeführt werde. Da dies jedoch schwer ganz zu vermeiden ist, ist im Allgemeinen anzurathen, das Chlor, ehe es in die Kammer eintritt, durch ein Zwischengefäss durchzuleiten, welches mit Braunsteinstücken angefüllt ist, welche eine Zersetzung der Chlorwasserstoffsäure bewirken. — Bei der zweiten Methode muss besonders bei der Anwendung gläserner oder irdener Gefässe so viel Wasser zugesetzt werden, als zur Auflösung des während des Processes gebildeten schwefelsauren Natrons und Manganoxyduls erforderlich ist, weil durch die Krystallisation dieser Salze beim Abkühlen leicht ein Zerspringen der Gefässe verursacht wird; man nimmt gewöhnlich ein- bis zweimal dem Gewicht nach so viel Wasser als Schwefelsäure. Bei der Entwickelung des Chlors aus der Braunstein- und Kochsalzmischung findet ein starkes Steigen der Masse statt, daher die Gefässe von der Mischung nur zur Hälfte angefüllt werden dürfen. Das sich entwickelnde Chlor wird durch bleierne oder irdene Röhren in hölzerne, gemauerte oder von Sandsteinquadern zusammengesetzte Bleichkammern geleitet, in welche man es durch die Decke derselben eintreten lässt, damit in Folge seines specifischen Gewichtes eine gleichförmige Vertheilung desselben stattfindet. Da das Chlor mit Kalk in Berührung an der Luft durch Anziehung von Feuchtigkeit zerfliessendes Chlorcalcium bildet, so müssen die Fugen im Innern der gemauerten Kammern mit Cement oder mit Gyps und Leinöl ausgestrichen werden. Der zu bleichende Halbzeug wird auf Horden innerhalb der Kammern gleichmässig ausgebreitet und alsdann dieselbe durch eine hölzerne Vorsatzthür verschlossen und die Fugen wiederum durch Kleister, Thon oder Lehm und Papier verdichtet[1]). Um die hölzernen Horden gegen die zerstörende Wirkung des Chlors zu schützen, hat man vorgeschlagen, sie wohl getrocknet und erwärmt mit geschmolzenem Paraffin zu tränken oder damit zu bestreichen. Die Zerstörung dieser Horden geht jedoch so langsam von Statten und ihre Erneuerung ist mit so geringen Kosten verknüpft, dass diese Sicherheitsmassregel ganz überflüssig erscheint. — Fig. 11 und 12 Taf. IV zeigen

---

[1]) Sollte sich im Innern des Bleichraumes ein Geruch nach Chlor verbreiten und das Vorhandensein undichter Stellen in der Verkittung zu erkennen geben, so werden dieselben leicht ermittelt, indem man mit einer offenen, Ammoniak enthaltenden Flasche längs den Fugen hinfährt; da, wo Chlor austritt, verräth sich dasselbe sogleich durch Bildung dicker weisser Nebel.

eine solche gemauerte Kammer geöffnet und geschlossen. Die Grösse der Kammern ist sehr verschieden; man hat solche, die 20 Centner Halbzeug fassen; allein es findet jedenfalls bei kleineren Kammern eine gleichförmigere Einwirkung des Chlors statt und es dürfte daher rathsam erscheinen, ihnen nicht über 10 Centner Inhalt zu geben. Jedoch auch die Beschaffenheit des Halbzeuges übt einen sehr bedeutenden Einfluss auf die kräftige und gleichförmige Wirksamkeit des Chlors aus; ist derselbe zu feucht, so wird er von dem ihn umgebenden Wasser gegen die directe Einwirkung des Chlors geschützt; es wird zwar dieses letztere mit dem Wasser in Wechselwirkung treten, Chlorwasserstoffsäure gebildet und bleichender Sauerstoff frei werden, allein ein grosser Theil des Chlors wird auch unverändert vom Wasser absorbirt und dadurch der Wirksamkeit entzogen werden, so dass die Bleiche bei grossem Zeitverlust doch nur unvollkommen wird. Es ist daher nothwendig, den Halbzeug vor dem Bleichen mit Chlorgas so viel als möglich zu entwässern; derselbe soll einen solchen Grad von Trockenheit besitzen, dass man mit der Hand kein Wasser daraus auspressen kann. Zu dieser Entwässerung wird je nach dem Umfange des Geschäftes und der Höhe des Betriebskapitals in den verschiedenen Papierfabriken eine der folgenden Verfahrungsarten angewendet. 1. Der Halbzeug wird an einem luftigen Ort zwischen hohen Lattengerüsten aufgespeichert oder in Halbzeugbottigen mit durchlöchertem Boden, zu dessen Herstellung man sich am vortheilhaftesten der von Klary in Esslingen angefertigten Filtrirsteine bedient, aufgesammelt und so lange stehen gelassen, bis alles Wasser abgezogen ist. — Es ist dies allerdings die einfachste, aber auch langwierigste Manier, die nur da angewendet werden kann, wo stets ein sehr grosser Vorrath von Halbzeug vorhanden ist. 2. Der Zeug wird vor dem Bleichen durch Auspressen möglichst von Wasser befreit. Die Einrichtungen sowohl hierzu, als zum Fortschaffen des Zeuges nach dem Bleichhause und den Holländern sind besonders in England meistens sehr bequem und praktisch. Längs den Halbstoffkästen, nach den Pressen, dem Bleichhause u. s. w. läuft eine Eisenbahn, auf welcher sich Wagen zum Transportiren des Stoffs bewegen. Es sind viereckige eiserne Kästen von 12 bis 15 Kubikfuss Inhalt, mit vielen Löchern versehen. Der Stoff wird aus dem Halbzeugkasten hineingeworfen und hierauf unter die Presse geschoben, deren unterer beweglicher Theil im Niveau der Eisenbahn liegt. Hierauf wird der Wagen durch hydraulischen oder Schraubendruck emporgehoben

und der Stoff durch einen Stempel ausgepresst, der in dem oberen
Theile der Presse festsitzt und in den eisernen Kasten genau passt.
Die Auspressung geschieht bis auf $\frac{1}{3}$ oder $\frac{1}{4}$ des vorherigen Volumens;
das Wasser entweicht durch die Löcher des Kastens. Man senkt den-
selben hierauf wieder und schiebt ihn nach dem Bleichhause[1]). Der
auf diese Weise entwässerte Halbzeug muss vor der Behandlung mit
Chlorgas wieder aufgelockert werden, welche Arbeit wiederum durch
Maschinen schneller und vollständiger ausgeführt wird, als mit der Hand.
Man bedient sich hierzu der sogenannten Wölfe, deren Construction bereits p. 126 beschrieben wurde. — Wo man die Kosten der Anschaffung
einer solchen Maschine scheut oder die Räumlichkeiten der Fabrik ihrer
Aufstellung entgegen sind, kann man denselben Zweck einfach auch
durch eine hölzerne Trommel erreichen, deren Umkreis aus Latten be-
steht, welche etwa einen Zoll von einander abstehen. Nachdem diese
Trommel mit gepresstem Halbzeug angefüllt ist, wird sie vom laufenden
Werke oder durch die Hand in Bewegung gesetzt, wodurch sich Theilchen
für Theilchen von dem ausgepressten Klumpen loslösen und durch die
Zwischenräume der Latten in einen darunter befindlichen Kasten fallen.
Diese Entwässerung des Halbzeuges geht schnell von statten, erfordert
aber wegen der nachherigen Auflockerung viel Arbeitskraft, daher 3. zu
diesem Zweck ein neuerdings vorzugsweise in Süddeutschland und Frankreich angewandter, von Lamotte erfundener Apparat empfohlen zu
werden verdient, welcher jeden einzelnen Holländer sofort nach dem
Ausleeren auspresst. Auf einem gusseisernen oder hölzernen länglichen
Gestelle, und zwar an dem einen Ende desselben, sind zwei starke gusseiserne Walzen von etwa $1\frac{1}{2}$ Fuss Durchmesser über einander angebracht, die beide um ihre Achse in Drehung versetzt werden können.
Ueber die untere von diesen Walzen ist ein Metalltuch ohne Ende geschlagen, welches horizontal auf etwa 15 bis 20 Fuss Länge ausgespannt ist und durch eine Reihe von Cylindern von gleichem Durchmesser fortgeleitet wird. Ueber diesen dünnen Cylindern oder kleineren
Leitwalzen ist eine Art von Kasten von solcher Länge angebracht, dass
er über alle kleineren Walzen hinwegreicht und der Boden unterhalb
derselben liegt; da, wo das Metalltuch aus demselben hervortritt, befindet sich in der Wand des Kastens eine Schützvorrichtung. In diesen
Kasten wird der Halbzeug vom Holländer aus geleitet und verbreitet

---

[1]) W. Oechelhaeuser, V. d. V. z. B. d. G. Jahrgang 25.

sich schnell über die ganze Fläche des Metallgewebes. Oeffnet man sodann einen am Boden des Kastens angebrachten Hahn, so tritt das Wasser durch die Oeffnungen des Gewebes und entweicht, ohne irgend brauchbare Masse mitzunehmen. Nach ungefähr zehn Minuten hat die Masse alles überflüssige Wasser verloren, worauf man die Schütze öffnet und dadurch, dass man den Apparat in Bewegung setzt, die Masse den vorderen schweren Walzen zuführt und auspresst. Vermöge verstellbarer Lager sind diese Walzen nach Erforderniss einander zu nähern oder von einander zu entfernen.

So bildet jeder Holländer voll Halbstoff zehn Minuten nach dem Ausleeren einen etwa 10 Fuss langen, 4 Fuss breiten, fingerdicken ausgepressten Bogen, welcher dünn genug ist, um ohne vorhergehende Auflockerung der Gasbleiche unterworfen werden zu können und bei seiner Trockenheit dem Chlor eine leichte und kräftige Einwirkung gestattet.

4. Mit noch geringeren Anlagekosten und grösserer Raumersparniss wird die Entwässerung durch Centrifugalkraft bewerkstelligt. Es wurde dieses Verfahren von A. Rieder vorgeschlagen und zuerst in der Papierfabrik von Zuber und Rieder auf der Insel Napoleon bei Mulhouse in Anwendung gebracht. Der Apparat besteht aus einer kupfernen, durchlöcherten Trommel von circa 4 Fuss 8 Zoll Durchmesser, welche sich um eine senkrecht stehende Achse ungefähr 800 Mal in der Minute herumdreht. Die Trommel steht unmittelbar unter den Halbzeugholländern uud hat an der oberen Seite eine Oeffnung, die mittelst eines in Charniren beweglichen Deckels zu verschliessen ist; in diese Oeffnung wird der Halbzeug hineingelassen, der Deckel geschlossen, darauf die Trommel in Bewegung gesetzt. Das Wasser fliesst hierbei durch die Löcher ab und das Zeug ist innerhalb 10 bis 15 Minuten hinlänglich trocken.

Mit dem auf die eine oder die andere Weise getrockneten und aufgelockerten Halbzeuge wird alsdann die Bleichkammer betragen, dieselbe geschlossen und darauf nach der einen oder andern Methode Chlorgas entwickelt und in die Kammer geleitet. Die für eine Bleiche erforderliche Zeit richtet sich natürlich nach der Grösse der Kammer; es ist jedoch jedenfalls anzurathen, den Process nicht zu sehr zu beeilen und die Kammer nicht zu früh zu öffnen, damit kein Chlor entweiche, ohne auf den Zeug gewirkt zu haben; bei einer Beschickung von circa 10 Centner Halbzeug wird man gut thun, die Kammer nicht vor Ablauf von 12 bis

14 Stunden zu öffnen. Es ist trotz eines sorgfältigen Abwartens der Bleiche fast immer der Fall, dass beim Oeffnen der Kammer noch freies Chlor in ihr vorhanden ist, welches theils die Arbeiter sehr belästigen, theils schädliche Wirkungen auf andere im Fabrikraum befindliche Gegenstände ausüben kann. Um dies zu vermeiden, ist es gut, der Bleichkammer oben und unten zwei Züge zu geben, von denen der obere mit dem Schornstein der Feuerung in Verbindung steht. Man hat dann nur nöthig, vor dem Oeffnen mittelst dieser Züge eine kurze Zeit hindurch atmosphärische Luft durch die Kammer streichen zu lassen, um alles freie Chlor zu entfernen [1]).

Was die zum Bleichen einer bestimmten Menge Halbzeugs nöthige Quantität Chlor anbetrifft, so lässt sich diese nicht ein für allemal festsetzen, da der Grad der Trockenheit, die Stärke und Natur der Faser, die Färbung derselben, so wie ob gut oder schlecht gekocht wurde, einen wesentlichen Einfluss auf die Leichtigkeit, womit ein Halbzeug sich bleicht, ausübt, und wir wollen damit wiederum nur einen Anhaltspunkt gewähren, wenn wir zum Bleichen von 10 Centner Halbzeug von einer mittelfeinen, leinenen, blau gefärbten, aber gut gekochten Lumpe so viel Chlor vorschreiben, als 30 Pfd. Salzsäure von 33,3 pCt. salzsaurem Gas, mit Braunstein behandelt, zu geben im Stande sind.

Der in der Gasbleiche behandelte Stoff hat beim Oeffnen der Kammer meist ein etwas gelbes Ansehen, zu dessen Beseitigung man ihn oft 12 Stunden lang der Einwirkung einer schwachen Säure (1 Theil Schwefelsäure auf 100 Theile Wasser) aussetzt, allein gewöhnlich genügt es, ihn im Holländer sorgfältig zu waschen, um die gelbe Fär-

---

[1]) Das Chlorgas greift die Lungen sehr stark an, erregt zunächst heftigen Husten, dann Erbrechen und kann, in grösserer Menge eingeathmet, sehr ernste Störungen des ganzen Organismus herbeiführen, daher beim Oeffnen der Kammern stets Vorsicht zu beobachten ist. Sollte aber in Folge einer Unvorsichtigkeit sich der Fall ereignen, dass dasselbe von den Arbeitern eingeschluckt worden ist, so ist Ammoniak das beste Mittel gegen die schädlichen Folgen; man lässt es, indem man ein damit angefeuchtetes Tuch vor die Nase hält, einathmen oder giebt auch davon in Zuckerwasser zu trinken. Das Trinken von fetter Milch gewährt gleichfalls Erleichterung, indem sie die Reizbarkeit der Schleimhäute mildert. — In neuerer Zeit hat Bolley das Einathmen von Anilin zu gleichem Zwecke empfohlen, allein einmal erheischt die Anwendung dieses Mittels selbst wieder grosse Vorsicht, dann aber dürfte es auch nicht überall so rasch zu haben sein, als Ammoniakflüssigkeit.

bung zu entfernen. Auch beim längeren Liegen an der Luft verschwindet diese gelbe Färbung von selbst.

Eine nicht unwesentliche Vervollkommnung des Bleichprocesses mittelst Chlorgas dürfte sich aus einer Beobachtung von Jul. Kauff mann ergeben, welcher fand, dass die Wirksamkeit des Chlors bedeutend erhöht würde, wenn man den zu bleichenden Stoff mit der Auflösung einer solchen Menge kohlensauren Natrons imprägnirte, dass dasselbe ungefähr 8 pCt. des Halbzeuges, im trocknen Zustande berechnet, betrug. Diese Beobachtung wurde von Victor Catala bestätigt, und der Verfasser hat sich ebenfalls von der günstigen Wirkung eines solchen Zusatzes beim Bleichen eines aus Nr. 6 dargestellten Halbstoffs überzeugt. Die Erklärung hierfür liegt wohl offenbar in der Modification, welche der chemische Process durch das Hinzutreten des kohlensauren Natrons erleidet. Wie schon früher erwähnt, wird durch das Einleiten von Chlor in Wasser Chlorwasserstoffsäure und unterchlorige Säure erzeugt, während zugleich freies Chlor in der Flüssigkeit aufgelöst wird. Die unterchlorige Säure zerfällt wiederum sehr leicht in Sauerstoff und Chlor, welche beide auf die damit in Berührung kommende gefärbte, organische Substanz einwirken, ersterer, indem er mit dem Farbstoff eine farblose Verbindung eingeht, letzteres, indem es demselben nach und nach Wasserstoff entzieht und ihn mithin zerstört, und es ist klar, dass bei dem Hinzuleiten von Chlorgas zu feuchtem Halbzeug die letztere Wirkung bei weitem überwiegen muss. Enthält dagegen das Wasser eine starke Basis wie hier Natron, so wird die erste Wirkung des Chlors in der Bildung von unterchlorigsaurem Natron bestehen, welches durch Abgabe von Sauerstoff an die farbige Substanz in Chlornatrium übergeht. Hier wird also die Wirkung des freien Chlors eine beschränktere und die Wirkung des Sauerstoffs eine erhöhte sein, wodurch denn auch ein besseres Resultat erzielt werden muss, während zugleich von selbst einleuchtet, dass auch die zerstörende Wirkung der freien Salzsäure auf die organische Faser durch Neutralisirung derselben in Wegfall kommt. — Beim Bleichen von mit Metallverbindungen gefärbten Stoffen wird jedoch die Gegenwart einer freien Säure durch ihre auflösende Kraft eher vortheilhaft als nachtheilig wirken, und es ergiebt sich demnach hieraus, wie es auch die Erfahrung bestätigt, dass ein Zusatz von kohlensaurem Natron nur beim Bleichen von groben ungebleichten Hadern den Process wesentlich fördert.

Die Chlorgasbleiche greift theils durch die fortwährend sich bildende

Chlorwasserstoffsäure, theils dadurch, dass das Chlor hierbei vorzugsweise durch Zerstörung des Farbstoffes die Entfärbung bewirkt, in hohem Grade die vegetabilische Faser selbst an, so dass beim nachherigen Waschen im Holländer eine grosse Menge feiner Theile sich lostrennen und mit dem Waschwasser fortgehen, einen nicht unbedeutenden Verlust verursachend. Daher stimmen wir auch durchaus nicht mit Piette überein, welcher behauptet, gasförmiges Chlor mit Anwendung des Antichlors sollte die einzige Bleichmethode sein, welche in einer guten Fabrik angewendet wird, sondern wir glauben, dass mit Recht, namentlich für die feineren Lumpensorten, die Chlorkalkbleiche eine immer ausgedehntere Anwendung findet, da bei ihr, unter Beobachtung der gehörigen Vorsicht eine Schwächung oder Zerstörung der Pflanzenfaser nicht stattfinden kann.

Der Chlorkalk, welcher durch die Einwirkung von Chlorgas auf Kalkhydrat ($CaO + HO$) oder gelöschtem Kalk hergestellt wird, besteht aus einer Verbindung von Calciumoxyd mit Chlor ($CaOCl$), stets begleitet von veränderlichen Mengen kohlensaurer Kalkerde, Chlorcalcium und Kalkerdehydrat. Diese letzteren unwesentlichen Bestandtheile des Chlorkalkes können durch eine geschickte und umsichtige Operation wohl in ihrer Quantität herabgedrückt, aber nie vollständig vermieden werden, denn die Wirkung des Chlors auf den Kalk tritt nur bei gleichzeitigem Vorhandensein von Wasser ein. Erfahrungsmässig erzielt man für den fabrikmässigen Betrieb den vortheilhaftesten Verlauf, wenn der gelöschte Kalk ausser seinem Hydratwasser noch etwa 8 pCt. ungebundenes Wasser enthält. In diesem Zustande zieht aber der Kalk sehr begierig Kohlensäure aus der atmosphärischen Luft an, so dass es vollständig unmöglich ist, die Anwesenheit von kohlensaurem Kalk in der Beschickung der Absortionskammer zu vermeiden. Vermehrt wird dieser Gehalt noch wesentlich, wenn die angewandten Braunstein-Erze kohlensaure Erden enthalten, denn dann wird beim Zusetzen von Salzsäure zunächst ein heftiger Strom von Kohlensäure in die Kammer übergeführt und von der Kalkerde absorbirt werden. — Es wird ferner, wie schon früheren Ortes erwähnt, bei der Darstellung des Chlors aus Salzsäure und Braunstein, mit dem Chlor stets eine gewisse Menge des flüchtigen salzsauren Gases mit fortgerissen, welches auch durch mit Braunstein gefüllte Zwischengefässe nicht vollständig absorbirt wird, sondern zum Theil mit in die Kammer gelangt. Hier tritt sofort eine Umsetzung zwischen den Bestandtheilen der Kalkerde und des Chlorwasserstoffes ein, indem sich Chlorcalcium und Wasser bildet, nach der Formel $CaO + HCl = CaCl + HO$. — Dieses Wasser mit grosser Energie anziehende Chlorcalcium endlich umhüllt einen Theil des Kalkhydrates und entzieht ihn dadurch der Einwirkung des Chlors, so dass also das stete Vorhandensein von Kalkhydrat, kohlensaurer Kalkerde und Chlorcalcium in jedem käuflichen Chlorkalk vollständig genügend erklärt wird.

Der wichtigste und allein wesentliche Bestandtheil des Chlorkalks ist die Verbindung des Chlors mit dem Calciumoxyd $CaOCl$. Wir haben diese Verbindung noch in der dritten Auflage dieses Buches als unterchlorigsaure Kalkerde bezeichnet, die sich durch Einwirkung des Chlors auf Calciumoxydhydrat bilde, indem ein Theil des Chlors mit dem Calcium eines Theiles Kalkerde Chlorcalcium bilde, während ein anderer durch Aufnahme des Sauerstoffes des zersetzten Calciumsoxydes sich zu unterchloriger Säure vereinige, welche mit einem zweiten Theile unzersetzter Kalkerde unterchlorigsaure Kalkerde erzeugt, nach der Formel $2 CaO + 2 Cl = CaCl + (CaO + ClO)$. — Die zahlreichen, ausserordentlich gediegenen Untersuchungen aber, welche in neuerer Zeit von Fresenius, Bolley, Scheurer-Kostner, Kolb, Opl, Göpner, Wolters, Odsing u. a. über die chemische Constitution des Chlorkalkes angestellt wurden, lassen die frühere Anschauung als unhaltbar erscheinen und constatiren zugleich einen nicht unwesentlichen Unterschied zwischen dem Chlorkalk und den Chlor-Alkalien, welche auch jetzt noch als unterchlorigsaure Salze zu betrachten sind[1]). Der Gehalt eines Chlorkalks an $COCl$ schwankt jedoch innerhalb sehr weiter Grenzen je nach dem Trockenheitszustande des gelöschten Kalkes und der Schnelligkeit, mit welcher die Zuleitung des Chlors geschah. Andererseits aber ist auch die Verbindung des Chlors mit der Kalkerde eine sehr lose, die schon durch die Feuchtigkeit und Kohlensäure der Luft unter Bildung von kohlensaurem Kalk und Chlorcalcium aufgehoben wird, so dass bei längerem Aufbewahren die Bleichkraft sich mehr und mehr vermindert und endlich nur Chlorcalcium und kohlensaurer Kalk übrig bleibt. — Folgt hieraus unmittelbar die Nothwendig-

---

[1]) Journal für praktische Chemie von Erdmann und Werther, Bd. CIV. p. 246. Berichte der Deutschen chemischen Gesellschaft zu Berlin, 6. Jahrgang No. 20. 1874. P. J. CCVI. p. 380. CCIX. p. 204. CCXI. p. 31, p. 461. CCXV. p. 232, 325. C. B. 1869 No. 13 u. 14.

keit, bei der Aufbewahrung des Chlorkalkes den Zutritt der Luft nach Möglichkeit abzuhalten, so geht auch andererseits daraus hervor, dass die verschiedene Güte dieses so wichtigen Bleichmittels es wiederum wünschenswerth macht, dass der Papierfabrikant hinreichend Chemiker sei, um sich vor Betrug oder absichtliche Uebervortheilungen zu schützen. Ein gutes Zeichen ist es im Allgemeinen, wenn ein Chlorkalk sich möglichst vollständig auflöst, indem dies beweist, dass er nur wenig kohlensauren Kalk enthält; aber nichts desto weniger kann die Auflösung in Folge fehlerhafter Darstellung sehr viel chlorsaures Calciumoxyd enthalten, welches nichts zur bleichenden Kraft des Chlorkalks beiträgt, und es ist daher immer von Wichtigkeit, die Menge des bleichenden Chlors zu ermitteln. Man hat hierzu sehr verschiedene Methoden vorgeschlagen, unter denen die von Gay-Lussac zunächst Erwähnung verdient. Die von ihm zuerst beschriebene Methode bestand darin, dass zu einem bestimmten Volumen einer Lösung von schwefelsaurem Indigoblau, von bekanntem Farbstoffgehalt, eine vorher abgemessene Lösung von Chlorkalk in einer bestimmten Menge Wasser eingetropft und mit dem Eintropfen, unter Umschütteln, so lange fortgefahren wird, bis die Farbe der Indigolösung in's Gelbe übergegangen ist. — Diese Probe ist jedoch nur anwendbar, so lange die Farbstofflösung nicht zu alt ist; bei längerer Aufbewahrung ändert sich diese, und die Probe verliert dann sehr an Genauigkeit. — Er hat daher selbst die Methode insofern bedeutend vervollkommnet, als er statt der Indigosolution eine Auflösung von arseniger Säure in Salzsäure zur Untersuchung empfahl. Es gründet sich diese darauf, dass arsenige Säure in Gegenwart von Wasser durch Chlor zu Arseniksäure oxydirt wird. Der hierbei stattfindende chemische Process lässt sich durch folgendes Schema darstellen:

$$\left.\begin{array}{l} As\,O^3 \\ 2\,HO \\ 2\,Cl \end{array}\right\} = \left\{\begin{array}{l} As\,O^5 \\ 2\,H\,Cl \end{array}\right.$$

Es geht hieraus hervor, dass 99 entschwundene Gewichtstheile arsenige Säure 71 Gewichtstheile wirksames Chlor im Chlorkalk anzeigen. — Man bereitet sich daher zunächst eine Probeflüssigkeit, indem man 4,44 g. arseniger Säure in kochender Salzsäure auflöst, die mit dem drei- bis vierfachen Volumen Wasser verdünnt worden ist. Auf diese Verdünnung der Salzsäure ist hier besonders Gewicht zu legen, da bei Anwendung concentrirter Säure sich flüchtiges Arsenchlorür erzeugt, wodurch nicht nur ein Arsenikverlust, sondern auch üble Folgen für den Arbeiter herbeigeführt werden können. Sobald die Auflösung der arsenigen Säure erfolgt, wird dieselbe mit Wasser bis zu 1 l. aufgefüllt. — Bei der Untersuchung eines Chlorkalks nun werden 10 g. Chlorkalk in Wasser gelöst und die Auflösung bis zu 1 l. aufgefüllt. Man misst darauf von der arsenigen Säure 100 beliebige Theile ab, giebt einen Tropfen Indigolösung hinzu und untersucht nun, wie viel gleich grosser Theile der Chlorkalklösung erforderlich sind, um die in den 100 Theilen enthaltene arsenige Säure in Arseniksäure zu verwandeln. Die erfolgte Umwandlung nämlich giebt sich sofort durch Entfärbung des Indigo's kund. Um aber aus den verbrauchten Theilen die Güte des Chlorkalks zu finden, dient folgende Betrachtung: Gay-Lussac nennt einen Chlorkalk, von welchem 10 g. 3,18 g. wirksames Chlor enthalten, einen 100 gradigen, denn in einem Liter Wasser gelöst, enthält die Auflösung ziemlich genau ihr gleiches Volumen Chlor. 3,18 g. Chlor sind aber gerade hinreichend, um 4,44 g. arsenige Säure in Arseniksäure überzuführen. Von 100 gradigem Chlorkalk sind ·also gleiche Theile Probeflüssigkeit und Chlorkalklösung zur gegenseitigen Zersetzung und Umwandlung erforderlich, und je mehr von der letzteren verbraucht werden, desto schwächer ist der Chlorkalk, und zwar wenn $n$ die Zahl der verbrauchten Theile oder Grade bezeichnet, so ergiebt die Proportion

$$n : 100 = 100 : x$$
$$x = \frac{10000}{n}$$

die Gradigkeit des untersuchten Chlorkalks.

Die Gay-Lussac'sche Methode leidet an zwei wesentlichen Uebelständen: 1. dass es nicht zulässig ist, die Auflösung von arseniger Säure zu der Chlorkalkauflösung zu giessen, wodurch man unmittelbar an den verbrauchten Theilen der ersteren den Procentgehalt der letzteren ablesen könnte. Dieses directe Verfahren ist deshalb nicht erlaubt, weil bei Zusatz der Probeflüssigkeit stets ein Ueberschuss von Chlorkalk vorhanden ist, der dann zum Theil auch durch die die Auflösung der arsenigen Säure bedingende Salzsäure eine Zersetzung erleiden, demnach Chlor sich entwickeln und ein Verlust herbeigeführt werden würde. Dies ist bei der oben beschriebenen indirecten Methode nicht der Fall, da bei ihr die arsenige Säure stets im Ueberschuss vorhanden ist und der zugesetzte Chlorkalk stets mehr davon vorfindet, als er in Arseniksäure umzuwandeln vermag; 2. liegt eine sehr grosse Unsicherheit der Methode darin, dass es ausserordentlich schwer ist, den richtigen Moment der Entfärbung des Indigos genau zu erkennen. Ein starker Zusatz von Indigosolution ist nicht erlaubt, weil dadurch der Titre der Flüssigkeit wesentlich verändert werden würde, man hat es daher überhaupt nur mit einer schwach gefärbten Flüssigkeit zu thun, bei der grosse Uebung nöthig ist, den Moment der Entfärbung zu erkennen.

Beide Uebelstände finden sich beseitigt in dem Verfahren des Dr. Penot, den Gehalt des Chlorkalks zu bestimmen. Er wendet ebenfalls die Umwandlung der arsenigen Säure in Areniksäure durch Chlor an, das Schema des Processes ist daher das oben angegebene. Die vollendete Umwandlung wird jedoch nicht durch Indigo, sondern durch mit Jodnatrium und Stärkemehl getränktes Papier erkannt.

Es werden 1 g. Jod, 7 g. krystallisirtes kohlensaures Natron, 3 g. Kartoffelstärkemehl in etwa ein Viertelliter kochenden Wassers bis zur Auflösung und Entfärbung erhitzt, die Flüssigkeit dann bis zu einem halben Liter aufgefüllt und weisses ungebläutes Papier damit getränkt. Nach dem Trocknen bildet dies ein Reagenspapier, welches durch jede freie Säure und Chlor augenblicklich dunkelblau gefärbt wird[1]). Es musste demnach die Anwendung freier Salzsäure vermieden werden, und Penot stellt die Probeflüssigkeit dar, indem er 4,44 g. arsenige Säure mit 13 g. krystallisirtem kohlensauren Natron in etwa drei Viertelliter Wasser auflöst und nach erfolgter Auflösung bis zu 1 Liter ergänzt.

Das Verfahren ist nun folgendes: Es werden wiederum 10 g. des zu untersuchenden Chlorkalks in Wasser aufgelöst und die Lösung bis zu 1 Liter aufgefüllt; von dieser Chlorkalklösung füllt man irgend ein beliebiges in 100 Theile von oben nach unten getheiltes Rohr, giesst die Flüssigkeit in ein Becherglas, füllt dasselbe Rohr mit der Probeflüssigkeit und giesst von dieser tropfenweise so lange in die Auflösung des Chlorkalks, bis ein Tropfen von dieser auf das Probepapier gebracht, es nicht mehr färbt. Die Zahl der verbrauchten Theile Probeflüssigkeit zeigt direct den Grad des Chlorkalks an, oder die Anzahl von Liter Chlorgas, welche in einem Kilogramm des probirten Chlorkalks enthalten sind.

---

[1]) Statt des Jods und kohlensauren Natrons ist es besser, Jodkalium anzuwenden, da in jenem Falle stets jodigsaures Natron gebildet wird.

Nachdem einmal die Probeflüssigkeit und das Probepapier dargestellt sind, ist das Verfahren sehr einfach, nur muss bemerkt werden,
dass Penot wie Gay-Lussac einen Chlorkalk, von welchem 10 g.
in 1 l. Wasser gelöst 1 l. Chlor, also 1000 g. oder ein Kilogramm
Chlorkalk 100 l. Chlor enthalten, als 100 gradigen betrachtet. Da
nun aber einmal in neuerer Zeit sehr häufig ein viel stärkerer Chlorkalk erzeugt wird und es andererseits dem Fabrikanten am meisten
darum zu thun ist, zu wissen, wie viel Procente von der eingekauften
Waare ihm zu gute kommen, so ist es nothwendig, dass der Fabrikant
im Stande sei, die Gay-Lussac' (Penot')schen Grade leicht in Procente an bleichendem Chlor zu verwandeln. Da aber der 100gradige
Chlorkalk 31,8 pCt. Chlor enthält, so geschieht die Umwandlung einfach
mittelst der Proportion:

$$100 : 31,8 = n : x$$
$$x = 0{,}318 \cdot n$$

wo $n$ die Anzahl der Grade eines untersuchten Chlorkalks bezeichnet,
woraus hervorgeht, dass man nur die Gay-Lussac'schen Grade mit
0,318 zu multipliciren braucht, um die Gewichtsprocente zu erhalten.
Folgende Tabelle überhebt dieser Multiplication in jedem einzelnen
Falle. Es ist in dieser Tabelle die Reduction der Grade auf Procente
auch für den Fall vorgenommen, dass man nur 5 g. zur Untersuchung
angewendet hatte. Dies wird nämlich dann stets vortheilhaft sein, wenn
man einen Chlorkalk untersucht, der mehr als 31,8 pCt. Chlor enthält
oder bei den ebenfalls stärkeren Bleichsalzen von Kali oder Natron,
für welche die Methode unverändert Anwendung findet. Wollte man
von diesen ebenfalls 10 g. zur Untersuchung anwenden, dann müsste
das 100 theilige Rohr zweimal mit Probeflüssigkeit gefüllt werden.

## Tabelle

zur Reduction der Gay-Lussac'schen Grade auf Gewichtsprocente
a) wenn 10 Gramme, b) wenn 5 Gramme Chlorkalk zur Untersuchung
angewendet werden, von L. Müller.

| Grade. | a) Procente. | b) Procente. | Grade. | a) Procente. | b) Procente. |
|---|---|---|---|---|---|
| 1 | 0,318 | 0,636 | 5 | 1,590 | 3,180 |
| 2 | 0,636 | 1,272 | 6 | 1,908 | 3,816 |
| 3 | 0,954 | 1,908 | 7 | 2,226 | 4,452 |
| 4 | 1,272 | 2,544 | 8 | 2,544 | 5,088 |

| Grade. | a) Procente. | b) Procente. | Grade. | a) Procente. | b) Procente. |
|---|---|---|---|---|---|
| 9 | 2,862 | 5,724 | 47 | 14,946 | 29,892 |
| 10 | 3,180 | 6,360 | 48 | 15,264 | 30,528 |
| 11 | 3,498 | 6,996 | 49 | 15,582 | 31,164 |
| 12 | 3,816 | 7,632 | 50 | 15,900 | 31,800 |
| 13 | 4,134 | 8,268 | 51 | 16,218 | 32,436 |
| 14 | 4,452 | 8,994 | 52 | 16,536 | 33,072 |
| 15 | 4,770 | 9,540 | 53 | 16,854 | 33,708 |
| 16 | 5,088 | 10,176 | 54 | 17,172 | 34,344 |
| 17 | 5,406 | 10,812 | 55 | 17,490 | 34,980 |
| 18 | 5,724 | 11,448 | 56 | 17,808 | 35,616 |
| 19 | 6,042 | 12,084 | 57 | 18,126 | 36,252 |
| 20 | 6,360 | 12,720 | 58 | 18,444 | 36,888 |
| 21 | 6,678 | 13,356 | 59 | 18,762 | 37,524 |
| 22 | 6,996 | 13,992 | 60 | 19,080 | 38,160 |
| 23 | 7,314 | 14,628 | 61 | 19,398 | 38,796 |
| 24 | 7,632 | 15,264 | 62 | 19,716 | 39,432 |
| 25 | 7,950 | 15,900 | 63 | 20,034 | 40,068 |
| 26 | 8,268 | 16,536 | 64 | 20,352 | 40,704 |
| 27 | 8,586 | 17,172 | 65 | 20,670 | 41,340 |
| 28 | 8,904 | 17,808 | 66 | 20,988 | 41,976 |
| 29 | 9,222 | 18,444 | 67 | 21,306 | 42,612 |
| 30 | 9,540 | 19,080 | 68 | 21,624 | 43,248 |
| 31 | 9,858 | 19,716 | 69 | 21,942 | 43,884 |
| 32 | 10,176 | 20,352 | 70 | 22,260 | 44,520 |
| 33 | 10,494 | 20,988 | 71 | 22,578 | 45,156 |
| 34 | 10,812 | 21,624 | 72 | 22,896 | 45,792 |
| 35 | 11,130 | 22,260 | 73 | 23,214 | 46,428 |
| 36 | 11,448 | 22,896 | 74 | 23,532 | 47,064 |
| 37 | 11,766 | 23,532 | 75 | 23,850 | 47,700 |
| 38 | 12,084 | 24,168 | 76 | 24,168 | 48,336 |
| 39 | 12,402 | 24,804 | 77 | 24,486 | 48,972 |
| 40 | 12,720 | 25,440 | 78 | 24,804 | 49,608 |
| 41 | 13,038 | 26,076 | 79 | 25,122 | 50,244 |
| 42 | 13,356 | 26,712 | 80 | 25,440 | 50,880 |
| 43 | 13,674 | 27,348 | 81 | 25,758 | 51,516 |
| 44 | 13,992 | 27,984 | 82 | 26,076 | 52,152 |
| 45 | 14,310 | 28,620 | 83 | 26,394 | 52,788 |
| 46 | 14,628 | 29,256 | 84 | 26,712 | 53,424 |

| Grade. | a)<br>Procente. | b)<br>Procente. | Grade. | a)<br>Procente. | b)<br>Procente. |
|---|---|---|---|---|---|
| 85  | 27,030 | 54,060 | 106 | 33,708 | |
| 86  | 27,348 | 54,686 | 107 | 34,026 | |
| 87  | 27,666 | 55,332 | 108 | 34,344 | |
| 88  | 27,984 | 55,968 | 109 | 34,662 | |
| 89  | 28,302 | 56,604 | 110 | 34,980 | |
| 90  | 28,620 | 57,220 | 111 | 35,298 | |
| 91  | 28,938 | 57,876 | 112 | 35,616 | |
| 92  | 29,256 | 58,512 | 113 | 35,934 | |
| 93  | 29,574 | 59,148 | 114 | 36,252 | |
| 94  | 29,892 | 59,784 | 115 | 36,570 | |
| 95  | 30,210 | 60,420 | 116 | 36,888 | |
| 96  | 30,528 | 61,056 | 117 | 37,206 | |
| 97  | 30,846 | 61,692 | 118 | 37,524 | |
| 98  | 31,164 | 62,328 | 119 | 37,842 | |
| 99  | 31,482 | 62,964 | 120 | 38,160 | |
| 100 | 31,800 | 63,600 | 121 | 38,488 | |
| 101 | 32,118 | | 122 | 38,806 | |
| 102 | 32,436 | | 123 | 39,124 | |
| 103 | 32,754 | | 124 | 39,442 | |
| 104 | 33,072 | | 125 | 39,760 | |
| 105 | 33,390 | | | | |

Es ist sehr zeitraubend und fast unmöglich, durch wiederholtes Betupfen des Jodkalium-Stärkepapiers den Moment genau zu erkennen, wenn alles bleichende Chlor verschwunden ist, daher es als eine nicht unwesentliche Verbesserung der Methode bezeichnet werden muss, dass Mohr einen Ueberschuss von arseniger Lösung anwendet, der Flüssigkeit darauf etwas Stärke-Auflösung zusetzt und dann mittelst Jod-Auflösung die Menge der unverbrauchten arsenigen Säure bestimmt.

Das Verfahren, welches im Wesentlichen mit unserer Braunsteinanalyse übereinstimmt, auf welche wir daher auch in Betreff einzelner Vorsichtsmaassregeln verweisen, ist nun folgendes: Man bereitet sich zunächst eine Normallösung von arseniger Säure, indem man 4,95 g. mit der klaren Auflösung von circa 16 g. zweifachkohlensaurem Natron in einer Kochflasche übergiesst und unter Erwärmen auflöst. Die Lösung wird darauf in eine Literflasche gegossen, die Kochflasche gut ausgespült und bis zur Marke destillirtes Wasser aufgefüllt. — Je 100 Kubikcentimeter dieser Lösung enthalten 0,495 g. arseniger Säure und entsprechen 0,355 g. Chlor.

Ebenso löst man 1,269 g. Jod in Jodkaliumlösung auf und verdünnt bis zu einem Liter. — Sind zur Anfertigung dieser beiden Lösungen vollkommen reine Materialien angewendet worden, so sind genau 10 Kubikcentimeter Jodlösung erforderlich, um 1 Kubikcentimeter arseniger Säure blau zu titriren; wegen der Flüchtigkeit und daraus folgenden Veränderlichkeit der Jodlösung ist man jedoch, besonders nach langen Zeiträumen, genöthigt, vor jeder Analyse die Jod- und arsenige Lösung zu vergleichen, daher es auch bei Anfertigung der Jodlösung nicht auf absolute Trockenheit des Jods und kleine Abweichungen von der angegebenen Gewichtsmenge ankommt.

Das Probepapier bereitet man sich, indem man weisses Papier mit einem Gemenge von Stärkekleister und Jodkalium bestreicht und trocknet. Das hierzu verwendete Papier darf kein Chlor enthalten, in welchem Falle es beim Trocknen von selbst blau wird. Man kann das Probepapier auch entbehren, wenn man frische Stärkelösung mit einigen Tropfen Jodkaliumlösung auf einem Porcellanteller mit dem Finger verstreicht.

Es werden nun 0,355 g. des zu untersuchenden Chlorkalks abwogen und in Wasser gelöst. Hierbei ist einige Vorsicht nöthig, denn der Chlorkalk bildet mit Wasser einen zähen Schlamm, von dem sich Theile sehr leicht aller Wirkung entziehen, daher eine gute Vertheilung desselben vorausgehen muss. Man bringt den gewogenen Chlorkalk in einen mit gutem Ausguss, der mit Talg bestrichen wird, versehenen Porcellanmörser, zerreibt ihn erst trocken, dann mit Wasser und schlemmt die aufgelockerten Theile in eine Mischflasche mit weitem Halse oder ein Becherglas. Die am Boden des Mörsers bleibenden festen Theile werden zerrieben und abgeschlemmt, bis der Mörser ganz rein und leer ist. — Zu dieser Auflösung des Chlorkalks lässt man aus einer hunderttheiligen Bürette so lange arsenige Säure-Lösung hinzufliessen, bis ein herausgenommener Tropfen mit Jodkaliumkleister keine blaue Färbung hervorbringt, lässt darauf die Bürette noch bis zum nächsten Theilstrich abtropfen, setzt der Füssigkeit etwas frisch bereitete Stärkeauflösung und zweifach kohlensaures Natron zu und titrirt mit der Jodlösung aus einer mit Glasverschluss versehenen Bürette blau. — Die der verbrauchten Jodlösung entsprechenden Kubikcentimeter arsenige Lösung von den überhaupt zugesetzten abgezogen, giebt unmittelbar den Gehalt des untersuchten Chlorkalks an bleichendem Chlor in Procenten.

0,355 g. sind eine ausserordentlich geringe Menge der zu untersuchenden Substanz, die eine sehr feine Waage zum Abwägen voraussetzt; man kann daher das Gewicht verdreifachen und 1,065 g. Chlorkalk zur Untersuchung nehmen, in welchem Falle je drei Kubikcentimeter verbrauchter arseniger Lösung ein Procent Chlor anzeigen. — Auch 1,065 g. ist für den Techniker noch eine sehr geringe Menge, und wir empfehlen demselben daher 10,65 g. Chlorkalk aufzulösen, die Lösung in eine Literflasche zu giessen, bis zur Marke aufzufüllen, gut umzuschütteln und von dieser Lösung 100 Kubikcentimeter zur Untersuchung anzuwenden. Auch in diesem Falle entsprechen je drei Kubikcentimeter verbrauchter arseniger Säure 1 pCt. Chlor. Es hat dieses Verfahren allerdings den Uebelstand, dass man die trübe Auflösung des Chlorkalks erst in eine Bürette überfüllt, die nur mittelst verdünnter Salzsäure wieder vollständig gereinigt werden kann, allein sie hat das Gute, dass einmal ein kleiner Fehler beim Abwägen der Substanz auf $\frac{1}{10}$ seiner Grösse reducirt wird, man also von einer sehr grossen Empfindlichkeit der Waage absehen kann, dann aber auch, dass, wenn der erste Versuch mit irgend einer kleinen Unsicherheit verknüpft ist, man nicht gezwungen ist, eine neue Portion Chlorkalk abzuwiegen, sondern nur nöthig hat, nochmals 100 Kubikcentimeter der Auflösung abzumessen und den Versuch zu wiederholen.

Diese Methode ist ausserordentlich einfach und genau und verdient entschieden den Vorzug vor allen übrigen. Die Giftigkeit jedoch der arsenigen Säure liess es wünschenswerth erscheinen, eine unschädlichere Verbindung aufzufinden, die an ihre Stelle gesetzt werden könnte, und lenkte sich sehr bald die Aufmerksamkeit der Chemiker auf die unterschweflige Säure (dithionige Säure $S^2O^2$), welche durch Aufnahme von 1 Aequivalent Sauerstoff auf zwei Aequivalente Säure in Tetrathionsäure $(S^4O^5)$ übergeht.

Wagner ist es gelungen, die Anwendung des dithionigsauren Natrons mit der Jodstärke-Reaction zu verbinden und dadurch der Methode den Grad von Genauigkeit und Sicherheit zu geben, der sie befähigt, einigermaassen mit der auf der Anwendung der arsenigen Säure beruhenden zu rivalisiren. Es stützt sich dieselbe auf die Ausscheidbarkeit des Jods aus einer mit Salzsäure angesäuerten Jodkaliumlösung durch Chlor und Bestimmung der ausgeschiedenen Jodmenge durch eine titrirte Lösung von unterschwefligsaurem Natron, welches letztere durch die Einwirkung von Jod in Jodnatrium und tetrathionsaures Natron übergeht, nach der Gleichung

$$2(\mathrm{NaO} + \mathrm{S}^2\mathrm{O}^2) \big\} \;=\; \big\{ \begin{array}{l} \mathrm{Na\,J} \\ \mathrm{NaO} + \mathrm{S}^4\mathrm{O}^5 \end{array}$$

Da aber das krystallisirte dithionigsaure Natron stets 5 M. G. Wasser enthält, so beträgt 1 M. G. desselben 124,0 und es entsprechen mithin 248,0 Gewichtstheile dithionigsaures Natron 127,0 Gewichtstheilen Jod oder 35,5 Gewichtstheilen Chlor.

Man bereitet sich zunächst eine Probelösung, indem man 24,8 g. dithionigsaures Natron in Wasser auflöst und bis zum Liter verdünnt.

Bei der Prüfung eines Chlorkalks werden 10 g. unter den bereits angeführten Vorsichtsmaassregeln in Wasser gelöst und ebenfalls bis zum Liter aufgefüllt. Von dieser Lösung mischt man 100 Kubikcentimeter mit 25 Kubikcentimeter Jodkaliumlösung, welche im Liter 100 g. Jodkalium enthält, setzt darauf unter Umrühren verdünnte Salzsäure bis zur schwachsauren Reaction hinzu und titrirt mit der unterschwefligsauren Natronlösung farblos. — Die Methode giebt sehr genaue Resultate und ist einfach in der Ausführung, nur muss man nicht versäumen, die oft feuchten Krystalle des dithionigsauren Natrons vor dem Abwägen zu pulvern und einige Zeit neben Chlorcalcium unter einer Glasglocke aufzubewahren, auch ist die Auflösung des Salzes keineswegs unveränderlich, sondern geht unter Abscheidung von Schwefel in schwefligsaures und schwefelsaures Natron über.

Der Chlorgehalt des Chlorkalkes kann auch durch Eisenoxydul bestimmt werden, jedoch bindet das Eisenoxydul in sauren Lösungen das Chlor nur schwierig, gerade wie saure Oxydullösungen auch an der Luft nur wenig Sauerstoff aufnehmen. Es ist deshalb nöthig, die Flüssigkeit vorübergehend alkalisch zu machen, indem man etwas reine verdünnte Natronlauge zufügt. Hat man Chlorwasser zu prüfen, so lässt man dasselbe aus einer Pipette von 25 bis 50 CC. Inhalt in eine Lösung von gewogenem Eisendoppelsalz laufen, die in einem Stöpselglase befindlich ist, fügt Aetznatron hinzu, und nach einmaligem tüchtigen Durchschütteln sogleich Schwefelsäure und Wasser um wieder alles in Lösung zu bringen und bestimmt nun das freie Eisenoxydul mit Chamäleonlösung. — Soll Chlorkalk untersucht werden, so wird derselbe unter den gewöhnlichen Vorsichtsmaassregeln aufgelöst und in eine

Stöpselflasche gebracht, dann das Eisendoppelsalz zugesetzt, umge-
schüttelt und gelöst, darauf Salzsäure zugefügt und der Rest des Eisenoxyduls bestimmt[1]). — Die hierbei anzuwendenden Mengenverhältnisse
ergeben sich aus den pag. 212 gegebenen Reactionsformeln, aus denen
hervorgeht, dass 1 M. G. Cl 2 M. G. Doppelsalz erheischt und je 72 Theile
verschwundenes Eisenoxydul 35,5 Th. Chlor anzeigen; 1 g. Chlorkalk von
35,5 % Chlorgehalt würde also 2,84 g. Doppelsalz zur gänzlichen Absorption des Chlors erfordern. Da aber ein guter Chlorkalk selbst bis
40 % Cl enthalten kann, so wird man gut thun, 3 g. Doppelsalz auf 1 g.
Chlorkalk anzuwenden.

Biltz hat nachzuweisen gesucht, dass bei der Einwirkung von
Chlor auf schwefelsaures Eisenoxydul-Ammoniak sich Chlorstickstoff
bilde und Graeger[2]) meint daher, dass dieses Doppelsalz bei derartigen
Untersuchungen gänzlich auszuschliessen sei und empfiehlt an dessen
Stelle eine sehr verdünnte, stark angesäuerte Eisenvitriollösung. Wenn
er die Chlorkalklösung mittelst einer Pipette so zu dieser Salzlösung
hinzugefügt, dass sie die unterste Schicht bildet, den Glasstöpsel aufge-
setzt, tüchtig geschüttelt und einige Minuten ruhig stehen gelassen hat,
so hat er beim Oeffnen der Flasche kaum einen Chlorgeruch wahrgenommen.

Ob unter den hier obwaltenden Umständen sich Chlorstickstoff zu
bilden vermag, lassen wir dahin gestellt; wäre dem so, dann wäre es
mindestens sehr auffallend, dass 3 Jahre nach der Biltz'schen Beobachtung sich Göpner und Wolters noch des schwefelsauren Eisen-
oxydul-Ammoniaks zu ihren entscheidenden Untersuchungen bedienten.
Für uns lag keine Veranlassung vor, nach dieser Richtung Untersuchungen anzustellen, da wir überhaupt die Anwendung von Eisenoxydulsalzen zur Chlorkalkprüfung den Papierfabrikanten nicht zu
empfehlen vermögen. — Die Graeger'sche Methode mag anwendbar
sein, wo es sich um eine rasche Vergleichung von verschiedenen Proben,
aber nicht um genaue Resultate handelt, denn ein Verfahren, welches
den Geruch, also die Entwickelung des Chlors nicht gänzlich ausschliesst,
ist von vornherein zu verwerfen. Hierzu kommt noch, dass auch beim
Schütteln ein Theil des Eisenoxyduls durch den Sauerstoff der in der
Flasche befindlichen Luft in Oxyd übergeführt werden muss und dass

---

[1]) Mohr, Titrirmethode pag. 207.
[2]) C. Bl. 1871 No. 22.

17*

beide Fehlerquellen umsomehr in's Gewicht fallen, je kleiner die Menge des zur Prüfung angewandten Chlorkalks ist. — Aber auch die Mohr'sche Methode hat uns nie die übereinstimmenden Resultate gegeben, wie wir sie bei Anwendung von arseniger Säure stets erhalten haben, daher wir dieser unbedingt den Vorzug geben.

Es braucht kaum bemerkt zu werden, dass die hier beschriebenen Methoden der Prüfung in gleicher Weise auch bei dem ursprünglich im flüssigen Zustande dargestellten Chlorkalk Anwendung finden. Dieser flüssige Chlorkalk wird dadurch gewonnen, dass man in dünne Kalkmilch unter beständigem Umrühren derselben einen langsamen Strom von Chlorgas leitet. Es kann natürlich solch flüssiger Chlorkalk nur zum Selbstverbrauch dargestellt werden und lässt keine lange Aufbewahrung zu, indem er viel schneller als das trockene Präparat Kohlensäure aus der Luft anzieht. Daher sieht man auch auf jeder Chlorkalklösung sehr bald eine irisirende Haut von kohlensaurem Kalk entstehen.

Das Verfahren bei der Anwendung des Chlorkalks als Bleichsubstanz ist sehr verschieden, je nach der Intelligenz, den Mitteln und Räumlichkeiten der Fabrikanten; als das einfachste, wenn auch nicht als das beste ist dasjenige zu erachten, nach welchem der Halbzeug in besonderen Bottichen, ohne Zusatz von Säure, gebleicht wird. Der Halbzeug wird in Bottichen von 60 bis 90 Kubikfuss Inhalt, welche in Stein ausgehauen oder aus Schieferplatten zusammengefügt, von Mauersteinen mit Portlandcement aufgebaut oder auch aus zweizölligen kiefernen Bohlen, mit oder ohne Bleiüberzug im Innern, zusammengefügt sind, mit Wasser zu einem dünnen Brei angerührt und diesem Brei die Chlorkalkauflösung zugesetzt. Die Auflösung wird in einem im Innern mit Blei ausgeschlagenen Gefässe oder irdenen Eimer dargestellt, da von der concentrirten Chlorkalkauflösung Holz sehr bedeutend angegriffen wird. Der Chlorkalk wird mit wenig Wasser mittelst eines keulenförmigen Holzes zerrieben, darauf mehr Wasser zugesetzt und nach dem Absetzen die Auflösung durch ein Sieb zum Halbzeug gegossen, worauf man dieselbe Quantität Chlorkalk noch einige Male in gleicher Weise behandelt.

Die Verbindung von Kalkerde mit Chlor ist zwar sehr leicht in Wasser löslich, nach Bourdillart erheischt Chlorkalk bei 15° nur den vierten Theil seines Gewichtes Wasser zu seiner Lösung, während er in Wasser von 50° in allen Verhältnissen löslich ist, allein dadurch, dass die stets im Chlorkalk vorhandene Kalkerde mit Wasser zunächst einen Schlamm bildet, kann doch ein Theil der bleichenden Verbindung wenigstens für einige Zeit der auflösenden Wirkung des Wassers entzogen werden. Eine gute Verreibung des Chlorkalkes vor seiner Auflösuug und ein stetes und fleissiges Umrühren während derselben ist daher einer vollständigen und raschen Lösung wesentlich förderlich und wird dieser Zweck noch besser als auf die angeführte Weise erreicht, wenn man sich einer kupfernen, durchlöcherten und um ihre horizontale Achse drehbaren Trommel bedient. Diese wird mit Chlorkalk und einigen Bleistücken betragen, dann in Drehung versetzt und durch die Achse Wasser hinzugelassen. Die Bleistücke werden zunächst durch die rotirende Trommel mitgenommen, fallen aber bald auf den Chorkalk zurück, denselben zerdrückend und zur Lösung geeigneter machend. Die Lösung entweicht durch die Löcher der Trommel und sammelt sich in einem Reservoir an, aus welchem sie, je nach der Lage desselben, nach dem Ort ihrer Verwendung geleitet oder durch Pumpenwerk gehoben wird. — Orioli und Henry haben einen besonderen Chlorextracteur construirt, dessen Einrichtung aus Fig. 13 Taf. IV. leicht zu ersehen ist[1]). Er ist aus Bronze gefertigt, um der zerstörenden und oxydirenden Wirkung des Chlors besser zu widerstehen und bei sorgfältigem Reinigen nach jedesmaligem Gebrauch ist eine Abnutzung nicht zu befürchten. Der Apparat besteht wesentlich nur aus einem Mühlenrumpfe, der durch Kurbel oder Riemscheibe in drehende Bewegung versetzt wird und gegen 400 Umdrehungen in der Minute macht, nachdem dies geschehen, lässt man aus einen über dem Mühlenrumpf angebrachten Hahn Wasser in denselben fliessen und giebt darauf nach und nach den Chlorkalk zu. Der Apparat soll 100 Ko. in der Stunde zu lösen im Stande sein. — Wir haben nicht Gelegenheit gehabt, diesen Chlorextractor in Thätigkeit zu sehen, glauben aber, dass bei dem übertrieben schnellen Durchgang von Chorkalk und Wasser durch den sich drehenden Rumpf sehr viele Stücke ungelöst bleiben werden und würden den um horizontale Achse sich drehenden Trommeln unbedingt den Vorzug geben. Die auf die eine oder andere Weise gewonnene Chlorkalklösung wird dem Halbstoffbrei zugesetzt und durch möglichst oft wiederholtes Umrühren die bleichende Wirkung des Chlorkalks unterstützt. — In 30 bis 40 Stunden ist der Bleichprocess vollendet, worauf man die Flüssigkeit durch eine am Boden des Bottichs angebrachte Oeffnung abfliessen lässt. Da diese Flüssigkeit noch unzersetzte unterchlorigsaure Kalkerde enthält, so fängt

---

[1]) J. d. F. 1867 No. 15.

man sie in ähnlichen Bottichen auf, in denen eine andere Quantität Halbzeug durch sie vorgebleicht wird, so dass dieselbe beim nachherigen Bleichen eine geringere Quantität Chlorkalk erfordert. Eine terrassenförmige Aufstellung der Bottiche ist natürlich hier sehr zweckmässig, wobei die Bottiche, in denen der Zeug gahrgebleicht wird, um eine Bottichhöhe höher stehen müssen, als diejenigen, in denen der Zeug nur vorgebleicht wird.

Die Verbindung des Chlors mit dem Kalk ist, wie bereits erwähnt, eine sehr lose und ihre Zersetzung erfolgt beim längeren Stehen an der Luft, unter Bildung von kohlensaurer Kalkerde, noch leichter in der Auflösung als im trocknen Chlorkalk, daher ist es rathsam, sich nicht allzu grosse Vorräthe von Chlorkalklösung zu halten, sondern bei jedesmaligem Bleichprocess die Lösung möglichst frisch darzustellen. Für den Papierfabrikanten werden demnach die hier erwähnten, die Lösung beschleunigenden Apparate vollständig ausreichen. — Wo jedoch, wie bei dem Bleichen von Cellulose der Chlorkalk tonnenweise aufgelöst wird, da wird man allerdings zu grossen Basins mit Rührvorrichtungen, wie sie Hofmann in seinem praktischen Handbuch p. 101 u. ff. beschreibt, schreiten müssen.

Das Bleichen mit Chlorkalk in besonderen Bleichbottichen oder Basins gestattet zwar eine vollständige Ausnutzung der Bleichflüssigkeit, setzt aber grosse Räumlichkeiten voraus und erfordert selbst bei fleissigem Rühren viel Zeit. — Der erstere Uebelstand kann nur dadurch umgangen werden, dass man den Bleichprocess unmittelbar im Halbzeugholländer vornimmt, auf welches Verfahren wir noch zurückkommen. Eine Abkürzung der Zeit aber kann auf zwei verschiedene Weisen erreicht werden. Erstens dadurch, dass man die Gahrbleiche in besonderen Bleichholländern vornimmt. Diese Bleichholländer sind aus Holz, cementirtem Mauerwerk oder Stein, mit Ausschluss von Eisen, nach Art der gewöhnlichen Stoffmühlen construirt; sie sind etwa $1\frac{1}{2}$ Mal so gross als die Ganzzeugholländer, haben eine hölzerne Walze mit 25 Messern und sind mit zwei Waschtrommeln versehen. Nachdem in ihnen der Halbzeug fertig gebleicht, wird die Flüssigkeit nach den Vorbleichbottichen abgelassen, der Zeug gewaschen und in die Ganzzeugholländer entleert.

Durch das kräftige Durcheinanderrühren des Halbzeugs mit der Bleichflüssigkeit wird der Bleichprocess nach diesem Verfahren allerdings ausserordentlich beschleunigt, allein an Raum wird dadurch nicht gespart, denn für eine Papier-Maschine von mittlerer Leistungsfähigkeit sind mindestens vier Bleichholländer erforderlich; ausserdem aber bedingt auch die zur Bewegung der Holländer und Pumpen nöthige Kraft eine nicht unerhebliche Erhöhung des Anlage- und Betriebscapitals. — Endlich wird aber nicht nur an Zeit gewonnen, sondern auch die Wirksamkeit des Chlorkalks eine bedeutend energischere, wenn man der Chlorkalklösung geringe Quantitäten irgend einer Säure zusetzt. — Die Verbindung des Chlors mit Kalk, $CaOCl$, welche wir gegenwärtig als den wirksamen Bestandtheil des Chlorkalks ansehen müssen, ist überhaupt eine sehr ungewöhnliche; sie ist dem Calciumoxyd unter den Umständen ihrer Bildung gewissermaassen nur aufgezwungen und dasselbe ergreift gern jede sich ihm bietende Gelegenheit, eine andere Verbindung einzugehen und ist dies selbstverständlich ganz besonders der Fall, wenn seiner Basität eine Säure entgegentritt. Daher riecht auch jeder Chlorkalk bei Zutritt der atmosphärischen Luft nach Chlor, weil auch hier das Calciumoxyd das Chlor abgiebt, um sich mit der Kohlensäure der Luft zu verbinden. In gut geschlossenen Tonnen und in trocknen kühlen Räumen lässt sich Chlorkalk jahrelang aufbewahren, ohne in seinem Procentgehalt sehr abzunehmen. — So lange man die wirksame Verbindung im Chlorkalk als unterchlorigsaures Calciumoxyd $(CaO + ClO)$ betrachtete, erklärte man den Chlorgeruch damit, dass die unterchlorige Säure eine schwächere Säure sei als die Kohlensäure, daher durch letztere aus ihrer Verbindung ausgeschieden würde und im Moment des Freiwerdens in Chlor nnd Sauerstoff zerfalle. Es ist dies jedoch nicht richtig, sondern im Gegentheil ist die unterchlorige Säure die stärkere und vermag die Kohlensäure aus ihren Verbindungen mit Alkalien zu verdrängen, auch werden durch Einleiten von Chlor in Lösungen von kaustischen und kohlensauren Alkalien in der That unterchlorigsaure Salze gebildet, für deren bleichende Wirksamkeit die bisher auch für den Chlorkalk angenommene Erklärung, dass die aus der Zersetzung der unterchlorigen Säure hervorgehenden Chlor und Sauerstoff gleichzeitig im Bleichprocess thätig sind, vollständig begründet ist. — Sind wir aber genöthigt, den Chlorkalk als eine Verbindung von Chlor mit Kalkerde anzuerkennen, dann muss auch die Chlorkalkbleiche als wesentlich identisch mit der Gasbleiche betrachtet werden. Der Unterschied ist nur ein gradueller; in der Gasbleiche wirken sofort grosse Mengen freien Chlors auf den ausgebreiteten Halbzeug ein und üben nicht nur ihre bleichende, sondern auch zerstörende Kraft aus, während bei der Chlorkalkbleiche das Chlor nur nach und nach frei wird und der leichter zerstörbare Farbstoff die Faser selbst gewissermaassen schützt und vor der zerstörenden Einwirkung des Chlors bewahrt[1]).

Fügt man aber zu der Chlorkalklösung eine stärkere Säure, so wird sofort eine grössere Menge Chlor entwickelt, welches ähnlich dem Chlor der Bleichkammer eine einschneidendere Wirkung auf die ihm gebotene vegetabilische Faser ausübt. — Die zu diesem Zweck angewandte Säure ist gewöhnlich Schwefelsäure und wenn man nicht mit der gehörigen Vorsicht verfährt, so kann hierbei allerdings durch die zerstörende Wirkung der Säure sowohl, als die zu tief gehende Einwirkung einer plötzlich sich entwickelnden grösseren Menge Chlors ein nicht unbedeutender Verlust an Stoff und Chlor die Folge sein. — Die Anwendung von Säure oder die sogenannte Sauerbleiche wird daher von vielen Fabrikanten als überhaupt verwerflich bezeichnet. Leinkaas, früher Director der Patent-Papier-Fabrik in Berlin, schrieb der Anwendung von Säure die geringere Haltbarkeit des Maschinenpapiers zu und

---

[1]) Ueber den Vorgang beim Bleichen mit Chlorkalk herrscht namentlich in technischen Büchern noch viel Unklarheit, die nicht überraschen kann, da die Chemiker von Fach über die chemische Constitution der bleichenden Verbindung noch keineswegs unter sich einig sind. So ist der Chlorkalk betrachtet worden, wie wir es hier gethan, als Oxydchlorid: $(CaO)\,Cl$; als unterchlorigsaure Kalkerde: $CaO, ClO$; als ein durch Substitution modificirtes Bioxyd: aus $Ca \begin{Bmatrix} O \\ O \end{Bmatrix}$ wird $Ca \begin{Bmatrix} O \\ Cl \end{Bmatrix}$; als Verbindung von Wasserstoffsuperoxyd mit Chlorcalcium $CaCl + HO^2$ und endlich als Ozonverbindung $CaCl + \overset{(O)}{O}$. — Dass im trocknen Chlorkalk die Verbindung $CaO, Cl$ vorhanden ist, scheint uns nach den neuesten Untersuchungen unzweifelhaft, ob aber dieses Oxydchlorid nicht stets mit einer bestimmten Menge Hydratwasser oder Calciumoxydhydrat verbunden ist, bleibt der Chemie noch zu ermitteln. — Kolb wenigstens behauptet, dass wenn sich einmal die Verbindung $(CaO, Cl, HO) + CaO, HO$ gebildet habe, ihr weder das Wasser noch das Kalkerdehydrat entzogen werden könne und das letztere jede Absorption von Chlor versage. — Wenn aber auch im trocknen Chlorkalk nur die Verbindung $CaO, Cl$ existirt, so ändert sich dies sofort beim Auflösen desselben. Hier tritt sowohl durch die Einwirkung des Lichts, als durch die des Wassers selbst eine theilweise Spaltung ein, indem zwei Aequivalente Calciumoxydchlorid sich umsetzen zu unterchlorigsaurer Kalkerde und Chlorcalcium:

$$2\,(CaO, Cl) = CaO, ClO + CaCl.$$

Wenn wir daher behaupten, die Chlorkalkbleiche sei wesentlich identisch der Gasbleiche, so schliesst dies keineswegs, besonders beim längeren Stehen der Auflösung, die bleichende Mitwirkung der unterchlorigen Säure aus.

scheute sich nicht, zu erklären, dass die Anwendung von Schwefelsäure längst aus allen guten Fabriken verbannt sei. Ein solches die Anwendung von Säure gänzlich verwerfendes Urtheil ist jedenfalls unmotivirt, denn wenn man Sorge trägt, dass die Säure stets mit dem drei- bis vierfachen Volumen Wasser verdünnt und unter stetem Rühren der Chlorkalklösung nur successive am besten als ein saurer Regen durch ein Bleisieb zugesetzt werde, so hat man für die Faser keinen Nachtheil zu besorgen und erzielt in sechs Stunden, was vielleicht ohne Säure vierundzwanzig Stunden in Anspruch genommen hätte. Die Schwefelsäure verbindet sich mit der Kalkerde zu unauflöslicher oder wenigstens sehr schwer auflöslicher schwefelsaurer Kalkerde, welche als Gyps in der Annaline vielfältig von den Papierfabrikanten zum Weissen des Papiers angewendet wird und daher, selbst bei nicht vollkommenen Auswaschen keinen nachtheiligen Einfluss auf die Haltbarkeit desselben äussern kann. — Wenn man daher nur den Zusatz der Säure nicht übertreibt und überall mit der gehörigen Sorgfalt verfährt, so kann die Anwendung von Säure nur nützen, nicht schaden und unserer Ansicht nach ist es nur Vorurtheil, wenn man diese Methode unbedingt verwirft. Aus der Zusammensetzung der bleichenden Verbindung $CaO, Cl$ lässt sich die Grenze, bis zu welcher man mit dem Zusatz von Schwefelsäure gehen kann, annähernd berechnen. Diese Verbindung besteht aus 28,0 G. Th. Kalkerde und 35,5 G. Th. Chlor; enthält also ein Chlorkalk 30 % bleichendes Chlor, so entsprechen diesem 23,66 % Kalkerde; 23,66 Kalkerde erheischen aber 41,4 Schwefelsäurehydrat zur Bildung von neutraler schwefelsaurer Kalkerde. Würde man also auf 100 Th. Chlorkalk von 30 % Chlor 41,4 Th. Schwefelsäure von 66 ° B. anwenden, so würde diese in der bleichenden Verbindung noch eine hinreichende Menge Kalkerde vorfinden um vollständig neutralisirt zu werden. Eine solche Menge Säure wäre unbedingt zu viel, denn man darf nicht ausser Acht lassen, dass die Wirkung des Chlors auf die organische Substanz stets damit anhebt, dass es der letzteren Wasserstoff entzieht um Chlorwasserstoffsäure zu bilden. Es wird also durch den Process selbst Säure erzeugt, die ebenfalls neutralisirt werden muss, wenn sie nicht zerstörend wirken soll. Wir wollten nur bemerkbar machen, wie, wenn im Uebrigen mit der gehörigen Sorgfalt verfahren und die Säure nicht zu concentrirt und an einzelnen Stellen auf ein Mal in zu grossen Massen zugesetzt wird, guter Chlorkalk eine sehr bedeutende Menge verträgt, ehe das Auftreten freier Säure möglich ist, denn es verdient noch hervorgehoben zu werden, dass die Chlorkalklösung neben der Kalkerde der bleichenden Verbindung stets eine gewisse Menge Kalkerdehydrat in Auflösung enthält, die ebenfalls zur Neutralisation der Säure beiträgt. — Wenn wir daher besonders da, wo man nicht genöthigt ist den Bleichprocess allzusehr zu beschleunigen, sondern die Räumlichkeiten die Aufstellung einer grösseren Zahl Bleichbottiche gestatten, dem Fabrikanten empfehlen, die Anwendung von Säure möglichst zu beschränken, so geschieht es weniger aus Furcht vor freier Säure als zur Vermeidung eines bedeutenden Verlustes an bleichendem Chlor, denn das auf jeden Säurezusatz plötzlich frei werdende Chlor wird nicht sofort von der zu bleichenden Substanz aufgenommen, sondern entweicht zum grossen Theil in die atmosphärische Luft, wovon man sich leicht durch den Geruch überzeugen kann. — Wir halten es daher für das Angemessenste auf 100 Th. Chlorkalk nicht mehr als etwa 4 Th. englische Schwefelsäure von 66 ° B. mit dem 3 bis 4 fachen Volumen Wasser verdünnt, anzuwenden, diese Säure gleich im Anfang zur Einleitung des Processes in kurzen Zwischenräumen zuzusetzen und darauf den Fortgang des Processes nur durch fleissiges Rühren zu unterstützen.

An Stelle der Schwefelsäure kann selbstverständlich auch jede andere Säure benutzt werden, doch geben wir der Schwefelsäure den Vorzug, vor Salzsäure, denn das bei Anwendung der letzteren sich bildende leicht lösliche Chlorcalcium übt, wenn nicht durch Waschen vollständig entfernt, auf die spätere Leimung einen viel nachtheiligeren Einfluss aus, als ein geringer Gehalt von Gyps.

Um eine zu rasche Entwickelung des Chlors durch die Schwefelsäure zu vermeiden, hat man auch vorgeschlagen, sich an Stelle der letzteren des Alauns oder der schwefelsauren Thonerde zu bedienen, deren Schwefelsäure sich mit der Kalkerde des Chlorkalks verbindet und das Chlor frei macht, während neben dem schwer löslichen Gyps sich auch unschädliche Thonerde ausscheidet. Bedenkt man aber, dass der Alaun nur 33,8 und die schwefelsaure Thonerde nur 41 — 42 pCt. Schwefelsäure enthält, also zwei Centner dieser Salze noch nicht die Wirkung von einem Centner reiner Säure ausüben, so steht diesem Vorschlage schon der Kostenpunkt entgegen.

Ist man aber in der Lage über diesen hinwegzusehen, so hat allerdings die schwefelsaure Thonerde den grossen Vorzug vor der Schwefelsäure, dass durch sie die Chlorkalklösung so ruhig zersetzt wird, dass auch nicht die geringste Gasentwickelung wahrzunehmen ist, während Schwefelsäure selbst bei Beobachtung der grössten Vorsicht die Kalkerde des Chlorkalks mit einer solchen Heftigkeit an sich reisst, dass das Chlor viel zu stürmisch aus seiner Verbindung ausgeschieden wird, um sogleich vollständig von der organischen Substanz gebunden zu werden und stets ein Theil in die Luft entweicht und verloren geht. Bei Anwendung von schwefelsaurer Thonerde findet ein Chlorverlust nicht statt, die Arbeiter werden nicht belästigt, die bleichende Wirkung der Flüssigkeit beginnt sogleich und liefert in kurzer Zeit schön gebleichten Stoff. —

Der Vorwurf unnützer Vertheuerung ohne wesentliche Beschleunigung und Verbesserung des Bleichprocesses trifft auch die von manchen Seiten empfohlene Anwendung von schwefelsaurer Magnesia oder Chlorzink an Stelle der Schwefelsäure.

Dass auch die Kohlensäure das Freiwerden von Chlor aus dem Chlorkalk veranlasst, ist bereits erwähnt und da diese Säure die vegetabilische Faser nicht anzugreifen vermag und in jeder Feuerung sich in reichlicher Menge erzeugt, so glaubte man in ihr das beste und billigste Mittel zu besitzen um den Bleichprocess zu beschleunigen. Man hat da wo Kalköfen mit der Papierfabrik in Verbindung stehen, die aus diesen sich entwickelnde Kohlensäure in die Bleichbottiche geleitet, oder sich der Schornsteingase zu gleichem Zwecke bedient oder endlich durch Verbrennen feuchter Kohle auf besonderen Heerden die Kohlensäure dargestellt. Aber aus welcher dieser Quellen man auch die Kohlensäure entnimmt, so erheischt es umfangreicher und kostspieliger Einrichtungen und Apparate um das Gas theils abzukühlen, theils von den mechanisch mit fortgerissenen Russtheilen und sonstigen Unreinigkeiten zu befreien, so dass, wenn man überhaupt die Anwendung der Kohlensäure der der Schwefelsäure vorzieht, man unbedingt am besten thut, sich die Säure aus Marmor, Kreide oder Kalkstein mittelst verdünnter Salzsäure besonders darzustellen. Die mit der Kohlensäure erzielten Resultate jedoch sind sehr weit hinter den daran geknüpften Erwartungen zurückgeblieben und bei der Leichtigkeit, mit welcher jeder schädliche Einfluss der Schwefelsäure vermieden werden kann, halten wir es kaum für angezeigt, die Versuche mit Kohlensäure weiter fortzusetzen. — Wir können aber nicht umhin bei dieser Gelegenheit zwei theoretisch falsche Anschauungen zu berichtigen, denen man noch sehr häufig bei den besten Autoren begegnet. — Hofmann bezeichnet die bleichende Verbindung

des aufgelösten Chlorkalks, wie es bisher allgemein üblich war, als
unterchlorigsaure Kalkerde, lässt aber bei Einwirkung der Kohlensäure
auf dieselbe nicht einfach, wie es jeder Chemiker thut und der sich
entwickelnde Chlorgeruch beweist, die Kohlensäure an die Stelle der
unterchlorigen Säure treten, sondern zieht auf jedes Aequivalent unterchlorigsaure Kalkerde $CaOClO$ noch ein Aequivalent Wasser $HO$ in den
Kreis der chemischen Thätigkeit, welches sich mit der frei werdenden
unterchlorigen Säure zu Chlorwasserstoffsäure und Sauerstoff umsetzt:

$$CaO, ClO + CO^2 + HO = CaO, CO^2 + HCl + 2O.$$

Die Chlorwasserstoffsäure zersetzt nun aber wieder die kohlensaure Kalkerde unter Bildung von Chlorcalcium und Entwickelung von
Kohlensäure

$$CaOC^2 + HCl = CaCl + HO + CO^2,$$

welche ihrerseits einen andern Theil unterchlorigsaure Kalkerde zerlegt
und den Process so lange fortsetzt, bis die bleichende Verbindung vollständig in Chlorcalcium und frei gewordenen Sauerstoff übergeführt ist.
— Hiernach würde die Kohlensäure die Umsetzung der unterchlorigsauren Kalkerde befördern ohne selbst gebunden zu bleiben und eine
sehr kleine Menge derselben würde genügen, um sämmtliche unterchlorige
Säure nach und nach frei zu machen.

Es ist dies aber eine sehr gewagte und willkührliche Interpre-
tation des chemischen Vorganges, welche mit den dabei auftretenden
Erscheinungen und bekannten Thatsachen in keiner Weise harmonirt.
— Wie wiederholt hervorgehoben, ist im trocknen Chlorkalk nicht
unterchlorigsaure Kalkerde, sondern wirklich eine Verbindung von
Chlor mit Kalkerde vorhanden und diese letztere geht auch zunächst
unzersetzt in die Auflösung über, in welcher erst nach und nach, namentlich durch den Einfluss des Lichtes durch das sich fortwährend entwickelnde Chlor unter Wasserzersetzung, unterchlorigsaure Kalkerde gebildet wird. Nach obiger Erklärung könnte sich aus einer Chlorkalklösung nie Chlor, sondern nur Sauerstoff entwickeln, was schon durch
den beständigen Chlorgeruch widerlegt wird. Ferner ist wohl Chlor
namentlich unter dem Einfluss des Lichtes im Stande Wasser zu zersetzen und Chlorwasserstoffsäure und unterchlorige Säure damit zu bilden,
nicht aber vermag die unterchlorige Säure dem Wasser seinen Wasserstoff zu entziehen, sie ist vielmehr in Wasser ungemein leicht löslich,
indem ein Volumen Wasser über 200 Volumen unterchlorige Säure auf-

zunehmen im Stande ist. Endlich ist es nicht richtig, dass der Bleichprocess nur in einer Oxydation des Farbstoffes bestehe, denn wenn
man beim Auswaschen des gebleichten Halbzeuges es unterlässt, ein
Antichlor zuzusetzen, so findet man leicht noch in dem fertigen Papier,
Chlor nicht im freien Zustande, sondern mit organischer Substanz verbunden.

Wir haben durchaus nicht nöthig uns den Process so verwickelt
vorzustellen, wie es Hofmann gethan. Die organischen Farbstoffe sind
im Allgemeinen leicht oxydirbare Körper und verhalten sich ähnlich der
arsenigen, schwefligen Säure, dem Eisenoxydul und anderen, die ebenfalls nicht der Mithülfe der Kohlensäure bedürfen, um durch Chlor höher
oxydirt zu werden. — Die lose Verbindung des Chlors mit der Kalkerde gestattet es, das Chlor als im freien Zustande vorhanden anzunehmen
und die bleichende Wirkung besteht einfach darin, dass das Chlor sowohl
dem Wasser als auch der organischen Substanz Wasserstoff unter Chlorwasserstoffsäure - Bildung entzieht und sauerstoffreichere, theils farblose,
theils auflösliche Verbindungen erzeugt werden. — Man sieht aber auch
und darin besteht der Hauptunterschied der Chlorkalkbleiche und der
Gasbleiche, dass jedes Aequivalent Chlor bei seinem Uebergange in Chlorwasserstoffsäure stets ein Aequivalent freie Kalkerde vorfindet, um damit
Chlorcalcium und Wasser zu erzeugen, so dass am Schluss des Processes und wenn man denselben nicht durch Zusatz von Säure unterstützt, nur Chlorcalcium in der Flüssigkeit vorhanden und die Gegenwart einer freien Säure völlig ausgeschlossen ist, wohingegen beim
Bleichen mit Gas in dem Maasse als der Process fortschreitet, auch die
Quantität freier Salzsäure zunehmen muss.

Wir haben tauben Ohren gepredigt, als wir bereits in der dritten
Auflage dieses Buches die Annahme, dass der Chlorkalk nur in Folge
der Aufnahme von Kohlensäure zersetzt werde und bleiche als eine
irrige bezeichneten. Bourdillat in seinem sehr beachtenswerthen Aufsatz sur le blanchiment du chiffon characterisirt die Bleichsalze folgendermaassen: Ce sont des agents oxydants très-energiques qui détruisent
les couleurs végétales seulement en présence d'un acide; ihm hat
Hofmann Glauben geschenkt und daher die falsche Formel für den
Process. Wir wiederholen aber, dass die Chlorkalklösung auch
ohne jede Mitwirkung irgend einer Säure bleichend wirkt,
wovon man sich leicht überzeugen kann, wenn man in einen kleinen
Kolben etwas Lackmustinktur giesst, die man Behufs Austreibung der

atmosphärischen Luft bis zum Kochen erhitzt hat, den Kolben mit frisch-
gekochtem luftfreien Wasser vollständig füllt, darauf Chlorkalkpulver
hineinfallen lässt und den Kolben mit einem Kork luftdicht verschliesst;
nach kurzer Zeit ist die Lackmustinktur entfärbt. Noch
sicherer gegen den Einwand, dass mit dem Chlorkalkpulver möglicher-
weise etwas kohlensäurehaltige Luft in den Kolben gelangt sei, wiewohl
eine solche Annahme bei dem stets vorhandenen Ueberschuss von Kalkerde im Chlorkalk nicht recht zulässig ist, kann die bleichende Wirkung
des Chlorkalks ohne Luftzutritt nachgewiesen werden, wenn man die
frisch bereiteten und bis zum Kochen erhitzten Auflösungen von Lackmus
und Chlorkalk unter Quecksilber in einen mit Quecksilber gefüllten Glascylinder treten lässt. Auch hier sieht man die anfänglich dunkelblau
gefärbte Flüssigkeit nach Verlauf von einigen Stunden farblos werden,
ohne dass auch nur eine Luftblase im Apparat wahrzunehmen ist. Es
steht mithin fest, dass der Chlorkalk auch ohne Mitwirkung
der atmosphärischen Luft bleichend wirkt.

Hofmann spricht sich in der Deutschen Uebersetzung seines
Werkes p. 111 mit grosser Entschiedenheit gegen die Aufstellung besonderer Bleichbottiche und Bleichholländer aus, indem die Ersparniss
an Chlorkalk, welche dieselben zulassen, reichlich aufgewogen werde
durch die räumliche Erweiterung der Fabrik und die Vermehrung der
Anlage- und Betriebskosten. Er bezeichnet die Annahme, dass Schienen
und Grundwerke der Holländer durch den zerstörenden Einfluss der
Bleichflüssigkeit rascher abgenützt würden, als eine mehr theoretische
als praktische, glaubt, dass selbst die mögliche Einführung von etwas
mehr Eisensalzen in den Stoff, höchstens bei Anfertigung von super-
feinen Papieren sich störend bemerkbar machen könne, da sowohl
schwefelsaures Eisenoxyd als Eisenchlorid als lösliche Salze, beim nachherigen Auswaschen des Zeuges vollständig entfernt würden und räth
schliesslich, mit dem ganzen complicirten jetzigen Verfahren gründlich
zu brechen und bei neuen Anlagen sofort grosse Holländer aufzustellen,
welche gleichzeitig zum Waschen, Mahlen und Bleichen benutzt werden
könnten.

In deutschen Fabriken findet man das Bleichen im Holländer sehr
selten und nur da, wo es entweder an Räumlichkeiten gebricht oder die
Betriebskraft nicht gestattet, grosse Quantitäten Halbzeug vorräthig
zu mahlen.

Das Verfahren ist sehr einfach und erheischt nicht eine Menschenkraft mehr, als die Darstellung ungebleichten Stoffes. Nachdem die Lumpen klar und rein gemahlen, wird der Zu- und Abfluss des Wassers gesperrt, Chlorkalk und die entsprechende Säuremenge unter den oben angegebenen Vorsichtsmaassregeln zugesetzt und bei gehobener Walze der Stoff mit der Auflösung des Chlorkalks so lange durchgeschlagen, bis der gewünschte Grad der Bleiche erreicht ist. Hierauf werden Zu- und Abfluss des Wassers wieder geöffnet und es beginnt von Neuem das Waschen, nach dessen Beendigung der zu Halbzeug gemahlene Stoff entweder in die Ganzzeugholländer oder in die Vorrathsbottiche für Halbzeug abgelassen wird.

Wir geben nun gern zu, dass die zerstörende Einwirkung von Chlor und Säure auf die Schienen in Walze und Grundwerk nicht so bedeutend ist, wie man gewöhnlich annimmt und dass die frühere Vorsicht, Schienen und Grundwerke selbst aus Bronze anzufertigen, um nur jede Möglichkeit auszuschliessen, dass Eisentheilchen in den Papierstoff gelangten, eine übertriebene war. Allein die Betragung der Holländer mit Chlorkalklösung und Schwefelsäure hat den von Hofmann ganz unbeachtet gelassenen Uebelstand, dass die Luft des Holländerraumes stets mit Chlor geschwängert ist und nicht nur die Arbeiter sehr belästigt, sondern auch alle eisernen, in diesem Raum nothwendig vorhandenen Geräthschaften und Werkzeuge, wie Ventil- und Grundwerk-Haken, Brechstangen, Schippen und Schaufeln, Hämmer u. s. w. sehr bald mit einer dicken Rostschicht überzieht. Die Bleichbottiche können sehr wohl in einem von den Fabrikräumen vollständig getrennten und gut ventilirten Gebäude aufgestellt und alles leicht Oxydir- und Zerstörbare davon fern gehalten werden, während das bei den Holländerräumen, die in den ganzen Rahmen der Fabrikation passend eingefügt sein müssen, viel weniger der Fall ist. Was uns aber besonders gegen dieses Verfahren einnimmt, ist die Schwierigkeit, damit ein gutes, stets sich gleichbleibendes Fabrikat herzustellen, denn abgesehen davon, dass namentlich ohne Anwendung von Säure eine sehr grosse Quantität Chlorkalks nöthig ist, um eine kräftige Wirkung zu bedingen und die Zeit des Mahlens nicht allzu bedeutend zu verlängern, und die noch nicht völlig erschöpfte Flüssigkeit beim nachherigen Auswaschen verloren geht, so ist auch auf dieses Auswaschen eine ganz besondere Sorgfalt zu verwenden, wenn nicht für die Haltbarkeit des Leims nachtheilige Folgen erwachsen sollen, und endlich wird eine Verschiedenheit des gebleichten Stoffes bei diesem Verfahren ganz unvermeidlich sein, da bei jeder Holländerleere der Bleichprocess sich wiederholt, und eine gleiche Achtsamkeit auf die Beschaffenheit des Zeuges bei jeder Leere von Seiten des Mühlenbereiters wohl kaum vorausgesetzt werden kann.

Wie bereits erwähnt, hat man zur Beschleunigung des Bleichprocesses von verschiedenen Seiten die Anwendung von schwefelsaurer Thonerde, schwefelsaurer Magnesia und des Chlorzinks an Stelle der freien Säure empfohlen; welches dieser Salze man aber auch wähle, der Bleichprocess selbst wird durch keins derselben ein anderer, als er mit oder ohne Zusatz von Säure war. Immer wird der Process ebenso wie in der Gasbleiche ausschliesslich durch frei werdendes Chlor eingeleitet. Der Process lässt sich für schwefelsaure Thonerde folgendermaassen darstellen:

$$Al^2 O^3,\ 3\ SO^3 + 3\ CaO,\ Cl = 3\ (CaO,\ SO^3) + Al^2 O^3 + 3\ Cl.$$

Orioli und die ihm nachfolgen, stellen sich den Process jedoch anders vor, nach ihnen treten Thonerde und Chlor nicht im freien Zustande aus der ersten Wechselwirkung zwischen schwefelsaurer Thonerde und Chlorkalk hervor, sondern es bildet sich durch einfachen Austausch der Bestandtheile neben schwefelsaurer Kalkerde eine dem Chlorkalk entsprechende Thonerdeverbindung mit Chlor:

$$Al^2 O^3,\ 3\ SO^3 + 3\ CaO,\ Cl = Al^2 O^3,\ Cl^3 + 3\ (CaO,\ SO^3)$$

und von der falschen Voraussetzung ausgehend, der Chlorkalk sei unterchlorigsaure Kalkerde, sprechen sie ebenso von einer unterchlorigsauren Thonerde. Allein der Chemie ist es noch nicht geglückt, weder eine wirkliche unterchlorigsaure Thonerde $Al^2 O^3,\ 3\ Cl O$, noch eine dem Chlorkalk entsprechende Chlorthonerde $Al^2 O^3,\ Cl^3$ darzustellen und dass unter den hier in Rede stehenden Umständen weder unterchlorigsaure Thonerde noch Chlorthonerde gebildet wird, davon kann man sich leicht durch folgenden Versuch überzeugen: Setzt man zu einer Auflösung von schwefelsaurer Thonerde eine filtrirte Lösung von Chlorkalk, so entsteht ein voluminöser, weisser, sich schwer absetzender Niederschlag, in welchem man nach dem Filtriren und Auswaschen mit Leichtigkeit die Gegenwart von Thonerde und schwefelsaurer Kalkerde nachweisen kann. Fährt man aber mit dem Zusatz von Chlorkalklösung zur Lösung von schwefelsaurer Thonerde so lange fort, als noch ein Niederschlag entsteht, filtrirt, versetzt die filtrirte Flüssigkeit mit Salzsäure bis zur sauren Reaction, erhitzt bis zum Kochen und bis jeder Chlorgeruch verschwunden und übersättigt nun mit Ammoniak, so bleibt die Flüssigkeit vollständig klar zum Beweise, dass nicht eine Spur von Thonerde in der filtrirten Flüssigkeit vorhanden war. Hieraus folgt, dass unsere Formel des Zersetzungsprocesses

$$Al^2 O^3, 3 SO^3 + 3 CaO, Cl = 3 (CaO, SO^3) + Al^2 O^3 + 3 Cl$$

vollständig richtig und von der Bildung eines Thonerdesalzes unter diesen Umständen nicht die Rede ist.

Die mit schwefelsaurer Thonerde versetzte Chlorkalklösung ist also wesentlich nichts anderes als eine Auflösung von Chlor in Wasser mit so viel Chlorkalk vermischt, als durch die zugesetzte schwefelsaure Thonerde nicht zersetzt wurde.

Bleibt, wie dies bei der Ausführung des Processes im Grossen nicht anders der Fall sein kann, die ausgeschiedene Thonerde mit der bleichenden Flüssigkeit in Berührung, so wird in dem Maasse, als durch den Bleichprocess selbst sich Salzsäure bildet, ein Theil derselben als Chloraluminium wieder aufgelöst werden, nach der Formel:

$$3 H Cl + Al^2 O^3 = Al^2 Cl^3 + 3 HO.$$

Da aber nicht alles Chlor in Chlorwasserstoffsäure übergeht, sondern zum Theil auch an Stelle des ausgeschiedenen Wasserstoffs tretend sich mit der organischen Substanz verbindet, so wird stets ein dieser Chlormenge entsprechender Antheil Thonerde ungelöst bleiben und von einem Auftreten freier, die organische Faser angreifender Säure kann auch hier nicht die Rede sein.

Dieser in die organische Verbindung eintretende Antheil Chlor ist es nun, welcher durch einfachen Zusatz von kohlensauren Alkalien beim späteren Waschen des gebleichten Stoffes nicht entfernt werden kann, welcher aber in der Masse verbleibend dem daraus gefertigten Papier seine Haltbarkeit raubt und nur wieder durch eine leicht oxydirbare Substanz, wie die schweflige und unterschweflige Säure des Antichlors, der Papiermasse entzogen werden kann.

Wir wiederholen, nicht unterchlorigsaure Thonerde, deren Existenz überhaupt noch fraglich ist, ist in diesem Falle das Bleichende, sondern wie in der Gasbleiche das durch die Schwefelsäure der schwefelsauren Thonerde aus seiner Verbindung verdrängte Chlor.

Ganz dasselbe findet statt bei Anwendung von salzsaurem Zinkoxyd oder schwefelsaurer Talkerde. Von Zinkoxyd ist allerdings das unterchlorigsaure Salz bekannt, während Talkerde (Magnesia) unter ähnlichen Umständen der Einwirkung des Chlors ausgesetzt, eine der

Chlorkalkerde vollständig analog zusammengesetzte Chlortalkerde bildet. Es ist also in diesen beiden Fällen das Auftreten intermediärer Verbindungen nicht ausgeschlossen, ja bei Anwendung von schwefelsaurer Magnesia wird, schon wegen der Schwerlöslichkeit der schwefelsauren Kalkerde, unbedingt in der Auflösung zunächst Chlortalkerde erzeugt werden, die schliessliche Wirkung aber beider Salze wird ganz dieselbe sein, als hätte man eine ihrem Säuregehalt entsprechende Menge Salz- oder Schwefelsäure der Chlorkalkauflösung zugefügt.

Wesentlich verändert hingegen wird der Process, wenn man der Chlorkalklösung Salze der Alkalien zusetzt. — Kaustisches Kali oder Natron mit Chlor in Berührung gebracht, prädisponiren das letztere durch ihre stark basischen Eigenschaften sofort zur Bildung einer Sauerstoffsäure, die je nach den Umständen unterchlorige oder Chlorsäure ist, mit welchen sie sich zu den entsprechenden Salzen verbinden. Leitet man Chlor in eine verdünnte Auflösung von kaustischem Natron, so treten zwei Aequivalente Chlor in Wechselwirkung mit zwei Aequivalenten Natron und es entsteht ein Aequivalent unterchlorigsaures Natron und ein Aequivalent Chlornatrium:

$$2\,NaO + 2\,Cl = NaCl + NaO, ClO.$$

Diese Bildung von Chlornatrium und unterchlorigsaurem Natron findet auch statt, wenn man die Chlorkalklösung mit der Lösung eines Natronsalzes vermischt. Setzt man z. B. der Chlorkalklösung kohlensaures Natron zu, so schlägt sich kohlensaurer Kalk zu Boden und in der Auflösung befinden sich Chlornatrium und unterchlorigsaures Natron:

$$2\,NaO,\ CO^2 + 2(CaO,\ Cl) = 2\,CaO,\ CO^2 + NaCl + NaO,\ ClO.$$

Die unterchlorigsauren Salze geben aber im Allgemeinen ihren Sauerstoff schon beim Erwärmen und noch leichter in Berührung mit oxydirbaren Körpern ab, wobei sie in die entsprechende Haloidverbindung übergehen:

$$NaO,\ ClO = NaCl + 2O.$$

Wendet man mithin von Hause aus unterchlorigsaures Natron zum Bleichen des Halbstoffes an, oder bildet man dasselbe durch Zusatz von kohlensaurer Natronlösung zur Chlorkalklösung, so ist die Einwirkung von Chlor auf die vegetabilische Faser gänzlich ausgeschlossen und der Process wird zum einfachen Oxydationsprocess, indem auf je ein Mischungsgewicht Chlor des Chlorkalks sich zwei Mischungsgewichte

Sauerstoff entwickeln und im Moment ihres Freiwerdens mit dem Farbstoff eine farblose oder lösliche Verbindung eingehen. — Wo es also,
wie beim Bleichen von Geweben, darauf ankommt, sich gegen jeden
schädlichen Einfluss des Chlors möglichst sicher zu stellen, da verdienen
die unterchlorigsauren Salze unbedingt den Vorzug vor den Chlorkalk,
allein der Papierfabrikant besitzt im Antichlor ein hinreichend sicheres
Mittel, das etwa in die Masse übergetretene Chlor wieder daraus zu
entfernen und mag daher in Rücksicht der grösseren Billigkeit sich
nach wie vor des Chlorkalks und der Schwefelsäure zum Bleichen des
Halbstoffes bedienen.

Die hin und wieder gemachten Versuche, denen man einen Werth
für spätere Zeiten immerhin nicht absprechen kann, zum Bleichen des
Halbstoffes Ozon oder übermangansaures Kali anzuwenden, haben noch
so wenig Aussicht auf technischen Erfolg, dass es genügt ihrer hier gedacht zu haben.

# VI. Die Holländer.

Der Holländer (Rührtrog, Roerbak, engine, pile à cylindre) ursprünglich eine deutsche Erfindung, welche aber zuerst in Holland zur Anwendung gekommen, besteht im Wesentlichen aus einer mit Messern versehenen Walze, welche, indem sie sich um ihre Achse bewegt, anderen feststehenden Messern nach Belieben mehr oder weniger genähert werden kann (vergl. Fig. 1 Taf. V.). Man unterscheidet Halbzeug- und Ganzzeugholländer (pile défileuse und raffineuse), von denen ersterer die geschnittenen und gekochten Hadern waschen und das Gewebe wieder auflösen, in einzelne Faden trennen soll, während der letztere, nebst dem Auswaschen des Bleichmittels, die Aufgabe hat, jene Faden zu zerreissen und in einen klaren Brei zu verwandeln. So verschieden diese Functionen sind, so bedingen sich doch keinen wesentlichen Unterschied in der Construction der Maschinen. Geringere Umdrehungsgeschwindigkeit, starke, nicht zu scharfe Messer, mässiges Annähern der Walze an die feststehenden Messer sind die Erfordernisse zur Darstellung des Halbzeuges, während das Mahlen von Ganzzeug eine rasche Umdrehung der Walze, scharfe Messer und Annäherung der Walze an die stehenden Messer bis zur Berührung erheischt. Indem man aber die Geschwindigkeit und Senkung der Walze in seiner Gewalt hat, ist es leicht erklärlich, dass ein und derselbe Holländer zu beiden Zwecken benutzt werden kann und in der That benutzt wird, wiewohl es unbedingt vorzuziehen ist, dies nicht zu thun, sondern für Halb- und Ganzzeug verschiedene Holländer anzuwenden. Die Zahl der zum Betriebe einer Maschine angewendeten Holländer ist sehr verschieden und richtet sich nach der disponiblen Betriebskraft und vor allem nach der Grösse der Maschine; indess dürften 6 Holländer als das Minimum betrachtet werden, wenn die Maschine Tag und Nacht beschäftigt sein soll. Dagegen giebt es Fabriken, wo 12 Holländer und darüber für eine Maschine vorhanden sind; eine grosse Anzahl Holländer hat natürlich den Vortheil, dass die Arbeit in denselben nicht übereilt zu werden braucht und man daher stets ein gutes und gleichmässiges Papier erhalten kann.

Betrachten wir nun die einzelnen Theile eines Holländers, so müssen wir beginnen mit dem

## I. Holländerkasten.

Der Holländerkasten ist ein länglich viereckiger Trog aus Gusseisen, Stein oder Holz, der durch 4 eingesetzte, gehörig ausgeschweifte Eckstücke im Innern ovalförmig gestaltet ist (Taf. V. Fig. 2). Die eisernen Holländer zeichnen sich durch gefällige Form aus, die durch die Verstärkungsrippen auf der circa $^3/_4$ Zoll dicken Wand noch erhöht wird. Sie sind oft aus einem Stück gegossen, oft aus 4—6 Theilen zusammengesetzt. Ein nachtheiliger Einfluss durch Rosten des Eisens ist nur dann zu befürchten, wenn das Bleichen im Holländer vorgenommen wird, also Chlor und Säuren auf das Eisen einwirken; in diesem Falle ist es empfehlenswerth, dem Holländerkasten im Innern einen Ueberzug von gewalztem Blei zu geben. Festigkeit, geringere Raumeinnahme und die grössere Dünne der Wände, welche gestattet, der Walzenstange eine geringere Länge zu geben, wodurch ihre Haltbarkeit erhöht wird, sind Vortheile, die durch ein höheres Anlagecapital nicht zu theuer erkauft werden. Die Grösse der Kasten ist verschieden, je nachdem sie zu Halbzeug oder Ganzzeug bestimmt sind; die ersteren werden meist etwas grösser angefertigt als die letzteren, so wie sich überhaupt eine Neigung zu grösseren Dimensionen bemerkbar macht, wobei jedoch erwähnt werden möge, dass verschiedene Dimensionen in einer und derselben Fabrik möglichst zu vermeiden sind. Die Halbzeugholländerkasten haben gewöhnlich im Lichten eine Länge von 3,2 m., eine Breite von 1,6 m. und eine Höhe von 0,6 m. bis 0,7 m. und fassen alsdann 120 bis 150 Pfd. Lumpen, während die Ganzzeugholländer etwas kleiner sind und nur 70—90 Pfund Papier liefern. Wir halten es nicht für vortheilhaft, diese Dimensionen allzusehr zu überschreiten, denn je grösser der Holländer ist, desto mehr Zeit braucht der Stoff, um zur Walze zurückzukehren, und um so leichter setzt er sich zu Boden und macht ein beständiges Rühren nothwendig. — Auch Piette spricht sich zu Gunsten mittelgrosser Holländer aus, er meint, dass die Vollendung einer Leere bei einem Holländer, welcher 160 Pfd. Papier liefert,

9 Stunden, bei 100 Pfd. Papier 7 Stunden und bei 60 Pfd. 5½ Stunden Zeit erheische und berechnet, dass innerhalb 24 Stunden der erstere 426 Pfd., der zweite 342 Pfd. und der dritte 260 Pfd. trockenen Papierstoff giebt. Der erste braucht aber 6 Pferdekraft, der zweite 4,67, der dritte 4, so dass, wenn man 30 Pferdekräfte als zum Betriebe der Holländer vorhanden annimmt, innerhalb 24 Stunden mit grossen Holländern 2130 Pfd., mit mittleren 2198 Pfd. und mit kleinen 1950 Pfd. erzeugt würden, woraus hervorgeht, dass der Unterschied zwar überhaupt nicht sehr bedeutend ist, dass aber doch in Bezug auf Leistungsfähigkeit die mittleren entschieden den Vorzug verdienen. Der innere Raum des Holländerkastens ist durch eine Scheidewand, welche gleiche Höhe mit dessen äusseren Wänden hat, aber nur den mittleren Theil der Länge einnimmt, in zwei Abtheilungen, Arbeitsseite und Laufseite, geschieden, die an den schmalen Seiten des Kastens mit einander in Verbindung stehen. Diese Mittelwand befindet sich meist 2 bis 3 Zoll, ja oft sogar 6 Zoll ausserhalb der Mitte; in der breiteren Abtheilung, Arbeitsseite, befindet sich die Walze, und es hat diese ungleiche Theilung den Zweck, dass die sich bewegende Masse an der leeren Seite stets höher steht, als an der Walzenseite und daher dieser auch mit einer gewissen, durch die Niveauverschiedenheit bedingten Geschwindigkeit zuströmt.

Brouilhet hat der Scheidewand eine solche Krümmung gegeben, dass dieselbe der äusseren Wand der Laufseite möglichst parallel ist, damit der umlaufende Stoff überall dieselbe Geschwindigkeit annehme und nicht durch Reibung an der inneren Seite zurückgehalten werde. Allein wenn auch eine solche gebogene Wand eine bessere und gleichmässigere Zuführung des Stoffes zur Walze bedingt, so erschwert sie doch andererseits ungemein das Abfliessen der zwischen Walze und Grundwerk hervorquellenden Masse und bedingt gerade da eine Stauung, wo dieselbe am sorgfältigsten zu vermeiden ist.

Eine Abweichung von der eliptischen Form hat man in neuester Zeit bisweilen in England versucht, indem man Holländer construirt hat, welche statt der elliptischen eine ganz runde Gestalt haben und die doppelte bis dreifache Quantität Lumpen fassen. Aussen- und Mittelwand bilden hierbei concentrische Ringe, erstere von gegen 12, letztere von gegen 7 Fuss Durchmesser. Indessen während die Theorie nichts zu Gunsten dieser Construction anzugeben vermag, hat sie sich auch in der Praxis als eine bedeutungslose Neuerung erwiesen.

Unter der Walze ist in dem Kasten eine aus Holz gearbeitete

massive Erhöhung $ff'gg'$ (Fig. 1), der Kropf (Sattel, Berg) eingesetzt.
Die Gestalt desselben ergiebt sich am besten aus der Figur; er bildet von $g'$
bis $g$ eine ansteigende, schräge Fläche, dann unmittelbar unter der Walze
einen mit dieser concentrischen Kreisbogen, und endlich von $f'$ bis $f$
eine zweite abfallende schiefe Ebene, zwischen welcher und dem Kreisbogen, also gerade unter der Walze, das Grundwerk $H$ liegt[1]). Der
übrige Theil des Kastenbodens ist eine horizontale Fläche, nur an zwei
Punkten durch Ventile unterbrochen, von denen das eine zum Fortführen
des Zeuges, das andere zum Ablassen des Wassers beim Reinigen des
Holländers dient. Zur grösseren Reinlichkeit trägt es bei, wenn alle
Holztheile des Kastens, also Scheidewand, Kropf, Boden, mit dünnem
Kupfer, Messing oder Zinkblech beschlagen sind, letzteres jedoch setzt
natürlich voraus, dass nicht im Holländer gebleicht werde.

## 2. Die Holländerwalze.

In der Construction der Holländerwalzen sind sehr viel Variationen
versucht worden, indess hat hier einmal das Alte mit geringer Modification den Sieg über die Neuerungen davongetragen. Die Holländerwalzen waren früher ausschliesslich massiv aus Eichenholz verfertigt,
der die Schienen festhaltende Ring war in das Holz der Walze ver-
senkt, so dass es unmöglich war, die stumpfen Schienen herauszunehmen
und am Stein zu schleifen, sondern dieselben mussten durch Behauen
mit dem Meissel neu geschärft werden, was eine rasche Abnutzung
zur Folge hatte, welche ihrerseits die Herstellung einer neuen Walze
bedingte, denn Ringe und Schienen der alten Walzen konnten nur
durch Zerschlagen derselben herausgebracht werden. Nichts war natür-
licher, als dass man wiederum das nur in grosser Masse Festigkeit ge-
währende Holz durch Gusseisen zu ersetzen suchte, welches mit Festigkeit Zierlichkeit der Arbeit zulässt, eine leicht zu trennende und dennoch
dauerhafte Befestigung der Schienen gestattet und es möglich macht,
die Walze auf runder Walzenstange aufzukeilen, wodurch das schwierige
in die Leerebringen viereckig aufgekeilter Walzen vermieden wird.
Die einfachste und dauerhafteste Construction einer gusseisernen Hol-

---

[1]) Von der Form des Kropfes hängt sehr das gute Arbeiten eines Holländers
ab und sei daher erwähnt, dass es gut ist, wenn erstens die schiefe Fläche $gg'$
nicht zu steil ist, zweitens die Fläche $ff'$ gleichzeitig von der Scheidewand nach
der äusseren geneigt ist.

länderwalze ist auf Fig. 3a und b Taf. V ersichtlich. Die Messer, welche
auf beiden Seiten mit 1 Zoll tiefen und 1 Zoll breiten Einschnitten
versehen sind, werden von zwei auf die Welle aufgekeilten Reifen oder
runden Scheiben festgehalten. Holzfüllungen dienen zur Schliessung
der Walze, sowie um den Messern eine unbewegliche Stellung zu geben.
In sehr vielen Fällen hat man durch zu grosse Zierlichkeit die Festigkeit und den sichern Gang beeinträchtigt, denn eine zu schwache Arbeit
ist bei einer Holländerwalze in doppelter Hinsicht von Nachtheil: einmal
wird dadurch ihre absolute Festigkeit geringer, dann aber wird auch
ihr Gewicht dadurch vermindert, so dass sie dann durch alle stärkeren
und festeren Gegenstände — zusammengeballte Lumpen, Knöpfe, Nägel
u. dergl. — welche sich zwischen die Schienen drängen, in die Höhe
gehoben wird und einen sehr unsichern Gang erhält. Dieser allerdings
durch hinreichend starke Scheiben, namentlich für Ganzzeugholländer,
leicht zu vermeidende Uebelstand, so wie vorzugsweise die leichtere
Darstellung hölzerner Walzen von Seiten der Fabrikanten selbst, sind
die Ursache, dass man in neuerer Zeit hölzerne Walzen wiederum viel
häufiger antrifft, als eiserne.

Auf der gusseisernen Stange, welche in der Länge der Walze quadratisch, übrigens aber rund und nach der Mitte zu etwas stärker als
an den Enden ist, ist ein massiver Eichenklotz von 2—2½ Fuss Länge
mittelst eiserner Ringe und hölzerner und eiserner Keile (vergl. Fig. 1)
dauerhaft befestigt. — Gusseiserne Stangen haben sich besser bewährt
als schmiedeeiserne, indem letztere sich während der Arbeit leicht ver-
biegen, dann aber auch an den Lagerstellen sich leichter ablaufen und
brechen. Nachdem der eichene Klotz auf der Stange gehörig befestigt
und zu einem Cylinder von 1¾ Fuss Durchmesser abgedreht ist, werden
an die Peripherie desselben in bestimmten Abschnitten der Axe parallel-
laufende Nuthen oder Furchen eingeschnitten, welche zur Aufnahme der
Schienen bestimmt sind. Eine jede Nuth enthält 2 oder 3 Messer,
welche durch zwischengetriebene Keile, die ihrerseits durch Nägel oder
besser Schrauben mit dem Walzenkörper verbunden, in fester gegenseitiger Stellung erhalten werden. Die Schienen sind an beiden Enden,
wie in Fig. 3a ausgeschnitten, und der rechte Winkel $abc$ entspricht
einem an beiden Walzenenden abgedrehten rechtwinkligen Falze, welcher
nach dem Einsetzen der Schienen durch einen eisernen Ring ausgefüllt
wird, der, auf die Walze festgeschraubt, das Herausfallen der Schienen
unmöglich macht.

Die Schienen sind entweder aus weichem Stahl oder aus verstähltem Eisen, oder, was man nur noch selten und höchstens bei Ganzzeugholländern trifft, aus sogenanntem Metall einer Legirung aus Zinn und Kupfer. — Vor etwa zehn Jahren wurde zu gleichem Zweck auch das Sterometall ($\sigma\tau\varepsilon\varrho\varepsilon\acute{o}\varsigma$, fest), eine Legirung aus Zinn, Kupfer, Eisen und Zink empfohlen, welche bei grosser Härte und Festigkeit doch leicht zu verarbeiten ist und welcher demgemäss ein grosses Gebiet der Anwendung offen zu stehen schien. Sie hat jedoch wohl den Erwartungen nicht entsprochen und namentlich können wir aus eigner Erfahrung constatiren, dass Lager aus Sterometall sich nicht bewährt haben.

Die Zahl so wie die Entfernung der einzelnen Messer ist bei Halbund Ganzzeugholländern verschieden; man nimmt für erstere gewöhnlich eine geringere Anzahl, 38 bis 48, und lässt sie weiter auseinander stehen. Je zahlreicher und dichter gestellt die Schienen sind, desto schneller verkleinert, unter übrigens gleichen Umständen, der Holländer die Lumpen, aber eine desto grössere bewegende Kraft wird auch erfordert. Für den Halbzeugholländer dürfen die Schienen schon deswegen einander nicht zu nahe stehen, weil für die noch wenig zerkleinerten Lumpen, welche von den Schienen in ihre Bewegung mit hineingezogen werden, ein gehöriger Raum vorhanden sein muss, damit keine Stopfung, also kein zu schwerer Gang der Maschine eintritt. — Bei Ganzzeugholländern befestigt man gewöhnlich je 3 Schienen (Fig. 3b) in einer Nuth und steigert ihre Zahl bis auf 60. — Die Stärke der Schienen muss natürlich bei dem Lumpen zermahlenden Halbzeugholländer grösser sein, als beim Ganzzeugholländer; für jenen nimmt man sie bis zu $\frac{3}{8}$ Zoll, für diesen nur zwischen $\frac{3}{16}$ bis $\frac{1}{4}$ Zoll dick. — Eine wesentliche Bedingung eines guten Ganges ist ferner, dass sämmtliche Schienen gleich weit vom Mittelpunkte der Walze entfernt seien, diese also vollkommen rund laufe. Es wird dies zunächst durch eine gleich saubere Arbeit aller einzelnen Theile bewirkt, dann aber kleine Fehler dadurch beseitigt, dass man die neu eingelegte Holländerwalze einige Stunden lang auf einem Stück Sandstein umgehen lässt, welches die Gestalt des Grundwerks besitzt und an dessen Stelle gelegt wird[1]).

---

[1]) Haben sich die Messer der Walze sehr stark abgenutzt, so müssen sie herausgenommen und von Neuem geschliffen werden. Um das Herausnehmen zu vermeiden, hat man eine kleine Hobelmaschine construirt, welche auf der Walze befestigt wird und die stumpfen Schienen wieder schärft. Allein so bequem eine

So wie das Beschlagen mit Kupfer oder Messing von allem Holzwerke des Kastens die Reinlichkeit und Eleganz des Holländers erhöht, so ist eine solche Bekleidung auch für die ebenen Seitenflächen der Walze zu empfehlen, an welchen es überdies vortheilhaft ist, eine spiralförmige, hölzerne oder eiserne Rippe zur Vermeidung der sogenannten Katzen, d. h. Umwickelungen der Walzenstangen mit Lumpen, anzubringen. Diese Katzen können jedoch nur sehr klein werden und verursachen alsdann keine Störung, wenn die Walze möglichst genau in den Raum zwischen den beiden Holländerwänden passt. — Die gusseiserne Walzenstange ruht auf beiden Seiten in Metalllagern, welche auf hölzernen Tragebänken befestigt sind, die man als einarmige Hebel mittelst Stellschrauben nach Belieben heben und senken kann (vergl. Fig. 4 Taf. V); oder bei eisernen Kästen, wo eine feste Verbindung von gusseisernen Consols mit der Kastenwand leicht zu bewerkstelligen ist, werden die Lager in Gabeln, die ebenfalls mittelst Schrauben beweglich sind, aufgehangen. Diese einseitige Hebung und Senkung der Walze ist nicht nur sehr nachtheilig für die Zähne der Getriebe, welche durch den wechselnden Eingriff stark abgenutzt werden, sondern bewirkt auch dadurch, dass die Schienen der Walze nur an einer Seite denen des Grundwerks genähert werden können, eine ungleiche und mehr Zeit erheischende Mahlung. Man zieht es daher in neuerer Zeit allgemein vor, die beiden Lager der Walzenstange so miteinander zu verbinden, dass sie durch Parallelschraubengewinde oder Hebel gleichzeitig gehoben oder gesenkt werden können[1]).

Gewöhnlich liegt die Walze in der Mitte des Kastens, indess befördert es einen raschen Umschwung des Stoffes, und ist es auch zur bequemeren Verbindung mehrerer Holländer mit demselben Stirnrade von Vortheil, die Walze nicht in die Mitte, sondern fast ans Ende der Mittelwand zu legen, so dass der hintere Theil $gg'$ des Kropfes den Stoff um das Ende der Mittelwand herumführen hilft. — Endlich an

----

solche Maschine auch beim ersten Anblick erscheint, so findet man sie doch verhältnissmässig wenig angewendet und selbst da, wo man sie angeschafft hat, oft wieder bei Seite gestellt. Der Grund hiervon ist einfach der, dass bei einem längeren Gange auch wohl hier und da eine Ausbiegung einzelner Schienen erfolgt, die es wünschenswerth macht, dieselben vor dem Schärfen noch einmal mit dem Hammer zu behandeln.

[1]) Eine sehr einfache und leicht zu handhabende Hebelvorrichtung ist die von Verny construirte. C. Bl. No. 11 1868.

dem äussersten, der Walzenseite entgegengesetzten Ende ist auf der Walzenstange ein gusseisernes Getriebe befestigt, welches in ein grösseres Zahnrad eingreift und die Bewegung desselben der Holländerwalze mittheilt. Von dem Verhältnisse zwischen diesem Getriebe und Zahnrade hängt die Durchschnittsgeschwindigkeit der Holländerwalze ab; je kleiner das Getriebe im Verhältniss zum Zahnrade, je mehr Umgänge also während eines Umlaufes das letztere macht, desto schneller ist die Rotationsbewegung der Walze. Man macht bezüglich dieser Geschwindigkeit wiederum bei Halb- und Ganzzeugholländern einen Unterschied, indem man die Halbzeugholländer etwas langsamer gehen lässt, als die Ganzzeugholländer, so zwar, dass während 150 Umdrehungen in der Minute bei jenen das Maximum sind, diese meistentheils in gleicher Zeit 200 Umdrehungen machen. Indess wo hinreichende Kraft vorhanden ist und die Holländer stark genug gebaut sind, wird durch rascheren Umschwung auch des Halbzeugholländers die Wirkung desselben keineswegs geschwächt, sondern im Gegentheil erhöht. Die Leistung einer Holländerwalze hängt unmittelbar von ihrer Umfanggeschwindigkeit ab, welche für einen gut ziehenden Ganzzeugholländer im Mittel 7,0 m. pr. Secunde betragen soll; je grösser mithin der Durchmesser der Walze ist, desto geringer kann die Zahl ihrer Umdrehungen sein.

In Betreff des Getriebes verdient erwähnt zu werden, dass es für den ruhigen Gang des Holländers nur vortheilhaft ist, dasselbe möglichst stark zu construiren; es wird dadurch das Gewicht der Walze und Stange erhöht und daher jene, wenn irgend ein harter Körper sich unter den Lumpen oder dem Halbzeuge befinden und sich zwischen den Schienen hindurchdrängen sollte, nicht leicht in die Höhe gehoben, wodurch fast immer der Eingriff des Getriebes in das Zahnrad gestört und ein sogenanntes Aufsetzen des Holländers verursacht wird. Daher überhaupt die Tendenz, den Walzen, inclusive Stange und Getriebe, ein möglichst grosses Gewicht zu verleihen, welches namentlich in England oft 15 bis 20 Centner beträgt[1]). Damit nun, wenn dennoch ein Aufsetzen erfolgt, die dadurch in den Zähnen der Räder veranlasste Zerstörung auf ein gewisses Rad beschränkt werde und nicht beide Räder

---

[1]) Wo die Bewegung der Holländer durch eingreifende Räder bewirkt wird, sind jedenfalls schwere Walzen den leichten vorzuziehen, allein wo die Holländer durch Riemen bewegt werden, haben leicht construirte wieder den Vortheil, dass sie länger mahlen und daher ein kräftigeres Papier geben, als schwere Walzen.

gleichzeitig der Abnutzung unterworfen seien, sind die Zähne des Zahnrades aus Holz gefertigt. — Die nachtheiligen Folgen des Aufsetzens können sehr bedeutend werden, denn die anfänglich gehobene Walze wird bald durch das darauf gehobene Getriebe bis auf das Grundwerk herabgedrückt, wodurch natürlich die Schienen verletzt und ein solcher Stoss im ganzen Gewerk bewirkt werden kann, dass die schwächeren gusseisernen Wellen ihm erliegen und zerbrechen. Und da durch die grösste Aufmerksamkeit ein jeweiliges Aufsetzen schwer zu vermeiden ist, so hat man stellenweis die in einander greifenden Getriebe gänzlich verworfen und durch Rieme den Holländern die Bewegung mitgetheilt, in welchem Falle dann statt des Getriebes eine Riemscheibe auf der Holländerstange befestigt ist. Das starke sich Recken der Rieme aber in dem feuchten Holländerraume, und bei der starken Bewegung die schnelle Abnutzung derselben sind Uebelstände, welche einer grösseren Verbreitung dieser Einrichtung bisher hinderlich gewesen sind[1]). Wir geben dem Betriebe der Holländer durch ineinandergreifende Räder entschieden den Vorzug, und wo man sich der Rieme und Scheiben bedient, sollte man mindestens darauf achten, dass die Triebwelle, von welcher die Bewegung auf die Holländer übertragen wird, nicht an der Decke, sondern unter dem Fussboden des Holländerraumes liege, da im ersteren Falle nicht nur der Raum sehr beengt, sondern auch die Bewegung des Arbeiterpersonals zwischen den laufenden Riemen mit Gefahren verknüpft wird.

### 3. Das Grundwerk.

Senkrecht unterhalb der Walzenachse ist die aufsteigende schiefe Ebene $ff'$ durch eine die ganze Breite der Kröpfung einnehmende Vertiefung von dem Kreisbogen getrennt und in diese Vertiefung, zu der

---

[1]) Man hat vielfach versucht, die Lederriemen durch Hanfgurte mit oder ohne Imprägnirung mit Theer oder Kautschuk oder selbst in Verbindung mit Eisendrähten, die in der Kette eingewebt waren, so wie durch Guttapercha- und Seiden-Riemen (Laillet in Strassburg) zu ersetzen, allein nach unserer Erfahrung hat sich Leder bisher noch immer am besten bewährt. — Hier mag zugleich auf die Vorrichtung Heiland's aufmerksam gemacht werden, welche den Zweck hat, einen abgeworfenen Riemen während des Ganges der Transmission wieder auf die Riemscheibe aufzulegen, ohne die Arbeiter den Gefahren auszusetzen, welche gewöhnlich mit dieser Operation verbunden sind. — C. Bl. 1860 p. 46.

man durch eine in der Holländerwand angebrachte, genau zu verschliessende Oeffnung leicht gelangen kann, passt ein mit Schienen oder Messern gefüllter gusseiserner oder hölzerner Kasten, welchen man das Grundwerk oder die Platte nennt und darin durch hölzerne Keile befestigt wird. Die Schienen des Grundwerks, welche, wie aus Fig. 1 ersichtlich, eine solche Stellung haben, dass ihre gerade, nicht abgeschrägte Seite der Richtung entgegengesetzt ist, in welcher die Schienen der Walze sich bewegen, sind aus dem nämlichen Material wie die letzteren, also Eisen, Stahl oder Bronze (Metall) gefertigt. Metallene oder bronzene Schienen in Walze und Grundwerk wurden eine Zeit lang in den meisten besseren Fabriken zu Ganzzeugholländern angewendet: es ist nämlich von grosser Wichtigkeit und trägt ganz besonders zu grösserer Festigkeit des Papiers bei, dass der Zeug nicht zu kurz gemahlen werde; dies geschieht nun allerdings, wenn die Schienen der Walze und des Grundwerks sehr scharf sind und, wie Scheeren wirkend, die durchgeführte Zeugfaser in immer kleinere Stücke zerschneiden. Die Messer der Walze und des Grundwerks sollen die Lumpen bis auf den letzten Augenblick zerreissen, nicht schneiden, und hierzu ist einmal erforderlich, dass die Schienen des Grundwerks denen der Walze parallel stehen, dann aber auch, dass beide nicht allzu scharf sind. Für diesen gewissen Grad von Stumpfheit fand man die sicherste Garantie in der Wahl eines sich leicht abnutzenden Materials, aber eben diese leichte Abnutzung macht, dass bronzene Schienen überhaupt eine häufige Ersetzung durch neue nothwendig machen, und da derselbe Zweck auch durch stumpfe stählerne Schienen erreicht werden kann und dieselben zugleich auch durch grössere Dauer sich vortheilhaft vor den metallenen auszeichnen, so ist der Vorzug, den man ihnen in neuerer Zeit immer allgemeiner giebt, wohl begründet. Die zur Erzeugung eines langen und weichen Stoffes vortheilhafteste Stellung der Grundwerkschienen ist, wie schon erwähnt, parallel den Walzenschienen, und sie üben eine jede die kräftigste Wirkung aus, wenn ihre Schneiden in einer cylindrisch ausgehöhlten Fläche liegen, deren Halbmesser jenem der Walze entspricht. Eine solche Lage der Schneiden wird ebenfalls bei der parallelen Stellung der Schienen am leichtesten herzustellen sein. Die Zahl der Grundwerkschienen ist verschieden, 7 bis 9, wo man dieselben alle gleich lang sein lässt, so dass also die Schneiden in einer Ebene liegen, dagegen 13 bis 20, wo man die Schneiden in eine der Walzenrundung entsprechende vertiefte Fläche legt. Dass diese letztere

Anordnung, wobei das Grundwerk eine Breite von 8 bis 9 Zoll besitzt, der ersteren vorzuziehen ist, bedarf keines Beweises. — Vielen Fabrikanten ist es jedoch mehr um die Quantität als Qualität zu thun, und im Interesse dieser liegt es, die Schienen der Walze und des Grundwerkes stets möglichst scharf zu halten, und den letzteren eine schräge Lage gegen die ersteren zu geben, wodurch dann beide wie Scheeren zusammenwirken. Man hat hier wiederum mancherlei versucht, z. B. bogenförmige Messer, mit ihrer convexen Seite der Richtung der Bewegung zugekehrt; da die Anfertigung dieser Messer jedoch mit nicht geringen Schwierigkeiten verknüpft ist, so zog man es vor, gerade Messer von beiden Seiten aus schräg so in den Grundwerkkasten einzulegen, dass die mittelsten einen Winkel bilden, dessen Scheitel wiederum nach dem Gipfel des Kropfes zu liegt. Allein diese beiden Arten von Grundwerken müssen während der Umdrehung der Walze nothwendig ein Zusammendrängen des Stoffes nach der Mitte zur Folge haben und dadurch einen schweren Gang des Holländers bedingen. Am vortheilhaftesten ist es daher, die parallele Lage der Grundwerkschienen unter sich beizubehalten, wenn man auch den Parallelismus zwischen ihnen und den Walzenschienen aufhebt.

Die Schienen des Grundwerks werden entweder durch Schrauben mit einander befestigt oder erhalten durch hölzerne Keile im Kasten und gegenseitig ihre feste Stellung. Auch diese geringe Arbeit der Befestigung hat man zu umgehen gesucht, indem man Grundwerke aus einem Stück ausarbeitete und mittelst einer Hobelmaschine Furchen von solcher Gestalt einschnitt, dass der Querdurchschnitt der Zahnung einer Säge glich; allein die Schwierigkeit, ein solches Grundwerk, stumpf geworden, wieder zu schleifen, hat diese Idee keinen grossen Anklang finden lassen. — Endlich hat man die bereits erwähnten Uebelstände der einseitigen Hebung und Senkung der Walze auch dadurch zu vermeiden gesucht, dass man der Walzenstange eine feste Lage gab und den Holländerkasten in ein eisernes Gerüst hing, welches man nach Belieben heben oder senken kann, so dass also das Grundwerk, den Bewegungen des Kastens folgend, der bewegliche Theil ist. Bedenkt man aber die Schwere des Kastens an sich, und dass derselbe mit bewegtem Wasser und einem Stoff gefüllt ist, der sich nur mit Mühe zwischen den Walzen und Grundwerkschienen hindurchpresst, so scheint es kaum möglich, der Bewegung des Kastens eine solche Präcision und der Construction eine solche Festigkeit zu geben, dass nicht an die

Stelle jener kleinen Ungenauigkeiten andere treten und häufige Reparaturen nothwendig sein sollten.

Wohl zu beachten dürfte aber die Einrichtung sein, welche Miller und Herbert dem Grundwerke gegeben, und welche ebenfalls die Erhaltung des Parallelismus der Schneiden des Grundwerkes und der Walze bei gegenseitiger Verstellung bezweckt. Das Grundwerk ruht nämlich auf einer keilförmigen, durch Schrauben beweglichen Unterlage, durch deren Verschiebung bei fester Lage der Walze eine beliebige Annäherung oder Entfernung der Schneiden bewirkt werden kann, ohne dass dabei die Richtung derselben gegen einander sich ändert.

## 4. Der Sandfang.

Die aufsteigende Ebene $ff'$ ist bei $n$ ihrer ganzen Breite nach von einer Vertiefung durchschnitten, welche mit einem Drahtsieb oder halbrunden Stäben aus Messingblech, oder mit einer gefurchten Kupfer- oder Bleiplatte bedeckt ist. Diese Vertiefung ist der sogenannte Sandfang, indem vornehmlich Sand und alle schweren Theile, wie Knöpfe, Nadeln u. s. w., aus den unteren Flüssigkeitsschichten, die hier durch Steigung eine Verzögerung ihrer Bewegung erfahren, niederfallen und in dieser Vertiefung sich ansammeln. Der Boden des Sandfängers ist etwas geneigt gegen die äussere Wand des Holländerkastens und kann durch Oeffnen eines Propfens leicht während der Arbeit entleert werden.

Im Halbzeugholländer, in welchem natürlich weit mehr Sand und andere schwere Körper sich absetzen, als im Ganzzeugholländer, hat man stellenweis den ganzen Boden zum Sandfang eingerichtet, indem man denselben mit einem starken Drahtsieb von Messing mit länglichen Maschen von 0,010 m. und 0,005 m. Durchmesser überspannt, welches 0,075 m. vom Boden absteht und von 0,018 m. zu 0,018 m. auf hölzernen Unterlagen ruht. Der laufende Fuss oder 32 cm. eines solchen Siebes kostet bei 20 Zoll Breite oder 53 cm. circa 3 Mark. — Dieses Sieb kann wiederum durch eine durchlöcherte Kupferplatte ersetzt werden.

Im Uebrigen ist dieser Theil des Holländers zu einfach, um uns mit Anführung von Variationen aufzuhalten, an denen es auch hier nicht fehlt, und wir gehen daher sogleich zur Betrachtung des letzten Theiles über.

## 5. Die Haube.

Um das Herumspritzen des Zeuges und den damit verbundenen
Verlust zu vermeiden ist die Walze mit einem hölzernen Kasten, der
Haube oder dem Verschlage, überdeckt, welcher auf einer Seitenwand
des Kastens und der Zwischenwand ruht und durch die beiden einge-
schnittenen Falze stets in derselben Lage festgehalten wird. Innerhalb
der Haube sind zwei, oft auch nur ein Raum $r$ abgegrenzt, dessen eine
der Walze zugekehrte Seite keine andere Wand, als einen schräg in die
Hauben eingeschobenen Rahmen hat, der mit einem Messingdrahtsiebe
bespannt ist. Gegen dieses Sieb, die Scheibe oder Waschscheibe, werden
so lange bei der Arbeit im Holländer das Auswaschen der Lumpenmasse nöthig ist, von der schnell umlaufenden Walze fortwährend Theile
dieser Masse hingeschleudert. Das schmutzige Wasser dringt dabei durch
das Sieb in den Raum $r$ und fliesst aus diesem durch eine an der
Haube befindliche Rinne in ein senkrecht absteigendes, im Innern der
Scheidewand oder an der äusseren Seite des Holländers angebrachtes
Rohr, von welchem aus es mit Vortheil auf die Schaufeln des Wasser-
rades geleitet wird, wenn man es nicht vorzieht, das Waschwasser in
grossen Reservoirs sich ansammeln und absetzen zu lassen, um den aus
verschiedenen Schmutz- und Fetttheilen, untermischt mit feinen Lumpen-
fasern, bestehenden Schlamm als Düngungsmittel zu benutzen. Dagegen
wird zum Ersatz reines Wasser aus einem höher gelegenen Behälter
mittelst eines kupfernen Rohres und Hahnes in solcher Menge zugelassen,
dass der Kasten beständig auf gleicher Höhe gefüllt bleibt. Man lässt
den Zufluss des Wassers wohl auch durch den Boden des Holländerkastens dicht vor dem Kropf stattfinden, wodurch man die Umgangsge-
schwindigkeit erhöhen und den Absatz der Masse vermeiden will. Beides
ist jedoch in einem gut arbeitenden Holländer kein Bedürfniss, und dürfte
diese Anbringung des Zuflusses im Vergleich zu dem freistehenden
Hahne an manchen wesentlichen Uebelständen leiden. Wichtig dagegen
ist es, dass Wasserrohre und Hähne nicht zu eng sind und mindestens
einen Durchmesser von 0,15 m. haben, damit nicht zu grosser Zeitverlust beim Füllen des Holländers stattfinde. Möglichste Reinheit des angewandten Wasser ist eine Hauptbedingung zur Darstellung eines guten
Papiers, daher schon bei der Anlage der Fabrik nicht genug Rücksicht
hierauf genommen werden kann. Von in Quell- oder Flusswasser wirklich

aufgelösten Substanzen hat der Fabrikant im Allgemeinen wenig zu fürchten, und wenn derartige Stoffe in grosser Menge vorhanden sind, ist das Wasser hauptsächlich wegen seines Einflusses auf die Leimung geradezu zu verwerfen. Die Substanzen, welche Brunnen - und Flusswasser aufgelöst enthalten und in angegebener Weise schädlich wirken können, sind vorzugsweise Kalk, Schwefelsäure, Chlor und Eisenoxyd, welche man mittelst der in folgender Tabelle angegebenen Reagentien und dadurch erzeugten Wirkungen leicht entdecken kann.

## Tabelle

zur Untersuchung des Wassers.

| Körper in Auflösung. | Reagens. | Wirkung. |
|---|---|---|
| Kalk | oxalsaures Ammoniak | weisser Niederschlag. |
| Schwefelsäure | Chlorbaryum | weisser, in Wasser und Säuren unauflöslicher Niederschlag. |
| Chlor | salpetersaures Silberoxyd | weisser Niederschlag, im Sonnenlicht schwarz werdend, im Ammoniak löslich. |
| Eisenoxyd | Kaliumeisencyanür (gelbes Blutlaugensalz) | bald oder nach einiger Zeit blauer oder bläulicher Niederschlag. |

Dagegen enthält fast jedes Wasser eine grössere oder geringere Menge organischer und schmutziger Theile in Suspension, zu deren Entfernung man in den meisten Fällen genöthigt ist, sämmtliches angewandte Wasser zu filtriren. Ausgezeichnete Dienste leisten hierbei Filtra von Sand, allein sie lassen das Wasser zu langsam durch und müssen mithin sehr gross angelegt werden, und andererseits ist ihre Reinigung und Erneuerung nicht ohne Unbequemlichkeiten, daher man faustgrossen Feldsteinen den Vorzug giebt[1]). Es wird eine Kastenreihe von 3 oder 4 und nach Bedürfniss noch mehr Kästen mit solchen Steinen angefüllt

---

[1]) Ein allen Anforderungen in Bezug auf die Reinigung des Wassers von allen mechanischen Beimengungen vollständig entsprechendes Filtrum haben Planche und Rudel construirt. C. Bl. 1865 No. 12. — Der Apparat von Letellier, welcher neben den nur suspendirten auch die wirklich aufgelösten das Wasser unbrauchbar machenden Substanzen bezweckt, J. d. F. 1875 No. 5, verdient Erwähnung, dürfte aber als zu complicirt schwerlich in der Praxis sich bewähren.

und alles anzuwendende Wasser genöthigt, durch diese Kastenreihe hindurchzugehen, was ganz einfach dadurch geschieht, dass der letzte Kasten mittelst eines Rohres mit den Saugpumpen in Verbindung steht, welche von der vorhandenen Betriebskraft in Bewegung gesetzt werden und das Wasser in jenes höher gelegene Reservoir heben, von welchem aus die Holländer damit gespeist werden. Sehr gut bewährt haben sich zu gleichem Zweck auch Filter von Scheerwolle oder langgemahlenem Halbzeug aus wollenen Lumpen, welche, in Rahmen eingespannt, in Kästen eingesetzt werden, durch welche das Wasser hindurch muss. Um endlich alle noch in das Reservoir hineingefallenen Blätter, Staub u. s. w. von der Zeugmasse abzuhalten, werden an dem Zuströmungs- hahn Beutel von Filz, Müllertuch oder auch kleine Kästen befestigt, deren Boden aus Messinggewebe (von den auf der Maschine schadhaft gewordenen Metalltüchern) besteht. Ist der Stoff im Holländer hinläng- lich gewaschen, so schliesst man den Wasserhahn und schiebt vor die Scheibe *e* ein mit keiner Oeffnung versehenes Brett *d,* die sogenannte blinde Scheibe ein, welches das von der Walze darauf geworfene Zeug zurücklaufen lässt, ohne ihm das Wasser zu entziehen. Der technische Ausdruck hierfür ist: man verschlägt den Holländer[1]).

---

[1]) Wasser consumirt eine Papierfabrik enorm viel, Piette rechnet auf 1 Ko. Papier 1400 l. Wasser, und es ist sehr wichtig, dass es nie daran fehle, denn mit gutem und schnellem Waschen hängt Qualität und Quantität des Productes auf's Engste zusammen, daher die Beschaffung und Herstellung einer guten Pumpe oft nicht die kleinste Sorge des Fabrikanten ist. Wir können an dieser Stelle nach eigener Erfahrung den auf dem Princip der Centrifuge beruhenden Schilling'- schen Wassertreiber auf's Wärmste empfehlen. Wir sind weit davon entfernt, zu glauben, dass die Idee desselben von Schilling selbst herrühre und muthen ihm auch nicht zu, mit 2 Pferdekraft zu leisten, was nach einfacher Rechnung 6 Pferde erfordert, allein wir können versichern, dass die fast stets an derartigen Maschinen vorhandenen Uebelstände, wie unruhiger Gang, Abnahme des Nutz- effects und leichte Abnutzung einzelner Theile, hier vollständig vermieden sind. — Eine auf demselben Princip beruhende rotirende Pumpe ist von Gwynne con- struirt und im Centralblatt 1861 p. 278 beschrieben und empfohlen; sie ist von kleineren Dimensionen und kostet bedeutend weniger. Wir kennen dieselbe nicht aus eigener Erfahrung, wissen aber, dass die kleinen Centrifugalpumpen von Frank in Berlin, die ähnlich construirt sein dürften und noch billiger sind, sich in vielen Fällen nicht bewährt haben, denn es bedürfen diese kleinen Maschinen eine zu grosse Umdrehungsgeschwindigkeit, die natürlich mit mancherlei Uebel- ständen verknüpft ist. — Die Centrifugalpumpe von Neuf und Dumont, welche in Frankreich sehr verbreitet und im J. des F. 1868 No. 11 beschrieben ist, weicht sehr wenig von dem Schilling'schen Wassertreiber ab.

Die hier besonders hervorgehobenen Theile sind an jedem Holländer anzutreffen; wir werden aber bald sehen, dass durch mancherlei Vervollkommnungen in neuester Zeit die Arbeit der Holländer sehr beschleunigt und verbessert worden ist.

## Die Arbeit im Holländer.

Nachdem der Holländerkasten mit einer hinreichenden Menge Wasser sich angefüllt hat, werden die geschnittenen und gekochten oder nicht gekochten Hadern zugeschüttet, die zunächst von Schmutz oder durch's Kochen hineingebrachten Substanzen durch Waschen gereinigt werden müssen. Zu dem Ende ist die Walze $A$ in die Höhe gehoben und von dem Grundwerk entfernt. Nachdem man die Bewegung des Wassers und Stoffes mittelst eines Rührscheites eingeleitet, wird dieselbe von der um ihre Achse rotirenden Walze fortgesetzt. Wasser und Lumpen, der Bewegung der Walze folgend, steigen die schiefe Ebene $ff'$ in die Höhe, gehen zwischen Walze und Grundwerk hindurch, werden in der cylindrischen Aushöhlung des Kropfes von den einzelnen Messern gegriffen, in die Höhe gehoben und gegen die obere Decke der Haube, so wie gegen die beiden Waschscheiben geworfen, das Wasser geht durch diese hindurch, wogegen die Lumpen zurückprallen und zum Theil wiederum vor der Walze niederfallen, zum Theil aber, über den höchsten Punkt des Kropfes weggeführt, auf die absteigende Ebene $gg'$, und von da an die andere Seite der Scheidewand gelangen. In kurzer Zeit werden durch die rasche Bewegung der Walze grosse Massen von Wasser und Lumpen herangezogen, so dass durch das Streben nach Gleichgewicht sehr bald eine Bewegung der Flüssigkeitsmaasse in der Richtung des Pfeiles hergestellt und dieselbe Lumpe wiederholentlich von den Messern ergriffen, gegen die Waschscheiben geworfen und von dem schmutzigen Wasser befreit wird. Nach Verlauf von einer Stunde, wobei natürlich Reinheit und Beschaffenheit der Lumpen sehr in Betracht kommen, lässt man die Walze sich dem Grundwerke nähern und setzt unter gleichzeitigem Zerreissen der Lumpen das Waschen fort[1]). — Während des

---

[1]) Der Umstand, dass der an der äusseren Peripherie laufende Stoff einen längeren Weg zurückzulegen hat, ehe er wieder von der Walze erfasst wird, als der an der mittleren Scheidewand sich fortbewegende, bewirkt sowohl im Halb- als Ganzzeugholländer die Bildung von Zonen verschieden weit in der Verarbeitung vorgeschrittenen Stoffes, die nur durch ein fleissiges Rühren vermieden

Waschens wird, wie schon erwähnt, das abfliessende Wasser stets durch neues ersetzt, und es ist klar, dass je mehr schmutziges Wasser auf einmal entfernt wird und reines zuströmt, desto rascher wird der Waschprocess beendet sein. Bei der eben beschriebenen Waschmethode wird ferner, wenn dieselbe bei Halbzeug oder theilweis zerrissenen Lumpen angewendet wird, ein bedeutender Stoffverlust dadurch verursacht, dass die feineren Theile mit grosser Heftigkeit gegen die Waschscheiben geschlagen, durch diese hindurchdringen und verloren gehen. Zur Beschleunigung der Arbeit und zur Vermeidung dieses Verlustes hat man eigene Waschtrommeln construirt, wie solche sich in Fig. 1 und 4 Taf. V. mit verzeichnet finden. Die Achse dieser Trommel $O$ ruht in den kleinen Lagern $p$ und erhält vermittelst einer an der äusseren Seite auf die Achse befestigten Riemscheibe vom allgemeinen Triebwerke eine solche Bewegung, dass sie etwa 30 Umdrehungen in der Minute in der Richtung des Pfeiles macht.

Die Waschtrommel selbst besteht aus zwei kreisrunden Kupferscheiben, welche die beiden Endflächen bilden, und 4 der die beiden Kupferscheiben verbindenden Cylinderfläche zugekrümmten Blättern, die sowohl mit diesen Scheiben als auch mit der Achse der Trommel fest verbunden sind. Die cylindrische Oberfläche wird aus zwei über einander gelegten Metallgeweben von verschiedener Stärke gebildet, von denen das gröbere das äussere ist. Die der Scheidewand zunächst liegende Scheibe ist in der Mitte mit einer Oeffnung versehen, an welche das Rohr $o$ angelöthet ist. — Da nun die Waschtrommel in die Flüs-

---

werden kann. Um in dieser Beziehung von der Aufmerksamkeit der Arbeiter unabhängig zu sein, hat Paul Breton einen mechanischen Stoffrührer construirt, der sich durch Einfachheit und leichte Anbringung auszeichnet und namentlich für Ganzstoffmühlen mit Recht empfohlen werden kann.

Dieser kleine Apparat besteht aus einem an dem Troge angeschraubten Gerüste aus Gusseisen. Dieses Gerüste trägt eine horizontale Welle an seinem oberen Theile, die ihre Bewegung durch einen direct an die Stoffmühlwelle aufgelegten Riemen erhält und sie auf eine vertical stehende Axe fortpflanzt, an deren unterem Ende ein hölzernes Brettchen befestigt ist, dessen rotirende Bewegung das Umrühren bewirkt; dieses Brettchen steht so, dass es den Rand des Troges vollständig unberührt lässt.

Die Anbringung des Rührers kann an jeder Ganzstoffmühle sehr leicht und ohne Störung erfolgen; sie gestattet, die Stoffmühle leicht zu leeren und zu füllen. C. Bl. 1866 No. 5.

sigkeit des Holländerkastens eintaucht, so wird auch ununterbrochen dieser eintauchende Theil mit Wasser, welches die Metallgewebe durchlassen, erfüllt sein, und ist der Holländer in Arbeit und die Waschtrommel in Bewegung, so wird jedes gekrümmte Blatt eine gewisse Quantität Wasser nach der Achse der Trommel leiten, wo es durch die Oeffnung und Röhre $o$ wieder aus der Trommel heraustritt; es wird von $o$ auf die Rinne $Q$ ausgegossen, von wo es durch das Rohr $q$ fortgeführt wird. Ist der Waschprocess beendet, und schliesst man den Zufluss von Wasser, so wird gleichzeitig der Abfluss durch Entfernung der zu diesem Endzweck beweglichen Rinne $Q$ gehemmt, da alsdann das aus der Trommel ausströmende Wasser einfach in den Holländerkasten zurückfällt.

Es erscheinen diese Waschtrommeln in der That als eine sehr wesentliche Vervollkommnung, denn indem man zunächst das schmutzige Wasser gleichzeitig durch die Waschscheiben und die Waschtrommel abfliessen lässt, bewirkt man einen sehr starken Wasserwechsel und dadurch natürlich schnelle Reinigung, so dass man die Walze des Halbzeugholländers bereits nach 45 Minuten dem Grundwerke nähern kann. Sobald dies aber geschieht, wird durch Schliessung der Waschscheiben jeder Verlust an zerrissenem Zeuge vermieden und das Waschen nur durch die Trommel bewirkt. — In den Ganzzeugholländern, wo man nun die Waschscheiben gänzlich wegfallen lassen kann, treten beide Vortheile noch deutlicher hervor: einmal geht kein Stoff verloren und zweitens kann die Walze sogleich auf das Grundwerk gesenkt werden, was ohne Waschtrommel erst nach völligem Auswaschen der Bleichflüssigkeit geschehen durfte. — Bei gehöriger Benutzung dieser Trommel beträgt die Stofferparniss gegen 6 bis 8 pCt., die Zeitersparniss gegen 15 pCt. im Vergleich zu der Anwendung von Waschscheiben, in der That ein sehr bedeutender Vortheil. Nichtsdestoweniger haben diese Waschtrommeln in Deutschland theils schwierig Eingang gefunden, theils sind sie selbst in Fabriken, in denen sie bereits angewendet wurden, wieder verworfen worden. Es wird hierfür öfters als Grund angegeben, dass das Werfen des Zeuges gegen die Waschscheibe eine kräftigere Wäsche gebe; derselbe erscheint jedoch nicht recht stichhaltig, denn der Zeug wird bei Anwendung der Waschtrommeln ja immer noch gegen die blinden Scheiben geworfen. Wahrscheinlicher scheint es uns, dass Mangel an hinreichendem Wasser, welches sie allerdings in bedeutender Menge consumiren, in den meisten Fällen der Grund ihrer Verwerfung war,

auch mag wohl hin und wieder der Zug im Holländer durch sie gestört worden sein[1]).

C. F. Meissner hat die Construction dieser Waschtrommeln wesentlich zu vereinfachen gesucht: nach ihm hat die Trommel keine eigene
Bewegung, durch welche sie störend auf den Gang des Holländers einwirken könnte, sondern dieselbe wird einfach mehr oder weniger tief, nach
der Stärke der Betragung in die circulirende Masse eingetaucht und erhält
von dieser selbst ihre Bewegung. Die vier gekrümmten, zum Schöpfen
des Wassers bestimmten Kupferbleche fallen fort, und wird das Wasser
mittelst eines Heberrohrs entfernt, dessen kürzeres Ende durch eine
Oeffnung in der Mitte der äusseren Scheibe in die Trommel eingeführt
wird und dessen längeres mit einem Hahn versehenes Rohr bis unter
den Dielenboden des Holländerraumes reicht. Nachdem der Heber mit
Wasser gefüllt worden ist, öffnet man den Hahn und regulirt Ab- und
Zufluss des Wassers so, dass sie beide einander gleich sind, worauf
der Apparat ohne weiteres Zuthun zu wirken fortfährt. Statt des Hahnes
hat Meissner später ein Ventil angewendet, jedoch geben wir ersterem
den Vorzug, weil mit ihm eine genaue Regulirung viel leichter ist und
beim Anlassen des Apparates kein Zeitverlust stattfindet. Als Vortheile
dieser neuen Waschtrommeln werden hervorgehoben: 1. Es werden durch
die sanfte Bewegung der Trommel sowohl als auch durch die beständige und gleichmässige Entfernung des Waschwassers selbst die feinsten
Stofftheilchen vom Siebe zurückgehalten. 2. Der Apparat kann, je nach
Belieben, die grössten als auch die kleinsten Mengen Waschwasser
entfernen, ohne Störung der Wirksamkeit. 3. Es werden Triebkraft,
Räderwerk und Riemen erspart, wie solche zur Bewegung der älteren
Waschtrommeln nöthig waren. Ausserdem leidet auch der Siebüberzug
der Trommel viel weniger, da zwischen ihm und dem Stoff keine Reibung
stattfindet. Wir dürfen aber nicht verschweigen, dass diese Trommeln
nicht ohne Mängel sind und eine grosse Aufmerksamkeit von Seiten
des Mühlenbereiters in Anspruch nehmen. Denn 1. muss der Zufluss
des Wassers sehr genau dem Abfluss entprechen, sonst wird die Trommel
leer, der Heber zieht Luft und hört auf zu wirken. 2. Durch das geringste Hemmniss, besonders wenn von Lumpen gemahlen wird, bleibt

---

[1]) Millbourn (Polytechnisches Journal von Dingler, Bd. CV. p. 403) bringt
die Waschtrommel ganz in der Nähe des Kropfes an und glaubt dadurch ihre
Wirkung zu erhöhen, was wohl zu bezweifeln ist.

die Trommel stehen und wirkt alsdann natürlich nur nachtheilig auf
den Gang des Hollländers. 3. In dem Zwischenraum zwischen Trommel
und Holländerwand, mag er eng oder weit sein, rollt sich der Zeug
fortwährend zusammen und setzt hierdurch nicht nur der Rotation leicht
ein Hinderniss entgegen, sondern verursacht auch eine Ungleichheit des
Stoffes.

Die Arbeit im Halbzeugholländer dauert ungefähr 2 Stunden, kürzer
für weiche und reine, länger für grobe und schmutzige Lumpen, und
man hält zum Betrieb eines solchen Holländers eine Kraft von 5 Pferden
erforderlich.

Der gewonnene Halbzeug wird nun entweder sofort in den Ganzzeugholländer abgelassen und weiter verarbeitet, oder ist er zum
Bleichen bestimmt, auf die eine oder die andere der in Abschnitt V.
weitläufig auseinander gesetzten Methoden behandelt. Soll der Halbzeug
in der Chlorkalkbleiche gebleicht werden, so mahlt man ihn gewöhnlich
etwas feiner, als wenn er für Gasbleiche bestimmt ist.

Der gebleichte Halbzeug wird darauf im Ganzzeugholländer einer
ähnlichen Behandlung unterworfen, wie die Lumpen im Halbzeugholländer,
denn auch hier ist die erste Aufgabe, durch Waschen die zum Bleichen
angewandten Substanzen, so wie etwa vorhandene freie Säure und Chlor
aus dem gebleichten Halbzeuge zu entfernen, da diese entschieden einen
nachtheiligen Einfluss auf die Haltbarkeit des aus solchem Stoffe angefertigten Papiers ausüben.

Die Quantität der auszuwaschenden Substanz wird aber sehr vermindert, daher der Process des Waschens sehr beschleunigt, wenn man
den in irgend einer bleichenden Flüssigkeit, Chlorwasser, Chlorkalkauflösung mit oder ohne Säure gebleichten Halbzeug nach dem Bleichen
in gleicher Weise auspresst, wie den zur Gasbleiche bestimmten Halbzeug vor der Bleiche. Hierdurch wird einmal die noch bleichend wirkende Flüssigkeit fast vollständig wieder gewonnen und dann dem
Holländer das Auswaschen von so geringen Quantitäten für die Haltbarkeit des Papieres schädlicher Substanzen zugemuthet, dass man der
Anwendung chemischer Reagentien gänzlich überhoben ist, um die Wirksamkeit derselben zu zerstören.

In manchen Fabriken hat man zum Auswaschen des Halbzeuges
besondere Holländer aufgestellt, die dann gewöhnlich um eine Holländer-
höhe höher stehen, als die Ganzzeugholländer, so dass der ausgewaschene
Zeug unmittelbar in diese abgelassen werden kann. Die Ganzzeughol-

länder sind dann nur zum Mahlen eingerichtet, sie haben weder Waschtrommeln noch Waschscheiben, sondern nur eine eng um die Walze
anschliessende Haube. — Die Waschholländer können, da sie ihrerseits
nicht zum Mahlen bestimmt sind, nur leicht gebaut und mit leichter
Walze versehen sein, so dass sie durch geringe Kraft, mittelst Riemscheiben in Bewegung zu setzen sind.

Die Aufstellung solcher besonderen Waschholländer setzt sehr grosse
Räumlichkeiten und einen Ueberfluss an Betriebskraft voraus, jedoch wo
diese beiden vorhanden sind, kann sie auf die Fabrikation nur einen
günstigen Einfluss ausüben, da unbedingt jede einzelne Operation, wie
das Waschen und Mahlen, mit grösserer Sorgfalt geleitet werden wird,
wenn sie in getrennten Apparaten vorgenommen werden, als wenn ein
und derselbe Apparat zu beiden Zwecken gleichzeitig dient. Die Höhe
ihrer Aufstellung macht es leicht, das von ihnen abfliessende Wasser
als Waschwasser im Halbzeugholländer zu benutzen, wo es durch seinen
Gehalt an bleichender Substanz viel wirksamer als reines Wasser ist. —
Früher war man stets darauf bedacht, die Halbzeugholländer höher zu
stellen, als die Ganzzeugholländer, um den Zeug beim Leeren der ersteren
unmittelbar in die letzteren leiten zu können, doch in neuester Zeit, wo
man fast jeden Halbzeug zu bleichen genöthigt ist, ehe man ihn im
Ganzzeugholländer weiter verarbeiten kann, möchte es fast vortheilhafter
erscheinen, die Halbzeugholländer tiefer zu stellen, als die Ganzzeugholländer, dann könnte man eben stets das Waschwasser des Ganzzeug-
holländers zugleich auch zum Waschen der Lumpen im Halbzeugholländer
verwenden.

Wo man über unbestimmte Quantitäten filtrirten Wassers zu verfügen hat, dürfte der allerdings in Deutschland noch wenig angewandte
Jouhand'sche rotirende Waschapparat den Vorzug vor den Wasch-
holländern verdienen. Eine Seitenansicht dieses Apparates ist in Taf. IV.
Fig. 14 dargestellt; derselbe ist so einfach, dass er nur wenige Worte
der Erklärung bedarf. Er besteht aus einem Drathcylinder mit Holz-
gestell, welcher von der Riemscheibe $F$ aus in mässiger Geschwindigkeit
um die Achse $AA$ bewegt wird. Die cylindrische Oberfläche besteht
aus zwei Drathgeweben, wovon das eine No. 60 fein genug, um den
Stoff zurückzuhalten, ohne dem Wasser den freien Durchgang zu verwehren, durch ein stärkeres No. 10 unterstützt und in seiner Lage erhalten wird. — In der Mitte des Cylinders befindet sich die Oeffnung $E$
zum Eintragen des Stoffes, aus welcher schliesslich bei fortgesetzter

Rotation auch die Entleerung erfolgt. Etwa 20 cm. oberhalb des Siebes läuft der ganzen Länge nach eine hölzerne Rinne hin, welche beständig mit Wasser gefüllt wird, welches sich durch einen Schlitz am Boden auf den Cylinder ergiesst, in diesem mit dem Stoff gemischt wird und am unteren Theil in Regenform wieder abfliesst. Die Erneuerung des Waschwassers erfolgt hierbei selbstverständlich viel schneller als in einem Holländer und der Waschprocess ist bei geringem Kraftverbrauch in einer halben Stunde beendet, während er im Holländer die doppelte Zeit beansprucht. — Die Dimensionen des Waschcylinders hängen lediglich von den vorhandenen Räumlichkeiten und sonstigen Verhältnissen ab; Jouhand giebt ihm 1,6 m. Länge bei 0,90 m. Durchmesser, wobei er darauf Rücksicht genommen hat, dass die ausrangirten Metalltücher der Papiermaschine als feinster Ueberzug des Cylinders benutzt werden können.

Ein möglichst sorgfältiges Waschen des gebleichten Halbzeuges ist unerlässlich, denn die geringste Menge Schwefelsäure, welche in dem Ganzzeuge bleibt, wird dadurch, dass sie schwerer als Wasser sich verflüchtigt, und daher beim Trocknen des Papiers immer concentrirter und fähig wird, zerstörend auf die organische Faser zu wirken, ausserordentlich nachtheilig für die Haltbarkeit des Papieres; dasselbe gilt von freier Salzsäure und auch von Chlor, welches, noch ehe der Ganzzeug in Papier umgewandelt ist, sich mit der organischen Substanz verbindet und später als Salzsäure wieder zum Vorschein kommt.

Um sich gegen diese schädliche Wirkung freier Säure sicher zu stellen, ohne den Waschprocess allzusehr in die Länge zu ziehen, genügt es, der Masse im Holländer eine geringe Quantität kohlensaures Natron oder Kali (Soda oder Pottasche) zuzusetzen. Unter Entwickelung von Kohlensäure werden neutrale schwefelsaure oder salzsaure Salze von Kali oder Natron gebildet, welche, auch wenn nicht vollständig entfernt, keinen nachtheiligen Einfluss auf das Papier ausüben.

Der Antheil Chlor aber, welcher den Wasserstoff verdrängend an dessen Stelle in die organische Verbindung eingetreten, kann auf diese einfache Weise nicht beseitigt werden, wiewohl sein Verbleib in der Masse die Haltbarkeit des Papiers sehr bald untergräbt. — In diesem gebundenen Zustande nämlich wird das Chlor von kohlensauren Alkalien und chemisch ähnlich wirkenden Körpern nicht aufgenommen, und man mag Papierstoff, welcher Chlor in diesem Zustande enthält, noch so lange mit jenen Substanzen waschen, so wird man dadurch nicht ver-

meiden, dass nach einiger Zeit dennoch das Chlor als Chlorwasserstoffsäure zum Vorschein kommt und seine zerstörende Wirkung auf das
nun fertige Papier ausübt. — Man kann sich leicht von der Wahrheit
des hier Gesagten überzeugen, wenn man ein Papier, zu dessen Darstellung viel in der Gasbleiche gebleichter Halbzeug verwendet worden,
mit destillirtem Wasser oder einer Auflösung von kohlensaurem Natron
behandelt; es wird keine Spur von Chlor, die durch eine Auflösung von
salpetersaurem Silberoxyd leicht zu erkennen wäre, an dieselben ab-
treten, wogegen sich der Chlorgehalt in der Asche sehr deutlich wird
nachweisen lassen, wenn das Papier nach dem Eintauchen in eine verdünnte Lösung von reinem kohlensaurem Natron getrocknet und dann
verbrannt wird. Auch wenn man das Papier mit einem dünnen Stärkekleister überstreicht, dem man etwas Jodkalium zugesetzt hat, so wird
eine violette oder blaue Färbung des Kleisters ebenfalls den Chlorgehalt
des Papieres beweisen.

Es ist nämlich das Jod ein ausserordentlich empfindsames Reagens
auf Stärkemehl und umgekehrt, indem, wo immer diese beiden Körper
im freien Zustande mit einander in Berührung kommen, sie je nach
ihrem beiderseitigen Concentrationszustande eine violette, tief dunkelblaue, ja schwarze Verbindung herstellen. Im Jodkalium ist, wie schon
der Name andeutet, das Jod an Kalium gebunden und kann in diesem
Zustande nicht auf Stärkemehl einwirken; kommt aber Chlor mit Jodkalium in Berührung, so wird Chlorkalium gebildet und Jod in Freiheit
gesetzt, welches sich sogleich an der Färbung des Stärkemehls zu erkennen giebt. Es ist daher ein dünner, mit Jodkaliumauflösung ver-
setzter Stärkemehlkleister (1 Theil Stärkemehl in 3 Theilen kochenden
Wassers aufgelöst und 1 Theil Jodkalium zugesetzt, in gut verschlossener
Flasche aufbewahrt) das beste Mittel, um sich zu überzengen, ob ein
Papier Chlor in solchem Zustande enthält, der für die Haltbarkeit von
Nachtheil sein kann[1]). Es wird das zu prüfende Papier, gleichviel,
ob geleimt oder ungeleimt, mit jenem Kleister überstrichen und nach
einiger Zeit zeigt sich bei Vorhandensein des Chlors eine deutliche
violette oder blaue Färbung. Es braucht kaum erwähnt zu werden, dass,
wenn man beim Auswaschen des Halbzeuges die Entfernung des freien

---

[1]) Man kann auch das Papier nur mit einer Auflösung von Jodkalium benetzen; erscheinen hier und da dunkele Flecke, so enthält das Papier freies Chlor
oder freie Säure, die Reaction ist jedoch nicht so in die Augen fallend, wie obige.

Chlors und der Säuren durch Zusatz von Soda beschleunigte und das Papier daher Chlornatrium enthält, dieses Chlor des Chlornatriums durch jenen Kleister nicht angezeigt wird, da es ja bereits in fester Verbindung sich befindet, in welcher es aber auch keinen in irgend einer Art nachtheiligen Einfluss auf die Haltbarkeit des Papiers ausübt. Es schien indess nöthig, hierauf aufmerksam zu machen, damit, wenn Stärkekleister kein Chlor angezeigt hat und solches dennoch in der Asche des Papiers gefunden worden ist, man nicht geneigt sei, der Methode den Vorwurf der Ungenauigkeit zu machen.

Die Darstellung des Jodkalium-Stärkekleisters ist so einfach, dass wohl kaum ein Papierfabrikant eine Schwierigkeit darin erblicken dürfte, dass er wegen seiner geringen Haltbarkeit, namentlich im Sommer, genöthigt ist, sich dieses Reagens vor jedesmaligem Gebrauch frisch anzufertigen, allein auch dieser kleinen Mühe ist derselbe überhoben, wenn er sich der von A. Genlis empfohlenen, die gleiche Reaction hervorrufenden und mit gleicher Empfindlichkeit grössere Unveränderlichkeit verbindenden Composition bedient. Bekanntlich besitzt Chlorzink in hohem Grade die Eigenschaft, die Gährung zu verhindern, und, wie Béchamp gezeigt hat, auch die Stärke aufzulösen, ohne dass die letztere in der Fähigkeit beeinträchtigt würde, durch Jod blau gefärbt zu werden. Mit Benutzung dieser Eigenschaften kann man ein Reagens herstellen, das sich lange unverändert erhält und ebenso empfindlich ist als das bisher gebräuchliche. Genlis setzt sein neues Reagens aus 5 g. Stärke, 20 g. Chlorzink und 100 g. Wasser zusammen, kocht diese Substanzen eine Stunde lang in einem Glasballon und fügt nach dem Erkalten 2 g. Jodzink zu, welches letztere in so viel Wasser gelöst ist, dass man 1 l. Flüssigkeit erhält. Das Jodzink wird durch directe Einwirkung von Jod auf metallisches Zink erhalten. Das neue Reagens wird gerade so angewendet, wie das gewöhnliche und giebt noch eine deutliche Reaction bei einem Gehalt von $\frac{1}{10{,}000{,}000}$ Chlor. Zu berücksichtigen ist noch, dass der gebleichte Stoff selbst nach Anwendung des Antichlors mit dem Reagens zu prüfen ist, nicht aber blos das Wasser, mit dem er gewaschen worden ist, da er noch eine bedeutende Menge Chlor enthalten kann, ohne dass das Waschwasser eine Spur davon zeigt.

Die Gegenwart vom Chlor im Papierstoff kann auch durch Guajac-Tinctur, einer Auflösung von Guajac-Harz in Alkohol, welche Chlor ebenfalls blau färbt, nachgewiesen werden, jedoch ist dieses Reagens bei weitem nicht so empfindlich als der Jodstärke-Kleister.

Jenes Chlor nun, welches durch kaustische und kohlensaure Alkalien nicht aus dem Papierstoffe entfernt, aber dennoch im fertigen Papier mittelst Jodkalium und Stärkekleister nachgewiesen werden kann, lässt sich nichtsdestoweniger durch Wasserstoff aus seiner Verbindung mit der organischen Substanz ausscheiden. Wenn man daher der Holländerflüssigkeit eine Substanz zusetzt, die auflöslich sich überall gleichmässig vertheilt und überall Wasser zersetzt, indem sie sich mit dem Sauerstoff zu einem unschädlichen Körper verbindet, während der Wasserstoff frei wird, so wird diese Substanz unbedingt ein vortreffliches Mittel sein, um den nachtheiligen Folgen des Chlorgehaltes im Papier vorzubeugen. — Solche Substanzen sind aber fast alle unterschweflig- und schwefligsaure Salze und unter ihnen hat sich das schwefligsaure Natron durch bequeme Darstellung und Aufbewahrung als besonders geeignet zur Erreichung jenes Zweckes bewiesen. Schwefligsaures Natron nebst kohlensaurem Natron sind daher die wesentlichen Bestandtheile des in neuerer Zeit mit so grossen Anpreisungen in den Handel eingeführten Antichlors. — Wird dieses Antichlor in Wasser gelöst, dem auszuwaschenden Stoff im Holländer zugesetzt, so beginnt überall in der Flüssigkeit eine Wasserzersetzung, indem der Sauerstoff des Wassers an die schweflige Säure tritt und das schwefligsaure Natron in schwefelsaures Natron (Glaubersalz) verwandelt, während der Wasserstoff mit dem Chlor Chlorwasserstoffsäure erzeugt, die augenblicklich auf das kohlensaure Natron einwirkt, die Kohlensäure austreibt und Chlornatrium (Kochsalz) bildet. Es entstehen also zwei unschädliche Salze und der Zeug wird vollständig von Chlor befreit. Man setzt das Antichlor erst der Masse zu, wenn man den Waschprocess bald beschliessen will; man braucht alsdann nur geringe Mengen von demselben, da nur das an organische Substanz gebundene Chlor dadurch entfernt werden soll. Die Quantität schwankt zwischen $\frac{1}{2}$ und 2 Loth und richtet sich nicht nur nach der Güte des Antichlors, d. h. nach dessen Gehalt an schwefligsaurem Natron, sondern auch ganz besonders, ob der Stoff in der Gasbleiche oder in Chlorkalkauflösung gebleicht wurde und wie lange er der Wirkung des Chlors oder der Chlorkalkauflösung ausgesetzt war; es ist hier wiederum anzurathen, den Zeug mit dem Jodkaliumkleister zu untersuchen, ehe man das Waschen aufhebt, denn bewirkt dieser noch eine blaue Färbung, so ist noch zu wenig Antichlor hinzugethan. Das käufliche Antichlor zeigt aber auch eine sehr wechselnde Güte, so dass die obigen Quantitäten oft sehr bedeutend überschritten werden müssen, und

da die Darstellung des schwefligsauren Natrons so überaus einfach ist,
so kann dem Fabrikanten nur gerathen werden, sich das Antichlor
selbst anzufertigen. Ein in irgend einem Zweige der Fabrikation an-
gestellter zuverlässiger Arbeiter kann die Darstellung zugleich nebenbei
besorgen.

Die einfachste Methode der Darstellung möchte wohl folgende sein:
Man mengt 1 Pfund fein geriebenes krystallisirtes kohlensaures Natron
mit 10 Loth Schwefelblumen und erhitzt das Gemenge in einer Porzel-
lanschale unter fortwährendem Umrühren, wodurch sich eine Schwefel-
leber bildet, die beim stärkeren Erhitzen in schwaches Glühen geräth
und zu schwefligsaurem Natron verbrennt. Diese Masse kann, mit kohlensaurem Natron oder Kali vermengt, unmittelbar als Antichlor benutzt
werden, denn ein etwaiger Antheil unverbrannten Schwefelnatriums ist
nicht nachtheilig, indem derselbe nach und nach sich ebenfalls zu
schwefligsaurem Natron oxydirt.

Krystallisirt und in reinster Form erhält man das schwefligsaure
Natron, wenn man in eine Auflösung von Natron oder kohlensaurem
Natron bis zur Neutralisation schwefligsaures Gas leitet.

Um den Fabrikanten in den Stand zu setzen, auch dieses Fabrikat
sich selbst zu bereiten, müssen wir die Operation etwas genauer beschreiben.

Schweflige Säure heisst das stechend riechende, stark zum Husten
reizende Gas, welches an der Luft verbrennender Schwefel ausstöst.
Man erhält dasselbe Gas, wenn man der höheren Oxydationsstufe des
Schwefels, der Schwefelsäure, durch oxydirbare Körper den Sauerstoff
entzieht, welchen sie mehr als die schweflige Säure enthält. Solche oxydirbare Körper sind unter vielen anderen Stroh, Holz in Form von Sägespänen, Kohle u. s. w. Diese überall leicht zu beschaffenden Substanzen
werden hauptsächlich zur Darstellung grösserer Mengen schwefliger
Säure angewandt.

In einem geräumigen Kolben (Fig. 5 Taf. V) wird 1 Gewichtstheil
gepulverte Kohle mit 12 Gewichtstheilen concentrirter englischer Schwefelsäure vermischt und am besten über der Spirituslampe erhitzt. Bei erhöhter Temperatur beginnt sehr bald die desoxydirende (Sauerstoff ent-
ziehende) Wirkung der Kohle auf die Schwefelsäure; diese letztere verliert den dritten Theil ihres Sauerstoffs und geht in schwefligsaures Gas
über, während der Kohlenstoff durch Aufnahme jenes Sauerstoffs in
Kohlensäure verwandelt wird. Schweflige Säure und Kohlensäure treten

gemeinschaftlich durch das Gasleitungsrohr in ein Zwischengefäss $C$, welches zum Theil mit Wasser gefüllt ist, in welches das Gasleitungsrohr $b$ einige Linien tief eintaucht. Die beiden gasförmigen Säuren sind mithin genöthigt, ihren Weg durch das Wasser fortzusetzen, welches allen mitgeführten Dampf, alle mechanisch fortgerissene Schwefelsäure und Kohlenstaub zurückhält. Die Oeffnung des Zwischengefässes ist durch einen doppelt durchlöcherten Kork verschlossen, in dessen eine Bohröffnung ein etwa $^3/_8$ Zoll weites, an beiden Enden offenes Glasrohr befestigt ist, welches bis auf die Oberfläche des Wassers reicht und durch welches das Gasleitungsrohr $b$ in das Zwischengefäss eintritt. Es vertritt dieses weitere Rohr die Stelle eines besonderen Sicherheitsrohres, denn wenn durch irgend welche Ursachen in dem Kolben $a$ eine Abkühlung oder in der Fortsetzung des Apparates eine Stopfung eintritt, so kann in letztem Falle nur ein sehr geringer Theil des Wassers aus dem Zwischengefässe in den Kolben $a$ übertreten, es wird, sobald es in dem Rohre $b$ in die Höhe steigt, sehr bald die untere Oeffnung des weiteren Rohres frei und erlaubt ein Entweichen der sich ansammelnden Gase. Steigt aber das Wasser in Folge einer Abkühlung des Kolbens $a$, so kann ebenfalls nur ein geringer Theil des Wassers bis in diesen Kolben gelangen, da, sobald die untere Oeffnung des Rohres $b$ frei wird, wiederum die Luft Zutritt hat, und diese verhindert denn auch, dass aus dem letzten Apparat die Flüssigkeit in das Zwischengefäss steigen kann. Die zweite Durchbohrung nämlich des Korkes, welcher die Oeffnung des Zwischengefässes verschliesst, dient zur Aufnahme eines zweiten Gasleitungsrohres $d$, welches Kohlen- und schweflige Säure in die Auflösung von kohlensaurem Natron führt. Die Kohlensäure des letzteren wird durch die schweflige Säure aus ihrer Verbindung ausgeschieden und schwefligsaures Natron gebildet, welches man nach dem Abdampfen der Auflösung in prismatischen Krystallen erhält. — Diese Art der Darstellung hat den Uebelstand, dass man schwer den Moment erkennt, wo die Umwandlung des kohlensauren Natrons in schwefligsaures erfolgt ist; man wird leicht zu viel schwefligsaures Gas hinzutreten lassen und dann ein mit saurem schwefligsaurem Natron vermischtes schwefligsaures Salz bekommen, oder zu wenig, und einen Theil kohlensaures Natron unzersetzt lassen. — Beide Beimengungen sind zwar der Anwendung des Salzes als Antichlor in keiner Weise hinderlich, da kohlensaures Natron ohnehin dem schwefligsauren Salze beigemischt wird und das saure schwefligsaure Natron gleiche Veränderung wie das neutrale erleidet, allein sie geben zu falschen Schlüssen über die Wirksamkeit des Mittels Veranlassung und wer nur eine geringe Mühe mehr nicht scheut, wird immer das vollkommnere Product dem weniger reinen vorziehen. Um jenes aber zu erhalten, setzt man die Hälfte einer kaustischen Natronlösung der Einwirkung von schwefligsaurem Gase aus, bis die Auflösung deutlich sauer reagirt, was an der Röthung des blauen Lackmusspapiers leicht zu erkennen ist. In der Auflösung ist nur saures schwefligsaures Natron enthalten, welches man durch Zusatz der zweiten Hälfte der Natronlösung in das neutrale Salz verwandelt, das beim Abdampfen in Krystallen anschiesst.

Das im Handel vorkommende wasserfreie Antichlor, welches auf die Art bereitet wird, dass man 1 Pfund Sägespäne mit 3 Pfund Schwefelsäure von 66 ° Baumé in einem Glaskolben erhitzt, das sich entwickelnde Gas durch Wasser leitet und dann auf 4 Pfund wasserfreies kohlensaures Natron wirken lässt, welche auf mit Leinwand überspannten Eisenringen schichtweise in einem passenden Gefässe vertheilt sind, ist ein Gemisch von saurem kohlensauren und schwefligsaurem Natron.

Das von Dr. Th. Schuchardt in Görlitz in neuerer Zeit in den Handel gebrachte Antichlor besteht wesentlich aus saurem schwefligsauren Natron und empfiehlt sich sowohl durch seinen reichen Gehalt an schwefliger Säure wie durch seinen niedrigen Preis.

Dass das Antichlor, auf welche Weise auch immer bereitet, gegen den Zutritt der Luft gut geschützt aufbewahrt werden muss, geht aus seiner leichten Oxydirbarkeit zur Genüge hervor, und jedes käufliche oder längere Zeit aufbewahrte Antichlor enthält grössere oder geringere Beimischungen von schwefelsaurem Natron.

Die Güte eines aus schwefligsaurem Natron bestehenden Antichlors ist leicht durch eine Jodlösung von bestimmtem Jodgehalt, die mit arseniger Säure verglichen worden ist, zu ermitteln. Es wird der Auflösung einer bestimmten Menge Antichlor in luftfreiem Wasser etwas Stärkekleister zugesetzt und mit Jodlösung blau titrirt. 127,0 Jod entsprechen 32,0 schweflige Säure.

In neuerer Zeit wird vielfältig das unterschwefligsaure (dithionigsaure) Natron, welches in der Photographie Anwendung findet und fabrikmässig dargestellt wird, als Antichlor benutzt. Dieses unterschwefligsaure Salz entsteht, wenn man schwefligsaures Natron mit Schwefel behandelt; es tritt alsdann die schweflige Säure an noch einmal so viel Schwefel, als sie selbst enthält, die Hälfte ihres Sauerstoffs ab und Schwefel und schweflige Säure gehen dadurch in unterschweflige Säure über, die mit dem Natron sich verbindet.

Auch dieses Salz ist mittelst der Jodlösung leicht geprüft, denn, wie schon früher auseinandergesetzt, wird dithionigsaures Natron durch Jod in Jodkalium und tetrathionsaures Natron verwandelt, . welche vollendete Umwandlung wieder an dem Eintreten der blauen Färbung in der mit Stärkekleister versetzten Flüssigkeit erkannt wird. Je 127,0 Jod entsprechen 248,0 unterschwefligsaures Natron.

Ob aber ein Antichlor aus schwefligsaurem oder unterschwefligsaurem Natron besteht, erkennt man leicht durch einen Zusatz von Salzsäure: die schweflige Säure wird unzersetzt aus ihrer Verbindung ausgetrieben, während die unterschweflige Säure in sich auscheidenden, die Flüssigkeit milchigmachenden Schwefel und entweichende schweflige Säure zerfällt.

Unter den übrigen, als Antichlor vorgeschlagenen Substanzen, wie schwefligsaure Kalkerde, Zinnchlorür, Kohlenwasserstoff u. s. w., verdient höchstens erstere Verbindung in so weit Beachtung, als Umstände denkbar sind, in denen es vortheilhaft sein kann, sich dieses Salz durch Hineinleiten von schwefliger Säure in Kalkmilch selbst zu bereiten und zu verwenden.

Sobald nun durch Waschen und Antichlor alle durch die Bleiche dem Halbzeuge imprägnirten, dem Papier nachtheiligen Substanzen entfernt sind, wird der Holländer verschlagen und durch successives Annähern der Walze an das Grundwerk der Halbzeug nach und nach in Ganzzeug verwandelt.

Wir haben bereits mehrfach erwähnt, dass, je weicher und langgemahlener der Stoff, desto kerniger und fester das daraus erhaltene Papier sei, und dass solcher Stoff nur durch nicht übereilte Arbeit und durch mässig scharfe Grundwerk- und Walzenschienen gewonnen werden könne. Schräg gestellte Grundwerkschienen, scharfe Messer in Walze und Grundwerk, rasches Senken der Walze, werden allerdings die Arbeit in hohem Grade fördern und in Quantität erwünschte Resultate geben, allein das Fabrikat wird in Rücksicht der Qualität viel zu wünschen übrig lassen. In England ist man ganz vorzüglich darauf bedacht, die Qualität nicht der Quantität zu opfern und hat sogar neuerdings vielfältig mechanische Vorrichtungen angewandt, um die Arbeit des Holländers an eine bestimmte Zeitdauer zu binden und diese von dem Ermessen der Arbeiter unabhängig zu machen.

Eine solche mechanische Vorrichtung ist die von Thomas Wrigley erfundene und beschriebene Self-acting ragengine[1]), welche die Aufgabe gelöst haben soll: in einem Minimum von Zeit und mit einem Minimum von Kraftaufwand ein Maximum guten Stoffes herzustellen.

Wir würden nicht im Stande sein, diese Vorrichtung deutlicher zu beschreiben, als es der Verfasser des unten näher bezeichneten Schriftchens gethan hat, und da wir uns hierdurch zugleich am vorurtheilfreisten beweisen, so wollen wir uns in folgender Darstellung der eigenen Worte jenes Verfassers bedienen.

Fig. 4 Taf. V. Seitenansicht eines mit dem Selbstarbeiter versehenen Holländers.

Fig. 6 Seitenansicht des Selbstarbeiters.

Fig. 7. Obere Ansicht des Selbstarbeiters.

Fig. 1 Taf. VI. Profil des Steigrades.

*a*) Gestell des Selbstarbeiters. Es wird entweder an die Stelle der bisherigen Lichter- (Stell-) Schraube auf dem Rande des Holländers befestigt oder an letzterem seitwärts ein kleines Untergestell angebracht, worauf der Selbstarbeiter zu stehen kommt. Da der Apparat sehr kleine Dimensionen hat, so findet sich der erforderliche Raum an jedem Holländer.

*b*) Triebscheibe mit 3 Einschnitten von abnehmendem Durchmesser.

*c*) Kleine, mit *b* correspondirende Triebscheibe, die am äussersten Ende der Walzenstange befestigt ist, und von der aus mittelst eines Laufbandes die Scheibe *b* in Bewegung gesetzt wird.

*d, d′, f, f′, g, g′*) Ein System von endlosen Schrauben und Getrieben, um die Schnelligkeit der ersten Bewegung zu reduciren.

*h*) Bolzen, welcher, gerade wie die bisherigen Lichterschrauben, am Ende des Lichters (Tragebank) befestigt ist.

*i*) Stellmutter am oberen Ende des Bolzens *h*.

*k*) Doppelarm, durch welchen der Bolzen *h* vierkantig hindurchgeht.

*l*) Das Steigrad. Dasselbe wird in das horizontale Rad *g′* eingelegt und hierdurch in Bewegung gesetzt; diese Bewegung ist indess

---

[1]) Beschreibung des patentirten Holländers von Th. Wrigley, Papierfabrikanten in Burg Lancashire. Aus dem Englischen übersetzt von W. G. Siegen. 1847.

durch die Vorgelege bis auf ungefähr eine halbe Drehung in
zwei bis drei Stunden heruntergebracht. Der Doppelarm $k$ ruht
auf dem oberen Rande des Steigrades, dessen Form Fig. 1 Taf. 6
zeigt. Diese Form hat den Zweck, die Holländerrolle zu irgend
einer beliebigen Zeit und mit beliebiger Geschwindigkeit auf die
Platte zu senken, solche eine gewisse Zeitlang in dieser Lage
zu lassen und nachher wieder zu lüften. Wie sich diese Bewegungen vom Steigrad aus der Holländerrolle mittheilen, ist aus
der Zeichnung leicht ersichtlich, da nämlich der auf dem Rande
des Steigrades aufliegende Doppelarm $k$ die ganze Last der
Rolle trägt, womit er durch den Lichter und den Bolzen $h$ in
Verbindung steht. Indem sich nun das Steigrad mit seinen ab- und
ansteigenden Flächen unter dem Doppelarm $k$ wegschiebt, muss
sich auch die Holländerrolle senken oder heben; so lange indess die horizontalen Partieen des Randes den Doppelarm passiren, kann die Rolle ihre Lage nicht verändern. So lange der
Doppelarm $k$ auf der Fläche $0-2$ ruht, bleibt die Walze gleichmässig weit von der Platte entfernt, wie solches beim Waschen
erforderlich ist. Von 2 bis 10 passirt der Arm die absteigende
Fläche und nähert dadurch die Rolle immer mehr der Platte.
Von 10 bis 16 ist der Rand horizontal und bleibt also, so lange
dieser Theil passirt, die Rolle in gleichmässigem Contakt mit
der Platte. Der Grad, in dem dieser Contakt stattfinden soll,
also die Pressung zwischen Rolle und Platte, war vorher mittelst
der Stellmutter regulirt worden. Die Steigung von $16-20$ bewirkt schliesslich wieder eine Hebung der Walze um den Stoff zu
(schlagen) klären. Der obere Rand des Steigrades dirigirt solcher-
gestalt die Bewegung der Rolle; er muss deshalb gestaltet
werden, wie das zu verarbeitende Material es erfordert. Das
Steigrad $l$ ist deshalb so in das horizontale Rad $g'$ eingelegt,
dass es leicht und schnell herausgenommen und durch ein anders
geformtes ersetzt werden kann. Die Zeit, welche der Stoff überhaupt im Holländer zubringen soll, wird natürlich durch die
verschiedenen Schnelligkeiten regulirt, die durch die correspon-
direnden Einschnitte der beiden Triebscheiben $bc$ bewirkt werden.
Welche Zeitverhältnisse aber die verschiedenen Operationen des
Waschens, Senkens, Mahlens und Schlagens zu einander haben
sollen, dies wird durch die Gestalt bestimmt, welche man dem

oberen Rande des Steigrades $l$ giebt. Wie stark endlich der Holländer während des Mahlens auf der Platte liegen soll, bestimmt die Stellmutter $i$.

Eine Zwingschraube, damit die Stellmutter $i$ sich nicht von selbst drehe, ferner eine Vorrichtung, um das Heben der Rolle auch mit der Hand bewirken zu können, und endlich eine Vorrichtung, wodurch sich das Rädchen $f$ ausrückt, wenn das Steigrad $l$ einen halben Umgang gemacht hat, der Holländer also fertig ist, sind auf der Zeichnung weggelassen, um sie nicht unnöthig zu compliciren.

Um vorher zu bestimmen, wie stark ungefähr die Rolle auf die Platte gelassen werden soll, rückt man das kleine Getriebe $f$ aus und dreht das Steigrad mit der Hand, bis der Doppelarm ungefähr bei 8, aufliegt. Nun senkt man mittelst der Stellmutter $i$ die Rolle so lange, bis man sie eben leise die Platte berühren hört. Die Stellmutter wird nun durch eine kleine Zwingschraube befestigt, das Steigrad zurückgedreht, bis der Arm $k$ bei 0 aufliegt, der Holländer eingetragen und der Selbstarbeiter in Gang gesetzt. Weiss man bereits die Zeit, die der betreffende Stoff zum Waschen und zur Verkleinerung nothwendig hat, so legt man das Laufband in einen solchen Einschnitt der Triebscheiben, welcher mit dieser Zeit correspondirt. Wie die Verkleinerung des Stoffes voranschreitet, zeigt es sich, ob wohl der Stoff klein genug werde innerhalb der Zeit, die das Steigrad zu einer halben Drehung nöthig hat. Je nachdem man sieht, dass er zu lang oder zu kurz werden würde, senkt oder hebt man die Rolle noch etwas mittelst der Stellmutter $i$.

In neun Fällen unter zehn wird man es unnöthig finden, beim Wechseln mit verschiedenen Sorten ein anders geformtes Steigrad einlegen zu müssen; die Regulirung der Zeit durch die verschiedenen Einschnitte in den Triebscheiben, oder das Heben und Senken der Rolle durch die Stellmutter wird in den meisten Fällen genügen.

Es bedarf blos einer gründlichen Untersuchung der Principien des Selbstarbeiters, um zu der Ueberzeugung zu gelangen, dass er für jeden Zweck dienen kann und mit dieser Ueberzeugung und nur wenig Erfahrung wird es jedem leicht werden, ihn allen verschiedenen Sorten oder Verhältnissen anzupassen.

Ein erfahrener, umsichtiger und aufmerksamer Arbeiter kann auch durch den vollkommensten Mechanismus nicht ersetzt werden, und so ist denn auch nicht zu läugnen, dass ein solcher Arbeiter mit scharfen

Schienen in der Walze, wie sie auch bei Anwendung des Selbstarbeiters in Brauch sind, einen gleich guten, ja wohl noch besseren Stoff in gleicher, vielleicht noch kürzerer Zeit liefern wird; denn während es in seiner Gewalt steht, die Walze eben so langsam dem Grundwerke zu nähern, als es der Selbstarbeiter thut, ist er zugleich im Stande, die geringsten Nüancirungen des Zeuges zu beachten und den Gang des Holländers darnach zu reguliren, die Walze längere Zeit in einer Lage festzuhalten, wenn es die Natur des Stoffes erheischt, oder sie rascher zu senken, wo es der Zeug erlaubt. Allein es ist eben die Schwierigkeit, solche Tag und Nacht mit gleicher Aufmerksamkeit ihrem Geschäfte obliegende Arbeiter zu finden, und in Ermangelung dieser muss zugestanden werden, dass der eben beschriebene Mechanismus allen billigen Anforderungen entspricht, und die enorme Vergrösserung des Betriebes, wie solche jene angeführte Schrift nachweist, vornehmlich in der Regelmässigkeit ihren Grund hat, welche durch diese Vorrichtung in die Arbeit gebracht wird. Uebrigens hat dieser Selbstarbeiter kleine Dimensionen; er ist compact in seiner Form, dauerhaft in seinen Theilen und lässt sich leicht, und meistens ohne Aenderung des Bestehenden, an jedem Holländer anbringen, daher seine Einführung mit keinen Schwierigkeiten verbunden ist. Nur muss der Fabrikant, nachdem er sich einen Selbstarbeiter hat anfertigen lassen, nicht glauben, dass er nun aller Mühe und Aufsicht überhoben sei, sondern im Gegentheil wird seine Aufmerksamkeit anfänglich doppelt in Anspruch genommen werden. Wir überlassen es einem Jeden, sich in der angeführten Schrift des Näheren zu belehren, und machen nur noch darauf aufmerksam, dass die Einführung des Selbstarbeiters ganz besonders da auf Schwierigkeiten stossen wird, wo eine sehr wechselnde Wasserkraft zum Betriebe benutzt wird, und wo man im Ganzzeugholländer Halbzeug aus sehr verschiedenen Lumpen mit einander mischt. Hierin mag auch die Ursache liegen, dass viele Fabriken, die sich bereits des Selbstarbeiters bedienten, denselben wieder verworfen haben.

Bezüglich der Mischung des Halbzeuges im Ganzzeugholländer werden überhaupt sehr häufige Fehler begangen, die bedeutende Verluste zur Folge haben. Das beste Verfahren ist unbedingt, zu jeder Papiersorte auch eine bestimmte Lumpensorte zu verwenden. Fabriken jedoch, die sich vorzugsweise mit der Anfertigung gewisser Papiersorten beschäftigen, werden fast nie im Stande sein, dasselbe aus ein und derselben Lumpensorte anzufertigen, sondern sie werden sich genöthigt sehen, auch die übrigen Nummern ihrer Sortirung durch Kochen und Bleichen zur Anfertigung jenes Papiers tauglich zu machen; allein bei der Vermischung der verschiedenen Sorten ist die grösste Aufmerksamkeit nöthig; denn es ist klar, dass ein bedeutender Verlust unvermeidlich ist, sobald man den Halbzeug einer an sich feinen Lumpe mit dem gebleichten Halbzeuge einer starken, gekochten Lumpe vermischt, da, während die letztere noch immer zu waschen nöthigt, erstere bereits anfängt, in feinen Stoff verwandelt zu werden. Bei zwei Halbzeugsorten, deren relative Festigkeit man einigermassen kennt, wird man diesen Uebelstand zum grossen Theil dadurch beseitigen können, dass man die feinere, geringeres Waschen erfordernde später einträgt, als die stärkere; allein mehr als zwei Sorten zu mengen, erscheint durchaus verwerflich. Dagegen kann es sogar oft vortheilhafter sein, zwei Sorten auf einmal zu vermahlen als eine, wenn man nämlich Leinen mit Kattun vermischt. Ein solcher Zusatz von Kattun ist ganz besonders bei Druckpapieren in mehrfacher Hinsicht zu empfehlen. Erstens bekommt das Papier dadurch einen gewissen Grad von Weichheit und nimmt die Druckerschwärze besser an, als ein nur aus leinenen Lumpen verfertigtes; dann bleicht sich Kattun viel leichter als Leinen, so dass er zur Weisse des Papiers viel beiträgt, und endlich verbessert und beschleunigt ein Zusatz von Kattun die Arbeit im Holländer. Um nämlich einen langen und weichen Stoff zu erhalten, ist es, zumal bei scharfen Schienen in Walze und Grundwerk, von Wichtigkeit, den Holländer möglichst stark zu betragen; die grössere Masse des sich alsdann gleichzeitig zwischen Walze und Grundwerk hindurchdrängenden Halbzeuges sind die Schienen der ersteren nicht im Stande zu durchschneiden, sondern es findet vielmehr ein Zerquetschen und Zerreissen statt, wie es zur Erzeugung eines guten Stoffes nothwendig ist. Hat man aber den Holländer nur mit Halbzeug von einer kräftigen Lumpenart betragen, so ist klar, dass, je stärker die Betragung, desto länger auch die zur Vollendung des Zeuges erforderliche Zeit sein wird, daher die gute Beschaffenheit des Papiers nur auf Kosten der Quantität erlangt werden kann. Dadurch jedoch, dass Kattun als Mittel zur Füllung des Holländers benutzt wird, wird einerseits die schneidende Wirkung der bei einander vorbeistreichenden Schienen der Walze und des Grundwerks vermieden, andererseits die Arbeit, da die Masse des schwer zu bewältigenden Halbzeuges nur gering ist, beschleunigt. Je nach der verlangten Festigkeit des darzustellenden Papiers kann der Zusatz von

Kattun bis zu 20 pCt. der Halbzeugmasse gesteigert werden; ein noch grösserer Zusatz jedoch macht das Papier weich, leicht zerreissbar und giebt ihm einen schlechten Angriff. Auch hier ist es wieder sehr vortheilhaft, nicht mit den Waschscheiben, sondern mit der Waschtrommel zu arbeiten, da diese dem sonst unvermeidlichen Verluste an Kattun vorbeugt.

Von einem noch bei weitem nachtheiligeren Einfluss auf die Festigkeit des Papiers ist ein Zusatz von Wolle; schon 4 bis 5 pCt. geben ein rauhes, weiches Papier ohne allen Angriff, daher man höchstens noch die halbwollenen Hadern zur Anfertigung von Papier benutzt, und zwar, da Wolle sich überdies viel schwerer bleicht als Leinen und Baumwolle, die farbigen zu Lösch-, die weissen zu Druckpapieren. Die rein wollenen Hadern thut der Papierfabrikant gut, anderweitig zu verwerthen; sie geben als stickstoffhaltige, leicht verwesende Substanz einen guten Dung und werden auch vielfältig zur Darstellung des Cyaneisenkaliums (Blutlaugensalz) benutzt; die weissen werden überdies oft wieder aufgetrennt und anderweitig verarbeitet, und ihr Absatz ist daher gegenwärtig leicht und zu hohen Preisen.

Die zum Betriebe eines Ganzzeug-Holländers nöthige Kraft ist natürlich sehr verschieden, da dieselbe von der Grösse des Holländers, von der Schärfe der Schienen, der Art der verarbeiteten Hadern, der Geschicklichkeit des Arbeiters u. s. w. abhängt. Für die in Deutschland am meisten angetroffenen Dimensionen:

    a. Trog: Länge 3,140 m., Breite 1,410 m., im Lichten Wandhöhe 0,575 m., 80 Pfund trocknen Stoff haltend;

        Walze: Länge 0,628 m., Durchmesser 0,471 m., Schienen 48 Stück, Umdrehungsgeschwindigkeit 180 Touren.

    b. Trog: Länge 3,450 m., Breite 1,570 m., im Lichten Wandhöhe 0,575 m., 125 Pfund trocknen Stoff haltend;

        Walze: Länge 0,735 m., Durchmesser 0,520 m., Schienen 60 Stück, Umdrehungsgeschwindigkeit 160 Touren,

werden gewöhnlich 6 bis 7 Pferdestärken als zum Betriebe angenommen und diese Annahme stimmt auch ziemlich genau mit den in dieser Richtung direct ausgeführten Untersuchungen. Lespermont fand, dass eine Walze von 1 m. Durchmesser und 70 cm. Länge, welche 2000 Pfd. wog und 180 Umdrehungen machte, eine Triebkraft von $6\frac{1}{10}$ Pferden verbraucht, welche sich in folgender Weise auf ihre verschiedenen Leistungen vertheilte:

1. Der Reibungswiderstand in den Zapfenlagern,
   d. h. die Reibung in den Lagern bei leerem Trog  1,50 Pferdekraft.
2. Das Feinmahlen oder die Arbeit der Schienen
   der Walze gegen die des Grundwerks . . . . . 0,60       -
3. Die Ueberwindung des Widerstandes, welchen
   die Stoffmasse der Umdrehung der Walze ent-
   gegensetzte, d. h. das Schlagen der Walzenschienen
   und das Heben des Stoffes durch dieselben, ver-
   zehrte . . . . . . . . . . . . . . . . . . . . 4,00       -

Summa 6,10 Pferdekraft.

Dieser kolossale Aufwand an Kraft zur Bewegung des Stoffes ist, wie Rudel sehr richtig bemerkt, leicht dadurch erklärlich, dass die Schienen der Walze in gleicher Weise wirken, wie die Räder eines Dampfschiffes, welche mit Schnelligkeit eine grosse Last im Wasser fortbewegen. Der Unterschied liegt nur darin, dass im letzteren Falle die Last, das Schiff fortbewegt wird, während durch die Drehung der Holländerwalze die flüssige Masse in Bewegung gesetzt wird. Die Dampfschiffe erheischen bekanntlich eine grosse Kraft mit höchstens 25 pCt. Nutzeffect. Die Schaufeln tauchen nur etwa mit dem achten Theile des Raddurchmessers ein, während die Walze mit den Schienen fast bis zur Hälfte eintaucht, den Stoff in die Höhe schleudert und ihn wieder nach vorn nimmt, denn der kleinste Theil des von den Schienen gefassten Stoffes geht über den Kropf oder Sattel und von da weiter im Troge herum [1]).

Diesen grossen, allgemein erkannten und gefühlten Mangel in der Construction unserer Stoffmühlen, haben Debié, Granger und Pasquier dadurch zu beseitigen gesucht, dass sie dem Holländer eine solche Einrichtung gegeben, dass Bewegung und Zuführung der Masse zur Walze und die Arbeit der Walze selbst oder das Mahlen vollständig von einander getrennt ausgeführt werden. — Aus Fig. 2 Taf. VI., welche einen Längenschnitt des Holländers darstellt, ist diese Einrichtung klar ersichtlich. — Der Holländer-Trog $A$ kann wie immer so auch hier aus Holz, Stein oder Eisen bestehen, aber sein Boden hat von dem Grundwerke $D$ an bis zum Elevator (Stofftreiber) $B$ und zum Ablassventil $F$ einen stetigen Fall. Diese Gestaltung des Bodens verfolgt den Nebenzweck einer sorgfältigeren Stoffmischung, denn während in Holländern

---

[1]) C. Bl. 1873 No. 4.

mit ebenem Boden die unterste Stofflage stets langsamer fliesst als die
obere und nur durch ein sehr fleissiges Rühren (spatulage) eine gleich-
artige Verarbeitung aller Theile der Masse bewirkt werden kann, wird
durch die geneigte Lage des Bodens der Einfluss der Reibung auf Null
reducirt. Der an die tiefste Stelle des Troges angelangte Stoff wird
von den aus Blech gebogenen, bis auf den Boden reichenden Schaufeln
erfasst und der oberhalb des Troges angebrachten Walze $C$ zugeführt.
Der Elevator hat dieselbe Breite wie die Walze und einen Durchmesser
von 1,20 m. Er macht $1\frac{1}{4}$ Umdrehungen in der Minute und geschieht
die Uebertragung der Bewegung von der Walzenwelle aus, damit die
Rotationsgeschwindigkeiten dieser beiden Theile des Apparates, welche
durch eine gemeinsame Haube überdeckt sind, stets in einem gewissen
Verhältnisse zu einander bleiben. — Der gehobene Stoff fliesst von selbst
der Walze und dem Grundwerk zu, welches letztere in einer etwas geneigten Stellung vor der Walze angebracht ist, damit der zwischen
Walze und Grundwerk durchgegangene Stoff in den Trog zurückfalle,
ohne gegen die Haube geworfen zu werden. Da die Walze keinen Stoff
zu heben, sondern lediglich zu mahlen hat, stehen ihre Schienen sehr
dicht zusammen, ragen nur 3—5 mm. über die Oberfläche hervor und
können in Folge dessen aus dünnem Stahl genommen werden, welcher
niemals geschärft zu werden braucht, sondern nur freigestellt werden
muss. Der Durchmesser der Walze ist vollkommen unabhängig von
der Grösse des Troges und kann möglichst klein genommen werden.
Hebung und Senkung der Walze geschieht durch einen besonderen, beide
Zapfenlager gleichzeitig bewegenden Mechanismus. — Der Elevator hebt
eine grössere Menge Stoff in die Höhe, als während einer Umdrehung
desselben zwischen Walze und Grundwerk durchgehen kann und fliesst
der Ueberschuss selbstverständlich in den Trog zurück, jedoch nicht
unmittelbar, sondern er wird durch einen Canal bis zur äussersten Wand
des Troges geleitet und mischt sich erst hier wieder mit der umlaufenden Masse. Hierdurch wird zugleich die Bildung von Querzonen vermieden, so dass man bei Anwendung dieses Holländers jeder mechanischen Rührvorrichtung überhoben ist.

Um den Durchmesser des Elevators nicht allzugross werden zu
lassen und auch mit Rücksicht auf möglichst gleichmässige Bewegung
und Mischung des Stoffes giebt man dem Troge lieber eine geringere
Tiefe und grössere Länge und Breite als dem gewöhnlichen Holländerkasten.

Die Erfinder berechnen die Kraftersparniss, welche von der Trennung des Hebens und Mahlens herrührt, auf 20 bis 30 pCt. und die des ganzen Holländers gegenüber denen älterer Art auf 40 bis 50 pCt.

Die Karolinenthaler Maschinenbau-Actiengesellschaft, vormals Lüsse, Märky und Bernard in Prag, hat das ausschliessliche Recht der Ausführung für Oesterreich und Ungarn acquirirt und aus ihrer Werkstatt sind auch die fünf in Preussen (Eichberg, Tilsit, Altenkirchen und Düren) und Bayern (Eisenberg) arbeitenden Holländer hervorgegangen. Die Anstalt liefert dieselben in folgenden Dimensionen:

1. Trog: Länge 4,5 m., Breite 1,9 m., Höhe 0,403 m., Cubikinhalt 2,67 cm.

    Walze: Länge 0,650 m., Durchmesser 0,480 m.

2. Trog: Länge 5,260 m., Breite 2,250 m., Höhe 0,600 m., Cubikinhalt 5,050 cm.

    Walze: Länge 0,800 m., Durchmesser 0,480 m.

Die Walze hat 72 Stahlmesser und macht in der Minute 300 Touren.

Die Preise waren 1873 für No. 1 (60 bis 80 Ko. Papier) 4200 Fr., für No. 2 (100 bis 120 Ko. Papier) 4500 Fr. mit gusseisernem complet adjustirten Troge.

So weit es uns möglich war, uns durch Autopsie und Rücksprache mit Besitzern des Debié'schen Holländers über dessen Vorzüge und Nachtheile zu informiren, dürfen wir wohl behaupten, dass derselbe, um dasselbe Quantum Stoff zu mahlen, weniger Kraft erheischt, als ein Holländer älterer Construction. Es liegt dies eben daran, dass die Walze ausserordentlich klein ist und vermöge der wenig vorstehenden Messer nur sehr wenig Stoff ungemahlen zwischen den Messern mit herumnimmt, während bei den Holländern älterer Construction der grösste Theil des Stoffes zwischen den weit vorstehenden Walzenmessern ungemahlen mit herumgeschleudert wird, was selbstverständlich einen grossen Theil der Kraft consumirt, wohingegen bei dem neuen Holländer das Quantum Stoff, welches nicht mit durch die Walze geht, seitwärts in den Holländertrog zurückfliesst. Der mit dem Debié'schen Holländer gearbeitete Stoff ist im Allgemeinen sehr gleichförmig und schön gemahlen, so dass derselbe sich ganz besonders zum Mahlen von Ganzstoff für feine Papiere eignet. — Für ordinäre Papiere, bei denen in möglichst kurzer Zeit möglichst viel Stoff geschafft werden soll, können wir den Debié'schen Holländer nicht empfehlen; auch zum Auflösen von Papierspänen, Holzstoff und Strohstoff eignet er sich nicht, da hier

der vor der Walze liegende Elevator sehr hinderlich ist. Dieser macht
überhaupt die Eintragung in den Holländer etwas umständlicher, so dass
die Arbeiter den Holländern älterer Construction entschieden den Vorzug
geben. Auch darf nicht unerwähnt gelassen werden, dass dieser neue
Holländer bedeutend mehr Raum beansprucht als die älteren, so zwar,
dass ein gewöhnlicher Ganzzeugholländer von 200 Pfd. Stoffgehalt eine
weit geringere Grundfläche einnimmt, als ein Debié'scher Holländer,
der nur 150 Pfd. fasst.

Schliesslich müssen wir noch eine Construction des Holländers
erwähnen, die, wenn auch nach und nach die Erwartungen von ihr
etwas herabgestimmt worden sind, doch als epochemachend bezeichnet
werden muss. Wir meinen die continuirliche Centrifugal-Ganzstoffmühle
(Centrifugal-Pulp-Engine, Raffineuse centrifuge contenue), welche von
Kingsland in New-York erfunden, von Easton und Amos in England
gebaut und vervollkommnet und von Thode zuerst in Deutschland eingeführt wurde[1]).

Beim Mahlen der Lumpen in den bisher allgemein angewandten
Holländern werden sowohl die feinen wie groben, die schwachen wie
starken Fasern einem gleichem Grade von Zermahlen unterworfen und
dadurch die groben zu wenig, die feinen zu viel gemahlen. Da nun
offenbar die Qualität des Papiers durch unzureichende Zermahlung des
Stoffes sehr leidet, wird gewöhnlich so lange mit dem Mahlen fortgefahren, bis die gröbste und stärkste Faser zerkleinert ist, wodurch aber
sehr viel von der feineren Faser zu Pulver vermahlen und verloren
wird. — Eine andere Unvollkommenheit der Holländer besteht darin,
dass die Umdrehungsgeschwindigkeit der Walze nicht über einen gewissen Punkt hinausgehen darf, indem, wenn dieselbe pro Minute mehr
als circa 1200 Fuss beträgt, die Walze sowohl Wasser als Stoff in
solcher Weise zurückstösst, dass namentlich der Eingang des letzteren
zwischen die Mahlmesser dadurch verzögert, und wenn die Geschwindigkeit noch grösser wird, das Zermahlen der Faser durch gänzlichen
Stillstand der kreislaufenden Stoffe aufhört.

Die Bemühungen, diese und ähnliche Uebelstände zu beseitigen,
haben endlich zur Construction der sogleich näher zu beschreibenden
Stoffmühle geführt.

---

[1]) P. J. Bd. CLIII. p. 343. — J. d. F. 1859 p. 85 und 145. — C. Bl. 1858 p. 167;
1859 p. 288, 321, 383; 1862 No. 12, 17; 1865 No. 20, 22; 1870 No. 16, 17.

In der Durchschnittszeichnung Fig. 3 Taf. VI ist $A$ das feste Gestell der Maschine und $B$ eine stählerne oder gusseiserne mit stählernen Rippen versehene Scheibe, welche am Ende der Welle $C$ festgekeilt ist, die in zwei Lagern $DD$ ruht. Die treibende Kraft der Welle $C$ wird mittelst der Riemenscheibe $Z$ übertragen. Ein hohler Cylinder $E$ umgiebt die Scheibe $B$ und liegt mit einem Fusse an jeder Seite auf dem Gestelle während eine sogenannte Speisescheibe $F$ durch einen Ring von Guttapercha rund um seine Peripherie wasserdicht an den Cylinder $E$ gehalten wird. Die Zähne (Hauschläge) der Speisescheibe müssen in der Mitte so weggenommen sein, wie $F'$, Fig. 3b, zeigt, um die Speisung zu erleichtern. Ausserdem ist $G$ ein Speiserohr, das ebenfalls durch einen Guttpercharing gedichtet ist, $H$ eine zweite $F$ ähnliche Scheibe, mit Abführrohr $R$ versehen und an $E$ mittelst Schrauben befestigt, so wie endlich $J$ eine Stopfbüchse ist, um die Durchgangsstelle der Welle wasserdicht zu machen. Die Zähne an der zweiten oder Abführungsscheibe $H$ müssen ebenfalls bei $H'$, wie Fig. 3a zeigt, um die Mitte herum entfernt sein, damit der Ausfluss des gemahlenen Zeuges erleichtert wird. Die Scheiben $F$ und $H$ sind neuerdings in so fern verändert, als die nur dünnen gerippten Scheiben auf die gusseiserne Wand aufgeschraubt werden und daher bei eingetretener Abnutzung ebenfalls leicht erneuert werden können.

Mit der Speisescheibe $F$ ist ein Hohlcylinder $S$ fest verbunden, der zum Enger- oder Weiterstellen der Mahlscheiben dient. Hierzu ist $S$ am Ende ausserhalb mit einem Schraubengewinde versehen, um welches eine Mutter $KK$ passt, die durch eine fernere endlose Schraube $L$ in Umdrehung gesetzt werden kann. Die Achse von $L$ läuft in Lagern, welche auf dem Halsringe $M$ befestigt sind, welcher letztere aus zwei Hälften besteht und auf dem Gestelle $AA$ mit einem Fusse an jeder Seite unbeweglich aufliegt. Durch Umdrehung eines Handrades $N$ wird die endlose Schraube $L$ und weiter das Rad $K$ in Bewegung gesetzt. Da aber die Mutter $K$ durch den Halsring $M$ auf ihrem Platze gehalten wird, so wirkt ihr Gewinde auf das Gewinde des Cylinders $S$ und veranlasst dessen fortschreitende, rückwärts oder vorwärts gehende Bewegung, je nachdem der Handgriff $N$ rechts oder links umgedreht wird. Ueberdies ist noch zu beachten, dass die Speisescheibe $F$ wie der Cylinder $S$ durch drei Leitstangen $O$ (in Fig. 3 nur eine sichtbar) geführt und am Drehen gehindert werden. Zur Regulirung des erforderlichen Druckes auf den mahlenden Scheibenflächen dient ferner noch auf der Abflussseite der Maschine eine Schraubenanordnung P, die ohne weitere Erklärung aus der Abbildung von selbst deutlich wird.

Beim Arbeiten mit diesem neuen Scheibenholländer macht die Welle $C$ gewöhnlich 200 bis 250 Umgänge pro Minute. Das zu mahlende faserige Material wird dabei mit so viel Wasser vollständig vermischt, als es der auf der Papiermaschine zu verarbeitende Ganzzeug erheischt während die mahlenden Oberflächen mit Anwendung der vorhandenen Mechanismen so adjustirt werden, dass der Ganzzeug mit Bequemlichkeit und von der richtigen Faserlänge aus dem Rohre $R$ abfliesst. In dem Speiserohr $G$ muss ein von der Qualität des gewünschten Ganzzeuges abhängender Stoffhöhestand von $2\frac{1}{2}$ bis 4 Fuss über dem Abflussrohre $R$ gehalten werden. — Der hydraulische Druck in dem Rohre $G$ wird den Stoff zwischen die Mahlscheiben treiben und mit der Schwungkraft der Scheibe $B$ zusammenwirkend den Stoff von der Speiseöffnung neben dem Centrum, wo die Bewegung von $B$ langsam ist und ein schwächeres Mahlen stattfindet, nach dem Umfange jagen, wo die Geschwindigkeit grösser und die Wirkung des Zermahlens energischer ist. Wenn aber der Strom des Wassers und Stoffes über die Peripherie der Scheibe hinausgeht und in den Raum auf der entgegengesetzten Seite eintritt, so wird der Ausfluss durch $R$ vermöge der Centrifugalkraft der Scheibe $B$ aufgehalten. Diese aufhaltende Kraft agirt mit dem grössten Effect auf die längsten Fasern als die schwereren. Ausserdem trägt der Strom die Fasern durch den Mahlapparat mit einer Geschwindigkeit, die im umgekehrten Verhältnisse zu ihrer Grösse steht, da die kleineren Fasern relativ einen weit grösseren Flächenraum besitzen, worauf der Strom wirken kann, als die längeren Fasern. Diese Trennung der feineren und gröberen Fasern während des Mahlprocesses wird durch die grössere Beweglichkeit erleichtert, welche sie durch das Zerkleinern erlangen. Die Feinheit des Mahlens hängt offenbar von dem hydraulischen Drucke in der Speisung, der Dichtstellung der Mahlscheiben und von der Geschwindigkeit ab, womit die Scheibe $B$ umläuft, während das Verhältniss des Zuflusses von dem Grade des hydraulischen Druckes bedingt wird.

Die Speisung der Centrifugal-Stoffmühle erfolgt durch eine höchst sinnreich construirte Pumpe mit Kautschukventilen und kann je nach Bedürfniss des Mahlprocesses vermehrt oder vermindert werden.

Die Leimung und Färbung erfolgt in je einem von zwei der Maschine vorarbeitenden Holländern und giebt es deshalb weder irgend einen

Aufenthalt, noch macht sich Schaumbildung oder sonst eine Widerwärtig-
keit dabei bemerkbar.

Die Protectionen, welche diesen Holländer in Deutschland einführten
und namentlich die Verheissung, dass derselbe mit der Hälfte der Kraft
dasselbe zu leisten vermöge, wie die Holländer gewöhnlicher Construction
hatten die Erwartungen, die man an denselben knüpfte, sehr hoch, ja
zu hoch gesteigert, denn wir müssen leider constatiren, dass von den
Fabriken, welche sich zur Anschaffung des neuen Patentholländers ent-
schlossen, sich gegenwärtig nur wenige desselben zur ausschliesslichen
Herstellung des Ganzzeuges bedienen, viele ihn vielmehr gänzlich
wieder beseitigt haben und die übrigen ihn nur noch als Mischholländer
benutzen.

Das Urtheil, welches wir in der dritten Auflage dieses Buches über
die Centrifugal-Ganzstoffmühle fällten, lautete:

Soweit wir durch eigene Anschauung uns von der Leistungsfähigkeit der Maschine Kenntniss verschafft haben, sind wir gern bereit,
diese neue Construction des Holländers als eine der wichtigsten Neuerungen auf dem Gebiete der Papierfabrikation zu bezeichnen, nur
müssen wir bemerken, dass die Kraftersparung etwas zu gross angenommen wird; denn wollten wir auch zugeben, dass die Umwandlung
in Ganzzeug von 100 Pfd. Halbstoff 4 Stunden erfordere, eine Zeit, die
gewiss in den wenigsten Fabriken darauf verwendet wird, so sind doch
jedenfalls 8 Pferdekraft für diese Arbeit zu viel, und nehmen wir an,
dass der Holländer die Hälfte der Zeit mit 5 Pferdekraft und die andere
mit 7, also im Mittel mit 6 Pferdekraft arbeite, so dürften wir uns gewiss nicht weit von der Wahrheit entfernen. Daraus würde aber folgen,
dass je 100 Pfd. Papier, innerhalb 24 Stunden dargestellt, 1 Pferdekraft erfordern. Nach den uns nicht bloss in Heinsberg, sondern auch
in Raguhn gemachten Mittheilungen liefert aber die neue Maschine
innerhalb 24 Stunden nicht 48, sondern nur 30 bis 36 Ctr. Papier, so dass
also die Kraftersparniss im günstigsten Falle nur 6 Pferdekraft betrüge.
Gleichwohl ist auch diese ersparte Kraft noch immer ein sehr beachtens-
werther Gewinn zum Betriebe von Hilfsmaschinen, allein andererseits
geht aus Allem hervor, dass die neue Centrifugal-Stoffmühle nur da mit
Vortheil anwendbar ist, wo man stets 30 Pferdekraft zum Mahlen von
Ganzzeug verwenden kann, ohne der Halbzeug-Production, die noch
circa 20 Pferdekraft erheischt, Abbruch zu thun. Für kleinere Etablisse-

ments ist daher die Anschaffung nicht rathsam und es bleibt noch eine
wünschenswerthe Vervollkommnung der Maschine, dass dieselbe auch
einer geringeren Production anpassbar gemacht werde[1]).

Wir halten dieses Urtheil, auf nicht unbedeutend erweiterte Erfahrung fussend, auch noch heut aufrecht. Die Kraftersparniss war ursprünglich zu hoch angegeben, sie ist aber immerhin noch so bedeutend
und dadurch, dass für je eine Papiermaschine 4—6 Holländer in Wegfall kommen, mit so grossen Vortheilen verknüpft, dass es nur dem
Zusammenwirken ungünstiger Umstände zuzuschreiben ist, dass die
Centrifugal-Stoffmühle in Deutschland nur schwer Eingang und nicht
die Verbreitung fand, die sie nach ihrer Leistungsfähigkeit verdient und
die ihr nun durch die Concurrenz des Debié'schen Holländers wohl für
immer versagt ist. — Mit Recht betont Rudel, dass diese Stoffmühle
eine amerikanische Erfindung und naturgemäss für amerikanisches Rohmaterial und amerikanische Verhältnisse berechnet sei. — In Amerika
spielt aber die weiche Baumwollenfaser eine bedeutend wichtigere Rolle
für die Papierfabrikation als in Deutschland, wo die Fabrikanten, namentlich noch vor 20 Jahren, vorzugsweise auf die harten leinenen und
hanfnen Hadern angewiesen waren. Bei Anwendung dieser festeren
Hadern wird es allgemein als ein Uebelstand anerkannt, dass in der
neuen Stoffmühle der Zeug nur einmal die mit Stahlrippen versehenen
Scheiben passirt, und wenn diese nicht ganz genau eingestellt sind, un-
aufgelöste Faserbündel mit durchgehen, welche selbstredend nicht nur
eine gleichförmige Bleiche erschweren, sondern auch die Qualität und
Durchsicht des Papieres wesentlich verschlechtern müssen. Orioli hat
daher den Apparat unter Anwendung einer sehr grossen Geschwindigkeit so einzurichten gesucht, dass der Stoff so oft als zur Herstellung
seiner vollkommenen Gleichartigkeit nöthig ist, durch den Scheibenap-

---

[1]) In der Thode'schen Empfehlung nämlich hiess es: „Die Kraftersparung
gegen gewöhnliche Holländer ist bedeutend. Ein Holländer mit 100 Pfd. trockner
Halbstofffüllung braucht 8 Pferdekraft, um in 4 Stunden fertig zu mahlen, producirt daher 600 Pfd. Ganzstoff in 24 Stunden oder mit 32 Pferdekraft 100 Pfd. in
1 Stunde. Die Centrifugal-Stoffmühle bedarf 20 Pferdekraft und ihre zwei Vor-
arbeiter brauchen 10 Pferdekraft und diese zusammen produciren 200 Pfd. in einer
Stunde, mithin mit weniger als der halben Kraft dasselbe Quantum, und
was bisher nur 8 grössere Ganzzeugholländer produciren konnten, das producirt
jetzt die einzige Centrifugal-Stoffmühle.

parat hindurchgeführt werden kann; es ist uns jedoch nicht bekannt, dass seine Versuche einen wesentlichen Erfolg gehabt hätten. — Rudel macht ferner auf den in Amerika üblichen grösseren Fabrikations-Maassstab aufmerksam und bemerkt Centralblatt 1862 No. 12: „Einerseits ist man dort an eine grössere quantitative, andrerseits an eine gleichmässigere qualitative Production, als bei uns gewöhnt. Während auf dem Kontinent die mittlere Tagesproduction 2400 Pfd. beträgt, ist solche in Amerika und Grossbritannien 5 bis 6000 Pfd.; während die Fabriken dieser Länder Wochen, ja Monate lang ein und dieselbe Papier-Qualität erzeugen, reducirt sich diese Erzeugung bei uns auf einige Tage und umfasst im Laufe des Jahres fast alle Qualitäten vom Pack- bis zum Briefpapier." — Diese Kleinheit der Verhältnisse, der Umstand, dass nur wenige Fabriken in einer Lage waren, die ihnen gestattete 40 bis 56 Pferdekraft an einen einzigen Theil des Werkes abzugeben, war es unbedingt, welcher an erster Stelle der Einführung der Centrifugal-Stoffmühle in Deutschland erschwerend entgegentreten musste. Aber wie haben sich seitdem die Verhältnisse auch bei uns geändert! — Eine Papierfabrik mit einer Jahresproduction von 720000 Pfd. dürfte bei der Höhe der Preise für Rohmaterial und Tagelöhne kaum noch als lebensfähig angesehen werden können und die Zahl der Fabriken, die ihre Jahresproduction nach Millionen von Pfunden berechnen, ist auch in Deutschland gegenwärtig keine geringe. Zieht man hierbei noch in Betracht, dass durch die in immer grösseren Dimensionen Platz greifende Anwendung von Surrogaten und ganz besonders der Holz-, Stroh- und Esparto-Zellulose auch unser Rohmaterial sich sehr wesentlich geändert und weicher geworden ist, so kann man nicht in Abrede stellen, dass der Patentholländer gegenwärtig ein seiner Einführung und Verbreitung viel günstigeres Terrain in Deutschland vorfinden würde, als es 1855 der Fall sein konnte. — Allein wie schon angedeutet, nachdem es Debié gelungen, die beiden Operationen des Holländers vollständig von einander zu trennen, ohne an denselben die immerhin nicht geringe Anforderung, bei einmaligem Passiren des Mahlapparates einen tadellosen Stoff zu liefern, zu stellen und wir uns selbst von der einfachen Handthirung und grossen Krafterspariss dieses neuen Systems überzeugt, sind wir selbstverständlich gegenwärtig nicht mehr im Stande, den Fabrikanten die Neu-Anschaffung der Kingsland'schen Stoffmühle zu empfehlen, sondern begreifen es sehr wohl, ja können es auch keineswegs tadeln, dass man da, wo man

diesen Apparat angeschafft, wie wir es vielfältig beobachtet, sich desselben nur noch als Mischholländers und schliesslichen Ausmahlers
bedient.

Die Ganzstoffmühlen von Jordan und Eustice, von Gould und
anderen haben bisher noch keinen Eingang in Deutschland gefunden und
verweisen wir unsere Leser wegen ihrer Beschreibung auf das in seinem
maschinellen Theile so ausserordentlich reichhaltige und reich ausge-
stattete Werk von Hofmann.

# VII. Das Weissen des Papieres.

Die Ueberschrift dieses Abschnittes scheint im Gegensatz zum
„Bläuen des Papieres" am geeignetsten, um den Zusatz farbloser oder
weisser Substanzen zur fertigen Papiermasse zu bezeichnen. In Rücksicht auf diesen in neuerer Zeit besonders häufig gewordenen Zusatz
ist bereits p. 195 die Umhüllung farbiger Substanzen mit ungefärbten
Stoffen als eine vierte Art des Bleichens hervorgehoben worden. Eine
solche Umhüllung kann auch von keinem Standpunkte aus gemissbilligt
werden, sobald dadurch der Güte des Fabrikats kein Nachtheil zugefügt wird. Allerdings werden hierzu auch Substanzen angewendet, bei
denen nicht in Abrede gestellt werden kann, dass der Fabrikant durch
ihren Zusatz einen unerlaubten Vortheil beabsichtigt. Hierzu gehört
besonders der Schwerspath oder Baryt (schwefelsaure Baryterde), der,
ausser dass er das Gewicht des angefertigten Papiers bedeutend erhöht,
die Eigenschaften desselben in keiner Weise verbessert. Im Gegentheil
ist sein bedeutendes specifisches Gewicht (4,3 bis 4,5) die Ursache, dass
seine Anwendung mit mancherlei Uebelständen verknüpft ist. Denn
einmal fällt der Schwerspath schon im Holländer stark zu Boden, wenn
derselbe nicht einen sehr guten Zug hat, wodurch Verluste bedingt
werden; dann aber sammelt er sich auch auf der Maschine vorzugsweise
an der unteren Seite an, wodurch das Papier zwei verschiedene Flächen
erhält, von denen die eine überdies eine unangenehme Härte besitzt und
als Schreibpapier die Stahlfedern, als Druckpapier die Lettern sehr bald
abnutzt.

In Folge seiner ungemein feinen Vertheilung etwas leichter suspendirbar in Wasser und mischbar mit dem Faserstoff der Papiermasse ist
der künstlich dargestellte schwefelsaure Baryt, der in einem teigigen
Zustande mit 25 bis 30 pCt. Wasser unter den Benennungen „Permanent-
weiss, Blanc-fix, Blanc-Perle" den Fabrikanten angeboten wird durch

Zersetzung von kohlensaurer Baryterde mittelst verdünnter Schwefelsäure dargestellt wird. — Abgesehen von der bedeutend reineren Weisse dieses chemischen Niederschlages ist derselbe auch nicht so hart, wie das Pulver des natürlichen Minerals, welchem man durch noch so sorgfältiges Mahlen und Schlemmen nie die Feinheit eines aus chemischer Auflösung sich absetzenden Niederschlages zu geben vermag. Durch längeres Aufbewahren und Austrocknen wird aber auch das Perlweiss schwerer in Wasser suspendirbar und mithin der Verlust immer bedeutender, daher Varrentrapp vorschlägt, die schwefelsaure Baryterde im Holländer selbst aus Chlorbarium und Glaubersalz (schwefelsaures Natron) zu erzeugen. Auf 100 Pfd. Papier löst man 10 bis 15 Pfd. geschmolzenes Chlorbaryum in dem dreifachen Gewicht kochenden Wassers auf und giebt die Lösung, um alle Unreinigkeiten zurückzuhalten, durch einen wollenen Beutel zu dem fertig gemahlenen Stoff, lässt 5 Minuten durchschlagen und setzt dann die Lösung von 7 bis 10,5 Pfd. wasserfreiem oder von 16,0 bis 24,0 Pfd. wasserhaltigem Glaubersalz hinzu. — Die so dargestellte schwefelsaure Baryterde ist allerdings dem Schwerspathpulver weit vorzuziehen, allein in welcher Form auch angewendet, das grosse specifische Gewicht veranlasst stets einen grossen Verlust, der um so mehr in's Gewicht fällt, als der Preis des Perlweiss und noch mehr der nach Varrentrapp's Vorschlag dargestellten schwefelsauren Baryterde der von China-Clay um circa das Vierfache übersteigt. — Wo freilich der Werth des Products eine Rücksichtnahme auf den Preis nicht erfordert und es vor Allen auf ein schönes reines Weiss ankommt, wie bei der Darstellung von Papieren zu weissen Tapeten, Karten, Kartons und Papierwäsche, da wird allerdings die künstliche schwefelsaure Baryterde durch nichts übertroffen.

Bedeutend billiger im Preise und kaum theurer als China-Clay ist der kohlensaure Baryt, welcher als Witherit vorzugsweise in England gefunden und als Patentweiss im Handel vorkommt. Auch dieses Produkt können wir den Fabrikanten nicht empfehlen, denn es steht dasselbe an Weisse dem schwefelsauren Baryt weit nach und theilt alle dessen Fehler. — Der kohlensaure Baryt unterscheidet sich durch sein Aufbrausen mit Säuren vom Schwerspath: ob man es aber überhaupt mit einem Barytsalze zu thun habe, giebt sich theils aus dem grossen specifischen Gewicht (Witherit 4,2 bis 4,4), theils aus der vollständigen Unauflöslichkeit des schwefelsauren Salzes in Wasser und Säuren zu erkennen.

Frei von dem Fehler der Schwere sind Schlemmkreide und Gyps,

die unter dem Namen Mehlweiss, Lenzin, Annaline u. s. w. den Papierfabrikanten. angeboten und häufig zur Erzielung grösserer Weisse angewendet werden. Beide Stoffe suspendiren sich allerdings sehr leicht in
Wasser, allein sie haben wieder den Nachtheil, dass sie ungeleimtes
Papier sehr staubig machen, was namentlich bei Druckpapieren wegen
der dadurch veranlassten Nothwendigkeit einer häufigeren Reinigung der
Druckerpressen und Maschinen als ein grosser Fehler bezeichnet werden
muss. Durch sehr laute und wiederholte Anpreisungen ist es den
Herren Busse und Rohrmann zu Annenmühle bei Osterode im Harz
gelungen, dem von ihnen angefertigten Annaline eine ziemlich weite Verbreitung zu verschaffen. Es ist dies ein sehr reiner und fein gemahlener
ungebrannter Gyps mit circa 21 pCt. Wasser, der sich allerdings durch
grosse Weisse und Suspendirbarkeit in Wasser auszeichnet und von
dessen Anwendung wir keinesweges abrathen wollen, der aber doch
die beim Gyps bereits gerügten Mängel theilt. Das Annaline bedingt
ebenfalls ein Stäuben der ungeleimten Druckpapiere und giebt bei stärkerem Zusatz ein sehr weiches Fabrikat. Auf die Leimung wirkt der
Gyps noch schädlicher als der Thon, denn da er nicht ganz unauflöslich
in Wasser ist (1 Th. Gyps braucht 500 Th. Wasser zur Lösung) tritt der
aufgelöste Theil in Wechselwirkung mit den Bestandtheilen der Harzseife.

Die angeführte Löslichkeit des Gypses in Wasser ist an und für
sich allerdings nicht gross, bedenkt man aber mit welchen grossen
Quantitäten Wasser der Papierstoff im Holländer und auf der Maschine
behandelt wird, so wird man es leicht erklärlich finden, dass ein
mässiger Zusatz von Annaline vollständig mit dem Wasser fortgeht und
keine Gewichtszunahme verspürt wird. — Varrentrapp fand, dass
durch einen Zusatz von 18 pCt. Annaline das Papier nur um $1\frac{1}{4}$ pCt.
an Gewicht zugenommen hatte und gelangte zu dem Schluss, dass 12
bis 20 pCt. Annaline dem Papierstoff zugesetzt werden können und bei
Verarbeitung von viel Wasser enthaltender Masse gar nichts als ihre
Unreinigkeiten darin zurücklassen. Bei weniger Wasser und sehr grossem
Annalinezusatz kann das Papier reich an Gyps werden. Will Jemand
Annaline anwenden, so muss er die Löslichkeit des Gypses im Wasser
beachten, auf je 8 Kubikfuss die Lösung von 1 Pfd. Gyps rechnen und
kann dann erwarten, von dem was er mehr an Annaline verwendet hat,
$\frac{2}{3}$—$\frac{1}{2}$ in dem Papier wiederzufinden[1]).

---

[1]) P. J. CLXVI. p. 389.

Die Löslichkeit des Gypses in Wasser hat ausserdem den Uebelstand, dass die Gypslösung in die Filze einzieht, hier eintrocknet und sie allmälig vollkommen dicht macht und durch Waschen und Walken sehr schwer zu entfernen ist. Solche Filze dürfen nur mit reinem Wasser ohne Zusatz von Soda oder Seife gewaschen werden.

Unter dem Namen Pearl hardening wird seit 1868 ein künstlicher Gyps in England bereitet und in grossen Mengen zum Verbrauch in Papierfabriken nach Deutschland ausgeführt. — G. Lunge spricht sich über die Darstellung desselben (C. Bl. 1868 No. 18) folgendermaassen aus: Das Pearl hardening wird in der, wenn nicht einzigen, doch jedenfalls grössten englischen Fabrik in folgender Weise dargestellt.

Die betreffende Fabrik ist eine der grössten Sodafabriken Englands und hat, da sie ihr Glaubersalz in offenen Flammenöfen calcinirt, eine ungeheure Menge schwacher, zur Chlorentwickelung untauglicher Salzsäure als Nebenproduct. Aehnlich vielen anderen Fabriken in gleicher Lage verwendet sie dieselbe zur Herstellung von Natronbikarbonat: aber während alle anderen Fabriken die dabei abfallende Chlorcalciumlösung fortlaufen lassen, wird sie hier mit Schwefelsäure gefällt und das Pearl hardening als Handelsproduct gewonnen.

Es enthält diese schwefelsaure Kalkerde in dem Zustande, in welchem sie den Papierfabriken abgelassen wird, gegen 40 pCt. Wasser und ein Centner desselben kostet ca. 12 Mark, also etwa viermal so viel, als 1 Ctr. Annaline. Dass bei diesem enormen Preise die Fabrik brillante Geschäfte gemacht, ist begreiflich, da aber von dem Pearl hardening in noch höherem Grade Alles gilt, was in Bezug auf Löslichkeit und Verlust der Annaline gesagt worden, so ist es wahrlich unbegreiflich, dass nur die schöne Weisse Fabrikanten veranlassen konnte, ihrer Masse einen Stoff zuzusetzen, von welchem höchstens 11 oder 12 pCt. mit in das Papier übergehen. — Hofmann führt zwar an, dass nach Adam Ramage, dem Leiter der Albion papermill in Holyoke Massachussets, von 25 Pfd. Annaline sowohl als Pearl hardening auf 100 Pfd. Stoff im Holländer zugesetzt, 16 Pfd. im Papier zurückblieben. Allein die Versuche von Ramage sind überhaupt mit Misstrauen zu betrachten, wie schon aus der einzigen Thatsache zur Genüge hervorgeht, dass er die Verluste für Annaline und Pearl hardening gleich gross angiebt. Die Annaline enthält aber 20 pCt. Wasser oder in 25 Pfd. 20 Pfd. schwefelsaure Kalkerde, wohingegen Pearl hardening 40 pCt. Wasser enthält und in 25 Pfd. mithin nur 15 Pfd. schwefelsaure Kalkerde vorhanden sind; wie wollen hiervon 16 Pfund im Papier bleiben?

Von Helm in Stettin wurde 1869 unter dem Namen terra alba eine schwefelsaure Kalkerde, der Centner mit 4 Mark auf den Markt gebracht, welche jedoch mit Recht keine weitere Verbreitung gefunden hat.

Dasselbe gilt von dem präparirten Anhydrit des F. Classe in Berlin, welcher 45,08 pCt. Wasser enthielt und dabei doch 5,5 Mark kosten sollte.

Das in neuester Zeit von F. H. Esch in Mannheim angebotene Alabasterweiss ist natürlich auch nur ein recht weisses feines Gypspulver mit 20 pCt. Wasser, welches seines neuen Namens wegen mit 8,20 Mark pro 100 Ko. bezahlt werden soll, während Annaline mit 6,0 Mark zu haben ist.

Schwerspath, Kreide und Gyps haben überdies alle drei keine Verwandtschaft zur vegetabilischen Faser, so dass nur ein verhältnissmässig geringer Theil in die Papiermasse übergeht und der Rest sich theils in den Holländern und Vorrathsbütten zu Boden setzt, wie dies namentlich bei Schwerspath der Fall ist, theils von dem auf der Maschine abfliessenden Wasser mitgeführt wird und daher Vorrichtungen zum Auffangen dieses Wassers und Zurückpumpen nach den Holländern vorhanden sein müssen, wenn nicht ein bedeutender Verlust stattfinden soll. — Bei weitem vortheilhafter in allen diesen Beziehungen erweist sich der reine Thon, die so häufig in der Natur vorkommende Verbindung von Kieselsäure und Thonerde (Aluminiumoxyd). Der in der Papierfabrikation angewandte Thon, der unter dem Namen Bleichererde, China-Clay u. a. dem Fabrikanten offerirt wird, ist ein sehr reiner Porzellanthon, bestehend in 100 Theilen aus 35,94 Thonerde, 44,79 Kieselsäure, 3,00 Eisenoxyd, 0,31 kohlensaure Kalkerde, 0,23 Magnesia, 15,73 Wasser. Die Anwendung dieses Thons ist mit grossen Vortheilen verknüpft, sowohl was die Qualität als Quantität des angefertigten Papiers betrifft. Der Thon deckt eine Menge kleiner Unreinigkeiten, macht, dass das Papier weniger transparent ist, befähigt es einer grossen Glätte, erhöht ungemein die Weisse desselben und ist den zum Färben angewandten Farbstoffen in keiner Weise nachtheilig, sondern befördert im Gegentheil deren Verbindung mit der organischen Faser, zu welcher er selbst eine grosse Anziehungskraft besitzt. In Folge dieser Anziehungskraft bleibt nun auch der grösste Theil des Thons in der Papiermasse und bewirkt eine sehr erhebliche Vermehrung des Gewichts des gefertigten Papieres. Bei Anfertigung von mittelfeinen Druckpapieren und einem Zusatz von circa 12 pCt. Thon kann man annehmen, dass die Gewichtsvermehrung des gefertigten Papieres mindestens 6 pCt. betrage; zieht man hierbei in Betracht, dass diese 6 pCt. keine Arbeitskraft erheischten, ja dieselbe Weisse des Papiers viel weniger gebleichten Stoff erforderte, so ist leicht ersichtlich, dass die Anwendung des Thons für den Fabrikanten von wesentlichen pecuniären Vortheilen begleitet ist. Das mit einem Zusatz von Thon angefertigte Druckpapier zeichnet sich durch schöne Weisse und Glätte, feines Ansehen und guten Angriff höchst vortheilhaft vor solchem ohne Thon aus; es bewährt sich beim Druck ausserordentlich, verursacht keinen Staub, nimmt die Farbe leicht an, die schnell trocknet, ohne abzuziehen oder durchzuschlagen, und giebt eine klare, reine Schrift[1]).

Einen nicht nur weniger günstigen, sondern sogar ungünstigen Einfluss übt dagegen der Thon bei der Anfertigung von geleimten Papieren aus. Das Papier wird durch einen Zusatz von Thon zwar schön weiss und glatt, hält aber schlecht im Leim, so dass die Quantität desselben bedeutend vermehrt werden muss, um ein brauchbares Fabrikat zu erhalten. Diese nachtheilige Wirkung erklärt sich ungezwungen aus der physischen Beschaffenheit des vegetabilischen Leims und des Thons. Der Thon, in feiner Vertheilung an der organischen Faser haftend, Wasser stark anziehend, im feuchten Zustande bildsam, durch Reibung an den erwärmten Walzen bedeutende Glätte annehmend; der vegetabilische Leim, in seiner physischen Beschaffenheit sich den Harzen nähernd, zusammenhängend, als feste Masse die Poren des Papieres füllend, unauflöslich in Wasser und ohne Anziehung für dasselbe. Durch Vermischung dieser beiden Eigenthümlichkeiten, auf denen ihre Wirksamkeit wesentlich beruht, muss diese unbedingt geschwächt werden; der Harzleim, mit Thon in feiner Vertheilung vermischt, verliert an Cohärenz, und das Papier erscheint schlechter geleimt.

Es wird daher von den Lieferanten der sogenanten Bleicherde bei ihrer Anwendung auch ein grösserer Zusatz von Leimmasse vorge-

---

[1]) Der Thon macht das Papier, während es den Trockenapparat passirt, auffallend + electrisch, so dass eine Leidener Flasche bis zum Funkengeben geladen werden kann; in wie weit sich hieraus neue Schwierigkeiten für eine gewisse Art von Schneidemaschinen ergeben, lassen wir aus Mangel an Erfahrung dahingestellt.

schrieben und anempfohlen, die Bleichererde mit Kartoffelstärke anzurühren. Letzteres Verfahren wird auch angerathen, wo man einen möglichst starken Zusatz von Bleichererde beabsichtigt. — Allein der Verbrauch von grösseren Mengen Leim oder Kartoffelstärke dürfte den durch
Anwendung des Thons bedingten pecuniären Vortheil bedeutend schmälern
und daher als Schlussresultat sich herausstellen, dass die Anwendung
von Thon vorzugsweise bei Anfertigung von ungeleimten Druck- und
Packpapieren zu empfehlen ist, und zwar auch nur in so weit, als damit
grössere Weisse und bessere Appretur bezweckt wird. Wollte man aber
bei Packpapieren um grössere Gewichtsmengen zu erhalten, bis an 40
bis 45 pCt. Thon zusetzen, so würde man dadurch die Festigkeit dieser
Papiere auf unverzeihliche Weise schwächen.

Das Verfahren bei der Anwendung des Thons ist verschiedenartig
modificirt und oft auch unnöthiger Weise complicirt worden. Bei ungeleimten Papieren genügt es vollständig, die für einen Holländer bestimmte
Quantität Thon in einem Eimer mit Wasser zu einem Brei anzurühren
und eine Viertelstunde vor dem Leeren durch ein Sieb der fertigen
Masse zuzufügen. — Bei Leimpapieren aber hat uns Erfahrung und
Theorie es als das Vortheilhafteste erscheinen lassen, die Bleichererde
der Masse vor dem Leim zuzusetzen. Es existiren in dieser Beziehung
sehr viele Vorschriften, die jedoch meistens der Speculation auf die
chemische Unwissenheit der Fabrikanten ihren Ursprung verdanken.
So sehen wir nicht ein, was ein Aufkochen des Thons mit Wasser
bewirken soll, da diese an sich geschlemmte Substanz sich sehr leicht
vertheilt; dasselbe gilt für ein Aufkochen mit Alaun- oder Stärkelösung.
In letzterer wird allerdings der Thon sich leichter suspendiren, allein
er wird dabei auch mit Stärkemehl umkleidet und verliert seine Attraction
zur organischen Faser der Papiermasse. Eine sehr renommirte Fabrik
hat den nachtheiligen Einfluss der Bleichererde auf die Leimung durch
einen Zusatz von Kochsalz zu beseitigen gesucht. Es werden 4 bis
6 Pfd. Salz in 25 Maass, 2 Pfd. Stärke in 75, 100 Pfd. Bleichererde in
300 Maass Wasser resp. gelöst und suspendirt, diese drei Flüssigkeiten
zusammengegossen und gut durchgerührt genügen auf 100 Holländerleeren à $\frac{3}{4}$ Ctr. Stoff. — Piette schreibt vor 18 Pfd. Alaun und 200 Pfd.
Kaolin in 100 l. Wasser zwei Stunden lang kochen zu lassen; von
dieser Mischug wird die nöthige Menge nach dem Zusatz der Harzseife
dem Holländer zugefügt und nach Verlauf einer Stunde noch halb so viel
Alaun zugesetzt als Harz angewendet worden ist.

Der Vorschlag, das Kaolin statt in einer Stärkelösung in einer Auflösung von Wasserglas zu suspendiren, muss auch als ein solcher bezeichnet werden, der nur in den seltensten Fällen Beachtung verdient. Das Wasserglas, kieselsaures Natron enthält stets einen grossen Ueberschuss an freiem Natron, wodurch es überhaupt nur in Wasser löslich wird. Die Auflösung reagirt daher sehr stark alkalisch und wirkt im höchsten Grade nachtheilig auf Leimung und Färbung. Es könnte mithin das Wasserglas nur für ungeleimte Papiere angewendet werden und da in neuerer Zeit auch Zeitungs- und die meisten Druckpapiere geleimt werden, so reducirt sich selbstverständlich die Verwendbarkeit des Wasserglases auf eine sehr beschränkte Zahl von Fällen.

Der Verlust an Bleichererde bei deren Verarbeitung beträgt 38 bis 48 pCt., und zwar findet der grössere Verlust bei dem schwächeren, der kleinere bei dem stärkeren Zusatz von der Erde statt. — Dieser Verlust ist das Resultat direkter Beobachtung, indem genau nachgewogen wurde, wie viel Papier aus zwei bestimmten Mengen gleicher Lumpenmischungen mit oder ohne Zusatz von Bleichererde gewonnen wurde. — Diese Art des Versuches im grösseren Maassstabe ist für den Fabrikanten viel geeigneter und entscheidender, als die Untersuchung des unverbrennlichen Rückstandes, welche sehr häufig, namentlich in den Circularen anempfohlen wird, denn die unorganische Substanz, namentlich wenn in grösserer Masse zugesetzt, schützt die organische Kohle gegen vollständige Verbrennung, und das Gewicht des Rückstandes fällt daher sehr leicht zu hoch und zu Gunsten der Zusatzmasse aus.

Was endlich den Einkauf des Thons anbetrifft, so hat der Fabrikant hauptsächlich auf dessen Wassergehalt ein aufmerksames Auge zu richten, da dieser zwischen sehr weiten Grenzen schwankt, und eine Bleichererde, von der versichert wird, dass sie nicht mehr als 10 pCt. Wasser enthalte, oft über 20 pCt. hat. Die Ermittelung des Wassergehalts ist indess sehr leicht. Man hat zu dem Ende nur nöthig, eine gewogene Menge Bleichererde in einem Platin- oder Porcellantiegel zu glühen, der Gewichtsverlust, den sie hierdurch erleidet, rührt von ihrem Gehalt an Wasser her.

Endlich haben in neuester Zeit die Herren Hellwig und Benemann den Papierfabrikanten ein von ihnen in der chemischen Fabrik zu Sennewitz bei Halle angefertigtes Wasserglas angeboten, welches sich unter dem bombastischen Namen Steroxylin versteckt und nichts als Wasserglas ist. Sie rathen, dasselbe mittelst Alaun zu zersetzen, wodurch wiederum kieselsaure Thonerde sich niederschägt, welche dann dem Papiere zugesetzt werden kann. Von diesem künstlich bereiteten Thon würde der Centner im trocknen Zustande circa 13 Thlr. kosten, Grund genug den Herren für ihre Bemühungen um die Papierfabrikation schon im Voraus zu danken.

Für bestimmte Zwecke können natürlich dem Papiere noch verschiedene andere Substanzen zugetheilt werden: so schlägt Ballande zur Anfertigung von Werthpapieren einen Zusatz von 20 bis 30 pCt. Kalomel (Quecksilberchlorür) vor. Man erhält alsdann ein Papier, auf welches man mit einer Tinte schreibt oder druckt, die aus 1000 Theilen Gummiwasser, 40 bis 60 Theilen Alaun und 25 bis 50 Theilen unterschwefligsaurem Natron besteht. Die mit der wasserhellen Flüssigkeit gemachten Schriftzüge, werden in Berührung mit dem Papier sofort schwarz, durch Bildung von Schwefelquecksilber, und die Schriftzüge sind unvertilgbar.

# VIII. Vom Bläuen des Papieres.

Auf die Darstellung der farbigen Papiere einzugehen, liegt ausserhalb der Grenzen, welche dieses Buch sich gesteckt hat, allein auch das weisse Papier wird nur selten ohne alle Farbe dargestellt. Das Weiss selbst des aus gebleichtem Stoff gefertigten Papiers ist matt und mit einem Stich ins Gelbe, daher man durch einen geringen Zusatz von blauer Farbe, ähnlich wie durch das Bläuen der Wäsche, seinen Glanz und Lustre zu erhöhen sucht.

Die gewöhnlichen (Concept-) Papiere bläut man durch fein gemahlene dunkelblaue Lumpen; allein wenn man diese auch noch so fein mahlt, so bleibt doch jedes einzelne Fäserchen dem Auge sichtbar, und es wird dadurch nur ein günstigerer Totaleindruck bewirkt. Zu Erzeugung einer gleichförmigen bläulichen Färbung hingegen können Indigo, Berlinerblau, Schmalte und künstlicher Ultramarin benutzt werden.

Soll Indigo zum Bläuen des Papiers angewendet werden, so wird derselbe in fein geriebenem Zustande mit concentrirter Schwefelsäure übergossen. Es entsteht eine tief dunkelblaue Auflösung, welche, abgeschäumt und mit Wasser gehörig verdünnt, der fertigen Papiermasse im Holländer zugesetzt wird. Der bedeutende Preis des Indigos, so wie der Umstand, dass hierbei freie Säure kaum zu vermeiden ist, haben jedoch denselben fast gänzlich aus der Zahl der Mittel zum Bläuen des Papiers verdrängt[1]).

---

[1]) Um den Werth eines käuflichen Indigos zu ermitteln, kann man sich der von Penny empfohlenen und in Dingler's Polytechn. Journ. Bd. CXXVIII. p. 208 beschriebenen Methode bedienen, welche sich auf den Umstand gründet, dass Indigoblau bei Gegenwart von Salzsäure durch zweifach chromsaures Kali entfärbt wird. — Man löst eine bestimmte Menge Indigo in Schwefelsäure, verdünnt mit Wasser und sieht zu, wie viel von einer Auflösung von bestimmtem Gehalt an saurem chromsaurem Kali zur Entfärbung nöthig ist. Noch genauer ist die Probe

Das Berlinerblau besteht aus zwei Cyanverbindungen des Eisens, zwischen deren Cyangehalt ein gleiches Verhältniss obwaltet, wie zwischen dem Sauerstoffgehalt des Eisenoxyds und Oxyduls und die als Cyanid und Cyanür von einander unterschieden werden: es ist mithin, so wie alle im Handel vorkommenden Modificationen desselben, das Pariserblau, Erlangerblau, Mineralblau u. s. w., die sich nur durch verschiedene Grade des Farbentons, der Reinheit u. s. w. von einander unterscheiden eine Verbindung von Eisencyanid mit Eisencyanür. Diese Verbindung wird im Grossen dargestellt und kommt in prismatischen Stücken in den Handel, welche sich leicht pulvern und mit Wasser zu einem gleichförmigen Brei anrühren lassen, von welchem man eine hinreichende Menge der Masse im Holländer zusetzt. Da das Berlinerblau nur auf nassem Wege dargestellt wird, so erspart der Papierfabrikant mindestens die durch das Trocknen desselben verursachten Fabrikationskosten, wenn er sich seine Farbe selbst bereitet, was überdies mit keinen Schwierigkeiten verknüpft ist.

Das im Grossen durch Erhitzen von kohlensaurem Kali (Pottasche) mit thierischer Kohle (man wandte früher vorzugsweise Blutkohle hierzu an, daher der Name) gewonnene Blutlaugensalz ist eine Verbindung von Eisencyanür mit Cyankalium (Kaliumeisencyanür). Wird die Auflösung dieses Salzes zu einer Eisenoxydauflösung gegossen, so entsteht augenblicklich ein schön dunkelblau gefärbter Niederschlag, indem der Sauerstoff des Eisenoxyds an das Kalium tritt, Kali bildend, während das Cyan, an das Eisen des Oxyds übergehend, Eisencyanid erzeugt, welches mit dem Eisencyanür des Blutlaugensalzes Berlinerblau bildet. Setzt man hingegen die Lösung von Kaliumeisencyanür zur Auflösung eines Eisenoxydulsalzes, so wird wiederum ein Austausch des Sauerstoffs des Oxyduls gegen das Cyan des Cyankaliums stattfinden, aber nicht Eisencyanid, sondern Eisencyanür gebildet werden, welches mit dem Eisencyanür des Blutlaugensalzes gemeinschaftlich als weisser Niederschlag sich zu er-

---

von A. Müller mittels Schwefelnatrium J. d. F. 1874 No. 11. Während nach Leuchs auch schon aus dem specifischen Gewicht auf den Gehalt des Indigo's an färbender Substanz geschlossen werden kann. J. d. F. 1873 No. 6. — Eine häufige Verfälschung des Indigo's ist ein Zusatz von Stärkemehl, welchen man sehr leicht entdeckt, wenn man den zu prüfenden Indigo mit verdünnter Salpetersäure bis zur Entfärbung erhitzt und zu der erkalteten Flüssigkeit etwas Jodkaliumlösung hinzufügt. Die kleinste Menge Stärke wird durch die Bildung von Jodstärke angezeigt.

kennen giebt. Dieser weisse Niederschlag wird jedoch bei Zutritt von Luft sehr bald blau, indem ein Theil des Cyanürs unter Aufnahme von Sauerstoff sein Cyan an einen andern Theil abgiebt und denselben in Cyanid verwandelt, welches sich mit unverändertem Cyanür zu Berlinerblau verbindet.

Die Vorgänge werden durch folgende Formeln veranschaulicht:

I.    $$3(2\,KCy + FeCy + 3\,HO) + 2(Fe^2O^3 + 3\,SO^3) =$$
     Kalium - Eisen - Cyanür       Schwefels. Eisenoyd

$$6(KO + SO^3) + (2\,Fe^2Cy^3 + 3\,FeCy) + 9\,HO . \; —$$
Schwefels. Kali       Berliner Blau

II.    $$(2\,KCy + FeCy + 3\,HO) + 2(FeO + SO^3) =$$
                     Schwefels. Eisenoxydul

$$2(KO + SO^3) + 3\,FeCy + 3\,HO$$
Eisencyanür

III.    $$9\,FeCy + 3\,O = Fe^2O^3 + (2\,Fe^2Cy^3 + 3\,FeCy)$$
Berliner Blau

Unter den Eisenpräparaten ist gerade ein Oxydulsalz, das schwefelsaure Eisenoxydul, grüner Vitriol, dasjenige, welches im Grossen und oft als Nebenprodukt gewonnen, am leichtesten und billigsten zu haben ist, daher auch dieses vorzugsweise zur Darstellung der blauen Farbe benutzt wird.

Der Eisenvitriol bildet im frisch bereiteten Zustande bläulich grüne, schiefe rhomboïdale Prismen darstellende Krystalle, welche 45,58 pCt. Wasser enthalten. An trockner Luft verlieren die Krystalle Wasser und zerfallen zu einem weissen Pulver; zugleich nimmt ein Theil Oxydul Sauerstoff aus der Luft auf und geht in Oxyd über, wodurch sich die anfänglich durchsichtigen Krystalle mit einem gelben Salze beschlagen und ein schmutziges Ansehen erhalten. Dieses schmutzige Ansehen, so wie überhaupt diese Veränderung, ist aber der Anwendung des Eisenvitriols zur Darstellung der blauen Farbe in keiner Weise nachtheilig, sondern da, wie wir gesehen haben, gerade Eisenoxydsalz, mit Blutlaugensalz vermischt, augenblicklich Berlinerblau erzeugt, so wird der Eisenvitriol, je mehr Oxyd er enthält, desto besser zur Darstellung dieser Farbe sein. — Dagegen ist eine Beimischung von Kupfer im Eisenvitriol, die ziemlich häufig angetroffen wird, für die Reinheit der Farbe von sehr schädlichem Einfluss, und daher anzurathen, dass man sich vor der Anwendung des Vitriols von der Abwesenheit des Kupfers überzeuge, was mit grosser Leichtigkeit dadurch geschieht, dass man in die Vitriolauflösung ein Stück blankes Eisen (Draht, alte Messerklingen u. s. w.) taucht; bleibt dasselbe rein, so ist kein Kupfer vorhanden, welches, in geringster Quantität dem Vitriol beigemischt, bald einen rothen Ueberzug von metallischem Kupfer auf dem eingetauchten Eisen verursacht.

Bei der Darstellung der Farbe werden nun 4 Theile Kaliumeisencyanür (Blutlaugensalz) und 5 Theile Eisenvitriol in heissem Wasser aufgelöst und die Lösungen in einem mehr hohen als breiten Bottich, der in verschiedenen Höhen mit Holzstöpseln zu verschliessende Oeffnungen hat, mit einander vermischt. Nachdem der augenblicklich entstehende hellblaue Niederschlag sich abgesetzt hat, lässt man die darüberstehende klare Flüssigkeit ab und rührt darauf mit frischem Wasser durch. Absetzen des Niederschlags, Ablassen und Erneuern des Wassers, so wie Umrühren werden nun öfters wiederholt, wobei die Farbe des Niederschlags beständig an Insensität gewinnt.

So wie durch Sauerstoff das Eisencyanür theilweis zerlegt und dadurch die Bildung von Cyanid möglich wird, so wird der gleiche Process nur noch schneller durch Chlor angeregt. Kommt Chlor mit Eisencyanür in Berührung, so wird wiederum ein Theil zerlegt, indem sich Eisenchlorid erzeugt und das durch Chlor verdrängte Cyan mit einem anderen Theile Eisencyanür Cyanid bildet.

$$9\,Fe\,Cy + 3\,Cl = Fe^2\,Cl^3 + (2\,Fe^2\,Cy^3 + 3\,Fe\,Cy).$$
$$\text{Eisenchlorid} \qquad\qquad \text{Berlinerblau}$$

Die Umwandlung erfolgt hierbei rasch und vollständig, und da überdies das Eisenchlorid auflöslich und durch das Waschwasser fortgeführt wird, so wird hierbei eine viel feinere Farbe als durch Einwirkung von Sauerstoff erhalten, bei welcher letzteren das erzeugte braune Eisenoxyd in der Farbe verbleibt. — Um aber Chlor auf das Eisencyanür wirken zu lassen, hat man nur nöthig, dem Niederschlage eine Auflösung von Chlorkalk zuzusetzen, und zwar hat man auf 5 Pfd. Eisenvitriol, je nach der Güte desselben, 2 bis 3 Pfd. Chlorkalk anzuwenden. Statt des Chlorkalks kann man sich zur Oxydation des Eisenoxyduls auch der Salpetersäure bedienen, welche noch kräftiger wirkt. 5 Pfd. Eisenvitriol werden in Wasser gelöst und zu der erwärmten Auflösung 4 Pfd. Salpetersäure nach und nach zugesetzt, die Auflösung von schwefelsaurem Eisenoxyd alsdann behufs der Vertreibung des Stickstoffoxydes bis nahe zum Kochen erhitzt und darauf die Auflösung von dem gelben Cyaneisenkalium zugesetzt. — Es hat diese Darstellung der blauen Farbe den Uebelstand, dass sich in sehr grosser Menge Stickstoffoxydgas bildet, welches theils durch plötzliches Entweichen ein Uebersteigen der Flüssigkeit über die Wände des Gefässes zur Folge haben kann, theils indem es sich, sobald es mit der atmosphärischen Luft in Berührung kommt, augenblicklich zu salpetriger Säure oxydirt, die mit der Darstellung beschäftigten Leute ausserordentlich belästigt.

Es giebt übrigens noch eine Menge Vorschriften zur Darstellung des Berlinerblau, und jeder alte Papiermacher glaubt sich im Besitze eines besonders ausgezeichneten Receptes; wir beschränken uns jedoch darauf, nur kurz noch folgende zu erwähnen. — Man löst in einem irdenen Topfe Eisenstücke in so viel Salpetersäure auf, dass man einen halbflüssigen Brei erhält. Auf 10 Pfd. Eisen setzt man dann 20 Pfd. Blutlaugensalz hinzu und kocht im Wasserbade unter Zusatz von Wasser bis alles vollständig aufgelöst und gemischt ist, worauf man die Farbe sich absetzen lässt und durch wiederholtes Decantiren wäscht. Ein Himmelblau erhält man, indem man 4 Theile Blutlaugensalz, 4 Theile Alaun, 1 Theil Weinsteinsäure und 1 Theil Oxalsäure in 40 Theilen Wasser von 60 pCt. auflöst[1]).

In neuerer Zeit hat man angefangen, für den Bedarf der Färbereien den Eisenoxyd-Alaun im Grossen darzustellen, ein Salz, welches ganz analog dem Kali-Alaun zusammengesetzt ist, nur dass es statt Thonerde Eisenoxyd enthält $(KO, SO^3 + Fe^2 O^3, 3 SO^3 + 24 HO)$. Da in diesem Salz das Eisen bereits in Form von Oxyd vorhanden ist, so eignet sich dasselbe vorzüglich zur Darstellung des Berlinerblau, welches beim Vermischen der Auflösungen von Blutlaugensalz und Eisenalaun sogleich im tiefsten Farbentone erhalten wird.

Nach der Formel:

$$2 (KO, SO^3 + Fe^2 O^3, 3 SO^3 + 24 HO) + 3 (2 K Cy + Fe Cy + 3 HO) = \underline{(2 Fe^2 Cy^3 + 3 Fe Cy)} + 8 KO, SO^3 + 3 HO$$
$$\text{Berlinerblau}$$

erfordern 1006 Gew.-Th. Alaun genau 633 Gew.-Th. Blutlaugensalz zur Zersetzung und hat man daher auf 1 Theil des letzteren Salzes 1,5 Theile des ersteren zu nehmen, um jeden Ueberschuss von Eisenoxyd zu vermeiden, welcher der Schönheit der Farbe nur nachtheilig sein würde.

---

[1]) J. d. F. 1858 p. 148.

So lange der Centner Eisenoxydalaun noch 10 Thaler kostete, stand sein hoher Preis seiner technischen Anwendung sehr im Wege, allein nachdem dieser neuerdings auf 10,5 Mark herabgegangen ist, ist diese Art der Darstellung des Berliner Blau's jeder anderen vorzuziehen.

Man findet noch hier und da das nicht zu billigende Verfahren, die Ingredienzien für das Berlinerblau erst im Holländer zu mischen, hier wäre die Anwendung des Eisenalauns ganz besonders zu empfehlen, da dieser sogleich eine fertige Farbe giebt und mithin auch eine gleichförmige Färbung des Papiers ermöglicht, die bei der Anwendung irgend einer der anderen Methoden nur schwer zu erreichen sein dürfte.

Das Berlinerblau wird von verdünnten Säuren nicht verändert, dagegen wirken alkalische Flüssigkeiten zersetzend darauf ein, indem das Alkali seinen Sauerstoff an das Eisen abtritt und sich mit dem Cyan verbindet. Da nun die Harzauflösung bei Anwendung des vegetabilischen Leimes stets alkalisch reagirt, so findet man oft angegeben, dass in der Masse geleimtes Papier nicht mit Berlinerblau gefärbt werden darf; indess würde dies nur dann der Fall sein, wenn man die Farbe früher als den Leim in den Holländer geben wollte. Ist hingegen die Harzseife bereits durch Alaun zersetzt, so wird die Flüssigkeit im Holländer eher eine schwach saure als alkalische Reaction zeigen, und es ist eine Zersetzung des Berlinerblau's nicht mehr zu befürchten; nur hat man zu berücksichtigen, dass das Thonerdesalz, als Mordant wirkend, eine viel vollständigere Bindung des Farbstoffes durch die organische Faser veranlasst, als dies bei ungeleimten Papieren der Fall ist, daher bei geleimten Papieren oder auch bei solchen, denen Thon zugesetzt wurde, eine viel geringere Quantität Farbe anzuwenden ist.

Wenn man sich das Berlinerblau nicht selbst bereitet, sondern dasselbe fertig kauft, hat man darauf zu achten, dass es nicht mit Stärkemehl vermischt sei. Eine solche Beimengung wird sehr leicht erkannt, wenn man eine geringe Menge Berlinerblau etwa eine halbe Stunde mit Wasser kocht, erkalten lässt, filtrirt und dem Filtrat einige Tropfen einer alkoholischen Jodtinktur zusetzt. Ein blauer Niederschlag verräth die Gegenwart des Stärkemehls.

Das Berlinerblau giebt dem Papiere nur eine matte, meist grünliche Färbung, daher es auch nur zum Bläuen von ordinären und mittleren Papiersorten benutzt wird, dagegen bei feineren die Schmalte und der künstliche Ultramarin zu gleichem Zwecke angewandt werden.

Die Schmalte, durch Zusammenschmelzen von Quarzpulver (Kieselsäure), Pottasche und Kobaltoxyd gewonnen, ist ein durch letzteres blau gefärbtes Glas, welches, auf einer Mühle gemahlen und geschlemmt, als feines Pulver in den Handel gebracht wird. Die Schmalte besitzt eine feurige Farbe und giebt mit Wasser angerührt und der Masse im Holländer zugesetzt, dem Papier ein angenehmes, frisches Ansehn; sie leidet jedoch an zwei Uebelständen, nämlich sehr grosser Härte und Schwere. Die erstere verursacht eine starke Abnutzung der Schreibfedern, was allerdings bei Anwendung von Stahlfedern weniger zu bemerken ist, als bei den gewöhnlichen Gänsefedern, wohingegen die letztere bewirkt, dass das Papier auf der einen Seite, welche auf dem Metalltuche der Maschine zu unterst lag, stets stärker gefärbt erscheint als auf der anderen. — In diesen letzten beiden Beziehungen wird die Schmalte unbedingt durch den künstlichen Ultramarin übertroffen, welcher zugleich an Farbenpracht nicht hinter ihr zurückbleibt.

Unter Ultramarin (outre mer) wird eine wegen ihrer Aechtheit und Farbenpracht in der Oelmalerei sehr geschätzte blaue Farbe verstanden, welche man durch Pulvern und Schlemmen des Lasursteines (Lapis Lazuli), erhält, eines Minerals, welches auf Gängen im älteren Gebirge in Sibirien am Baikalsee, in der kleinen Bucharei und besonders in China vorkommt, und aus Kieselsäure, Kalk-, Talk- und Thonerde, Natron, Eisenoxydul und Schwefelsäure besteht. — Das seltene Vorkommen des Minerals macht die daraus bereitete Farbe zu einer der theuersten in der Malerei, und so lange man auf das natürliche Mineral beschränkt war, war an eine Anwendung des Ultramarins in grösserem Maassstabe nicht zu denken. — Durch sorgfältige chemische Analysen indess von der Zusammensetzung des Lazursteines unterrichtet, gelang es Gmelin, ein Kunstprodukt darzustellen, dessen Pulver eine dem Ultramarin nur wenig nachstehende blaue Farbe giebt, welche daher künstlicher Ultramarin genannt wird. Zur Darstellung des künstlichen Ultramarins giebt Gmelin folgendes Verfahren an:

Man löst wasserhaltende Kieselerde in einer Auflösung von kaustischem Natron in Wasser auf und setzt so viel Thonerdehydrat zu, dass auf 35 Th. wasserfreie Kieselerde etwa 30 Th. wasserfreie Thonerde kommen[1]). Die Masse wird unter fleissigem Umrühren zum trocknen

---

[1]) Käuflicher Alaun, durch einmaliges Umkrystallisiren gereinigt, ist zur Darstellung der Thonerde tauglich, da ein unbedeutender Eisengehalt nicht schädlich, sondern eher nützlich zu sein scheint. Die gefällte Thonerde braucht nur so weit

Pulver abgeraucht, welches zuerst fein gerieben, dann mit etwas Schwefelblumen innig vermengt wird. Darauf wird eine Mischung aus gleichen Theilen trocknem, einfach kohlensaurem Natron und Schwefelblumen oder fein geriebenem Schwefel zugesetzt, und zwar so viel, als das trockne Pulver (Ultramarinbasis) vor der Zumischung der Schwefelblumen betrug. Das Ganze wird auf das Innigste gemengt und in einem guten Thontiegel von einer ziemlich eisenfreien Masse, der wo möglich ganz voll werden muss, fest eingestampft. Der mit einem gut schliessenden Deckel versehene Tiegel wird nun so schnell als möglich zum Glühen gebracht und zwei Stunden lang in starker Rothglühhitze erhalten. Ein rasches Glühendwerden der Masse ist für das Gelingen der Operation sehr wesentlich. — Nach dem Erkalten erhält man eine grünlich-gelbe Masse, die durch abermaliges Erhitzen unter Zutritt der atmosphärischen Luft blau wird.

Im Grossen dargestellt wurde der künstliche Ultramarin zuerst in Frankreich durch Guimet; jedoch gegenwärtig kann man denselben auch aus deutschen Fabriken, namentlich aus Nürnberg, zu mässigen Preisen beziehen, und die feineren Papiere wurden, ehe die Anilinfarben in Anwendung kamen, fast ausschliesslich durch künstlichen Ultramarin gebläut.

Es ist die Gmelin'sche Darstellungsweise später von Robiquet, Tiremon, Winterfeld, Prückner, Brunner und anderen sehr vervollkommnet worden und giebt hierüber die schätzenswerthe Schrift: „Die Ultramarin-Fabrikation von J. P. Dippel, Cassel 1854" genaue Auskunft. Eben dieser Schrift ist auch die hier folgende Prüfungsmethode entnommen, da dieselbe in der That auch vom streng chemischen Standpunkte aus nichts zu wünschen übrig lässt. Der Ultramarin unterscheidet sich seinem Aeussern nach von allen anderen blauen Farben hauptsächlich durch seine zarte und markige Eigenschaft, Tiefe und Intensität. Als einfaches chemisches Mittel, den Ultramarin von anderen blauen Farben zu unterscheiden, ist das Uebergiessen desselben mit Salzsäure zu empfehlen, wobei eine völlige Entfärbung eintritt und sich

---

getrocknet zu werden, dass sie etwa 10 pCt. wasserfreie Thonerde enthält; zu stark getrocknet wird sie in der alkalischen Kieselerdelösung hart und lässt sich nicht so leicht gleichförmig vertheilen. Nimmt man viel weniger Thonerde, als angegeben, z. B. 20 Thonerde auf 35 Kieselerde, so erhält man eine grünlich-blaue Verbindung, die sich sandig anfühlt, aber eine ausserordentliche Dauerhaftigkeit besitzt, indem sie eine sehr heftige Glühhitze aushält, ohne zerstört zu werden.

Schwefelwasserstoffgas entwickelt, welches durch den stinkenden Geruch leicht zu erkennen ist.

Indigozusatz entdeckt man dadurch, dass dieser beim Erhitzen in purpurfarbigen Dämpfen entweicht. Bergblau nimmt beim Erhitzen eine grünliche, zuletzt schwarze Farbe an. Berlinerblau wird beim Erhitzen dunkler und durch Kochen mit Kalilösung braun. Eine Versetzung mit Schmalte erkennt man an der Unzerstörbarkeit der Farbe durch Säuren. Rührt man Ultramarin mit irgend einer schleimigen Flüssigkeit, z. B. Leimwasser, Gummiauflösung u. s. w. zusammen und es bildet sich eine rothe, braune oder überhaupt schmutzige Masse auf der Oberfläche der Flüssigkeit, so enthält der Ultramarin überflüssiges Schwefelnatrium, welches bei der Anwendung die Farbe veränderlich macht. — Mit Oel angerieben darf guter Ultramarin in einem glühenden Tiegel oder auf einem glühenden Eisenblech sich nicht entfärben. — Da dem Ultramarin nach dem Blaubrennen oft Thon zugesetzt wird, um hellere Nüancen zu erzeugen, so verdienen im Allgemeinen die dunkleren Sorten, bei denen solche Fälschungen nicht vorkommen können, den Vorzug. Chlor und freie Säuren wirken zersetzend auf den künstlichen Ultramarin und hierauf gründet sich eine von Bernheim vorgeschlagene Methode, den künstlichen Ultramarin zu prüfen. Zu einer bestimmten Menge Ultramarin giesst man so lange aus einer Bürette Schwefelsäure, die vorher mit ihrem 10fachen Gewicht Wasser verdünnt worden ist, hinzu, bis die blaue Farbe in eine röthliche umgeändert ist. Je grösser die Menge der verbrauchten Schwefelsäure, desto besser ist der Ultramarin. Diese Probe giebt zugleich Gelegenheit, eine Beimengung von Schmalte zu entdecken, welche durch die Säure nicht zerstört wird, sondern ihre blaue Farbe unverändert behält. Ebenso giebt sich hierbei eine Vermischung mit Kreide durch unter Aufbrausen entweichende Kohlensäure zu erkennen.

Eine nicht nur auf Ultramarin, sondern auf alle farbigen Pulver anwendbare vergleichende Prüfungsmethode haben Guimet und Barreswil empfohlen. Dieselbe besteht darin, dass eine bestimmte Menge des zu untersuchenden Ultramarins so lange mit einem weissen Pulver, ersterer nimmt hierzu die feinste Schlemmkreide, letzterer aus Auflösungen niedergeschlagene schwefelsaure Baryterde, mischt, bis die Mischung eine gleiche Farbennüance besitzt, wie eine, deren Zusammensetzung genau bekannt ist.

E. Fürstenau erwähnt (P. J. CCV. p. 130) eines sehr geriebenen

Verfahrens im Ultramarinhandel, um, ohne dem Aussehen desselben zu schaden, doch seine Qualität bedeutend zu vermindern. Man nimmt nämlich einen nicht allzu groben Ultramarin und siebt ihn mit einem Weiss gemengt gut durch, welches die Eigenschaft hat, mit Wasser angefeuchtet durchscheinend zu werden und sich etwas in Wasser zu lösen. Dies thut gemahlener krystallisirter schwefelsaurer Kalk, also gemahlener Alabaster, Fasergyps, Marienglas. — Das gut gesiebte Gemenge wird mittelst einer feinen Brause möglichst gleichförmig angefeuchtet und schliesslich bei mässig feuchter Wärme getrocknet. Trocknen bei einer Temperatur, welche das aufgenommene Wasser nicht vollkommen wieder entfernt, ist die Hauptsache: die Körnchen des Weiss bleiben dann durchscheinend und das noch durch Gypslösung feuchte Ultramarin bleibt an ihnen haften. Man erkennt diese Fälschung, wenn man eine Probe fein zerreibt und auf das ursprüngliche Pulver legt, das zerriebene erscheint als ein schmutziger heller Fleck und dieses helle Pulver ist die eigentliche oder Durchschnittsfarbe des ganzen Ultramarin's.

Die Zersetzbarkeit des künstlichen Ultramarin's durch Chlor und Säuren macht einige Vorsicht bei dessen Anwendung für geleimte Papiere nothwendig, wo es gut ist, vor dem Zusatz des Ultramarin's den Alaun durch etwas Soda oder Ammoniak zn neutralisiren.

Der Ultramarin ballt sich leicht zu kleinen Kügelchen zusammen, die bei dem Durchgang durch die Presse blaue Streifen im Papier erzeugen, daher man für eine möglichst feine Vertheilung desselben im Wasser zu sorgen hat, was am besten dadurch geschieht, dass man die blaue Flüssigkeit durch groben Flanell filtrirt.

Auch nach dem Zusatz des Ultramarins muss die Masse im Holländer gut durchgerührt werden, damit die Farbe sich nicht nach und nach zu Boden schlage, und es ist für das möglichst vortheilhafte Hervortreten derselben im Papier von Wichtigkeit, dass das Metalltuch nicht zu stark geschüttelt werde, die Walzen der ersten Nasspresse gut polirt, die Filze keine Eindrücke der Fäden hinterlassen, sondern wollreich seien und dass die Trocknung möglichst gradatim erfolge.

Je nach der Menge der der Papiermasse zugesetzten Farbe wird natürlich eine hellere oder dunklere Nüance erhalten; will man aber wirklich blaue Papiere fabriciren, so wendet man entweder nur blaue baumwollene und leinene Lumpen an oder unterstützt die Wirkung des Berlinerblau's und des Ultramarin's durch Zusatz von einer Auflösung von Campechenholz (Blauholz, Bois de Campeche, Logwood), dem Holze von Haematoxylum Campechianum und Fernambukholz (Königinholz), dem Holze von Caesalpina crista, welche der Färbung einen röthlichen oder violetten Schimmer ertheilen.

Behufs Erlangung einer stets gleichförmigen Färbung sind manche Vorsichtsmaassregeln erforderlich, es ist zunächst nöthig, dass man sich von vornherein eine für die ganze Fabrikation ausreichende Quantität Berlinerblau anfertige und die Abkochungen von Blau- und Fernambukholz stets vorräthig sind. Die Anwendung von Berlinerblau allein giebt dem Papier eine etwas grünliche Tinte, welche durch einen Zusatz von Roth oder Violett beseitigt wird. — Man fügt zuerst der wohl ausgewaschenen und geleimten Masse im Holländer das Berlinerblau und darauf die durchgeseihte Holzabkochung zu. Nachdem gut durchgerührt worden und die Farbe sich gleichförmig verbreitet hat, schlägt man eine geringe Menge des Zeuges mit einer Probe des anzufertigenden Papiers in ein leinenes Tuch ein und presst mit der Hand das Wasser aus. Das Papier nimmt hierbei denselben Feuchtigkeitszustand wie der Stoff an, so dass eine Verschiedenheit der Färbung sich leicht unterscheiden lässt.

Um die Farbe zu beleben, ist es gut, nach Zusatz der Leimsubstanzen den Zeug noch eine Viertelstunde zu waschen; das Papier verliert dadurch etwas an Leim, aber da es bei dergleichen, nicht zum Schreiben bestimmten Papieren weniger auf eine starke Leimung ankommt, so wird der Verlust durch ein besseres Hervortreten der Farbe vollständig aufgewogen. Die blauen Papiere sind übrigens in der Regel schlecht geleimt, weil die in der Farbe zurückgebliebene Säure zersetzend auf die Harzseife einwirkt.

Ein Zusatz von Ultramarin, der keine besonderen Vorsichtsmaassregeln erheischt und nur den Preis des Papiers etwas erhöht, trägt natürlich wiederum sehr zur Belebung der Farbe bei.

Die Fabrikation der blauen Papiere auf der Maschine bietet übrigens keine besondere Schwierigkeit und hat man nur darauf zu achten, dass die Filze nicht schmutzig, gestopft oder fadenscheinig seien, denn gefärbte Papiere, namentlich die feinen, sind sehr empfindlich und behalten leicht die Eindrücke, welche sie empfangen haben.

Was endlich die Anfertigung andersgefärbter Papiere anbetrifft, so geschieht dieselbe entweder durch Zusatz von Farbstoffen im fein gepulverten Zustande zu dem Papierstoffe im Holländer, wie von Chromgelb oder Ocker für Gelb, Kienruss mit Kreide für Grau, Eisenoxyd für

Roth und Rothbraun, Krapplack zu feinem Roth, Eisenoxydhydrat (aus Eisenvitriol durch Kalkmilch gefällt) zu Gelbbraun, Schweinfurter Grün für Grün u. s. w., oder, wie dies bei der Fabrikation von feinen Papiersorten meistens der Fall ist, es wird der Stoff mittelst der in der Zeugfärberei üblichen Beizmittel und Pigmente gefärbt. — Die Beizmittel sind Alaun und Zinnsalz; als Pigmente dienen für Roth: Abkochungen von Fernambuk, Cochenille und Saflor; für Gelb: Kurkume oder Gelbholz; für Braun: eine Abkochung von Erlenrinde oder grünen Wallnussschalen; für Grau: Galläpfelabsud und Eisenvitriol. Gemischte Farben in allen möglichen Abstufungen und Schattirungen werden durch Verbindung zweier oder mehrer einfachen Farben hervorgebracht, z. B. Grün aus Indigblau und Gelb, Orange aus Roth und Gelb, Olivenfarbe aus Blau und Gelb und etwas Kienruss, Lila's und Violett aus Blau und Roth u. s. w.

Ausführlichere Belehrung findet der sie Suchende in Piette's Essais sur la coloration des pâtes à papier so wie in sehr gediegenen Artikeln über das Färben des Papierstoffes und die Farbmaterialien in Rudel's Centralblatt von 1862, 1863, 1865 und 1866.

Der Umschwung endlich, der sich in den letzten Jahren durch die Entdeckung des Anilins und seiner Derivate, so wie durch die Vervollkommnung ihrer Darstellungsmethoden vollzogen, ist auch für das Färben der Papiere nicht ohne bedeutenden Einfluss gewesen und wenn auch die Anilinfarben schon ihres höheren Preises wegen die bisher angewandten Farbstoffe, namentlich bei Anfertigung farbiger Papiere, nicht vollständig verdrängt haben, so ist doch der Fabrikant in den meisten Fällen genöthigt, sie zu Hülfe zu nehmen um den gesteigerten Ansprüchen an Glanz und Frische der Farbe zu genügen.

Das Anilin ist keine neu endeckte Verbindung; Unverdorben erhielt dieselbe bereits 1826 durch trockne Destillation des Indigo's und nannte sie Krystallin. Fritsche stellt dieselbe durch Destillation der Anthranilinsäure dar und gab ihr den Namen Anilin, Zinin bekam dieselbe Verbindung, indem er Nitrobenzol oder Nitrobenzid mit Schwefelwasserstoff behandelte und nannte sie Benzidam, Runge endlich gewann bei seiner Untersuchung der Oele des Steinkohlentheers einen Körper, welcher mit Chlorkalk eine schöne blaue Farbe gab und den er daher Kyanol nannte. — Aus den Analysen von Fritsche, A. W. Hofmann u. a. ergab sich, dass alle diese Körper, das Krystallin, Anilin, Benzidam und Kyanol identisch sind und dieselbe Zusammensetzung haben, näm-

lich $C^{12} H^7 N$; welche Verbindung nun allgemein als Anilin bezeichnet wird.

Im reinsten Zustande bildet das Anilin eine farblose Flüssigkeit
von 1,028 spec. Gew., welche das Licht stark bricht, einen starken
aromatischen Geruch hat und bei 182 ° C. siedet, im Wasser ist es nur
wenig löslich, mit Alkohol und Aether aber in allen Verhältnissen mischbar. Der atmosphärischen Luft ausgesetzt, findet eine Sauerstoffab-
sorption statt, das Anilin nimmt sehr bald eine gelbe Farbe an, welche
mit der Zeit in eine braune übergeht, wobei derselbe harzige Körper
gebildet wird, durch welchen man es bei der Darstellung verunreinigt
erhielt.

Fabrikmässig wird das Anilin allgemein nach Béchamp und Hofmann's Vorschrift aus Nitrobenzol durch Einwirkung von Eisenfeile
und Essigsäure dargestellt und geben nach Rudel (C. Bl. 1871 Nr. 5):

$$
\begin{array}{rll}
100 & \text{Pfd.} & \text{Steinkohlen} \\
10,75 & \text{-} & \text{Theer} \\
17 & \text{Loth} & \text{Theernaphtha} \\
5,5 & \text{-} & \text{Benzol} \\
8,5 & \text{-} & \text{Nitrobenzol} \\
4,5 & \text{-} & \text{Anilin.}
\end{array}
$$

Wie schon erwähnt nannte Runge die Verbindung $C^{12} H^7 N$ Kyanol,
weil sie mit Chlorkalk eine schön blaue oder vielmehr violette Farbe
giebt, er dachte jedoch nicht daran, diese Thatsache für die Technik
zu verwerthen und es muss Thomas Perkins als derjenige betrachtet
werden, der durch eben dieses Anilin-Violett zuerst 1856 den Anilinfarben Eingang in die Färbereien verschafft und ihnen die Aufmerksamkeit der Techniker in erhöhtem Maasse zugewendet hat. — Seitdem ist
es gelungen durch Behandlung des Anilins mit verschiedenen Haloid-
und Sauerstoff-Salzen eine grosse Mannigfaltigkeit von Farben, Violett,
Roth, Blau, Grün, Schwarz, Braun, Gelb u. s. w. zu erzeugen. Diese
Farben sind nach Hofmann Oxydationsproducte des Anilins und zwar
Salze einer gemeinschaftlichen Base, des Rosanilins ($C_{24} H_{14} N_2$). Nur
in der Verschiedenheit der Eigenschaften des mit dieser Base verbundenen electronegativen Körpers oder dessen Substitut, ist auch der wesentlich verschiedene Character der verschiedenen Anilinfarbenreaction
ausgesprochen.

Die Schönheit und Ausgiebigkeit der Anilinfarben haben ihnen sehr schnell eine ausgedehnte Anwendung verschafft und welcher Umschwung durch sie in der Färberei herbeigeführt worden, ergiebt sich am besten daraus, dass nach Rudel's Angabe sich der Gesammtwerth der in Europa dargestellten Anilinfarben jährlich im Durchschnitt auf $4\frac{1}{2}$ Millionen Thaler beläuft, wovon Dank der freieren Patentgesetzgebung die Hauptproduktion auf Deutschland und die Schweiz kommt.

Die Farben werden leider vom Licht sehr bald gebleicht, eignen sich daher auch nicht zur Darstellung farbiger Papiere und werden in der Papierfabrikation vorzugsweise das Anilin-Violett, Anilin-Roth (Fuchsin-) und Anilin-Blau angewendet um weissen Papieren einen schönen Lüstre zu geben. Diese Farben kommen als krystallinische in kochendem Wasser und Alkohol lösliche Pulver in den Handel und hat man nur nöthig die gut durchgerührte Lösung durch ein feines Tuch oder Sieb zum Zurückhalten von Klümpchen der Masse im Holländer kurz vor dem Leeren zuzusetzen. Enthält das Papier viel geschliffenen Holzstoff, so giebt Anilin-Blau dem Papier einen grünlichen, ordinären Schein und ist in diesem Falle Anilin-Violett, welches sich überhaupt des grössten Beifalls erfreut, vorzuziehen. Die färbende Kraft der Anilinfarben ist sehr bedeutend und genügt 1 Loth Anilin-Violett auf 10 Holländerleeren à 100 Pfd. Papier.

Beim Einkauf der Anilinfarben ist man ebensowenig wie bei anderen Chemikalien vor Täuschungen sicher, die bei ihrem hohen Preise doppelt in's Gewicht fallen und ist daher auch hier den Fabrikanten anzurathen, jede neue Farbelieferung einer Prüfung zu unterwerfen. Unlösliche Beimischungen werden schon beim Auflösen der Farbe wahrgenommen und geben sich von selbst zu erkennen, allein sehr häufig wird in neuerer Zeit Zucker, selbst bis zu 82 pCt. zugesetzt und um diesen zu erkennen giebt Gintl folgende Vorschrift. Man breitet eine Probe des verdächtigen Fuchsins auf ein weisses Papier aus, bringt es an einen tages- oder sonnenhellen Ort und mustert mit einer Loupe die einzelnen Kryställchen durch. Reines Fuchsin lässt hierbei nur die bekannten spiessigen Krystalle oder deren Fragmente erkennen, welche selbst im auffallenden Sonnenlichte nur an den Kanten roth durchscheinen; bei mit Zucker verfälschtem Fuchsin trifft man neben den characteristischen Fuchsinkrystallen mehr oder weniger von mehr körnigen Kryställchen, welche meist vollkommen, entweder mit granatrother oder sogar nur schwach amethistrother Farbe durchscheinen oder man findet bei einem sehr starken Zuckergehalt überhaupt nur solche roth durchscheinenden Fragmente. Erhitzt man ein solches auf einer Messerspitze, so nimmt man deutlich den Geruch von verbranntem Zucker wahr.

Man kann den Zuckergehalt auch leicht entdecken durch wiederholtes Schütteln einer Probe mit Alkohol, welcher die Anilinfarbe löst und den Zucker zurücklässt.

# IX. Das Leimen des Papieres.

Bei der Anfertigung ungeleimter Papiere sind mit der Umwandlung
des Halbzeuges in Ganzzeug die vorbereitenden Operationen beendet
und es wird der fertige Stoff, höchstens nach Zusatz von Bleicherde
und etwas Farbe, aus dem Holländer nach den Zeugbottichen der
Maschine geleitet, um von dieser in Papier verwandelt zu werden. Anders verhält es sich mit Schreib- und überhaupt geleimten Papieren,
welche meistens schon als Ganzzeug im Holländer ihren Leim erhalten.
Man hat der Anwendung dieses sogenannten Büttenleims nicht ganz mit
Unrecht vielfältige Nachtheile vorgeworfen, auf welche wir bald etwas
näher einzugehen genöthigt sein werden, und man hat deshalb, namentlich in England, diese Leimmethode stellenweis wieder verworfen und
der älteren Methode den Vorzug gegeben. Indess die grössere Einfachheit und Billigkeit der Anwendung des Büttenleims wird diesen schwerlich je wieder aus der Papierfabrikation verdrängen lassen.

Die fertigen Büttenpapiere werden bekanntlich mit gewöhnlichem
Tischlerleim geleimt, welchen sich die Fabrikanten meist selbst aus
Hammelfüssen, Hasenfellen u. dgl. anfertigen. Durch Behandeln dieser
Stoffe mit kochendem Wasser erhält man eine Auflösung von Gelatine
(Leim) und Chondrin (Knorpelleim), aus welcher Alaun das letztere ausfällt. In diese durch ausgefälltes Chondrin verdickte Leimauflösung
werden die fertigen Bogen eingetaucht und getrocknet. Das Trocknen
geschieht natürlich dadurch, dass das Wasser aus dem Inneren des
Papieres sich nach der Oberfläche zieht und von dieser aus verdampft;
das aus dem Innern heraustretende Wasser führt aber den aufgelösten
Leim mit sich und lässt solchen bei der Verdampfung an der Oberfläche
zurück. Das auf diese Art geleimte Papier besteht daher aus 3 Schichten,
2 äusseren aus Leim bestehend und einer inneren aus Papier; und in
dieser physischen Beschaffenheit liegt der Grund, einmal, dass der-

artiges Papier an radirten Stellen, wo man also die Leimschicht entfernt hat, löscht, dann, dass es undurchsichtig ist, indem die beiden
durchsichtigen Leimschichten durch die undurchsichtige Papierschicht
von einander getrennt sind. — Sucht man aber das Trocknen durch
künstliche Erwärmung zu beschleunigen, so wird die Verdampfung des
Wassers gleichzeitig im Innern und an der Oberfläche erfolgen; hierdurch wird die Entstehung zweier getrennter Leimschichten gehindert
und der zurückbleibende Leim ist gleichmässig durch die ganze Papiermasse verbreitet. — Hat man nun bei schnellem Trocknen dieselbe
Quantität Leim angewendet, wie bei dem langsamen Trocknen, so wird
das Papier unbedingt sich schlechter geleimt erweisen, da ja dieselbe
Quantität Leim in grösserer Vertheilung vorhanden ist. Sucht man aber
diesen Uebelstand durch eine grössere Quantität Leim zu beseitigen, so
verursacht die Durchsichtigkeit desselben einen anderen: es wird nämlich das Papier selbst durchsichtig, gleich als wäre es mit Wachs
getränkt.

Hierin liegt der Grund, warum thierischer Leim nicht ohne anderweitigen Zusatz zum Leimen des Papiers auf der Maschine benutzt
werden kann.

D'Arcet, Braconnot und Canson und vor Allen die wahren
Erfinder des Massenleims, die Gebrüder Illig, verdienen vorzugsweise
unter denen genannt zu werden, welche bemüht waren, ein allgemein
gefühltes Bedürfniss zu beseitigen und die Maschinenpapierfabrikanten
von der Last einer zweiten langsamen Trocknung zu befreien. Ihre
Vorschriften sind vielfältig modificirt, indem fast jeder Fabrikant ein
anderes Recept zur Leimbereitung benutzt und glaubt, im Besitze des
einzig richtigen zu sein. Indess stimmen doch sämmtliche Vorschriften
darin überein, dass sie zunächst die Darstellung einer Harzseife verlangen, welche dann im Holländer durch Alaun zersetzt wird. — Eine
grosse Hauptsache bei der Anfertigung dieser Harzseife[1]) ist, dass das

---

[1]) Die Ausdrücke Harzseife und Seifenbildung sind unpassend, denn sie geben
zu dem Glauben Veranlassung, als finde bei der Einwirkung von Alkalien auf
Harz derselbe Process statt, wie bei der Einwirkung von Alkalien auf Oele und
Fette, aus welcher die Seifen hervorgehen. Dies ist jedoch nicht der Fall, denn
bei dem Seifenbildungsprocess werden Oele und Fette zunächst in Säuren (Stearinsäure, Margarinsäure und Oleïnsäure) verwandelt, die sich mit dem Alkali zu
einem Salzgemisch verbinden, welches den Namen Seife führt, wohingegen das
Harz sich unmittelbar mit dem Alkali verbindet.

Harz in der kochenden alkalischen Flüssigkeit vollständig aufgelöst werde, und ist daher ein Ueberschuss von Harz sorgfältig zu vermeiden; nicht so ist es mit dem Alkali, von welchem ein geringer Ueberschuss ohne nachtheiligen Einfluss ist, daher auch die verschiedenen Vorschriften zum Leimkochen geringe Unterschiede in den Quantitätsverhältnissen darbieten, die jedoch nicht als wesentliche Verschiedenheiten zu betrachten sind.

Folgende Vorschrift, mit der gehörigen Sorgfalt ausgeführt, wird stets ein zufriedenstellendes Resultat liefern: 300 Pfd. Harz werden mit 180 Quart Wasser 8 Stunden hindurch in einem kupfernen Kessel im Kochen erhalten, bis das Harz vollständig geschmolzen ist; darauf mässigt man das Feuer und setzt eine Auflösung von 45 Pfd. krystallisirter Soda hinzu; hierauf wird die Hitze wiederum verstärkt und so lange unterhalten, als noch eine Auflösung von Harz stattfindet, worauf man nach und nach noch 20—45 Pfd. krystallisirte Soda, je nach der Beschaffenheit des Harzes, in Auflösung zusetzt und die Flüssigkeit so lange im Kochen erhält, bis alles Harz vollständig in Seife verwandelt ist, was man leicht an der Gleichartigkeit der Masse erkennt. Man erhält alsdann von 300 Pfd. Harz nahe an 550—600 Pfd. Harzseife.

Es ist hier kaum nöthig, hervorzuheben, dass bei Anfertigung der Harzseife die Anwendung von Dampfheizung dem Erwärmen über freiem Feuer weit vorzuziehen ist, denn trotz des fleissigsten Umrührens ist es fast unvermeidlich, dass sich nicht etwas Harzseife am Boden festsetzt und, zu stark erhitzt, sich bräunt und die Färbung des Leimes beinträchtigt.

Bei der Anfertigung von geleimten Papieren werden nun 180 Pfd. dieser Harzseife in heissem Wasser aufgelöst; man lässt die Auflösung einige Zeit ruhig stehen, damit etwaige Unreinigkeiten sich absetzen, und lässt sie dann durch ein enges Metalltuch in einen Bottich ab, welcher entweder gerade 600 Quart hält oder in welchem man wenigstens 600 Quart markirt hat. Zu dieser Seifenauflösung fügt man darauf 120 Pfd. Stärkemehl, in lauem Wasser vertheilt, und setzt alsdann noch so viel Wasser hinzu, bis genau 600 Quart vorhanden sind. — 20 Quart von dieser Mischung einer Holländerleere zugesetzt, sind hinreichend, um gewöhnliches Schreibpapier vollkommen gut zu leimen. Nach vollendeter Holländerarbeit, nachdem der Stoff in Ganzzeug verwandelt ist, wird bei gehobener Walze die Leimauflösung zugesetzt und nachdem sie etwa 10 Minuten durchgeschlagen ist, durch die Auflösung von 5 Pfd. Alaun zersetzt.

Planche in dessen oft citirtem Werke schreibt vor, zunächst 32 Pfd. calcinirte Soda von 80 pCt. kohlensaurem Natron oder 70 Pfd. krystallisirte Soda, welche 36 pCt. kohlensaures Natron enthält in 420 Pfd. Wasser aufzulösen und mittelst 16 Pfd. Kalk, welcher vor dem Zusatz gelöscht worden ist, zu kausticiren. Nachdem der kohlensaure Kalk sich vollständig abgesetzt hat, lässt man die klare Auflösung ab und löst in ihr unter beständigem Umrühren und 4—5stündigem Kochen 200 Pfd. Harz auf. — Bei der Anwendung der hierdurch gebildeten Seife wird 1 Th. in etwa 20 Th. heissem Wasser aufgelöst und nach 1—2stündigem Stehen von dem sich etwa gebildeten Bodensatz abgezogen und in den Holländer gebracht. Will man dem Leim Stärkemehl zusetzen, so wird dasselbe zunächst in lauwarmem Wasser suspendirt, dann dem Leim zugegossen, umgerührt und etwa eine halbe Stunde damit gekocht. Planche rechnet im Durchschnitt auf 3 Th. Harz 2 Th. Stärkemehl. Die zur Zersetzung der Seife angewendete Quantität Alaun ist mindestens gleich der des aufgelösten Harzes. Ist Alaun der Färbung nachtheilig, so kann statt dessen schwefelsaures Zink angewendet werden, wovon 1 Th. gleiche Wirkung hervorbringt, wie 3 Th. Alaun[1]).

Das Kausticiren der Soda vor der Auflösung des Harzes hat allerdings den Vortheil, dass dieselbe alsdann rascher erfolgt und nicht mit so starkem Aufschäumen verknüpft ist, wie bei Anwendung von kohlensaurem Natron, wo die Kohlensäure erst ausgetrieben werden muss, ehe das Harz sich mit dem Natron verbinden kann; indess dürfte dies auch der einzige Vortheil sein, denn dass, wie Planche behauptet, kaustisches Natron mehr Harz aufzulösen im Stande sei, als kohlensaures und zwar in dem bedeutenden Verhältnisse von 10 zu 6, sind wir nicht im Stande gewesen zu bestätigen.

Rudel[2]) giebt folgende Vorschrift: 100 Pfd. Kolophonium werden zu gröblichem Pulver gestossen. 15 Pfd. Soda (zur Auflösung der Picrinsäure) und 6 Pfd. Pottasche (zur Auflösung der Kolopholsäure) werden in 236 Pfd. Wasser in einem eisernen oder kupfernen Kessel aufgelöst und mit $11\frac{1}{2}$ Pfd. gepulvertem Aetzkalk so lange gekocht, bis keine

---

[1]) Wird der mit vegetabilischem Leim geleimten Masse kurz vor dem Leeren des Holländers etwas thierischer Leim zugesetzt, so soll hierdurch nach Planche die Festigkeit bedeutend erhöht werden.

[2]) In dem Centralblatt für deutsche Papierfabrikation 1859 und 1860 befindet sich von demselben ein höchst beachtungswerther Aufsatz über das Leimen. Obige Vorschrift: 1860 p. 113.

Kohlensäure in einer herausgenommenen klaren Probe der Lauge mehr wahrzunehmen, d. h. die Lösung ätzend geworden ist.

Der Kalksatz (kohlensaurer Kalk) wird von der klaren Lauge getrennt und dann die 100 Pfd. Kolophonium portionenweise und unter Umrühren zugesetzt.

Ist das Kolophonium mit der Lauge verbunden, so wird der Kessel (mit direktem Feuer oder durch Dampf) weiter erhitzt und die Masse allmählich in's Kochen gebracht. Das Kochen muss so lange ununterbrochen fortgesetzt werden, bis:

1. die Masse eine träge, dickflüssige, zähe Consistenz angenommen hat und syrupartig in Farbe der schwarzen Seife ähnlich geworden ist;

2. eine mit einem Spatel herausgenommene Portion sich zu einem zähen, nicht abreissenden Faden ziehen lässt;

3. eine in lauwarmem Wasser aufgelöste Probe davon sich vollständig durchsichtig klar auflöst und dabei keinen Bodensatz giebt oder krystallinisch glänzende Flimmerchen zeigt;

4. was besonders ein wichtiger Anhaltpunkt ist, auch bei fortgesetztem Kochen an der Oberfläche der Harzseife keine kleinen gelben Schaumbläschen mehr sichtbar werden.

Sollte durch plötzlich hohe Erhitzung oder zurückgebliebene Kohlensäure ein Uebersteigen der Masse erfolgen, so ist ein kleiner Zusatz von Baumöl oder kaltem Wasser hinreichend, die Masse schnell wieder in's Sinken zu bringen. Man reinigt die heisse Masse durch Passirenlassen durch ein Metallsieb Nr. 50 bis 60 und bewahrt sie entweder auf oder löst sie sogleich zu Harzleim auf, indem man die 100 Pfd. verseiftes Harz in einen Bottich mit noch so viel heissem Wasser verdünnt, dass das Ganze dann 600 Pfd. flüssige Masse ausmacht. Der Stärkezusatz, der nicht unbedingt nöthig ist, erfolgt am einfachsten durch Aufquellen jeder einzelnen Portion in Wasser und Zusetzen nach der Harzseife pro Stoffmühle. Pro 100 Pfd. Papierganzstoff werden $2\frac{1}{2}$ Pfd. Harz gleich 15 Pfd. flüssige Harzseife zur Halbleimung, 5 Pfd. Harz = 30 Pfd. flüssige Harzseife zur Ganzleimung und dem entsprechend eben so viel Kartoffelstärke verwendet. Man kann diese sehr früh in die Stoffmühle geben; man kann sogar den Niederschlag durch schwefelsaure Thonerde oder Alaun schon während des Mahlens bewirken, ohne dass das der Haltbarkeit des Leims im Papier einen Nachtheil bringt.

Die oben angegebenen Quantitäten Harzseife bedürfen zur Fällung

und Bildung von harzsaurer Thonerde auf 15 Pfd. flüssige Harzseife
$^5/_8$ Pfd. schwefelsaure Thonerde oder $1\,^1/_4$ Pfd. Kali-Alaun, plus einem
kleinen Zusatz dieser Materialien zur Bindung der Kartoffelstärke und
Neutralisation bei alkalischem Wasser, wozu man sich aber auch einer
kleinen Portion Oxalsäure eben so gut bedienen kann.

Vor jedesmaligem Schöpfen der Harzlösung muss der Arbeiter dieselbe sorgfältig aufrühren, damit immer ein gleicher Gehalt derselben
dem Ganzstoff zugesetzt werde.

Endlich können wir noch folgende Vorschrift aus eigener Erfahrung
empfehlen. 25 Ko. möglichst reiner gebrannter Kalk werden mit 50 Ko.
Wasser gelöscht und zu einer dicken Kalkmilch angerührt; hierzu setzt
man 20 Ko. calcinirte oder 100 Ko. krystallisirte Soda von 36 pCt.
kohlensaurem Natron und erhitzt unter gutem Umrühren bis zum Kochen.
Hierauf giebt man dem kohlensauren Kalk Zeit und Ruhe sich abzusetzen
und lässt dann die klare Lauge durch ein feines Sieb in den kupfernen
Kessel ab, welcher mit doppelter Wandung versehen, durch Dampf erhitzt wird. Man giebt so viel Wasser hinzu, dass die ganze Flüssigkeit
250 l. beträgt, erhitzt bis zum Kochen und setzt nach und nach 400 Ko.
möglichst fein gepulvertes Harz hinzu. Nach 4 bis 6 stündigem Kochen
ist das Harz nun vollständig gelöst und wird die Leimauflösung in einen
Bottich abgelassen, in welchem man sie 5 bis 8 Tage ruhig stehen lässt. In
dieser Zeit scheidet sich die blassgelbe Seife von der durch den Farbstoff des Harzes braun gefärbten Lauge ab, die letztere wird abgelassen;
die Seife ein Paar Mal mit kaltem Wasser durchgewaschen und diese
ist alsdann zum Gebrauch fertig. — Vor der Anwendung wird diese
Seife im 10 fachen ihres Gewichts kochenden Wassers geschmolzen und
das Kochen bis zur gänzlichen Lösung eine Stunde lang unterhalten,
darauf durch ein Metalltuch No. 80 in einen andern Bottich übergeüllt
und erkalten gelassen. Die sogenannte Leimlösung ist vollständig weiss
und verursacht bei der Verarbeitung keine Schaumbildung. — Zu einer
guten Leimung nimmt man von dieser Lösung 36 l. auf 100 Ko. Papier
entsprechend 2,4 Ko. Harz. — Auf 1 Ko. Harz rechnet man gewöhnlich
1 bis 1,5 Ko. Alaun, welchen man halb vor, halb nach dem Zusatz
der Harzseife in den Holländer giebt[1]). — Will man dem Leim Stärkemehl zusetzen, so kann man dieses mit der zweiten Hälfte des Alauns
vermischen. Wir halten persönlich nicht viel von der Anwendung der

---

[1]) J. d. F. 1864 No. 5.

Stärke, wenn man aber dem Papier Kaolin oder irgend eine andere mineralische Substanz, Schwerspath, Annaline u. s. w. zusetzt, so ist es unbedingt am besten, diese Substanzen mit der Stärkelösung zu vermischen, wodurch dieselben wenigstens länger in Suspension erhalten werden. — Die Theilung des Alaunzusatzes halb vor, halb nach Beimischung der Harzseife wird jetzt allgemein empfohlen und kann gewiss auch nicht schaden, dass aber dadurch eine stärkere Leimung erzielt werden sollte, als wenn man die ganze Quantität Alaun erst zusetze, nachdem die Harzseife tüchtig mit dem Stoff durchgemischt, haben wir nicht bestätigt gefunden.

Nach obigen Methoden zubereitet, besitzt die Harzseife die Consistenz einer etwas festen schwarzen Seife und eignet sich daher sehr wohl zu längerer Aufbewahrung. Wo man jedoch nur wenig geleimte Papiere anfertigt und nur dann und wann geringe Quantitäten Leim nöthig hat, thut man wohl, bei der Anfertigung des Leimes so viel Wasser anzuwenden, dass derselbe im vollkommen flüssigen Zustande erhalten wird. Man löst zu dem Ende 10 Pfd. krystallisirte Soda in 108 Pfd. (4 Eimer) Wasser auf, erhitzt bis zum Kochen und setzt alsdann nach und nach 30 Pfd. klein gestossenes Harz zu, worauf man das Kochen bis zur vollendeten Seifenbildung unterhält, welche gewöhnlich innerhalb 4 bis 5 Stunden eingetreten ist. Das durch entweichende Kohlensäure verursachte Steigen der Flüssigkeit ist leicht durch einen geringen Oelzusatz zu dämpfen. Die Auflösung der fertigen Seife wird alsdann durch ein Sieb in einen Bottich abgelassen, in welchem man sie mit 40 bis 50 Pfd. Stärke, die in lauem Wasser aufgelöst sind, vermischt und noch so viel Wasser zusetzt, dass die ganze Masse circa 1200 Pfd. (44 Eimer) beträgt. Beim Leimen des Zeuges werden bei der Anfertigung von Schreibpapieren auf die Holländerleere 48 Pfd. oder 2 Eimer dieser Auflösung zugesetzt und durch 5 Pfd. in Wasser gelöstem Alaun niedergeschlagen. Bei Anfertigung von Packpapieren, welche theils wegen ihrer grösseren Dicke, theils wegen der festeren Lumpe, aus der sie bestehen, an und für sich dem Eindringen der Flüssigkeiten besser widerstehen, ist es natürlich erlaubt, von den hier angegebenen Quantitäten abzubrechen.

Um sich zu überzeugen, ob man eine hinreichende Menge Alaun zugesetzt hat, hat man nur nöthig, etwas von dem Metalltuche der Maschine ablaufendes Wasser in einem Glase zu sammeln und einige Tropfen Lackmustinktur zuzusetzen, welche nur leicht geröthet werden darf.

Das Stärkemehl spielt bei der Bereitung des vegetabilischen Leimes eine sehr untergeordnete Rolle und kann bei möglichst sorgfältiger Darstellung der Harzseife ohne Nachtheil gänzlich weggelassen werden; es giebt der Flüssigkeit im Allgemeinen eine schleimigere Beschaffenheit, so dass der durch die Alaunauflösung verursachte Niederschlag sich langsamer senkt und demzufolge gleichmässiger und vollständiger mit der Faser verbindet; daher denn auch bei Anwendung von Stärkemehl eine geringere Quantität Leim nothwendig ist, als im entgegengesetzten Falle. Dagegen wird ein aus braunem Harz dargestellter dunkler Leim durch Stärkemehl heller in Farbe und zur Leimung feinerer Papiere geeigneter, und endlich dient das Stärkemehl ganz besonders, um Fehler bei der Leimbereitung zu verbergen und unschädlich zu machen. — Die oben zur Bereitung der Harzseife angegebenen Verhältnisse nämlich beziehen sich natürlich auf reine Materialien und namentlich auf reine krystallisirte Soda, die mithin mindestens 37 pCt. kohlensaures Natron enthält. Hat man nun eine schwächere Soda angewendet, deren Natrongehalt zur vollständigen Auflösung des Harzes unzureichend war, oder wurde das Kochen zu gleichem Zwecke nicht hinreichend lange fortgesetzt, so veranlasst das nicht aufgelöste Harz ein starkes Ankleben des Papieres an den Walzen der Maschine, wodurch die Arbeit sehr erschwert und viel Ausschuss erzeugt wird, so wie nach dem Trocknen eine Menge kleiner durchsichtiger Flecke im Papier. Diesen beiden Uebelständen wird durch einen Zusatz von Stärkemehl vorgebeugt; die klebrigen Harztheilchen umgeben sich dann in der stärkehaltigen Flüssigkeit mit Mehltheilchen, wodurch sie die Klebrigkeit gegen andere Körper verlieren, während ihnen zugleich ihre Durchsichtigkeit nach dem Erstarren genommen wird.

Der Alaun ist ein Doppelsalz aus schwefelsaurer Thonerde und schwefelsaurem Kali; erstere ist hier, wie bei dessen Anwendung in der Färberei, der wirksame Bestandtheil. Die Thonerde hat zu organischen Stoffen überhaupt eine sehr grosse Anziehungsverwandtschaft: sie geht gerade keine chemische Verbindung mit ihnen ein, allein sie setzt sich an ihrer Oberfläche und die organischen Stoffe an der ihrigen mit einer Kraft ab, die im Stande ist, chemische Verbindungen aufzuheben, und die daher jedenfalls in der wechselseitigen chemischen Beziehung zwischen Thonerde und organischer Substanz ihren Grund hat. Wird nun der mit dem Ganzzeug innig vermischten Auflösung der Harzseife, die eine einfache Verbindung von Harz mit Natron ist, in welcher das Harz die

Stelle der Säure vertritt, eine Auflösung von schwefelsaurer Thonerde zugefügt, so verbindet sich die Schwefelsäure mit dem Alkali zu einem leicht auflöslichen Salze, während die Thonerde an das Harz tritt und eine unauflösliche Verbindung erzeugt, die in Folge jener erwähnten Anziehungsverwandtschaft der Thonerde sich vorzugsweise auf die einzelnen Theilchen des Ganzzeuges absetzt. Es ist also ein so behandeltes Papier durch seine ganze Masse hindurch geleimt, da gewissermaassen jede Faser von harzsaurer Thonerde umgeben ist.

In Betreff der Reinheit der zur Darstellung des vegetabilischen Leims angewandten Materialien ist man beim Einkauf weniger Täuschungen und Nachtheilen ausgesetzt, als es bei Pottasche, Soda, Chlorkalk u. s. w. der Fall war, da schon ihr äusseres Ansehen auf die Güte und Reinheit derselben schliessen lässt.

Die Harze, deren man sich zur Bereitung der Harzseife bedient, gehören zu den ordinäreren Sorten, die namentlich von den verschiedenen Pinusarten gewonnen werden. Je weisser das Harz ist, desto heller von Farbe ist auch der daraus bereitete Leim, daher die hellgelben Harze der südlichen Gegenden, Italien, Frankreich, Amerika, vorzugsweise zu feineren Papieren angewendet werden, während die dunkler gefärbten Harze, so wie das Colophonium[1]), nur bei der Anfertigung von Mittel- und gröberen Papiersorten Anwendung finden. — Dass beigemengte Holztheile, Rinde, erdige und steinige Verunreinigungen sowohl bei den feineren als ordinären Sorten als Fehler zu betrachten sind, versteht sich von selbst.

Es machen sich diese Beimischungen indess schon dem Auge bemerkbar und man wird sich daher auch beim Einkauf von Harz mit einer klaren, hellen Durchsicht begnügen können, um es zweckentsprechend und gut zu befinden. — In der Zeit des amerikanischen Secessionkrieges jedoch fand eine enorme Preissteigerung der Harze statt und verleitete auch diesen Artikel verschiedenen Fälschungen zu unterwerfen. Um nun den Fabrikanten in Stand zu setzen, diese Fäl-

---

[1]) Man versteht hierunter das von dem flüchtigen Oel befreite Harz der Terpentinsorten. So wie es in der Destillirblase zurückbleibt, hat es schon eine dunkle, im Durchsehen gelbbraun erscheinende Farbe, und war die Destillation nicht lange genug fortgesetzt, so ist es noch weich und bekannt unter dem Namen „gekochter Terpentin". Es wird dann in offener Luft geschmolzen, um es vom Wasser und noch rückständigen Oel zu befreien. Nach dem Erkalten bleibt eine etwas dunklere, harte und spröde Masse zurück, die Colophon ist.

schungen zu erkennen und den Werth des Harzes genau zu bestimmen, hat Maxwell-Lyte einen Apparat zusammengestellt, welchen er Rytimètre nennt. — Die Anwendung dieses Apparates gründet sich darauf, dass fast alle harzigen Substanzen in den flüssigen Kohlenwasserstoffen (Terpentinöl, Benzin, Petroleum u. s. w.) löslich sind. Man löst eine bestimmte Menge Harz (100 g.) in einer bestimmten Menge (100 g.) Terpentinöl auf und filtrirt die Lösung in einen in Kubik-Millimeter eingetheilten Cylinder. Die unlöslichen Stoffe bleiben auf dem Filtrum zurück, während etwa vorhandenes Wasser sich in dem Maasscylinder zu unterst absetzt und seine Quantität direct abgelesen werden kann[1]).

Alaun ist eine Verbindung von schwefelsaurer Thonerde mit schwefelsaurem Alkali, die im krystallisirten Zustande 45,5 bis 47,7 pCt. Krystallwasser enthält. Das Alkali ist entweder Kali, Natron oder Ammoniak, und die chemische Formel des Alauns, so wie seine Zusammensetzung nach Mischungsgewichten und Procenten der Bestandtheile, ist demnach für:

1. Kalialaun

$$KO, SO^3 + Al^2 O^3, 3\,SO^3 + 24\,HO = \begin{cases} 47,0\ KO & = 9,9\ \text{pCt.} \\ 160,0\ SO^3 & = 33,8\ - \\ 51,2\ Al^2 O^3 & = 10,8\ - \\ 216,0\ HO & = 45,5\ - \end{cases}$$

2. Natronalaun

$$NaO, SO^3 + Al^2 O^3, 3\,SO^3 + 24\,HO = \begin{cases} 31,0\ Na\,O & = 6,8\ - \\ 160,0\ SO^3 & = 35,0\ - \\ 51,2\ Al^2 O^3 & = 11,2\ - \\ 216,0\ HO & = 47,0\ - \end{cases}$$

3. Ammoniakalaun

$$NH^4O, SO^3 + Al^2 O^3, 3\,SO^3 + 24\,HO = \begin{cases} 26,0\ NH^4\,O & = 5,8\ - \\ 160,0\ SO^3 & = 35,0\ - \\ 51,2\ Al^2 O^3 & = 11,2\ - \\ 216,0\ HO & = 47,7\ - \end{cases}$$

Natronalaun kommt wenig im Handel vor, und wird derselbe leicht erkannt an seiner grossen Löslichkeit und seinem Verhalten beim längeren Aufbewahren. Von Kalialaun lösen 100 Th. Wasser bei 10° nur 22,01 Theile auf, während von Natronalaun 110 Th. aufgelöst werden. — Sämmtliche Alaune krystallisiren in regulären Octaedern oder Würfeln, welche beide Krystallformen häufig gleichzeitig auftreten. Die Krystalle des Kalialauns verändern sich an der Luft nicht, wohingegen die des Natronalauns verwittern und zu Mehl zerfallen.

---

[1]) J. d. F. 1869 No. 13.

Ammoniakalaun oder auch Gemische von Kali- und Ammoniakalaun werden hingegen häufig dargestellt und angewendet, indem man zur Sparung der im Preise hohen Kalisalze zu Gebote stehende ammoniakalische Flüssigkeiten: gefaulten Urin, das ammoniakalische Destillat von den Knochenbrennereien, von der Leuchtgasbereitung u. s. w., zu gleichem Zwecke benutzt. — Der Gehalt an Ammoniak lässt sich sehr leicht ermitteln; man hat zu dem Ende nur nöthig, gleiche Theile von fein gepulvertem Alaun und gelöschtem Kalk mit einander zu vermengen und mit Wasser zu einem Brei anzurühren, worauf sich das Ammoniak sogleich durch seinen Geruch zu erkennen giebt. — Es ist übrigens der Ammoniakgehalt des Alauns für dessen technische Benutzung nicht als ein Nachtheil, sondern im Gegentheil eher als ein Vortheil zu betrachten, da, wie aus obigen Formeln ersichtlich, Kalialaun nur 10 pCt., Ammoniakalaun hingegen 11 pCt. Thonerde enthält; aber man sieht hieraus überhaupt, dass man bei Anwendung des Alauns 89 bis 90 pCt. fremde Substanzen (Wasser, Schwefelsäure und Alkali) zu bezahlen genöthigt ist, die wenig oder gar nichts zu dessen Wirksamkeit beitragen. Es ist dies ein Uebelstand, der darin seinen Grund hat, dass die in der Natur vorkommenden Verbindungen — Alaunerde, Alaunschiefer, Alaunstein — aus denen die schwefelsaure Thonerde gewonnen wird, mit dieser zugleich schwefelsaures Eisenoxyd geben, welches Salz fast dieselbe Löslichkeit wie die schwefelsaure Thonerde besitzt, und durch einfache Krystallisation nicht von dieser getrennt werden kann. Man ist daher genöthigt, durch Zusatz von Alkalien die Bildung von Doppelsalzen zu veranlassen, welche grössere Unterschiede in ihrer Löslichkeit darbieten, so dass das schwer lösliche Thonerdedoppelsalz von dem Eisenoxydsalz durch Krystallisation leicht geschieden werden kann. — Daher darf man sich auch nicht wundern, dass fast jeder käufliche Alaun einen geringen Eisengehalt besitzt, welchen man sehr leicht an der blauen Färbung oder dem blauen Niederschlage erkennt, welcher entsteht, wenn man zu der Auflösung des Alauns eine Auflösung von gelbem Kaliumeisencyanür (Blutlaugensalz) setzt. Bleibt die Auflösung hierbei völlig ungetrübt und ungefärbt, so ist dies ein Zeichen, dass der Alaun von Eisenoxyd völlig frei ist. Eine geringe Beimengung von Eisenoxyd macht den Alaun zur Leimbereitung nicht untauglich, dagegen würde eine grössere Menge den Papierstoff braun färben und Rostflecke verursachen, denn das Eisenoxyd wird wie die Thonerde durch das Alkali der Harzseife aus seiner Verbindung mit der Schwefelsäure ausgeschieden.

23*

Um den Thonerdegehalt des Kalialauns zu bestimmen, genügt es, eine gewogene Quantität in einem bedeckten Porzellantiegel allmälig bis zum schwachen Glühen zu erhitzen. Der Alaun verwandelt sich hierbei, nachdem er zunächst schmilzt, durch Abgabe seines Wassergehaltes in eine poröse Masse (gebrannter Alaun), von deren Gewicht 0,198 Theile Thonerde sind. Man hat also das Gewicht des Rückstandes nur mit 0,198 zu multipliciren, um den Thonerdegehalt zu erhalten.

Die Thonerde eines Alauns als einer schwefelsauren Thonerde, mit welcher Verbindung wir uns bald ausführlicher zu beschäftigen haben, lässt sich auch sehr leicht und für technische Zwecke mit hinreichender Genauigkeit maassanalytisch bestimmen.

Die Auflösungen von Alaun und schwefelsaurer Thonerde reagiren wie die Lösungen sehr vieler neutraler Metallsalze, sauer, und färben die blaue Lackmustinktur roth. Wenn man aber zu den sauer reagirenden Metallsalzen von Zink, Mangan, Eisenoxydul und anderen, Lackmustinktur hinzubringt und dann durch Ammoniak oder Kali theilweise fällt, so dauert es nicht lange, dass die rothe Farbe der Lackmustinktur in Blau übergeht und bezeichnet hier der Farbenwechsel den Anfang der Fällung.

Fügt man dagegen zur Lösung eines neutralen Thonerdesalzes, wie von gewöhnlichem Kalialaun, Lackmustinktur, so wird diese stark geröthet, wie von freier Säure. Setzt man nun Kali, Natron oder Ammoniak hinzu, so wird zwar die Thonerde in reichlichen Massen gefällt, allein die Lackmustinktur bleibt roth, bis die letzte Spur der Thonerde ausgefällt ist. Alsdann geht sie plötzlich in Blau über. Der Farbenwechsel bezeichnet also hier das Ende der Fällung. — Da man sich reinen krystallisirten Alaun jederzeit leicht verschaffen kann, so ist es am zweckmässigsten, mit diesem die zu untersuchenden schwefelsauren Thonerdesalze zu vergleichen. — 5 g. reiner Kalialaun werden in 400 bis 800 Kubikcentimeter warmen Wasser gelöst und ca. 2 bis 3 Kubikcentimeter Lackmustinktur zugesetzt.

Zur Fällung bedient man sich am besten einer verdünnten Ammoniakflüssigkeit und man stellt sich eine Probeflüssigkeit dar, indem man gewöhnlichen käuflichen Salmiakgeist mit dem vier- bis fünffachen Volumen Wasser vermischt. Diese Ammoniakflüssigkeit lässt man aus einer in Kubikcentimeter getheilten Bürette unter stetem Umschwenken so lange in die Alaunlösung laufen, bis man die Einfallstelle des Ammoniaks nicht mehr durch eine blauere Farbe von der umgebenden

Flüssigkeit unterscheiden kann. Man erhält so den Titre der Ammoniakflüssigkeit für 5 g. Kalialaun à 10,8 pCt. Thonerde.

Untersucht man nun in derselben Weise und mit derselben Probeflüssigkeit die Lösungen von 5 g. eines anderen Alaun's oder einer schwefelsauren Thonerde, so wird der Gehalt dieser letzteren an Thonerde sich zu dem des reinen Alaun's verhalten wie die Anzahl der verbrauchten Kubikcentimeter Ammoniakflüssigkeit[1]).

Die Methode ist so einfach, dass sie oft schneller zum Ziele führen wird, als die Bestimmung der Thonerde durch Glühen, wobei man auch darauf zu achten hat, dass nicht durch ein zu plötzliches Erhitzen ein Spritzen stattfinde; auch ist nur wenig Uebung erforderlich, um übereinstimmende Resultate zu bekommen.

Allein eine nicht zu vermeidende Fehlerquelle besteht darin, dass bei Zusatz von Ammoniak zu einer Lösung von schwefelsaurer Thonerde nicht sofort ein Niederschlag entsteht, sondern es bildet sich zunächst und zwar je concentrirter die Lösung, in desto grösserer Menge ein basisches Doppelsalz von Ammoniak und Thonerde, worauf erst die Thonerde sich auszuscheiden beginnt. Die Methode muss also immer einen etwas zu hohen Gehalt an Thonerde angeben. Arbeitet man mit gut verdünnten Flüssigkeiten und ist keine freie Schwefelsäure vorhanden, so beträgt das Zuviel höchstens 0,25 pCt. und man kann damit zufrieden sein; hat man es aber, wie dies bei der käuflichen schwefelsauren Thonerde häufig der Fall, auch noch mit freier Schwefelsäure zu thun, dann wird auch diese eine gewisse Menge Ammoniak zur Neutralisation beanspruchen und die verbrauchten Kubikcentimeter Probeflüssigkeit gestatten keinen Schluss mehr auf den Gehalt an Thonerde.

Um die Bildung des basischen Salzes zu vermeiden, haben Erlenmeier und Löwinstein vorgeschrieben, in der zu untersuchenden Lösung die Schwefelsäure zunächst durch einen kleinen Ueberschuss von Chlorbaryum auszufällen und die auf diese Weise erhaltene Lösung von Chloraluminium, ohne sie von dem schwefelsauren Baryt abzufiltriren, mit Kali oder Ammoniak zu titriren; jedoch auch hier ist die Abwesenheit freier Säure die erste Bedingung eines sicheren Resultates.

So lange die Darstellung der Schwefelsäure mit grösseren Kosten und in geringerem Umfange stattfand, wie gegenwärtig, konnte an eine Darstellung der schwefelsauren Thonerde in einer anderen Form als in

---

[1]) Fr. Mohr: Titrirmethode. 2. Aufl. pag. 123.

der des Alauns füglich nicht gedacht werden, dagegen man in neuerer Zeit im Stande ist, mit Vortheil unmittelbar schwefelsaure Thonerde dadurch darzustellen, dass man schwach geglühten und gemahlenen Porzellanthon oder eisenfreien Töpferthon mit verdünnter Schwefelsäure in bleiernen Gefässen bis zur Sättigung der letzteren erhitzt. Die Masse wird darauf mit Wasser ausgelaugt und die Lauge so weit eingekocht, bis sie beim Erkalten zu einer festen Masse erstarrt,. worauf sie in schickliche Formen ausgegossen und in platten, zolldicken Tafeln als concentrirter Alaun in den Handel gebracht wird.

Dr. Waltl empfahl den Papierfabrikanten, sich die schwefelsaure Thonerde aus einer bei Passau vorkommenden, von ihm vertriebenen Porzellanerde selbst zu bereiten. Die Porzellanerde wird nach seiner Vorschrift, im grubenfeuchten Zustande zunächst gestampft und gesiebt um alle Steine daraus zu entfernen, darauf in einem Troge aus Granit mit Schwefelsäure von $60^\circ$ B. übergossen, gut durchgerührt, sich selbst überlassen und durch Auslaugen die schwefelsaure Thonerde in Auflösung erhalten. Auf 150 Pfd. Porzellanerde rechnet Waltl 60 Pfd. Schwefelsäure.

Otto Krieg trat mit Recht sofort dieser Empfehlung warnend entgegen (C. Bl. 1862. Nr. 14), denn es scheint rein unmöglich, dass auf diese Weise eine säurefreie, für die Papierfabrikation brauchbare schwefelsaure Thonerde gewonnen werden kann und wenn es auch nicht zu schwer sein würde, den Säureüberschuss durch Kreide zu neutralisiren, so würde der Fabrikant bald inne werden, dass Theilung der Arbeit allein ermöglicht ein Kunstproduct billig herzustellen, und dass er besser thut, die fertige schwefelsaure Thonerde zu kaufen, als selbst die besonderen Einrichtungen zu ihrer Herstellung anzuschaffen, die Rohproducte sich kommen zu lassen und den nöthigen mechanischen und chemischen Operationen einen Theil seiner Zeit zu opfern[1]).

Otto Senff in Halle, Kunheim in Berlin (Patent-Alaun, sehr

---

[1]) Das hier Gesagte gilt, wenn auch mit einiger Einschränkung, auch auf das von Franz Dorré in Breslau empfohlene, aus Kryolith hergestellte Thonerdehydrat. Es ist dieses Thonerdehydrat in Folge seiner grösseren Reinheit und Feinheit und der durch letztere bedingten leichteren Vermeidung von freier Schwefelsäure unbedingt der von Waltl vertriebenen Porzellanerde vorzuziehen, aber auch hier ist die Darstellung des schwefelsauren Salzes mit so viel Umständen verknüpft, dass der Papierfabrikant besser thun wird, sich nicht damit zu befassen, sondern das fertige Fabrikat aus zuverlässigen Fabriken zu beziehen.

eisenfrei) und Fabriken in Newcastle und Sowerby-Bridge im nördlichen England, deren Fabrikat unter dem Namen Aluminat von B. v. d. Becke nach Deutschland eingeführt wurde, lieferten eine schwefelsaure Thonerde, die sich nach der Formel $Al^2O^3, 3SO^3 + 18HO$ zusammengesetzt erwies und im Durchschnitt 15,4 pCt. Thonerde und 48,5 pCt. Wasser enthielt. Allein alle diese Fabrikate waren theils wegen ihres schwankenden Thonerdegehaltes (Patentalaun 17,77 pCt., Aluminat 12,4 pCt.), theils wegen einer starken Beimischung von Eisensalz (Aluminat 2 pCt. Eisenoxyd) endlich ganz besonders wegen häufigen Gehaltes an freier Schwefelsäure nicht im Stande den Alaun mit seiner constanten Zusammensetzung aus der Papierfabrikation zu verdrängen. Erst durch die Entdeckung und Ausbeutung der gewaltigen Kryolith-Lager in Grönland hat die Darstellung der schwefelsauren Thonerde eine Vollkommenheit erlangt, dass heut wohl kaum noch eine Papierfabrik gefunden werden dürfte, die sich nicht derselben vorzugsweise zur Anfertigung des Leimes bediente.

Der Kryolith ist ein weisses, leicht schmelzbares Mineral, welches aus 1 Aequivalent Fluoraluminium und 3 Aequivalent Fluornatrium besteht und demnach nach der Formel $Al^2Fl^3 + 3NaFl$ zusammengesetzt ist. — Bringt man ein Gemenge von diesem Kryolith mit kohlensaurem Kalk zum Schmelzen, so erhält man unter Entweichen von Kohlensäure eine Schmelze, welche aus Fluorcalcium und Natronaluminat besteht, nach folgendem Schema:

$$(Al^2Fl^3 + 3NaFl) + 6CaO, CO^2 = 6CO^2 + 6CaFl + (Al^2O^3, 3NaO)$$
Kryolith

Beim Auslaugen dieser Schmelze bleibt das unlösliche Fluorcalcium im Rückstande, während das Natronaluminat in Lösung übergeht. — Die Kohlensäure lässt man nicht unbenutzt entweichen, sondern verwendet sie zur Trennung des Natrons von der Thonerde, indem man sie in die Lösung einer vorhergehenden Schmelze leitet. Durch Umwandlung des Aetznatrons in kohlensaures Natron wird die Thonerde ihres Lösungsmittels beraubt und als Thonerdehydrat niedergeschlagen, während das kohlensaure Natron aufgelöst bleibt. — Nach dem Absetzen der Thonerde wird die klare Lauge abgelassen und zu Soda verdampft, die gewaschene Thonerde aber in kupfernen Pfannen mit Schwefelsäure behandelt und zu schwefelsaurer Thonerde verarbeitet.

Die Reinheit des Kryolith's überträgt sich auch auf das daraus hergestellte Fabrikat, welches meist vollständig eisenfrei ist, während die Leichtlöslichkeit des Thonerdehydrats die vollständige Neutralisirung der Säure ungemein erleichtert.

Diese so gewonnene schwefelsaure Thonerde ist nach der Formel

$$(Al^2O^3 + 3SO + 18HO)$$

zusammengesetzt und enthält dann 15,4 pCt. Thonerde also ziemlich genau $1\frac{1}{2}$ mal soviel als Alaun, welcher nur 10,8 pCt. Thonerde hat. Auf dieses Verhältniss ist selbstverständlich bei Anwendung der schwefelsauren Thonerde zum Leimen Rücksicht zu nehmen und beruht der Hauptvortheil der Anwendung dieses Salzes für den Fabrikanten darin, dass man mit 2 Centnern concentrirtem Alaun ,genau eben so viel Papier zu leimen vermag als mit 3 Centnern Kali-Alaun.

Die Untersuchung der schwefelsauren Thonerde hat sich zu er-strecken auf den Gehalt an Thonerde und auf die Ab- oder Anwesenheit von Eisenoxyd und freier Schwefelsäure.

Der Gehalt an Wasser und Thonerde ist sehr leicht und auf dieselbe beim Kalialaun beschriebene, nur wenig modificirte Methode zu ermitteln. Ein guter krystallisirter Alaun nämlich löst sich vollständig klar in Wasser auf ohne einen Rückstand zu hinterlassen; bei diesem können daher durch starkes Erhitzen, resp. Glühen, Wasser und Thonerde direct bestimmt werden. Anders ist es bei der schwefelsauren Thonerde: diese giebt stets eine trübe Lösung, indem sie je nach ihrer Darstellung aus Kryolith oder Alaunschiefer, reine Thonerde, basisch-schwefelsaure und kieselsaure Thonerde (Thon) enthält. — Diese unlösliche, bei der Anwendung wirkungslos verbleibende Beimischung beträgt oft 2 pCt. und darüber und da eine gute schwefelsaure Thonerde überhaupt nur 15,4 pCt. Thonerde enthält, so kostet bei einem Preise von 21,0 M. pro Ko. jedes Procent ca. 70 Pfennige; sind nun nur 13 pCt. Thonerde und 2 pCt. Unlösliches vorhanden, so ist klar, dass eine solche Waare 140 Pfennige = 14 Silbergroschen weniger werth ist. — Daher ist es bei der schwefelsauren Thonerde immer nöthig, auf den unlöslichen Rückstand ein wachsames Auge zu haben und wenn er einigermaassen bedeutend ist, ihn besonders zu bestimmen, indem man 10 g. Substanz in warmem Wasser löst, absetzen lässt, filtrirt, den Rückstand im Filtrum mit reinem (destillirtem) Wasser gut auswäscht, trocknet und nach Verbrennung des Filtrums wiegt.

Erst nach Feststellung der Procentzahl für den unlöslichen Theil,

welche bei der später für die schwefelsaure Thonerde gefundenen in
Abzug zu bringen ist, kann man zur Vertreibung des Wassers durch
Erhitzen einer andern Probe von ca. 2 g. in einem Porzellantiegel
schreiten. Hierbei ist aber wiederum zu bemerken, dass die schwefelsaure Thonerde sich schon bei Rothgluth zu zersetzen beginnt. Bedient
man sich daher zum Erhitzen einer Berzelius'schen Lampe, so wird
es sehr schwer sein, den Punkt, wo die Zersetzung beginnt, nicht zu
überschreiten und zu einem constanten Gewicht zu gelangen, denn während bei jedem erneuten Erhitzen ein Theil Schwefelsäure mit entweicht,
verhindert doch die dicke Wandung des Porzellantiegels die Hitze bis
zur Weissgluth zu treiben und neben dem Wasser auch die Schwefelsäure vollständig zu vertreiben. Man bediene sich daher zur Bestimmung
des Wassergehaltes einer einfachen Spirituslampe mit starker Flamme
und man wird stets nach der dritten oder vierten Wägung zu einem
constanten Gewicht kommen. — Von der Procentzahl dieses nach Entfernung des Wassers verbleibenden Restes, die Procentzahl des unlöslichen Theiles abgezogen, giebt die Procentzahl der schwefelsauren
Thonerde, wovon 0,3 der Thonerde zukommen. — Hat man einen
Platintiegel zur Disposition, so kann man durch Erhitzen bis zur Weissgluth gleichzeitig mit dem Wasser auch die Schwefelsäure vollständig
vertreiben, allein man wird auch hier das Glühen so lange fortsetzen
müssen, bis man auf ein bestimmtes Gewicht kommt.

In Betreff des Eisenoxyds kann sich der Papierfabrikant auf eine
qualitative Untersuchung beschränken. Bewirkt eine Lösung von Kaliumeisencyanür (gelbes Blutlaugensalz) in einer Auflösung von schwefelsaurer
Thonerde weder Trübung noch Färbung, so ist dies ein Zeichen, dass
die schwefelsaure Thonerde völlig frei von Eisenoxyd ist. Zeigt sich
beim Vermischen der beiden Lösungen, wie es gewöhnlich der Fall ist,
eine schwache, grüne Färbung, so zeigt dies allerdings Spuren von
Eisenoxyd an, die aber vom Fabrikanten noch ignorirt werden können,
Entsteht aber ein einigermassen starker blauer Niederschlag, so beweist
dies die Beimengung einer so grossen Quantität Eisenoxyd, dass dadurch
der concentrirte Alaun zur Leimbereitung untauglich wird, denn das
Eisenoxyd wird wie die Thonerde durch das Alkali der Harzseife aus
seiner Verbindung mit der Schwefelsäure ausgeschieden und erzeugt Rostflecke im Papier.

Ein Gehalt an freier Schwefelsäure endlich, der bei der stets sauren
Reaction auch der vollständig neutralen schwefelsauren Thonerde nicht

durch Lackmus erkannt werden kann, wirkt im höchsten Grade nachtheilig nicht bloss auf die Haltbarkeit des Leims, sondern ganz besonders
auch auf die Färbung des Papiers, denn ausser der Schmalte giebt es
kaum eine Farbe, die nicht durch freie Schwefelsäure zerstört oder verändert würde. Diese zerstörende Wirkung macht sich namentlich bei
der Anwendung von Ultramarin bemerkbar und es ist daher auch ein
ungeleimtes Ultramarinpapier das beste Mittel, um einen concentrirten
Alaun nach dieser Richtung zu prüfen. Bleibt die Farbe des Papiers
beim Eintauchen in die Alaunlösung unverändert, so ist das der beste
Beweis, dass der Gehalt an freier Säure wenigstens nicht so bedeutend
ist, um störend beim Färben zu wirken.

In Ermangelung von Ultramarinpapier kann man sich der grossen
Schwerlöslichkeit der schwefelsauren Thonerde in absolutem Alkohol
bedienen, um die Gegenwart freier Säure zu entdecken. Eine Probe
des zu untersuchenden concentrirten Alauns wird mit etwas absolutem
Alkohol angerieben, auf ein Filtrum gebracht und mit ein wenig absolutem Alkohol nachgewaschen. In der durchgelaufenen Flüssigkeit ist
die Säure durch Lakmus leicht zu entdecken. Da aber schwefelsaure
Thonerde, namentlich bei Gegenwart von freier Schwefelsäure, nicht
unbedingt unlöslich in absolutem Alkohol ist, so kann diese Probe auf
keinen grossen Grad von Genauigkeit Anspruch machen.

Das sicherste und empfindlichste Reagens auf freie Säure in der
schwefelsauren Thonerde ist unbedingt die von Giseke vorgeschlagene
Blauholztinktur[1]). Fügt man zu einer verdünnten Lösung von schwefelsaurer Thonerde oder Alaun einige Tropfen Blauholztinktur, so entsteht
eine sehr charakteristische tief violette Färbung, wenn das angewandte
Salz neutral war; wenn dasselbe auch nur Spuren von freier Säure
enthält, so entsteht eine bräunlich gelbe Färbung, die sogenannte Holz-
farbe, welche von der ersten Färbung vollkommen verschieden ist. —
Diese Reaction ist so empfindlich, dass man mit Leichtigkeit noch
0,2 pCt., ja bei einiger Uebung selbst 0,1 pCt. freie Säure erkennen
kann. — Die Blauholztinktur stellt Giseke aus einer Abkochung von
gleichen Gewichtstheilen Holz und Wasser her, welcher er nach dem Erkalten $\frac{1}{10}$ ihres Volumens Alkohol zusetzt. — Wir bedienen uns mit
dem besten Erfolge einer Auflösung von 1 Gew.-Th. Campechenholz-

---

[1]) P. J. CLXXXIII. p. 43; C. Bl. 1867 No. 3.

Extract in 3 Gew.-Th. kochenden destillirten Wassers, welcher nach dem Erkalten 1 Gew.-Th. Spiritus rectificatissimus zugesetzt wird.

Der Kryolithalaun, welcher zuerst 1857 von Thomsen in Kopenhagen in den Verkehr gebracht wurde, wird gegenwärtig von sehr vielen chemischen Fabriken dargestellt, so dass jeder Papierfabrikant sich denselben ohne Schwierigkeit verschaffen kann, und müssen wir wiederholen, dass nur er die hinreichende Garantie einer stets constanten Zusammensetzung und vollständigen Neutralität gewährt, um den Consumenten der jedesmaligen Prüfung einer neuen Zusendung zu überheben, die bei jeder anderen schwefelsauren Thonerde niemals unterlassen werden sollte.

Es sei hier noch der in neuester Zeit von Otto Kauffmann in Niedersedlitz bei Dresden unter der Bezeichnung Kauffmann's Alaun-Surrogat angebotenen und von mehreren Papierfabriken empfohlenen schwefelsauren Thonerde Erwähnung gethan. Das Alaun-Surrogat ist nach Kauffmann eisenfreie, absolut neutrale schwefelsaure Thonerde mit äusserst fein zertheilter flockiger Kieselerde, welch' letztere, gänzlich indifferent, den Leim durchaus nicht alterirt, andererseits aber ein werthvoller Füllstoff ist, welcher dem besten China-Clay gleichsteht. — Eine Analyse des schmutzig grauen Pulvers ergab:

| | |
|---|---|
| Unlöslicher Rückstand | 20,72 |
| Wasser | 37,83 |
| Thonerde | 12,39 |
| Schwefelsäure | 29,06 |
| Spuren von Eisenoxyd. | |

Der Preis dieses Surrogats beträgt 7,5 Reichsmark pro Centner; während also 1 pCt. Thonerde im Kryolithalaun 70 Pfennige kostet, kostet dasselbe hier nur circa 63 Pfennige. Da nun freie Säure in der That nicht vorhanden und der Säuregehalt, wenn auch bedeutend grösser als im Kryolithalaun, doch nicht so erheblich, dass man das Fabrikat als unbrauchbar bezeichnen müsste, so wollen wir nicht leugnen, dass bei Anfertigung von ordinärem Papier seine Anwendung mit einem pecuniären Vortheil verknüpft ist, wohingegen für feinere Papiere es seiner schmutzigen Farbe wegen nicht geeignet ist. Vor Allem aber irrt Herr Kauffmann, wenn er glaubt, es liege dem Fabrikanten etwas daran, mit der schwefelsauren Thonerde gleichzeitig einen Füllstoff zu kaufen und der Leimmasse zuzusetzen. Wir sind vielmehr der Ansicht, und der Versuch mit dem Kauffmann'schen Surrogat hat uns in derselben nur befestigt, dass es für Erzielung einer guten Leimung wesentlich ist, dass die gegenseitige Zersetzung und Durchdringung von Harzseife und Thonerdelösung nicht durch die gleichzeitige Anwesenheit sich niederschlagender fremder Substanzen gestört werde. Die in der Lösung des Surrogats nur suspendirte Kieselerde (die keineswegs dem China-Clay gleichwerthig ist), wird sich, der Masse im Holländer zugesetzt, früher auf die Papierfaser absetzen als die sich erst bildende harzsaure Thonerde und daher die innigere Verbindung der letzteren mit der Faser verhindern, so dass mit einer gleichen Quantität Harzseife durch Kryolithalaun, wie auch die Erfahrung uns gezeigt, eine weit bessere Leimung erreicht wird, als durch eine dem Kryolithalaun entsprechende Quantität von Kauffmann's Alaun-Surrogat.

Geringere Grade von Festigkeit werden durch Anwendung gewöhnlicher Seifen erreicht, welche man gleich der Harzverbindung zersetzt; stearinsaure und margarinsaure Thonerde sind es alsdann, welche sich um die Papierfaser legen, die Poren des Papiers ausfüllen und das Eindringen von Flüssigkeiten verhindern. In neuerer Zeit dürfte jedoch nur selten diese Art der Leimung vorgenommen werden, da man durch geringe Quantitäten vegetabilischen Leimes dasselbe Resultat sicherer und mit geringeren Kosten erreicht. Nur die Wachsseife wird ihrer reinen Weisse wegen noch hier und da bei der Anfertigung feiner Schreibpapiere angewendet. Man stellt diese Wachsseife nach Canson auf folgende Weise dar: 2 Gewichtstheile kaustischer Natronlauge von 5 Grad Beaumé werden mit 1 Gewichtstheil weissen Wachses so lange gekocht, bis eine vollständige Auflösung des letzteren erfolgt ist, worauf man dieselbe in das 3- bis 4fache Gewicht kochenden Wassers giesst und mit dieser Flüssigkeit 3 Gewichtstheile Stärkemehl, welches, um Klumpenbildung zu vermeiden, vorher mit kaltem Wasser angerührt worden ist, durch anhaltendes Umrühren so innig wie möglich vermengt. Von dieser Leimflüssigkeit fügt man dem Zeuge im Holländer so viel zu, dass auf die Leere 1 Pfund Wachs und 2 Pfund Natronauflösung kommen, und bewirkt die Zersetzung durch Zusatz von 1 Pfund Alaun im aufgelösten Zustande.

Um dem Papiere eine grosse Weichheit und Biegsamkeit zu ertheilen, schlägt Brown vor, der Masse im Holländer circa 5 pCt. Glycerin zuzusetzen; da das Glycerin aber nicht trocknet, so dürfte ein solcher Zusatz höchstens bei Anfertigung von Kopirpapier mit einigem Vortheil verknüpft sein.

Man hat den in der Masse geleimten Papieren mehrere nicht unbegründete, auf ihre absolute Festigkeit und Oberflächenbeschaffenheit Bezug habende Vorwürfe gemacht, die hier etwas genauer betrachtet zu werden verdienen, zumal man geneigt gewesen ist und stellenweis noch ist, dieselben auf das Maschinenpapier überhaupt zu übertragen. — Unter absoluter Festigkeit ist der Widerstand zu verstehen, welchen ein Papier dem Zerreissen entgegensetzt, und es ist dieselbe mithin verschieden von dem, was man den Angriff oder den Klang des Papiers nennt. Letzterer wird durch die Art und Weise des Trocknens bedingt und hängt mit einem gewissen Grade von Sprödigkeit zusammen, welchen das Papier bei schnellem Trocknen erhält, und ganz besonders, wenn es hierbei in einem sehr gespannten Zustande sich befindet. Die absolute Festigkeit hingegen hängt bei sonst gleich guter Beschaffenheit des Ganzzeuges von der innigen und vollständigen Verfilzung der einzelnen Fasern ab, und eine kurze Ueberlegung lässt leicht erkennen, welchem Papiere, dem in der Masse oder dem im Bogen geleimten, in dieser Beziehung der Vorzug gebührt.

Bei dem in der Masse geleimten Papiere hatte sich die Leimsubstanz, die Verbindung von Harz und Thonerde, auf die organische Faser bereits niedergeschlagen, noch ehe dieselbe auf die Maschine gelangte; dieselbe hat dadurch ihre natürliche Weichheit, Biegsamkeit und Anziehung für das Wasser verloren, durch das Rütteln des Metalltuches geht das Wasser leicht fort und die einzelnen Fasern legen sich neben einander, ohne sich in einander zu verschlingen. Dagegen bei dem im Bogen geleimten Papiere hat die organische Faser, aus welcher der Bogen gebildet wird, wenn sie auf die Maschine kommt, noch alle ihre ursprünglichen Eigenschaften; sie ist weich, biegsam, zur Bildung von Löckchen geneigt und durch und durch von Wasser imprägnirt, welches sie hartnäckig zurückhält. Daher bildet (unter der Voraussetzung eines gut gemahlenen Ganzzeuges) die Gesammtmasse der Fäserchen einen langen, breiigen, das Wasser stark zurückhaltenden Stoff, welches letztere durch das Rütteln des Metalltuches der Maschine nur langsam entweicht und den einzelnen Fasern hinreichend Zeit lässt, der rüttelnden Bewegung folgend, sich nach allen Richtungen hin in einander zu verschlingen und zu verfilzen. Es ist somit klar, dass von aus gleich gutem Stoff gefertigten Papieren das ungeleimte eine grössere Festigkeit besitzen wird, als das in der Masse geleimte, und dass dies ganz allgemein der Fall ist, es mag das Papier auf der Maschine oder mit der Hand gefertigt worden sein. Erhält aber das bereits fertige Papier noch einen thierischen Leim, so wird dadurch von neuem seine Festigkeit vermehrt, denn, wie bereits auseinandergesetzt, bildet dieser Leim nach dem Trocknen auf beiden Seiten des Papiers eine zusammenhängende Schicht thierischer Gallerte, welche natürlich dem Zerreissen ebenfalls einen gewissen Widerstand entgegensetzt, der als eine Vermehrung der absoluten Festigkeit des Papiers betrachtet werden muss.

Die Erfahrung bestätigt vollkommen die Richtigkeit der hier aufgestellten Behauptungen, denn nach angestellten Versuchen ist die Festigkeit des in der Masse geleimten Papieres durchschnittlich um 25 pCt. geringer, als die des im Bogen geleimten.

Eben so übt, wenigstens für gewisse Zwecke, die Leimung in der Masse einen nachtheiligen Einfluss auf die Beschaffenheit der Oberfläche des Papiers aus. Bei dem mit thierischem Leime geleimten Papiere gleitet die Feder über den Gallertüberzug, bei dem in der Masse geleimten über die Papiermasse selbst. Beim Schreiben mit der Gänsefeder ist dieser Unterschied von geringer Bedeutung, ja, falls die Leimung zu stark oder das Satiniren übertrieben worden war, kann es sich auf dem thierisch' geleimten Papiere weniger angenehm schreiben, als auf in der Masse geleimten, allein jenes ist unbedingt diesem vorzuziehen beim Gebrauch von Stahlfedern und bei allen mit dem Zeichnen zusammenhängenden Operationen, dem Tuschen, Färben, dem Gebrauch der Reissfeder und des Gummi's. Letzteres besonders ist der wahre Probirstein für eine feste compacte Oberfläche. Beim in der Masse geleimten Maschinenpapier setzen sich Fäserchen in die Reissfeder, die Ränder der starken Striche werden nicht so scharf, beim Färben und Tuschen sinkt die Flüssigkeit zu schnell ein und das Gummi greift, wenn man eine Stelle nur etwas anhaltend damit reibt, die Oberfläche an, macht sie wollig, nimmt feine Striche der Reissfeder weg u. s. w. Beim Zeichnenpapier zeigt sich demnach der Vortheil der thierischen Leimung und Lufttrocknung am evidentesten, und jeder, der sich mit Zeichnen beschäftigt, wird hiervon zu sagen wissen.

Diese allen in der Masse geleimten Papieren in gleicher Weise anhängenden nachtheiligen Eigenschaften haben die englischen Fabrikanten veranlasst, auch bei Maschinenpapieren die alte Leimmethode beizubehalten. Sie haben jedoch durch Einführung allerdings kostspieliger, aber sehr zweckmässiger Vorrichtungen es verstanden, den durch das Eintauchen der Bogen in die Leimauflösung und durch langsames Trocknen verursachten Zeitverlust fast auf Null zu reduciren; wir werden, beim fertigen Maschinenpapier angelangt, näher auf diese Vorrichtungen eingehen.

In Deutschland hat die Kostspieligkeit des englischen Verfahrens die Fabrikanten von der Nachfolge ihrer überseeischen Collegen abgeschreckt und sie vielmehr veranlasst, eine Methode aufzusuchen, welche die Vortheile beider bisher üblichen in sich vereine, nämlich Leichtigkeit und Billigkeit der Ausführung mit Festigkeit und tadelloser Oberflächenbeschaffenheit des Fabrikats. Man glaubte diese Resultate erreicht, wenn es gelänge, den thierischen Leim als Massenleim zu benutzen. Vornehmlich waren es die Besitzer der wohl renommirten Papierfabrik Spechthausen bei Neustadt-Eberswalde, Gebrüder Ebart, welche derartigen Versuchen manche Opfer brachten, und, nachdem sie bereits im Jahre 1845 ein Patent auf die Erfindung, Papier mittelst Thierleims in der Masse zu leimen, acquirirt hatten, in einem Rundschreiben im December 1847 erklärten, dass es ihnen zwar nicht gelungen sei, die Schwierigkeiten, welche sich der Benutzung des reinen animalischen Leims auf der Maschine entgegenstellen, ganz zu beseitigen, dass sie aber durch Anwendung dieses Leims und der Harzseife zu Resultaten gelangt seien, die bei voller Sicherheit des Erfolges auch in Rücksicht auf Oekonomie und bequeme Arbeit nichts zu wünschen übrig lassen, und dass sie um so weniger anstehen, ihre Erfahrungen den Papierfabrikanten anzubieten, als das auf solche Weise geleimte Papier neben den bekannten Vorzügen des thierischen Leims, demselben mehr Klang und grössere Festigkeit zu geben, noch die wichtige Eigenschaft besitzt, durch die Gegenwart der Harzseife gegen den Angriff der Würmer geschützt zu sein.

Trotz dieser gepriesenen Vorzüge war jedoch das Ebart'sche Leimverfahren bald wieder der Vergessenheit verfallen. — Planche, Rudel, Kauffmann, Ferd. Flinsch und Andere bemühten sich mit mehr oder weniger Erfolg die beste Combination der thierischen und

vegetabilischen Leimung zu ermitteln, bis neuerdings die Stalling'sche
Knochengallerte wiederum viel von sich reden macht.

Wilhelm Stalling in Pieschen bei Dresden empfiehlt den Papierfabrikanten eine von ihm dargestellte Knochengallerte, (19,5 M. pro Ctr.)
welche sich nach vorliegenden Zeugnissen auch als Tischlerleim vorzüglich bewährt hat, als Zusatz zur Harzseife beim Leimen des Papiers.
Für die Anwendung dieser Gallerte giebt er folgende Vorschrift: Man
löse in einem kupfernen Kessel mit doppeltem Boden, also durch indirecten Dampf, in 200 bis 240 Pfd. kochendem Wasser 45 bis 50 Pfd.
beste Soda auf und schütte behutsam unter Rühren 300 Pfd. gestossenes
resp. gemahlenes Harz in diese kochende Lauge. Man koche diese
Mischung, nachdem das Aufschäumen vorüber ist, ruhig so lange fort,
bis eine vollständige Lösung des Harzes resp. Verseifung desselben mit
dem Natron eingetreten ist. Eine Zeit von $3\frac{1}{2}$ bis 4 Stunden ist dazu
genügend und ist es Sache des Fabrikanten, den richtigen Zeitpunkt an
der kurz abtropfenden, klaren und im heissen Wasser leicht und vollständig sich lösenden Harzmasse zu beurtheilen. Diese fertige dicke
Harzmasse löse man nun nach Belieben, bez. der Grösse der vorhandenen Gefässe, in kochendem Wasser, im Verhältniss von 1 Pfd. Harz
zu 30 bis 40 Pfd. Wasser während einiger Minuten Kochen gut auf. —
Jetzt ist nun der geeignete Zeitpunkt, um die Leimgallerte, die man
vorher in kochendem Wasser (100 Pfd. Leimgallerte in circa 300 bis
400 Pfd. Wasser) gelöst hat, der Harznatronlösung unter Rühren beizu-
fügen und ist es jedoch hierbei unbedingt nothwendig, dass diese
beiden Lösungen — vegetabilische und animalische Leimlösung — mindestens circa 5—10 Minuten zusammengehörig kochen. Der Leim ist
nun, nachdem man denselben in ein anderes Fass durch Sieb und Filz
hineingegossen hat, wenn keine Stärke zugesetzt werden soll, zum Gebrauch fertig.

Die Zutheilung von Stärke geschieht wie üblich und am besten so,
dass der in dem unteren Fasse befindliche, gemischte, fertige Leim
nochmals durch ein directes Dampfrohr zum Kochen gebracht und die
in lauem Wasser angerührte Stärke dann durch ein feines Sieb der
kochenden Leimlösung schnell beigefügt wird, worauf eine sofortige
Wegnahme des Dampfes stattzufinden hat. Der sich bildende Schaum
wird möglichst entfernt. Bezüglich der Quantitäten von vegetabilischem
und animalischem Leim pro Kanne oder Eimer, so ist es am geeignetsten

die Verhältnisse so zu nehmen, dass auf den Eimer (40 Pfd. Wasser-inhalt) 1—1$\frac{1}{2}$ Pfd. Harzleim und 1 Pfd. Leimgallerte oder auch gleiche Theile genommen werden; Stärke nach Belieben, pro Eimer $\frac{1}{2}$—1 Pfd. oder auf den Eimer 1 Pfd. Harzleim und 2 Pfd. Leimgallerte und keine Stärke. Die Zutheilung dieses Leimes, wie der schwefelsauren Thonerde zum Stoff findet in der üblichen Weise statt und ist es (je nach Um-ständen) vortheilhaft auf das Pfund trocken gedachten Leim 1$\frac{1}{4}$ bis 1$\frac{1}{2}$ Pfd. schwefelsaure Thonerde zu rechnen."

Wir haben unter strenger Befolgung dieser Vorschrift die Stal-ling'sche Gallerte versuchsweise angewendet, müssen aber bekennen, dass wir, abgesehen davon, dass der Leim mit Gallerte doppelt so viel kostet, als ohne dieselbe, nicht im Stande gewesen sind, irgend welchen vortheilhaften Einfluss auf das damit gefertigte Papier wahrzunehmen. Im Gegentheil die Leimflüssigkeit bekam durch den Zusatz der Gallerte eine schmutzige Farbe und der Stoff zeigte beim Verarbeiten auf der Maschine eine wenn auch nur geringe Neigung an der ersten schweren Presse haften zu bleiben. Wir müssen aber auch in der That gestehen, dass wir durch dieses negative Resultat nicht einen Augenblick über-rascht waren, denn eben die Löslichkeit des thierischen Leimes, der zufolge er bei der Verarbeitung auf der Maschine fast vollständig mit dem abfliessenden Wasser entweicht, machten es nöthig, für die Massen-leimung ein anderes Verfahren zu wählen und zur Harzseife zu greifen. Da aber Alaunlösung in der Lösung von thierischem Leim keinen Nieder-schlag bewirkt, so ist klar, dass die letztere auch bei der Bildung der harzsauren Thonerde keinen irgend welchen vortheilhaften Einfluss aus-üben kann. Im Gegentheil, wir betonen nochmals, man wird am sichersten auf eine stets gleichbleibende, gute Leimung rechnen können, wenn man, mit zu Grunde Legung des richtigen Massenverhältnisses zwischen Harzseife und Alaun, dafür Sorge trägt, dass die gegenseitige Umsetzung des harzsauren Natrons und der schwefelsauren Thonerde, und die Verbindung der harzsauren Thonerde mit der feingemahlenen vegetabilischen Faser nicht durch die Anwesenheit fremder Stoffe ge-stört werde.

Dass ein Zusatz von thierischem Leim die Suspension von Kaolin und überhaupt der erdigen Zusätze begünstige, ist leicht einzusehen und hält man es für vortheilhaft, die theure Leimgallerte anzuwenden um ein Paar Pfund Erde mehr im Papier zurückzuhalten, so mag man es thun, aber man setze die Erdmilch der Masse erst nach dem Leimen zu und mansche nicht bei diesem so wichtigen Processe Dinge zusammen, die nicht zu einander gehören.

Wir haben bereits pag. 345 die Theorie der thierischen Leimung besprochen und dargethan, dass das auf diese Weise geleimte Papier aus drei Schichten, zwei äusseren Leim - und einer mittleren Papierschicht besteht und diese physische Beschaffenheit wird nie durch Massenleimung hergestellt werden können.

# X. Die Papiermaschine.

Der durch sorgfältiges Waschen und Antichlor von Chlor und freier Säure befreite, lang und weich gemahlene, geleimte und gebläute Stoff wird nun aus dem Holländer in die Vorrathsbütte für die Maschine abgelassen, worin eine Rührvorrichtung ihn in steter Bewegung erhält, um das sich zu Bodensetzen von Zeug und Farbestoff zu vermeiden. Aus dieser Vorrathsbütte gelangt der Stoff durch verschiedene Vorrichtungen, die theils ein Reinigen desselben von fremden Substanzen, Sand, Knoten u. s. w., theils eine Regulirung des Zuflusses bezwecken, auf die Papiermaschine.

Die Papiermaschine, ursprünglich eine französische Erfindung, die vorzugsweise den Engländern ihre gegenwärtige Vollkommenheit verdankt, hat einen kaum glaublichen Umschwung in dem gesammten Industriezweige verursacht. Es ist höchst interesssant und lehrreich, die von Robert angegebene Idee in allen Phasen ihres Wachsthums zu verfolgen und die durch Didot, Berte und Grevenich, Désétables, Leistenschneider, Bilbille und Lenteigne, Portier und Durieux, Brahma, Denison und Harris, Gamble, Cameron, Foudrinier, Dickinson, Keferstein, Corty und Andere successive daran bewirkten Abänderungen und Verbesserungen kennen zu lernen, bis die Geschicklichkeit und Sachkenntniss eines Donkin und Chapelle eine Papiermaschine herstellten, welche man geneigt ist, als eine in allen ihren Theilen vollendete zu betrachten. — Hierauf indess, so wie überhaupt auf eine detaillirte Beschreibung dieses mechanischen Kunstwerks einzugehen, müssen wir verzichten, da namentlich die Grösse und Menge der hierzu erforderlichen Zeichnungen die uns gesteckten Grenzen überschreiten würden, und wir beschränken uns mithin auf eine allgemeine Darstellung der Maschine und ihrer Arbeit, so wie der neuesten daran angebrachten Verbesserungen[1]).

Die Papiermaschinen zerfallen, je nach der Art der Aufspannung des Metalltuches, der sogenannten Form, in zwei Klassen. Bei der einen, den Maschinen mit gerader Form, den am häufigsten angewandten, besitzt die Form die Gestalt eines langen, endlosen, d. h. in sich selbst zurückkehrenden Gewebes, welches über parallele horizontale Walzen so gelegt und ausgespannt ist, dass sein oberer Theil eine völlig ebene Fläche bildet, vergl. die Figur auf Taf. VII. An der einen schmalen Seite dieser Fläche fliesst der Zeug auf dieselbe; zugleich macht die Form durch die Umdrehung der Walzen, über welche sie gelegt ist, eine gleichförmig fortschreitende Bewegung von der eben erwähnten schmalen Seite nach der gegenüberstehenden, wo das gebildete Papier durch eigene Walzen abgenommen und der weitern Behandlung überliefert wird. — Bei den Maschinen der zweiten Klasse, den Cylindermaschinen, ist die Form ein hohler, mit Draht überzogener, horizontal liegender Cylinder, der sich um seine Achse dreht. Diese Cylinderform ist auf beiden Seiten durch zwei kupferne Böden geschlossen, von denen jedoch der eine an der Stelle des Zapfens durchbrochen ist, um das in die Form eindringende Wasser entweichen zu lassen. Die Form liegt nämlich bis nahe zur Hälfte in einem Kupfertroge, der stets gleichmässig mit Papiermasse angefüllt erhalten wird. Das Wasser dieser Masse dringt durch das Sieb der Form in das Innere derselben, während der Papierstoff auf der Oberfläche des Cylinders haften bleibt, am obersten Punkte der Peripherie von einer mit Filz überzogenen Walze abgenommen, auf ein Filztuch ohne Ende übertragen und dann in

---

[1]) Ausführliche Beschreibungen von Papiermaschinen findet man in:

 Recueil des machines, instruments et apparats qui servent à l'économie rurale et industrielle, par le B l a n c. III partie, 1 livraison.

 Annales de l'industrie française et étrangère. Tom I. Paris 1824, p. 334.

 Kunst- und Gewerbeblatt des polytechnischen Vereins für Bayern. 1828. Seite 447.

 Verhandlungen des Vereins zur Beförderung des Gewerbfleisses in Preussen. Jahrgang für 1850, p. 106, und vor Allen in

 Carl H o f m a n n's Practical Treatise on the Manufacture of Paper.

Unter den Maschinenbau-Anstalten Deutschlands, deren Papiermaschinen sich eines guten Rufes zu erfreuen haben, nennen wir besonders die von G. S i g l in Berlin und Wien, welcher wir die auf Taf. VII. befindliche Abbildung zu danken haben.

gleicher Weise weiter behandelt wird, wie bei den Maschinen mit gerader Form. Es ist, so viel bekannt, mit derartigen Maschinen noch nicht gelungen, andere als starke und grobe Papiersorten, Packpapiere und Tapetenpapiere zu erzeugen, wohingegen mit denen der ersten Klasse alle Papiere, von den feinsten Postpapieren an bis zu den stärksten Packpapieren, gleich vollkommen gefertigt werden können, daher auch nur diese hier ausschliesslich Berücksichtigung verdienen[1]).

Zu grösserer Uebersichtlichkeit kann man die sämmtlichen Theile der Papiermaschine nach ihren Funktionen in fünf Gruppen vereinigen: 1. Die Zeugbütte nebst den Vorrichtungen, durch welche die flüssige Masse in Bewegung und dadurch in stets gleicher Mischung erhalten, von Knoten und anderen Unreinigkeiten gereinigt und ihr Zufluss nach der Form regulirt wird. 2. Die Form selbst. 3. Der Pressapparat, aus einer Anzahl Walzen bestehend, zwischen welchen das lange, auf der Form unausgesetzt sich bildende Papierblatt durchgeht, um grössentheils vom Wasser befreit und zugleich verdichtet zu werden. 4. Der Apparat zum Trocknen und Glätten, hauptsächlich aus hohlen metallenen Walzen, die durch Dampf geheizt werden, bestehend. 5. Ein Haspel, um welchen das fertige Papier sich aufwickelt.

Die Zeugbütten *A A*, deren gewöhnlich zwei vorhanden sind, haben je nach dem Umfange des Geschäfts und den vorhandenen Localitäten sehr verschiedene Dimensionen, gewöhnlich sind sie im Stande, 6 bis 7 Holländerleeren aufzunehmen. In ihrem Innern bewegt sich eine hölzerne Rührvorrichtung, die an einer stehenden Welle befestigt ist, welche durch den Boden der Bütten hindurchgeht und von unten ihre Bewegung erhält. Die Form der Zeugbütten ist wie in der Figur auf Taf. VII gewöhnlich die eines konischen Cylinders, welche, wenn sie aus Holz gefertigt sind, das Festziehen der Reifen wesentlich erleichtert, jedoch findet man auch gemauerte halbrunde Kufen, in denen sich dann das Rührwerk auf horizontaler Welle bewegt. Aus den Zeugbütten wird der Stoff durch ein am Boden derselben angebrachtes, mit einem Hahn zu verschliessendes Rohr entweder unmittelbar nach einem runden hölzernen Kasten geleitet, worin er mit Wasser verdünnt und mittelst eines Schöpfrades auf die Maschine gehoben wird, oder einer Vorrichtung

---

[1]) Eine ziemlich genaue Beschreibung und Abbildung einer Cylindermaschine befindet sich in dem technischen Wörterbuche von Karmarsch und Heeren, 2. Bd. p. 577. — Angefertigt sind solche Maschinen von A. Köchlin et Comp. in Mühlhausen im Elsass.

zugeführt, die den Zweck hat, der Maschine, es mag dieselbe langsam oder schnell arbeiten, und es mögen die Zeugbütten ganz oder nur zum Theil angefüllt sein, stets dieselbe Menge Stoff zuzuführen. Die Wichtigkeit solcher Zeugregulatoren springt in die Augen, denn bei der bedeutenden Menge Papier, welche eine Maschine täglich liefert, erwächst dem Fabrikanten ein nicht unbedeutender Verlust, wenn der Ballen nur um einige Pfunde schwerer gearbeitet wird als nöthig ist, während zu leichte Waare nicht nur durch Decortrechnung pecuniären Nachtheil bedingt, sondern auch den Ruf der Fabrik mit der Zeit untergräbt. Die Zeugregulatoren indess, als Zwischenglied zwischen Zeugbütten und Maschine, können im günstigsten Falle nur bewirken, dass der Maschine in jeder Zeiteinheit ein gleiches Volumen des in den Bütten enthaltenen Stoffes zugeführt wird. Dieser Stoff selbst aber kann dick- oder dünnflüssig sein, und daher ein stärkeres oder schwächeres Papier geben, je nachdem die Holländer stärker oder schwächer betragen wurden und wenig oder viel Wasser beim Entleeren nachgegeben wurde. Es wird demnach durch derartige Regulatoren nur dann ein sicheres Resultat erzielt werden, wenn schon bei der Betragung der Holländer darauf gesehen wird, dass stets gleich viel Halbzeug derselben Hadern mit gleich viel Wasser verarbeitet werde; dies ist aber rein unmöglich, und demnach auch die Wirkung der Zeugregulatoren keine absolute. In diesem Umstande mag neben der Unvollkommenheit mancher Apparate selbst die Ursache liegen, dass die wenigsten der bisher construirten Regulatoren von Seiten der Fabrikanten Beifall fanden und man, wo dergleichen angebracht worden waren, sie nach kurzer Zeit wieder entfernte. Allein ist ein Regulator gut construirt, so dass er, unabhängig von der in den Zeugbütten enthaltenen Stoffmenge, der Maschine stets ein gleiches Volumen Stoff zuführt, und lässt er ohne Unterbrechung des Ganges der Maschine leicht eine Veränderung dieses Volumens zu, so wird er dem aufmerksamen Maschinenführer jedenfalls zur Erreichung eines gleichförmigen Papiers wesentliche Dienste thun, denn während sich ohne Regulator der Zufluss des Stoffes in jedem Augenblick verändert, hat er bei Anwendung desselben nur darauf zu achten, ob durch das Hinzukommen einer Holländerleere die Dichtigkeit des Stoffes verändert wurde. Mit gutem Gewissen kann nun der in Fig. 3 und 4 Taf. VI dargestellte Regulator als ein solcher empfohlen werden, der, so weit nach dem eben Gesagten eine Regulirung möglich ist, allen Anforderungen entspricht.

*E* und *F* sind kupferne Röhren, welche am unteren Boden der Zeugbütten den Stoff aufnehmen und nach dem ebenfalls kupfernen senkrechten, im unteren Theile mit einer Erweiterung versehenen Rohre *J* führen, dessen unterste Oeffnung durch das konische Ventil *c* verschlossen wird. Um zunächst dem Papierstoffe den Fortgang durch diese Oeffnung möglich zu machen, muss das Ventil *c* an der schwachen Messingstange *C* mittelst der Hand in die Höhe gehoben werden, später hingegen wird das Heben und Senken des Ventils durch den Schwimmer *B* veranlasst. Aus dem Rohre *J* tritt nämlich der Stoff in einen hölzernen Kasten, der durch eine hölzerne Scheidewand in zwei Abtheilungen getheilt ist, die am unteren Theile der Scheidewand mit einander communiciren. In den ersteren kleineren Theil passt ziemlich genau der Schwimmer *B*, der an einer Schnur hängt, die über die Riemscheibe *k* läuft und an dem anderen Ende ein Gegengewicht zu dem Schwimmer *B* trägt. Auf der Welle der Riemscheibe *k* sitzt gleichzeitig das Excentricum *b*, welches durch seine Bewegung den einarmigen Hebel *m*, so wie die daran befestigte Stange *C* hebt oder senkt und somit das Ventil *c* öffnet oder schliesst und den Zufluss von Stoff regulirt. Es ist indess klar, dass Schwimmer und Ventil nur dann das Zuströmen reguliren können, wenn auch der weitere Abfluss nach der Maschine hin stets derselbe bleibt. Denn es leuchtet ein, dass, wenn dieser Abfluss beständig wächst, der Schwimmer immer tiefer sinkt, bis das Ventil so weit als nur möglich geöffnet ist. Dieser Abfluss wird nun durch die doppelte aus Kupfer gearbeitete archimedische Schraube *A* regulirt; dieselbe erhält ihre Bewegung durch mehrere Zwischenvorrichtungen von der auf der Betriebswelle befestigten Riemscheibe *n*, diese überträgt nämlich zunächst mittelst eines Riemens die Bewegung auf die kleinere Riemscheibe *o*, welche auf derselben Welle wie die konische Trommel *P* befestigt ist. Von *P* wird die Bewegung an eine ganz ähnliche, nur umgekehrt liegende Trommel *P'* mittelst eines Riemens übertragen, dessen Stellung durch den mittelst der Schraube *r* und der Handhabe *s* beweglichen Wagen *q* bestimmt wird. Auf der Welle der Trommel *P'* sind zugleich die Riemscheiben *t* von verschiedener Grösse behufs Nachspannung des sich dehnenden Riemens befestigt, welche durch einen Riemen mit dem Scheibensystem *t'* communiciren, dessen Welle gleichzeitig das Zahnrad *u* trägt, welches unter einem stumpfen Winkel in das Zahnrad *u'* eingreift, das auf der Welle der Schraube befestigt ist. Es ist nun klar, dass von der Stellung des die beiden

Trommeln $P$ und $P'$ verbindenden Riemens die Geschwindigkeit der
Schraube abhängt; wird derselbe mittelst des Wagens $q$ nach $s$ hin-
gerückt, so wird die Peripherie von $P$ kleiner, die von $P'$ grösser und
die Bewegung der letzteren mithin verlangsamt, dagegen der Riemen
bei entgegengesetzter Verrückung um eine grössere Peripherie bei $P$ und
um eine kleinere von $P'$ läuft, daher die Bewegung der letzteren und
mit ihr die der Schraube nothwendig zunimmt. Die Schraube $A$ schüttet
den in die Höhe gehobenen Stoff in die Abtheilung $V$ aus, von wo derselbe durch das kupferne Rohr $v$ weiter nach dem Schöpfrade und der
Maschine geleitet wird.

Ein gleichfalls durch Einfachheit sich empfehlender Regulator ist
der von Tidcombe construirte, welcher in Taf. VI. Fig. 5 dargestellt
ist. Die Röhre $A$ stellt die Verbindung zwischen dem Hauptbehälter
und dem Behälter $B$ des Regulators her. Dieser steht durch die konische
Oeffnung $C$ mit dem grösseren Behälter $D$ in Verbindung, in welchem
der Brei nahezu auf constanter Höhe erhalten wird. Aus $D$ tritt derselbe mehr oder weniger frei nach $F$, je nach der Geschwindigkeit der
Maschine, und fliesst durch $G$ nach dieser ab. — In der Oeffnung $C$
befindet sich der Konus $H$, welcher mittelst der Stange mit Führung $i$
mit dem Schwimmer $h$ verbunden ist. Dieser Schwimmer wird von
dem Brei getragen und regulirt mittelst des Konus $H$ den Eintritt
desselben je nach seinem Abfluss aus $D$. An dem Konus $H$ befindet
sich ein Rand $J$, welcher die Oeffnung verschliesst, wenn die Maschine
still steht. In der konischen Oeffnung $E$ befindet sich der Konus $K$,
der an dem Gefässe $L$ befestigt ist, dessen specifisches Gewicht so
regulirt ist, dass alle daran hängenden Theile sich vollkommen frei
bewegen können. Der Konus $K$ fällt und steigt je nach dem Stand
des Regulators $M$, der von der Maschine bewegt wird, und regulirt so
den Ausfluss durch $E$, mithin die Einströmung bei $C$. Der Konus $K$
ist durch eine Schraube und Mutter mit einer Stange verbunden, welche
oben ein Rad $N$ trägt, mittelst dessen der Konus je nach der verlangten Dicke des Papiers gestellt werden kann. Ein am Rade angebrachter Zeiger giebt auf einer Skala den Stand des Konus an und
erleichtert so dessen Stellung. — Um den Konus durch die Maschine
zu reguliren, steht derselbe mit dem Hebel $O$ und dieser einerseits mit
einer verstellbaren Gabel, andererseits durch die Stange $P$ mit dem
Regulator $M$ in Verbindung. Dieser wird durch die Maschine in der
aus der Figur ersichtlichen Weise bewegt.

An jeder Seite des Behälters $D$ befinden sich ferner zwei Rührer $T$, welche durch die Rolle $U$ umgedreht werden. Endlich ist oberhalb der Stange $i$ die Feder $v$ angebracht, um den Konus am Festsitzen in seiner Oeffnung zu verhindern. $Q$ ist die Bewegungsstange mit Riemscheibe, welche durch zwei kleine konische Rädchen mit dem Regulator $M$ in Verbindung steht. $R$ ist die Triebriemscheibe mit der Losriemscheibe $S$. $WW$ ist das Gestell und der Kasten des ganzen Apparates.

Sehr einfach und dabei doch zweckentsprechend ist die Zeugregulirung an der Sigl'schen Maschine Taf. VII. Der aus den Zeugbottichen kommende Stoff passirt zunächst den Vorregulator $B$, in welchem ein Schwimmer für ein stets gleich bleibendes Niveau des flüssigen Stoffes sorgt. Von hier aus gelangt der Stoff in den Schöpfrad-Kasten $C$. Das Schöpfrad übergiebt aber den Stoff nicht unmittelbar der Maschine, sondern lässt ihn in einem eisernen Kasten auslaufen, der mittelst der Schraube $a$ mehr oder weniger tief in den Schöpfradkasten hineingeschoben werden kann, der demnach auch mehr oder weniger des geschöpften Stoffes aufnimmt und an die Maschine durch das Rohr $b$ weiter giebt.

Der Regulator von Cowan und Söhne ist der von Oechelhäuser construirte, ohne die Verbesserungen, welche letzterer ihm später gegeben hat. Er ist ein Schöpfapparat, welcher leicht ein Herumspritzen des Zeuges veranlasst und welchem wir daher namentlich den zuerst beschriebenen unbedingt vorziehen.

Hofmann will von Zeugregulatoren nichts wissen und hält es nicht für nöthig auf eine Beschreibung derselben näher einzugehen, da eine Stoffpumpe mit Kugelventilen, deren Bewegung mit der der Papiermaschine zusammenhängt und leicht regulirt werden kann, denselben Zweck vollständig erfülle. Allein wir machen darauf aufmerksam, dass die von uns an erster Stelle empfohlene Vorrichtung nichts weiter als eine Pumpe ist, die ohne Ventile und ohne Unterbrechung arbeitet und daher auch nicht an der sehr leicht und oft vorkommenden Versetzung der Ventile, wodurch jedes Mal ein in Ruhe Setzen der Pumpe bedingt wird, leidet.

Wie schon bemerkt, gewähren diese Regulatoren nur die Garantie, dass in gleichen Zeiten auch gleiche Volumina Stoff der Maschine zugeführt werden; allein sobald in diesen gleichen Volumen ein verschiedenes Verhältniss des Wassers zur trocknen Papiermasse vorhanden ist, wird nichtsdestoweniger das daraus hervorgehende Papier verschieden stark ausfallen und es ist daher auch bei Anwendung eines Stoff-Regulator's unerlässlich, Stärke und Gewicht des Papieres ab und zu zu prüfen. Es geschieht dies gewöhnlich und wir können wohl sagen am Sichersten durch Abwiegen eines Bogens. Die Technik ist jedoch auf Mittel bedacht gewesen, dem Maschinenführer jede Schwankung in der Stärke des Papiers sofort sichtbar zu machen: Rieder hat zuerst ein solches Instrument, Pyknometer ($\pi v x v \acute{o} \varsigma$ dicht) genannt, an der Maschine angebracht. Zwischen Trockenappararat und Haspel nämlich läuft das Papier an der einen Seite zwischen zwei kleinen Walzen durch, welche mit einem sehr fein fühlenden Hebel in Verbindung stehen. Dieser Hebel wirkt dann durch eine Uebersetzung auf einen Zeiger, der auf einem Gradbogen oder Zifferblatte die jedesmalige Dicke des fertigen Papiers in Zahlen angiebt. — Es hat dieser Apparat den Uebelstand, dass er durch die unvermeidlichen Schwankungen in der Spannung des über die Maschine laufenden Papieres fortwährend irritirt wird und es hat derselbe daher auch keine grosse Verbreitung gefunden.

In neuster Zeit haben Director Fischer in Cröllwitz und Mechaniker Nockle in Halle ein neues Pyknometer construirt, welches die Papierstärke eines einzelnen Blattes in $\frac{1}{100}$ mm. angiebt. Ein solches Pyknometer kostet in hübschem Etui 21 Mark, für das Papiermaschinen-Local 20 Mark. — Zu beziehen sind sie durch das Rudel'sche Central-bureau[1]).

Unter Umständen, namentlich bei sehr breiten Maschinen, mögen derartige Apparate ganz gute Dienste leisten, allein da das Papier fast ausschliesslich nach dem Gewicht verkauft wird und bei gleichem Gewicht die Dicke je nach der Stoffmischung sehr verschieden sein und von der letzteren nicht auf das erstere geschlossen werden kann, so wird man für gewöhnlich doch zur Papierwage seine Zuflucht nehmen müssen.

Der aus dem Regulator heraustretende Zeug wird, falls kein Sigl'-scher Regulator vorhanden ist, nach einem runden Behälter geleitet, in welchem entweder ein aus vier circa 4 Zoll starken kupfernen, gebogenen Röhren bestehendes Kreuz oder ein hölzernes oder kupfernes Schöpf-rad läuft, mittelst dessen der Zeug auf die Maschine gehoben wird.

Die Gleichförmigkeit und gute Durchsicht eines Papieres hängt wesentlich davon ab, dass der Stoff möglichst gleichmässig gemischt

---

[1]) C. Bl. 1875 No. 13. 1876 No. 4.

und frei von zusammengeballten Fasern, Stoff-Klümpchen und Knoten
sei. Bei einem noch so sorgfältig geleiteten Mahlprocess aber ist ein
solches Zusammenballen einzelner Fasern auf dem Wege des Stoffes
von den Holländern nach den Zeugbütten und Regulator kaum zu vermeiden, daher rathen Orioli und Henry zwischen Regulator und Schöpf-
rad noch eine besondere Zeug-Zertheilung- oder Schlagmaschine (Affleu-
reuse continue) anzubringen. — Dieselbe besteht aus zwei kleinen Mahlscheiben von Bronze, die gut aufeinander passen. Die obere Scheibe
steht fest, während die untere sich mit einer Geschwindigkeit von 300
bis 500 Touren in der Minute um ihren Mittelpunkt dreht. Der mit
dem Ablaufwasser der Maschine je nach seiner Dichtheit in veränderlichem Verhältniss gemischte Ganzstoff tritt durch die Mitte der oberen
Scheibe ein, geht durch die so angebrachten Einschnitte, dass sie zum
Theil die Centrifugalkraft aufheben, durch und zerschlägt sich allmälig,
indem er die Reibung der hervorstehenden Theile der beiden Mahlscheiben durchmacht und dann vollkommen zertheilt am Rande der
Scheiben austritt. — Ein messingener Mantel umgiebt den Apparat und
dient zur Aufnahme des Stoffes der von hier aus nach dem Schöpfrade
oder direct auf den Sandfang geleitet wird[1]).

Der Stoff wird entweder im Schöpfrade mit der nöthigen Menge
Wasser vermischt oder es geschieht dies in der nächsten Abtheilung, in
welcher zu dem Ende eine mit grosser Geschwindigkeit sich bewegende
Rührvorrichtung angebracht ist. Aus dieser gelangt der Zeug durch
Schützvorrichtungen, die eine gleichmässige Vertheilung des Zeuges nach
der Breite bezwecken, auf den Sandfang, eine bis 2 m. lange, etwas geneigte Ebene, die mit Messing-, Zink- oder Holzstäben belegt ist, zwischen
denen Sand und schwerere Theile sich ablagern. Der Sandfang (sablier,
Sand-Tables) braucht nicht durchaus direct mit der Maschine verbunden
zu sein, sondern kann an jedem beliebigen, schicklichen Ort angebracht
werden. Er ist ein sehr einfacher Apparat, aber nichtsdestoweniger
hängt von seiner zweckmässigen Anlage die Herstellung eines reinen
und fleckenlosen Papieres wesentlich ab und gebe man ihm daher lieber
zu grosse als zu kleine Dimensionen. Dem Sandfange folgt der Knotenfang (knottes-retainer, épurateur à pate), welcher aus einem System von
dreikantigen Messingstäben besteht, die in einem Messingrahm, auf
zwei starke Kupferdrähte aufgeschoben, so befestigt sind, dass sie

---

[1]) J. d. F. 1867 No. 15. — C. Bl. 1867 No. 19. — J. d. F. 1868 No. 19.

sämmtlich mit einer Kante nach unten gerichtet sind und mithin an der oberen Seite eine Ebene bilden; durch zwischen die Stäbe eingeschobene Messingblättchen von verschiedener Stärke werden die einzelnen Stäbe für feinere oder gröbere Papiere einander mehr oder weniger genähert. Damit diese Spalten sich nicht durch die Knoten verstopfen, wird der Rahm durch ein eingezacktes Rad in rascher Aufeinanderfolge ein wenig gehoben und wieder fallen gelassen.

Das Auseinandernehmen und Wiederzusammensetzen eines solchen Knotenfängers bei einem Wechsel des Papiers ist sehr umständlich und zeitraubend, und verdient jedenfalls die neuerdings diesem Apparate von Bryan Donkin gegebene Construction den Vorzug. Nach dieser besteht der Knotenfänger aus vier in einen starken Messingrahm eingelegten kupfernen Platten, in denen je nach der Feinheit des zu fertigenden Papiers engere oder weitere Schlitze angebracht sind und die leicht herausgenommen und durch andere ersetzt werden können.

Thomas Donkin, mit obengenanntem Hause in Verbindung stehend, giebt den geschlitzten Platten eine wellenförmig gebogene Form, wie aus Fig. 6 Taf. VI ersichtlich, welche gestattet, sie schwächer im Metall zu fertigen und dabei die Leistungsfähigkeit erhöht. Die Unreinigkeiten und Knötchen, welche auf den Boden der Vertiefungen fallen, können zugleich von da leichter als bisher weggenommen werden.

Von F. E. Thode wird der von Easton Amos and Sons patentirte Knotenfänger sehr empfohlen, bei welchem das Durchpassiren des Stoffes durch die Schlitze nicht durch ein Rütteln und Schütteln, sondern durch Saugen erleichtert und bedingt wird, welches durch dehnbare Platten von Kautschuk oder Guttapercha ausgeführt wird. Bei breiten und schnell arbeitenden Maschinen sind zwei solcher Knotenfänger nöthig, welche zusammen 260 Pfund Sterling ab London kosten, während bei kleineren Maschinen einer für 163 Pfund Sterling genügt. Der hohe Preis so wie die Veränderlichkeit der Elasticität des Kautschuks sowohl als der Guttapercha dürften einer ausgedehnten Anwendung dieses Apparates sehr hinderlich sein und glauben wir wohl den Donkin'schen Knotenfänger am meisten empfehlen zu können, welcher sich allen übrigen gegenüber durch grosse Einfachheit auszeichnet.

An der Maschine Taf. VII sind zwei Donkin'sche, stufenweis postirte Knotenfänger mit Schlitzplatten angebracht und muss es als eine wesentliche Verbesserung in der Construction betrachtet werden, dass die Schlagräder nach unten verlegt sind, und die Stösse des Schlagrades dem Knotenfänger mittelst einer Zugstange übertragen werden. — Die Anzahl der Stösse, 500 bis 800 pr. Minute, ist vermittelst Stufenscheiben an der Schlagräderwelle verstellbar, ebenso die Hubhöhe der Stösse, welche durch Anwendung von Schnecken mit Schneckenrädern und Schrauben auf beiden Seiten gleichzeitig bewirkt wird.

Von Knotenfängern neuerer Construction verdienen noch besondere Erwähnung die Knotenfänger von Ibotson und von Rudel. Als Hauptfehler der bisher gebräuchlichen Knotenfänger wird allgemein der Umstand betrachtet, dass die Knoten und Verunreinigungen auf den Platten liegen bleiben, sich in den Schlitzen festsetzen und den Durchgang von Stoff erschweren. Es ist daher unvermeidlich, den Knotenfänger von Zeit zu Zeit von diesen Unreinigkeiten zu befreien, wobei wieder kleinere Theile durch die Schlitze gedrückt werden und Ausschuss im Papier entsteht. Ein weiterer Uebelstand ist die Bildung längerer oder kürzerer strickartiger Faserbündel, welche verschiedenartige Verunreinigungen einschliessend, Katzen genannt werden. Enthält nämlich der Ganzzeug einzelne längere Fasern, so können sich solche um das zwischen zwei Schlitzen befindliche Metallstäbchen legen und ihre Enden an beiden Seiten herabhängen lassen, oder es können Fasern mit Knoten in Schlitze gedrängt und gewissermaassen darin festgekeilt werden. Sobald sich auf diese oder auf andere Weise ein freihängender Faden gebildet hat, wird dieser durch die Stösse in eine peitschenartige wirbelnde Bewegung versetzt, wodurch er viele andere in seinen Bereich kommende Fasern umklammert und allmälig zu einem strickartigen Fetzen anwächst.

Dem Ibotson'schen Knotenfänger liegt nun der Gedanke zu Grunde, dass der Stoff langsam über die Platten der auf gewöhnliche Art gebauten und bewegten Knotenfänger hinfliessen solle, ohne irgendwo stille zu stehen, wobei die feineren Fasern durch die Ritze gehen, während die zu dicken Theile von der Flüssigkeit weiter fortgetragen werden und schliesslich in einen Hülfsknotenfänger gelangen, welcher sie vollends von dem feingemahlenen Zeuge trennt.

Taf. VI. Fig. 7 zeigt zwei Ibotson'sche Knotenfänger gewöhnlicher Construction und einen dritten etwas tiefer stehenden Hülfsknotenfänger, bestimmt für eine Papiermaschine von 1,83 m. Breite, die mit einer Geschwindigkeit von 30,5 m. pr. Minute arbeiten soll. Die Bodenplatten sind mit feinen Schlitzen versehen und bilden also eine Art von Sieb; sie sind von zähem hartgewalzten Rothguss, um der Abnutzung, der sie ausgesetzt sind, hinreichenden Widerstand zu leisten. Der Stoff tritt bei $A$ in die Knotenmaschinen und durchläuft die durch eingesetzte Zwischenwände gebildeten Kanäle in der Richtung der eingezeichneten Pfeile, wobei er zum allergrössten Theile durch die Schlitze in den Bodenplatten nach dem Siebe der Papiermaschine abfliesst, während ein verhältnissmässig sehr kleiner Theil des Stoffes, welcher Schmutz und Knoten mit sich führt, durch die Auslassöffnung $B$ nach dem Hülfsknotenfänger $C$ läuft. Die zu dieser Vermittelung dienende Rinne $D$ nimmt gleichzeitig einen Theil des unter dem Siebe ablaufenden Wassers in sich auf und verdünnt dadurch den unreinen Stoff, der nach dem Hülfsknotenfänger geht und von da, unter Zurücklassung sämmtlicher Knoten und Unreinigkeiten auf diesem, durch eine Stoffpumpe oder Schöpfrad wieder nach dem Sandfang zurückgebracht wird. — Die Verbindungen zwischen den in vibrirender Bewegung begriffenen Knotenfängern und den Auslassröhren sind durch passende Gummischläuche bewerkstelligt. Der Stoff ist so stark verdünnt, dass er nicht sobald den Hülfsknotenfänger verstopfen kann, tritt jedoch der Fall ein, so befindet sich in der Rinne $D$ ein Ventil, durch dessen Oeffnung der Stoff mittlerweile mit Umgehung des Hülfsknotenfängers nach dem Schöpfrade läuft. Dadurch ist der Hülfsknotenfänger trocken gelegt und kann bequem gereinigt und auch in die Höhe gehoben werden, ohne im Mindesten den Lauf des Stoffes nach der Maschine zu unterbrechen. Wenn es an Platz fehlt, kann der Hülfsknotenfänger direct unter die beiden andern placirt werden.

Rudel theilt nicht die Ansicht, dass die länger gebliebene Faser die Bildnerin der Katzen sei, sondern findet den Hauptfehler aller bisher gebräuchlichen Knotenfänger in deren rechteckiger Form, bei welcher die von der Bewegung des Stoffeinlaufs weniger heftig berührten, somit alle seitwärts gelegenen Stellen eine Anhäufung von Stoff erleiden, der sein Wasser lässt und dadurch eine allmälige Verschlingung der Fasern durch die Schlitze der Platten oder Stäbe unterhalb des Knotenfängers bewirkt. Indem diese Verschlingungen (Katzen) nachdem sie zu schwer geworden sind, sich allmälig losreissen und dann mit dem übrigen Stoff auf das Metalltuch gelangen, bilden sie im Papier die unangenehmen, Ausschuss verursachenden Wulger und Katzen. — Nach Rudel ist es also gerade der am feinsten gemahlene, leicht verfilzbare Stoff, welcher wegen seiner Feinheit im Stande ist, sich zu ellenlangen Fäden zu verspinnen und die Katzenbildung findet statt, wenn 1. der Stoff mit zu wenig Wasser gearbeitet wird und 2. die Ritzen des Knotenfängers zu eng gestellt sind. — Es giebt daher vier Wege, die Entstehung der Katzen zu vermeiden oder wenigstens wesentlich zu beschränken: 1. ohne Knotenfänger zu arbeiten (geringe oder sehr dünne Papiere); 2. den Stoff nicht zu dickflüssig zu machen, damit das Wasser nicht schneller durch die Ritze fliesst, als der Stoff nachkommen kann und dieser dann liegen bleibt; 3. den Knotenfänger nicht grösser zu halten, als das Quantum des für die zu arbeitende Papiersorte pro Sekunde erforderlichen Stoffes die Bodenfläche des Knotenfängers genau deckt; 4. daher die todten Stellen zu vermeiden, wo von Wasser zu sehr entleerter Stoff sich ablagern kann, der das Zusammenspinnen von Fäden zur Folge hat.

In letzter Beziehung erscheint die runde oder ovale Form die vollkommenste, weil sie allein die Rotation in allen Theilen der Fläche zu unterhalten geeignet ist und diese runde und ovale Form bildet das Charakteristische des Rudel'schen Knotenfängers, der in Fig. 8 Taf. VI. veranschaulicht ist.

$A$ ist der Quirl zur Vermischung des Ablaufwassers unter dem Metalltuch mit dem aus dem Stoffregulator nach der Papiermaschine fliessenden Stoffe. — $B, B', B''$ sind die Abtheilungen des Sandfanges mit den Querleisten und Vertiefungen zur Zurückhaltung und Ablagerung der im Stoff specifisch schwereren Unreinigkeiten. $C, C', C''$ sind die Knotenfänger mit Einsatzplatten. Die Grösse derselben richtet sich nach der Breite der Papiermaschine und somit nach der Quantität des fertig zu stellenden Stoffes. Auf der Zeichnung sind in der Mitte ein runder, an den beiden Seiten zwei ovale Knotenfänger angegeben, um an Raum zu sparen. Wo es der Raum zulässt, sind alle drei Knotenfänger gleich gross und rund anzubringen, was den Vortheil hat, dass für jede Nummer der Einsatzplatten nur 2 bis 4 Reserveplatten zum Wechseln nöthig sind, während im anderen Falle 2 Stück von der runden und 4 Stück von der ovalen Art zu diesem Zwecke vorhanden sein müssen. — $E E'$ ist die Welle, auf welcher die Daumenrädchen befestigt sind, welche die klopfende Bewegung der Knotenmaschinen bewirken. $D$ ist die Ablaufrinne aus Kupferblech, über welche der Stoff auf das Siebleder des Metallsiebes fliesst.

$a, a'$ sind hölzerne oder kupferne Leisten, welche den Sandfang nach den beiden äusseren Seiten hin abschliessen und den Stoff nicht durchpassiren lassen. $b, b', b''$ sind Zulaufrinnen, welche den Stoff nach den Knotenfängern führen.

Werden dünne Papiere gearbeitet, so schliesst man den Zulauf des Stoffs nach den beiden Seiten durch die Leisten auf dem Sandfang ab und lässt ihn nur auf den Knotenfänger in der Mitte laufen, wodurch derselbe immer gleichmässig mit Stoff bedeckt, mithin in voller Thätigkeit bleibt. In Folge der runden Form circulirt der Stoff über den mit Ritzen versehenen Platten und kann sich nirgends ablagern, während die Knoten und gröberen Unreinigkeiten sich schwimmend erhalten und darum durch die Schläge der Daumenrädchen nicht allmälig durch die Ritze hindurchgepresst werden können.

Die Lage aller drei Knotenfänger muss eine vollkommen horizontale sein. Durch den Einlauf über die Rinnen $b, b', b''$ wird der Stoff auf den Knotenfängern nach vorwärts gedrängt, kommt aber durch die auf- und niedergehende Bewegung und die runde Form derselben in Rotation. Durch die Hebung vermittelst der Daumenrädchen werden die Knotenfänger an dieser Stelle am meisten bewegt, die Circulation des Stoffes ist darum dort die lebhafteste, während an der entgegengesetzten Stelle, also hinter den Einlaufrinnen $b, b', b''$ die geringste Bewegung der Knotenfänger und somit die langsamere Circulation des Stoffes stattfindet. — An dieser Stelle können sich daher die specifisch schwereren Knoten und Unreinigkeiten ablagern, während die Fasern durch die Circulation demnach wieder nach vorn bewegt werden. — Die Entfernung der Unreinigkeiten erfolgt entweder in der Zeit, wenn die Papiermaschine wegen Wechseln der Nassfilze, Veränderung des Formates, der Papiersorte und andern Veranlassungen stillsteht, oder während des Ganges durch messingene Kricken, welche nach der Rundung der Knotenfänger gebogen sind.

Die Stempel und Daumenrädchen umgiebt ein kupfernes Kästchen, damit das zum Schmieren dienende Oel nicht umherspritzen kann.

Werden mittelstarke Papiere gearbeitet, so wird die nach der Führungsseite der Papiermaschine gelegene Leiste weggenommen und der Stoff fliesst in den in der Mitte und an der Führungsseite gelegenen Knotenfänger; werden dicke Papiere gearbeitet, so entfernt man die zweite Leiste und setzt den dritten Knotenfänger in Thätigkeit.

Die Grösse des Sandfanges und der Knotenmaschinen richtet sich natürlich nach der Breite der Papiermaschine. — Herr Rudel ist bereit, auf Verlangen diese Knotenfänger je nach Grösse für 1350 bis 1800 Mark zu liefern[1]).

Die Klage, dass die Knotenfänger zugleich Katzenbilder seien, ist schon sehr alt, und wiederholt versuchte man durch Herstellung rotirender Knotenfänger nicht nur es zu ermöglichen, die feinen Schlitze in den Platten stets von allen verstopfenden Ablagerungen frei zu halten, sondern auch den Anforderungen der neueren Massenproduction durch Herstellung eines Apparates zu genügen, der bei gleicher Raumbeanspruchung eine bedeutend grössere, wirksame Oberfläche dem zu reinigenden Stoffe darbietet. — Es konnten sich diese Versuche bisher keiner sonderlichen Erfolge rühmen und noch heut muss abgewartet werden, in wie weit die neuesten Leistungen nach dieser Richtung hin, die auf der Wiener Ausstellung 1873 das Interesse der Fachmänner lebhaft in Anspruch nahmen, sich dauernde Geltung und Anerkennung verschaffen werden.

Auf dieser Ausstellung waren vier verschiedene rotirende Zeugreinigungsapparate vorhanden, zwei von deutschen Firmen, zwei aus England eingesendet.

Die deutschen Knotenfänger sind cylindrisch und haben neben der langsamen drehenden noch eine rasche schüttelnde Bewegung. Diese und der hydrostatische Druck der Zeugflüssigkeit bewirken den Durchgang des Stoffes aber nur auf einem Theile des Umfanges, entweder aus dem Innern des Cylinders nach Aussen (Steinmayer in Reutlingen) oder umgekehrt von Aussen nach Innen (Wandel ebenfalls in Reutlingen) in den Cylinder, aus welchem dann der Zeug in geeigneter Weise nach der Papiermaschine weiter geleitet wird. Die Reinigung der Spalten erfolgt in beiden Fällen einfach durch ein auf den Cylinder von Aussen wirkendes Spritzrohr.

Der englische Apparat (wir sprechen hier nur von dem von James Bertram und Sohn in Edinburgh, da der von Watson nicht vollständig montirt und so wie er dastand, kaum verständlich war) ist im Querschnitt quadratisch, wohl mit Rücksicht auf die leichtere und genauere Herstellung ebener Spaltplatten. Das Eintreten des dünnflüssigen Papierbreies von Aussen aus der Stoffbütte in den langsam sich umdrehenden Knotenfänger auf dessen vollem Umfange erfolgt mit Hülfe einer Pumpe, in Folge dessen die Schlitze viel feiner gehalten werden können. Eine Verstopfung der feinen Spalten wird wirksam dadurch verhindert, dass

---

[1]) C. Bl. 1871 No. 7, 8, 10.

bei jedem Rückgang des Pumpenkolbens ein geringer Theil der eingesaugten Flüssigkeit wieder durch die Spalten zurückgedrängt wird.

Steinmayer's rotirender Knotenfänger ist in Taf. VIII. Fig. 1 u. 2
in Schnitten nach der Längen- und Querrichtung mit einfachen Strichen
veranschaulicht. Derselbe besteht aus einem Kasten $A$ von circa 700
bis 750 mm. Breite und je nach den Dimensionen der Papiermaschine
von 1,5 bis 3,0 m. Länge, in welchem ein cylindrischer Knotenfänger $B$
von etwa 600 mm. Durchmesser eine langsame Umdrehung und zugleich
eine schüttelnde Bewegung im verticalen Sinne empfängt. — In den
Cylinder hinein läuft der Zeug auf beiden Seiten durch Rinnen $C$, passirt
die Spalten und gelangt daraus in den Kasten $A$ zur Ableitung nach der
Papiermaschine. — Die durch die Knotenspalten zurückgehaltenen Unreinigkeiten gehen in die Höhe und werden durch das aus dem Rohr $J$
spritzende Wasser nach der im Innern des Cylinders angebrachten und
nach links abfallenden Rinne $D$ mitgerissen und aus dem Knotenfänger
weiter geschafft. Der Stoff findet daher stets frisch gereinigte Spalten,
welchem Vortheil hier allerdings der Nachtheil entgegengehalten werden
muss, dass mit den Knoten auch ein nicht unbedeutender Theil des
anhängenden guten Stoffes abgewaschen und abgeleitet wird.

Um den Papierstoff auf seinem Laufe von allen Eisentheilen des
Apparates fern zu halten, hat der Kasten durch zwei Scheidewände $E$
drei Abtheilungen bekommen, deren mittlere für den rotirenden Cylinder
dient, während die beiden äusseren die Triebräder enthalten. — Wie
aus den Abbildungen hervorgeht, erhält der Cylinder die Drehung von
der unterhalb des Kastens gelagerten Triebwelle $F$ durch Kettengetrieb $G$
und hierbei durch das Stufenrad und Gabel $H$ eine schüttelnde Bewegung, deren Stösse durch die Einschaltung eines Kautschukringes
bei $h$ gemildert werden.

In dem Knotenfänger von Ch. Wandel, in Taf. VIII. Fig. 3 und 4
im Querschnitt und Horizontalschnitt dargestellt, nimmt der Stoff den
umgekehrten Weg durch den Cylinder $B$, nämlich von Innen nach
Aussen. In Folge dessen konnte der Cylinder mit der Achsenwelle $C$
versehen werden, welche seitlich in Lagern ruht und dem Cylinder
mittelst eines einfachen Zahngetriebes $D$ von der Triebwelle $E$ aus die
drehende, mittelst des Stufenrades und Hebels $FF$ die schüttelnde Bewegung ertheilt. Die Einrichtungen im Innern des Knotenfängers fallen
gänzlich weg, ebenso die Drehung des letzteren in Halslagern.

Die Hälse der Messingscheiben zu beiden Seiten des Cylinders haben einen weit grösseren Durchmesser als früher und sind mittelst vulcanisirter Gummiringe $G$ wasserdicht an die mit Messing beschlagenen Ausschnitte der beiden Abtheilungswände im Kasten $A$ angepasst. Die untere Peripherie der beiden Ausflusshälse liegt tiefer als das Zeugniveau im Kasten an der Aussenseite des Cylinders. Es tritt somit die in der Pfeilrichtung $a$ in den Kasten kommende Papierflüssigkeit durch die Spalten des Cylinders ein und der durchgegangene, gereinigte Stoff fliesst durch die beiden Cylinderhälse in der Pfeilrichtung $b$ zu beiden Seiten in die äusseren Abtheilungen des Kastens und von da im Sinne der Pfeile $c$ von der Abflussrinne nach der Papiermaschine.

Die Unreinigkeiten sammeln sich nach und nach in einer Vertiefung im Kasten $A$, dessen Boden mit dem Cylindermantel gleichlaufend gewölbt ist, und werden gelegentlich ausgespült. Oberhalb des Cylinders ist ein Spritzrohr $H$ angebracht zur ununterbrochenen Reinigung der Spalten, in welchen die Knoten etc. bei dem geringen vorhandenen hydrostatischen Druck sich nicht fest einklemmen.

Dieser Zeugreinigungsapparat ist einfach, billig und wie der vorhergehende mit geringer Kraft zu betreiben.

Der rotirende Knotenfänger von James Bertram & Sohn in Edinburgh ist in den beiden Ansichten Taf. VIII. Fig. 5 und 6 verzeichnet. Wie erwähnt, ist der Knotenfänger $K$ nicht cylindrisch, sondern viereckig, was die genaue Herstellung der Platten wesentlich vereinfacht und sichert. Derselbe dreht sich in der Stoffbütte $B$, welche vom Schöpfrade gespeist wird, um hohle Zapfen, von welchen der linksseitige mit der Pumpe $P$, der rechts gelegene mit dem Abflusskasten $L$ für den gereinigten Stoff communicirt.

Die Pumpe $P$ hat den Zweck, den den Knotenfänger ringsum umgebenden flüssigen Zeug durch alle Spalten der Metallfläche einzusaugen und nach der Papiermaschine weiter zu schaffen, ausserdem durch einen kleinen zurückgehenden Theil des eingesaugten und gereinigten Stoffes die Spalten von Knoten etc. freizumachen.

Um die zur Erhaltung der constanten Wirkungsfähigkeit des Apparates bei jedem Kolbenhub erforderliche Menge des wieder zurücktretenden reinen Zeuges auf das nothwendige Maass zu beschränken und den Durchgang desselben auf die ganze Länge des Knotenfängers gleichförmig zu vertheilen, ist central im Innern von $K$ ein etwa fünf englische Zoll weites, gelochtes Rohr $R$ angebracht, dessen Löcher nach der Abflussseite in immer kleiner werdendem Abstande stehen. In Folge dessen geht der Haupttheil des jedesmal angesaugten Zeuges beim Rückgang des Pumpenkolbens nach dem Abflusskasten *L* und ein geringer Theil durch alle Spalten gleichförmig zurück. — Knoten und Unreinigkeiten sammeln sich am Boden der Stoffbütte und werden von Zeit zu Zeit weggespült. Die Drehung des Knotenfängers mit circa 6 Touren per Minute erfolgt von der Hauptwelle durch Zahnräder *a*, *b*, der Antrieb der Pumpe durch die Kurbelscheibe *k* am Ende der Hauptwelle mit 150 Hüben in der Minute.

Fasst man schliesslich die ungleich höhere Leistungsfähigkeit und Wirkungsweise des Bertram'schen Knotenfängers, den verhältnissmässig geringen Raumbedarf in's Auge, so können die allerdings höheren Anschaffungs- und Betriebskosten kaum in Betracht kommen. — Die Maschine reinigt in 6 Tagen à 24 Stunden 20,000 Ko. Stoff für Zeitungspapier und kostet loco Edinburgh 370 Pfd. Sterling[1]).

Der von den Knoten befreite Zeug fliesst zwischen den Stäben hindurch in die darunter befindliche Bütte und gelangt aus dieser durch eine Schützvorrichtung über einen Lederstreifen, oder, wie man es in England häufig findet, über einen Streifen von mit Gummi elasticum überzogenen leinenen Stoff (apron) auf das Metalltuch. Die Anwendung von Schützvorrichtungen zum Auflassen des Zeuges auf die Maschine wird seltener angetroffen, als sie es verdient, denn es gewährt dieselbe den Vortheil, dass der Zeug mit mehr Kraft auf das Metalltuch fliesst und das Wasser weiter mit fortgeht, wodurch eine vollständigere Verfilzung der Papierfasern möglich wird. Indess ist es nothwendig, drei Schützöffnungen anzubringen, denn je nachdem der Zeug sehr weich oder rasch gemahlen ist, findet bei einer Schützöffnung leicht eine ungleiche Vertheilung auf dem Metalltuch statt. Weicher Zeug hält das Wasser lange zurück, derselbe vertheilt sich daher auch sehr gleichförmig, wohingegen kurz gemahlener Zeug das Wasser schnell fahren lässt und bei einer Schützöffnung das Papier am Rande schon merklich schwächer wird, als in der Mitte, welchem Uebelstande durch drei Oeffnungen leicht abgeholfen wird.

---

[1]) P. J. CCIX. p. 81. C. Bl. 1874 No. 5 u. 12. — Im Centralblatt für 1875 No. 23 und 24 wird noch eines Knotenfängers von Julius Post Erwähnung gethan, welcher alle guten Seiten des Bertram'schen ohne dessen Fehler besitzen, nicht mehr als ein gewöhnlicher kosten und Ausgezeichnetes leisten soll. Näheres über denselben wurde uns, auf unsere Anfrage von der Maschinenbau-Anstalt Golzern bei Grimma, nicht mitgetheilt.

Das Metalltuch oder die Form *c d* (Taf. VII) bildet mit seinem oberen Theile eine vollkommen horizontale Fläche, welche zunächst der Brustwalze *e* durch 48 und mehr kleinere hohle Kupferwalzen unterstützt wird, die in der Nähe des Leders fast ohne Zwischenraum neben einander liegen, weiterhin aber mehr von einander entfernt stehen, weil der Papierbogen, wenn er dorthin gelangt, nach dem Verluste einer grossen, durch das Sieb abgelaufenen Wassermenge schon einige Consitzenz hat und eine zu nahe Lage der Walzen den Wasserabfluss selbst erschweren würde. Die Zapfen dieser Walzen liegen in eisernen Schienen, die mit dem Rahmen der Maschine verbunden sind, daher dessen Seitenbewegung mit erhalten. — Diesen kleinen Walzen folgen in weiterer Entfernung noch einige grössere, bis von der Leitwalze *f* die Form schräg abwärts steigt, durch die beiden kupfernen, mit Schläuchen aus Filztuch überzogenen Kupferwalzen *g g'* hindurchgeht und unterhalb über verschiedene Spann- und Leitwalzen wiederum zurückkehrt. Die Bewegung der Form geht von der unteren Walze *g'* aus, welche mittelst einer Einrückung jeden Augenblick leicht mit dem Getriebe in Verbindung gesetzt, aber eben so auch getrennt werden kann. Während die Form sich vorwärts bewegt, erhält sie zugleich eine rüttelnde Seitenbewegung durch ein stellbares Excentricum, welches mittelst eines Hebelarmes mit dem Maschinenrahmen in Verbindung steht. Diese rüttelnde Bewegung verursacht die Filzung des Papierstoffes und ersetzt die Bewegung der Form durch den Arbeiter bei der Anfertigung von Büttenpapier. Die Form (wire) ist ein Metalltuch aus Messingdraht, auf einem eigens hierzu construirten eisernen Webstuhl gewebt. Beim Einlegen eines solchen neuen Metalltuches ist die grösste Achtsamkeit darauf zu verwenden, dass sämmtliche Leit- und Spannwalzen genau parallel stehen und das Tuch auf beiden Seiten der Maschine vollkommen gleich gespannt werde, widrigenfalls sich dasselbe sehr bald verzieht und schadhaft wird. — Es versteht sich indess von selbst, dass auch die Güte des Drahtes und sorgfältige Anfertigung einen sehr wesentlichen Einfluss auf die Haltbarkeit des Tuches ausüben. Beim Durchgang durch die Gautschwalzen *g g'* drückt sich natürlich das Gewebe des Metalltuches in der weichen Papiermasse ab, und besteht dasselbe aus etwas starken Drähten, so leidet dadurch nicht nur die Durchsicht des Papieres, sondern auch die Glätte, und die Fabrikanten feinerer Papiere, welche den gegenwärtigen, übertriebenen Anforderungen an die Appretur der Papiere gerecht werden müssen, sind genöthigt,

nur sehr feine Siebe anzuwenden, die allerdings einen kaum merklichen
Eindruck auf das Papier machen, aber selbstverständlich von geringerer
Dauer sind und nach vier bis sechs Wochen ersetzt werden müssen.
Bei Anfertigung von Mittel- und Zeitungsdruck-Papieren kann man sich
aber sehr wohl der sogenannten umsponnenen Metalltücher bedienen,
die namentlich von Wangner in Reutlingen und Frank in Schlett-
stadt sehr gut geliefert werden. Der Kettenfaden dieser Tücher besteht
aus einem von 6 Messingdrähten umsponnenen Messingdraht und ist ein
solches Tuch im Stande, 2200 Centner mittelfeines Papier zu liefern.

Um die Breite des Papiers bei seiner Erzeugung willkürlich verändern zu können, dienen die Deckelriemen $h$, welche, auf zwei eisernen
Schienen verschiebbar, einander nach Belieben genähert oder von einander entfernt werden können, nach welcher Entfernung sich auch die
Verlängerung oder Verkürzung zweier kupfernen (auf der Zeichnung
nicht angegebenen) Lineale richtet, welche theils eine gleich starke Vertheilung des Stoffes auf der Form, theils ein Zurückhalten von Schaum-
blasen bezwecken. Um auch während des Ganges der Maschine die
gegenseitige Entfernung der Formdeckel verändern zu können, was
theils bei Formatwechsel, theils besonders deshalb wünschenswerth ist,
weil das Papier auf dem Trockenapparat oft nicht ganz in demselben
Maasse schwindet und daher der Schneidemaschine bald ein zu breiter,
bald ein zu schmaler Rand gelassen wird, haben Braun und Donkin
die Deckelriemenleiter so mit einander verbunden, dass man mittelst
einer einfachen Schraube ihre gegenseitige Entfernung auf das Genaueste
reguliren kann (adjustable deckles, charriot). Die Deckelriemen, aus
mit Gummiauflösung getränkten baumwollenen Bändern oder, wie in
neuester Zeit, aus Gutta-Percha[1]) gefertigt, laufen endlos über die Lei-

---

[1]) Die Gutta-Percha wird von dem Gutta-Percha- oder Gutta-Tuban-Baume
gewonnen, welcher, in die Familie der Sapotaceen gehörend, vorzugsweise auf
der Insel Singapore, dann aber auch auf der ganzen malayischen Halbinsel bis
Pinang, ferner auf Borneo und den meisten umliegenden Inseln einheimisch ist.
Um die Gutta zu gewinnen, haut man die ausgewachsenen Bäume, die bei einem
Durchmesser von 2 bis 3 Fuss eine Höhe von 60 bis 70 Fuss besitzen, nieder,
macht in die Rinde in Abständen von 12 bis 18 Zoll ringsum Einschnitte und
stellt eine Cocosnussschale, Palmenscheibe u. s. w. unter den gefällten Stamm, um
den aus jedem frischen Einschnitte ausschwitzenden Milchsaft aufzufangen; dieser
wird alsdann bis zum Kochen erhitzt, um die wässrigen Theile zu entfernen,
worauf er nach dem Erkalten zu einer festen Masse erstarrt. In reinem Zustande ist die Gutta-Percha von gräulichweisser Farbe, wie sie aber in den

tungsrollen *i i*, und haben dieselbe Geschwindigkeit wie die Form, auf welcher sie genau aufliegen. Sie erhalten wie diese die Bewegung von der untern Gautschwalze *g'*, auf deren Welle an der Betriebsseite zu dem Ende eine kleine Riemscheibe befestigt ist, von welcher mittelst eines Riemens die Bewegung einer auf der Welle *k* aufsitzenden zweiten Scheibe *l*, also zugleich den Scheiben mitgetheilt wird, über welche die Deckelriemen gespannt sind. Dadurch, dass diese, bald nachdem sie die Form verlassen haben, durch einen Wassertrog geleitet oder mit Wasser bespritzt werden, werden sie von allem anhängenden Papierstoffe gereinigt. Das Wasser dieses Troges wird wie das durch die Form abfliessende auf dem hölzernen Tische *m* gesammelt und von da dem Schöpfrade zugeführt, so dass der darin suspendirte Farb- und Papierstoff nicht verloren geht. Die Papiermaschine soll in möglichst kurzer Zeit ein vollkommen fertiges, trocknes und gut satinirtes Papier herstellen, und ist es nicht nur zur Entlastung des Trockenapparates und einer schnelleren Arbeit, sondern auch, durch Vermeidung eines starken Zusammenschrumpfens des Papierbogens, zur Erzeugung einer guten Satinirung von Wichtigkeit, dem Papier, noch ehe es zu dem Trockenapparat gelangt, so viel als möglich sein Wasser zu entziehen. Es geschah dies früher durch besondere, zwischen Deckelriemen und Gautschwalzen angebrachte Pumpwerke, während gegenwärtig, namentlich in Deutschland, die keiner besonderen Triebkraft bedürfenden Kauffmann'schen Saugwannen allgemein hierzu verwendet werden.

Die Construction des pneumatischen Saugapparates von C. L. Kauffmann, ist aus **Taf. VIII Fig. 7 und 8** leicht ersichtlich: *A B C D* ist ein luftdicht gearbeiteter, durch die Schraubenbolzen *L* zusammengehaltener Kasten, dessen obere Kanten mit Leder belegt sind, damit das Drahttuch sich luftdicht auflegen kann. Der Doppelboden *O* theilt den Kasten in zwei Abtheilungen, die durch die Oeffnung *H* in der Mitte in Verbindung stehen. Aus dem unteren Raume kommt seitwärts das kupferne Rohr *S*, das in senkrechter Richtung 4 bis $4\frac{1}{2}$ Fuss nach

---

Handel kommt, hat sie einen mehr röthlichen Ton, welcher von Rindenstückchen herrührt; sie ist fettig anzufühlen und riecht lederartig. Einige Minuten lang in Wasser von 52° R. getaucht, wird sie weich und bildsam, so dass ihr jede beliebige Gestalt gegeben werden kann, die sie beim Erkalten beibehält. Man fertigt aus Gutta-Percha auch Treibrieme, die sich da, wo sie feucht gehen und eine Erwärmung durch Reibung nicht zu befürchten ist, recht gut bewährt haben; im Allgemeinen giebt aber Verfasser dieses den Lederriemen den Vorzug.

unten. geht und etwa in der Mitte der Länge einen Hahn besitzt; das Rohr ist unten offen, und man thut gut, es 1 bis 2 Zoll tief in ein Gefäss mit Wasser eintauchen zu lassen.

Die Arbeit mit dem Apparat ist nun folgende: Ehe die Papiermaschine selbst in Gang gesetzt wird, muss der Kasten wenigstens bis über den Doppelboden direct mit Wasser gefüllt werden, wobei natürlich der Hahn des Rohres $S$ zunächst geschlossen bleibt oder man lässt eine kurze Zeit lang das Drahtsieb mit dem nassen Papierstoff darüber gehen, wodurch das Rohr und der untere Raum sich von selbst durch das abtropfende Wasser füllen. Alsdann öffnet man den Hahn, und das Wasser hat vermöge seine Schwere das Bestreben auszufliessen, kann aber, da oben der Kasten durch das Drahtsieb, dessen Poren durch die Papiermasse zugedeckt sind, luftdicht verschlossen ist, nur so lange fliessen, bis die darin befindliche Luft eine solche Verdünnung erfahren hat, dass sie mit der daran hängenden Wassersäule von 4 Fuss (wenn wir eine solche Länge des Rohres $S$ annehmen) dem äusseren Atmosphärendrucke, der doch am unteren offenen Ende des Rohres wirkt, das Gleichgewicht hält. Da nun die atmosphärische Luft einer Wassersäule von circa 32 Fuss das Gleichgewicht hält, so wird die im Kasten sich befindende Luft eine Verminderung von $^4/_{32}$ oder $^1/_8$ ihres früheren Druckes erfahren, d. h. die äussere Luft drückt jetzt mit circa $^{15}/_8 = 1^7/_8$ Pfd. Ueberdruck pro Quadratzoll auf das Drahtsieb. Das durch diesen ganz constant wirkenden Druck aus dem Papierstoff ausgepresste Wasser tropft zu dem im Kasten schon befindlichen fortwährend dazu, ohne dessen Stand zu verändern, indem nämlich unten durch das Rohr $S$ die dem Zufluss entsprechende Menge unaufhörlich abfliesst. Damit aber nicht, wie es sonst allerdings vorkommen kann, durch das Rohr $S$ Luftblasen nach oben in den Kasten aufsteigen, ist es gut, wie schon oben bemerkt, das Rohr in ein Gefäss mit Wasser $W$ eintauchen zu lassen.

Eine kleine Schwierigkeit bietet nur noch der luftdichte Abschluss von oben durch das darüber weglaufende Drahttuch. Da dasselbe in seiner Längenrichtung eine gewisse Spannung hat, so ist ein Eindringen der Luft an den Kanten $AD$ und $BC$ nicht zu befürchten, wohl aber an den beiden schmalen Seiten $AB$ und $DC$, da das Drahtsieb in seiner Querrichtung nicht gut gespannt werden kann, daher hier, besonders wenn es längere Zeit in Gebrauch gewesen ist, leicht kleine Bauschungen macht und so der Luft darunter den Eintritt gestattet. Diesem Uebelstande ist auf sehr einfache Weise abgeholfen: Das Drahttuch liegt an den Seiten nicht auf den Kanten $AB$ und $DC$, sondern auf den beiden ebenfalls und in gleicher Höhe mit Leder überzogenen Kanten $E$ auf, so dass an beiden Seiten des Kastens besondere Abtheilungen $G$ gebildet werden, die mit dem Innern des Kastens in gar keiner Communication stehen. In diese Abtheilungen fliesst nun fortwährend aus den Röhren $R$ und dem Trichter $T$ Wasser, so dass sie davon überlaufen. Dadurch sind dann die etwa durch Bauschungen im Drahtsieb entstehenden Undichtheiten, an den Seiten beständig durch Wasser abgeschlossen, und es kann nur eine verhältnissmässig sehr geringe Menge Wasser, aber keine Luft unter das Sieb in den Kasten gelangen, welches dann unten durch $S$ wieder abfliesst.

Die beiden Zwischenwände $E$ lassen sich einander nähern und von einander entfernen, um kleineren und grösseren Papierformaten angepasst werden zu können. Hierzu sind in den Zwischenwänden $E$ starke messingene Schraubenmuttern $M$ eingesetzt, so dass man durch Umdrehen der ebenfalls messingenen Schraubenspindeln $F$ von aussen mittelst eines Schraubenschlüssels diese Zwischenwände, die sonst möglichst dicht an den Hauptkasten schliessen müssen, vor- und rückwärts bewegen kann. Hierbei vorkommende Undichtheiten werden ebenfalls durch das in den Abtheilungen $G$ sich befindende Wasser fortwährend ohne erheblichen Einfluss auf die Luftverdünnung ausgeglichen.

Die Vortheile, welche dieser auf den Druck der Luft beruhende Saugapparat allen übrigen Saugpumpen gegenüber darbietet, sind in die Augen fallend: er wirkt mit einer Stetigkeit, wie sie kein künstlicher Mechanismus besitzt, und greift daher auch die Metalltücher wenig oder gar nicht an; er nimmt keinen besonderen Raum ein und erfordert keine besondere bewegende Kraft.

Zur grösseren Schonung des Metalltuches hat Clark die Saugwanne noch mit Leitwalzen versehen, welche jedoch dem Apparat nur seine Einfachheit rauben und nach unserer Erfahrung durchaus kein Bedürfniss sind.

Bei grossen schnell laufenden Maschinen müssen zwei wie in der Figur auf Taf. VII ja oft selbst drei solcher Saugwannen vorhanden sein. Die Beaufsichtigung dieser Saugwannen ist, wie schon bemerkt, äusserst leicht, denn man hat nur den Hahn des Abflussrohrs so zu stellen, dass nicht mehr Wasser aus ihm abfliesst als von oben zukommt, da, wenn die Wanne nur Luft enthält, der Apparat selbstverständlich aufhört zu wirken. Selbst dieser kleinen Aufmerksamkeit bedarf es nicht bei Anwendung des Legat'schen Saugrohres (aspirateur) Fig. 16 Taf. IV. Das Rohr $a$ steht mit dem Haupt-Wasserreservoir der Fabrik in Verbindung, während das Rohr $b$ mit dem Luftkasten unter dem Metalltuch communicirt. Während durch $a$ ein ununterbrochener Wasserstrom in das Rohr ein- und unten austritt, zieht derselbe fortwährend Luft und Wasser aus dem mit $b$ verbundenen Kasten. — Die Stärke des durch $a$ eintretenden Waserstromes und des durch denselben bedingten Zuges ist leicht durch Ventil und Schrauben $h$ und $m$ regulirt[1]).

Wo man nicht nöthig hat, mit Fabrikwasser zu sparen, erscheint dieser Apparat aller Beachtung werth.

Denselben Zweck, Erzeugung grösserer Festigkeit des nassen Papieres durch möglichste Entfernung des Wassers erreicht man durch eine kleine Walze, welche zwischen der Luftpumpe und der ersten Presse auf dem Metalltuche liegt und deren Oberfläche aus zwei über einander liegenden Metalltüchern von verschiedener Maschengrösse besteht, von denen das feinere die äussere Peripherie bildet. Eine mit einem Tuchstreifen besetzte Leiste streicht von dieser Trockenwalze die anhaftenden Papiertheilchen ab. — Einen so entschiedenen Vortheil übrigens die Anwendung der Luftpumpe gewährt, indem sie einen bedeutend schnelleren Gang der Maschine gestattet, so gering ist die Wirksamkeit dieses kleinen Trockencylinders, den man in den meisten Fällen entbehren kann; namentlich bei Anfertigung von starken Papieren ist es nicht rathsam, sich seiner zu bedienen, da durch die Knoten desselben seine Oberfläche sehr leidet und wegen der feinen Arbeit der Preis eines solchen Cylinders verhältnissmässig hoch ist.

In neuester Zeit dienen diese Siebwalzen (Dandy-rollers, Egoutteurs) weniger zum Entwässern des Papiers, als um demselben das Ansehen des mit der Hand gefertigten (gerippten Papiers, laid paper) zu geben und Wasserzeichen darin anzubringen. Es bekundet zwar im Allgemeinen keinen sehr guten Geschmack, mittelst neuerer und vollkommenerer Methoden die Erzeugnisse der älteren, unvollkommeneren nachzuahmen, die Anwendung des gerippten Papiers hat jedoch insofern wenigstens eine praktische Seite, als es einer unsicheren Hand das Schreiben in gerader Linie erleichtert. Dagegen ist es geradezu als eine Verirrung des Geschmacks zu bezeichnen, wenn in neuerer Zeit das sogenannte

---

[1]) J. d. F. 1867 No. 11.

Damastpapier (Damast laid paper) in Mode gekommen ist, wobei die Rippen, d. h. die Schussdrähte der Siebwalze, nicht gerade laufen, sondern zwischen den einzelnen etwa 1 Zoll von einander entfernten Nähdrähten in schiefer Richtung abwechselnd auf- und absteigen. Nicht bloss die Durchsicht, sondern auch das ganze äussere Ansehen des Papiers wird hierdurch verdorben.

Um das Papier mit Wasserzeichen zu versehen, kann man dieselben, statt wie bei Anfertigung von Büttenpapier auf die Form, auf die Dandyrollers aufnähen. Es ist aber diese Methode nur da gut anwendbar, wo hinter der Papiermaschine eine Querschneidemaschine thätig ist, denn dann kann man, wenn für jedes Format ein besonderer Dandyroller vorhanden ist, es wohl leicht so einrichten, dass das Wasserzeichen stets an eine bestimmte Stelle des Bogens trifft; jedoch wo das Papier auf einen Haspel aufgewickelt wird, würde bei Anwendung dieser Methode das Wasserzeichen bei jeder Haspelumdrehung um eine Papierstärke aus seiner Stelle verrückt werden.

Ausser dieser vorzugsweise in England üblichen Methode, Wasserzeichen im Papier hervorzubringen, müssen noch die französische und deutsche erwähnt werden, erstere von Montgolfier, letztere von Schäuffelen zuerst ausgeführt. Montgolfier presst die Wasserzeichen auf der ersten Trockenwalze mittelst gravirte Rollen in das Papier; sie haben daher einen sehr scharfen Rand und sind auf der einen Seite als Vertiefung sichtbar. Indem die Bewegung der Rollen mit der des Haspels verbunden ist, wird es möglich gemacht, dass auch ohne Querschneidemaschine die Zeichen doch stets an derselben Stelle des Bogens eingedrückt werden. Dass aber für jedes Format besondere Rollen nothwendig sind, versteht sich von selbst. Schäuffelen endlich presst die Wasserzeichen erst beim Satiniren in den trocknen Boden, indem er die Zeichen auf die Glanzpappen auflegt. Die Zeichen drücken sich nach dieser Methode allerdings am schönsten ab, allein die Glanzpappen leiden sehr, und die Methode wird hierdurch sehr kostspielig.

Die erste Presse, die sogenannte Nasspresse, besteht aus zwei kupfernen Walzen (Gautschwalzen), welche beide mit wollenen Schläuchen (manchon en feutre) überzogen sind. Die untere, 8 bis 12 Zoll im Durchmeser gross[1]), wird, wie schon erwähnt, von dem Metalltuche

---

[1]) Mit Recht giebt man in neuerer Zeit den die Bewegung der Maschine bestimmenden Walzen einen möglichst grossen Durchmesser, um bei ruhiger Achsenumdrehung eine grosse Peripheriegeschwindigkeit zu erhalten.

umschlungen, welches darüber nach unten seinen Weg nimmt. Diese untere Gautschwalze, so wie die Brust- oder Stirnwalze, die auch meistens gleichen Durchmesser haben, haben die ganze Last und Spannung des Metalltuches auszuhalten und müssen daher ganz besonders dauerhaft construirt werden. Das Metalltuch hat eine mittlere Länge von 9—9,5 m., über die man jedoch in neuerer Zeit möglichst hinauszu gehen sucht. Bei einem langen Metalltuche nämlich hat auch bei einem schnellen Gang der Maschine das Wasser vollständig Zeit, sich von der Masse zu trennen, was einen sehr vortheilhaften Einfluss auf das Papier ausübt. Bei den grossen Maschinen sind daher Metalltücher von 12 m. und darüber nicht selten. Es sind jedoch diese allzu langen Metalltücher auch mit manchen Uebelständen verbunden, indem auf ihnen sich sehr leicht Schattenstreifen im Papier erzeugen. Es sind dies Querstreifen, die man sehr häufig bei dicken und insbesondere bei dicken farbigen (blauen und grünen) Papieren beobachtet und die man am besten bemerkt, wenn das Licht von der Seite auf den Bogen fällt oder wenn man schief darüber hinwegsieht. Die Ursache dieser Schattenstreifen liegt, wie O e c h e l h ä u s e r sehr richtig bemerkt, in der Elasticität, d. h. in dem durch sie verursachten stossweisen Vorrücken des Metalltuches. Dasselbe erhält von der Gautschwalze aus seine Bewegung und muss alle anderen unter dem Siebe befindlichen Walzen mit herumnehmen; zudem wird seine Oberfläche mit dem Gewichte des nassen Papierstoffes beschwert, welches insbesondere bei dickem Papier gar nicht unbeträchtlich ist. Alle diese Reibungen zu überwinden, erfordert eine gewisse Anstrengung vom Metalltuch, die sich auch durch die verschiedenen Spannungen des oberen vorrückenden und des unteren zurückkehrenden Theiles bekundet. Hierdurch kommt es, dass das Vorrücken des Metalltuches an dem Punkte, wo der Stoff auffliesst, nicht gleichmässig sondern in Folge der Elasticität gleichsam stossweise oder vibrirend vor sich geht, was sich durch das Gefühl, häufig sogar mit dem Auge wahrnehmen lässt. Die Vertheilung des Papierstoffes in der Richtung der Länge des Siebes geschieht also nicht gleichmässig, sondern er lagert sich in abwechselnd dickeren und dünneren Schichten. Indem diese nun unter der Presswalze eine verhältnissmässig stärkere und schwächere Pressung erleiden und auch auf dem Trockenapparat verschieden schnell trocknen, werden sie als Streifen in der Ansicht des Papieres bemerkbar. Bei farbigen Papieren wird jeder stärker gepresste und schneller getrocknete Punkt heller, daher auch bei diesen solche Streifen mehr in die Augen fallen. Dieser Fehler zeigt sich überdies im verstärkten Maasse, wenn die Gautschwalze eine im Verhältniss zum Durchmesser sehr dünne Welle hat, oder wenn die Triebscheibe weit von der Walze entfernt ist, so dass schon in der Uebertragung der Bewegung von der Triebscheibe auf die Peripherie der Gautschwalze ein gewisses Vibriren stattfindet. Maschinen mit Gautschwalzen von geringem Durchmesser und kurzen Metalltüchern leiden daher auch viel weniger an diesem Fehler. Ausserordeutlich solide Construction der die Bewegung übertragenden Wellen und Achsen, so wie starke und gehörig gespannte Riemen tragen viel zur Verminderung der Schattenstreifen bei. Vielleicht liessen sie sich ganz entfernen, wenn man die Brustwalze durch einen Riemen von dem Vorgelege der Gautschwalze aus in Bewegung setzte, anstatt sie von dem Metalltuch schleppen zu lassen.

In Bezug auf Breite und Länge der Form unterscheidet man kleine, mittlere und grosse Maschinen. Die ersteren haben eine Breite von 1—1,5 m. und sind oft nur mit einer Nasspresse und einem Trockencylinder versehen. Die mittleren haben eine Breite bis 1,6 m., zwei Nasspressen und gewöhnlich 3 Trockencylinder, während bei den grossen Maschinen Breiten bis 2,0 m. und darüber, 3 Nasspressen und 6—8 Trockencylinder angetroffen werden. Man rechnet die Productionskraft der ersten auf 10—12 Centner, die der zweiten auf 18—24 und die der dritten bis auf 60—80 Centner Papier. Die Wahl der Maschine wird daher vorzugsweise von der Kraft abhängen, über welche man verfügt; jedoch verdient erwähnt zu werden, dass, wo es sich um die Herstellung einer grossen Fabrik handelt, auch eine grosse Maschine den Vorzug vor den kleineren verdient, denn welches auch die Dimensionen der Maschine sind, so braucht sie doch stets dasselbe Aufsichtspersonal. Es werden ferner die Zeitverluste für Auswechselung des Metalltuches und der Filze bei einer Maschine geringer sein, als bei mehreren, und endlich liefern die grossen Maschinen durch eine mehr gradatim fortschreitende Pressung und Trocknung des nassen Papierbogens auch ein besseres Fabrikat, als die mittleren und kleinen.

Die grösseren Zeitungen, wie die Times in London, die Vossische in Berlin u. a., werden in neuerer Zeit durch sogenannte Rollendruckmaschinen hergestellt, welche von einer Papierrolle ohne Ende den zu bedruckenden Bogen selbst abwickeln, feuchten, drucken, zerschneiden und sogar zusammenfalzen. Die Rollen werden mittelst besonderer, hinter dem Haspel aufgestellter Wickelmaschinen dargestellt und müssen selbstverständlich genau die Breite der Zeitung haben, für welche sie bestimmt sind, in den angeführten Fällen 1,255 m. Es ist dies für grosse Maschinen eine sehr unbequeme Breite, da sie einen grossen Verlust an Arbeitsfläche bedingt, und dürfte sich hier ein neues Gebiet für die Anwendung schmaler Maschinen eröffnen, nur müssen dieselben durch ihre solide Bauart einen sehr schnellen Gang gestatten, damit die Länge des täglich dargestellten Papierblattes ersetzt, was ihm an Breite abgeht.

Die obere Gautschwalze lastet auf der unteren nicht allein vermöge ihrer eigenen Schwere, sondern überdies mit dem Drucke, welchen zwei mit Gewichten versehene Hebel hervorbringen. Die Zapfen dieser Walze werden nicht von Lagern, sondern von schrägen Flächen getragen, auf welchen sie frei aufliegen. Statt dieser Hebel und Gewichte findet man in neuerer Zeit mittelst einer Schraube verschiebbare Lager, durch welche man die obere Walze nach Bedürfniss mehr oder weniger gegen die untere anpressen kann. Der anzuwendende Druck richtet sich nach der Beschaffenheit des Zeuges, indem man denselben nur dann erhöhen wird, wenn ein schwierig gemahlener Zeug das Wasser schwer von sich giebt. Man wird im Allgemeinen zu berücksichtigen haben, dass ein starker Druck auch das Metalltuch stark angreift und derselbe daher, wo es der Zeug erlaubt, zu vermeiden ist. Ein mit Filztuch bekleideter Schaber und ein ununterbrochen darauf geleiteter Wasserstrahl reinigen die obere Walze von anhängenden Papiertheilchen. Der Durchmesser der oberen Gautschwalze ist stets grösser als der der unteren und beträgt mindestens 0,3 m.

Die Verschiedenheit der Durchmesser der beiden Gautschwalzen findet darin ihre Berichtigung, dass das Metalltuch, bei gleichen Durchmessern, stets denselben Eindrücken ausgesetzt, unbedingt viel mehr leidet, als wenn durch jeden nachfolgenden Eindruck die Wirkungen des vorhergehenden wieder ausgeglichen und compensirt werden. Dass man aber der oberen Walze lieber einen grösseren, als einen kleineren Durchmesser giebt, hat einfach darin seinen Grund, dass das Metalltuch weniger leidet, wenn es sich um eine Walze von grösserem, als um eine solche von kleinerem Umfange legt.

Es ist, damit über die ganze Breite des Metalltuches ein gleichmässiger Druck stattfinde, wesentlich nothwendig, dass die Schläuche auf beiden Presswalzen so fest aufliegen, dass auch bei stärkerem Anpressen der oberen gegen die untere keine Falten sich bilden. Es müssen daher die Schläuche ursprünglich etwas enger sein, als die Peripherie der Walzen es fordert; sie werden alsdann auf Leistenhölzer mittelst Keile so weit aufgetrieben, dass sie mit Mühe sich aufziehen lassen, welche Operation man durch ein Bestreichen der Kupferwalzen mit Graphit oder Seife erleichtert. Der aufgezogene Schlauch wird alsdann mittelst eines Holzes möglichst in die Länge gedehnt, um dadurch den Durchmesser zu verkürzen, und die beiden Enden des gedehnten Schlauches um die Walzenachse festgenäht; endlich, wenn noch eine Falte sich herausdrücken lässt, bringt man ihn durch Behandeln mit warmem Wasser zum Einlaufen.

Vor der Gautschwalze befindet sich die kleine Leitwalze $f$, welche in verschiebbaren Lagern ruht und dazu dient, bei einer Abweichung des Metalltuches nach rechts oder links dasselbe wieder in die ursprüngliche Lage zurückzuführen. Auf diese Walze muss die Aufmerksamkeit des Maschinenführes ganz besonders gerichtet sein, denn auch bei dem bestgearbeiteten Metalltuche werden durch kleine Spannungsdifferenzen mit der Länge der Zeit Ablenkungen von der geraden Richtung veranlasst werden. — Um nun auch hier nicht ausschliesslich auf die Achtsamkeit des Aufsichtspersonals angewiesen zu sein, haben einerseits Planche und Girard, andererseits Thiery Vorrichtungen ersonnen, welche eine Selbstregelung des Ganges des Metalltuches bezwecken. Die Construction des Metalltuch-Regulators von Planche und Girard ist aus Fig. 9 Taf. VIII ersichtlich. Auf einer Leitstange $b$, welche auf zwei Trägern $dd$ ruht, sind zwei Flügel oder Scheiben $aa$ so befestigt, dass sie das Metalltuch $kk$ einfassen und dasselbe leicht berühren. $c$ ist eine Ausrückrolle, welche an der Leitstange $b$ befestigt, an allen Bewegungen derselben Theil nimmt; $ff'f''$ sind drei Riemscheiben, von denen nur $f$ auf der Welle $e$ festsitzt, während $f'$ und $f''$ sich lose darauf bewegen und $f''$ überdies mit dem konischen Rädchen $h$ verbunden ist, welches in das konische Rad $g$ eingreift. Auf der Welle $e$ ist ferner noch das konische Rädchen $h'$ befestigt, welches auf der entgegengesetzten Seite in $g$ eingreift. Das konische Rad $g$ wird daher umgedreht, erstens durch $h$, wenn der Riemen über $f''$ läuft, und zweitens in der entgegengesetzten Richtung durch $h'$, wenn der Riemen über $f$ läuft, es bleibt dagegen stehen, wenn der Riemen auf $f'$ aufliegt. — Die Welle des Rades $g$ läuft in eine Schraube aus, vermittelst welcher das Lager $n$ der Stellwalze $S$ vor- oder rückwärts geschoben wird, je nachdem die Bewegung von $h$ oder $h'$ ausgeht. $i\,i$ sind die Deckelriemscheiben, $q\,q$ die Welle derselben, an deren Verlängerung die Triebscheibe $m$ sitzt, welche durch den Riemen $x$ mit einer der drei Riemscheiben $f\,f'\,f''$ in Verbindung steht, je nach dem stattfindenden geraden oder abweichenden Gange des Metalltuches. $T$ ist die obere Gautschwalze der Maschine.

Die Arbeit des Regulators geht folgendermaassen vor sich: Läuft das Metalltuch in der durch den Pfeil angedeuteten Richtung und wird es durch irgend eine Veranlassung in seiner Spannung oder Richtung gestört, so gleitet es, je nach erfolgender Abweichung an eine der Scheiben $a\,a$ und diese ziehen die Leitstange $b$ mit sich, wodurch zugleich die Ausrückrolle $c$ in derselben Weise geschoben wird. $c$ führt dadurch den Riemen $x$ auf eine der drei Scheiben $f\,f'\,f''$ und verursacht dadurch augenblicklich die Regulirung in der Richtung des Metalltuches; denn kommt der Riemen auf $f'$, so läuft das Metalltuch gerade, kommt er auf $f''$, so bewegt das Rädchen $h$ das Getriebe $g$, welches das Lager $n$ und dadurch die Spannwalze $S$ um so viel zurückführt, bis das Metalltuch seine normale Stellung wieder erlangt hat, wodurch der Riemen $x$ wieder auf $f'$ zurückgeht. Eben so ist es mit $f$, welche das Getriebe $g$ durch das Rädchen $h'$ bewegt und das Lager $n$ in entgegengesetzter Richtung fortschiebt.

Die Aufstellung des Regulators erfolgt an der Seite, wo die Führung der Maschine stattfindet. Dabei ist vor Allem zu beobachten, dass das Lager $n$ genau in die Mitte der an der Welle des Getriebes $g$ befindlichen Schraube und auch das Lager der Spannwalze $S$ auf der entgegengesetzten Seite in die Mitte der Schraube zu stehen kommt und dass beide Lager genau in gerader Richtung stehen. Gewöhnlich muss der Zapfen der Spannwalze $S$ durch eine Muffe, welche man kalt aufkeilt, über das Lager $n$ um ein Stückchen verlängert werden. Die andere Seite der Spannwalze, wo die Transmission sich befindet, bleibt unverändert. Die Führung des Regulators erfolgt durch die Welle der Deckelriemscheiben, die man entweder durch ein mit Verschraubung angesetztes oder angeschweisstes Stück verlängert.

Die Ingangsetzung des Regulators geschieht auf die folgende Weise. Man hebt die Leitstange $b$ ab und spannt das Metalltuch in gewöhnlicher Weise auf. Hierauf regulirt man die Spannwalze $S$ durch die Schraube an der entgegengesetzten Seite so, dass die Achse von $S$ ziemlich genau in die Mitte der Schraube des Getriebes an der Führungsseite fällt. Dann legt man die Leitstange $b$ wieder ein, stellt die Ausrückrolle $c$ an die Mittelscheibe $f'$, befestigt die beiden Flügel $a\,a$ so auf die Leitstange $b$, dass an beiden Enden des Metalltuches ein freier Spielraum von 2 mm. bleibt und lässt den Stellschrauben bei $n$ einen freien Raum von 2 bis 4 mm. Es ist wesentlich, diesen Raum gut zu reguliren, da er mit der schiefen Richtung des Metalltuches in Einklang stehen muss: je schiefer die Richtung des Metalltuches ist, desto mehr Spielraum muss man dem Lager lassen, und in jedem Falle schaden 2 bis 3 mm. mehr dem guten Gange des Regulators weniger, als 2 bis 3 mm. zu wenig.

Ist das Metalltuch einmal in Gang gesetzt, so kann der Regulator es bis zur völligen Unbrauchbarkeit leiten, ohne dass der Maschinenführer es anzurühren braucht, wenn nur die Spannwalze des Metalltuches nie gestört wird oder wenn letzteres bei der Arbeit nicht gar zu stark schief läuft. Es ist darum nöthig, dass, wenn der Maschinenführer das Metalltuch berührt, er darauf Acht hat, dass dem anfänglich ihm gegebenen Wege von der vorgenommenen Aenderung nicht geschadet und dass dieser Weg dann mit Hilfe der Schrauben bei $n$ wieder hergestellt werde.

Man hat bei den Regulatoren die Art der Maschine, für welche sie aufgestellt werden sollen, wohl zu unterscheiden. Man nennt diejenige Papiermaschine, bei der, wenn man sich vor die Stoffbütten stellt und nach den Trockencylindern sieht, die Führung auf der rechten Seite stattfindet, eine Rechtsmaschine; bei der die Führung auf der linken Seite erfolgt, eine Linksmaschine. Bei der Rechtsmaschine darf der Riemen, welcher den Regulator in Bewegung setzt, nicht kreuzweise aufgelegt sein, damit die Scheiben $f\,f'\,f''$ in verkehrter Richtung des Ganges des Metalltuches sich drehen, während bei der Linksmaschine der Riemen kreuzweise aufgelegt sein muss, damit die Scheiben in der gleichen Richtung des Metalltuches sich bewegen. Der Preis eines solchen Regulators ist 110 Thaler loco Dresden.

Auf demselben Princip beruht der Metalltuch- und Filz-Regulator von Thiery, bei welchem jedoch die Wirkung des abweichenden Metalltuches auf das Lager der Leitwalze mittelst Hebelvorrichtungen eine noch unmittelbarere und einfachere ist, daher auch dieser Apparat nur 40 Thaler kostet. — Ob aber derartige Vorrichtungen überhaupt ein Bedürfniss waren, möchten wir bezweifeln; wir würden wenigstens Anstand nehmen, durch Einführung eines derartigen Regulators den

Maschinenführer zu dem Glauben zu induciren, dass eine Aufmerksamkeit auf den Gang des Metalltuches nun nicht mehr nöthig sei, und würden besorgen, dass durch das Drängen des Siebes gegen die Scheiben $a$, bevor der doch ziemlich schwere Apparat sich in Bewegung setzt, leicht ein Schaden herbeigeführt werden kann, welcher die gerühmten Vortheile bei weitem überwiegt.

Das durch die Maschen des Metalltuches abfliessende Wasser, so wie das, welches zum Reinigen der Deckelriemen und der oberen Gautschwalze diente, enthält stets Papiermasse in Suspension, so wie auch namentlich beim Beginn und Aufhören der Arbeit mit der Maschine eine nicht ganz unbedeutende Menge Stoff zu Boden fällt. Um diesen Stoff wieder zu gewinnen, bringt man entweder unter der Maschine Tische und Kasten an, in welche er sich ansammelt, oder man bedient sich eines eigens construirten Zeugfanges. Es wird nämlich sämmtliches abfliessende Wasser in einen Kasten geleitet, der etwa 4 Fuss lang, 2 Fuss 4 Zoll breit und eben so hoch ist und in welchem sich ein Drahtcylinder, ganz ähnlich den früher beschriebenen Waschtrommeln, nur stärker construirt, befindet; an diesem Cylinder, der sich nur langsam dreht, setzt sich der Zeug fest, während das Wasser in den Cylinder eintritt, von den Schaufeln erfasst wird und durch die Hohlachse abfliesst. Der auf dem Cylinder haftende Zeug wird auf eine mit Filz überzogene Holzwalze übertragen und zeitweise von dieser abgenommen. (Diese Zeugfänge geben das beste Bild der Cylindermaschinen.)

Man ist oft genöthigt, das Metalltuch zu reinigen, zumal bei Anfertigung von Leimpapieren. Zu diesem Zweck bürstet man gewöhnlich das Tuch mit einer Auflösung von Soda oder zerstört auch wohl die harzigen Theile durch eine darunter gehaltene Flamme. Beides greift jedoch das Metalltuch stark an und es verdient das Verfahren Piette's Nachahmung, welcher die unterste Spannwalze in einen dreieckigen Holzkasten legt, den er mit der Dampfleitung in Verbindung setzt. Es wird der Kasten mit Sodalösung gefüllt, die durch Dampf zum Kochen erhitzt wird, während das Metalltuch sich langsam herumbewegt; nach einer kurzen Zeit sind alle harzigen Schmutztheile aufgelöst und die Arbeit kann ihren Fortgang nehmen.

Je feiner das Metalltuch, desto öfter muss dasselbe gereinigt werden und da überdies die stärkeren Siebe viel haltbarer sind als die aus feinem Draht mit feinen Maschen gearbeiteten, so hat man doppelte

Ursache das Metalltuch nicht feiner zu wählen, als es das darzustellende Papier durchaus erheischt. Für geringere und Mittelpapiere gegenügen die Nummern von 50 bis 60, während man bei sehr dünnen und feinen Papieren bis zu No. 80 greifen muss.

Nach dem Austritte aus der ersten Presse wird das Papier mittelst eines Schwammes von dem Metalltuche abgenommen und auf ein durch die hölzernen Walzen *pp* angespanntes Filztuch ohne Ende gelegt, welches an beiden Seiten mit ledernen Riemen eingefasst ist, die durch Messingrädchen festgehalten und geleitet werden, so dass auch in der Breite stets die Spannung erhalten wird. Die Einfassung der Filze mit Lederriemen und die Spannrädchen glaubt man vielfältig dadurch entbehren zu können, dass man die hölzerne Leitwalze von der ersten schweren Presse von der Mitte nach beiden Seiten hin mit spiralförmigen Furchen versieht, die das Zusammengehen des Filzes hindern, oder indem man dem Filz überhaupt nur eine sehr schwache Spannung giebt. Ob aber hierbei wirklich eine Ersparniss erzielt wird, möchten wir immer noch bezweifeln. — Das Filztuch führt das Papier unter die zweite Presse, die aus zwei gusseisernen, glatt polirten massiven, 0,3 m. im Durchmesser haltenden Walzen besteht, von denen die obere wiederum mehr oder weniger gegen die untere fest gedrückt werden kann. — Bei dem Uebergange des Papiers von der ersten Presse auf den ersten sogenannten Nassfilz tritt zugleich Luft zwischen Papier und Filz, welche, wenn das Gewebe des letzteren sehr fest ist, nicht entweichen kann, sondern vor der schweren Presse das Papier zu Blasen aufbläht, die alsdann beim Durchgange durch die Presse Falten im Papiere veranlassen. Da jedoch andererseits ein festes Gewebe für die Haltbarkeit der Filze vortheilhaft ist, so muss man darauf bedacht sein, diese Luftblasen auf andere Weise zu entfernen. Es gelingt dies leicht, indem man unter dem Filz, dicht vor der schweren Presse, einen Kasten anbringt, aus welchem mittelst der Luftpumpe die Luft ausgesaugt wird, oder wenn man das Papier von dem Filz abhebt und über eine kleine, mit Filztuch überzogene Kupferwalze laufen lässt, so dass es erst beim Eintritt in die Presse wieder mit dem Filztuch in Berührung kommt. Es ist aber sehr häufig der Fall, dass Filztücher, die neu keine Blasen verursachen, dies nach der Wäsche thun; es rührt dies von einer durch die Seife veranlassten Filzung her, und man thut daher wohl, die Seife gänzlich zu vermeiden und nur Soda beim Waschen anzuwenden. 1 Pfd. calcinirte Soda wird in 100 Pfd. Wasser aufgelöst, darauf der

Filz 24 Stunden in dieser Lauge geweicht und dann mit frischem Wasser unter stetem Klopfen mit runden Hölzern ausgewaschen. — Das Herausnehmen der Filze behufs deren Reinigung ist selbstverständlich jedes Mal mit einer Arbeitstörung verknüpft und um die Zahl dieser Störungen möglichst auf ein Minimum zu reduciren, findet man nicht selten besondere Vorrichtungen, um den Nassfilz während des Ganges stets rein zu erhalten und ihn erst durch einen neuen ersetzen zu müssen, wenn er vollständig abgenutzt ist. Ein solcher Waschapparat besteht einfach aus zwei Tropfröhren, zwischen welchen der Nassfilz hindurchgeht, nachdem er das Papierblatt der ersten schweren Presse zugeführt hat und aus ein Paar Walzen, welche dazu bestimmt sind, aus dem Filze das Waschwasser auszupressen. Dieser unter der Stuhlung der Maschine hinter der ersten Nasspresse angebrachte Apparat verlangt nicht mehr als 0,50 m. Raum und erheischt keine Veränderung irgend eines Theils der Maschine. Die Einfachheit und geringe Kostspieligkeit dieser Einrichtung dürfte dieselbe selbst dann als empfehlenswerth erscheinen lassen, wenn durch sie, was wohl anzunehmen, eine gründliche Wäsche des Filzes sich nur seltener als sonst nothwendig herausstellen sollte. — Die obere Walze (in neuester Zeit auch oft die untere), welche unmittelbar das Papier berührt, wird durch einen, mittelst eines Gewichtes eng angedrückten stählernen Schaber (Doctor) sorgfältig von anhängenden Papiertheilchen gereinigt. Ueber die untere fliesst das ausgepresste Wasser hinweg in eine unter ihr befindliche Abzugsrinne und es ist hierdurch allerdings dieser unteren Walze eine, wenn auch durch die fortwährende Bewegung sehr geschwächte, Möglichkeit und Veranlassung zum Rosten gegeben. Um dies gänzlich zu vermeiden, überzieht Planche die unteren Cylinder der zweiten so wie der dritten Presse mit Kupfer. (Eine wohl übertriebene Aengstlichkeit.)

Es geschieht namentlich bei der Anfertigung von geleimten Papieren, wenn das Harz unvollständig aufgelöst war, oft, dass das Papier sehr stark an der oberen Walze haftet und daher entweder überhaupt schwer fortzuleiten ist, oder doch wenigstens oft abreisst und sich auf die Walze aufzuwickeln sucht. In diesem Falle ist es vortheilhaft, die Walze mit Terpentinöl (Kienöl), welches auflösend auf das Harz wirkt, zu bestreichen oder zu beiden Seiten auf den Schaber mit Terpentinöl getränkte Flanelllappen aufzulegen, weil namentlich an den Seiten das Papier leicht anklebt.

Das aus der zweiten Presse heraustretende Papier wird über die kupfernen Leitwalzen $r$ hinweg der dritten Presse $ss'$ zugeführt. Die Construction dieser Presse ist der zweiten ganz gleich, nur dass, der Platzersparniss wegen, die Ausspannung des Filzes nach oben hin stattfindet und nun die früher untere Seite des Papiers von der drückenden Walze berührt wird, wodurch bei gleicher Behandlung beider Seiten auch einer gleichen Glätte vorgearbeitet wird. Das oberhalb der Walze $s'$ hervortretende Papier wird darauf über die Spannwalze $t$ hinweg nach dem durch Wasserdampf geheizten Trockenapparat geleitet.

Der Trockenapparat besteht aus einem System von durch Wasserdampf geheizten gusseisernen Cylindern, deren Zahl je nach der Grösse der Maschine, innerhalb sehr weiter Grenzen schwankt. Die Besucher der Wiener Weltausstellung werden sich noch des kolossalen Trockenapparates der von Escher Wyss ausgestellten Maschine besinnen: Derselbe besteht aus drei unteren Trockencylindern von je 1,220 m. Durchmesser, einem Filztrockencylinder von 1,000 m. Durchmesser und zwei Filztrockencylindern von 0,460 m. Durchmesser, darauf folgt ein oberer Cylinder von 1,220 m. Durchmesser mit einem darauf liegenden Filztrockencylinder von 0,460 m. Durchmesser. Nun kommt die sogenannte Feucht-Satinirpresse, welche bestimmt ist, dem Papiere besondere Glätte zu ertheilen. Ist dieselbe richtig gearbeitet, so ist ihre Wirkung auch eine sehr vortheilhafte, ihre Behandlung bedarf aber von Seiten des Maschinenführers viel Aufmerksamkeit und Uebung, denn kommt das Papier zu feucht zwischen die Presswalzen, so wird es leicht geschwärzt, während die Wirkung der Presse sehr nachlässt, wenn das Papier zu trocken ist. Nach der Feucht-Satinirpresse folgt wieder ein unterer und noch ein oberer Trockencylinder von 1,220 m. Durchmesser mit je einem Filztrockencylinder von 0,460 m. Durchmesser; im Ganzen also 6 Trockencylinder von 1,220 m. Durchmesser, ein Cylinder von 1,000 m. Durchmesser und fünf Cylinder von 0,460 m. Durchmesser.

Eine möglichst langsam fortschreitende Trocknung, bei welcher das Papier so wenig als möglich zusammenschrumpft oder Falten bekommt, ist in der That zur Erzielung einer guten Leimung, schönen Färbung und tadellosen Glätte von der äussersten Wichtigkeit. Allein wie man in Allem des Guten zu viel thun kann, so glauben wir, ist man in neuerer Zeit bei der Construction der Papiermaschine gar zu sehr darauf bedacht, die Leistungsfähigkeit der Maschine unabhängig zu machen von der Tüchtigkeit ihres Führers und hat sie daher über Gebühr complicirt und vertheuert. — Was bis zur Fertigstellung des Ganzzeuges bis zur Maschine gesündigt, kann der beste Trockenapparat nicht wieder gut machen und der aufmerksame Maschinenführer wird sich viel mehr mit dem Apparat identificiren und die Quelle eines Fehlers im Papier viel rascher und sicherer bei einer einfacheren Construction entdecken, als wenn ihm ein solcher Coloss von Trockenapparat gegenübersteht. Daher scheint uns auch in dieser Beziehung die G. Sigl'sche Fabrik die richtige Mittelstrasse inne zu halten, deren Trockenapparat aus 5 Trockencylindern, zwei oberen und drei unteren, von 1,265 m. Durchmesser und einem Filztrockencylinder für den unteren Filz besteht. — Der Lauf der endlosen Filze und der Gang des Papieres über den Trockenapparat ist am besten aus den punktirten (Filz) und vollen (Papier) Strichen der Figur der Taf. VII. ersichtlich. Das Papier umläuft successive so vollständig als möglich die Peripherien sämmtlicher Trockencylinder, von denen der erste nur mässig, die folgenden aber mehr und mehr durch Dämpfe erwärmt sind. — Der Dampf tritt an der Führungsseite der Maschine in die Cylinder ein, an deren entgegengesetzter Seite innerhalb des Cylinders Heberröhren angebracht sind, die fast bis auf den untersten Theil des Cylinders reichend, bewirken, dass der eintretende Dampf nicht unmittelbar wieder aus denselben heraustreten kann, sondern das condensirte Wasser zunächst herausdrängen muss, wodurch bezweckt wird, dass niemals die Cylinder durch eine grosse Wassermenge beschwert werden, dann aber auch, dass der Dampf kräftiger erwärmend wirke. — Nachdem das Papier den letzten Cylinder passirt, wird es entweder nach ein oder zwei Satinirwerken, oder direct dem Haspel oder auch sogleich der Querschneidemaschine zugeführt.

Dieser so eben beschriebene Trockenapparat, der bisher mit unwesentlichen Modificationen in sämmtlichen Fabriken angetroffen wurde, ist mit einem bedeutenden Verbrauch von Brennmaterial verknüpft, der daher entspringt, dass die Flamme des angewendeten Brennmaterials nicht unmittelbar zur Heizung der Trockencylinder benutzt, sondern erst Wasser in Dampf verwandelt werden muss, von welchem jene ihre Wärme empfangen. Dabei muss dem Dampf im Dampferzeuger schon eine bedeutende Spannung gegeben werden, um ihn so stark zu erhitzen, dass er noch nach der Abkühlung durch eine ziemlich lange Röhrenleitung hinlänglich heiss in die Cylinder gelangt. Zur Beseitigung dieses Uebelstandes haben die Herren Chapelle in Paris einen Trockenapparat construirt, der im Princip allerdings eine grosse Ersparniss von Brennmaterial verspricht. Der erste Cylinder nämlich

nimmt von der einen Seite die sich durch die Verbrennung auf einem
benachbarten Herde entwickelte Flamme nebst Rauch auf, von der ent-
gegengesetzten dagegen geringe Wassermengen, die sich im Innern des
Cylinders erhitzen und ihm eine überall gleichmässige Temperatur mittheilen. Der Rauch und die Gase, welche aus dem Ofen ausströmen,
durch den Cylinder gehen und denselben auf der entgegengesetzten
Seite wieder verlassen, werden durch einen Kanal in den zweiten
Cylinder geführt, den sie ebenfalls mittelst Wasserstrahlen erwärmen.
In gleicher Weise wird ein dritter und, wenn nöthig, auch ein vierter
Cylinder geheizt. Es ist ersichtlich, dass die Wärme dieser verschiedenen Cylinder von dem ersten bis zum letzten nach und nach abnehmen
muss, daher auch das Papier zuerst über den letzten, d. h. am wenigsten
heissen Cylinder geleitet wird. Fig. 1 Taf. IX. zeigt einen senkrechten
Durchschnitt dieses Apparates nach der Achse des Trockencylinders.
Der gusseiserne Cylinder $A$ ist an beiden Seiten mit den Deckeln $B$
verschlossen, die aus einem Stück mit den hohlen Zapfen gegossen sind,
welche in den Lagern $C$ ruhen. Ueber den einen Zapfen greift möglichst dicht das Röhrenstück $D$, welches über einer gusseisernen Glocke $E$
angebracht ist, die ihrerseits als Ofen dient. Unten ist die offene Glocke
mit einem Rost $F$ versehen, auf den man das Brennmaterial durch die
Thür $G$ wirft.

An den oberen Theil des Röhrenstückes $D$ sind zwei Klappen oder
Ventile $H$ und $H'$ angebracht, um die Verbindung des Ofens mit dem
Innern des Cylinders oder der Esse $I$ zu unterbrechen. Soll demnach
der Apparat in Betrieb gesetzt werden, so öffnet man das Ventil $H$ und
schliesst $H'$, so dass Flamme und Rauch genöthigt sind, in den Cylinder
einzutreten.

Das Ende des zweiten Zapfens wird gleichfalls von einem Röhrenstück $K$ aufgenommen, durch welches Flamme und Rauch abziehen, um
nach dem zweiten Cylinder geführt zu werden. Im Innern der Röhre
$K$ und des Zapfens ist eine kleine Röhre $M$ angebracht, durch welche
geringe Mengen Wasser in das Innere des Cylinders gespritzt werden.

Ob dieser Apparat frei von Uebelständen sein wird, muss die Erfahrung lehren, wir fürchten, dass die Dichtung zwischen den Flammen
und Rauch zu- und ableitenden Röhren und den sich beständig umdrehenden Zapfen leicht unvollkommen werden und dann Rauch in den
Maschinenraum treten und das Papier verunreinigen kann. Ueberhaupt
wird der Apparat im Innern sehr häufige Reinigung erfordern und wür-

den wir daher unbedingt der Anwendung von erwärmter Luft zu gleichem
Zwecke den Vorzug geben.

Die Zeit, innerhalb welcher der flüssige Papierstoff in fertiges Papier
verwandelt, diesen letzten Apparaten überliefert wird, hängt von der
Geschwindigkeit der Walze $Z$ Taf. VII. ab, welche durch eine Muffe
mit der Hauptwelle in unmittelbare Verbindung gesetzt wird, von welcher
allen übrigen Theilen die Bewegung theils durch Zahnräder, theils durch
Riemscheiben mitgetheilt wird. Als mittlere Geschwindigkeit aber der
Walze $Z$ sind 12 bis 13 Umdrehungen in einer Minute anzunehmen,
und da die Peripherie derselben circa 0,3 m. beträgt, so lässt sich
hieraus die mittlere Leistung einer Maschine leicht berechnen. Für
dünnes Schreibpapier nimmt man als mittlere Geschwindigkeit der
Maschine gewöhnlich 0,35 m. pro Secunde an.

Bei der Führung der Maschine ist es nun unbedingt nothwendig,
dass zwischen den Geschwindigkeiten der einzelnen Theile die genaueste
Uebereinstimmung stattfinde, damit nirgends das Papier durch zu langsame Fortbewegung sich anhäufen oder durch zu rasches Anziehen abgerissen werden kann. Man bewirkt diese Uebereinstimmung für jede
einzelne Papiersorte durch Vergrösserung oder Verkleinerung der betreffenden Riemscheiben, indem man Filzstreifen auf dieselben auflaufen
lässt, wenn die Bewegung der damit zusammenhängenden Theile verlangsamt oder abnimmt, wenn sie beschleunigt werden soll.

Auf eine elegantere und genauere Weise geschieht diese Regulirung durch ausdehnbare Riemscheiben, deren Construction aus Fig. 8
und 9 Taf. V. ersichtlich ist. Mittelst eines Schlüssels wird die
Schraubenmutter $v$, welche mit dem konischen Rade $v'$ zusammenhängt,
gedreht. Dieses Rad ist selbst die Mutter für ein Schraubenstück $v''$
(Fig. 8), mittelst dessen ein Scheibensegment vom Mittelpunkt entfernt
oder demselben genähert wird, und da das konische Rad $v'$ auch die
übrigen Räder in Bewegung setzt, so findet auch die Veränderung der
Stellung sämmtlicher Scheibensegmente gleichzeitig und in demselben
Sinne statt. — So sinnreich jedoch diese Erfindung ist, so dürfte doch
in den meisten Fällen die zuerst erwähnte einfachere und weniger kostspielige Methode den Vorzug erhalten[1]), zumal bei ihr die Regulirung
der Geschwindigkeit während des Ganges der Maschine viel leichter

---

[1]) Es verdient kaum erwähnt zu werden, dass auch zur Vergrösserung und
Verkleinerung des Haspels dieselbe Vorrichtung benutzt werden kann.

und schneller bewerkstelligt wird, als durch die veränderliche Riemscheibe.

Wo die Welle der Riemscheibe hinreichenden Raum gewährt, verdient die Fig. 15 Taf. IV dargestellte Scheibe unbedingt den Vorzug vor der soeben beschriebenen, denn die Leichtigkeit, mit welcher dieselbe während des Ganges vergrössert und verkleinert werden kann, die Sicherheit und Gefahrlosigkeit, mit welcher dieses geschieht, und die Einfachheit der Construction lassen nichts zu wünschen übrig.

Sie besteht aus einer auf der Triebwelle aufgekeilten einfachen Scheibe $A$, die einen vorspringenden Rand $B$ hat. Von diesem aus laufen radienförmig so viele runde Schmiedeeisenstäbe $c$ nach der Nabe, als die Riemscheibe verschiebbare Segmente bekommen soll (gewöhnlich 6). Ein jedes dieser Segmente, deren Durchschnitt $D$ zeigt, ist oben und unten in den Vorsprüngen so durchbohrt, dass es in der als Führung dienenden Schmiedeeisenstange dem Mittelpunkte der Scheibe genähert, oder von demselben entfernt werden kann. In jedes dieser Segmente greift mit einem Charnier ein Arm $E$ ein, welche Arme sämmtlich in der Muffe $F$ festsitzen, welch letztere so weit ausgebohrt ist, dass sie sich mit Leichtigkeit auf der Triebwelle hin und her schieben lässt, was durch das Handrad $G$ geschieht, welches selbst eine Schraubenmutter ist, deren Schraube in die Triebwelle eingeschnitten ist. Bewegt man nun das Handrad der Art, dass es durch die Schraube der festen Scheibe $A$ näher gebracht wird, so schiebt die Muffe $F$ den Hebelarm $E$ und die Segmente nach derselben Richtung; da letztere aber durch die Scheibe $A$ gehindert werden, sich weiter nach vorn zu bewegen, so steigen sie gleichmässig an derselben in die Höhe und geben dadurch der durch sie gebildeten Riemscheibe einen grösseren Umfang.

Bei umgekehrter Bewegung des Handrades tritt selbstverständlich der umgekehrte Erfolg ein, — Verkleinerung der Scheibe.

In den „Verhandlungen des Vereins zur Beförderung des Gewerbefleisses in Preussen", Jahrgang 29, Seite 106, findet sich die Beschreibung einer Maschine, die in sehr wesentlichen Punkten von der hier beschriebenen abweicht. Dieselbe ist von Th. Joh. Marshall in Depfort bei London gebaut und in der den Herren Ebbinghaus, Tillmann und Grothe gehörenden Arnsberger Papierfabrik aufgestellt worden. — Ausser dass Zeugregulator, Sandfang, Knotenfang, Trockenapparat, Satinirwerk, Schneidemaschine in ihrer Construction mehr oder minder von den hier beschriebenen entsprechenden Apparaten abweichen,

besteht eine principielle Verschiedenheit in der Construction der Nassmaschine. Der Rahmen nämlich, über welchen das Metalltuch ausgespannt ist, ist um eine horizontale Achse beweglich, so dass derselbe
verticale Schwingungen macht, während im Allgemeinen horizontale
Schwingungen gebräuchlich sind[1]). Es dürfte sehr schwer sein, die
Construction dieser Maschine ohne Zeichnung vollständig zu verdeut-
lichen und sehen wir uns genöthigt, diejenigen, welche näher mit derselben bekannt zu werden wünschen, auf jene Verhandlungen zu verweisen, um so mehr, als die Besitzer der genannten Fabrik sich keineswegs günstig über Princip und Construction der ganzen Maschine und
ihrer Theile (mit Ausnahme des Trocken-Apparates) aussprechen und
daher wohl nicht zu erwarten steht, dass dieselbe eine ausgedehnte
Verbreitung finden wird. — Unsere sofortigen Bedenken waren: 1) die
verticale Schüttelung kann nur den Zweck haben, den Austritt des
Wassers aus der Papiermasse zu erleichtern, während die horizontale
Bewegung gleichzeitig die innige Verfilzung der Zeugfasern bewirkt.
2) Dieser in der Durchsicht zum Vorschein kommende Mangel an Verfilzung, der, beiläufig gesagt, auch auf die Haltbarkeit des Papiers nur
einen nachtheiligen Einfluss ausüben kann, muss um so bemerkbarer
werden durch die enorme Kürze des Metalltuches, welches kaum
halb so lang als die gewöhnlichen ist. 3) Dürfte die wenn
auch sehr geringe Vibration der beiden Gautschwalzen bei feinen
Papieren und fein gemahlenem Stoff mancherlei Uebelstände im
Gefolge haben. — Ueber das letzte Bedenken hat Verfasser keine
nähere Kenntniss, ob es begründet ist oder nicht, die ersteren
jedoch sind es nach einer gütigen Mittheilung von Seiten der
Herren Besitzer vollständig. Aus dieser geht hervor, dass, mit Ausnahme der Trockencylinder, sämmtliche Theile der Maschine überaus
mangelhaft waren, so dass sie theils gänzlich verworfen, theils wesentlich modificirt werden mussten. In ursprünglicher Gestalt bestehen nur
noch die zwei Paar Presswalzen, die Luftpumpen, die Trockencylinder
und der Satinir-Apparat, welcher letztere jedoch auch bei weitem nicht

---

[1]) Dieses Princip ist übrigens nicht ganz neu, denn Verfasser dieses hat eine
Zeichnung vor Augen gehabt, die bereits aus dem Jahre 1846 herrührte und einem
amerikanischen Modelle entlehnt sein sollte. Die Zeichnung war von dem früher
in Heilbronn wohnhaften Maschinenbauer W i d m a n n ausgeführt und stimmte,
selbst was den Trocken-Apparat anbetrifft, vollkommen mit der hier in Rede
stehenden überein.

genügt. Gänzlich beseitigt wurde die Schneidemaschine, umgebaut endlich der Zeugregulator mit Knotenfang, so wie die Nassmaschine. Das kurze Metalltuch liess nur einen langsamen Gang zu und lieferte ein in der Durchsicht unschönes, wolkiges Papier. Es ist dieser Uebelstand zum grössten Theil durch eine sehr bedeutende Verlängerung der ganzen Nassmaschine beseitigt worden, jedoch wenn nicht durch andere Rücksichten davon abgehalten, würden die Besitzer der Maschine gern eine noch grössere Länge geben und zu der alten Schüttelungsart zurückkehren. — Der höchst liberalen Offenheit, mit welcher diese Mittheilungen dem Verfasser gemacht wurden, wird Jeder zu Dank verpflichtet sein, dem durch dieselben ein theures Lehrgeld erspart worden ist.

# XI. Leimmaschinen.

$W$ie schon S. 344 erwähnt, wird in England auch das Maschinenpapier fast ausschliesslich mit thierischem Leim geleimt, wozu mehr
oder weniger vollkommene Apparate in Anwendung sind.

Das direct von der Papiermaschine oder vom Haspel abgewickelte
Papier wird zunächst durch einen mit Leimlösung gefüllten Trog geleitet und der überflüssige Leim durch leichte Pressung wieder entfernt.
Das mit Leim imprägnirte Papier wird darauf in einen geheizten Raum
bei möglichst geringer Spannung über 100 bis 300 offene Trommeln
geführt, in deren Innerem schnell bewegte Windflügel eine stetige Luft-
bewegung verurachen und unterhalten. Die Anordnung der Trommeln
ist hierbei von grosser Wichtigkeit: sind dieselben mehr übereinander
als nebeneinander gelagert, so wird die Luft, in welcher die oberen
liegen, immer feuchter, der Trockenprocess verlangsamt und eine
grössere Zahl Trommeln nöthig, wohingegen bei einer Lagerung nebeneinander eine geringere Zahl Trommeln genügt, aber doch immerhin
sehr grosse Trockensäle erforderlich sind, die selbstverständlich auch
mehr Brennmaterial consumiren. — Bei der Leitung des nassen Papierbandes ist jede Spannung möglichst zu vermeiden, damit dasselbe in
dem Grade, als es trocken wird, sich frei zusammenziehen und zu-
sammenschrumpfen kann, worauf vorzugsweise die grössere Festigkeit
der früheren, in der Bütte geleimten Papiere beruhte. — Trotz der geringen Spannung ist aber bei der Länge des Weges und der Weichheit
des nassen Papiers ein bisweiliges Abreissen unvermeidlich, und um in
solchem Falle nicht die ganze umfangreiche Maschinerie zum Stillstand
bringen zu müssen, sind die Trommeln abtheilungsweise mit je einem
Ausrücker versehen.

Der thierische Leim wird in England vorzugsweise aus den Häuten
weisser, starker Ochsen bereitet; man lässt dieselben zunächst in einem

angesäuerten Wasser weichen, wäscht sie darauf und kocht sie so lange, bis die Leimsubstanz vollständig extrahirt ist. Zum Leimen des Maschinenpapiers wird der Leim viel stärker angewendet, als zum Leimen von Büttenpapier, auch setzt man dem Leim etwas Seifenauflösung zu, um ein zu rasches Trocknen des Papiers zu verhindern.

Von dem Trocken-Apparat gelangt das nunmehr fertige Papier nach der Schneidemaschine, um dann in Bogenform zwischen Metallplatten satinirt zu werden.

Dem allen Schwierigkeiten gewachsenen Yankee-Erfindungsgeist endlich, wie Hofmann sich ausdrückt[1]), ist es gelungen, sinnreiche, aber einfache Maschinen zu construiren, womit das Papier fortlaufend geleimt, wieder ausgepresst, der Länge und Breite nach geschnitten und ohne je von menschlicher Hand berührt worden zu sein, in feuchten Lagen aufeinander gelegt wird, während sie nicht mehr Raum als Haspel und Querschnitt in Anspruch nehmen. Die Stösse feuchter Bogen werden dann, wieder ohne Berührung mit der Hand, auf Rollwagen gelegt, mittelst des Aufzugs auf den Trockenboden befördert und dort in der bekannten altmodischen Weise aufgehängt; aber, um unabhängig von der Witterung zu sein, mittelst Dampfheizung bei jeder von dem Fabrikanten beliebten Temperatur getrocknet. — Hofmann beschreibt das Verfahren und die dabei in Anwendung kommenden Maschinen ausführlich in seinem oft erwähnten Werke, deutsche Uebersetzung p. 346 u. folg.

Bei einem Vergleiche des britischen und amerikanischen Systems ergiebt sich nach ihm, dass beide gleichviel Handarbeit beanspruchen, indem eben so viele und eben so geschickte Arbeiter zur Beaufsichtigung der grossen englischen Trockenmaschinen nöthig sind, als das Aufhängen, Abnehmen und Glätten der Bogen in Amerika erfordert. Während jedoch der Vorgang bei dem ersteren stets ein erzwungener ist und keine freie Zusammenziehung in der Längsrichtung zulässt, hat das letztere den Vortheil, dass es der in Qualität der Erzeugnisse noch unübertroffenen Handpapiermacherei näher kommt und dass die grossen, durch lange Reihen von Trommeln, Ventilatoren, Gebäude und Triebwerk verursachten Kosten erspart sind.

Hofmann hält das amerikanische Leimverfahren bei den gegenwärtigen Preisen der Rohmaterialien für die grosse Masse feiner Ma-

---

[1]) C. Bl. 1874 No. 4.

schinen-Schreibpapiere nicht nur für das beste, sondern auch für das billigste und empfiehlt es den europäischen Fabrikanten.

Ob die thierische Leimung billiger sei als die vegetabilische, wollen wir hier unerörtert lassen; aber allerdings bedauern auch wir, dass bei der Etablirung neuer und der Erweiterung so vieler alter Papierfabriken während der Gründerperiode die Actiengesellschaften nicht vielmehr darauf bedacht waren, durch Einführung der thierischen Leimung die deutsche Papierindustrie zu heben und der englischen und amerikanischen ebenbürtig zu machen, als dadurch, dass sie nur von der Massenproduction ihr Heil erwarteten und eine Ueberproduction in's Leben riefen, welche der deutschen Papierfabrikation auf lange Jahre hinaus einen Todesstoss versetzen musste.

Ist endlich ein Papier schlecht geleimt, sei es in Folge eines Versehens bei der Leimbereitung oder weil überhaupt zu wenig Leim zugesetzt worden ist, so kann man diesem Uebelstande abhelfen, indem man das Papier noch einmal anfeuchtet und nur langsam trocknen lässt. Auf ein angefeuchtetes Filztuch wird ein Pausch von 40 bis 60 Bogen Papier gelegt, darauf wieder ein feuchter Filz und in gleicher Weise abwechselnd fortgefahren, bis der Haufen eine Höhe von 3 bis 4 Fuss erreicht hat, worauf man ihn mit einem Brett bedeckt und mit circa 2 Ctr. belastet. Nach 12 Stunden wird der Haufen aus einander genommen, die feuchten Bogen ohne Filztücher noch einmal schwach gepresst und dann zum Trocknen aufgehangen. — Der Leim wird durch diese Behandlung ganz oder theilweis noch einmal aufgelöst und *durch das nach und nach verdampfende Wasser an die Oberfläche geführt, wo er nun ausschliesslich abgelagert das Papier stärker geleimt erscheinen lässt, als es wirklich ist. — Wenn nicht das wiederholte Anfeuchten und Trocknen sehr viel Arbeit verursachte und grosse Räumlichkeiten erforderte, würde sich durch allgemeine Einführung dieses Verfahrens (matrissage) eine grosse Ersparniss an Leimmaterialien herbeiführen lassen.

# XII. Satiniren des Papieres.

Um dem Papiere die im Handel gewünschte Glätte zu geben, dienen besondere Apparate, die theils in unmittelbarer Verbindung mit der Maschine stehen, so dass das Papier sie früher passirt, ehe es zum Haspel oder der Schneidemaschine gelangt, theils von ihr getrennt sind, in welchem letzteren Falle dann das Papier bogenweise zwischen Zink- und Kupferplatten geglättet wird. Zwei mit der Maschine verbundene Satinirwerke sind auf Taf. VII dargestellt; sie bestehen aus drei polirten eisernen Walzen, von denen die mittlere hohl ist und durch Dampf erwärmt werden kann. — In Frankreich hat man Versuche gemacht, das Papier durch polirte marmorne Walzen zu glätten, welche sich ausserordentlich schnell drehen, während das Papier unter gelindem Druck darüber hinweggeführt wird. Doch scheinen der praktischen Anwendbarkeit dieser Methode grosse Schwierigkeiten entgegenzustehen, unter andern auch, dass jedes Schmutzfleckchen durch die rasche Drehung der Walze in einen langen Strich verwandelt wird.

Es ist jedoch nicht möglich, durch ein ein- oder zweimaliges Durchführen des breiten Papierbandes durch den Glätt-Apparat dem selben den Glanz zu geben, den man gegenwärtig bei einigermaassen feineren Papieren voraussetzt. Es sind daher diese unmittelbar mit der Maschine verbundenen Glättvorrichtungen für Papiere, die noch besonders satinirt werden müssen, eher nachtheilig als vortheilhaft, und nur für Druck-, bessere Pack- und Tapetenpapiere anwendbar. Für diesen Zweck wird man aber besser thun, 3 bis 4 hintereinander folgende Glättwerke mit je zwei übereinander liegenden eisernen Walzen als 1 oder 2 Glättwerke mit 3 und mehr Walzen zu nehmen, da zwei übereinander liegende Walzen viel leichter genau auf einander passend geschliffen werden können, als 3 und mehr, bei denen dies ungemein schwer hält.

Die feineren Papiere werden stets erst in Bogen zerschnitten satinirt und bedient man sich hierzu eigner Walzwerke oder der Calander.

Die Walzwerke bestehen aus zwei auf einander lagernden eisernen Cylindern, von denen der obere mehr oder weniger gegen den unteren angedrückt wird und welche, sich in gleicher Richtung bewegend, Alles ihnen dargebotene erfassen und zwischen sich hindurchpressen. Der Durchmesser dieser gusseisernen Cylinder variirt zwischen 30 und 50 cm. und sind Cylinder mit grösserem Durchmesser den mit kleinerem unbedingt vorzuziehen, weil sie dem durchgehenden Papier eine grössere Fläche darbieten, es weniger schneidend drücken, daher weniger zerquetschen und es glätten, ohne ihm zu schaden.

Die Andrückung der oberen Walze gegen die untere kann durch Schrauben, Gewichte oder Federn bewirkt werden. Die Schraubenpressung ist jedoch in diesem Falle entschieden zu verwerfen, denn wenn man auch stets dieselbe Bogenzahl durch die Walzen gehen lässt, so sind doch die Metallplatten oder Pappdeckel, zwischen denen die Bogen liegen, nicht immer von gleicher Dicke und es wechselt somit der ausgeübte Druck oder es kann, was bei derartigen Pressen nicht selten eintritt, ein Bruch der Lagerböcke herbeigeführt werden. — Der Gewicht- oder Federndruck gestattet allein, auch bei verschiedener Stärke der Packete, dem Papier immer dieselbe Pressung zu geben.

Die für ein Satinirwerk erforderliche Kraft wird je nach seiner Grösse auf eine bis zwei Pferdestärken geschätzt und ist es rathsam, die Walzen nicht mehr als vier Umdrehungen in der Minute machen zu lassen, da ein zu schneller Gang nur schadet. — Die Papierbogen werden den Walzen entweder zwischen Glanzdeckeln oder zwischen Platten von Kupfer oder Zink zugeführt. Ersteres war früher vorzugsweise in Deutschland üblich und geben solche Deckel zunächst auch ein ganz gutes Resultat, allein sie verlieren sehr bald ihren Glanz, werden durch die geringsten fehlerhaften Stellen des Papiers verwundet und nutzen sich so schnell ab, dass ihre Anwendung theurer ist als die von Metallplatten. Kupferplatten sollen namentlich mit thierischem Leim geleimten Papiere den höchsten Glanz ertheilen, allein ihr hoher Preis hat sie nur beschränkte Anwendung finden lassen und ist Zink dasjenige Material, welches sich in einer Blechstärke von No. 8 oder 9 bisher am besten bewährt hat.

Jeder Bogen zwischen zwei Zinkplatten gelagert, werden Packete von 20 bis 25 Stück gebildet, die man, je nach dem gewünschten Glättegrade ein- bis dreimal das Walzwerk passiren lässt. Zur Erreichung der höchsten Satinirung aber ist es nöthig, dem Papier wiederholentlich neue Metallflächen darzubieten, daher die Packete 2 bis 3 Mal umzupacken und von neuem zu walzen.

Es macht diese Art, das Papier zu glätten, wie man schon aus der blossen Beschreibung ersieht, eine entsetzliche Masse Arbeit und bei der in neuerer Zeit enorm gesteigerten Tagesproduction wird die Satinirung des von der Maschine gelieferten Papieres auf diese Weise fast zu einer Unmöglichkeit. In England und Amerika machte man daher sehr bald von den bis dahin vorzugsweise nur zum Glätten baumwollener und anderer gewebten Stoffe angewandten Kalandern auch zum Glätten des Papieres Gebrauch und auch bei uns greift diese Satinirmethode mehr und mehr Platz. Die Kalander bestehen aus drei, vier, fünf oder mehr horizontalen Walzen, welche in einem starken gusseisernen Gestell über einander liegen und von welchen nur die unterste directen Antrieb hat und die übrigen durch Reibung mitnimmt. — Man kann diese Kalander direct hinter dem Trockenapparat der Maschine aufstellen, allein in der Regel zieht man es vor, die Satinirung von dem Gauge der Maschine unabhängig zu machen und dem Papier, erst nachdem es in Bogen geschnitten, die letzte Appretur zu geben und empfiehlt Rudel zur Erzielung der höchsten Glättegrade und um bogenweise ein grosses Quantum mit kaum in Rechnung zu bringenden Ausschuss fertigzustellen, ganz besonders die Kalander mit 5 Walzen (resp. 3 polirten Hartguss- und 2 Papierwalzen) von Eugen Ritter.

Diese Kalander werden in einer Arbeitsbreite von 1,54 m. geliefert, so dass zwei Bogen von 0,70 m. Breite oder Länge darauf satinirt werden können. In 20 Arbeitsstunden ergiebt dies bei eingearbeiteten Satinirerinnen über 200 Ries im Durchschnitt bei einmaligem Durchgehenlassen der Bogen. Eine ingeniöse Einrichtung führt die Bogen, ohne besondere Hülfe, durch alle fünf Walzen, so dass während früher 10 Mädchen zu dieser Arbeit nöthig waren, jetzt nur 2 Mädchen zum Einführen der Bogen und zwei zur Abnahme der passirten Bogen, mithin nur vier Mädchen nöthig sind[1]).

---

[1]) C. Bl. 1873 No. 23.

# XIII. Schneiden, Wickeln und Zählen des Papieres.

Schliesslich muss auch diese Operation in den Kreis der Betrachtung gezogen werden, denn so einfach dieselbe an sich ist, so lassen sich doch dabei durch Anwendung zweckmässiger Maschinen nicht unbedeutende Vortheile erzielen. In der Regel lässt man das Papier sich ruhig auf den Haspel aufwickeln, schneidet dann, sobald eine hinreichende Menge sich auf demselben befindet, die Papiermasse nach einer Linie durch, die parallel der Achse des Haspels ist, breitet sie auf einem grossen Tische aus und zerschneidet sie aus freier Hand mit Hülfe eines Formatbrettes oder mittelst Maschinen, die den Riesbeschneidemaschinen ähnlich sind, in Bogen. — Da jedoch bei jeder Umdrehung des Haspels der Halbmesser desselben für das aufzuwickelnde Papier um eine Papierstärke zunimmt, so wird, wenn auch der Haspel ursprünglich so gestellt war, dass die Höhe oder Breite eines Bogens einen aliquoten Theil seiner Peripherie bildete, doch je grösser die aufgewickelte Papiermasse wird, von jedem einzelnen Blatte beim Zertheilen in Bogen ein immer grösserer Theil übrig bleiben, und wenn auch diese Papierabfälle wiederum benutzt werden, so wird durch Beseitigung derselben nicht bloss Ersparung von Stoff, sondern ganz besonders von Arbeit erzielt. Die durch das Zerschneiden mit der Hand verursachten Abfälle können auf 8 bis 10 pCt. der ganzen Fabrikation angenommen werden, woraus der Nutzen einleuchtet, der einer Fabrik aus der Anwendung von Schneidemaschinen erwächst. Dennoch sieht man derartige Maschinen noch verhältnissmässig wenig, namentlich in Deutschland, angewendet, wovon der Grund darin zu suchen ist, dass es allerdings nach vielen missglückten Versuchen erst in neuerer Zeit gelungen ist, Maschinen für den Querschnitt herzustellen, welche allen billigen Anforderungen genügen. Als ihrem Zweck am vollkommensten entsprechend, sind von diesen Maschinen die von Hofmann in Breslau construirte und die von Debergue und Spréafico vor einigen Jahren in Frankreich eingeführte zu bezeichnen, deren Beschreibung wir hier folgen lassen.

An der Maschine von Debergue, welche Taf. X. Fig. 1, 2 abgebildet ist, unterscheidet man vier Hauptbewegungen: die der Speisecylinder, welche das Papier von den Haspeln abrollen; die der kreisförmigen Messer, welche den Längenschnitt ausführen; die der Klinge zum Querschnitt und endlich die Bewegung des endlosen Filzes, welcher die geschnittenen Bogen fortführt.

Die Maschine ruht auf zwei gusseisernen Ständern $AA$, welche parallel gestellt und unter sich durch eiserne Querstangen $aa$ verbunden sind. Die Bewegung geht von der Welle $B$ aus, auf welcher die Riemscheibe $C$ befestigt ist; durch das Getriebe $B'$ Fig. 2 und das Zahnrad $D'$ wird sie auf die Welle $D$ übertragen. Das Schwungrad $E$ bezweckt Regulirung der Bewegung. An dem einen Ende der Welle $D$ ist eine runde gusseiserne Scheibe $F$ befestigt, welche in einem Schiebestück den Zapfen $f$ trägt, der nach der Grösse der zu schneidenden Bogen mehr oder weniger von dem Mittelpunkte der Scheibe entfernt wird. Der Zapfen $f$ hält das eine Ende der Leitstange $G$ und bildet damit eine Kurbel um den Mittelpunkt der Welle $D$. Die Leitstange $G$ ist an ihrem andern Ende mit dem um den Zapfen $J$ oscillirenden Eingriffssegmente $H$ verbunden, und ertheilt diesem während der Drehung der Scheibe $F$ eine Hin- und Herbewegung, die um so grösser ist, je weiter $f$ vom Mittelpunkt der Scheibe absteht. — Das Rad $K$ welches sich frei um die Welle $L$ bewegt, und an seiner Peripherie den Winkel von Schmiedeeisen $M$ trägt, an dessen oberem Theile eine Sperrklinke $m$ befestigt ist, greift in das Segment $H$ ein und erhält dessen hin- und hergehende Bewegung. Bewegt sich nun das Rad $K$ in der Richtung des Pfeiles, so greift die Sperrklinke in die Zähne des Sperrades $N$ und zwingt dasselbe, der Bewegung des Rades $K$ zu folgen und eine bestimmte Strecke zu rotiren. Bewegt sich hingegen das Rad $K$ bei dem Rücklaufe des Segmentes $H$ nach der entgegengesetzten Richtung, so gleitet die Feder $m$ über die Zähne des Rades $N$ hinweg, während nun die am unteren Theile desselben angebrachte Feder $m'$ in die Zähne eingreift und das Rad $N$ festhält. Auf der Welle $L$ des Sperrades ist gleichzeitig das Rad $O$ (Fig. 1) befestigt, welches in das an dem Ende des Cylinders $Q$ angebrachte Getriebe $P$ eingreift. Der Cylinder $Q$ bildet mit dem darüber liegenden $Q'$, der mit seinem ganzen

Gewichte auf ihm ruht, die Presse, welche das Papier von den Rollen $R$, $R^1$, $R^2$ abrollt und unter die Messer führt. An dem andern Ende der Walze $Q$ ist eine Riemscheibe $q$ befestigt, die mittelst eines Riemens eine andere Riemscheibe $s$ von gleichem Durchmesser bewegt, die mit dem unteren Cylinder einer zweiten Presse zusammenhängt, welche in Allem der ersten gleicht. Zwischen diesen beiden Pressen, welche nach derselben Richtung mit derselben Geschwindigkeit sich bewegen und das Papier in starker Spannung halten, wird dasselbe durch die Scheiben $tt'$, die auf den Wellen $TT''$ aufsitzen, der Länge nach zerschnitten, indem die kleinen Riemscheiben $t^3$ und $t^4$ ihnen die Bewegung übertragen, welche sie vermittelst eines Riemens von der Riemscheibe $B^2$ erhalten, die auf der Bewegungswelle $B$ aufsitzt. Nachdem auf diese Weise der Längenschnitt bewirkt ist, bleibt noch der Querschnitt auszuführen. Das von den Cylindern $R$, $R^1$, $R^2$ sich abwickelnde, durch die Spannrollen $r$, $r^1$, $r^2$ gespannt erhaltenene Papier gelangt zu dem Ende, nachdem es die beiden Pressen passirt, unmittelbar nach dem Austritt aus der zweiten auf ein Querstück $U$, welches ein wenig geneigt und an welchem mittelst Schrauben die Stahlklinge $u$ befestigt ist. Eine andere eben solche Klinge $u'$, befestigt an jeder ihrer Enden an die Hebel $V$, auf deren Verlängerungen $v$ die Schnecken $D^2$ wirken, fällt dicht an der Klinge $u$ herab und schneidet das Papier. Die Verlängerung $v$ endigt in einem Haken, an welchem das Gewicht $V'$ hängt, dessen Last den Hebel anzieht und die Klinge $u'$ sogleich wieder in die Höhe hebt, sobald der durch die Schnecken $D^2$ bewirkte Druck nach oben aufhört.

Nach der obigen Auseinandersetzung des Mechanismus, welcher das Papier unter die Messer führt, leuchtet ein, dass während einer halben Umdrehung der Scheibe $F$ die zwei Pressen in Bewegung sind, dass aber während der anderen Hälfte der Umdrehung sie sowohl wie das Papier in Ruhe verharren; während dieser letzteren Periode dagegen treten die Schnecken $D^2$ an die Hebel $v$ und nöthigen das Quermesser herabzugehen und die Papierblätter nach der Breitenrichtung zu zertheilen. Während dieses Schnittes wird das Papier durch das Brett $X$, dessen unterer Rand mit Filz bekleidet ist, gepresst und festgehalten. Dieses Brett $X$, dessen durchbohrte Enden durch die Säulen $X'$ geleitet werden, ist an zwei Riemen $x$ aufgehangen, die über die kleinen Scheiben $x'$ laufen und an den Armen $v'$ befestigt sind, welche mit dem Hebel $V$ zusammenhängen, und folgt mithin der Bewegung des Messers $u'$.

Das in Bogen zerschnittene Papier fällt von selbst auf den endlosen Filz $Y$, welchen die Walzen $y$ leiten und wird von diesem durch dazu angestellte Knaben oder Mädchen abgehoben. Der Filz $Y$ erhält seine Bewegung durch die kleine Riemscheibe $y^1$ und den Riemen $y^2$; die zwei Gewinde $y^3$ dienen, um die Walzen $y$ von einander zu entfernen und dem Filz die nöthige Spannung zu ertheilen, in der Breite wird er durch die Spannrädchen $y^4$ straff gehalten, zwischen denen die Ledereinfassung desselben läuft.

Einige Aehnlichkeit mit der eben beschriebenen besitzt die neuerdings von S i g l in Berlin construirte Schneidemaschine Taf. IX Fig. 2, welche sich bereits vielfältigen Beifall erworben hat. Dieselbe wird nur bei Pappenmaschinen in unmittelbare Verbindung mit der Papiermaschine gebracht, in allen anderen Fällen, wo die Geschwindigkeit des fabricirten Papiers mehr als 20 Fuss per Minute ist, arbeitet sie für sich.

Von der Welle $m$ geht die Bewegung für die ganze Maschine aus. Es sitzt auf dem nach vorne vorspringenden freien Ende dieser Welle $m$ eine Stellscheibe $a$, die mit einem gut ausgehobelten Schlitz $b$ versehen ist, in welchem durch die Schraube $c$ der Kloben $d$ hin- und hergestellt werden kann. Dieser Kloben $d$ greift wieder in den ausgehobelten Schlitz des Hebels $f$, in welchem er leicht verschiebbar ist. Durch die Umdrehung der Welle $m$ oder der Stellscheibe $a$ wird der Hebel $f$ in eine gleichmässige Vor- und Rückwärtsbewegung versetzt, und zwar in grösserem Maasse, je weiter der Kloben $d$ vom Mittelpunkt der Stellscheibe $a$ entfernt gehalten wird.

Der Hebel $f$ sitzt fest auf der Welle $n$, welche ihrerseits das Radsegment $g$ trägt. Das Radsegment $g$ greift in das Triebrad $k$. Dies letztere ist in feste Verbindung mit einem accurat geschnittenen Sperrrade gebracht, welches mit dem Triebrade $k$ sich lose auf der Walzenachse $p$ dreht. Auf der Walzenachse $p$ sitzt die Hülse oder Scheibe $h$ fest, welche innerhalb acht Sperrklinken trägt, die durch Federn stets in die Zähne des Sperrrades eingedrückt werden.

Bei der Vorwärtsdrehung des Radsegments $g$ nach der Richtung des Pfeiles wird das Triebrad $k$ nach rechts herumgedreht und nimmt, durch die acht Sperrkegel seines Sperrades die Scheibe $h$ und durch dieselbe die Walzenaxe $p$ mit; dagegen wird bei der Rückwärtsbewegung des Radsegments $g$ zwar das Triebrad $k$ mit seinem Sperrrade auch wieder links herumgedreht, die Sperrkegel lassen aber diese Drehung zu, und durch eine Bremse, die an der entgegengesetzten Seite der Walzenachse $p$ sitzt, wird diese mit der Scheibe $h$ und der Walze $o$ selbst festgehalten. — Die Walze $o$, welche $8''$ Diameter hat, wird also stets nur nach rechts hin gedreht, sie ist mit Filz überzogen eben so wie die auf derselben liegende schwere Pressionswalze $q$.

Nachdem nun das Papier in drei oder vier Rollen in den Lagern des Bockes $r$ eingelegt ist, wird es durch den Längenschneideapparat $s$ geführt und zwischen die Walzen $o$ und $q$ gebracht.

Es schiebt sich durch die Drehung der Walze $o$ das Papier auf dem Tische $t$ vorwärts, und zwar desto weiter, je mehr diese Walze gedreht wird, daher kann durch den Kloben $d$ mittelst der Schraube $c$ jedes Format gestellt werden. Bei dieser Maschine bis zu $36''$. An dem gerade abgehobelten Tische $t$ sitzt das Querschneidemesser $v$, welches mit dem beweglichen gleichen Messer $w$ scheerenartig den Querschnitt des Papiers vollendet. Der Messerbalken $u$ wird nämlich in Prisma durch den Hebel $z$ nach jeder Drehung der Walzenachse $p$ herauf- und heruntergedrückt, diese Bewegung aber dem Hebel $z$ durch die Achse $x$ mit dem Excentricum $y$ mitgetheilt. Die Welle $x$ erhält von der Betriebswelle $m$ durch gleich grosse Räder $i\,i$ eine gleichmässige Rotation, sie trägt zwei Excentrica $y$, die auf zwei Hebel $z$ wirken und so das Messer $w$ mit dem Messerbalken $u$ in Wirksamkeit setzen.

Damit das Papier an der Schnittfläche hart auf den Tisch $t$ angedrückt bleibt, wird ein mit Filztuch bekleideter Holzbalken $A$ durch die Rollen $B$ beim jedesmaligen Schnitt gesenkt und gehoben.

Die Construction der Hofmann'schen Schneidemaschine ist aus Taf. IX Fig. 3 ersichtlich. Durch die lose und feste Riemscheibe $a$ wird die Maschine bewegt und zwar zunächst die obere konische Trommel $b$, welche wieder auf die untere konische Trommel $c$ vermittelst des durch die Schraube $d$ verstellbaren Riemens $f$ die Bewegung überträgt. Von der Trommelwelle $b$ erhält die Betriebsscheibe $g$ und durch diese der Längenschnitt $h$ seine Bewegung. Dieser ist genau so eingerichtet, wie an allen anderen dergleichen Maschinen und besteht aus zwei Wellen, die verstellbare Kreismesser haben. Die Leitwalzen $k$ führen nun den Bogen zum Querschnitt. An dem verstellbaren Halter $l$ befindet sich ein festes, gut geschliffenes Messer quer durch die Maschine. Die durch die Räder $n$ und $n'$ bewegte Welle $m$ trägt an einem quer durch die Maschine liegenden Flügel zwei eben solche lange Stahlmesser, von denen eines dem anderen gegenübersteht und die beide beim Umdrehen der Flügelwelle *m* von der vorderen Seite nach der hinteren Seite gegen das an *l* befestigte Messer zum Schnitt gelangen.

Dieser Schnitt muss möglichst schnell geschehen, um den Bogen im Laufe nicht aufzuhalten, und dient dafür die Bewegung durch die Frictionsscheiben *o, p, q*. Die beiden runden Frictionsscheiben *o* und *p* sind an ihrer Peripherie mit Leder überzogen und ist die glatt gearbeitete Frictionsscheibe *q* so zwischen beide angebracht, dass die etwas excentrische, zur Hälfte mehr erhabene Peripherie derselben stets entweder mit *p* oder *o* in Berührung ist, und zwar so, dass, wenn *p* nicht mehr an der höheren Peripheriehälfte von *q* arbeitet, die Scheibe *o* dieselbe sogleich erfasst, was durch einen Zapfen und die Stahlfeder *s* bewirkt wird. Die Riemscheiben *o'* und *p'* vermitteln ihre gegenseitige Bewegung und die der Frictionsscheiben. Wenn nun *p* die Flügelwelle *m* durch diese Frictionsscheibe *q* und die Räder *n, n'* treibt, so bewegt sich diese l a n g s a m beim halben Umlauf, in welcher Zeit der Bogen durch den Längenschnitt und die Walzen *K* senkrecht hängend vor das feste Messer geführt wird. Der andere aber um achtmal beschleunigte halbe Umgang der Messerwelle *m* wird durch den directen Angriff der Frictionsscheibe *o* auf *q* beim Schnitte bewirkt. Die Feder *s* wird ausserdem aber noch durch die Hebel *r* und *s* in ihrer Wirkung auf den Zapfen der Frictionsscheibe *q* aufgehalten, damit der Schnitt regelmässig erst erfolgt, wenn der Angriff von *o* auf *q* ermöglicht ist, je nach dem Format des Bogens, welches wiederum durch die Wechselräder *z, z, z*, die auf die Hebel *r* und *t* durch den Umgang des Rades *z'''* wirken, grösser oder kleiner gestellt werden kann.

Die H o f m a n n'sche Maschine hat vor den beiden ersteren voraus, dass sie ohne Unterbrechung wirkt, daher unmittelbar hinter dem Trocken- oder Satinirapparat aufgestellt werden kann und mithin das Papier sogleich in Bogen geschnitten erhalten wird, ja es ist an der Maschine auch eine Vorrichtung angebracht, welche die geschnittenen Bogen zählt, indem ein Zeiger oder eine Glocke angiebt, wenn ein Riess vollzählig ist. Allein abgesehen von der starken Electricitäts-Entwickelung, welche bei diesem raschen Zerschneiden des Papiers stattfindet und die mit mancherlei Unbequemlichkeit verknüpft ist, liegt gerade in der ununterbrochenen Wirkung und der unmittelbaren Verbindung der Schneidemaschine mit der Papiermaschine ein grosser Uebelstand. Um nämlich die ununterbrochene Thätigkeit hervorzubringen, sind, wie schon aus der Vergleichung der betreffenden Abbildungen hervorgeht, bei der Hofmann'schen Maschine eine viel grössere Anzahl von Getrieben und Scheiben erforderlich, als bei der von Debergue, es ist daher auch die Möglichkeit eine grössere, dass irgendwo der Eingriff nicht mit vollkommener Präcision stattfinde, wodurch sogleich ein fehlerhafter Schnitt erzeugt wird. — Die unmittelbare Verbindung hingegen der Schneidemaschine mit der Papiermaschine hat den Uebelstand, dass bei einer Störung in der Thätigkeit der ersteren auch die letztere ausser Thätigkeit gesetzt werden muss, daher es auch unbedingt nothwendig ist, dass eine Haspelvorrichtung zum Aufwickeln des Papiers stets als Reserve vorhanden sei.

Um auch den neueren Bestrebungen, diese Maschinen mehr und mehr zu vervollkommnen, gerecht zu werden, sei hier noch der von Ingenieur G. Grillo construirten, im Centralblatt 1871. N. 7 leider sehr unklar beschriebenen Papierschneidemaschine specieller Erwähnung gethan. — Fig. 4 und 5 Taf. IX geben die Seiten- und Vorderansicht dieser Maschine in $^1/_{15}$ der natürlichen Grösse. Die Maschine, welche allerdings mehr Raum erfordert, als die Hofmann'sche, hat vier Hauptbewegungen: 1. die des Längenschneideapparates, 2. die Bewegung der grossen Trommel, resp. des Cylinders, 3. die des Papier-Querschneidemessers, 4. die Bewegung der Maschinentheile, welche das Papier festhalten, während geschnitten wird. Das Gestell der Schneidemaschine besteht in zwei grossen, gleichen Seitenständern $A$, die durch eine gusseiserne Traverse $C$ mit einander verbunden sind, ferner aus zwei niederen Ständern $B$, welche sowohl mit einander durch eine gleiche Traverse, als auch mit den Ständern $A$ durch Schrauben verbunden sind. Das durch die beiden Ständer $B$ gebildete Gestell hat den Zweck, erstens den Antrieb für die ganze Maschine aufzunehmen, zweitens den Längenschneideapparat zu tragen und drittens eine Stütze zu geben für den Auftritt der Person, die das Papier auf den Cylinder leitet, sobald die Thätigkeit der Maschine beginnen soll. Die erste Haupttriebwelle $E$ von 52 mm. Dicke ruht in drei Lagern, von denen das äussere auf einem Träger $F$ aufgeschraubt ist, der unabhängig von der Maschine aufgestellt wird. Die beiden andern Lager sind an den beiden Ständern $B$ angegossen. Diese Antriebswelle trägt einerseits die Antrieb-Stufenscheibe $G$ von 606 und 510 mm. Durchmesser und 100 mm. Breite, andererseits, und zwar zwischen den beiden Maschinenständern, die lange konische Riementrommel $H$, welche die Bewegung auf eine gleiche konische Riementrommel $H'$ überträgt, die jedoch in umgekehrter

Lage liegt. — Die Antriebwelle $E$ trägt am hinteren Ende (rechts Fig. 5) noch eine Riemenscheibe $J$ von 380 mm. Durchmesser und 78 mm. Breite, welche die Bewegung für den Längenschneideapparat mittelst gleicher Riemenscheibe $J'$ überträgt.

Wie aus Fig. 4 ersichtlich ist, ruht der Längenschneideapparat in zwei Lagerständern $K$, welche auf die Ständer $B$ aufgeschraubt sind. Dieser Apparat verrichtet die Hälfte der ganzen Arbeit der Maschine, indem er das Papier der Länge nach schneidet. Ganz bequem kann man von allen Seiten, selbst während des Ganges, dessen Arbeit beobachten, während das bei der Hofmann'schen Maschine, an welcher dieser Apparat oben liegt, schwieriger ist. Die Schneidemesser dieses Apparates sind nicht scheibenförmig, wie an den meisten dieser Apparate, sondern sie sind tellerförmig, wie Fig. 6 zeigt. Es ist leicht erklärlich, dass diese Form vortheilhafter ist als die Scheiben, weil die Scheiben in Folge des öfteren Schärfens im Durchmesser kleiner werden, somit ihre Umfangsgeschwindigkeit sich ungünstig für das Papier ändert, während die Tellermesser, wie eine Scheere wirkend, nur selten ein Nachschleifen erheischen und stets denselben Durchmesser behalten. Die Bewegung der Messer geschieht in der Richtung des Papiers, sie schneiden also nicht gegen das Papier, sondern mit dem Laufe desselben; die Umfangsgeschwindigkeit der Messer ist etwas grösser, als die des Papiers.

Vor und hinter diesem Längenschneideapparat sind kleinere Lagerständer $L$ auf den Ständern $B$ befestigt, welche die vier Papierleitwalzen $M$ tragen, bestimmt, das Papier in stets gleicher Spannung dem Schneideapparat zuzuführen und von diesem geschnitten wieder abzunehmen.

Nachdem auf diese Weise das Papier der Länge nach geschnitten worden ist, erübrigt noch die Ausführung des Querschnittes, für welchen der grosse Latten-Cylinder $N$ von 1018 mm. Durchmesser und in gegenwärtigem Falle von 1704 mm. Länge maassgebend ist, welcher auf der Welle $n$ fest und sicher aufgekeilt und mittelst Holzplatten von aussen verschalt ist, um keinen Staub und dergleichen in den Cylinder gelangen zu lassen. Die Welle $n$ trägt auf ihrem äusseren Ende die Kurbel $o$, deren Zapfen $q$ mittelst der Schraubenspindel $p$ verstellbar ist. Je nach der Drehung der Schraubenspindel wird der Zapfen $q$ hin oder her, gegen das Centrum des Cylinders oder von demselben weg bewegt. Je näher der Zapfen $q$ gegen das Centrum geschoben wird, um so grösser wird die Bewegung eines Punktes der Peripherie des Cylinders ausfallen. Der zu schneidende Bogen wird somit um so grösser werden, je näher der Gleitzapfen dem Centrum steht; er wird hingegen um so kleiner, je weiter der Zapfen $q$ vom Centrum entfernt wird.

Die unten liegende Welle $d$, ebenso gelagert wie die Welle $n$, trägt, wie schon oben erwähnt, den Antriebkonus $H'$ zwischen den beiden Ständern $A$, während ausserhalb derselben auf beiden Enden Kurbeln befestigt sind. Die eine dieser beiden Kurbeln, mit $t$ bezeichnet, entsprechend der Cylinderkurbel $o$, ist wie diese ebenfalls verstellbar. Die Gleitzapfen dieser beiden Kurbeln sind durch die Zugstange $r$ verbunden, welche somit die Bewegung der unteren Welle $d$ auf den Cylinder $N$ überträgt, demselben eine vor- und rückwärts rotirende Bewegung ertheilend.

Auf der entgegengesetzten Seite der Cylinderbewegung, wie solche eben erklärt wurde (Fig. 5 auf der rechten Seite), trägt das äussere Ende der Welle $d$ eine einfache gusseiserne Kurbel $P$ mit festem, nicht stellbarem Zapfen in gewöhnlicher Form, welcher vermittelst der Zugstange $x$ den Querschneideapparat in Bewegung setzt.

Herr Grillo führt als Beweis der Leistungsfähigkeit dieser Maschine an, dass eine solche unter seiner persönlichen Beaufsichtigung innerhalb 24 Stunden 90 Centner Papier ohne Fehler geschnitten habe.

Ausser diesen hier näher beschriebenen und am häufigsten angewendeten Schneidemaschinen sind noch mehrere andere construirt worden, die jedoch bisher nur geringe Verbreitung gefunden haben; wir erwähnen von ihnen die Papierschneidemaschinen von Cowper, Dickinson und Fourdrinier, beschrieben in dem technischen Wörterbuch von Karmarsch und Heeren, Bd. II. p. 501; die von Marshall, beschrieben in den Verhandlungen des Berliner Gewerbevereins 1851 p. 106; die von Tidcombe, beschrieben in Dingler's poytechnischem Journale Bd. CXXIV. p. 262; die von Amos und Clark, beschrieben im Centralblatt 1858 p. 115.

Mit wie grossen Vortheilen und Ersparung an Arbeit aber auch immer die Anwendung einer gut schneidenden Querschneidemaschine verbunden ist, so haben derartige Maschinen in Deutschland bisher nur eine verhältnissmässig beschränkte Verbreitung gefunden und in der Regel begnügt man sich, das Papier zwischen Trockenapparat und Haspel der Länge nach in Bänder von der verlangten Breite zu schneiden und den Querschnitt dann mit der Hand vorzunehmen. — Die

Construction des Längsschnittes ist bereits aus unserer Beschreibung der Schneidemaschine und zwar namentlich aus der der Debergue'schen Maschine Taf. X ersichtlich: eine ringförmige, 3 bis 9 mm. starke Stahlplatte ist mittelst Senkschrauben auf einem Gusskörper befestigt und die flache Aussenseite schwach concav gedreht, damit sie einen scharf schneidenden Rand erhält. Zwei solche auf den Wellen $T$ und $T'$ sitzende Messer, deren Ränder etwas übereinander reichen und sehr rasch umlaufen, schneiden das Papier wie eine Scheere. — Beim jedesmaligen Schärfen dieser Messer nimmt aber ihr Durchmesser um ein Weniges ab und die eine der Wellen muss daher in verstellbaren Lagern ruhen, damit der richtige Eingriff der Triebräder wieder hergestellt werden könne. Dies wird vermieden bei Anwendung der gegenwärtig allgemein beliebten, aus Stahlblech gepressten Tellermesser, bei deren Abnutzung der Durchmesser stets derselbe bleibt. Damit aber diese Messer stets scharf aufeinander arbeiten, ist nur das eine derselben auf seiner Welle festgeschraubt, während das andere mittelst einer starken Spiralfeder gegen dasselbe gedrückt wird.

Die Haspel, auf welche das in der Länge geschnittene Papier aufgerollt wird, liegen entweder in einem festen Gestell in unverrückbaren Lagern übereinander, wie in der Figur auf Taf. VII, oder sie ruhen in Lagern an den beiden Enden zweier starker eiserner Balken, welche, in der Mitte durch eine Welle verbunden, sich um diese drehen lassen (Schwenkhaspel), Taf. XI Fig. 1 und 2, so dass, wenn der eine Haspel hinreichend mit Papier beladen, derselbe ausgelöst und mit dem leeren Haspel vertauscht werden kann. — Selbstverständlich müssen die Haspel verstellbar sein, damit wenigstens im Anfange die zu schneidende Bogenlänge genau ein aliquoter Theil der Haspelperipherie sei. — Um den bei dem nachherigen Zerschneiden der Papierbänder in Bogen entstehenden Abfall möglichst auf ein Minimum zu reduciren, hat man in manchen Fabriken an Stelle der zwei Haspel nur einen sehr grossen von 2 bis 3 m. Durchmesser aufgestellt. Durch die schwierige Aufführung aber des Papiers auf so grosse Haspel und die dadurch bedingten grösseren Störungen und Verluste bei einem Einreissen des Papiers auf der Maschine dürften die von ihnen gewährten Vortheile reichlich aufgewogen werden.

Wie schon erwähnt, hat in neuester Zeit in der Construction von Zeitungsdruckmaschinen eine bedeutende Revolution stattgefunden, und um das zeitraubende Anlegen der einzelnen Papierbogen zu vermeiden, sind diese Maschinen so eingerichtet, dass sie sich das Papier selbst von einer 7 bis 8 Centner schweren Rolle abwickeln, feuchten, auf beiden Seiten drucken, schneiden und auslegen oder sogar selbst falzen. Diese Rollen müssen ausserordentlich fest und sorgfältig gearbeitet und zugleich der Druckmaschine auf einer rotirenden Welle leicht einzufügen sein. Zur Anfertigung dieser Rollen bedient man sich besonderer Wickelapparate, von denen der von G. Sigl in Wien construirte auf Taf. XI Fig. 3 in Seitenansicht, Fig. 4 in Vorderansicht und Fig. 5 im Grundriss dargestellt ist.

Der in Fig. 1 und 2 dargestellte Haspel ist, wie man sieht, ein Schwenkhaspel, doch geben wir für den hier in Rede stehenden Zweck zwei in einem festen Gestell übereinander liegenden Trommeln unbedingt den Vorzug, denn es trägt wesentlich zur Güte einer Rolle bei, dass dieselbe aus möglichst wenig Stücken zusammengesetzt sei. Man ist daher darauf bedacht, schon auf jede Trommel möglichst viel Papier, 2 bis 3 Centner, auflaufen zu lassen; bei einem so grossen Gewicht aber hanthiert sich ein Schwenkhaspel schwer und er muss sehr stark gearbeitet sein, wenn nicht störende Vibrationen stattfinden sollen.

Vom Haspel aus wird das Papier um die Kupferwalze $A$ geleitet, deren Peripherie genau der Länge des zu bedruckenden Bogens gleich ist und die, mit einem Zählwerk verbunden und durch das stark gespannte Papier mitgenommen, genau die in der Rolle enthaltene Bogenzahl angiebt. Nachdem das Papierband die kupferne Spannwalze $B$ passirt, wird es auf dem schmiedeeisernen Rohre $C$ von 77 mm. (3 Zoll) Durchmesser, dessen Länge genau der Breite des Papiers entspricht, befestigt.

In das Rohr passen an beiden Enden zwei konisch zulaufende Rohrstücke von Gusseisen $dd'$, von denen $d$ auf der Welle $D$ unverrückbar befestigt ist. Diese Welle, welche 0,35 m. auf jeder Seite des Rohrs $C$ hervorragt, trägt an der Seite von $d$ noch das Stirnrad $E$ (Fig. 4), welches durch den Eingriff in das Stirnrad $F$ die Bewegung der Riemscheibe $G$ mitgetheilt erhält. Wird diese mit Stirnrad und Konus armirte Welle in das Rohr geschoben, so ragt sie an der andern Seite über dasselbe hinaus; an diesem Ende ist auf der Welle eine Spindel eingeschnitten, auf welche das Mutterrad $H$ passt. Es wird, sobald die Welle in das Rohr hineingesteckt ist, der Konus $d'$ auf das überragende Ende aufgeschoben und darauf mittelst des Mutterrades $H$ die beiden Konus $dd'$ in das Rohr gepresst und befestigt. Die Bewegung des Wickelapparates geht von der Hauptwelle der Maschine aus und wird durch den Verhältnissen angemessene Vorgelege und durch Frictionsscheiben auf die Riemscheibe $G$ übertragen. — Das Ende des abzuwickelnden Haspels wird mittelst einer Mischung von Kleister mit wenig Leim auf das Rohr befestigt und dann die Frictionsscheiben gegen die Welle $G$ angedrückt, wodurch diese die ineinandergreifenden Räder $F$ und $E$ mitnimmt und das Rohr $C$ in drehende Bewegung versetzt. Da der Haspel sehr stark gebremst ist, erfolgt die Aufwickelung unter grosser Spannung und die Rolle wird sehr fest. — Sollte das Papier reissen, oder weil es bereits auf der Maschine sehr stark eingerissen war, absichtlich durchgerissen werden müssen, so wird der Riss gerade geschnitten und das Papier mit Gummi arabicum wieder zusammengeklebt. Hierbei legt man unter das Ende der aufgewickelten Rolle einen Streifen Packpapier von circa 0,10 m. Breite und 0,01 m. vom Rande ein Lineal, bestreicht diesen Rand von 0,01 m. mit Gummilösung und drückt das Haspelende darauf, durch eine warme Eisenschiene oder Bügeleisen wird die Gummi-Lösung rasch zum Trocknen gebracht, der Streifen Packpapier wieder herausgezogen und mit der Arbeit fortgefahren. — Hat die Rolle die gewünschte Stärke erlangt, so wird sie mittelst eines mit dem Apparat verbundenen Krahn's in die Höhe gewunden, auf einen Wagen gelegt und, nachdem durch Lüftung der Mutter $H$ die konischen Einsatzstücke herausgezogen sind, verpackt.

Auf der Druckmaschine wird die Rolle in ganz gleicher Weise wieder auf einer Welle befestigt und abgewickelt.

Für den Fabrikanten ist jedenfalls diese Art, sein Fabrikat dem Consum zu übergeben, die vortheilhafteste, die sich denken lässt, denn sie erspart ihm nicht nur die Kosten der Unterhaltung eines Verschiesssaales, sondern verursacht auch keine Abfälle und das Papier steht, so wie es die Maschine verlassen hat, sogleich zum Versandt fertig. — Es darf aber nicht unerwähnt gelassen werden, dass die Rollen-Druckmaschinen nicht nur ein kräftiges, dabei aber weiches Papier verlangen, sondern auch ausserordentlich empfindlich gegen jeden beim Wickeln vorgekommenen Fehler sind, so dass zur Herstellung guter Rollen viel Uebung und stete Aufmerksamkeit gehört.

Es ist indess selbstverständlich, dass eine derartige Versendung nur bei Druckpapieren statthaft ist, bei welchen kleinere Fehler und Schmutzflecke, weil sie durch den Druck verdeckt werden, weniger in Betracht kommen. Bei allen anderen Papieren ist es durchaus nöthig, jeden einzelnen Bogen einer Revision zu unterziehen und mittelst kleiner Messer und Gummi elasticum, Knoten und Schmutzflecken zu entfernen. Es ist dies die Arbeit des Verschiesssaales, in welchem das Papier in gutes (fehlerfreies), rétiré, (mit geringen Fehlern behaftetes) und Ausschuss gesondert wird. Die ersteren beiden werden in Buche, Riesse und Ballen abgezählt, nochmals gepresst, wozu man sich am besten hydraulischer Pressen bedient und passend verpackt in den Handel gebracht und zwar ist

$$1 \text{ Ballen} = 10 \text{ Ries} = 200 \text{ Buch} = 4800 \text{ (bei Druckpapier} = 5000) \text{ Bogen}$$
$$1 \quad - \quad = 20 \quad - \quad = 480 \, ( - \quad - \quad - \quad = 500) \quad -$$
$$1 \quad - \quad = \quad 24 \, ( - \quad - \quad - \quad = \quad 25) \quad -$$

Nach den Beschlüssen der Generalversammlung des Vereins deutscher Papierfabrikanten, abgehalten in Berlin am 21. Mai 1875 soll in Zukunft

$$1 \text{ Neuries} = 10 \text{ Neubuch} = 100 \text{ Heft} = 1000 \text{ Bogen}$$
$$1 \quad - \quad = 10 \quad - \quad = 100 \quad -$$
$$1 \quad - \quad = \quad 10 \quad -$$

sein.

# Alphabetisches Verzeichniss

der

**im Buche genannten chemischen Stoffe und Verbindungen, so wie deren chemische Zeichen und Mischungsgewichte*).**

| Name. | Chemisches Zeichen. | Mischungs-gewicht MG. $H = 1.$ |
|---|---|---|
| Alaun (Ammoniak-) . | $NH^4 O, SO^3 + Al^2 O^3, 3 SO^3 + 24 HO$ | 453,50 |
| Alaun (Eisenoxyd-) . | $KO, SO^3 + F^2 O^3, 3 SO^3 + 24 HO$ | 503,20 |
| Alaun (Kali-) . . . | $KO, SO^3 + Al^2 O^3, 3 SO^3 + 24 HO$ | 474,70 |
| Alaun (Natron-) . . | $Na O, SO^3 + Al^2 O^3, 3 SO^3 + 24 HO$ | 458,50 |
| Aluminium . . . . | $Al$ . . . . . . . . . . . | 13,75 |
| Aluminium-Oxyd (Thonerde) . . . | $Al^2 O^3$ . . . . . . . . . . | 51,50 |
| Ammoniak (Ammoniumoxyd) . . . | $NH^4 O$ . . . . . . . . . . | 26,00 |

---

*) Unter „Mischungsgewichte" versteht man die relativen Gewichtsmengen, in welchen oder in deren Vielfachen die Körper vorzugsweise auf einander einwirken. Die Vervielfältigung des Mischungsgewichts (M. G.) wird entweder durch einen Coefficienten oder Exponenten oder Index angedeutet, so dass, da Al das Zeichen für 1 M G. Aluminium, $2 Al = Al^2 = Al_2$ zwei Mischungsgewichte Aluminium anzeigt, eben so $3 O = O^3 = O_3$ drei Mischungsgewichte Sauerstoff. Nur waltet zwischen dem Coefficienten einerseits und dem Exponenten und Index andererseits der Unterschied ob, dass, während die beiden letzteren sich nur auf das Zeichen beziehen, mit welchem sie verbunden sind, der Coefficient alle Zeichen bis zum nächsten $+$ oder $-$ vervielfältigt; also $Al^2 O^3 = 2 Al + 3 O$, aber $2 Al^2 O^3 = 4 Al + 6 O = 2 Al^2 + 2 O^3$. Mehrere Körper verbinden sich vorzugsweise in der doppelten Menge ihres Mischungsgewichtes, und es erschien daher vortheilhaft, diese Verdoppelung auf eine einfachere Weise anzudeuten, nämlich dadurch, dass man das Zeichen des Körpers im unteren Drittel durchstreicht. Es ist also $2 Al = Al^2 = Al$, $2 Cl = Cl^2 = Cl$.

| Name. | Chemisches Zeichen. | Mischungs-gewicht MG. $H = 1$. |
|---|---|---|
| Arsen | $As$ | 75,00 |
| Arsenige Säure | $As\,O^3$ | 99,00 |
| Arseniksäure | $As\,O^5$ | 115,00 |
| Baryum | $Ba$ | 68,50 |
| Baryumoxyd (Baryt-erde) | $Ba\,O$ | 76,50 |
| Calcium | $Ca$ | 20,00 |
| Calciumoxyd (Kalk-erde) | $Ca\,O$ | 28,00 |
| Chlor | $Cl$ | 35,50 |
| Chlorbaryum | $Ba\,Cl$ | 104,00 |
| Chlorcalcium | $Ca\,Cl$ | 55,50 |
| Chlorkalk | $Ca\,O\,Cl$ | 63,50 |
| Chlornatrium | $Na\,Cl$ | 58,50 |
| Chlorwasserstoff (Salz-säure) | $H\,Cl$ | 36,50 |
| Chrom | $Cr$ | 26,70 |
| Chromoxyd | $Cr^2\,O^3$ | 77,40 |
| Chromsäure | $Cr\,O^3$ | 50,70 |
| Chromsaures Kali | $KO, Cr\,O^3$ | 97,90 |
| Cyan | $C^2\,N\,(Cy)$ | 26,00 |
| Eisen | $Fe$ | 28,00 |
| Eisenchlorid | $Fe^2\,Cl^3$ | 162,50 |
| Eisenchlorür | $Fe\,Cl$ | 63,50 |
| Eisenoxyd | $Fe^2\,O^3$ | 80,00 |
| Eisenoxydul | $Fe\,O$ | 36,00 |
| Jod | $J$ | 127,00 |
| Kalium | $K$ | 39,20 |
| Kalium-Eisencyanid | $2\,K\,Cy, Fe^2\,Cy^3$ | 264,400 |
| Kalium-Eisencyanür (Gelbes Blutlaugen-salz) | $2\,K\,Cy, Fe\,Cy + 3\,HO$ | 211,00 |
| Kaliumoxyd (Kali) | $K\,O$ | 47,20 |
| Kohlensäure | $C\,O^2$ | 22,00 |

| Name. | Chemisches Zeichen. | Mischungs- gewicht MG. $H = 1$. |
|---|---|---|
| Kohlensaures Kali . . | $KO + CO^2$ . . . . . . . . . | 69,20 |
| Kohlensaure Kalkerde | $CaO + CO^2$ . . . . . . . . | 50,00 |
| Kohlensaures Natron . | $NaO + CO^2$ . . . . . . . . | 53,00 |
| Kohlenstoff . . . . | $C$ . . . . . . . . . . | 6,00 |
| Mangan . . . . . | $Mn$ . . . . . . . . . . . | 27,50 |
| Manganchlorür . . . | $MnCl$ . . . . . . . . . | 63,00 |
| Manganoxydul . . . | $MnO$ . . . . . . . . . | 35,50 |
| Mangansuperoxyd . . | $MnO^2$ . . . . . . . . . | 43,50 |
| Magnesium . . . . | $Mg$ . . . . . . . . . . | 12,00 |
| Magnesia (Talkerde) . | $MgO$ . . . . . . . . . | 20,00 |
| Natrium . . . . . | $Na$ . . . . . . . . . . | 23,00 |
| Natriumoxyd (Natron) | $NaO$ . . . . . . . . . | 31,00 |
| Natronhydrat . . . | $NaO + HO$ . . . . . . | 40,00 |
| Oxalsäure. . . . . | $C^2O^3$ . . . . . . . . . | 36,00 |
| Oxalsäure (krystallisirt) | $C^2O^3 + 3HO$ . . . . . . | 63,00 |
| Oxalsaures Kali . . | $KO + C^2O^3 + HO$ . . . . . | 92,20 |
| Salpeter . . . . . | $KO + NO^5$ . . . . . . . | 101,20 |
| Salpetersäure . . . | $NO^5$ . . . . . . . . . . | 54,00 |
| Sauerstoff. . . . . | $O$ . . . . . . . . . . | 8,00 |
| Saures kohlensaures Natron . . . . . | $(NaO + CO^2) + (HO + CO^2)$ . . | 84,00 |
| Saures schwefelsaures Kali. . . . . . | $(KO + SO^3) + (HO + SO^3)$ . . . | 136,20 |
| Schwefel . . . . . | $S$ . . . . . . . . . . | 16,00 |
| Schwefelsäure . . . | $SO^3$ . . . . . . . . . | 40,00 |
| Schwefelsäurehydrat . | $SO^3 + HO$ . . . . . . . | 49,00 |
| Schwefelsaures Ammoniak. . . . . . | $NH^4O + SO^3$ . . . . . . | 66,00 |
| Schwefelsaures Eisenoxyd . . . . . | $FeO + SO^3$ . . . . . . . | 76,00 |
| Krystallisirt (Eisenvitriol) . . . . | $FeO + SO^3 + 7HO$ . . . . . | 139,00 |
| Schwefelsaures Eisenoxydul-Ammoniak . | $(NH^4O + SO^3) + (FeO + SO^3) + 6HO$ | 196,00 |

| Name. | Chemisches Zeichen. | Mischungs-gewicht MG. $H = 1$. |
|---|---|---|
| Schwefelsaures Kali | $KO + SO^3$ | 87,20 |
| Schwefelsaures Natron | $NaO + SO^3$ | 71,00 |
| Schwefelsaure Thonerde | $Al^2O^3 + 3SO^3$ | 171,50 |
| Schwefelwasserstoff | $KS$ | 17,00 |
| Schweflige Säure | $SO^2$ | 32,00 |
| Stickstoff | $N$ | 14,00 |
| Uebermangansäure | $Mn^2O^7$ | 111,00 |
| Unterchlorige Säure | $ClO$ | 43,50 |
| Unterchlorigsaure Kalkerde | $CaO + ClO$ | 71,50 |
| Unterchlorigsaures Natron | $NaO + ClO$ | 74,50 |
| Unterschweflige (dithionige) Säure | $S^2O^2$ | 48,00 |
| Unterchwefligsaures Natron | $NaO + S^2O^2 + 5HO$ | 124,00 |
| Wasser | $HO$ | 9,00 |
| Wasserstoff | $H$ | 1,00 |
| Weinsteinsäure | $C^4H^2O^5 + HO$ | 75,00 |

# Berichtigungen.

| Seite | 6 | Zeile | 16 | von | o. | lies: | müsste | statt | musste. |
|---|---|---|---|---|---|---|---|---|---|
| - | 19 | - | 14 | - | o. | - | Flachs | - | Pflax. |
| - | 28 | - | 12 | - | u. | - | 8 | - | 6. |
| - | 34 | - | 2 | - | o. | - | Seide | - | Säure. |
| - | 42 | - | 4 | - | o. | - | Herz | - | Harz. |
| - | 48 | - | 12 | - | u. | - | Königreich | - | Königlich. |
| - | 56 | - | 8 | - | o. | - | diesem | - | dieses. |
| - | 62 | - | 20 | - | o. | - | B | - | R. |
| - | 67 | - | 24 | - | o. | - | Hickory | - | Hirkory. |
| - | 114 | - | 3 | - | o. | - | Beyderwand | - | Beiderwand. |
| - | 170 | - | 9 | - | o. | - | aus | - | auf. |
| - | 220 | - | 1 | - | o. | - | M | - | N. |
| - | 264 | - | 14 | - | o. | - | Leinhaas | - | Leinkaas. |
| - | 268 | - | 13 | - | o. | - | $CaO\,CO^2$ | - | $CaO\,C^2$. |
| - | 276 | - | 17 | - | u. | - | sie | - | sich. |
| - | 291 | - | 16 | - | o. | - | ergriffen | - | gegriffen. |
| - | 321 | - | 1 | - | u. | - | und | - | wird. |

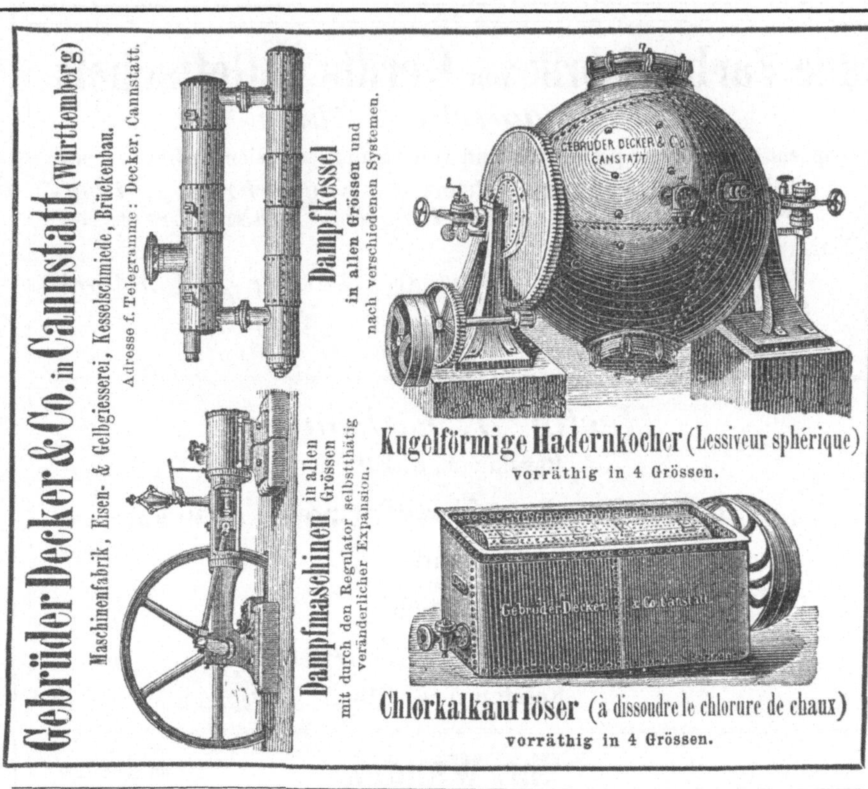

Gebrüder Decker & Co. in Cannstatt (Württemberg)
Maschinenfabrik, Eisen- & Gelbgiesserei, Kesselschmiede, Brückenbau.
Adresse f. Telegramme: Decker, Cannstatt.
Dampfkessel
in allen Grössen und nach verschiedenen Systemen.
Dampfmaschinen in allen Grössen
mit durch den Regulator selbstthätig veränderlicher Expansion.
Kugelförmige Hadernkocher (Lessiveur sphérique)
vorräthig in 4 Grössen.
Chlorkalkauflöser (à dissoudre le chlorure de chaux)
vorräthig in 4 Grössen.